中国国家标准汇编

2007年修订-9

中国标准出版社 编

中国标准出版社

北京

图书在版编目（CIP）数据

中国国家标准汇编：2007年修订.9/中国标准出版社编.—北京：中国标准出版社，2008

ISBN 978-7-5066-4956-8

Ⅰ.中…　Ⅱ.中…　Ⅲ.国家标准-汇编-中国-2007
Ⅳ.T-652.1

中国版本图书馆 CIP 数据核字（2008）第 101062 号

中国标准出版社出版发行
北京复兴门外三里河北街16号
邮政编码:100045
网址 www.spc.net.cn
电话:68523946　68517548
中国标准出版社秦皇岛印刷厂印刷
各地新华书店经销

*

开本 880×1230　1/16　印张 42　字数 1 246 千字
2008年8月第一版　2008年8月第一次印刷

*

定价 200.00 元

出 版 说 明

1.《中国国家标准汇编》是一部大型综合性国家标准全集，自1983年起，按国家标准顺序号以精装本、平装本两种装帧形式陆续分册汇编出版。《汇编》在一定程度上反映了我国建国以来标准化事业发展的基本情况和主要成就，是各级标准化管理机构，工矿企事业单位，农林牧副渔系统，科研、设计、教学等部门必不可少的工具书。

2. 由于标准的动态性，每年有相当数量的国家标准被修订，这些国家标准的修订信息无法在已出版的《汇编》中得到反映。为此，自1995年起，新增出版在上一年度被修订的国家标准的汇编本。

3. 修订的国家标准汇编本的正书名、版本形式、装帧形式与《中国国家标准汇编》相同，视篇幅分设若干册，但不占总的分册号，仅在封面和书脊上注明“2007年修订-1，-2，-3，……”等字样，作为对《中国国家标准汇编》的补充。读者配套购买则可收齐前一年新制定和修订的全部国家标准。

4. 修订的国家标准汇编本的各分册中的标准，仍按顺序号由小到大排列（不连续）；如有遗漏的，均在当年最后一分册中补齐。

5. 2007年制修订国家标准1 410项，全部收入在《中国国家标准汇编》第352～367分册和2007年修订-1～修订-23分册中。本分册为“2007年修订-9”，收入新制修订的国家标准43项。

中国标准出版社

2008年6月

目　录

ICS 31.040.30
L 15

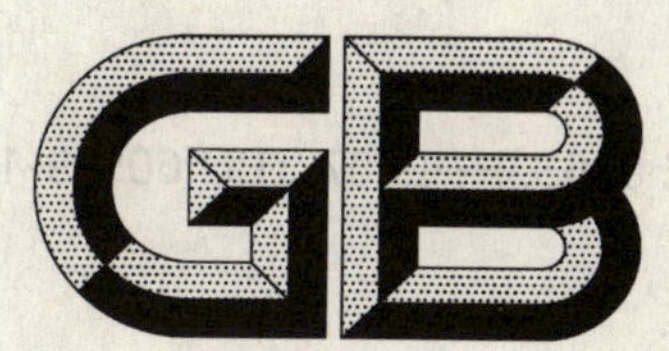

中华人民共和国国家标准

GB/T 6663.1—2007/IEC 60539-1:2002
QC 430000
代替 GB/T 6663—1986

直热式负温度系数热敏电阻器 第1部分:总规范

Directly heated negative temperature coefficient thermistors—Part 1:Generic specification

(IEC 60539-1:2002,IDT)

2007-02-09 发布　　2007-09-01 实施

中华人民共和国国家质量监督检验检疫总局
中国国家标准化管理委员会　发布

前　言

GB/T 6663《直热式负温度系数热敏电阻器》分为以下部分：

——第1部分：总规范；

——第2部分：分规范　表面安装负温度系数热敏电阻器；

……

本部分为GB/T 6663的第1部分，等同采用IEC 60539-1:2002(QC 430000)《直热式负温度系数热敏电阻器　第1部分：总规范》(英文版)。

本部分是对GB/T 6663—1986《直热式负温度系数热敏电阻器总规范》的修订，本部分与GB/T 6663—1986的主要区别是补充了作为抑制浪涌电流元件和表面安装元件使用时直热式负温度系数热敏电阻器的有关术语定义、性能要求、测量方法、耐久性试验方法和环境试验严酷等级的内容；删除了原标准中鉴定检验的固定样本试验一览表和质量一致性检验评定水平表及相关内容，删除的这些内容原本也不是IEC 60539-1第一版IEC 60539-1:1976的内容。本部分按GB/T 1.1—2000作了编辑性修改。

本部分的附录A和附录B为规范性的附录，附录C为资料性的附录。

本部分由中华人民共和国信息产业部提出。

本部分由全国电子设备用阻容元件标准化技术委员会归口。

本部分由中国电子技术标准化研究所(CESI)负责起草。

本部分主要起草人：陈勤、向艳、妥万禄。

本部分所代替的历次版本发布情况为：

——GB/T 6663—1986。

直热式负温度系数热敏电阻器
第1部分:总规范

1 总则

1.1 范围

GB/T 6663 的本部分适用于直热式负温度系数热敏电阻器,这类电阻器一般由金属氧化物半导体材料制成。

它规定了用于电子元件质量评定体系或其他目的分规范和详细规范的标准术语、检验程序和试验方法。

1.2 规范性引用文件

下列文件中的条款通过 GB/T 6663 的本部分的引用而成为本部分的条款。凡是注日期的引用文件,其随后所有的修改单(不包括勘误的内容)或修订版均不适用于本部分,然而,鼓励根据本部分达成协议的各方研究是否可使用这些文件的最新版本。凡是不注日期的引用文件,其最新版本适用于本部分。

注:关于 IEC 60068 号出版物,都将用所引用的版本。

GB/T 2423.4—1993 电工电子产品基本环境试验规程 试验 Db:交变湿热试验方法(eqv IEC 60068-2-30:1985)

GB/T 2423.5—1995 电工电子产品环境试验 第2部分 试验方法 试验 Ea 和导则:冲击(idt IEC 60068-2-27:1987)

GB/T 2423.6—1995 电工电子产品环境试验 第2部分 试验方法 试验 Eb 和导则:碰撞(idt IEC 60068-2-29:1987)

GB/T 2423.17—1993 电工电子产品基本环境试验规程 试验 Ka:盐雾试验方法(eqv IEC 60068-2-11:1981)

GB/T 2423.18—2000 电工电子产品环境试验 第2部分:试验 试验 Kb:盐雾,交变(氯化钠溶液)(eqv IEC 60068-2-52:1984)

GB/T 2691—1994 电阻器和电容器的标志代码(idt IEC 60062:1992)

GB/T 5076—1985 具有两个轴向引出端的圆柱体元件的尺寸测量(idt IEC 60294:1969)

GB/T 5078—1985 单向引出电容器和电阻器所需空间测定方法(idt IEC 60717:1981)

GB/T 19405.1—2003 表面安装技术 第1部分:表面安装元器件规范的标准方法(idt IEC 61760:1998)

IEC 60027(所有部分) 电子技术用字母符号

IEC 60050(所有部分) 国际电工词汇基础

IEC 60068-1:1988 环境试验 第1部分 总则和导则

更改单 1(1992)

IEC 60068-2-1:1990 环境试验 第2部分 试验 试验 A:寒冷

更改单 1(1993)

更改单 2(1994)

IEC 60068-2-2:1994 环境试验 第2部分 试验 试验 B:干热

更改单 1(1993)

更改单 2(1994)

IEC 60068-2-3:1984 环境试验 第2部分 试验 试验Ca:恒定湿热

IEC 60068-2-6:1995 环境试验 第2部分 试验 试验Fc:振动(正弦)

IEC 60068-2-13:1983 环境试验 第2部分 试验 试验M:低气压

IEC 60068-2-14:1984 环境试验 第2部分 试验 试验N:温度变化

更改单 1(1986)

IEC 60068-2-17:1994 环境试验 第2部分 试验 试验Q:密封

IEC 60068-2-20:1979 环境试验 第2部分 试验 试验T:锡焊

更改单 2(1987)

IEC 60068-2-21:1983 环境试验 第2部分 试验 试验U:引出端及整体安装件强度

更改单 2(1991)

更改单 3(1992)

IEC 60068-2-30:1980 环境试验 第2部分 试验 试验Db和导则:交变湿热(12+12h循环)

更改单 1(1985)

IEC 60068-2-32:1975 环境试验 第2部分 试验 试验Ed:自由跌落

更改单 2(1990)

IEC 60068-2-45:1993 环境试验 第2部分 试验 试验XA和导则:在清洗剂中浸渍

更改单 1(1993)

IEC 60068-2-58:1989 环境试验 第2部分 试验 试验Td:可焊性 金属化层耐溶蚀性及表面安装器件耐焊接热

IEC 60249-2-4:1987 印制电路基材 第二部分:标准—标准4:玻璃纤维增强环氧树脂覆铜箔层压板一般用途等级

更改单 3(1993)

更改单 4(1994)

IEC 60410:1973 计数检查抽样方案和程序

IEC 60617(所有部分) 电气图形符号

IEC QC 001002-3:1998 IEC电子元器件质量评定体系(IECQ)程序规则—第3部分:批准程序

ISO 1000:1992 SI单位制和推荐的其组合单位和其他单位的应用

2 技术数据

2.1 单位、符号和术语

单位、图形符号、文字符号和术语应尽可能采用下列出版物:

IEC 60027

IEC 60050

IEC 60617

ISO 1000

当需要增补更多的条款时,应与以上所列出版物的原则一致。

2.2 定义

在GB/T 6663的本部分中,采用下列术语和定义。

2.2.1

型号 type

具有相同的设计特性和制造工艺,在正常条件下生产的产品。

注1:如果能够证明安装零部件对试验结果没有重大影响,则安装零部件可以忽略。

注 2:额定值包括以下内容:

——电性能额定值;

——尺寸;

——气候类别。

注 3:额定值范围的极限值应在详细规范中规定。

2.2.2

品种规格　style

在同一型号中,按电阻器的标称尺寸和特性划分为品种规格。

2.2.3

热敏电阻器　thermistor

其首要特性是随着阻体温度的变化,电阻值呈现显著变化的热敏感半导体电阻器。

2.2.4

负温度系数热敏电阻器(NTC)　negative temperature coefficient thermistor

温度升高时,电阻值下降的热敏电阻器。

2.2.5

直热式负温度系数热敏电阻器　directly heated negative temperature coefficient thermistor

其电阻值的变化是通过物理条件(例如电流通过热敏电阻器、环境温度、湿度、风速、气体等)的变化而获得的负温度系数热敏电阻器。

2.2.6

非直热式负温度系数热敏电阻器　indirectly heated negative temperature coefficient thermistor

其电阻值的变化主要是通过热敏电阻器温度的改变而获得的,这一温度的改变是由于流经一个与热敏电阻器元件紧密接触但彼此绝缘的加热器的电流变化产生的。

注:热敏电阻器的温度改变也可以通过物理条件(例如电流通过热敏电阻器、环境温度、湿度、风速、气体等)的变化而获得。

2.2.7

正温度系数(PTC)热敏电阻器(仅作为提示)　positive temperature coefficient(PTC)thermistor (for information only)

其电阻值随温度升高而升高的热敏电阻器。

2.2.8

带引出线的热敏电阻器　thermistor with wire terminations

带有线状引出端的热敏电阻器。

2.2.9

无引出线的热敏电阻器　thermistor without wire terminations

仅有两个金属化表面供电连接使用的热敏电阻器。

2.2.10

绝缘型热敏电阻器　insulated thermistor

热敏电阻器使用树脂、玻璃或陶瓷等绝缘材料进行封装,以满足试验一览表中规定的绝缘电阻、耐压试验的要求。

2.2.11

非绝缘型热敏电阻器　non-insulated thermistor

热敏元件表面有或没有封装,但不供满足试验一览表中规定的绝缘电阻、耐压试验的要求。

2.2.12

表面安装热敏电阻器　suface thermistor

具有小尺寸的热敏电阻器,其特性和引出端形式适用于印制板上的电路中。

2.2.13

装配型热敏电阻器(探头) assembled thermistor (probe)

封装在不同材料(如塑料和金属)的套管或外壳中,可以用线缆和/或连接器连接的热敏电阻器。

2.2.14

敏感用热敏电阻器 thermistor for sensing

能够响应温度变化,并因此被用于温度测量和控制的热敏电阻器。

2.2.15

抑制浪涌电流用热敏电阻器 inrush current limiting thermistor

抑制电源闭合瞬间的浪涌电流的热敏电阻器。

2.2.16

剩余电阻值(仅适用于抑制浪涌电流用热敏电阻器) residual resistance (only for inrush current limiting thermistor)

当热敏电阻器上流过最大电流并达到热平衡时的直流电阻值。

2.2.17

最大允许电容量(仅适用于抑制浪涌电流用热敏电阻器) maximum permissible capacitance (only for inrush current limiting thermistor)

在负载状态下,与一个热敏电阻器连接的电容器的最大允许电容量值。

2.2.18

零功率电阻值 zero-power resistance

R_T

在规定温度下测得的热敏电阻器的直流电阻值。测量应在下述条件下进行:由于自热导致的电阻值变化相对于总的测量误差可以忽略不计。

2.2.19

标称零功率电阻值 rated zero-power resistance

除非另有规定,在基准温度25℃下的标称零功率电阻值。

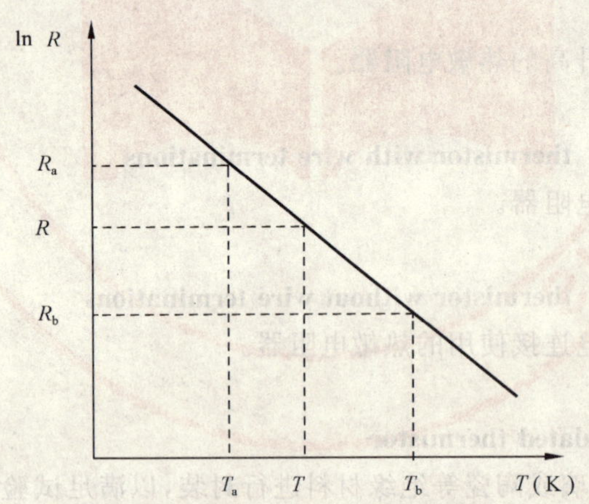

图1 NTC热敏电阻器的典型电阻-温度特性

2.2.20

电阻-温度特性 resistance-temperature characteristic

热敏电阻器零功率电阻值与阻体温度之间的关系。

电阻值规律近似符合以下公式:

$$R = R_a \times e^{B(1/T - 1/T_a)}$$

式中：

R——在绝对温度 T（单位为 K）下的零功率电阻值（单位为 Ω）；

R_a——在绝对温度 T_a（单位为 K）下的零功率电阻值（单位为 Ω）；

B——热敏指数（见 2.2.22）。

注：本公式仅适用于限定温度范围内的阻值变化。电阻—温度曲线更准确的描述应在详细规范中以表格形式加以规定。

2.2.21

电阻比　resistance ratio

一个热敏电阻器在 25℃和 85℃，或详细规范规定的其他一对温度下测定的零功率电阻值之比。

2.2.22

***B* 值　*B*-value**

用以下公式表示热敏指数：

$$B = [(T_a \times T_b)/(T_b - T_a)] \times \ln(R_a/R_b)$$

或

$$B = 2.303 \times [(T_a \times T_b)/(T_b - T_a)] \times \log(R_a/R_b)$$

式中：

B——常数（单位为 K）；

R_a——在温度 T_a（单位为 K）下测定的零功率电阻值（单位为 Ω）；

R_b——在温度 T_b（单位为 K）下测定的零功率电阻值（单位为 Ω）。

T_a＝298.15K[1)]

T_b＝358.15K[1)]

注：若详细规范规定 B 值在其他温度下测定，则应规定替代优选数的 T_a 和 T_b 的值（单位为 K），且这个 B 值应被描述为“$B_{a/b}$”。

2.2.23

零功率电阻温度系数　zero-power temperature coefficient of resistance

α_T

在规定温度（T）点，热敏电阻器的零功率电阻值相对于温度的变化率与零功率电阻值之比，用以下公式描述：

$$\alpha_T = (1/R_T) \times (\mathrm{d}R_T/\mathrm{d}T) \times 100$$

α_T 的值可通过以下公式近似计算：

$$\alpha_T = -(B/T^2) \times 100$$

式中：

α_T——零功率电阻温度系数（单位为％/K）；

R_T——在温度 T（单位为 K）下的零功率电阻值（单位为 Ω）；

B——热敏指数（单位为 K）。

2.2.24

类别温度范围　category temperature range

热敏电阻器设计在零功率状态下可连续工作的环境温度范围，它由适当类别的温度极限来决定。

2.2.25

上限类别温度　upper category temperature range

$\theta_{max.}$

1）T_a 和 T_b 的优选值，分别相当于 25℃和 85℃。

热敏电阻器设计在零功率状态下可连续工作的最高环境温度。

2.2.26

下限类别温度　lower category temperature range

$\theta_{min.}$

热敏电阻器设计在零功率状态下可连续工作的最低环境温度。

2.2.27

贮存温度范围　storage temperature range

热敏电阻器在无负荷状态下可连续贮存的环境温度范围。

2.2.28

降功耗曲线(不适用于抑制浪涌电流用热敏电阻器)　decreased power dissipation curve(not for inrush current limiting thermistors)

环境温度和最大功耗 $P_{max.\theta}$ 之间的关系,通常用图 2 中的曲线 a 或曲线 b 来描述。

2.2.29

标称环境温度 θ_R 下的最大功耗　maximum power dissipation at rated ambient temperature θ_R

$P_{max.\ \theta_R}$

在标称环境温度 θ_R 下,可以连续施加在热敏电阻器上的功耗最大值。(图 2 的曲线 a 中 $\theta_2 \leqslant \theta_R \leqslant \theta_3$,曲线 b 中 $\theta_2 \leqslant \theta_R = \theta_3$)。

标称环境温度 θ_R 是详细规范中规定的环境温度,通常是 25℃。

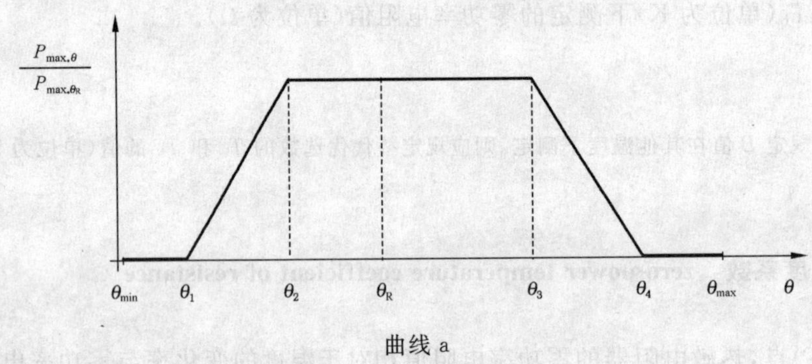

曲线 a

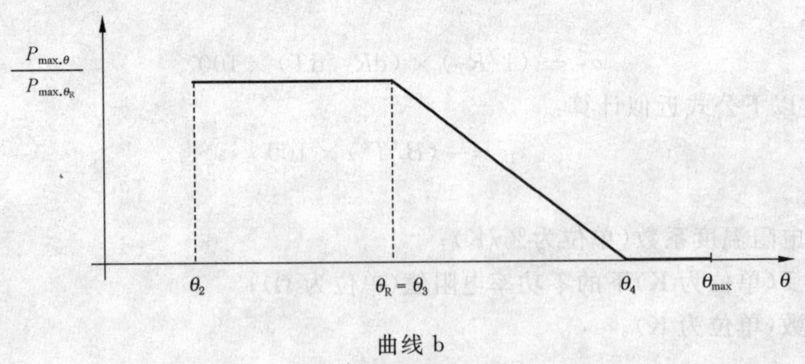

曲线 b

图 2　降功耗曲线

2.2.30

环境温度 θ 下的最大功耗　maximum power dissipation at ambient temperature θ

$P_{max.\ \theta}$

在环境温度 θ 下,可以连续施加在热敏电阻器上的功耗最大值。

曲线 a

最大功耗从温度 θ_1 到温度 θ_2 线性地增加,在温度 θ_2 和 θ_3 之间功耗保持不变。当温度超过 θ_3 后,功耗应线性地减少，到温度 θ_4 降为 0。

环境温度 θ 下的最大功耗通常按以下公式计算：

$$P_{\max.\theta} = I_{\max.\theta} \times U$$

式中：

U——热敏电阻器上的电压(对应 $I_{\max.\theta}$，见 2.2.32)。

最大功耗可用以下公式进行描述：

$\theta_1 \leqslant \theta \leqslant \theta_2$： $P_{\max.\theta} = P_{\max.\theta_R} \times (\theta - \theta_1)/(\theta_2 - \theta_1)$

$\theta_3 \leqslant \theta \leqslant \theta_4$： $P_{\max.\theta} = P_{\max.\theta_R} \times (\theta_4 - \theta)/(\theta_4 - \theta_3)$

式中：

θ——环境温度(单位为℃)；

θ_1——详细规范规定的温度(单位为℃)，低于这个温度，只允许施加零功率。θ_1 高于或等于下限类别温度 $\theta_{\min.}$(单位为℃)；

θ_2——可以施加 $P_{\max.\theta}$ 的最低温度。除非详细规范另有规定，$\theta_2 = 0$℃；

θ_3——可以施加 $P_{\max.\theta}$ 的最高温度。除非详细规范另有规定，$\theta_3 = 55$℃；

θ_4——详细规范规定的温度(单位为℃)，超过这个温度以下，只允许施加零功率。θ_1 低于或等于上限类别温度 $\theta_{\max.}$(单位为℃)。

曲线 b

最大功耗从温度 θ_2 到 θ_R 之间保持不变。除非详细规范另有规定，$\theta_2 = 0$℃。当温度超过 θ_R 后，功耗应线性地减少，到温度 θ_4 降为 0。

环境温度 θ 下的最大功耗通常按以下公式计算：

$$P_{\max.\theta} = I_{\max.\theta} \times U$$

式中：

U——热敏电阻器上的电压(对应 $I_{\max.\theta}$，见 2.2.32)。

最大功耗可用以下公式进行描述：

$\theta_R \leqslant \theta \leqslant \theta_4$： $P_{\max.\theta} = P_{\max.\theta_R} \times (\theta_4 - \theta)/(\theta_4 - \theta_R)$

式中：

θ_R——标称环境温度(单位为℃)。除非详细规范另有规定，$\theta_2 = 25$℃；

θ_4——详细规范规定的温度(单位为℃)，超过这个温度以下，只允许施加零功率。θ_1 低于或等于上限类别温度 $\theta_{\max.}$(单位为℃)。

2.2.31

25℃环境温度下的最大电流 $I_{\max.25}$(仅适用于抑制浪涌电流用热敏电阻器) maximum current at ambient temperature of 25℃ ($I_{\max.25}$) (for inrush current limiting thermistor)

在 25℃环境温度下，可以连续施加在热敏电阻器上的电流(直流或正弦波交流有效值)最大值(图 3 的曲线 c 中 $\theta_2 \leqslant 25℃ \leqslant \theta_3$，曲线 d 中 $\theta_2 \leqslant 25℃ = \theta_3$)。

注：25℃环境温度下的最大功耗计算为：$P_{\max.25} = I_{\max.25} \times U$，这里 U 是通过热敏电阻器的电压降。

2.2.32

环境温度 θ 下的最大电流($I_{\max.\theta}$) maximum current at ambient temperature θ($I_{\max.\theta}$)

在环境温度 θ 下，可以连续施加在热敏电阻器上的电流最大值。

曲线 c

最大电流从温度 θ_1 到温度 θ_2 线性地增加，在温度 θ_2 和 θ_3 之间保持不变。当温度超过 θ_3 后，电流线性地减少，到温度 θ_4 降为 0。

最大电流可用以下公式进行描述：

$\theta_1 \leqslant \theta \leqslant \theta_2$:　　　　$I_{max.\theta} = I_{max.25} \times (\theta - \theta_1)/(\theta_2 - \theta_1)$

$\theta_3 \leqslant \theta \leqslant \theta_4$:　　　　$I_{max.\theta} = I_{max.25} \times (\theta_4 - \theta)/(\theta_4 - \theta_3)$

式中:

θ——环境温度(单位为℃);

θ_1——详细规范规定的温度(单位为℃),θ_1 高于或等于下限类别温度 $\theta_{min.}$(单位为℃);

θ_2——除非详细规范另有规定,$\theta_2 = 0$℃;

θ_3——除非详细规范另有规定,$\theta_3 = 55$℃;

θ_4——详细规范规定的温度(单位为℃),θ_1 低于或等于上限类别温度 $\theta_{max.}$(单位为℃)。

曲线 d

最大电流从温度 θ_2 到 θ_R 之间保持不变。除非详细规范另有规定,$\theta_2 = 0$℃。当温度超过 θ_R 后,电流应线性地减少,到温度 θ_4 降为 0。

最大电流可用以下公式进行描述:

$\theta_R \leqslant \theta \leqslant \theta_4$:　　　　$I_{max.\theta} = I_{max.25} \times (\theta_4 - \theta)/(\theta_4 - \theta_R)$

式中:

θ_R——标称环境温度(单位为℃),除非详细规范另有规定,$\theta_R = 25$℃;

θ_4——详细规范规定的温度(单位为℃),θ_1 低于或等于上限类别温度 $\theta_{max.}$(单位为℃)。

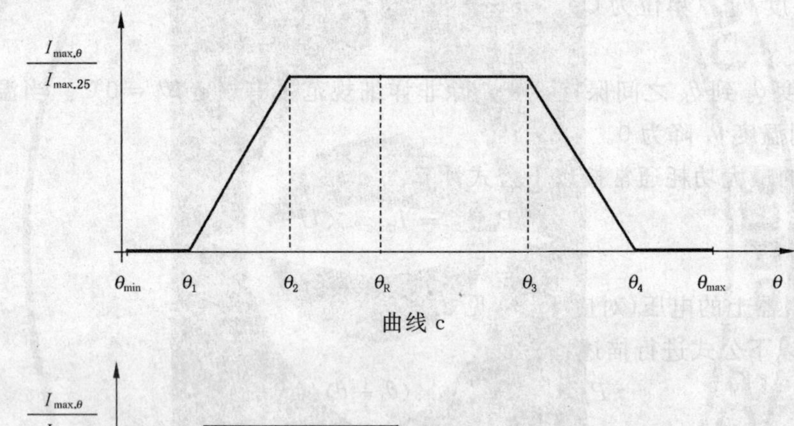

曲线 c

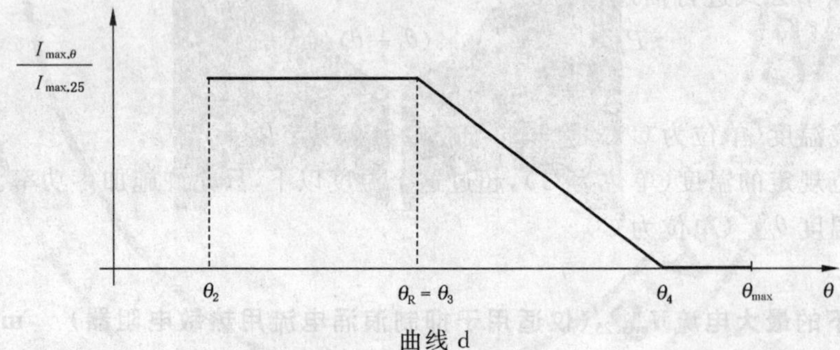

曲线 d

图 3 降最大电流

2.2.33

耗散系数 dissipation factor

δ

使热敏电阻器的温度升高 1 K 所需消耗的功率。通常为规定的环境温度下功耗变化与热敏电阻器阻体温度变化之比。

2.2.34

响应时间 response time

当环境温度、功率或温度与功率综合变化时,热敏电阻器的阻体温度在两个不同条件间变化所需要的时间(单位为 s)。

注:由于无法直接测量响应时间,两种方法被规定用于直接测量热时间常数。

2.2.34.1

环境温度变化的热时间常数　thermal time constant by ambient temperature change

τ_a

在规定的介质中，当环境温度发生突变时，热敏电阻器响应温度变化的63.2%所需要的时间(单位为s)。

注：介质及温度突变在详细规范中规定。

2.2.34.2

自热后冷却的热时间常数　thermal time constant by cooling after self-heating

τ_c

在规定的介质中，热敏电阻器自热后冷却其温升的63.2%所需要的时间(单位为s)。

2.2.35

热容量　heat capacity

C_{th}

热敏电阻器的温度升高1 K所需的能量(单位为J)。热容量完全取决于元件设计。

注：热容量可以通过以下公式计算：$C_{th}=\delta\times\tau_c$

2.2.36

电压-电流特性　voltage-current characteristic

在静止空气或详细规范规定的静止的介质中，在25℃或详细规范规定的温度下，热敏电阻器上的电压值(直流、交流有效值)与热敏电阻器达到热平衡时流过的稳态电流值之间的关系。

2.3　优先值

每个分规范均应给出适用于该类型的优先值。

2.3.1　气候类别

热敏电阻器应符合IEC 60068-1附录A中通则规定的气候类别的等级标准。

上限类别温度、下限类别温度及稳态湿热试验的周期应从表1中选择。

表1　上限类别温度、下限类别温度及湿热试验周期

下限类别温度/℃	−90，−80，−65，−55，−40，−25，−10，−5，+5
上限类别温度/℃	30，40，55，70，85，100，105，125，150，155，175，200，250，315，400，500，630，800，1 000
稳态湿热试验周期/d	4，21，42，56

详细规范应对适用的类别给予规定。

2.4　标识

2.4.1　通则

当空间允许时，以下内容应清晰地标识在产品上：

a)　标称零功率电阻值；

b)　制造厂名称和/或商标；

c)　制造日期；

d)　标称零功率电阻值允许偏差；

e)　详细规范号和型号规格。

以上内容应全部清楚地标识于产品的包装上。

不引起混乱的任何增加内容均可标识。

2.4.2　小尺寸产品通常可不在产品上标识。如果需标识一些内容，应尽可能多地标识上述条款中的常用内容。任何重复的信息均应避免。

2.4.3 代码

阻值、偏差及日期可以使用代码，其方法可从 GB/T 2691—1994 中选择。

3 质量评定程序

3.1 总则

当本标准和任何相关标准用于一个完整的质量评定体系时，例如用于 IEC 电子元器件质量评定体系(IECQ)，应遵守 3.4 和 3.5 要求。

当本标准用于上述 IECQ 体系的质量评定体系以外时，例如设计检验或型式试验，可以采用 3.4.1 和 3.4.2 b)，但各项试验和试验的各个部分应按试验一览表所给出的顺序进行。

3.2 初始制造阶段

初始制造阶段是最初的配料工序。

3.3 结构相似元件

只要满足下列要求，可以将结构相似的热敏电阻器组合起来形成检验批：

——它们应是同一生产厂家在同一地点使用本质上是相同的设计、相同的材料、相同的工艺和方法生产的热敏电阻器。

——抽样应取决于所组合元件的总批量样本数大小。

——结构相似元件应尽可能包括在同一个详细规范中，但是对于结构相似性的所有要求的细节应在鉴定批准试验报告中说明。

3.3.1 对于电气试验，只要所包括的全部元件的决定性要素是相似的，则可以把具有相同电性能的元件组合在一起。

3.3.2 对于环境试验，可以把封装、基本内部结构和加工工艺相同的元件组合在一起。

3.3.3 对于外观检查(标志除外)，如果元件是在同一生产线上生产的，并具有相同的尺寸、封装和外涂层，则可以把这些元件组合在一起。

这种组合也可用于引出端强度和锡焊试验，这种组合对于具有不同内部结构的元件是方便的。

3.3.4 对于耐久性试验，如果热敏电阻器是采用相同设计并在同一生产线上生产而只是电性能方面不同，则可以把它们组合在一起。如果能证明组合中的一个型号经受的试验比别的型号更严酷，则通过该型号的试验可以接收该组中的其余型号的产品。

3.4 鉴定批准程序

3.4.1 制造厂应遵守

a) 管理鉴定批准的程序规则 IEC QC 001002-3:1998 的第 3 条通用要求，和

b) 初始制造阶段的要求(见 3.2)。

3.4.2 除 3.4.1 的要求外，还应采用下述程序 a)或程序 b)

a) 制造厂应在尽可能短的时间内进行 3 个批次的逐批检验和 1 个批次的周期检验试验，以证明产品符合本规范的要求。

按 IEC 60410(见附录 A)从各批中抽取样本，应采用正常检查，但当按其样本大小给出的不合格判定数为零时，应增加样品使按其样本大小给出的不合格判定数达到 1 的要求。

b) 制造厂应按分规范给出的固定样本大小试验一览表之一进行试验，以证明产品符合本规范的要求。制造厂可在其与程序 3.4.2a)之间择一进行。

组成样本的样品应从现行生产的产品中随机抽取，或按国家监督检查机构同意的方式抽取。

对于这两种程序其样本大小及允许不合格品数应按照相应的程序，但试验条件和要求应相同。

3.4.3 作为质量评定体系的组成部分所获得鉴定批准，应通过符合质量一致性检验(见 3.5)要求的常规试验来加以维持。否则，鉴定批准必须按 IEC QC 001002-3:1998 的 3.1.7 规定的鉴定批准规则来维持。

3.5 质量一致性检验

与分规范关联的空白详细规范中应规定质量一致性检验的试验一览表。该一览表还应对逐批检验和周期检验的组别划分、抽样及试验周期作出规定。

检验水平和抽样方案应从IEC 60410:1973中选取。

如果需要可规定一个以上的一览表。

3.6 放行批试验记录证明

当采购方要求放行批试验记录证明时,其内容应在详细规范中规定。

3.7 延期交货

保存超过2年(除非分规范另有规定)的热敏电阻器,这种批在放行时,应在发货之前按分规范的规定重新检验。

承制方的总检查员所采取的重新检验的程序应由国家监督检查机构认可。

一旦某一批通过了重新检验,其质量就再次保证一个规定的周期。

3.8 鉴定批准下的B组试验完成前交货的放行

当B组试验全部满足IEC 60410:1973转为放宽检查的条件时,允许制造方在该组试验完成之前放行。

3.9 替代的试验方法

按IECQC 001002-3:1998的3.2.3.7和以下细则:

有争议时,只应使用本规范规定的方法进行判定和仲裁。

3.10 不检查参数

只有详细规范中有规定而且必须经过试验的那些元件参数,才能认为是在规定的极限范围内。

对于未作规定的参数,不能认为各元件之间是没有差别的。如果由于某种原因,必须控制更多的参数时,就应采用一个新的更广泛的规范。

增加的试验方法应充分地加以叙述,并应规定相应的极限值、抽样方案和检查水平。

4 试验和测量程序

4.1 总则

分规范和/或空白详细规范应列表说明需要进行的各种试验,每项试验或试验分组前后需要进行的测量及试验和测量的顺序。每项试验的各个阶段应按所列出的顺序进行。初次测量和最后测量的测量条件应当相同。

如果某一质量评定体系的国家规范包括与上述文件不相同的方法,则应完整地加以叙述。

1.2中给出了本章所用的IEC 60068各项试验的版本和修改状态。

4.2 试验的标准大气条件

除非另有规定,所有试验和测量应在IEC 60068-1:1988的5.3规定的试验标准大气条件下进行:

——温度:15℃~35℃;

——相对湿度:25%~75%;

——空气压力:86 kPa~106 kPa。

进行测量之前,热敏电阻器应在测量温度下放置足够的时间以使整个热敏电阻器达到该温度。同样应规定时间作为试验后的恢复时间,通常恢复时间应是足够的。

测量时,热敏电阻器不能暴露在气流、日光线直射或位于其他可能导致误差的环境下。

当在规定以外的温度下进行测量时,如有必要,应将其测量结果校正到规定温度时的值。测量期间的环境温度应在试验报告中说明。

当按顺序进行各项试验时,一项试验的最后测量可作为下一项试验的初始测量。

4.3 干燥和恢复

4.3.1 干燥

当规范要求时，在进行测量之前，热敏电阻器应按详细规范的规定采用程序Ⅰ或程序Ⅱ的条件进行干燥。

程序Ⅰ

在温度为55℃±2℃，相对湿度不超过20%的烘箱中放置24 h±4 h。

程序Ⅱ

在温度为100℃±5℃的烘箱中放置96 h±4 h。

将热敏电阻器从烘箱取出后，放在具有适当干燥剂(如活性氧化铝或硅胶)的干燥器中冷却。并且保存到规定的试验开始。

4.3.2 恢复

除非另有规定，应在试验的标准大气条件(4.2)下恢复，如果要在严格控制的条件下恢复，应采用IEC 60068-1:1988的5.4.1标准恢复条件。

4.4 外观检查和尺寸检查

4.4.1 外观检查

用目检法检查加工质量应符合规定。

4.4.2 标志

用目检法检查标志应清晰。

4.4.3 尺寸(量规测量的)

详细规范标出适合用量规检验的尺寸，应测量并应符合详细规范的规定。

适用时，测量应按照GB/T 5076—1985或GB/T 5078—1985进行。

4.4.4 尺寸(详细的)

详细规范中规定的全部尺寸都应进行检查，并应符合规定。

4.5 零功率电阻值

4.5.1 零功率电阻值应在详细规范规定的温度下进行测量。测量电路见图4。

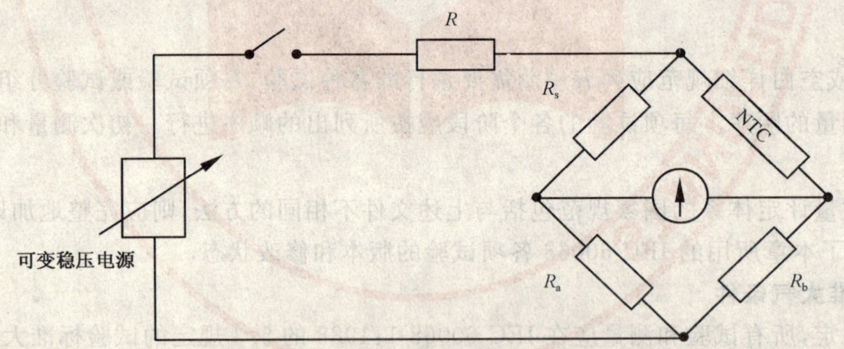

图4 零功率电阻值测量基本电路

4.5.2 热敏电阻器采用通常的方法安装在由绝缘材料制造的安装板上的抗腐蚀夹具中。

然后将热敏电阻器较深地插入无腐蚀和非还原介质的测量槽中，靠近温度计并且经过一定时间，该时间应使零功率电阻值达到稳定读数。

所有的测量应该在元件无自热的条件下(零功率条件)进行。

耗散功率、温度偏差和测量设备的误差所产生的测量总误差应不超过详细规范中规定偏差的10%。

4.5.3 零功率电阻值应在详细规范中规定的范围内，不得超出所规定的偏差。

4.6 *B* 值或电阻比

4.6.1 采用4.5中规定的方法，测量25℃和85℃(或详细规范规定的其他一对温度)的零功率电阻值，并计算 B 值(见2.2.22)或电阻比(见2.2.21)。

4.6.2 B 值或电阻比应在规定的偏差内。

4.7 绝缘电阻(仅对绝缘型热敏电阻器)

4.7.1 应测量保护涂层的绝缘电阻。

4.7.2 根据详细规范中给出的结构，采用以下试验方法之一：

方法1

热敏电阻器的非绝缘部分应包裹在良好绝缘的材料中。将热敏电阻器放置在装有直径1.6 mm±0.2 mm的金属球的容器中，仅金属部分插入。球的金属应不呈现电阻性表面。

将一个电极放在金属球中。

方法2

将热敏电阻器放置在盐溶液中，仅绝缘部分浸入。溶液浓度应与盐雾试验(GB/T 2423.17—1993)相同。

将一个电极浸入溶液中。

方法3

紧绕着热敏电阻器包裹一种金属箔。

对于不是轴向引出端的热敏电阻器，金属箔边缘与每个引出端之间应留有1 mm～1.5 mm的间隙。对于轴向引出端的热敏电阻器，用金属箔把整个热敏电阻体包住，并且在每端伸出至少5 mm，只要箔片与引出端之间能够保持1 mm的最小间隙。金属箔的两端在超过电阻体两端处不应折曲。

方法4

热敏电阻器夹持在90度金属V型槽中，V型槽的尺寸应使热敏电阻器阻体不超过其末端。

夹持力应使热敏电阻器和V型槽之间保持适当的接触。

应按以下要求将热敏电阻器放置在V型槽中：

对于圆柱形的热敏电阻器：热敏电阻器在槽中的放置应使离热敏电阻器轴线的最远的引出端最靠近槽的一个表面。

对于矩形的热敏电阻器：热敏电阻器在槽中的放置应使离热敏电阻器边缘最近的引出端最靠近槽的一个表面。

对于具有轴向引线的圆柱形热敏电阻器，热敏电阻器任一引出端露出点的任何偏离中心位置的现象可以忽略。

方法5

将热敏电阻器夹在金属板之间。夹持力应使热敏电阻器和金属板之间保持适当的接触。

方法6

热敏电阻器与作为一个电极的附件(安装座、法兰和其他)应绝缘。

4.7.3 将热敏电阻器的引出端连接在一起作为一个电极，金属球、盐溶液、金属箔、V型槽、金属板或附件作为另一个极，加直流电压100 V±15 V测量两个极之间的绝缘电阻。

施加电压的时间为1 min，或必要时只要能获得稳定的读数，时间还可以更短。绝缘电阻将在周期结束时读出。

4.7.4 热敏电阻器进行规定的测量时，绝缘电阻应不小于详细规范中规定的值。

4.8 耐电压(仅对绝缘型热敏电阻器)

4.8.1 热敏电阻器按下面的规定进行试验。

4.8.2 详细规范要求时，应使用4.7.2给出的试验方法之一。

4.8.3 施加的电压应在适用的安全文件中规定的。没有安全文件时，施加的电压如下：

将热敏电阻器的引出端连接起来作为一个电极，金属球、金属箔、V形槽、金属板、附件或清洁的水作为另一个电极，在两极间施加一个频率为40 Hz～60 Hz，峰值为详细规范规定绝缘电压的1.4倍的交流电压，持续时间为60 s±5 s。

电压应以近似于100 V/s的速率逐步施加，试验电压增加10%时，试验时间可减少到1 s。

4.8.4 应无击穿或飞弧。

4.9 电阻/温度特性

4.9.1 测量温度范围应从表1给出的温度中选择，并且电阻/温度特性应使用4.5.2规定的方法测量。

4.9.2 电阻温度特性应在详细规范规定的范围内。

4.10 耗散系数(δ)

4.10.1 测量并且记录热敏电阻器在温度 T_b 下的零功率电阻值，除非详细规范中另有规定，其温度为85℃±0.1℃。

4.10.2 除非详细规范另有规定，有引线的热敏电阻器应用夹具在距离热敏电阻器体25 mm±1.5 mm处夹紧。

除有引线的以外的热敏电阻器应用夹具支撑，如果可行，按照附录C。任何例外都应在详细规范中充分说明。

夹具夹住的热敏电阻器放入一个试验箱内测试，这个试验箱的容积至少要比热敏电阻器体积大1 000倍。线路应这样安装以使热敏电阻器之间或热敏电阻器与箱壁之间的距离不少于75 mm。

试验箱内的空气应是静止的，温度应为25℃±5℃，热敏电阻器的测试电路连接如图5所示。

高阻抗电压表和安培表准确度应优于1%。

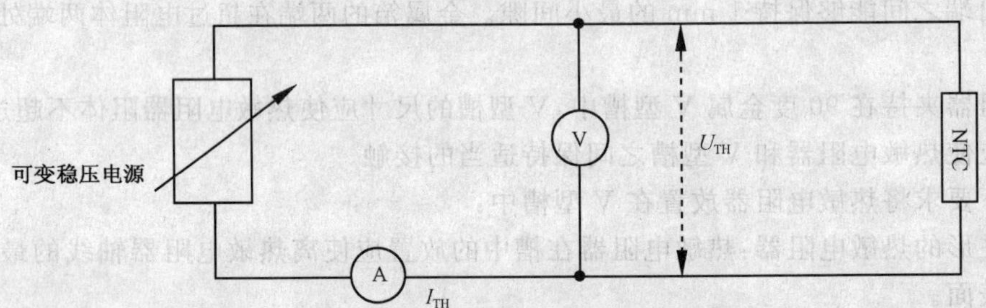

图5 耗散系数测量电路

4.10.3 调整电流 I_{TH} 直到 U_{TH}/I_{TH} 在温度 T_b 时的零功率电阻值的±5%以内。记录 U_{TH} 和 I_{TH} 达到稳定时的读数。

4.10.4 耗散系数(δ)应使用以下公式进行计算：

$$\delta = (U_{TH} \times I_{TH})/(T_b - 25)\ \text{W}/℃$$

式中：

T_b——除非详细规范另有规定，85℃。

U_{TH}——测量的电压值(单位为V)。

I_{TH}——测量的电流值(单位为A)。

4.10.5 耗散系数应在详细规范中规定的范围内。

4.11 环境温度变化引起的热时间常数(τ_a)

4.11.1 按照4.5中的规定测量温度 T_i 及 T_a 下的零功率电阻值，温度 T_i 按以下公式计算：

$$T_i = T_a + (T_b - T_a) \times 0.632$$

式中：

T_a——(273.15+25)K，除非详细规范另有规定。

T_b——(273.15+85)K，除非详细规范另有规定。

记录测量结果。

4.11.2　将热敏电阻器浸入温度为 T_a 的介质中，并且达到热平衡。

4.11.3　迅速的将热敏电阻器转移到温度为 T_b 的介质中，测量热敏电阻器达到温度 T_i 时零功率电阻值的时间。

测得的这个时间就是环境温度变化的热时间常数。

4.11.4　环境温度变化引起的热时间常数应在详细规范规定的范围内。

4.11.2 和 4.11.3 中使用的介质，T_a 和 T_b 的温度偏差，空气(流速)或液体(流速和粘性)应在详细规范中规定。

注：这个方法不适用于微型热敏电阻器，因为从第一种介质到第二种介质转移期间温度的变化可以引起较大的误差。

4.12　自热后冷却的热时间常数(τ_c)

4.12.1　测量热敏电阻器在 $T_b=(358.15\pm2)$K，$T_a=(298.15\pm2)$K 和 T_i 温度下按 4.5 中的说明测量零功率电阻值。T_i 按以下公式进行计算：

$$T_i = T_b - (T_b - T_a) \times 0.632$$

记录测量结果。

注：T_a 和 T_b 也可以是详细规范中规定的其他值。

4.12.2　除非详细规范另有说明，热敏电阻器应安装在 4.10.2 中说明的试验箱中。在插入该试验箱之前，热敏电阻器应连接到图 6 所示的电路中。

高阻抗电压表和电流表精度应优于 1%。电阻测量仪器精度应不低于 0.1%。

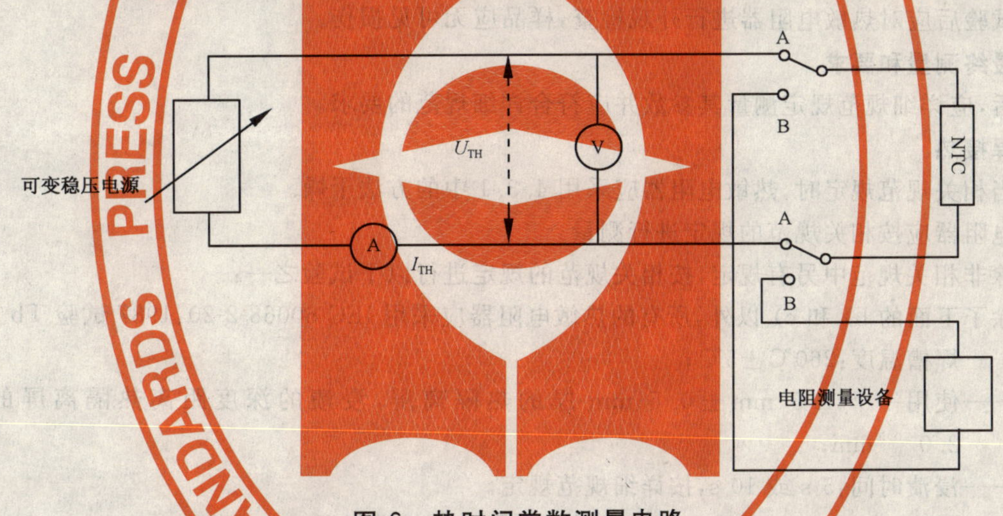

图 6　热时间常数测量电路

4.12.3　测量方式应按照以下规定：

闭合接点 AA，调整电流 I_{TH} 直到比率 U_{TH}/I_{TH} 在 T_b 温度零功率电阻值的 60% 到 80% 以内，并且达到稳定的读数。投掷开关闭合接点 BB 并且当热敏电阻器达到温度 T_b 下的零功率电阻值时计时，直到 T_i 温度零功率电阻值时停止计时。

开始和停止计时之间的时间就是热时间常数。

4.12.4　热时间常数应在详细规范规定的范围内。

4.13　引出端强度(不适用于表面安装热敏电阻器 SMT)

a)　测量并记录详细规范规定的相应参数；

b)　热敏电阻器应经受 IEC 60068-2-21:1992 的 Ua_1，Ub 和 Uc 试验程序；

c)　如果详细规范规定引出端是刚性的，则不进行试验 Ub 和 Uc。

4.13.1　试验 Ua_1—拉力

除非详细规范中另有说明，施加拉力的持续时间为 10 s，拉力大小是：

——除线状引出端外所有类型的引出端:20 N。

——线状引出端见表 2。

表 2 拉力

标称横截面积(见注)/mm²	圆截面线的对应直径/mm	拉力,偏差±10%/N
$s\leqslant 0.05$	$d\leqslant 0.05$	1
$0.05<s\leqslant 0.1$	$0.25<d\leqslant 0.35$	2.5
$0.1<s\leqslant 0.2$	$0.35<d\leqslant 0.5$	5
$0.2<s\leqslant 0.5$	$0.5<d\leqslant 0.8$	10
$0.5<s\leqslant 1.2$	$0.8<d\leqslant 1.25$	20
$1.2<s$	$1.25<d$	40
注:对于裸露的或针状的圆型截面线:标称横截面积等于由规范中相应给出的标称直径计算的值。对于多芯线,标称横截面积为相关规范中规定导体的各个多芯线横截面积的和。		

4.13.2 Ub 试验——弯曲(引出端的一半)

施加两次连续的弯曲(方法 1)。

4.13.3 试验 Uc——扭转(剩余的引出端)

施加两次 180°扭转(严酷度 2)。

4.13.4 外观检查

每次试验后应对热敏电阻器进行外观检查,样品应无可见损伤。

4.13.5 最终测量和要求

试验后,应详细规范规定测量其参数并应符合详细规范的要求。

4.14 耐焊接热

4.14.1 当相关规范规定时,热敏电阻器应采用 4.3.1 中的方法干燥。

热敏电阻器应按相关规范的规定进行测量。

4.14.2 除非相关规范中另有规定,按相关规范的规定进行以下试验之一:

a) 除了下面的 b) 和 c) 以外,所有的热敏电阻器应采用 IEC 60068-2-20:1987 试验 Tb 方法 1A:

——焊槽温度:260℃±5℃;

——使用一个 1.5 mm±0.5 mm 厚的热隔离屏,浸渍的深度距离热隔离屏的水平面 $2.0^{+0.5}_{0}$ mm;

——浸渍时间:5 s 或 10 s,按详细规范规定。

b) 对于详细规范中明确设计不用于印刷电路板的热敏电阻器:

1) IEC 60068-2-20:1987 试验 Tb 方法 1B:

——焊槽温度:350℃±10℃;

——浸渍的深度:距离阻体 $2.0^{+0.5}_{0}$ mm;

——浸渍时间:3.5 s±0.5 s。

或

2) 方法 2:IEC 60068-2-20:1987 试验 Tb 的烙铁:

——烙铁温度:350℃±10℃;

——焊接时间:10 s±1 s。

烙铁的尺寸和试验施加点应在详细规范中规定。

c) 对于表面安装热敏电阻器采用 IEC 60068-2-58:1989 试验 Td,相应的规范应规定与表面安装类一致的耐焊接热试验的严酷度和状态(见 GB/T 19405.1—2003)。

除非详细规范另有规定,恢复的时间应不少于 1 h,不多于 2 h。

4.14.3 除表面安装热敏电阻器外，所有的热敏电阻器都应符合下述要求：

当试验结束时，热敏电阻器应进行外观检查。

应无可见损伤并且标志应当清晰。

然后该热敏电阻器应按相关规范中的规定进行测量。

4.14.4 表面安装热敏电阻器应进行外观检查并且应符合相关规范规定的要求。

4.15 可焊性

注：不适用于详细规范中规定不用焊接的热敏电阻器的引出端。

相关规范应说明是否进行老化。如果需要加速老化，应采用在 IEC 60068-2-20:1987 中规定的老化程序之一或在 155℃下进行 4 h 干热试验（其他试验条件按 IEC 60068-2-2:1994 的试验 Ba）。

除非相关规范中另有规定，试验应使用非腐蚀性的焊剂。

4.15.1 除了表面安装热敏电阻器外，所有热敏电阻器都应经受 IEC 60068-2-20:1987 的试验 Ta，按照详细规范的规定使用焊槽法（方法 1）、烙铁法（方法 2）或焊球法（方法 3）中的一种方法。

详细规范应规定相应的方法、试验条件和要求。

4.15.2 表面安装热敏电阻器应按照 IEC 60068-2-58:1989 的 5 章到 8 章，采用下述的细则进行试验：

4.15.2.1 焊槽法

除非详细规范中另有规定，按 IEC 60068-2-58:1989 的 5 章、6 章和以下细则规定进行试验：

试验样品预热温度为 80℃～140℃，并保持 30 s～60 s。

试验温度：235℃±5℃

浸渍时间：2 s±0.5 s

浸渍深度：10 mm

浸渍次数：1

4.15.2.2 红外和强气流焊接系统

见 IEC 60068-2-58:1989 的 7 章、8 章和以下细则规定：

a) 将焊料浆料加到试验基片上；

b) 焊料堆积的厚度应在详细规范中规定；

c) 试验样品的引出端放在焊料浆料上；

d) 除非详细规范另有规定，试验样品和试验基片应预热到 150℃±10℃并在红外和强气流焊接系统中保持 60 s～120 s；

e) 回流系统应使试验样品的温度快速升高到 215℃±3℃，并在这个温度下保持 10 s±1 s；

f) 温度曲线应在详细规范中规定。

4.15.2.3 恢复

焊剂的残余物应用适当的溶剂除去。

4.15.2.4 最终检查、测量和要求

见详细规范和以下规定：

表面安装热敏电阻器在正常照明和约 10 倍的放大倍数下进行外观检查，应无损伤迹象。

端电极区域都应覆盖着光滑、明亮的焊料层，允许有少量离散的象针孔、未润湿或弱润湿那样的缺陷存在。这些缺陷不应集中在一个区域。

4.16 温度快速变化

4.16.1 详细规范规定的相应参数应用规定的方法进行测量并记录。

4.16.2 热敏电阻器应按 IEC 60068-2-14:1986 试验 Na 的程序进行试验。

——较低的温度 T_A 应是下限类别温度；

——较高的温度 T_B 应是上限类别温度；

——循环次数应从 5,10,25,50,100,500,1 000 中选择；

——如果试验腔室中的介质不是空气，则应在详细规范中规定。

4.16.3 热敏电阻器经外观检查应无可见损伤，并且标志应清晰。

4.16.4 详细规范规定的相应参数应用规定的方法进行测量，与4.16.1的测量值相比，其变化应不超过详细规范规定的范围。

4.16.5 对于绝缘型热敏电阻器，按照4.7测量其绝缘电阻值，其值应不小于详细规范的规定。

4.17 振动

4.17.1 按详细规范规定的方法测量并记录相应参数。

4.17.2 用它们的引出端和/或在详细规范中规定的标准安装方法牢固地安装。

4.17.3 热敏电阻器的设计在使用中需要特殊的安装夹具时，详细规范应对安装夹具加以说明，并且在振动、碰撞、冲击试验中应使用这些夹具。

4.17.4 热敏电阻器应按IEC 60068-2-6:1995试验Fc的程序进行试验，采用详细规范中规定的严酷度。

4.17.5 在每个运动方向振动的最后1 h应进行电测量，以确定是否存在详细规范中定义的间歇接触、断开或短路现象。探测仪器应对探测中断十分敏感。

4.17.6 试验之后热敏电阻器经外观检查，应无可见损伤。

4.17.7 按详细规范规定的方法测量并记录相应参数。与初始测量相比，其变化应不超出详细规范规定的范围。

4.18 碰撞

4.18.1 按详细规范规定的方法测量并记录相应参数。

4.18.2 用它们的引出端和/或在详细规范中规定的标准安装方法牢固地安装。

4.18.3 热敏电阻器应按GB/T 2423.6—1995试验Eb的程序进行试验，采用详细规范中规定的适当的严酷度。

4.18.4 试验后热敏电阻器经外观检查，应无可见损伤。

4.18.5 按详细规范规定的方法测量并记录相应参数。与初始测量相比，其变化应不超出详细规范规定的范围。

4.19 冲击

4.19.1 按详细规范规定的方法测量并记录相应参数。

4.19.2 按照4.17.2中的规定安装。

4.19.3 热敏电阻器应按GB/T 2423.5—1995试验Ea的程序进行试验，采用详细规范规定的适当的严酷度。

4.19.4 试验后热敏电阻器经外观检查，应无可见损伤。

4.19.5 按详细规范规定的方法测量并记录相应参数。与初始测量相比，其变化应不超出详细规范规定的范围。

4.20 自由跌落(如详细规范规定)

4.20.1 按详细规范规定的方法测量并记录相应参数。

4.20.2 热敏电阻器应按IEC 60068-2-32:1990试验Ed的程序1进行试验。

4.20.3 试验后，热敏电阻器经外观检查，应无可见损伤。

4.20.4 按详细规范规定的方法测量并记录相应参数。与初始测量相比，其变化应不超出详细规范规定的范围。

4.21 热冲击(如详细规范规定)

4.21.1 按详细规范规定的方法测量并记录相应参数。

4.21.2 热敏电阻器应按IEC 60068-2-14:1986试验的Nc程序进行试验。

——较低的温度 T_A 应是下限类别温度；

——较高的温度 T_B 应是上限类别温度；

——浸渍的持续时间 t_1 和转换时间 t_2 应在详细规范中规定；

——循环的次数应从 5,10,25,50,100 中选择；

——试验槽中的介质如果不是水或油，则应在详细规范中规定。

4.21.3 试验后热敏电阻器经外观检查，应无可见损伤。

4.21.4 按详细规范规定的方法测量并记录相应参数。与初始测量相比，其变化应不超出详细规范规定的范围。

4.22 气候顺序

气候顺序除湿热第 1 循环和干冷试验外，在此情况下，其他任何试验之间间隔应不允许超过 3 天，寒冷试验应在湿热试验规定的恢复周期恢复之后立即进行。

试验和测量应按下列规定顺序进行。

4.22.1 初始的测量

按 4.3.1 程序 1 对热敏电阻器进行干燥。

应使用规定的方法进行测量并记录详细规范规定的相应参数。

4.22.2 干热

热敏电阻器应按 4.24 的规定进行持续时间为 16 h 的试验。

4.22.3 湿热(循环)，第 1 循环

-/-/56,-/-/42,-/-/21,-/-/10 and -/-/04 类别的热敏电阻器应经受 IEC 60068-2-30:1985 试验 Db 的一个循环 24 h 的试验。

热敏电阻器恢复以后应立即进行寒冷试验。

4.22.4 寒冷

热敏电阻器应服从在 4.23 中说明的持续时间为 2 h 的试验。

4.22.5 低气压(如果分规范需要)

热敏电阻器应经受 IEC 60068-2-13:1983 试验 M，采用分规范中规定的适当的严酷度。

试验应在 15℃～35℃之间的任一温度下进行，试验持续时间为 1 h。

4.22.6 湿热(循环)，剩余循环

热敏电阻器应经受 IEC 60068-2-30:1985 的试验 Db，24 h 的循环次数如表 3 所示：

表 3 循环次数

级别	循环次数
-/-/56	5
-/-/42	5
-/-/21	1
-/-/10	1
-/-/04	0

试验后，热敏电阻器应按 4.3.2 进行恢复。

4.22.7 最终测量

热敏电阻器经外观检查，应无可见损伤并且标志应清晰。

按详细规范规定的方法测量并记录相应参数。按详细规范规定的方法测量并记录相应参数。与初始测量相比，其变化应不超出详细规范规定的范围。

对于绝缘型热敏电阻器，按照 4.7 测量其绝缘电阻值，其值应不小于详细规范的规定。热敏电阻器按照 4.8 的规定进行耐电压试验应无击穿、飞弧。

4.23 寒冷(如分规范要求)

4.23.1 按详细规范规定的方法测量并记录相应参数。

4.23.2 对于敏感用热敏电阻器应按 IEC 60068-2-1:1994 试验 Aa 的程序进行试验,采用详细规范规定的下限类别温度的严酷度。这个下限类别温度应从表 1 中选择。

4.23.3 对于其他用途的热敏电阻器应按 IEC 60068-2-1:1994 试验 Ad 的程序进行试验,采用详细规范规定的下限类别温度的严酷度。这个下限类别温度应从表 1 中选择。

4.23.4 热敏电阻器经外观检查,应无可见损伤并且标志应清晰。

4.23.5 按详细规范规定的方法测量并记录相应参数,与 4.23.1 的测量值相比,测量值的变化应不超过详细规范规定的范围。

4.23.6 对于绝缘型热敏电阻器,按照 4.7 测量其绝缘电阻值,其值应不小于详细规范的规定。

4.24 干热(如分规范要求)

4.24.1 按详细规范规定的方法测量并记录相应参数。

4.24.2 对于敏感用热敏电阻器应按 IEC 60068-2-2:1994 试验 Ba 的程序进行试验,采用详细规范规定的上限类别温度的严酷度。这个上限类别温度应从表 1 中选择。试验的持续时间应从:2 h,16 h,72 h,96 h,168 h,250 h,500 h,1 000 h 中选择。

4.24.3 对于其他用途的热敏电阻器应按 IEC 60068-2-2:1994 试验 Bc 的程序进行试验,采用详细规范规定的上限类别温度的严酷度。这个上限类别温度应从表 1 中选择。试验的持续时间应从:2 h,16 h,72 h,96 h,168 h,250 h,500 h,1 000 h 中选择。

4.24.4 热敏电阻器经外观检查,应无可见损伤并且标志应清晰。

4.24.5 按详细规范规定的方法测量并记录相应参数。与 4.24.1 的测量值相比,测量值的变化应不超过详细规范规定的范围。

4.24.6 对于绝缘型热敏电阻器,按照 4.7 测量其绝缘电阻值,其值应不小于详细规范的规定。

4.25 稳态湿热

4.25.1 按详细规范规定的方法测量并记录相应参数。

4.25.2 非绝缘型热敏电阻器应按 IEC 60068-2-3:1984 试验 Ca 的程序进行试验,采用详细规范中规定的热敏电阻器气候类别相应的严酷度。

4.25.3 对绝缘型热敏电阻器应采用相同的试验程序,但是如果有关详细规范规定,试验期间可对热敏电阻器施加一个直流电压,其值为最大耗散电压的 1/20,但>0.5 V。

注:低阻的热敏电阻器不试验。

4.25.4 周期结束后,将热敏电阻器从试验箱中移出,并按 4.3.2 进行恢复。

4.25.5 热敏电阻器经外观检查,应无可见损伤并且标志应清晰。

4.25.6 按详细规范规定的方法测量并记录相应参数。与初始测量相比,其变化应不超出详细规范规定的范围。

4.25.7 对于绝缘型热敏电阻器,按照 4.7 测量其绝缘电阻值,其值应不小于详细规范的规定。该热敏电阻器按照 4.8 的规定进行耐电压试验应无击穿、飞弧。

4.26 耐久性

4.26.1 室温下持续施加最大电流($I_{max.25}$)的耐久性(仅对抑制用浪涌电流热敏电阻器)。

4.26.1.1 按详细规范规定的方法测量并记录相应参数。

4.26.1.2 热敏电阻器应经受 42 d(1 000 h)的耐久性试验,试验环境温度在 15℃~35℃之间。温度应保持在试验开始时温度的±5℃以内。

4.26.1.3 除非详细规范另有规定,热敏电阻器的引出端应有 20 mm~25 mm 的有效连接长度。

热敏电阻器的放置应使任何一个热敏电阻器的温度对其他任意一个热敏电阻器没有影响。并且应避免不适当的通风。

4.26.1.4 该热敏电阻器应连接到图 7 所示的电路中。

4.26.1.5 调整电流至 $I_{max.25}$。

4.26.1.6 在 168 h、500 h 和 1 000 h 后，撤除负载，允许热敏电阻器按照 4.3.2 进行恢复。

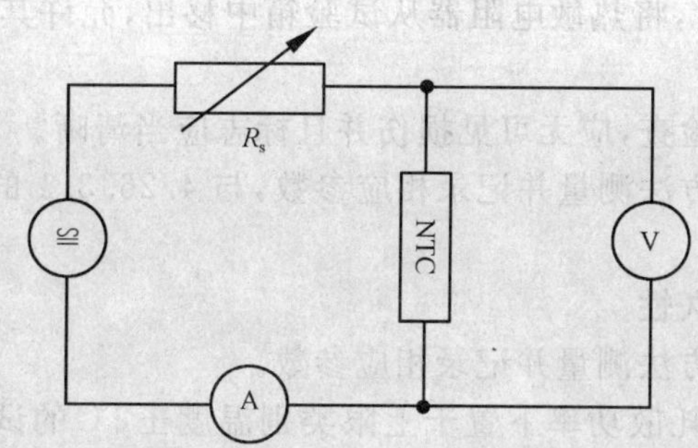

图 7 在室温下用 $I_{max.25}$ 评价电流的耐久性

中间测量之后，热敏电阻器应回复到试验条件。从试验条件下移出至回复试验条件的间隔时间对任何热敏电阻器均不应超过 12 h。

4.26.1.7 热敏电阻器经外观检查，应无可见损伤并且标志应当清晰。

按详细规范规定的方法测量并记录相应参数，与 4.26.1.1 的测量值相比，测量值的变化应不超过详细规范规定的范围。

4.26.2 室温下循环施加最大电流($I_{max.25}$)的耐久性(仅对抑制浪涌电流用热敏电阻器)

4.26.2.1 按详细规范规定的方法测量并记录相应参数。

4.26.2.2 热敏电阻器应经受 1 000 次循环的试验程序，试验环境温度在 15℃～35℃之间。温度应保持在试验开始时温度的±5℃以内。

4.26.2.3 除非详细规范另有规定，热敏电阻器的引出端应有 20 mm～25 mm 的有效连接长度。

热敏电阻器的放置应使任何一个热敏电阻器的温度对其他任意一个热敏电阻器没有影响。并且应避免不适当的通风。

4.26.2.4 该热敏电阻器应连接到图 5 所示的电路中。

4.26.2.5 调整电流至 $I_{max.25}$。

4.26.2.6 除非相应的详细规范另有规定，电源闭合 1 min 断开 5 min 为一次循环，施加 1 000 次循环。该循环应从热敏电阻器冷却到室温开始并且应在该热敏电阻器耗散电功率($P_{max.25}$)时终止。

注：这意味着每一次循环覆盖 R/T 曲线在室温和电耗散功率($P_{max.25}$)对应温度之间的部分。

4.26.2.7 约在 500 次和 1 000 次循环以后，撤除负载，允许热敏电阻器按照 4.3.2 进行恢复。

中间测量之后，热敏电阻器应回复到试验条件。从试验条件下移出至回复试验条件的间隔时间对任何热敏电阻器均不应超过 12 h。

4.26.2.8 热敏电阻器经外观检查，应无可见损伤并且标志应当清晰。

按详细规范规定的方法测量并记录相应参数，与 4.26.2.1 的测量值相比，测量值的变化应不超过详细规范规定的范围。

4.26.3 在 θ_3 和 P_{max} 下的耐久性

4.26.3.1 按详细规范规定的方法测量并记录相应参数。

4.26.3.2 将热敏电阻器放入一个试验箱中，使其在温度为 θ_3±2℃(见图 2)、耗散功率为 P_{max} 的条件下进行 42 d(1 000 h)的试验。热敏电阻器应在试验箱的温度保持在规定的范围内时放入。试验箱应满足 IEC 60068-2-2:1994 试验 Ba 所规定的要求。

4.26.3.3 在 168 h、500 h 后，将热敏电阻器从试验箱中移出，允许其在试验的标准大气条件下恢复不少于 1 h、不多于 2 h。

4.26.3.4 详细规范规定的相应参数应使用规定的方法进行测量，与 4.26.3.1 的测量值相比，测量值的变化应不超过详细规范规定的范围。

4.26.3.5 中间测量之后,热敏电阻器应回复到试验条件。从试验条件下移出至回复试验条件的间隔时间对任何热敏电阻器均不应超过 12 h。

4.26.3.6 在 1 000 h±48 h 后,将热敏电阻器从试验箱中移出,允许其在试验的标准大气条件下恢复 1 h~2 h。

4.26.3.7 热敏电阻器经外观检查,应无可见损伤并且标志应当清晰。

4.26.3.8 按详细规范规定的方法测量并记录相应参数,与 4.26.3.1 的测量值相比,测量值的变化应不超过详细规范规定的范围。

4.26.4 上限类别温度下的耐久性

4.26.4.1 按详细规范规定的方法测量并记录相应参数。

4.26.4.2 将热敏电阻器在零耗散功率下置于上限类别温度±2℃的试验箱中 42 天(1 000 h)。热敏电阻器应在试验箱的温度保持在规定范围内时放入。试验箱应满足 IEC 60068-2-2:1994 试验 Ba 所规定的要求。

4.26.4.3 在 168 h、500 h 后,将热敏电阻器从试验箱中移出,允许其在试验的标准大气条件下恢复不少于 1 h、不多于 2 h。

4.26.4.4 详细规范规定的相应参数应使用规定的方法进行测量,与 4.26.4.1 的测量值相比,测量值的变化应不超过详细规范规定的范围。

4.26.4.5 中间测量之后,热敏电阻器应回复到试验条件。从试验条件下移出至回复试验条件的间隔时间对任何热敏电阻器均不应超过 12 h。

4.26.4.6 在 1 000 h±48 h 后,将热敏电阻器从试验箱中移出,允许其在试验的标准大气条件下恢复 1 h~2 h。

4.26.4.7 热敏电阻器经外观检查,应无可见损伤并且标志应当清晰。

4.26.4.8 按详细规范规定的方法测量并记录相应参数,与 4.26.3.1 的测量值相比,测量值的变化应不超过详细规范规定的范围。

4.26.5 最大允许容量(仅对抑制浪涌电流用热敏电阻器)

4.26.5.1 按详细规范规定的方法测量并记录相应参数。

4.26.5.2 按照详细规范的规定,使用以下试验方法之一:

方法 1

详细规范规定的电容 C_T(见图 8 的试验电路)是通过一个串联的固定电阻和热敏电阻器放电,选择的充电电压是在放电开始时加到热敏电阻器上的电压,为 180/375 V,相应于(110/230+ΔU)×$\sqrt{2}$。

电容应进行 1 000 次放电,试验环境温度在 15℃和 35℃之间。温度应保持在试验开始温度的±2℃以内。

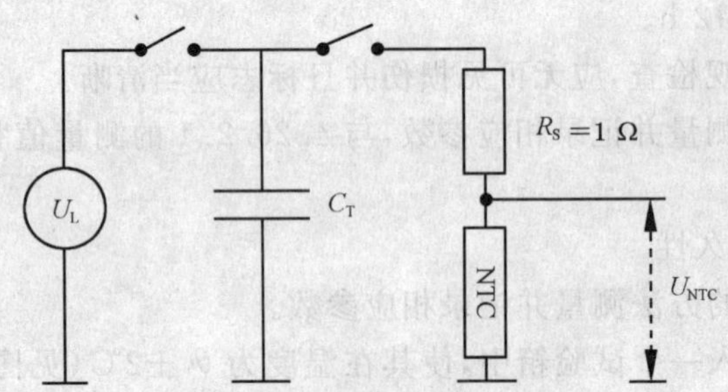

U_L——负载电压;

C_T——电容器;

R_S——固定电阻器;

U_{NTC}——NTC 的电压降。

图 8 最大允许容量试验电路(方法 1)

方法 2

电容 C_T 的容量(见图 9 的试验电路,)应调整到最大允许容量。除非详细规范另有规定,R_P 的值应是热敏电阻器额定零功率电阻值的 10 倍。除非详细规范另有规定,试验电路的负载电压是 156/325 V,相应于(110/230 V)×$\sqrt{2}$。

除非另有规定,施加的电源应是间歇地闭合 50 ms、断开 5 倍的热时间常数为一个循环,对热敏电阻器施加 1 000 次循环,试验环境温度在 15℃和 35℃之间。

除非详细规范另有规定,电源的相位调整到 90°或 270°,温度应保持在试验开始温度的±2℃以内。

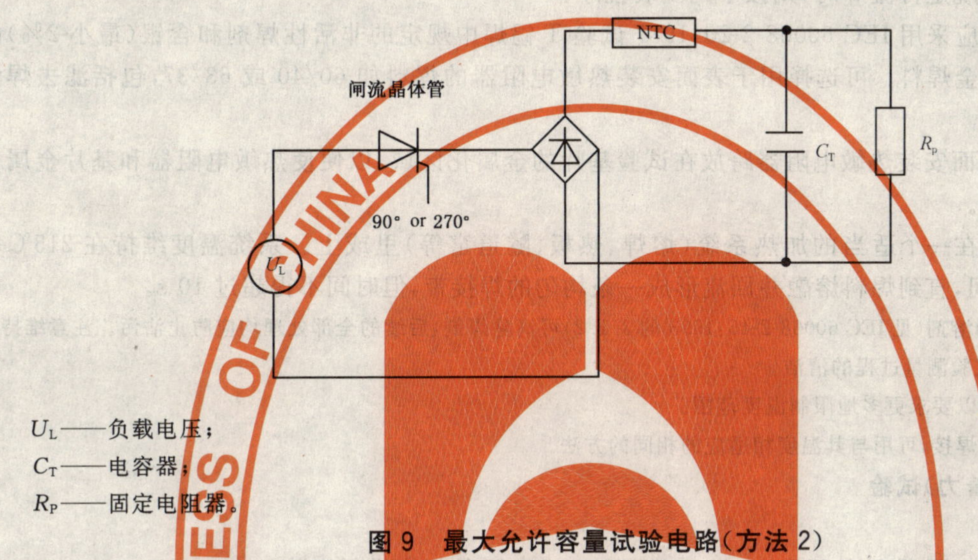

U_L——负载电压;

C_T——电容器;

R_P——固定电阻器。

图 9 最大允许容量试验电路(方法 2)

4.26.5.3 除非相应的详细规范另有规定,热敏电阻器的引出端应有 20 mm～25 mm 的有效连接长度。

热敏电阻器的放置应使任何一个热敏电阻器的温度对其他任意一个热敏电阻器没有影响。并且应避免不适当的通风。

4.26.5.4 在 500 次和 1 000 次循环以后,撤除负载,允许热敏电阻器按照 4.3.2 进行恢复。

中间测量之后,热敏电阻器应回复到试验条件。从试验条件下移出至恢复试验条件的间隔时间对任何热敏电阻器均不应超过 12 h。

4.26.5.5 热敏电阻器经外观检查,应无可见损伤并且标志应当清晰。

4.26.5.6 按详细规范规定的方法测量并记录相应参数。与 4.26.5.1 的测量值相比,测量值的变化应不超过详细规范规定的范围。

4.27 安装(仅对表面安装热敏电阻器)

4.27.1 图 C.4 中表示的是用于表面安装热敏电阻器安装的一个示例。

4.27.2 表面安装热敏电阻器应安装在一个适当的基片上,其安装方法有赖于热敏电阻器的结构。基片材料通常是 1.6 mm 厚的环氧玻璃纤维印制板(按 IEC 60249-2-4:1994,IEC—EP—GC—Cu 的定义)或 0.635 mm 厚的氧化铝基片并且不应影响任何试验或测量结果。详细规范应明确用于电测量的材料。

基片应留有适合于表面安装的热敏电阻器的安装及其引出端电连接的金属化区域,有关细节在详细规范中规定。

如果另外的安装方法适用,详细规范中应明确地规定其方法。

4.27.3 详细规范规定波峰焊时,在进行焊接以前用于将元件固定到基片上的粘胶及其要求应在详细规范中规定。

借助于能获得可靠的重复结果的装置将粘胶的小点施加于基片的焊点间。

用镊子将表面安装热敏电阻器放在小点上，为保证没有粘胶加到焊点上，表面安装热敏电阻器不应在四周移动。

装有表面安装热敏电阻器的基片在100℃烘箱中热处理15 min。

基片用波峰焊设备进行焊接，设备调节到预热温度为80℃～100℃，焊接温度260℃±5℃，焊接时间5 s±0.5 s。

焊接操作应重复1次（共计2次循环）。

基片在适当的溶剂（见IEC 60068-2-45:1993）中清洗3 min。

4.27.4 详细规范规定再流焊时，则按下列安装程序：

a) 使用焊膏应采用IEC 60068-2-20:1987试验T锡焊中规定的非活性焊剂和含银（最小2%）的Sn/Pb合金焊料。可选择用于表面安装热敏电阻器的焊料如60/40或63/37，包括滤去焊渣的解释。

b) 然后将表面安装热敏电阻器跨放在试验基片的金属化区域，以便使热敏电阻器和基片金属化区域接触。

c) 将基片放在一个适当的加热系统（熔焊、热板、隧道窑等）里或上。系统温度维持在215℃～260℃之间，直到焊料熔融并回流形成一条均匀的焊接带，但时间不得超过10 s。

注1：运用适当的溶剂（见IEC 60068-2-45:1993的3.1.2）可清除焊剂，后续的全部处理均应防止沾污。注意维持试验箱内和试验测量过程的清洁。

注2：详细规范可以要求更多地限制温度范围。

注3：如采用气相焊接，可用与其温度相适应的相同的方法。

4.28 剪切力（附着力）试验

4.28.1 试验条件

表面安装热敏电阻器应按IEC 60068-2-21:1992试验U的规定进行安装。

4.28.2 热敏电阻器在以下条件下经受IEC 60068-2-21:1992的试验Ue3的试验：

没有冲击地逐渐地将5 N的力施加于表面安装热敏电阻器并且维持1个10 s±1 s的周期。

4.28.3 要求

热敏电阻器经外观检查，应无可见损伤。

4.29 基片折曲（弯曲）试验

4.29.1 将表面安装热敏电阻器按IEC 60068-2-21:1992的规定安装在一块环氧玻璃纤维印制板上。

4.29.2 按4.5和相应的详细规范的规定测量表面安装热敏电阻器的零功率电阻值。

4.29.3 热敏电阻器经受IEC 60068-2-21:1992试验Ue的试验，采用详细规范规定的倾斜度D和弯曲次数条件。

4.29.4 按4.29.2的规定测量印制板处于弯曲位置时表面安装热敏电阻器的零功率电阻，其阻值变化应不超过有关标准规定的极限值。

4.29.5 允许印制板从其弯曲位置恢复并从试验夹具上撤除。

4.29.6 最终检查和要求

表面安装热敏电阻器经外观检查，应无可见损伤。

4.30 元件的耐溶剂性

4.30.1 初始测量

按详细规范规定的方法测量并记录相应参数。

4.30.2 该元件应经受IEC 60068-2-45:1993的试验XA，并符合以下细则：

a) 使用的溶剂：见IEC 60068-2-45:1993的3.1.2；

b) 溶剂温度：23℃±5℃，除非详细规范中另有规定；

c) 条件：方法2（无摩擦）；

d) 恢复时间:48 h,除非详细规范特别规定。

4.30.3 然后进行相关规范规定的测量,其结果应符合规定的要求。

4.31 标志的耐溶剂性

4.31.1 元件应经受 IEC 60068-2-45:1993 的试验 XA,并符合以下细则:

a) 使用的溶剂:见 IEC 60068-2-45:1993 的 3.1.2;

b) 溶剂温度:23℃±5℃;

c) 条件:方法 1(有摩擦);

d) 摩擦材料:原棉;

e) 恢复时间:不进行,除非详细规范中另有规定。

4.31.2 试验后,标志应清晰。

4.32 盐雾(如分规范要求)

4.32.1 设计经受盐雾气氛的热敏电阻器应经受 GB/T 2423.18—2000 的试验 Kb。

4.32.2 为评价产品保护涂层的质量和一致性,该热敏电阻器应经受 GB/T 2423.17—1993 的试验 Ka。

4.33 密封(如分规范要求)

热敏电阻器应按 IEC 60068-2-17:1994 试验 Q 适当方法的程序进行试验。

附 录 A
（规范性附录）
IEC 60410 标准规定的抽样方案和程序用在 IEC 电子元件质量评定体系的解释(IECQ)

当使用 IEC 60410 标准做计数抽样检查时，以下指出的 IEC 60410 标准的条款和分条款的解释适用于本规范：

1 负责部门是指执行基本章程和程序规则的国家代表机构。

1.5 单位产品是指详细规范中规定的电子元件。

2 这一条中仅要求下述定义：

一个缺陷是指单位产品的任何一点不符合规定要求。

一个不合格品是指包含一个或多个缺陷的单位产品。

3.1 产品的不符合程度应该用不合格品百分数表示。

3.3 不适用。

4.5 负责部门是指起草空白详细规范的信息产业部电子工业标准化研究所，该空白详细规范为总规范的组成部分。

5.4 负责部门是指根据批准制造厂的检验部门的文件规定的程序进行活动的总检查员。

6.2 负责部门是指总检查员。

6.3 不适用。

6.4 负责部门是指总检查员。

8.1 正常检查总是在开始检查时使用。

8.3.3(d) 负责部门是指总检查员。

8.4 负责部门是指国家监督检查机构。

9.2 负责部门是指起草空白详细规范的信息产业部电子工业标准化研究所，该空白详细规范为总规范的组成部分。

9.4 （仅第四句）不适用。

（仅第五句）负责部门是指总检查员。

10.2 不适用。

附 录 B
（规范性附录）
编制电子设备用电容器和电阻器详细规范的规则

B.1 如果需要由 IEC TC 40 起草一个完整的详细规范，则只有满足下列所有条件时才能开始起草。

a） 总规范已经批准；

b） 分规范（如适用）已按六月法送各成员国批准；

c） 有关的空白详细规范已按六月法送各成员国批准；

d） 已证实至少有 3 个国家委员会已正式批准作为他的对具有极类似性能元件的国家标准、规范。

若某一国家委员会正式宣布，在他的国家内实质性地或有效地使用了由某个其他国家标准规定的元件。则这种宣布可以认为是符合上述要求。

B.2 按照 IEC TC 40 职责而编制的详细规范应使用有关总规范或分规范中规定的标准值或优先值、额定值、特性、环境试验严酷度等。

只有经 TC 40 同意，规范才能不遵守此规则。

B.3 在分规范和空白详细规范批准发布之前，详细规范不得按六月法送各成员国批准。

附 录 C
（资料性附录）
直热式热敏电阻器的测试安装典型示例

C.1 不带引线的热敏电阻器的安装方法(表面安装类型除外)

对不带引线的热敏电阻器，采用压紧接触法压在直径为1.3(1±10%)mm的磷青铜丝线之间，磷青铜丝线安装在绝缘材料基座上。如图C.1和图C.2。

单位为毫米

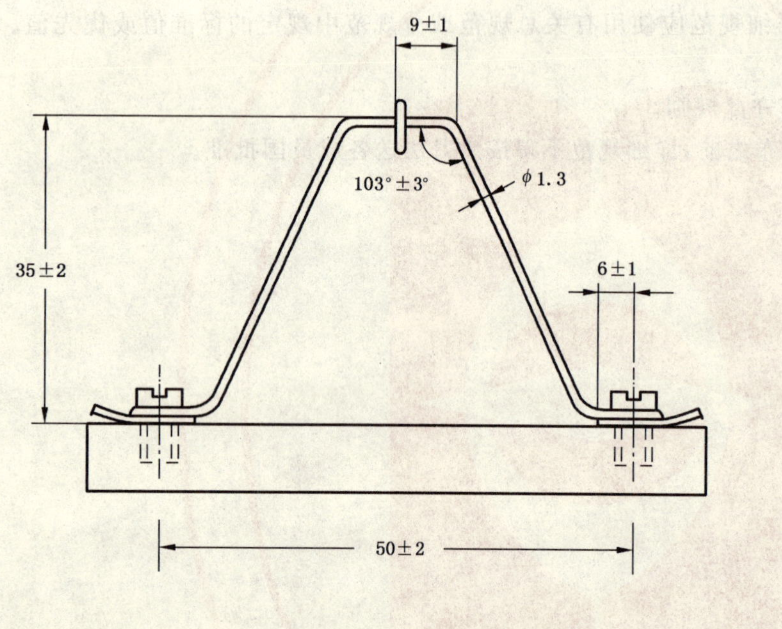

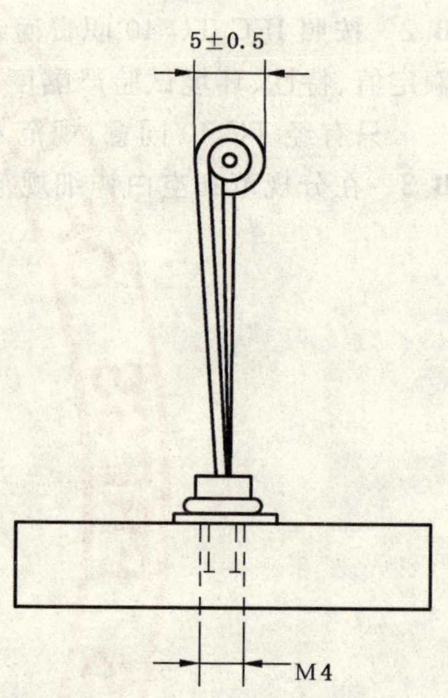

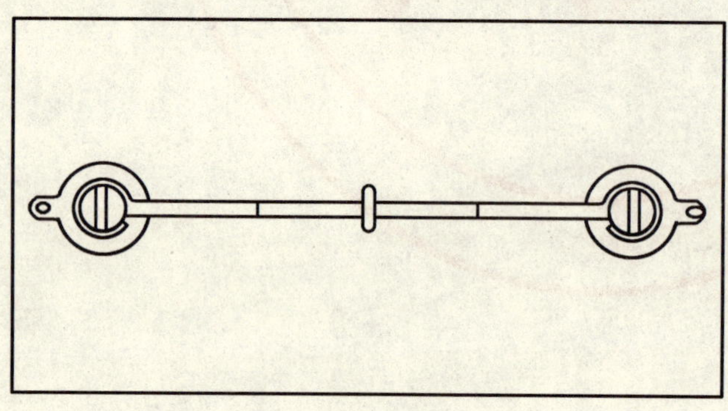

图C.1 阻值≥10 Ω的安装(2接点测量)

单位为毫米

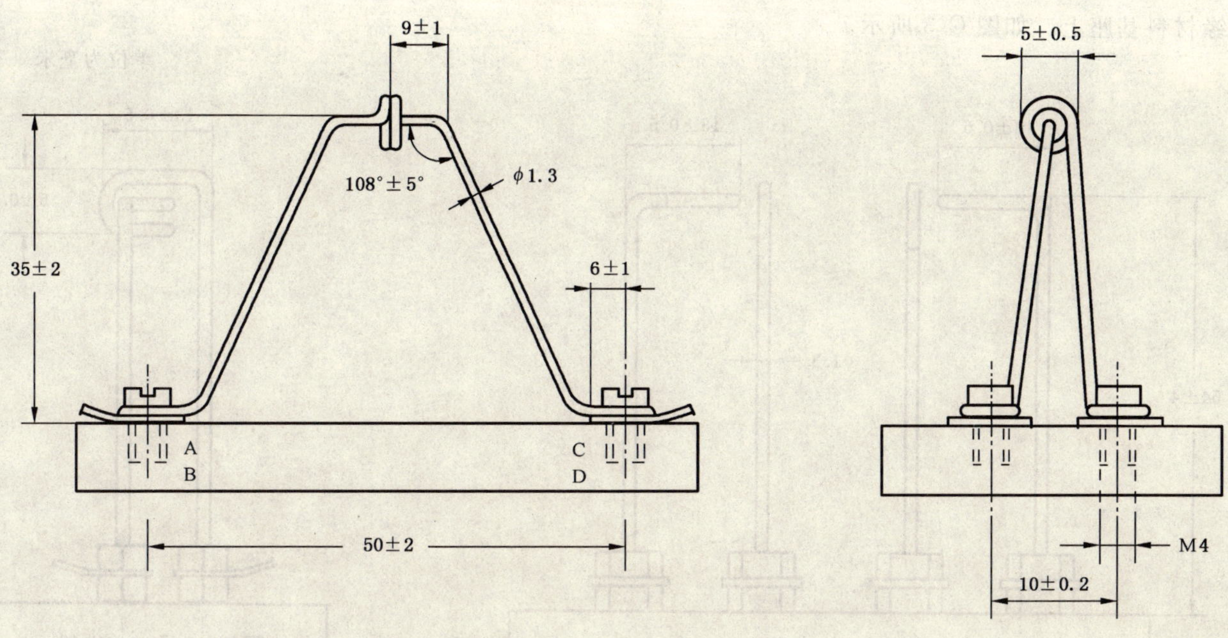

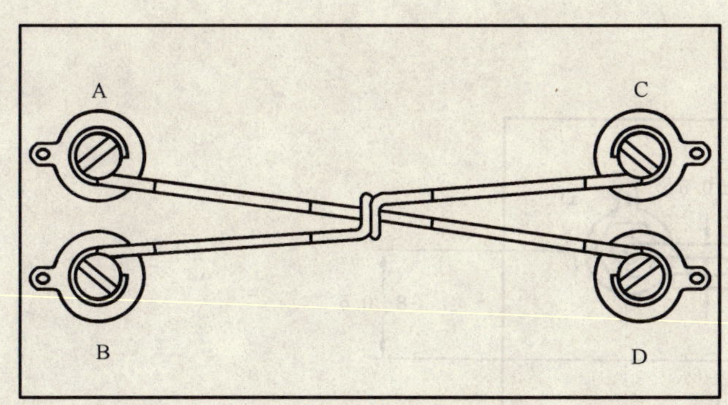

图 C.2　阻值<10 Ω 的安装(4 接点测量)

测量电压经电流表加在接点 A 和 D(B 和 C),在接点 B 和 C(A 和 D)测量电压降。

C.2 带引线的热敏电阻器的安装方法

对带引线的热敏电阻器，连接到直径为 1.3(1±10%)mm 的磷青铜丝线上，磷青铜丝线安装在绝缘材料基座上。如图 C.3 所示。

单位为毫米

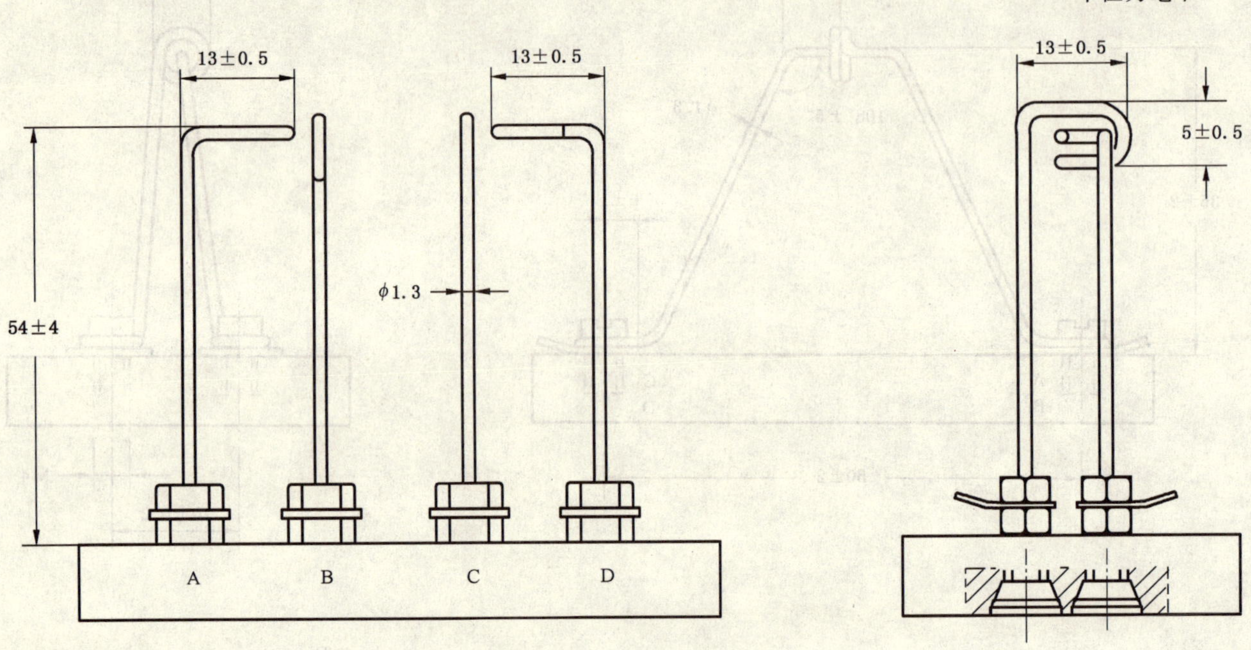

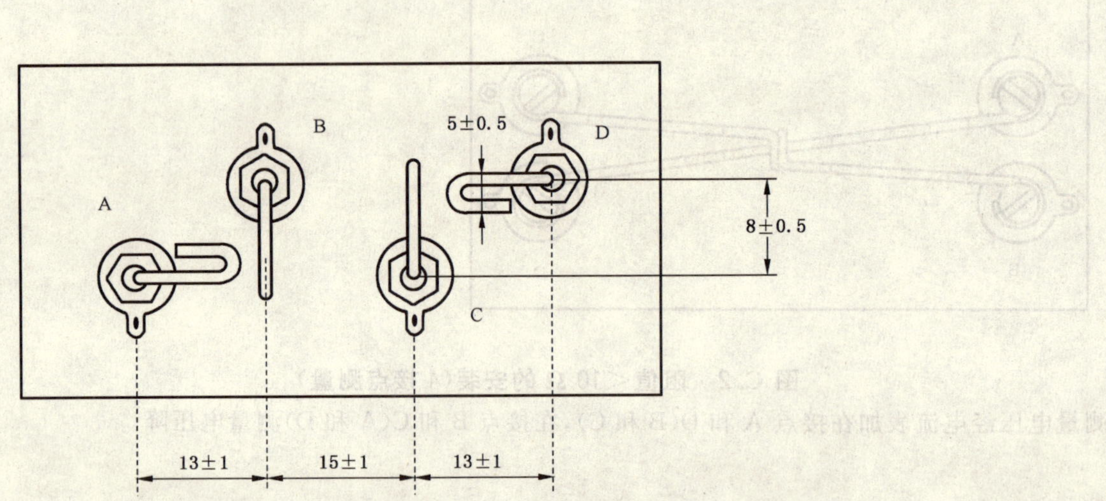

图 C.3 适合于测量高低电阻值的安装

对阻值≥10 Ω 的热敏电阻器，接点 AC 和 BD 或 AB 和 CD 可以连接在一起使用。

对阻值＜10 Ω 的热敏电阻器，用 4 接点测量法，测量电压经电流表加到接点 A 和 D 或(B 和 C)，在接点 B 和 C(A 和 D)测量电压降。

C.3 表面安装热敏电阻器的安装方法

将表面安装热敏电阻器安装到 1.6 mm±0.19 mm 厚的环氧玻璃板上，板型如图 C.4 所示，板上的焊接区尺寸 D、L、W 由详细规范规定，电极可以在一边也可以在两边。

单位为毫米

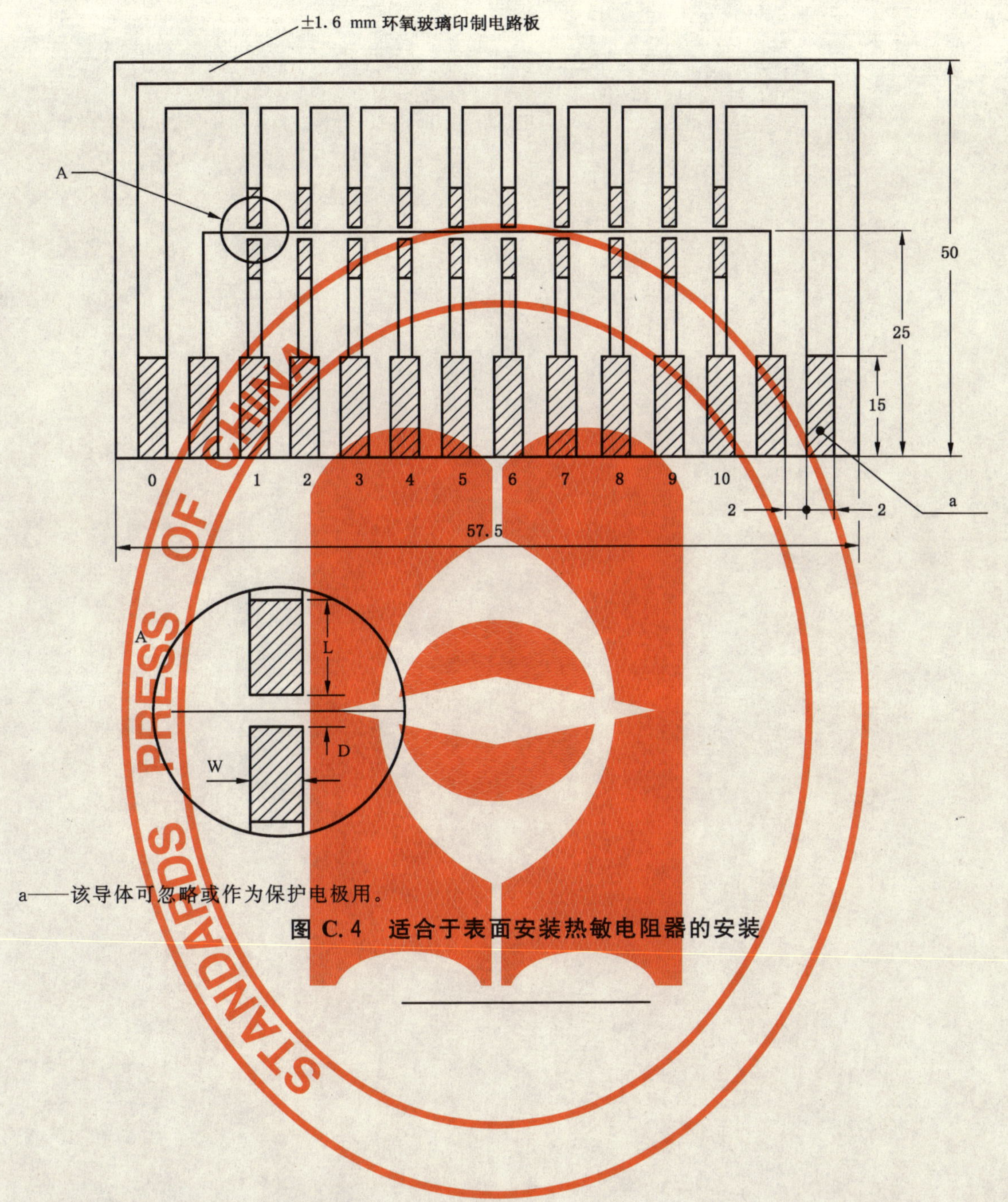

a——该导体可忽略或作为保护电极用。

图 C.4 适合于表面安装热敏电阻器的安装

ICS 71.040.30
G 63

中华人民共和国国家标准

GB/T 6685—2007
代替 GB/T 6685—1986

化学试剂
氯化羟胺(盐酸羟胺)

Chemical reagent—Hydroxylammonium chloride

(ISO 6353-2:1983,Reagents for chemical analysis—
Part 2:Specifications—First series,NEQ)

2007-10-25 发布 2008-04-01 实施

中华人民共和国国家质量监督检验检疫总局
中国国家标准化管理委员会 发布

前　言

本标准与 ISO 6353-2:1983《化学分析试剂　第 2 部分:规格　第 1 系列》中 R15“氯化羟胺”的一致性程度为非等效。

本标准代替 GB/T 6685—1986《化学试剂　氯化羟胺(盐酸羟胺)》,与 GB/T 6685—1986 相比主要变化如下:

——水溶液反应改为 pH 值(1986 年版的 1.2、2.2,本版的第 4 章、5.4);

——澄清度试验的规格由合格调整为 2 号、3 号、5 号(1986 年版的 1.3,本版的第 4 章);

——铵盐项目名称改为铵(1986 年版的 1.3、2.3.4,本版的第 4 章、5.8);

——灼烧残渣、硫酸盐、铵、铁、砷、重金属改用化学试剂通用方法测定(1986 年版的 2.3.2、2.3.3、2.3.4、2.3.5、2.3.6、2.3.7,本版的 5.6、5.7、5.8、5.9、5.10、5.11)。

本标准由中国石油和化学工业协会提出。

本标准由全国化学标准化技术委员会化学试剂分会(SAC/TC 63/SC 3)归口。

本标准起草单位:上海试四赫维化工有限公司。

本标准主要起草人:贾玲。

本标准于 1959 年首次发布,于 1976 年第一次修订、1986 年第二次修订。

化学试剂
氯化羟胺(盐酸羟胺)

示性式:$HONH_3Cl$

相对分子质量:69.49(根据2003年国际相对原子质量)

1 范围

本标准规定了化学试剂——氯化羟胺的性状、规格、试验、检验规则和包装及标志。

本标准适用于化学试剂——氯化羟胺的检验。

2 规范性引用文件

下列文件中的条款通过本标准的引用而成为本标准的条款。凡是注日期的引用文件,其随后所有的修改单(不包括勘误的内容)或修订版均不适用于本标准,然而,鼓励根据本标准达成协议的各方研究是否可使用这些文件的最新版本。凡是不注日期的引用文件,其最新版本适用于本标准。

GB/T 601 化学试剂 标准滴定溶液的制备

GB/T 602 化学试剂 杂质测定用标准溶液的制备(GB/T 602—2002,ISO 6353-1:1982,NEQ)

GB/T 603 化学试剂 试验方法中所用制剂及制品的制备(GB/T 603—2002,ISO 6353-1:1982,NEQ)

GB/T 610.1 化学试剂 砷测定通用方法(砷斑法)

GB/T 6682 分析实验室用水规格和试验方法(GB/T 6682—1992,neq ISO 3696:1987)

GB/T 9724 化学试剂 pH值测定通则(GB/T 9724—2007,ISO 6353-1:1982,NEQ)

GB/T 9728 化学试剂 硫酸盐测定通用方法(GB/T 9728—2007,ISO 6353-1:1982,NEQ)

GB/T 9732 化学试剂 铵测定通用方法(GB/T 9732—2007,ISO 6353-1:1982,NEQ)

GB/T 9735 化学试剂 重金属测定通用方法(GB/T 9735—1988,eqv ISO 6353-1:1982)

GB/T 9739 化学试剂 铁测定通用方法(GB/T 9739—2006,ISO 6353-1:1982,NEQ)

GB/T 9741—1988 化学试剂 灼烧残渣测定通用方法(eqv ISO 6353-1:1982)

GB 15346 化学试剂 包装及标志

HG/T 3484 化学试剂 标准玻璃乳浊液和澄清度标准

HG/T 3921 化学试剂 采样及验收规则

3 性状

本试剂为无色、具有吸湿性的结晶,溶于水和醇,遇潮易分解。

4 规格

氯化羟胺的规格见表1。

表1 氯化羟胺的规格

名　称	优级纯	分析纯	化学纯
含量($HONH_3Cl$),w/%	≥99.0	≥98.5	≥97.0
pH值(50 g/L,25℃)	2.5～3.5	2.5～3.5	2.5～3.5
澄清度试验,号	≤2	≤3	≤5
灼烧残渣(以硫酸盐计),w/%	≤0.01	≤0.01	≤0.05
硫酸盐(SO_4),w/%	≤0.002	≤0.002	≤0.005
铵(NH_4),w/%	≤0.1	≤0.1	≤0.3
铁(Fe),w/%	≤0.000 3	≤0.000 3	≤0.000 7
砷(As),w/%	≤0.000 5	—	—
重金属(以Pb计),w/%	≤0.000 3	≤0.000 3	≤0.001

5 试验

5.1 警告

本试验方法中使用的部分试剂具有毒性或腐蚀性,一些试验过程可能导致危险情况,操作者应采取适当的安全和健康措施。

5.2 一般规定

本章中除另有规定外,所用标准滴定溶液、标准溶液、制剂及制品,均按GB/T 601、GB/T 602、GB/T 603的规定制备,实验用水应符合GB/T 6682中三级水规格,样品均按精确至0.01 g称量,所用溶液以“%”表示的均为质量分数。

5.3 含量

称取0.5 g样品,精确至0.000 1 g,溶于无氧的水,移入100 mL容量瓶中,稀释至刻度。移取20.00 mL加10 mL硫酸溶液(20%)及20 mL新制备的硫酸铁(Ⅲ)铵溶液(250 g/L),摇匀,缓缓煮沸5 min,加250 mL无二氧化碳的水,加2 mL磷酸,于60℃用高锰酸钾标准滴定溶液[$c\left(\frac{1}{5}KMnO_4\right)=0.1$ mol/L]滴定至溶液呈粉红色,同时作空白试验。

氯化羟胺的质量分数w,数值以“%”表示。按式(1)计算:

$$w=\frac{(V_1-V_2)cM}{m\times(20/100)\times1\ 000}\times100 \qquad (1)$$

式中:

V_1——高锰酸钾标准滴定溶液体积的数值,单位为毫升(mL);

V_2——空白试验高锰酸钾标准滴定溶液体积的数值,单位为毫升(mL);

c——高锰酸钾标准滴定溶液浓度的准确数值,单位为摩尔每升(mol/L);

M——氯化羟胺的摩尔质量的数值,单位为克每摩尔(g/mol),[$M\left(\frac{1}{2}HONH_3Cl\right)=34.75$];

m——样品质量的数值,单位为克(g)。

5.4 pH值

按GB/T 9724的规定测定。

5.5 澄清度试验

称取20 g样品,溶于100 mL水中,其浊度不得大于HG/T 3484中规定的下列澄清度标准:

优级纯……………………………2号;

分析纯……………………………3号;

化学纯……………………………………5号。

5.6 灼烧残渣

称取 10 g 样品，溶于 20 mL 水中，缓缓加热，并滴加 10 mL 硝酸，分解完全后，置于已在 650℃±50℃恒量的坩埚中，加 0.5 mL 硫酸，加热至硫酸蒸气逸尽，于 650℃±50℃的高温炉中灼烧至恒量。结果按 GB/T 9741—1988 第 5 章中式(2)计算。

5.7 硫酸盐

称取 1 g 样品，溶于 20 mL 水中，加 0.5 mL 盐酸溶液(20%)酸化后，按 GB/T 9728 的规定测定。溶液所呈浊度不得大于标准比浊溶液。

标准比浊溶液的制备是取含下列数量的硫酸盐标准溶液：

优级纯……………………………………0.02 mg SO_4；

分析纯……………………………………0.02 mg SO_4；

化学纯……………………………………0.05 mg SO_4。

稀释至 20 mL，与同体积样品溶液同时同样处理。

5.8 铵

称取 1 g 样品，置于 100 mL 烧杯中，加 5 mL 水溶解，缓缓加热并滴加 2 mL 硝酸，分解完全后，冷却，移入 100 mL 容量瓶中，稀释至刻度。取 1.0 mL，稀释至 75 mL，按 GB/T 9732 的规定测定。溶液所呈黄色不得深于标准比色溶液。

标准比色溶液的制备是取含下列数量的铵标准溶液：

优级纯……………………………………0.01 mg NH_4；

分析纯……………………………………0.01 mg NH_4；

化学纯……………………………………0.03 mg NH_4。

稀释至 75 mL，与同体积试液同时同样处理。

5.9 铁

称取 1.2 g 样品，溶于 15 mL 水中，用盐酸溶液(15%)将溶液的 pH 值调至 2 后，按 GB/T 9739 的规定测定。溶液所呈红色不得深于标准比色溶液。

标准比色溶液的制备是取 0.2 g 样品及含下列数量的铁标准溶液：

优级纯……………………………………0.003 mg Fe；

分析纯……………………………………0.003 mg Fe；

化学纯……………………………………0.007 mg Fe。

与样品同时同样处理。

5.10 砷

称取 1 g 样品，按 GB/T 610.1 的规定测定。溴化汞试纸所呈棕黄色不得深于标准比色试纸。

标准比色试纸的制备是取 0.005 mg 的砷(As)标准溶液与样品同时同样处理。

5.11 重金属

称取 8 g 样品，溶于水，用氨水溶液(10%)将溶液的 pH 值调至 4 后，稀释至 20 mL。取 15 mL，按 GB/T 9735 的规定测定。溶液所呈暗色不得深于标准比色溶液。

标准比色溶液的制备是取剩余的 5 mL 试液及含下列数量的铅标准溶液：

优级纯……………………………………0.012 mg Pb；

分析纯……………………………………0.012 mg Pb；

化学纯……………………………………0.040 mg Pb。

稀释至 15 mL，与同体积试液同时同样处理。

6 检验规则

按 HG/T 3921 的规定进行采样及验收。

7 包装及标志

按 GB 15346 的规定进行包装、贮存及运输，并给出标志，其中：

包装单位：第 2、3 类；

内包装形式：NB-4、NB-5、NB-7、NB-8、NB-10、NB-11、NB-13、NB-15；

隔离材料：GC-1、GC-2、GC-3、GC-4；

外包装形式：WB-1、WB-2、WB-3。

ICS 71.100.01;87.060.10
G 55

中华人民共和国国家标准

GB/T 6691—2007
代替 GB/T 6691—1986

树脂整理剂　折射率的测定

Resin finishing agent—Determination of refractive index

2007-11-28 发布　　2008-06-01 实施

中华人民共和国国家质量监督检验检疫总局
中国国家标准化管理委员会　发布

前　言

本标准代替 GB/T 6691—1986《树脂整理剂折射率的测定方法》。

本标准与 GB/T 6691—1986 相比主要变化如下：

——标准名称规范为《树脂整理剂　折射率的测定》；

——增加了试验报告内容(本版的第 5 章)。

本标准由中国石油和化学工业协会提出。

本标准由全国染料标准化技术委员会(SAC/TC 134)归口。

本标准起草单位：沈阳化工研究院。

本标准主要起草人：姬兰琴、沈日炯。

本标准于 1986 年首次发布。

树脂整理剂　折射率的测定

1　范围

本标准规定了树脂整理剂折射率的测定方法。

本标准适用于树脂整理剂折射率的测定。

2　原理

光线从一种透明介质进入另一种透明介质时，产生折射现象。如入射角以 i 表示，折射角以 r 表示，则折射率 n 可用式(1)表示：

$$n = \frac{\sin i}{\sin r} \quad \cdots\cdots (1)$$

对各向同性的纯物质，在光波长、温度、压力一定时，它的折射率是该物质的固有的常数。折射率一般以钠光谱的 D 线，测定在温度 20℃时对空气的值，用 n_D^{20} 表示。

光从折射率为 n 的物质进入折射率为 N 的棱镜，使它的入射角 i 等于直角时，则：

$$\frac{1}{\sin r} = \frac{N}{n} \quad \cdots\cdots (2)$$

因此，当已知 N 时，测定 r 就能求出 n。

树脂整理剂是树脂初缩体的水溶液，它的折射率比水高，增加的数值与其所含的不挥发组分所占的质量成正比，从各树脂整理剂的折射率标准曲线，可求出该试样中不挥发组分的质量分数。

3　仪器和设备

a)　阿贝折射仪；

b)　恒温水浴：精确至 0.1℃。

4　试验方法

折射仪在使用前预先用水校正，20℃时水的折射率为 1.333 0。

折射仪放置在光线充足的位置，与恒温水浴连接，将折射仪棱镜的温度调节至 20℃，分开两面棱镜，注入数滴试样，立即闭合棱镜。此时试样与棱镜于 20℃保持数分钟。调节棱镜的旋钮至视场分为明暗两部分，转动补偿器旋钮，消除虹彩并使明暗分界线清晰，继续调节旋钮使明暗分界线对准在十字交叉点上。根据标尺刻度记录读数，读数应读到小数点后第四位(最后一位为估计数字)。轮流从一边再从另一边将分界线对准十字交叉点上，重复观察及记录读数 3 次，读数间的差数不得大于 0.000 3。取 3 次读数的算术平均值为试样的折射率。

5　试验报告

试验报告包括以下内容：

a)　被测树脂整理剂的名称；

b)　本标准编号；

c)　试验条件；

d)　使用仪器的名称、型号；

e)　测试结果；

f) 在测试过程中的特殊情况；

g) 与本方法的差异；

h) 试验日期。

ICS 73.060.10
D 31

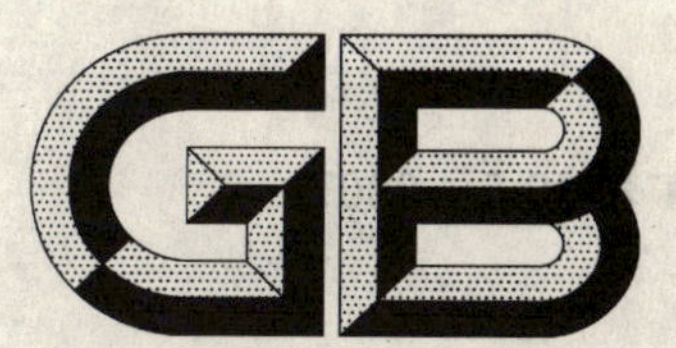

中华人民共和国国家标准

GB/T 6730.5—2007
代替 GB/T 6730.5—1986

铁矿石　全铁含量的测定 三氯化钛还原法

Iron ores—Determination of total iron content—Titanium (Ⅲ) chloride reduction methods

(ISO 9507:1990,MOD)

2007-08-14 发布　　2008-03-01 实施

中华人民共和国国家质量监督检验检疫总局
中国国家标准化管理委员会　发布

前言

GB/T 6730的本部分修改采用ISO 9507:1990《铁矿石　全铁含量的测定　三氯化钛还原法》，本部分与ISO 9507:1990比较，主要作了如下修改：

——在“2　规范性引用文件”中用我国标准代替对应的国际标准；

——ISO 9507:1990中过量的还原剂用稀重铬酸钾氧化(方法1)或用高氯酸氧化(方法2)，本部分用稀重铬酸钾氧化；

——ISO 9507:1990中熔融-酸化分解试样中使用锆坩埚或玻璃碳坩埚，加碳酸钠和过氧化钠，本部分采用铂坩埚，加碳酸钠和硼酸。温度和酸化条件也相应做了调整。二者的目的都是使试样分解完全；

——ISO 9507:1990中熔融-过滤分解试样中使用锆坩埚或玻璃碳坩埚，本部分采用刚玉坩蜗；

——ISO 9507:1990中使用靛红作为氧化还原的指示剂，本部分采用钨酸钠，二者作用相同，而钨酸钠目前被广泛采用；

——ISO 9507:1990中没有规定当铜含量高时采用的方法，本部分规定了铜含量高时的分离方法。

本部分代替GB/T 6730.5—1986《铁矿石化学分析方法　三氯化钛-重铬酸钾容量法测定全铁量》。本部分与GB/T 6730.5—1986相比，主要变化如下：

——增加了熔融-酸化和熔融-过滤分解试样方法；

——GB/T 6730.5—1986空白滴定采用两次加入硫酸亚铁铵溶液，本部分采用加入铁标准溶液。

本部分的附录A为规范性附录，附录B为资料性附录。

本部分由中国钢铁工业协会提出。

本部分由冶金工业信息标准研究院归口。

本部分主要起草单位：中钢集团马鞍山矿山研究院。

本部分主要起草人：徐修平、海冰、曾申进。

本部分所代替标准的历次版本发布情况为：

——GB/T 6730.5—1986。

铁矿石 全铁含量的测定 三氯化钛还原法

警告——使用本部分的人员应有正规实验室工作的实践经验。本部分并未指出所有可能的安全问题。使用者有责任采取适当的安全和健康措施,并保证符合国家有关法规规定的条件。

1 范围

GB/T 6730 的本部分规定了三氯化钛还原铁后重铬酸钾滴定法测定全铁含量。

本部分适用于天然铁矿石、铁精矿和造块,包括烧结产品中全铁含量的测定。测定范围(质量分数):30.0%～72.0%。

2 规范性引用文件

下列文件中的条款通过 GB/T 6730 的本部分的引用而成为本部分的条款。凡是注日期的引用文件,其随后所有的修改单(不包括勘误的内容)或修订版均不适用于本部分,然而,鼓励根据本部分达成协议的各方研究是否可使用这些文件的最新版本。凡是不注日期的引用文件,其最新版本适用于本部分。

GB/T 6682 分析实验室用水规范和试验方法(GB/T 6682—1992,neq ISO 3696:1987)

GB/T 6730.1 铁矿石化学分析方法 分析用预干燥试样的制备(GB/T 6730.1—1986,eqv ISO 7764:1985)

GB/T 6730.3 铁矿石化学分析方法 重量法测定分析试样中吸湿水量(GB/T 6730.3—1986,eqv ISO 2596:1984)

GB/T 10322.1 铁矿石 取样和制样方法(GB/T 10322.1—2000,idt ISO 3082:1998)

GB/T 12805 实验室玻璃仪器 滴定管(GB/T 12805—1991,neq ISO 385:1984)

GB/T 12806 实验室玻璃仪器 单刻线容量瓶(GB/T 12806—1991,neq ISO 1042:1983)

GB/T 12808 实验室玻璃仪器 单刻线移液管(GB/T 12808—1991,neq ISO 648:1977)

3 原理

3.1 试样的分解

3.1.1 酸分解

对含钒不大于 0.05%,含钼不大于 0.1%或含铜不大于 0.1%的试样,用盐酸溶样,过滤残渣灼烧后用氢氟酸和硫酸处理,用焦硫酸钾熔融,浸出熔融物与主液合并。当含铜大于 0.1%时,采用氨水沉淀分离方法消除铜的干扰。

3.1.2 熔融-酸化

对含钒不大于 0.05%,含钼不大于 0.1%或含铜不大于 0.1%的试样,用强碱熔融,用水浸出冷却的熔融物,用盐酸酸化。

3.1.3 熔融-过滤

对含钒大于 0.05%或含钼大于 0.1%,但含铜不大于 0.1%的试样,用碱熔融,用水浸出冷却的熔融物,过滤。用盐酸溶解沉淀。

3.2 滴定

大部分铁由氯化亚锡还原,剩余的铁由三氯化钛还原。用稀重铬钾溶液氧化过剩的还原剂。以二苯胺磺酸钠作指示剂，用重铬酸钾溶液滴定还原的铁。

4 试剂

分析中除另有说明外，仅使用认可的分析纯试剂和蒸馏水或与其纯度相当的水，符合 GB/T 6682 的规定。

4.1 焦硫酸钾，细粉。

4.2 碳酸钠，无水或在 500℃预灼烧。

4.3 过氧化钠（Na_2O_2），干粉。

注：过氧化钠贮存应尽可能干燥，一旦结块就不能使用。

4.4 硼酸

4.5 盐酸，ρ 1.19 g/mL。

4.6 盐酸，1+1。

4.7 盐酸，1+10。

4.8 盐酸，1+50。

4.9 氢氟酸，ρ 1.15 g/mL。

4.10 硫酸，ρ 1.84 g/mL。

4.11 硫酸，1+1。

4.12 磷酸，ρ 1.70 g/mL。

4.13 硫磷混酸

边搅拌边将 200 mL 磷酸(4.12)注入约 500 mL 水中，再加 300 mL 硫酸(4.10)，混匀，流水冷却。

4.14 氢氧化钠溶液，20 g/L。

4.15 过氧化氢溶液，30%（体积分数）。

4.16 混合熔剂，取 2 份无水碳酸钠与 1 份硼酸研细混匀。

4.17 高锰酸钾溶液，25 g/L。

4.18 重铬酸钾溶液，0.25 g/L。

4.19 氯化亚锡溶液，100 g/L。

将 100 g 氯化亚锡结晶体（$SnCl_2 \cdot 2H_2O$）溶于 200 mL 的盐酸中(4.5)，通过水浴加热溶解。冷却溶液，并用水稀释至 1 L。该溶液应贮存在装有少量锡粒的棕色玻璃瓶中。

4.20 三氯化钛溶液，15 g/L。

用 9 体积的盐酸(4.6)稀释 1 体积的三氯化钛溶液（约 15%的三氯化钛溶液）。另一种方法是在有表面皿的烧杯中，用约 30 mL 的盐酸(4.5)中溶解 1 g 海绵钛。冷却溶液，用水稀释至 200 mL。现用现配。

4.21 铁标准溶液，0.05 mol/L。

移取 2.79 g 纯铁至 500 mL 的锥形烧杯中，在颈口放一滤斗。慢慢加入 35 mL 盐酸(4.6)，加热至溶解。冷却逐次少量加入 5 mL 过氧化氢氧化溶液。加热至沸，分解过剩的过氧化氢，除氯气。移至 1 000 mL的容量瓶中，稀释至刻度。

1.00 mL 的该溶液相当于 1.00 mL 的标准重铬酸钾溶液。

4.22 重铬酸钾标准溶液，0.016 67 mol/L。

称取 4.904 g 预先在 140℃～150℃干燥 2 h，在干燥器中冷却至室温的重铬酸钾（基准）溶于水中，冷却至 20℃后移至 1 000 mL 的容量瓶中，用水稀释至刻度，混匀。

注 1：容量瓶应先校验，在 20℃时，称取内容水的质量，然后换算成体积。

注 2：在贮存瓶上记下该溶液稀释时的温度(20℃)。

4.23 钨酸钠溶液，称取 25 g 钨酸钠溶于适量的水中（若混浊需过滤），加 5 mL 磷酸（ρ 1.70 g/mL）用水稀释到 100 mL。

4.24 二苯胺磺酸钠指示剂溶液，0.2 g/100 mL。

将 0.2 g 二苯胺磺酸钠($C_6H_5NHC_6H_4SO_3Na$)溶于少量水中，然后稀释至 100 mL。将该溶液贮存于棕色玻璃瓶中。

5 仪器

除非另有规定，所有吸量管和容量瓶应是符合 GB/T 12808 和 GB/T 12806 的规定。

5.1 刚玉坩埚，容量 25 mL～30 mL。

5.2 滴定管，A 级，符合 GB/T 12805 规定。

5.3 铂坩埚，容量 25 mL～30 mL。

5.4 称量勺，由非磁性材料或退磁的不锈钢制成。

5.5 高温炉，温度适于控制在 500℃～1 000℃的范围。

6 取样和试样

6.1 实验室样品

分析用实验室样品应按 GB/T 10322.1 进行取样和制备，粒度应小于 100 μm。矿石中化合水或易氧化物含量高时，粒度应小于 160 μm。

注 1：化合水和易氧化物含量高的规定包括在 GB/T 6730.1 中。

注 2：如果全铁量的测定涉及还原性试验，将整个还原性试验中留作化学分析的试样破碎和研碎小于 100 μm，制成实验室样品。

6.2 试样的制备

根据矿石类型，按 6.2.1 或 6.2.2 进行。

6.2.1 化合水或易氧化物含量较高的矿石

下列类型的矿石，按 GB/T 6730.3 制备一空气平衡试样：

a) 含金属铁的加工矿；

b) 含硫量大于 0.2%的天然或加工矿；

c) 含化合水大于 2.5%的天然或加工矿。

6.2.2 除 6.2.1 范围外的矿石

将实验室样品充分混合，采用份样缩分法取样。按照 GB/T 6730.1 中的规定，将试样在 105℃±2℃的温度下进行干燥。

7 分析步骤

7.1 测定次数

按照附录 A，对同一试样，至少独立测定两次。

注：“独立”是指再次及后续任何一次测定结果不受前面测定结果的影响。本分析方法中，此条件意味着同一操作者在不同的时间或不同操作者进行重复测定，包括采用适当的再校准。

7.2 试料量

用一个非磁性称量勺(5.4)，称取近 0.40 g 试料(6.2)，精确至 0.000 2 g。

7.3 空白试验和验证试验

7.3.1 空白试验

随同试料做空白试验(要求见 7.5.4)。

7.3.2 验证试验

随同试料分析同类型标准样品做验证试验。

7.4 吸湿水的测定

当矿石类型符合6.2.1的要求时，在取全铁测定试样的同时，按GB/T 6730.3的要求测定吸湿水含量。

7.5 测定

7.5.1 试料的分解

7.5.1.1 酸分解[对钒含量不大于0.05%以及钼和铜含量不大于0.1%的样品]

将试料(7.2)放入250 mL的烧杯中，加30 mL盐酸(4.5)，盖上表面皿，不沸腾地缓慢加热溶液，分解试样。

注：避免沸腾是为了防止三氯化铁挥散。

用射水冲洗表面皿，并用温水稀释至50 mL。用中速滤纸过滤不溶残渣。用擦棒擦净杯壁，用温盐酸(4.8)洗烧杯3次。用温盐酸(4.8)洗残渣，直至看不见黄色的三氯化铁为止。然后再用温水洗6次～8次。将滤液和洗液收集在400 mL的烧杯中。

将滤纸和残渣放入铂坩埚(5.3)中，干燥，灰化滤纸，最后在750℃～800℃灼烧。冷却坩埚，加4滴硫酸(4.11)湿润残渣，加约5 mL氢氟酸(4.9)，并缓慢加热以除去二氧化硅和硫酸(到冒尽三氧化硫白烟)。将2 g焦硫酸钾(4.1)加入冷却的坩埚中，先缓慢加热，然后高温加热，至熔融物清亮(650℃熔融约5 min)，冷却，将坩埚放入原250 mL烧杯中，加约25 mL的水和约5 mL的盐酸(4.5)，温热溶解熔融物。洗出坩埚，将该溶液和主液合并，不沸腾状况下蒸发至约150 mL，下面按7.5.2节中规定的步骤继续操作。

7.5.1.2 熔融-酸化[对含钒量不大于0.05%和含钼和铜量不大于0.1%的样品]

将试料(7.2)放入铂坩埚(5.3)中，加约3.0 g混合熔剂(4.16)，充分混匀。在950℃±10℃的高温炉中放置30 min。从炉中取出并摇动坩埚，冷却熔融物，将坩埚放入预先盛有100 mL盐酸(4.5)的烧杯中，低温加热浸出熔融物。洗出坩埚，同时将洗液加入溶液中，调整体积至约150 mL，下面按7.5.2节中规定的步骤继续操作。

7.5.1.3 熔融-过滤[对含钒大于0.05%和/或含钼大于0.1%，但含铜不大于0.1%的样品]

将试料(7.2)放入刚玉坩埚(5.1)中，加1.3 g碳酸钠(4.2)和2.7 g过氧化钠(4.3)，充分混匀。在500℃±10℃的马弗炉中放置30 min。从炉中取出坩埚，放在燃烧器上加热溶化烧结物(30 s内)并不时转动坩埚，继续加热总时间为2 min。

冷却熔融物，将坩埚放入400 mL的烧杯中，加约100 mL的温水，加热几分钟，浸出熔融物。洗出坩埚，并将洗液加入溶液中。保留坩埚。冷却溶液，用中速滤纸过滤。用氢氧化钠溶液(4.14)洗滤纸2次，弃去滤液。

将滤纸上沉淀用射水洗入原烧杯中加10 mL盐酸(4.5)，加热溶解沉淀。溶液用原滤纸过滤。用温盐酸(4.6)洗滤纸3次，用盐酸(4.8)洗数次，最后用温水洗至洗液无酸性为止。将滤液和洗液收集于400 mL的烧杯中(这就是主液)。在保留的坩埚中，用热盐酸(4.6)溶解残留的铁，并用热水洗入主液中。不沸腾状况下蒸发至约150 mL，下面按7.5.2节中规定的步骤继续操作。

7.5.2 还原

7.5.2.1 铜含量不大于0.1%时，在7.5.1节所得溶液中加3滴～5滴高锰酸钾溶液(4.17)，在沸点以下加热溶液。在该温度保持5 min，氧化砷或有机物。用少量热盐酸(4.7)洗表面皿和烧杯内壁。立刻滴加氯化亚锡溶液(4.19)，还原铁(Ⅲ)，并不时搅动烧杯中的溶液，直到溶液保持淡黄色(三氯化铁)，用少量热水清洗烧杯内壁，加15滴钨酸钠溶液(4.23)作指示，然后滴加三氯化钛溶液(4.20)，并不断搅动溶液，直到溶液变蓝色。再滴加稀重铬酸钾溶液(4.18)至无色。

7.5.2.2 当试样含铜大于0.1%时，在7.5.1.1节所得溶液中加3滴～5滴高锰酸钾溶液(4.17)，在沸点以下加热溶液。在该温度保持5 min，氧化砷或有机物。用少量热盐酸(4.7)洗表面皿和烧杯内壁。于试液中加5 mL过氧化氢(4.15)，煮沸5 min，用氢氧化铵(0.90 g/mL)中和至产生沉淀，过量10 mL，煮沸，待沉淀下降，用快速滤纸过滤，用热氢氧化铵(5+95)洗沉淀8次～9次。沉淀用盐酸溶解，用热盐酸洗至滤纸无色。溶液煮至近沸。以下按7.5.2.1加氯化亚锡溶液开始进行还原。

7.5.3 滴定

在7.5.2节所得溶液中立即加30 mL硫磷混酸(4.13)，用5滴二苯胺磺酸钠溶液(4.24)作指示剂，用重铬酸钾标准溶液(4.22)滴定，当溶液由绿色变为蓝绿到最后一滴滴定使之变紫色时为终点。

注：应注意重铬酸钾溶液的环境温度。如果它与配制时的温度(20℃)相差1℃以上。要作适当的容积校准：每相差1℃，相当于0.02%。(例如：当滴定过程中环境温度比配制标准溶液过程的温度高时，滴定度应减小。)如有温度差异进校准正是必不可少的。

7.5.4 空白试验

使用相同数量的所有试剂和按照有试样相同的操作步骤测定空白试验值(7.3.1)。在用氯化亚锡溶液(4.19)还原(7.5.2)前，立刻用单刻度移液管加1.00 mL铁标准溶液(4.4)并按7.5.3所述滴定溶液。将该滴定体积记作(V_0)。该滴定的空白试验值(V_2)如下计算：

$$V_2 = V_0 - 1.00$$

注1：当溶液中无钛存在时，二苯胺磺酸钠指示剂不与重铬酸溶液作用。为了促进空白溶液指示剂反应，需加入铁溶液，并根据所用的重铬酸钾标准溶液(4.12)的毫升数来校正空白。

注2：1 mL单刻度移液管应预先通过称量所移取的水的质量并换算成体积来进行校正。

8 结果计算

8.1 全铁含量的计算

按式(1)计算试样中全铁含量w(质量分数)，数值以%表示。

$$w = \frac{V_1 - V_2}{m} \times 0.005\,584\,7 \times K \times 100 \quad \cdots\cdots(1)$$

式中：

V_1——试料消耗的重铬酸标准溶液(4.22)的体积，单位为毫升(mL)；

V_2——空白试验在7.5.4加铁标准溶液消耗相应的重铬酸钾标准溶液的体积，单位为毫升(mL)；

m——试样的质量，单位为克(g)；

0.005 584 7——1 mL(0.016 67 moL/L)重铬酸钾标准溶液相当于铁量，单位为克(g)；

K——对预干燥试样(6.2.2)是1.00，一般试样(6.2.1)的换算系数按式(2)计算。

$$K = \frac{100}{100 - A} \quad \cdots\cdots(2)$$

式中：

A——按GB/T 6730.3测得的化合水质量分数。

8.2 结果的一般处理

8.2.1 重复性和允许差

本分析方法的精密度用表1表示。

8.2.2 分析结果的确定

按照附录A中步骤，根据公式(1)计算独立重复测量结果，与重复测定允许差(R_d)进行比较，来确定分析结果。

8.2.3 实验室间精密度

实验室间精密度用以评价两个实验室报告的最终结果之间的一致性。两个实验室按照8.2.2中规定的相同步骤报告结果后，计算：

$$\mu_{12}=\frac{\mu_1+\mu_2}{2}$$

式中：

μ_1——实验室 1 报告的最终结果；

μ_2——实验室 2 报告的最终结果；

μ_{12}——最终结果的平均值。

如果$|\mu_1-\mu_2|\leqslant P$(见 8.2.1)，最终结果是一致的。

表 1 精密度

项　　目	酸分解	熔融分解
R_d	0.156	0.170
P	0.239	0.267
σ_d	0.055	0.062
σ_L	0.074	0.085
R_d 是实验室内允许差(重复性)； P 是实验室间允许差； σ_d 是实验室内标准偏差； σ_L 是实验室间标准偏差。		

8.2.4 分析值的验收

分析值的验收使用有证标准样品进行验证。步骤与以上所述相同。确认精密度后，实验室最终结果与标准值 Ac 比较。如：

a) $|\mu_c-\mathrm{Ac}|\leqslant C$，测量值与标准值之间无显著差异；

b) $|\mu_c-\mathrm{Ac}|>C$，测量值与标准值之间有显著差异。

式中：

μ_c——标准样品的测量值；

Ac——标准样品的标准值；

C——该值取决于所使用标准样品的种类。

对通过实验室间确定的标准样品：

$$C=2\sqrt{\sigma_L^2+\frac{\sigma_d^2}{n}+V(\mathrm{Ac})}$$

式中：

$V(\mathrm{Ac})$——标准值 Ac 的方差。

8.2.5 最终结果的计算

最终结果是试样可接受值的算术平均值，在另一种情况下，就是按附录 A 中规定的操作测定。可接受分析值的算术平均值计算到第四位小数，并按下述方法修约到第二位小数：

a) 当第三位小数数字小于 5，就舍去此数，第二位小数数字保持不变；

b) 当第三位小数数字为 5，第四位小数数字不为 0 时，或第三位小数数字若为 0、2、4、6、8 时保持不变，若为 1、3、5、7、9 时则进 1。

8.3 氧化物系数

$$w_{Fe_2O_3}=1.430\ w_{Fe}$$

$$w_{FeO}=1.286\ w_{Fe}$$

$$w_{Fe_3O_4}=1.382\ w_{Fe}$$

9 试验报告

试验报告应包括下列信息：

a） 测试实验室名称和地址；

b） 试验报告发布日期；

c） 本部分的编号；

d） 试样本身必要的详细说明；

e） 分析结果；

f） 标准样品名称和结果；

g） 测定过程中存在的任何异常特性和在本部分中没有规定的可能对试样或标准样品的分析结果产生影响的任何操作。

附 录 A
（规范性附录）
试样分析值接受程序流程图

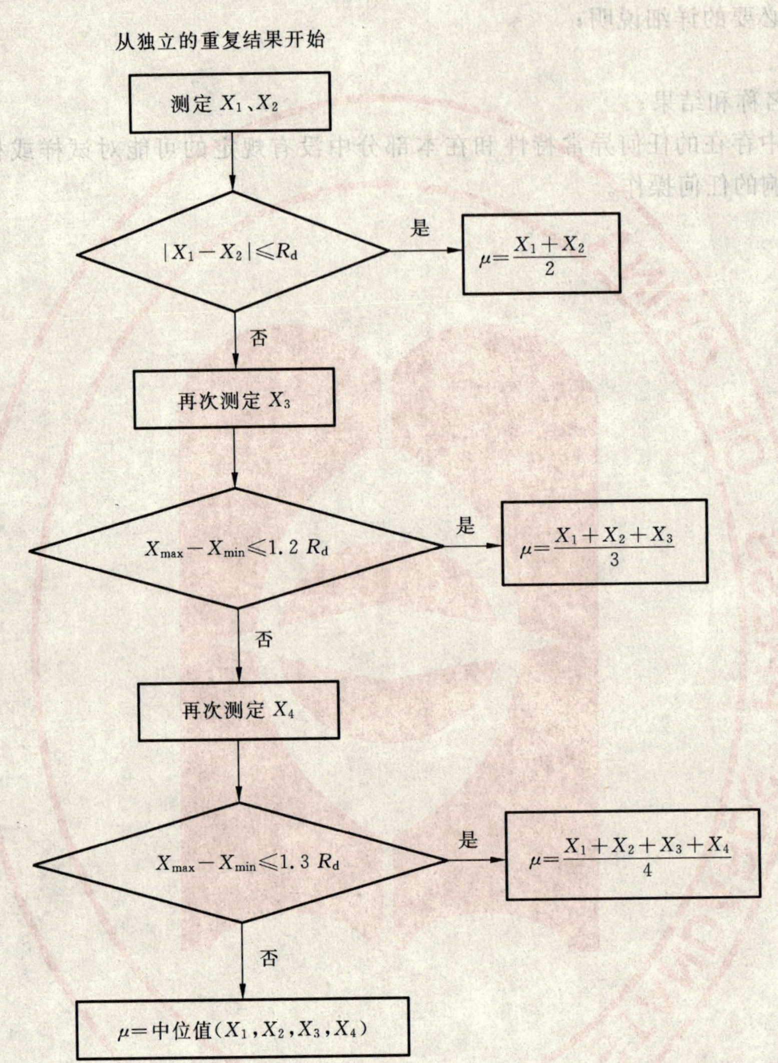

图 A.1

附 录 B
（资料性附录）
精密度表述

8.2.1中所述精密度是通过对9个国家的35个实验室在1981～1984年间对5个铁矿石试样(见表B.1)进行国际分析试验所得结果统计得出的。

表B.1 试样的全铁量

样　　品	铁含量(质量分数)/%	所用方法
Savage河球团	67.1	熔融分解
SchefferviLL铁矿	60.7	酸分解、熔融分解
巴西铁矿	45.9	酸分解
拉布拉多铁矿	59.6	酸分解、熔融分解
马科纳球团	66.8	酸分解、熔融分解

注1：国际试验报告和结果统计分析(文件ISO/TC 102/SC 2 N692E,1982年8月/;ISO/TC 102/SC 2 N754E,1984年3月,和ISO/TC 102/SC 2 N760E,1984年8月)可从ISO/TC 102/SC 2和ISO/TC 102秘书处得到。

注2：统计分析是按ISO 5725中的原理进行的。

ICS 73.060.10
D 31

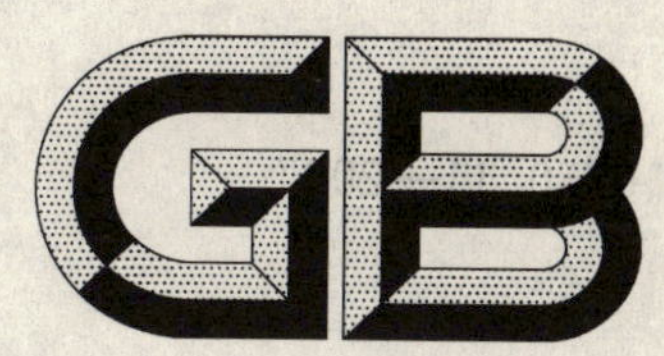

中华人民共和国国家标准

GB/T 6730.11—2007
代替 GB/T 6730.11—1986

铁矿石 铝含量的测定 EDTA 滴定法

Iron ores—Determination of aluminium content—EDTA titrimetric method

(ISO 6830:1986,MOD)

2007-08-14 发布 2008-03-01 实施

中华人民共和国国家质量监督检验检疫总局
中国国家标准化管理委员会 发布

前　言

GB/T 6730 的本部分修改采用 ISO 6830:1986《铁矿石　铝量的测定　络合滴定法》,本部分与 ISO 6830:1986 比较,主要作了如下修改:

——在“2 规范性引用文件”中用我国标准代替对应的国际标准;

——ISO 6830:1986 的 4.17“锌标准溶液”用金属锌配制,浓度 0.010 00 mol/L,本部分修改为用氧化锌配制,浓度修改为 0.020 00 mol/L 或 0.010 00 mol/L;

——ISO 6830:1986 的 7.5.1“试样的分解”,采用碳酸钠于玻璃碳坩埚或锆坩埚中熔融分解试样。本部分修改为试样用盐酸、硝酸、高氯酸分解,过滤;残渣用氢氟酸蒸发除去硅后,用焦硫酸钾熔融,盐酸提取,与滤液合并;

——ISO 6830:1986 的 7.5.2“分离干扰元素”,采用氨水沉淀 R_2O_3 以及铜铁试剂和三氯甲烷萃取分离干扰元素。本部分针对我国含稀土元素铁矿,在以上两分离步骤之后,增加了强碱分离以消除稀土元素的干扰。该修改只针对含稀土元素铁矿;

——ISO 6830:1986 的 7.5.3“滴定”,采用氟化铵置换同铝络合的 EDTA。本部分修改为用氟化钠置换同铝络合的 EDTA;此外,在调整酸度方式、醋酸盐缓冲液用量、加入次序以及络合和置换时的煮沸时间上,本部分也做了部分改动。

本部分代替 GB/T 6730.11—1986《铁矿石化学分析方法　氟盐取代络合容量法测定铝量》。本部分与 GB/T 6730.11—1986 相比,主要变化如下:

——GB/T 6730.11—1986 的 4.5.2“分离”,采用“甲基异丁酮萃取分离”、“六次甲基四胺分离”和“强碱分离”等三个步骤分离干扰元素。本部分修改为普通铁矿采用“氨水分离”和“铜铁试剂萃取分离”两个步骤分离干扰元素;含稀土元素铁矿则增加“强碱分离”;

——GB/T 6730.11—1986 的 4.2“试样量”,称取 1 g 或 0.5 g 试样。本部分修改为称取 0.3 g 或 0.2 g 试样;

——GB/T 6730.11—1986 的 4.5.3“滴定”,从 250 mL 碱性溶液中分取 100 mL 试液进行滴定。本部分修改为全量滴定(含稀土元素铁矿除外)。

本部分的附录 A 为规范性附录,附录 B 和附录 C 为资料性附录。

本部分由中国钢铁工业协会提出。

本部分由冶金工业信息标准研究院归口。

本部分主要起草单位:中钢集团马鞍山矿山研究院。

本部分主要起草人:张念慈、华绍广。

本部分所代替标准的历次版本发布情况为:

——GB/T 6730.11—1986。

铁矿石　铝含量的测定 EDTA滴定法

警告——使用本部分的人员应有正规实验室工作的实践经验。本部分并未指出所有可能的安全问题。使用者有责任采取适当的安全和健康措施，并保证符合国家有关法规规定的条件。

1　范围

GB/T 6730的本部分规定了用EDTA滴定法测定铝含量。

本部分适用于天然铁矿石、铁精矿、烧结矿和球团矿中铝含量的测定；测定范围(质量分数)：0.25%～5.0%。

2　规范性引用文件

下列文件中的条款通过GB/T 6730的本部分的引用而成为本部分的条款。凡是注日期的引用文件，其随后所有的修改单(不包括勘误的内容)或修订版均不适用于本部分，然而，鼓励根据本部分达成协议的各方研究是否可使用这些文件的最新版本。凡是不注日期的引用文件，其最新版本适用于本部分。

GB/T 6682　分析实验室用水规范和试验方法(GB/T 6682—1992,neq ISO 3697:1987)

GB/T 6730.1　铁矿石化学分析方法　分析用预干燥试样的制备(GB/T 6730.1—1986,eqv ISO 7764:1985)

GB/T 10322.1　铁矿石　取样和制样方法(GB/T 10322.1—2000,idt ISO 3082:1998)

GB/T 12806　实验室玻璃仪器　单刻线容量瓶(GB/T 12806—1991,neq ISO 1042:1983)

GB/T 12808　实验室玻璃仪器　单刻线移液管(GB/T 12808—1991,neq ISO 648:1977)

3　原理

试样用盐酸、硝酸、高氯酸分解，过滤。残渣用氢氟酸蒸发除去硅后，用焦硫酸钾熔融，盐酸提取，与滤液合并。然后用氨水沉淀R_2O_3，过滤，将铝、铁、钛等与其他元素分离。用盐酸溶解氢氧化物，再用铜铁试剂和三氯甲烷萃取铁钛等元素，铝保留在水相。水相经硝酸和高氯酸处理并蒸干，用盐酸溶解，加水稀释。在溶液中加入过量的EDTA络合铝，再以二甲酚橙作指示剂用锌标准滴定溶液回滴过量的EDTA。然后用氟化钠置换同铝络合的EDTA，再用锌标准滴定溶液滴定置换出来的EDTA。

4　试剂

分析中除另有说明外，仅使用认可的分析纯试剂和蒸馏水或与其纯度相当的水，符合GB/T 6682的规定。

4.1　焦硫酸钾。

4.2　盐酸，ρ1.19 g/mL。

4.3　盐酸，1+1。

4.4　盐酸，5+95。

4.5　硝酸，ρ1.42 g/mL。

4.6　高氯酸，ρ1.67 g/mL。

4.7　氢氟酸，ρ1.15 g/mL。

4.8 硫酸,1+1。

4.9 氨水,1+1。

4.10 氯化铵溶液,10 g/L。

1 g 氯化铵溶解在 100 mL 水中,滴加两滴氨水,混匀。

4.11 铜铁试剂溶液,60 g/L。

使用当天配制,配制用水温度应低于 20℃。用快速滤纸过滤,然后冷却到 10℃。

4.12 三氯甲烷。

4.13 氢氧化钠溶液,200 g/L。用聚乙烯瓶储存。

4.14 氢氧化钠溶液,500 g/L。用聚乙烯瓶储存。

4.15 EDTA(乙二胺四乙酸二钠)溶液,0.04 mol/L。

称取 14.9 g EDTA 于 500 mL 水中,加热溶解,冷却后稀释到 1 000 mL,混匀,储存在聚乙烯瓶中。

4.16 氟化钠溶液,40 g/L。

称取 40 g 氟化钠于聚乙烯烧杯中,加 1 000 mL 热水溶解,混匀(如有沉淀,静置后弃去),储存在聚乙烯瓶中。

4.17 甲基橙指示剂,1 g/L。

4.18 二甲酚橙指示剂,1 g/L。

将 0.1 g 二甲酚橙加 50 mL 水溶解,加乙醇 50 mL,混匀;储存在棕色瓶中。在避光情况下,此溶液可保存一个月。

4.19 醋酸盐缓冲溶液

称取 136 g 醋酸钠($CH_3COONa \cdot 3H_2O$)溶解在约 600 mL 水中,加入 7 mL 冰醋酸并用水稀至 1 000 mL。混匀。

4.20 锌标准滴定溶液,0.020 00 mol/L 或 0.010 00 mol/L。

称取 1.627 6 g 或 0.813 8 g 预先在 160℃~170℃ 干燥 2 h 的氧化锌(基准物质),置于 300 mL 玻璃烧杯中,加 20 mL 盐酸(4.2),加热溶解,并蒸发至约 5 mL;加水 200 mL,加 1 滴甲基橙指示剂(4.18),滴加氨水(4.9)到黄色,然后再用盐酸(4.2)滴至红色并过量 10 滴。移入 1 000 mL 容量瓶中,稀至刻度,混匀。

5 仪器

除非另有规定,所有吸量管和容量瓶应是符合 GB/T 12808 和 GB/T 12806 的规定。

实验室常用仪器以及:

5.1 铂坩埚,25 mL~50 mL。

5.2 聚四氟乙烯烧杯,200 mL。

5.3 分液漏斗,250 mL。

5.4 高温炉。

6 取样和制样

6.1 实验室样品

分析用实验室样品应按 GB/T 10322.1 进行取样和制备,粒度应小于 100 μm。矿石中化合水或易氧化物含量高时,粒度应小于 160 μm。

6.2 预干燥试样的制备

将实验室样品充分混合,采用份样缩分法取样。按照 GB/T 6730.1 中的规定,将试样在 105℃±

2℃的温度下进行干燥。

7 分析步骤

7.1 测定次数

按照附录A,对同一预干燥试样,至少独立测定两次。

注:“独立”是指再次及后续任何一次测定结果不受前面测定结果的影响。本分析方法中,此条件意味着同一操作者在不同的时间或不同操作者进行重复测定,包括采用适当的再校准。

7.2 试料量

铝含量范围0.25%~2.0%,称取0.30 g预干燥试样(6.2);铝含量范围2.0%~5.0%,称取0.20 g预干燥试样(6.2);精确至0.000 1 g。

7.3 空白试验和验证试验

7.3.1 空白试验

随同试料做空白试验。

7.3.2 验证试验

随同试料分析同类型标准样品做验证试验。

7.4 测定

7.4.1 试料的分解

将试料(7.2)置于300 mL玻璃烧杯中,加20 mL盐酸(4.2),盖上玻璃表皿,(如果试料含氟超过2 mg,改用200 mL聚四氟乙烯烧杯,溶样时不加玻璃表皿),低温加热分解约30 min,取下稍冷,加10 mL硝酸(4.5)和3 mL高氯酸(4.6),继续加热至冒高氯酸白烟蒸干。加20 mL盐酸(4.3)加热溶解,加热水20 mL,搅拌,用慢速滤纸过滤。将烧杯中所有残渣转移到滤纸上,用盐酸(4.4)洗涤烧杯和滤纸4次,再用热水洗涤2次。滤液和洗涤液保存。

残渣于700℃铂坩埚中灰化灼烧,取下冷却。加3滴~5滴硫酸(4.8),5 mL氢氟酸(4.7),低温加热至冒硫酸白烟蒸干,取下。加3 g焦硫酸钾(4.1)于650℃~700℃熔融10 min,取下冷却,放入滤液中,加热浸取。洗出坩埚,将溶液加热至熔融物全部溶解。

7.4.2 分离干扰元素

7.4.2.1 氨水分离

将溶液用水调整至约100 mL,加热煮沸,滴加氨水(4.9)至pH6.5~7.0,使氢氧化物完全沉淀。煮沸1 min,立即用快速滤纸过滤,用热氯化铵溶液(4.10)洗涤烧杯及滤纸7次~8次。弃去溶液。将展开的滤纸和氢氧化物沉淀置于原烧杯内壁上,先用洗瓶中的热水冲下氢氧化物沉淀,然后用25 mL热盐酸(4.3)洗滤纸,再用热水洗涤滤纸至无色,并弃去滤纸。将溶液煮沸,冷却至20℃以下,并控制在50 mL左右。

注:萃取前及萃取过程中应确保溶液和所有使用的试剂温度在20℃以下。

7.4.2.2 铜铁试剂萃取分离

将溶液转移到250 mL分液漏斗并用水稀至约75 mL,加20 mL铜铁试剂溶液(4.11),轻轻摇动,加20 mL三氯甲烷(4.12),激烈震荡1 min,静置分层,弃去有机相,为了除去水相表面的铜铁试剂,再加5 mL三氯甲烷(4.12)于分液漏斗中,弃去有机相。如果试料含铁量小于或等于150 mg,重复以上操作一次。如果试料含铁量大于150 mg,重复以上操作两次。

加入20 mL三氯甲烷(4.12)于分液漏斗,激烈震荡1 min,静置分层,弃去有机相。

将水相放入300 mL玻璃烧杯或300 mL锥形瓶中,用少量水洗涤分液漏斗,并入水相。将溶液加热蒸发约20 mL,加10 mL硝酸和3 mL高氯酸,继续加热至冒高氯酸白烟蒸干,取下冷却。加10 mL盐酸(4.3)加热溶解,并蒸发至3 mL~5 mL,加水40 mL,煮沸。

7.4.2.3 强碱分离

如果试料含稀土元素(大于0.60 mg),在加水40 mL后,加入20 mL EDTA溶液(4.15)和1滴甲基橙指示剂(4.17),滴加氢氧化钠溶液(4.13)至溶液变黄色,再滴加盐酸(4.3)溶液变红色,并过量5滴,煮沸,搅拌下趁热加12 mL氢氧化钠溶液(4.14),放置20 min,流水冷却。移入100 mL容量瓶,稀至刻度,摇匀;干过滤,用移液管分取50.00 mL滤液于300 mL玻璃烧杯或300 mL锥形瓶中,滴加盐酸(4.3)溶液变红色,用水稀至体积至约100 mL。

注:该分析步骤只针对含稀土元素(大于0.60 mg)铁矿。

7.4.3 滴定

将溶液(7.4.2.2)加入过量的EDTA溶液(4.15)(通常加入10 mL~20 mL即可)和1滴甲基橙指示剂(4.17),滴加氢氧化钠溶液(4.13)至溶液变黄色,再滴加盐酸(4.3)溶液变红色,用水稀至体积约100 mL。

注:如果试料经过强碱分离,以上步骤省略,直接将溶液(7.4.2.3)转入下面操作。

加热至沸;趁热加15 mL醋酸盐缓冲液(4.19),微沸3 min,流水冷却至室温。加5滴~7滴二甲酚橙指示剂(4.18),用锌标准滴定溶液(4.20)滴至红色(不记读数)。加20 mL氟化钠溶液(4.16),微沸3 min,流水冷却至室温。补加1滴二甲酚橙指示剂,用锌标准滴定溶液(4.20)滴至红色,记下读数。

8 结果计算

8.1 铝含量的计算

按式(1)计算试样中铝含量w(质量分数),数值以%表示:

$$w_{Al}=\frac{k(V-V_0)}{m}\times 100 \qquad \cdots\cdots(1)$$

式中:

k——锌标准溶液对铝滴定系数,锌标准溶液浓度为0.200 0 mol/L时,k为0.053 96;锌标准溶液浓度为0.010 00 mol/L时,k为0.026 98,单位为克每毫升(g/mL)。

V——滴定试样消耗锌标准溶液(4.20)体积,单位为毫升(mL)。

V_0——空白试验消耗锌标准溶液(4.20)体积,单位为毫升(mL)。

m——试料量或分取试料量,单位为克(g)。

8.2 分析结果的一般处理

8.2.1 重复性和允许差

本分析方法的精密度用下列回归方程表示:

$$R_d=0.028\,9X+0.016\,7 \qquad \cdots\cdots(2)$$

$$P=0.042\,2X+0.032\,3 \qquad \cdots\cdots(3)$$

$$\sigma_d=0.010\,4X+0.006\,0 \qquad \cdots\cdots(4)$$

$$\sigma_L=0.013\,4X+0.010\,2 \qquad \cdots\cdots(5)$$

式中:

X——预干燥试样的铝含量,以质量百分数表示,计算如下:

——实验室内,按公式(2)和(4)计算,其为两次重复测定结果的算术平均值;

——实验室间,按公式(3)和(5)计算,其为两个实验室最终结果(8.2.5)的算术平均值。

R_d——实验室内重复测定的允许差(重复性);

P——实验室间的允许差;

σ_d——实验室内重复测定的标准偏差;

σ_L——实验室间的标准偏差。

8.2.2 分析结果的确定

按照附录A中步骤,根据公式(1)计算独立重复测量结果,与重复测定允许差(R_d)进行比较,来确定分析结果。

8.2.3 实验室间精密度

实验室间精密度用以评价两个实验室报告的最终结果之间的一致性。两个实验室按照8.2.2中规定的相同步骤报告结果后，计算：

$$\mu_{12}=\frac{\mu_1+\mu_2}{2}$$

式中：

μ_1——实验室1报告的最终结果；

μ_2——实验室2报告的最终结果；

μ_{12}——最终结果的平均值。

如果$|\mu_1-\mu_2|\leqslant P$(见8.2.1)，最终结果是一致的。

8.2.4 分析值的验收

分析值的验收使用有证标准样品进行验证。步骤与以上所述相同。确认精密度后，实验室最终结果与标准值Ac比较。如：

a) $|\mu_c-\mathrm{Ac}|\leqslant C$，测量值与标准值之间无显著差异；

b) $|\mu_c-\mathrm{Ac}|>C$，测量值与标准值之间有显著差异。

式中：

μ_c——标准样品的测量值；

Ac——标准样品的标准值；

C——该值取决于所使用标准样品的种类。

对通过实验室间确定的标准样品：

$$C=2\sqrt{\sigma_L^2+\frac{\sigma_d^2}{n}+V(\mathrm{Ac})}$$

式中$V(\mathrm{Ac})$是标准值Ac的方差。

8.2.5 最终结果的计算

最终结果是试样可接受值的算术平均值，在另一种情况下，就是通过按附录A中规定的操作测定。计算到四位小数，并按下述方法修约到二位小数：

a) 当第三位小数小于5，就舍去此数，第二位小数数字保持不变；

b) 当第三位小数数字为5，第四位小数数字不为0时，或第三位小数数字大于5时，第二位小数数字进1；

c) 当第三位小数数字为5，第四位小数数字为0时，就舍去5，第二位小数数字若是0、2、4、6、8时，则保持不变，若是1、3、5、7、9时，则进1。

8.3 氧化物系数

$$w_{Al_2O_3}(\%)=1.889\,5\times w_{Al}(\%)$$

9 试验报告

试验报告应包括下列信息：

a) 测试实验室名称和地址；

b) 试验报告发布日期；

c) 本部分的编号；

d) 试样本身必要的详细说明；

e) 分析结果；

f) 标准样品名称和结果；

g) 测定过程中存在的任何异常特性和在本部分中没有规定的可能对试样或标准样品的分析结果产生影响的任何操作。

附 录 A
（规范性附录）
试样分析值接受程序流程图

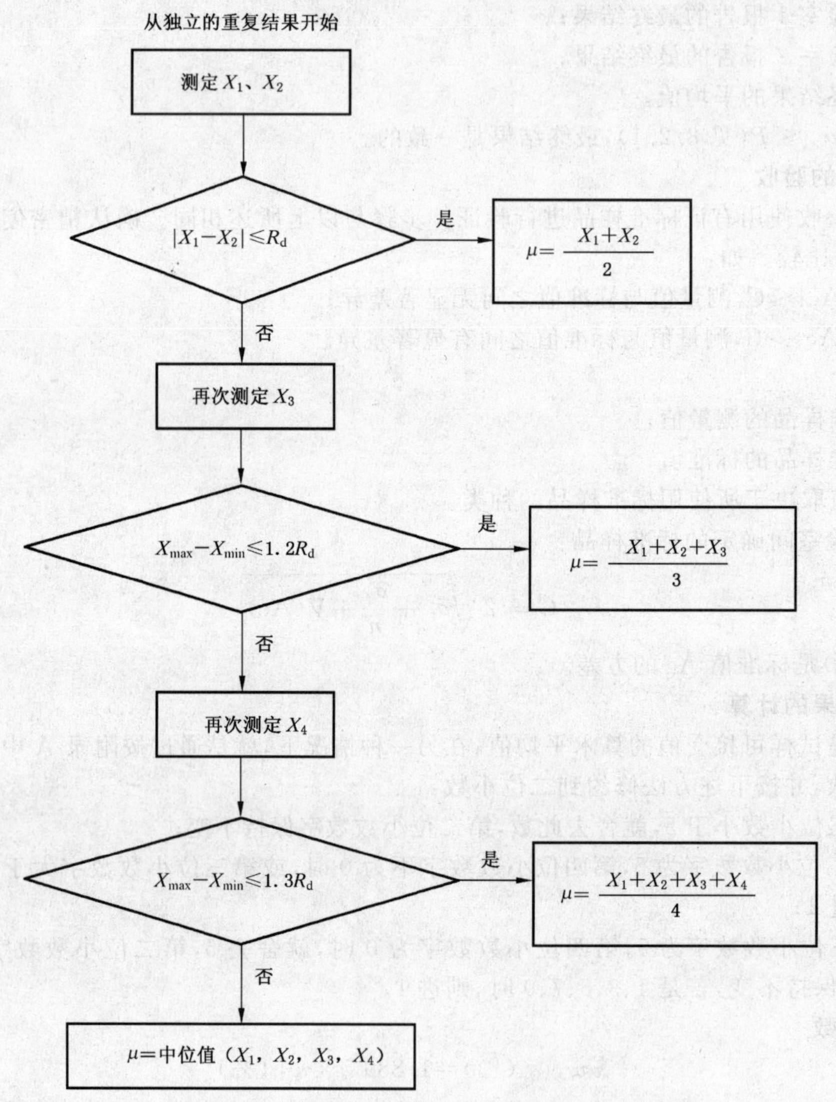

注：R_d 见 8.2.1 中定义。

附 录 B
（资料性附录）
重复性和允许差方程式的推导

在 8.2.1 中的回归方程式是 1976～1978 年间，由 9 个国家的 23 个实验室对 6 个铁矿石样品进行国际分析试验的结果统计评估得出的。

精密度数据的图解处理在附录 C 中绘出。

表 B.1 国际试验用试样

样 品	铝含量(质量分数)/%
马科纳(秘)	0.36
克里沃伊罗格(前苏联)	0.66
菲律宾铁矿	1.44
英国烧结矿(斯肯索普)	1.76
Minette	2.34
英国烧结矿(罗瑟勒姆)	3.50

注 1：国际试验报告和结果统计分析(ISO/TC 102/SC 2 N 605E 文件 1980.8)可从 ISO/TC102/SC 2 和ISO/TC 102 秘书处得到。

注 2：统计分析是按 ISO 5725 中的原理进行的。

附 录 C
（资料性附录）
通过国际分析试验获得的精密度拟合图

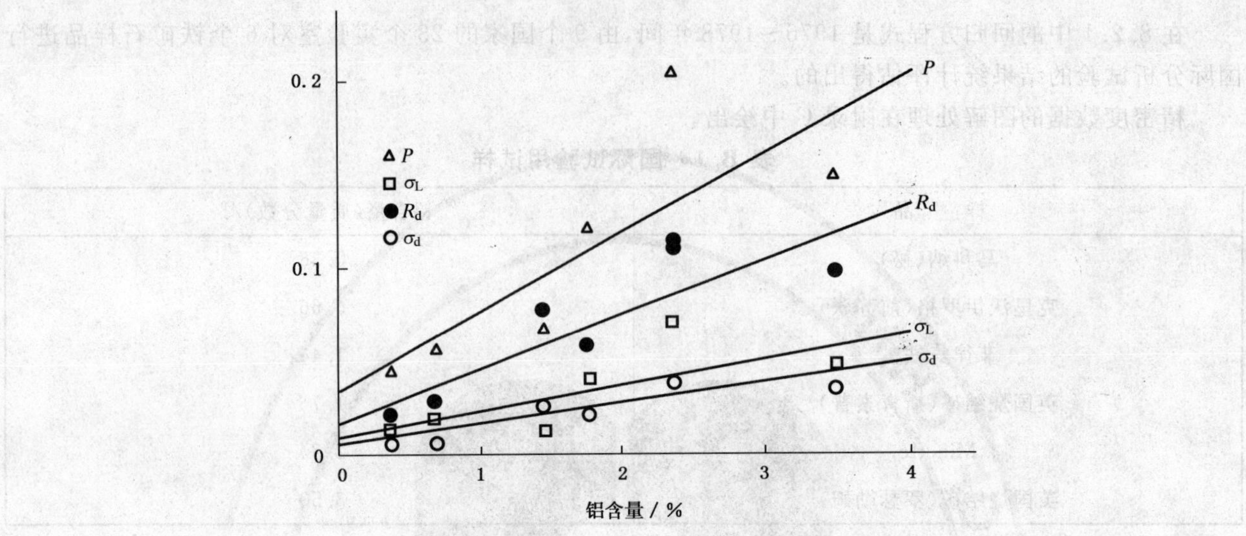

注：本图是 8.2.1 中图示。

图 C.1 精密度对铝含量的最小二乘方拟合图

ICS 73.060.10
D 31

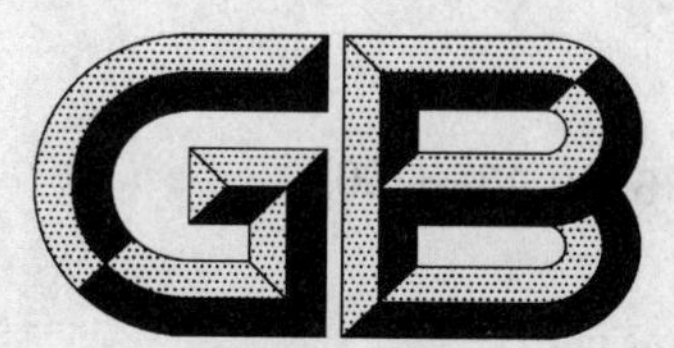

中华人民共和国国家标准

GB/T 6730.13—2007
代替 GB/T 6730.13—1986、GB/T 6730.15—1986

铁矿石　钙和镁含量的测定 EGTA-CyDTA 滴定法

Iron ores—Determination of calcium and magnesium content—EGTA-CyDTA titrimetric method

2007-08-14 发布　　2008-03-01 实施

中华人民共和国国家质量监督检验检疫总局
中国国家标准化管理委员会　发布

前　言

GB/T 6730 的本部分代替 GB/T 6730.13—1986《铁矿石化学分析方法　高锰酸钾容量法测定钙量》和 GB/T 6730.15—1986《铁矿石化学分析方法　络合滴定法测定镁量》。

本部分与 GB/T 6730.13—1986、GB/T 6730.15—1986 比较，主要变化如下：

——GB/T 6730.13—1986 和 GB/T 6730.15—1986 是分别测定钙和镁含量，而本部分方法是同时测定钙和镁含量；

——GB/T 6730.13—1986 使用高锰酸钾标准溶液，本部分修改为 EGTA 标准溶液；GB/T 6730.15—1986使用 EDTA 标准溶液，本部分修改为 CyDTA 标准溶液；

——GB/T 6730.15—1986 中的 2.30 镁标准溶液的浓度为 1 mL 含 1.00 mg，本部分修改为 1 mL 含 0.30 mg；GB/T 6730.13—1986 中的 2.16.2 采用草酸钠标定，本部分修改为氧化钙标定；

——GB/T 6730.15—1986 中的 4.5 测定，本部分不采纳；

——GB/T 6730.13—1986 中的 4.5.3 两次氨水分离，本部分修改为两次氨水-氢氧化钾联合分离。

本部分的附录 A 为规范性附录。

本部分由中国钢铁工业协会提出。

本部分由冶金工业信息标准研究院归口。

本部分主要起草单位：中钢集团马鞍山矿山研究院。

本部分主要起草人：曾申进、徐修平、张先才。

本部分所代替标准的历次版本发布情况为：

——GB/T 6730.13—1986；

——GB/T 6730.15—1986。

铁矿石　钙和镁含量的测定 EGTA-CyDTA 滴定法

警告——使用本部分的人员应有正规实验室工作的实践经验。本部分并未指出所有可能的安全问题。使用者有责任采取适当的安全和健康措施，并保证符合国家有关法规规定的条件。

1　范围

GB/T 6730 的本部分规定了用 EGTA-CyDTA 滴定法测定钙和镁含量。

本部分适用于天然铁矿石、铁精矿、烧结矿和球团矿中钙和镁含量的测定；测定范围(质量分数)：钙含量：1.5%～15.0%，镁含量：≥1.0%。

2　规范性引用文件

下列文件中的条款通过 GB/T 6730 的本部分的引用而成为本部分的条款。凡是注日期的引用文件，其随后所有的修改单(不包括勘误的内容)或修订版均不适用于本部分，然而，鼓励根据本部分达成协议的各方研究是否可使用这些文件的最新版本。凡是不注日期的引用文件，其最新版本适用于本部分。

GB/T 6682　分析实验室用水规范和试验方法(GB/T 6682—1992,neq ISO 3696:1987)

GB/T 6730.1　铁矿石化学分析方法　分析用预干燥试样的制备(GB/T 6730.1—1986,eqv ISO 7764:1985)

GB/T 10322.1　铁矿石　取样和制样方法(GB/T 10322.1—2000,idt ISO 3082:1998)

GB/T 12806　实验室玻璃仪器　单刻线容量瓶(GB/T 12806—1991,neq ISO 1042:1983)

GB/T 12808　实验室玻璃仪器　单刻线移液管(GB/T 12808—1991,neq ISO 648:1977)

3　原理

试料用盐酸、硝酸分解，过滤；残渣以氢氟酸除硅后(含氟试料除外)，焦硫酸钾熔融。用氨水和氢氧化钾将铁、铝、钛等沉淀为氢氧化物，锰则以过硫酸铵氧化为水合二氧化锰与氢氧化物同时过滤除去，此时磷以磷酸铁形式同时被分离。

在 pH 值大于 12 时，加钙指标剂，用 EGTA 标准滴定溶液滴定钙。在 pH 值＝10 时，用 EGTA 络合钙后，加铬黑 T 指示剂，用 CyDTA 标准滴定溶液滴定镁。

4　试剂与材料

分析中除另有说明外，仅使用认可的分析纯试剂和蒸馏水或与其纯度相当的水，符合 GB/T 6682 的规定。

4.1　焦硫酸钾。

4.2　过硫酸铵。

4.3　盐酸，ρ 1.19 g/mL。

4.4　盐酸，1＋1。

4.5　盐酸，5＋95。

4.6　硫酸，1＋1。

4.7　硝酸，ρ 1.42 g/mL。

4.8　氢氟酸，ρ 1.15 g/mL。

4.9　氢氧化钾溶液，200 g/L，贮于塑料瓶中。

4.10　氢氧化钾溶液，300 g/L，贮于塑料瓶中。

4.11　氨水，1+1。

4.12　氨水，1+3。

4.13　三乙醇胺，1+3。

4.14　硫酸镁溶液，300 g/L。

4.15　糊精溶液，50 g/L。

将 5 g 糊精以适量水调成糊状，倾入 100 mL 沸水中，煮沸，取下，冷至室温。

4.16　氨水-氯化铵缓冲溶液

将 67.5 g 氯化铵溶于 250 mL 水中，加 570 mL 氨水（ρ 0.90 g/mL）用水稀释至 1 000 mL，混匀。

4.17　钙指示剂：将 0.1 g［2-羟基-1-（2-羟基-4-磺酸基-1-萘偶氮）-3-萘甲酸］与 10 g 预先在 105℃～110℃烘干的氯化钾研细混匀，置于磨口瓶中贮存。

4.18　铬黑 T 指示剂：将 0.1 g 铬黑与 10 g 预先在 105℃～110℃烘干的氯化钾研细混匀，置于磨口瓶中贮存。

4.19　钙标准溶液，0.35 mg/mL。

称取 0.437 0 g 预先在 105℃～110℃干燥至恒量的碳酸钙基准物质，置于 300 mL 烧杯中，加入 100 mL 水，盖上表皿，沿杯嘴加入 10 mL 盐酸（4.4），加热煮沸，驱尽二氧化碳。取下，冷却。移入 500 mL容量瓶中，用水稀至刻度，混匀。

4.20　镁标准溶液，0.30 mg/mL。

称取 0.248 7 g 预先在 900℃～1 000℃灼烧至恒量的氧化镁基准物质，置于 300 mL 烧杯中，加入 100 mL 水，盖上表皿，沿杯嘴加入 10 mL 盐酸（4.4），加热溶解。取下，冷却。移入 500 mL 容量瓶中，用水稀至刻度，混匀。

4.21　乙二醇二乙醚二胺四乙酸（EGTA）标准滴定溶液，0.01 mol/L。

配制：称取 3.9 g EGTA 置于 500 mL 烧杯中，加入 250 mL 热水，低温加热，在不断搅拌下，滴加氢氧化钾溶液（4.10）至试剂完全溶解，取下，冷至室温。移入 1 000 mL 容量瓶中，用水稀释至刻度，混匀。

标定：移取 25.00 mL 钙标准溶液四份，分别置于 250 mL 锥形瓶中，加入 50 mL 水，滴加 4 滴～5 滴硫酸镁溶液（4.14），20 mL 氢氧化钾溶液（4.9）及适量钙指示剂（4.17），用 EGTA 标准滴定溶液滴至溶液由酒红色变为纯蓝色即为终点。同时做空白试验。

若极差超过 0.05 mL 时，应重新标定。

按式（1）计算 EGTA 标准滴定溶液对钙的滴定度：

$$T_1 = \frac{C_1 \times V_1}{V - V_{01}} \qquad \cdots\cdots\cdots\cdots(1)$$

式中：

T_1——EGTA 标准滴定溶液对钙的滴定度，单位为克每毫升（g/mL）；

C_1——钙标准溶液的浓度，单位为克每毫升（g/mL）；

V_1——所取钙标准溶液的体积，单位为毫升（mL）；

V——滴定时所耗 EGTA 标准溶液体积的平均值，单位为毫升（mL）；

V_{01}——试剂空白所耗 EGTA 标准溶液的体积，单位为毫升（mL）。

4.22　环己二胺四乙酸（CyDTA）标准滴定溶液，0.01 mol/L。

配制：称取 3.7 g CyDTA，置于 500 mL 烧杯中，加入 250 mL 热水，低温加热，在不断搅拌下，滴加氢氧化钾溶液(4.10)至试剂全部溶解,取下,冷至室温。移入1 000 mL容量瓶中,稀至刻度,混匀。

标定:移取20.00 mL镁标准溶液四份,分别置于250 mL锥形瓶中,加入50 mL水,10 mL氨水-氯化铵缓冲溶液(4.16),加入适量铬黑T指示剂(4.18),用CyDTA标准滴定溶液滴至溶液由紫红色变为纯蓝色即为终点。同时做空白试验。

若极差超过0.05 mL时,应重新标定。

按式(2)计算CyDTA标准滴定溶液对镁的滴定度:

$$T_2 = \frac{C_2 \times V_2}{V - V_{02}} \qquad \cdots\cdots(2)$$

式中:

T_2——CyDTA标准滴定溶液对镁的滴定度,单位为克每毫升(g/mL);

C_2——镁标准溶液的浓度,单位为克每毫升(g/mL);

V_2——所取镁标准溶液的体积,单位为毫升(mL);

V——滴定时消耗CyDTA体积的平均值,单位为毫升(mL);

V_{02}——试剂空白所耗CyDTA的体积,单位为毫升(mL)。

5 仪器

除非另有规定,所有移液管和容量瓶应符合GB/T 12808和GB/T 12806的规定。

6 取样和制样

6.1 实验室试样

按照GB/T 10322.1进行取样和制样。一般试样粒度应小于100 μm。如试样中化合水或易氧化物含量高时,其粒度应小于160 μm。

6.2 预干燥试样的制备

充分混匀实验室试样,缩分法取样。按照GB/T 6730.1在105℃±2℃下干燥试样。

7 分析步骤

7.1 测定次数

按照附录A,对同一预干燥试样,至少独立测定两次。

注:"独立"是指再次及后续任何一次测定结果不受前面测定结果的影响。本部分中,此条件意味着同一操作者在不同的时间或不同操作者进行重复测定,包括采用适当的再校准。

7.2 试料量

称取0.50 g预干燥试样(6.2),精确至0.000 1 g。

7.3 空白试验及验证试验

7.3.1 空白试验

随同试料做空白试验。

7.3.2 验证试验

随同试料分析同类型标准样品做验证试验。

7.4 测定

7.4.1 试料分解

7.4.1.1 一般试料分解

将试料(7.2)置于250 mL烧杯中,加入20 mL盐酸(4.3),盖上表面皿,低温加热微沸约10 min,使酸可溶物分解完全。加3 mL～5 mL硝酸(4.7),于低温处蒸干。冷却,加10 mL盐酸(4.3),微热使可溶性盐类溶解，加 50 mL 热水煮沸，用中速滤纸（加少许纸浆）过滤于 300 mL 烧杯中，用擦棒擦净杯壁，以热盐酸（4.5）洗净，并洗滤纸及残渣 3 次～4 次，再以热水洗 5 次～6 次，滤液作为主液保存。

7.4.1.2 烧结矿分解

将试料（7.2）置于 250 mL 烧杯中，加入 20 mL 盐酸（4.3），盖上表面皿，低温加热微沸约 10 min，使酸可溶物分解完全。加 3 mL～5 mL 硝酸（4.7），再加 5 mL 高氯酸（ρ 1.67 g/mL）蒸发至冒浓厚白烟，直至呈湿盐状。冷却，加 10 mL 盐酸（4.3），微热使可溶性盐类溶解，加 50 mL 热水煮沸，用中速滤纸（加少许纸浆）过滤于 300 mL 烧杯中，用擦棒擦净杯壁，以热盐酸（4.5）洗净，并洗滤纸及残渣 3 次～4 次，再以热水洗 5 次～6 次，滤液作为主液保存。

7.4.1.3 含氟试料分解

将试料（7.2）置于 200 mL～300 mL 聚四氟乙烯（PTFE）烧杯中，加入 20 mL 盐酸（4.3），盖上表面皿，低温加热微沸约 10 min，使酸可溶物分解完全。加 3 mL～5 mL 硝酸（4.7），再加 5 mL～10 mL 高氯酸（ρ 1.67 g/mL），加热蒸发至冒浓厚白烟，并保持约 5 min。冷却，以尽可能少的水冲洗杯壁，并继续加热至发生浓厚白烟，直至呈湿盐状。冷却，加 10 mL 盐酸（4.3），微热使可溶性盐类溶解，加 50 mL 热水煮沸，用中速滤纸（加少许纸浆）过滤于 300 mL 烧杯中，用擦棒擦净杯壁，以热盐酸（4.5）洗净，并洗滤纸及残渣 3 次～4 次，再以热水洗 5 次～6 次，滤液作为主液保存。

注：如试样含钡量大于 1.0%，当加入 50 mL 热水后，再加 0.5 mL（4.6）硫酸，煮沸，冷至室温，用中速滤纸（加少量纸浆）过滤于 300 mL 烧杯中。以下按相应步骤进行。

7.4.2 残渣处理

将残渣连同滤纸移入铂坩埚中，灰化，在 800℃左右灼烧 10 min～20 min，取出冷却，以水湿润残渣，加 2 滴～4 滴硫酸（4.6）、5 mL 氢氟酸（4.8），加热至硫酸烟冒尽。加 2 g～4 g 焦硫酸钾（4.1），由低温逐渐增至 650℃左右熔融 5 min～10 min，冷却，熔融物以适量热水浸取后并于主液中，并洗净铂坩埚。

注 1：含氟试料灼烧、冷却后直接加入焦硫酸钾。

注 2：如试样含氧化钡量大于 1.0%时，则须将熔融物以适量热水浸取于另一个 300 mL 烧杯中，并稀释至约 100 mL，加 2 mL 盐酸（4.4），加热至沸，室温下静置 2 h，用中速滤纸（加适量纸浆）过滤于主液中，并以温水洗烧杯及沉淀 3 次～4 次，滤液和洗液浓缩至 150 mL，加热至溶液清亮，使可能生成的硫酸钙沉淀完全溶解（这时如仍有少量硫酸钡析出，并无妨碍）。

7.4.3 分离

将合并后的溶液以热水稀释至约 150 mL，加热至溶液清亮，使熔融物及可能生成的硫酸钙沉淀完全溶解（钛量高时产生浑浊无妨）。煮沸，取下，在搅拌下滴加 5 mL 氨水（4.11）后，改滴加氢氧化钾溶液（4.10）至氢氧化物沉淀出现，再改用氨水（4.12）（含磷量高时滴加速度要缓慢）调节 pH 值至 5～6（以精密pH 试纸检查，下同），加约 0.5 g 过硫酸铵（4.2）煮沸，使锰呈水合二氧化锰沉淀，并保持微沸约 10 min，以破坏过剩的过硫酸铵（如试样含锰量小于 0.1%，且不含稀土时，则不必除锰），继续调溶液 pH 值至 5～6，煮沸，取下，重新检查溶液 pH 值，如有下降，须再滴加少量氨水（4.12），使溶液保持 pH 值 5～6。立即以快速滤纸过滤，并以热硝酸铵溶液（1%）洗烧杯及沉淀各 2 次，滤液及洗液收集于 500 mL 容量瓶中（试样含稀土时，以 500 mL 烧杯承接）。

将滤纸展开，贴于原烧杯内壁，以热盐酸（4.5）将沉淀冲洗入烧杯中，补加 5 mL 盐酸（4.4），加热至沉淀溶解，以水稀释至约 150 mL，煮沸，按前述相同步骤再沉淀 1 次，过滤，洗净烧杯，并洗沉淀 4 次～5 次，滤液及洗液以原 500 mL 容量瓶承接（试样含稀土时，以原 500 mL 烧杯承接），弃去沉淀。溶液冷至室温，以水稀释至刻度，摇匀。

注 1：如含锰较高，发现难溶时，可加数滴亚硝酸钠（2%）助溶。

注 2：如试样含稀土，在合并后的溶液中加 10 mL 氨水（4.11），煮沸，取下。待沉淀下降后，以快速滤纸过滤于 500 mL容量瓶中，以温热硝酸铵溶液（1%）洗净烧杯及洗沉淀 5 次～6 次，弃去沉淀。以下按 7.4.3 相应步骤进行。

7.4.4 滴定

钙的测定：移取 100.0 mL 溶液，置于 300 mL 烧杯中，加 5 mL 三乙醇胺溶液(4.13)，5 mL 糊精溶液(4.15)，20 mL 氢氧化钾溶液(4.9)及适量钙指示剂(4.17)，用 EGTA 标准滴定溶液(4.21)滴定至溶液由酒红色变为纯蓝色即为滴定终点。

注 1：如试样中氧化镁≤3%，可不加糊精。

注 2：钙空白的测定，须预先加入 4 滴～5 滴硫酸镁溶液(4.14)，然后加入相应的试剂，再滴定。

镁的测定：移取 100.0 mL 溶液，置于 300 mL 烧杯中，加 5 mL 三乙醇胺溶液(4.13)，搅匀。加 EGTA 标准滴定溶液(4.21)，其加入量等于滴定钙时所耗 EGTA 标准滴定溶液毫升数，并过量 0.5 mL，加 10 mL 氨水-氯化铵缓冲溶液(4.16)，加入适量铬黑 T 指示剂(4.18)，用 CyDTA 标准滴定溶液(4.22)滴定至溶液由紫红色变为纯蓝色即为滴定终点。

8 结果计算

8.1 钙和镁含量的计算

8.1.1 按式(3)计算钙含量 w_{Ca}(质量分数)，数值以%表示：

$$w_{Ca}(\%)=\frac{T_1(V_1-V_{01})}{m_1}\times 100 \qquad \cdots\cdots(3)$$

式中：

T_1——EGTA 标准溶液对钙的滴定度，单位为克每毫升(g/mL)；

V_1——滴定试料溶液消耗 EGTA 标准溶液的体积，单位为毫升(mL)；

V_{01}——滴定空白试液消耗 EGTA 标准溶液的体积，单位为毫升(mL)；

m_1——分取试液所相当的试料量，单位为克(g)。

8.1.2 按式(4)计算镁含量 w_{Mg}(质量分数)，数值以%表示：

$$w_{Mg}(\%)=\frac{T_2(V_2-V_{02})}{m_2}\times 100 \qquad \cdots\cdots(4)$$

式中：

T_2——CyDTA 标准溶液对镁的滴定度，单位为克每毫升(g/mL)；

V_2——滴定试料溶液消耗 CyDTA 标准溶液的体积，单位为毫升(mL)；

V_{02}——滴定空白试液消耗 CyDTA 标准溶液的体积，单位为毫升(mL)；

m_2——分取试液所相当的试料量，单位为克(g)。

8.1.3 按式(5)和式(6)计算氧化钙、氧化镁百分含量：

$$w_{CaO}=1.399\,2\times w_{Ca} \qquad \cdots\cdots(5)$$

$$w_{MgO}=1.658\,3\times w_{Mg} \qquad \cdots\cdots(6)$$

8.2 允许差

实验室间分析结果的差值应不大于表 1 和表 2 所列允许差。

表 1 钙含量的允许差 %

钙含量(质量分数)	允许差
>1.5～5.0	0.15
>5.0～10.0	0.20
>10.0～15.0	0.25

表 2　镁含量的允许差

%

镁含量(质量分数)	允许差
1.0～2.5	0.10
>2.5～5.0	0.15
>5.0	0.20

9　试验报告

试验报告应包括下列信息：

a)　测试实验室名称和地址；

b)　试验报告发布日期；

c)　本部分的编号；

d)　试样本身必要的详细说明；

e)　分析结果；

f)　标准样品名称和结果；

g)　测定过程中存在的任何异常特性和在本部分中没有规定的可能对试样或标准样品的分析结果产生影响的任何操作。

附 录 A
（规范性附录）
试样分析值接受程序流程图

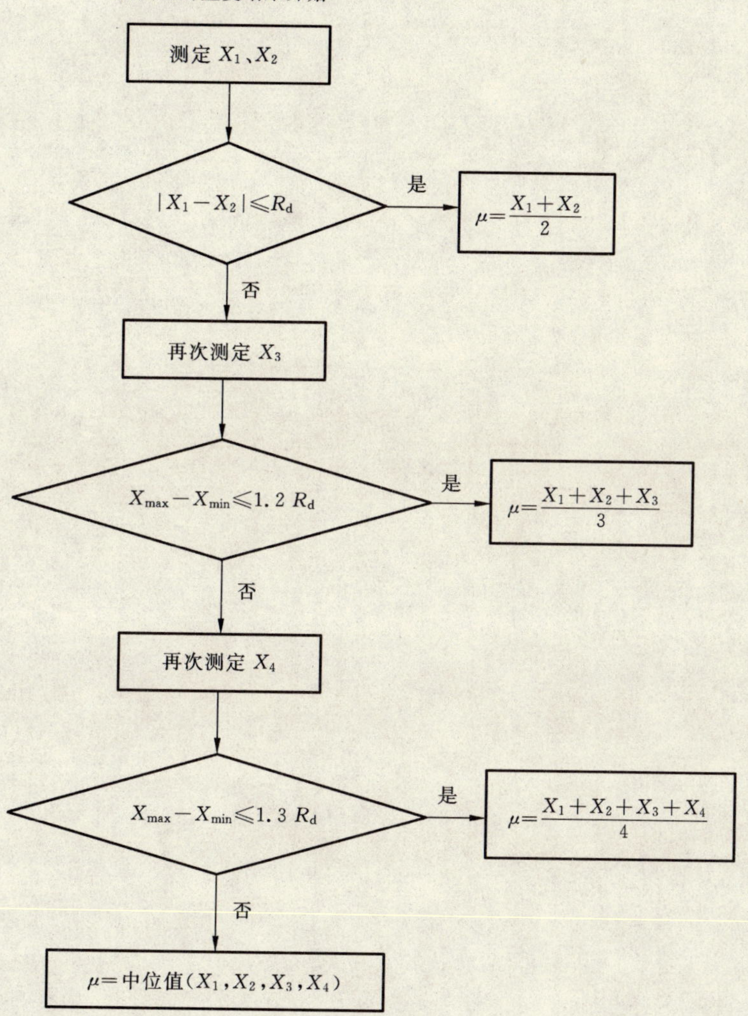

注：R_d 即表 1 和表 2 所列允许差。

ICS 73.060.10
D 31

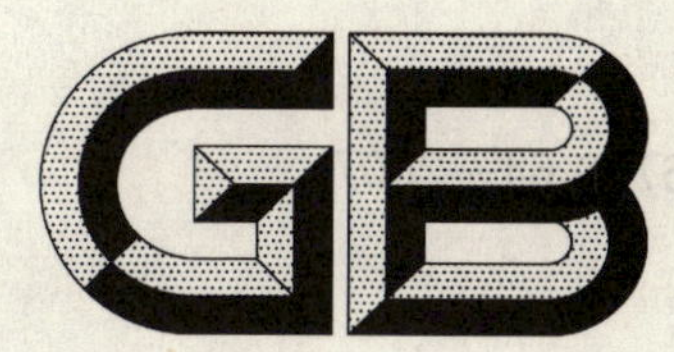

中华人民共和国国家标准

GB/T 6730.64—2007

铁矿石 水溶性氯化物含量的测定 离子选择电极法

Iron ores—Determination of water soluble chloride content—Ion-selective electrode method

(ISO 9517:1989,MOD)

2007-08-14 发布 2008-03-01 实施

中华人民共和国国家质量监督检验检疫总局
中国国家标准化管理委员会 发布

前　言

GB/T 6730的本部分修改采用国际标准ISO 9517:1989《铁矿石　水溶性氯化物含量的测定　离子选择电极法》。

本部分与国际标准ISO 9517:1989比较，主要作了如下修改：

——在"2　规范性引用文件"中用我国标准代替对应的国际标准；

——本部分的"4.6氯标准溶液"中对氯化钠的干燥条件由ISO 9517:1989中"105℃干燥1小时并冷却至室温"改为"500℃～600℃下灼烧至恒量"；

——本部分对ISO 9517:1989的"4.8氯标准溶液B，50 μg/mL"和"4.9氯标准溶液C，20 μg/mL"进行了合并，采用了"4.7氯标准溶液B，100 μg/mL"配制系列校准溶液。表2中校准溶液配制的浓度最低点由"2 μg/mL"改为"1.5 μg/mL"，相当于试样中氯含量为0.005%，与本部分测定范围的下限一致；

——本部分的"5.2"条款增加了"注"，允许使用带超声波的水浴槽进行试样中水溶性氯化物的浸取；

——本部分"4.8校准溶液"中，所用硫酸钾溶液浓度由ISO 9517:1989中的"4 g/L"改为"2 g/L"，加入量不变。取消ISO 9517:1989中"4.2硫酸钾(K_2SO_4)溶液，4 g/L"；

——本部分的"7.5试料量"由ISO 9517:1989中的"2 g"修改为"3.0 g"。相应地，"8.6.3试液处理"中分取试液量由"45 mL"修改为"25 mL"；"9.1水溶性氯化物含量的计算"中计算公式中也作了相应修改。

本部分的附录A为规范性附录、附录B和附录C为资料性附录。

本部分由中国钢铁工业协会提出。

本部分由冶金工业信息标准研究院归口。

本部分起草单位：宝山钢铁股份有限公司。

本部分主要起草人：纪红玲、刘小平、徐元才、王伟敏。

铁矿石　水溶性氯化物含量的测定　离子选择电极法

警告——使用本部分的人员应有正规实验室工作的实践经验。本部分并未指出所有可能的安全问题。使用者有责任采取适当的安全和健康措施，并保证符合国家有关法规规定的事项。

1　范围

GB/T 6730 的本部分规定了离子选择电极法测定铁矿石中水溶性氯化物含量。

本部分适用于天然铁矿石、铁精矿、球团矿和烧结矿中水溶性氯化物含量的测定。测定范围（质量分数，以氯计）：0.005%～0.1%。

注：水溶性氯化物是指在近中性的条件下，用水溶液浸取、过滤、提取得到的铁矿石中部分氯含量。

2　规范性引用文件

下列文件中的条款通过 GB/T 6730 的本部分的引用而成为本部分的条款。凡是注日期的引用文件，其随后所有的修改单（不包括勘误的内容）或修订版均不适用于本部分，然而，鼓励根据本部分达成协议的各方研究是否可使用这些文件的最新版本。凡是不注日期的引用文件，其最新版本适用于本部分。

GB/T 6682　分析实验室用水规范和试验方法（GB/T 6682—1992，neq ISO 3696：1987）

GB/T 6730.1　铁矿石化学分析方法　分析用预干燥试样的制备（GB/T 6730.1—1986，eqv ISO 7764：1985）

GB/T 10322.1　铁矿石　机械取样和制样方法（GB/T 10322.1—2000，idt ISO 3082：1998）

GB/T 12805　实验室玻璃仪器　滴定管（GB/T 12805—1991，neq ISO 385：1984）

GB/T 12806　实验室玻璃仪器　单刻线容量瓶（GB/T 12806—1991，neq ISO 1042：1983）

GB/T 12808　实验室玻璃仪器　单刻线移液管（GB/T 12808—1991，neq ISO 648：1977）

3　原理

试样用硫酸钾水溶液在 90℃～95℃下搅拌 1 h 浸取水溶性氯化物。将悬浮液转入容量瓶中，并稀释至刻度。干过滤，分取部分试液，用过硫酸钾溶液和中性缓冲溶液处理后，加入硝酸钠离子强度调节溶液，用氯离子选择电极和双接头参比电极测定氯离子的浓度。

4　试剂和材料

分析中除另有说明外，仅使用认可的分析纯试剂和蒸馏水或与其纯度相当的水，符合 GB/T 6682 的规定。

试剂和校准溶液的配制，以及本部分中第 5、6、7 章中规定的所有操作应与使用盐酸的场所有效隔离。

4.1　硫酸钾（K_2SO_4）溶液，2 g/L。

4.2　过硫酸钾（$K_2S_2O_8$）溶液，15 g/L。使用时现配。

4.3　硝酸钠（$NaNO_3$）溶液，$c(NaNO_3)=5$ mol/L。

将 42.5 g 硝酸钠溶解在约 60 mL 水中，转入 100 mL 容量瓶中，用水稀释至刻度，混匀。

4.4　磷酸盐缓冲溶液。

将 2.72 g 磷酸二氢钾(KH_2PO_4)、2.84 g 磷酸氢二钠(Na_2HPO_4)溶于约 40 mL 水中。转入 100 mL容量瓶中,用水稀释至刻度,混匀。

4.5 搅拌清洗溶液

在不断搅拌下,小心缓慢地向 700 mL 水中加入 150 mL 硫酸(ρ1.84 g/mL)和 150 mL 磷酸(ρ1.7 g/mL),混匀。

4.6 氯标准溶液 A,1.00 mg/mL。

称取预先于 500℃～600℃下灼烧至恒量的氯化钠 0.824 0 g,溶解于约 50 mL 水中,转入 500 mL 容量瓶中,用水稀释至刻度,混匀。

此溶液 1 mL 含有 1.00 mg Cl。

4.7 氯标准溶液 B,100 μg/mL。

分取 50.00 mL 氯标准溶液 A,转入 500 mL 容量瓶中,用水稀释至刻度,混匀。

此溶液 1 mL 含有 100 μg Cl。

4.8 校准溶液

按表 1 配制系列校准溶液,校准溶液中氯的含量范围应覆盖本部分的测定范围。

如氯含量未知,先制备含有 5.0 μg/mL,10.0 μg/mL,30.0 μg/mL 的氯校准溶液。测定后如发现氯含量低于 0.015%或高于 0.030%时,按表 1 配制所需的附加校准溶液。

表 1 不同氯含量测定要求的氯校准溶液浓度

试样中氯量(质量分数)/%	校准溶液氯含量/(μg/mL)
0.005～0.015	1.5;3.0;5.0;10.0
0.015～0.030	5.0;10.0
0.030～0.100	10.0;15.0;30.0

以上各浓度的校准溶液,可按照表 2 中规定,向 6 个 100 mL 容量瓶中加入定量的氯标准溶液配制。

表 2 氯校准溶液的制备

校准溶液氯含量/(μg/mL)	标准溶液分取量/mL	标准溶液
1.5	1.50	B(4.7)
3.0	3.00	B(4.7)
5.0	5.00	B(4.7)
10.0	10.0	B(4.7)
15.0	1.50	A(4.6)
30.0	3.00	A(4.6)

在 6 个 100 mL 容量瓶中定量加入表 2 中规定的标准溶液后,分别再加入 35 mL 硫酸钾(4.1),6 mL过硫酸钾溶液(4.2),2 mL 磷酸盐缓冲溶液(4.4)和 2 mL 硝酸钠溶液(4.3)(离子强度调节溶液),用水稀释至刻度,混匀。

注:含有 1.0 μg～10.0 μg/mL 的氯校准溶液应当天配制。

5 仪器

所需滴定管、单刻线容量瓶和单刻线移液管应分别符合 GB/T 12805、GB/T 12806 和 GB/T 12808 的规定。

实验室常用仪器以及:

5.1 磁力搅拌器(可选,参见 7.6.4 注 1)。

5.2 电热磁力搅拌器。

注：也可以使用带超声波的水浴槽，温度设定同 7.3.1。

5.3 塑料搅棒，包覆 PTFE 或聚乙烯，长 25 mm～30 mm。

注 1：使用前，搅棒必须依次在搅拌清洗溶液(4.5)中清洗 30 min 后，再用水清洗 30 min，以避免可能的铁矿粉黏附或其他原因引起氯的沾污。洗净的搅棒必须用干净的镊子夹取。

注 2：也可以使用包覆 PTFE 或聚乙烯的塑料磁力搅拌子。清洗方法同上。

5.4 抽滤装置，直径 25 mm～50 mm，孔径小于 1 μm 的玻璃或聚碳酸酯塑料微孔滤膜。

注：微孔滤膜始终只能用干净的镊子夹取。

5.5 离子选择电位仪，或高灵敏 pH 计，或高阻抗毫伏计，读数准确至 0.1 mV。

5.6 氯离子选择电极和独立的双盐桥参比电极。

注 1：两种电极均应按照制造商提供的说明书进行维护和使用。参比电极的外室溶液应按规定更换，需要时充满。沿硝酸盐/试液界面的流速应调整至使外室液面大约保持 4 mm～5 mm/天的下降速度。

注 2：氯离子选择电极对光敏感，不应在阳光直射时或强光下使用。

注 3："复合"电极一般不带有双盐桥参比电极，不适用于本方法。

6 取样和制样

6.1 实验室样品

按照 GB/T 10322.1 进行取制样。一般试样粒度应小于 100 μm。如试样中化合水或易氧化物含量高时，其粒度应小于 160 μm。

6.2 预干燥试样

按照 GB/T 6730.1 制取预干燥试样。充分混匀实验室样品，采用份样缩分法取样，在 105℃±2℃ 下干燥试样。

7 分析步骤

7.1 测定次数

按照附录 A，对同一预干燥试样，至少独立测定两次。

注："独立"是指再次及后续任何一次测定结果不受前面测定结果的影响。本分析方法中，此条件意味着同一操作者在不同的时间或不同操作者进行重复测定，包括采用适当的再校准。

7.2 空白试验及验证试验

7.2.1 空白试验

注：由于技术上的原因，常规的空白试验不适用于离子选择电极法，本方法以 7.4.2 步骤代替空白试验。

7.2.2 验证试验

应随同每一批试料，在相同条件下分析同类型标准样品做验证试验。标准样品的预干燥按 6.2 规定进行。

注：标准样品应与待分析试样类型相同，且特性相近，以确保二者适用的分析步骤无显著性差异。

若同时分析多个同种类型的试样时，可以利用一个标准样品的分析值。

7.3 温度设定

7.3.1 电热磁力搅拌器

设定加热温度，要求在 35 mL 水中保持 90℃～95℃。

7.3.2 电热板

预热电热板，设定加热速度，要求加热 25 min 后，使 50 mL 水至少升温到 90℃(不沸腾条件下)。

7.4 试验前的准备

7.4.1 电极检查

电极在每次试验使用前，应按照以下步骤检查电极性能。

向 150 mL 或 250 mL 烧杯中加入 100 mL 水,2 mL 硝酸钠溶液(4.3),放入一根搅棒(5.3)。将电极放入溶液中,搅拌 5 min,记录电极电位(E_1)。

注:搅拌速度应保持既能驱散电极周围的气泡,又不至使液面产生漩涡。

加 1.0 mL 氯标准溶液 A(4.6),搅拌 5 min,待读数稳定后记录电极电位(E_2)。再加 10.00 mL 的氯标准溶液 A(4.6),搅拌 5 min,再次记录电极电位(E_3)。当试液温度为 20℃～25℃时,E_2 和 E_3 之差是(57±2) mV 时,认为该电极的性能符合要求。

7.4.2 污染检查

为证实实验装置和试剂没有受到氯的沾污,不加入试样,按照 7.6 款中步骤操作。测得的电极电位与 7.4.1 中 E_1 之差应小于 20 mV,否则应重复清洗操作。清洗后如电位值仍超差,换另一批次的硫酸钾,必要时更换过硫酸钾或缓冲溶液。

7.5 试料量

称取约 3.00 g 预干燥试样(6.2),精确到 0.1 mg。

7.6 测定

7.6.1 浸取水溶性氯化物

将试料(7.5)转入 150 mL 烧杯中,用镊子夹取一根搅棒(5.3)放入烧杯中。加入 35 mL 硫酸钾(4.1),放在已设定好温度的电热磁力搅拌器上(7.3.1)。盖上表面皿,搅拌 1 h。取下,流水冷却。将悬浮液转入 50 mL 容量瓶中,稀释至刻度,混匀。静置 10 min。

7.6.2 过滤

取干燥的 250 mL 过滤瓶装上微量抽滤装置(5.4),用镊子夹取并铺上微孔滤膜(5.4)。先用 5 mL～10 mL 试液抽吸、洗涤装置后弃去滤液,然后将剩余的全部溶液和悬浮物都转移到过滤装置中,抽吸干过滤,保留滤液。

7.6.3 试液处理

用吸量管量取 25.00 mL 滤液入 100 mL 高型烧杯中,加入 3 mL 过硫酸钾溶液(4.2)和 1.0 mL 磷酸盐缓冲溶液(4.4),加水至约 40 mL,放在已预热的电热板(7.3.2)上加热 30 min。流水冷却,移入 50 mL容量瓶中。加入 1 mL 硝酸钠溶液(4.3),稀释到刻度,混匀。保留烧杯。

7.6.4 电极电位测量

制备合适的校准溶液(4.8),与试液一起在室温下静置达到温度平衡。

将约 50 mL 试液返回原 100 mL 烧杯中,用镊子放入一根塑料搅棒(5.3)。放置 15 min,使其温度与室温达到平衡。

将电极放入烧杯中,在室温下用不带加热器的磁力搅拌器(5.1)搅拌 5 min,待读数稳定后,记录电极电位。

注 1:应确保搅拌器处于室温。如没有不带加热器的磁力搅拌器,可以在烧杯底部垫上一层纸板,以避免来自搅拌器的热影响。

注 2:搅拌速度应保持既能驱散电极周围的气泡,又不至使液面产生漩涡。

7.6.5 校准曲线的制备

表 3 中给出了不同氯浓度对应的电位参考值,以便选择与试液中氯浓度相当的校准溶液(4.8)。

表 3 氯离子浓度及参考电位值

氯的浓度/(μg/mL)	电极电位/mV
1～10	260～210
10～30	210～190

7.6.6 氯的测定

将校准溶液按 7.6.4 步骤与试液同样操作,按浓度由低到高的顺序分别测量校准溶液电极电位和试液的电极电位。

注 1：两次测定之间，必须清洗电极，并用纸吸干。

注 2：如电极响应时间过长（>5 min），应按照生产商说明书，除去电极敏感膜上可能沾附的沉积物。

注 3：电极使用时的温差不能太大，否则应放置足够长的时间使试液和校准溶液间的温度达到一致。

根据第一轮测定的电位值，按照浓度由低到高的顺序对校准溶液和试液重新排序，然后再测定一组电位值。将第 2 组数据作为测定值。

根据校准溶液中已知的氯离子浓度和相应的电位测定值，绘制 ln[Cl]-E 校准曲线。必要时，对不在同一数量级的浓度段分别绘制工作曲线。

注：当氯离子浓度低于 3 μg/mL 时，曲线可能发生一定程度的弯曲。弯曲程度因电极性能差异而可能有所不同。

从校准曲线上根据试液的电极电位测定值计算出相应的氯离子浓度。

8 分析结果的表示

8.1 水溶性氯化物含量的计算

按式(1)计算试样中水溶性氯化物含量，用氯的质量分数 w_{Cl} 计，数值以%表示。

$$w_{Cl} = \frac{2\rho_{Cl}}{200\ m} \times 100 \qquad \cdots\cdots(1)$$

式中：

w_{Cl}——水溶性氯化物的质量分数，%；

ρ_{Cl}——从校准曲线上获得的试液中氯的浓度，单位为微克每毫升(μg/mL)；

m——试料量，单位为克(g)；

2——试液分取比，50.0 mL/25.0 mL。

8.2 分析结果的一般处理

8.2.1 重复性和允许差

本分析方法的精度由下列回归方程[1)]表示：

$$R_d = 0.074\ 4X + 0.001\ 7 \qquad \cdots\cdots(2)$$

$$P = 0.165\ 6X + 0.003\ 2 \qquad \cdots\cdots(3)$$

$$\sigma_d = 0.026\ 3X + 0.000\ 6 \qquad \cdots\cdots(4)$$

$$\sigma_L = 0.055\ 4X + 0.001\ 0 \qquad \cdots\cdots(5)$$

式中：

X——预干燥试样的水溶性氯化物含量，以质量百分数表示，计算如下：

——实验室内，按公式(2、4)，为两次重复测定结果的算术平均值；

——实验室间，按公式(3、5)，为两个实验室最终结果(8.2.3)的算术平均值；

R_d——实验室内重复测定的允许差(重复性)；

P——实验室间的允许差；

σ_d——实验室内重复测定的标准偏差；

σ_L——实验室间的标准偏差。

8.2.2 分析结果的确定

按照附录 A 中步骤，根据将式(1)计算独立重复测量结果，与重复测定允许差(R_d)进行比较，来确定最终分析结果 μ(见 8.2.5)。

8.2.3 实验室间精密度

实验室间精密度用以评价两个实验室报告的最终结果之间的一致性。两个实验室按照 8.2.2 中规定的相同步骤报告结果后，计算：

---

1) 参见附录 B 和附录 C。

$$\mu_{12}=\frac{\mu_1+\mu_2}{2}$$

式中：

μ_1——实验室 1 报告的最终结果；

μ_2——实验室 2 报告的最终结果；

μ_{12}——最终结果的平均值。

如果$|\mu_1-\mu_2|\leqslant P$(见 8.2.1)，最终结果是一致的。

8.2.4 分析值的验收

分析值的验收使用有证标准样品进行验证。步骤与以上所述相同。确认精密度后，实验室最终结果与标准值 Ac 比较，如：

a) $|\mu_c-\mathrm{Ac}|\leqslant C$，测量值与标准值之间无显著差异。

b) $|\mu_c-\mathrm{Ac}|>C$，测量值与标准值之间有显著差异。

式中：

μ_c——标准样品的测量值；

Ac——标准样品的标准值；

C——该值取决于所使用标准样品的种类。

对通过实验室间确定的标准样品：

$$C=2\left[\sigma_L^2+\frac{\sigma_d^2}{n}+V(\mathrm{Ac})\right]^{1/2}$$

式中：

$V(\mathrm{Ac})$——标准值 Ac 的方差；

n——标准样品重复测定的次数(通常 $n=1$)。

σ_d 和 σ_L 如 8.2.1 中定义。

8.2.5 最终结果的计算

试样的最终结果是可接受分析值的算术平均值，计算到小数点后第 5 位，并按以下规则修约到小数点后第 3 位：

a) 如小数的第 4 位数字小于 5，舍去此数，第 3 位数字不变；

b) 如小数的第 4 位数字是 5，且第 5 位数字不是 0，或小数的第 4 位数字比 5 大时，第 3 位数字进 1；

c) 如小数的第 4 位数字是 5，且第 5 位数字是 0，舍去 5，同时当第 3 位数字是 0、2、4、6、8 时，第 3 位数字不变，当第 3 位数字是 1、3、5、7、9 时，第 3 位数字进 1。

9 试验报告

试验报告应包括下列信息：

a) 测试实验室名称和地址；

b) 试验报告发布日期；

c) 本部分的编号；

d) 试样本身必要的详细说明；

e) 分析结果；

f) 分析结果对应的编号；

g) 测定过程中存在的任何异常特性和在本部分中没有规定的可能对试样或标准样品的分析结果产生影响的任何操作。

附 录 A
（规范性附录）
试样分析值接受程序流程图

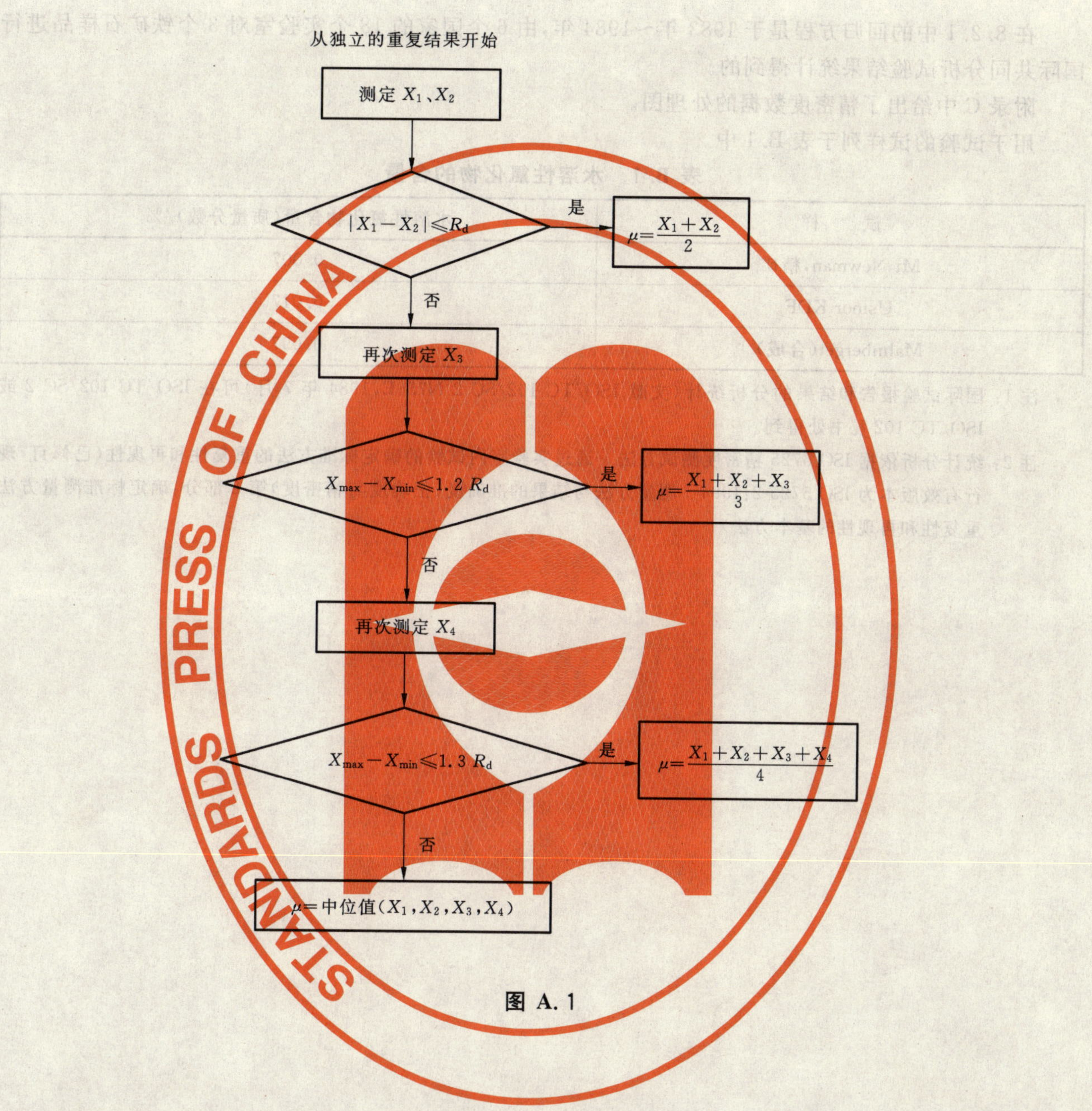

图 A.1

附 录 B
（资料性附录）
重复性偏差和允许差公式

在 8.2.1 中的回归方程是于 1983 年～1984 年，由 6 个国家的 18 个实验室对 3 个铁矿石样品进行国际共同分析试验结果统计得到的。

附录 C 中给出了精密度数据的处理图。

用于试验的试样列于表 B.1 中。

表 B.1 水溶性氯化物的含量

试 样	水溶性氯化物含量(质量分数)/%
Mt Newman，精矿	0.007
Usinor KDF	0.017
Malmberget(合成)	0.097

注 1：国际试验报告和结果的分析统计(文献 ISO/TC 102/SC 2 N756E，1984 年 7 月)可在 ISO/TC 102/SC 2 或 ISO/TC 102 秘书处得到。

注 2：统计分析依据 ISO 5725 精密度测试方法 通过实验室内试验的确定标准方法的重复性和再现性(已修订，现行有效版本为 ISO 5725-2:1994 测量方法与结果的准确度(正确度与精密度)第 2 部分：确定标准测量方法重复性和再现性的基本方法)

附 录 C
（资料性附录）
国际共同分析试验得到的精密度数据

图 C.1 是 8.2.1 中方程的图示。

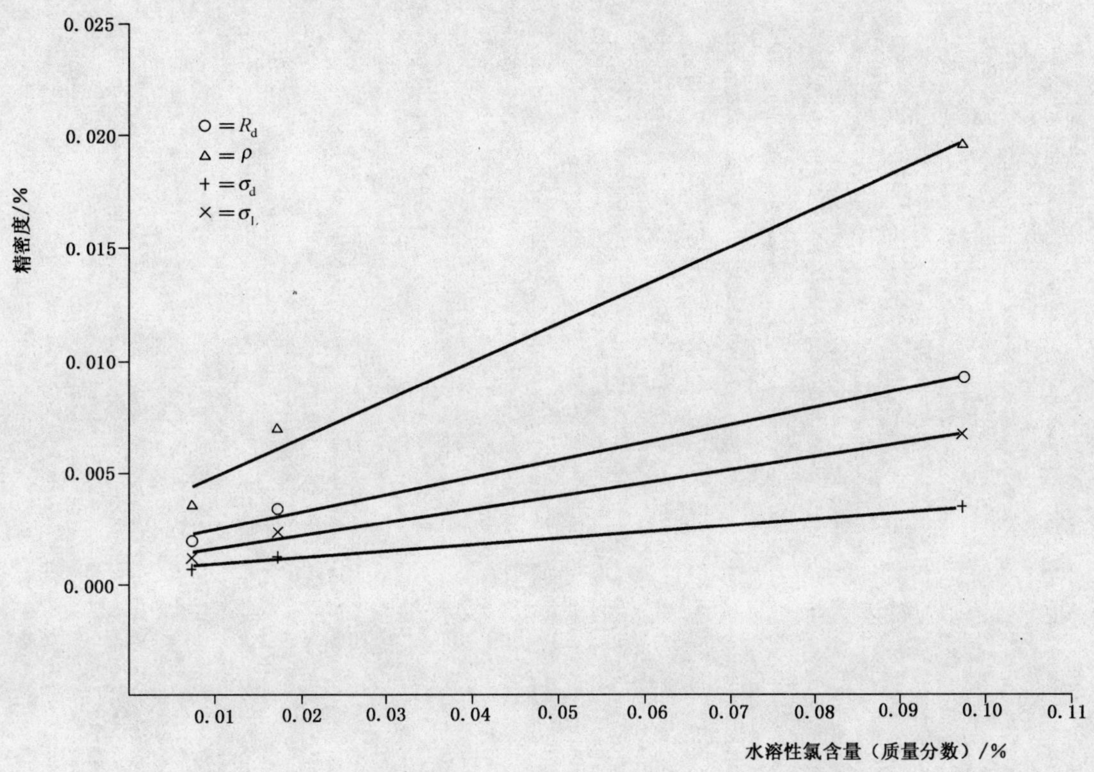

图 C.1 水溶性氯化物含量 X 精密度的最小二乘法拟合图

ICS 87.040
G 50

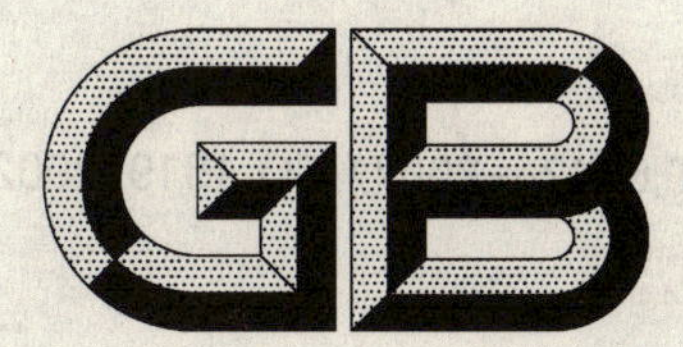

中华人民共和国国家标准

GB/T 6742—2007/ISO 1519:2002
代替 GB/T 6742—1986

色漆和清漆　弯曲试验(圆柱轴)

Paints and varnishes—Bend test(cylindrical mandrel)

(ISO 1519:2002,IDT)

2007-09-11 发布　　2008-04-01 实施

中华人民共和国国家质量监督检验检疫总局
中国国家标准化管理委员会　发布

前　言

本标准等同采用ISO 1519:2002《色漆和清漆　弯曲试验(圆柱轴)》(英文版)。

为便于使用,对于ISO 1519:2002做了下列编辑性修改:

a) 删除了国际标准的前言和引言;

b) 根据实际试验情况,增加了4.1.3的注3,对较厚试板可使用的轴径稍作补充;

c) 根据国内使用习惯,增加了8.2的注,对结果表示方式作了补充。

本标准代替GB/T 6742—1986《漆膜弯曲试验(圆柱轴)》。

本标准与前版GB/T 6742—1986的主要技术差异为:

——前版系参照采用ISO 1519:1973;

——增加了适用于较厚试板的Ⅱ型试验仪;

——增加了可以使用控温箱使试验在非(23±2)℃的温度下进行的内容;

——增加了试验底材的种类和厚度供选择;

——增加了一种结果表示方式,即“通过/不通过”。

本标准的附录A为规范性附录。

本标准由中国石油和化学工业协会提出。

本标准由全国涂料和颜料标准化技术委员会归口。

本标准起草单位:中国化工建设总公司常州涂料化工研究院。

本标准主要起草人:郑国娟。

本标准于1986年首次发布,本次为第一次修订。

本标准委托全国涂料和颜料标准化技术委员会负责解释。

色漆和清漆　弯曲试验(圆柱轴)

1　范围

本标准规定了一种评定色漆、清漆或相关产品的涂层在标准条件下绕圆柱轴弯曲时的抗开裂性和/或从金属或塑料底材上剥落的性能的经验性的试验方法。

对于多涂层体系,可以分别测试每一种涂层或测试整个体系。

可以按以下两种方法进行试验:

——作为“通过/不通过”试验,即用规定直径的轴进行试验,以评定涂层是否符合特定要求;

——依次用轴进行试验,以测定使涂层开裂和/或从底材上剥落的最大轴径。

本标准规定了两种类型的仪器,Ⅰ型和Ⅱ型。Ⅰ型适用于厚度不大于 0.3 mm 的试板,Ⅱ型适用于厚度不大于 1.0 mm 的试板。对于同一涂层,这两种仪器给出的结果相似,但测试某一给定的产品时,通常只用一种仪器进行。

2　规范性引用文件

下列文件中的条款通过本标准的引用而成为本标准的条款。凡是注日期的引用文件,其随后所有的修改单(不包括勘误的内容)或修订版均不适用于本标准,然而,鼓励根据本标准达成协议的各方研究是否可使用这些文件的最新版本。凡是不注日期的引用文件,其最新版本适用于本标准。

GB/T 3186—2006　色漆、清漆和色漆与清漆用原材料　取样(ISO 15528:2000,IDT)

GB/T 9271　色漆和清漆　标准试板(GB/T 9271—1988,eqv ISO 1514:1984)

GB 9278　涂料试样状态调节和试验的温湿度(GB 9278—1988,eqv ISO 3270:1984,Paints and varnishes and their raw materials—Temperatures and humidities for conditioning and testing)

GB/T 13452.2　色漆和清漆　漆膜厚度的测定(GB/T 13452.2—1992,eqv ISO 2808:1974)

GB/T 20777—2006　色漆和清漆　试样的检查和制备(ISO 1513:1992,IDT)

3　需要的补充资料

对于任一特定的应用而言,本标准规定的试验方法需要用补充资料来完善。补充资料的内容在附录 A 中列出。

4　仪器

4.1　弯曲试验仪

4.1.1　材料

对于以下两种类型的仪器,其轴应由合适的硬质防腐材料制成,例如不锈钢。

4.1.2　Ⅰ型弯曲试验仪

Ⅰ型试验仪如图 1 和图 2 所示。该试验仪可用于厚度不大于 0.3 mm 的试板。它有一个固定的铰链,连结圆柱的轴。轴的直径分别为 2 mm、3 mm、4 mm、5 mm、6 mm、8 mm、10 mm、12 mm、16 mm、20 mm、25 mm 和 32 mm,允许误差为±0.1 mm。轴表面和铰链座板之间的缝隙应为(0.55±0.05)mm,仪器的其他尺寸没有严格规定。轴应能绕轴心自由旋转,仪器应有一个挡条,以确保试板弯曲后两部分是平行的。

注:确保轴棒在弯曲过程中没有发生任何扭曲是非常重要的,特别是 2 mm 的轴,不能使用任何有扭曲的轴。

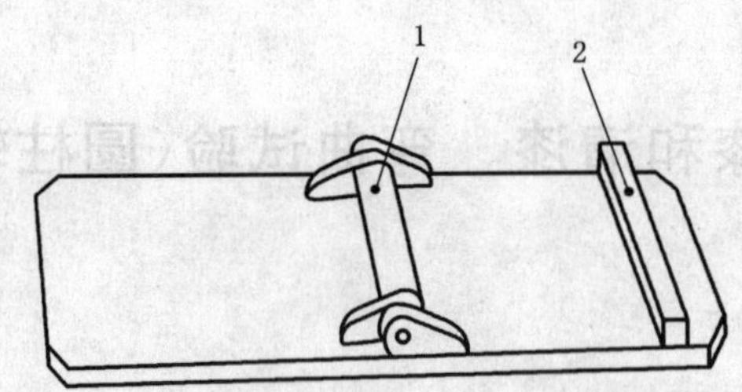

1——轴；

2——相当于轴高的挡条。

图 1　Ⅰ型弯曲试验仪示意图

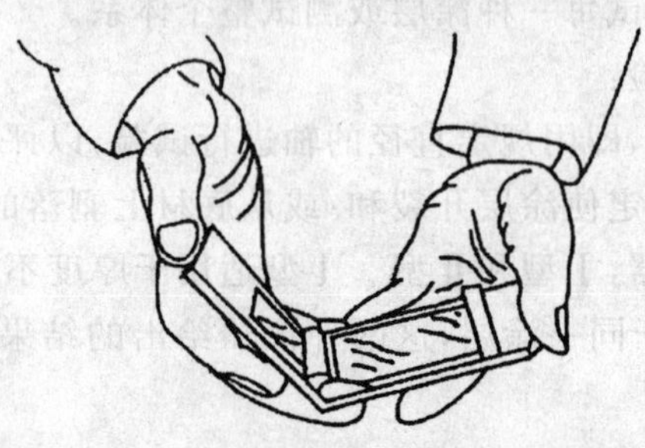

图 2　正在使用的Ⅰ型弯曲试验仪示意图

4.1.3　Ⅱ型弯曲试验仪

Ⅱ型试验仪如图 3 和图 4 所示。该试验仪通常可用于厚度不大于 1.0 mm 的试板。只要能保证轴不发生变形(见 6.3)，也可用于软金属如铝板和塑料板的较厚试板。轴的直径分别为 2 mm、3 mm、4 mm、5 mm、6 mm、8 mm、10 mm、12 mm、16 mm、20 mm、25 mm 和 32 mm，允许误差为±0.1 mm。

注 1：经商定，Ⅱ型试验仪也可使用其他直径的轴。

注 2：如图 4 所示，Ⅱ型试验仪的弯曲部件是由 3 根并排排列的 PVC 滚轴组成，并绕枢轴旋转。这样涂层在试验过程中不会遭受破坏和剪切应力的作用。

注 3：对于厚度大于 0.5 mm 的试板(特别是钢板)，建议最好不要使用直径小于 10 mm 的轴进行试验，以免轴发生变形。

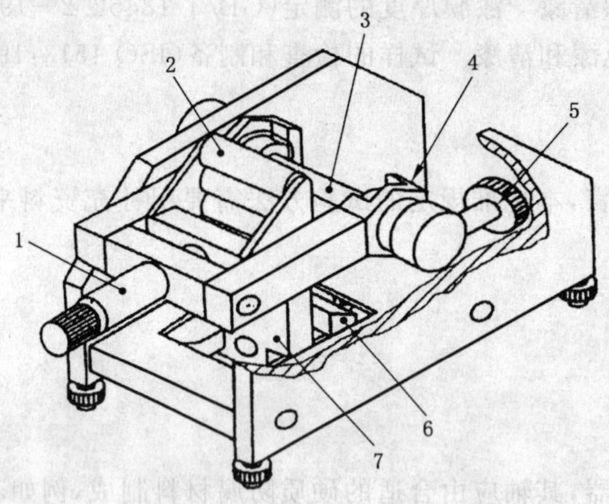

1——螺旋手柄；

2——弯曲部件；

3——轴棒；

4——轴棒支承件；

5——调节螺栓；

6——夹紧鄂；

7——止推轴承。

图 3　Ⅱ型弯曲试验仪示意图

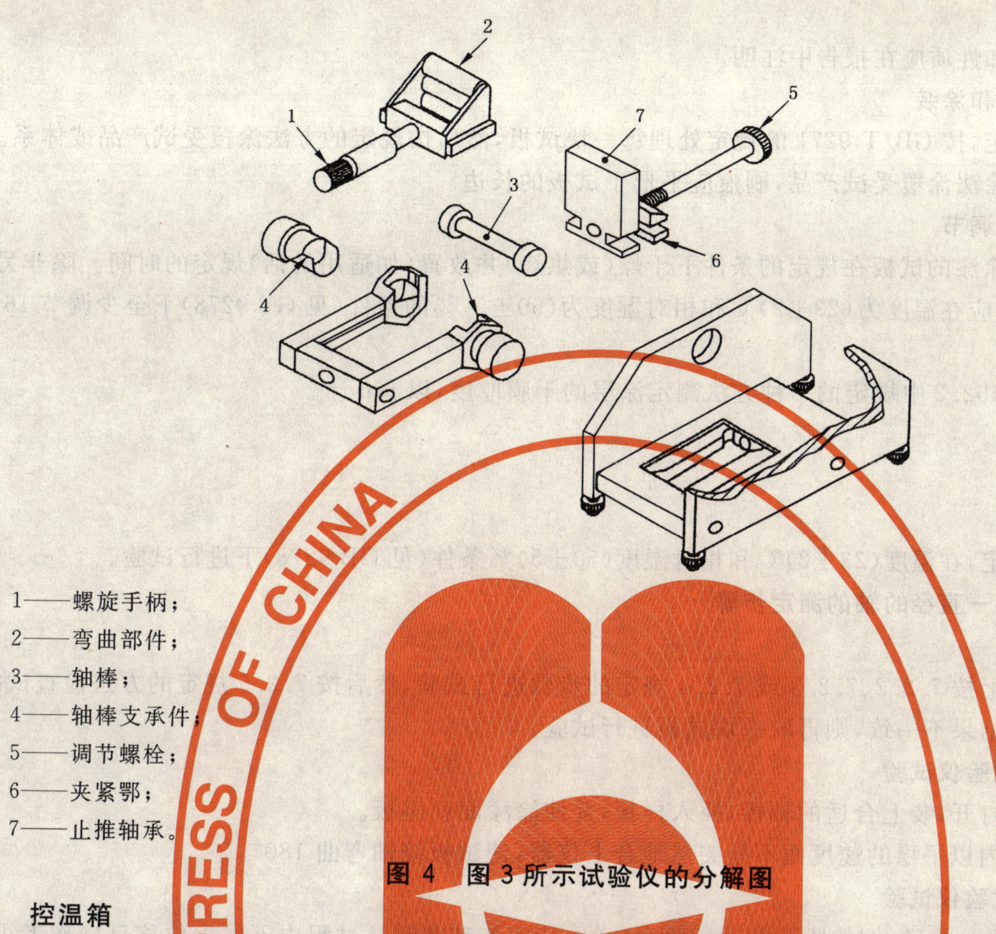

1——螺旋手柄；

2——弯曲部件；

3——轴棒；

4——轴棒支承件；

5——调节螺栓；

6——夹紧鄂；

7——止推轴承。

图4 图3所示试验仪的分解图

4.2 控温箱

如果规定试验在非(23±2)℃的温度和非(50±5)%的相对湿度下进行，则必须使用控温箱。控温箱包括加热器和冷却器，其箱内温度能控制在所要求测试温度的±1℃以内。

温度指示或记录装置的测温球体或感应元件应靠近待测涂层。

注：若使用遥控装置，不必打开控温箱就能弯曲试板，这样在测试过程中不会引起温度的任何变化。

5 取样

按 GB/T 3186—2006 的规定，取受试产品(或多涂层体系中的每个产品)的代表性样品。

按 GB/T 20777—2006 的规定，检查和制备试验样品。

6 试板

6.1 底材

除非另有规定，选用符合 GB/T 9271 要求的钢板、马口铁板或软铝板。

经商定也可以使用塑料底材。

6.2 通则

试板应平整、没有扭曲，正反两面都应没有可见的隆起或开裂。

6.3 形状和尺寸

试板应是长方形的。除非另有规定，其尺寸取决于所用试验仪的类型，对于Ⅰ型试验仪，试板厚度应不大于 0.3 mm，对于Ⅱ型试验仪，试板厚度应不大于 1.0 mm。如经商定同意使用塑料板，其厚度最厚可达 4.0 mm。

只要试板不发生变形，可在涂覆并干燥后切割成所需尺寸。如果是铝板，其长边应平行于生产时的轧压方向。

底材的厚度和性质应在报告中注明。

6.4 试板的处理和涂装

除非另有规定，按 GB/T 9271 的规定处理每一块试板，然后按规定的方法涂覆受试产品或体系。

如果采用刷涂法涂覆受试产品，刷痕应平形于试板的长边。

6.5 干燥和状态调节

将每一块已涂漆的试板在规定的条件下干燥（或烘烤）并放置（如适用的话）规定的时间。除非另有规定，试验前试板应在温度为(23±2)℃和相对湿度为(50±5)%的条件（见 GB 9278）下至少调节 16 h。

6.6 涂层厚度

用 GB/T 13452.2 中规定的一种方法测定涂层的干膜厚度，以 μm 计。

7 操作步骤

7.1 试验条件

除非另有规定，在温度(23±2)℃和相对湿度(50±5)%条件（见 GB 9278）下进行试验。

7.2 用规定的单一直径的轴的测定步骤

7.2.1 通则

在两块试板上按 7.2.2、7.2.3 或 7.2.4 规定的步骤进行试验，然后按 7.2.5 规定的方法检查试板。如果两块试板的结果不一致，则再取一块试板进行试验。

7.2.2 用Ⅰ型试验仪试验

将仪器完全打开，装上合适的轴棒，插入样板，并使涂漆面朝座板。

在 1 s～2 s 内以平稳的速度而不是突然地合上仪器，使试板绕轴弯曲 180°。

7.2.3 用Ⅱ型试验仪试验

将仪器（见图 3）放稳，例如置于靠近试验台边缘，从而使其在测试过程中不发生位移且操作者可自由操作螺旋手柄。在弯曲部件和轴棒之间以及止推轴承和夹紧鄂之间，从上面插入试板，使待测涂层背朝轴棒。拉动调节螺栓以移动止推轴承，使试板处于垂直位置，并与轴接触。通过旋转调节螺栓用夹紧颚将试板固定。转动螺旋手柄使弯曲部件与涂层接触。实际的弯曲过程是在 1 s～2 s 内以恒定的速度抬起螺旋手柄使其转过 180°，这样试板也弯曲了 180°。

转动螺栓手柄至初始位置，取出试板。然后用合适的操作部件（螺旋手柄、调节螺栓）松开弯曲部件和夹紧颚。

注：可在试板和弯曲部件之间插入一张薄纸，以防弯曲过程中涂层被擦伤。

7.2.4 在非(23±2)℃的温度下进行试验

将试板正确插入Ⅰ型或Ⅱ型试验仪中，使其被弯曲后涂漆面朝外。将装有试板的试验仪放入已预先调至规定温度的测试箱中。在规定温度的测试箱中放置 16 h 后，在 1 s～2 s 内进行弯曲试验（见 7.2.2或 7.2.3）。将试验仪放入测试箱至试板弯曲前，必须关上测试箱的门。

7.2.5 试板的检查

在充足的光照条件下立即检查涂层，如果是Ⅰ型试验仪，检查时不能将试板从仪器中取出。用正常视力或经协商一致使用 10 倍放大镜，检查涂层是否开裂或从底材上剥落，距试板边缘10 mm内的涂层不考虑。

如果使用放大镜，必须在报告中注明，以免与用正常视力获得的结果发生混淆。

7.3 测定引起涂层破坏的最大轴径的步骤

按 7.2.2、7.2.3 或 7.2.4 规定的步骤在一系列试板上进行试验，用 7.2.5 规定的方法检查每一块试板，依次用轴进行试验，直至涂层开裂或从底材上剥落。找出使涂层开裂或剥落的最大直径的轴，用相同的轴在另一块待测试板上重复这一步骤，确认结果后记录该直径。如果用最小直径的轴涂层也未出现破坏,则记录该涂层在最小直径的轴上弯曲时亦无破坏。

8 结果表示

8.1 单一轴

用规定直径的轴弯曲并检查试板(见 7.2.5),报告涂层是否开裂和/或从底材上剥落。

8.2 引起涂层破坏的最大轴径

报告使涂层开裂和/或从底材上剥落的最大轴径,或报告使用最小直径的轴亦无破坏。

注:根据需要,也可报告涂层不开裂和/或不剥落的最小轴径。

9 精密度

目前还没有相关的精密度数据。

使用本标准的人员应了解这些试验方法已使用多年,在用来评定涂层的抗开裂性时是可接受的。

10 试验报告

试验报告应包括下列内容:

a) 注明本标准编号;

b) 识别受试产品所必要的全部细节;

c) 附录 A 涉及的补充资料的内容;

d) 注明补充上述 c)项资料所参照的国际标准、国家标准、产品说明或其他文件;

e) 与规定的试验方法的任何不同之处(不论是否协商一致);

f) 根据第 8 章要求报告试验结果(注明是否使用放大镜);

g) 试验日期。

附　录　A
（规范性附录）
需要的补充资料

应提供下列条款的补充资料。

注：所需要的资料最好由有关方商定，可以全部或部分地取自与受试产品有关的国际标准、国家标准或其他文件。

a）　底材的性质、厚度和表面处理。

b）　所用的仪器类型，Ⅰ型或Ⅱ型试验仪。

c）　涂层的干膜厚度（以 μm 计）及所采用的测量方法以及是单一涂层还是多涂层体系。

d）　试验前，涂漆试板干燥或烘烤的条件。

e）　试验中所使用的规定的轴径（如有的话）。

f）　试验进行的温度。

ICS 87.040
G 50

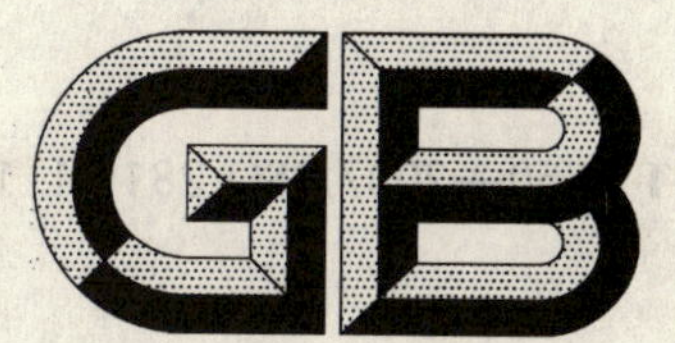

中华人民共和国国家标准

GB/T 6750—2007/ISO 2811-1:1997
代替 GB/T 6750—1986

色漆和清漆　密度的测定 比重瓶法

Paints and varnishes—Determination of density —Pyknometer method

(ISO 2811-1:1997,Paints and varnishes—Determination of density—Part 1:Pyknometer method,IDT)

2007-09-11 发布　　　　2008-04-01 实施

中华人民共和国国家质量监督检验检疫总局
中国国家标准化管理委员会　发布

前　言

本标准等同采用ISO 2811-1:1997《色漆和清漆　密度的测定　第1部分:比重瓶法》(英文版)。

本标准代替GB/T 6750—1986《色漆和清漆　密度的测定》。

本标准与前版GB/T 6750—1986的主要技术差异为:

——前版系等效采用ISO 2811:1974;

——本标准规定了标准试验温度,增加了非标准试验温度时密度的计算方式;

——明确规定了金属比重瓶的容积,玻璃比重瓶的容积由20 mL～100 mL改为10 mL～100 mL;

——改变了天平精确度的要求;

——增加了使用防尘罩的规定;

——增加了对测定次数及被测试样的规定;

——修改了比重瓶校准的步骤。

本标准的附录A为规范性附录,附录B为资料性附录。

本标准由中国石油和化学工业协会提出。

本标准由全国涂料和颜料标准化技术委员会归口。

本标准起草单位:中国化工建设总公司常州涂料化工研究院。

本标准主要起草人:吴志平,沈苏江 。

本标准于1986年首次发布,本次为第一次修订。

本标准委托全国涂料和颜料标准化技术委员会负责解释。

色漆和清漆　密度的测定
比重瓶法

1　范围

本标准是有关色漆、清漆及相关产品的取样和试验的系列标准之一。

本标准规定了使用比重瓶来测定色漆、清漆及相关产品密度的方法。

本方法适用于试验温度下低、中黏度物料密度的测定。哈伯德比重瓶可用于高黏度物料密度的测定。

2　规范性引用文件

下列文件中的条款通过本标准的引用而成为本标准的条款。凡是注日期的引用文件，其随后所有的修改单(不包括勘误的内容)或修订版均不适用于本标准，然而，鼓励根据本标准达成协议的各方研究是否可使用这些文件的最新版本。凡是不注日期的引用文件，其最新版本适用于本标准。

GB/T 3186—2006　色漆、清漆和色漆与清漆用原材料　取样(ISO 15528:2000,IDT)

GB/T 6682—1992　分析实验室用水规格和试验方法(neq ISO 3696:1987)

GB/T 20777—2006　色漆和清漆　试样的检查和制备(ISO 1513:1992,IDT)

3　术语和定义

本标准采用下列术语和定义：

3.1

密度 ρ　density ρ

单位体积物体的质量，以 g/mL 表示。

4　原理

用比重瓶装满被测产品，从比重瓶内产品的质量和已知的比重瓶体积计算出被测产品的密度。

5　温度

温度对密度的影响，与装填性能有非常显著的关系，并且随产品的类型而改变。

本标准规定试验温度为(23±0.5)℃，也可在其他商定的温度下进行试验。

试验时应将被测产品和比重瓶调节至规定或商定的温度，并且应保持测试期间温度变化不超过0.5℃。

6　仪器

6.1　比重瓶

6.1.1　金属比重瓶，容积为 50 mL 或 100 mL，是用精加工的防腐蚀材料制成的横截面为圆形的圆柱体，上面带有一个装配合适的中心有一个孔的盖子。盖子内侧呈凹形(见图 1)。

6.1.2　玻璃比重瓶，容积为 10 mL 或 100 mL(盖伊-芦萨克比重瓶或哈伯德比重瓶)(见图 2a 和 2b)。

6.2　分析天平，50 mL 以下的比重瓶精确到 1 mg，50 mL 至 100 mL 的比重瓶精确到 10 mg。

6.3　温度计，精确到 0.2℃，分度为 0.2℃或更小。

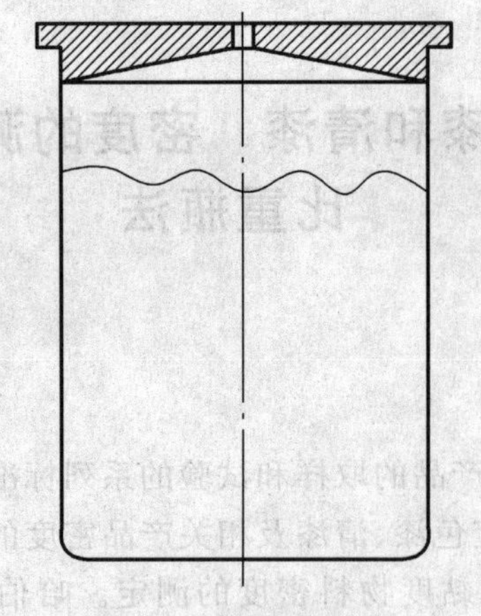

图 1　金属比重瓶

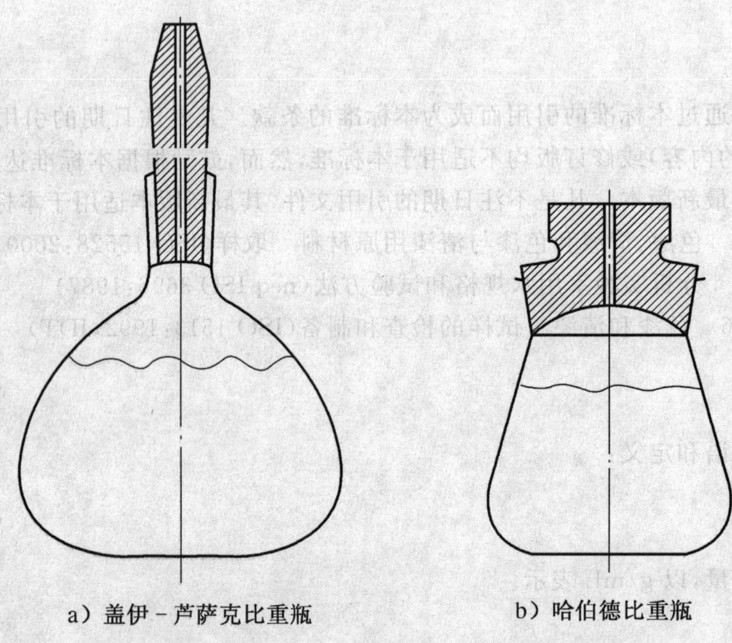

a）盖伊－芦萨克比重瓶　　　　b）哈伯德比重瓶

图 2

6.4　恒温室或水浴，恒温室应能够调节并维持天平、比重瓶或被测产品处于规定或商定的温度，水浴应能够维持比重瓶和被测试样处于规定或商定的温度。

6.5　防尘罩。

7　取样

按 GB/T 3186—2006 的规定，选取被测产品的代表性样品。

按 GB/T 20777—2006 的规定，检查和制备试验样品。

8　操作步骤

8.1　总则

进行两次测定，每次测定应重新取样。

比重瓶每隔一段时间应进行校准，例如，大约测试了 100 次或发现比重瓶有变化时（见附录 A）。

8.2　测定

如在恒温室（6.4）中测试，则将放入防尘罩（6.5）内的比重瓶（6.1）、试样、天平（6.2）放在恒温室内使它们处于规定或商定的温度。

如用恒温水浴(6.4),而不是在恒温室内测试,则将放入防尘罩内的比重瓶和试样放入恒温水浴中使它们处于规定或商定的温度,大约 30 min 能使温度达到平衡。

用温度计(6.3)测试试样的温度 t_T,在整个测试过程中检查恒温室和水浴的温度是否保持在规定的范围内。

称量比重瓶并记录其质量 m_1,容量为 50 mL～100 mL 的比重瓶精确到 10 mg,小于 50 mL 的精确到 1 mg。

将被测产品注满比重瓶,注意防止比重瓶中产生气泡。塞住或盖上比重瓶,用有吸收性的材料擦去溢出物质,并擦干比重瓶的外部,然后用脱脂棉球轻轻擦拭。

记录注满被测产品的比重瓶的质量 m_2。

注:粘附于玻璃比重瓶的磨口玻璃表面或金属比重瓶的盖子和杯体接触面上的液体都会引起称量读数偏高。为了使误差减至最小,接口应密封严密,防止产生气泡。

9 计算

通过下式来计算在试验温度 t_T 下试样的密度 ρ,以克每毫升(g/mL)表示:

$$\rho = \frac{m_2 - m_1}{V_t}$$

式中:

m_1——空比重瓶的质量,单位为克(g);

m_2——试验温度 t_T 下,装满试样的比重瓶的质量,单位为克(g);

V_t——试验温度 t_T 下,按照附录 A 所测得的比重瓶的体积,单位为毫升(mL)。

注:空气浮力对此结果的影响不用校正,因为大多数注罐机控制程序需要未校正的值,而且校正值(0.001 2 g/mL)对此方法的精度而言,也是可以忽略不计的。

如果所采用的试验温度不是标准温度,则密度应该用附录 B 中 B.2 中的公式计算。

10 精密度

10.1 重复性(*r*)

由同一操作者在同一实验室及短时间隔内,使用本标准试验方法,对同一种试样所测得的两个单次试验结果之差的绝对值是 0.001 g/mL 时,可预料结果的置信水平为 95%。

10.2 再现性(*R*)

由不同的操作者在不同的实验室内,使用本标准试验方法,对同一种试样所测得的两个单次试验结果之差的绝对值是 0.002 g/mL 时,可预料结果的置信水平为 95%。

注 1:这些数据取自 DIN 53217-2:1991,用比重杯测定色漆、清漆和相关材料的密度。

注 2:某些液体色漆产品,特别是那些具有结构粘度或触变性的液体色漆产品,可能达不到上述的精密度。

11 试验报告

试验报告应包括下列内容:

a) 识别受试产品所需的全部说明;

b) 注明本标准编号;

c) 所用比重瓶的类型;

d) 试验温度;

e) 以 g/mL 表示的密度,精确到 0.001 g/mL;

f) 与规定的试验方法引入的误差;

g) 试验日期。

附 录 A
（规范性附录）
比重瓶的校准

使用金属比重瓶时，用蒸发后不留残余物的溶剂小心清洗其内外侧，并将它完全干燥。避免在比重瓶上留有手印，因为它们会影响平衡读数。

为了让比重瓶保持恒重，将其放入防尘罩内 30 min，达到室温后称重(m_1)。

在比重瓶内注满预先煮沸过的蒸馏水或 GB/T 6682—1992 中规定的 2 级去离子水，在试验温度下水温不应超过 1℃，然后塞住或盖上比重瓶，注意防止产生气泡。

将比重瓶放入水浴或恒温室中，使其达到试验温度。用有吸收性的材料(布或纸)，擦去溢流物质。将比重瓶从水浴或恒温室中取出，擦干其外部。防止比重瓶再受热并确保水不再溢出，立即称重注满水的比重瓶(m_3)。

注 1：因为手直接操作，比重瓶会使温度增高并引起更多的溢流，且也会留下手印。因此，建议用钳子或纤维衬料保护的手来操作比重瓶。

注 2：由于水可通过溢流孔蒸发，所以为了使质量损失减小到最低限度，建议立即快速地称量注满水的比重瓶。

在与被测产品的密度测定相同温度下校准比重瓶是必要的，因为比重瓶的体积随温度的变化而变化。换言之，应该按照附录 B 的规定来进行校准。

A.1 比重瓶容积的计算

通过下列公式中任一公式来计算在温度 t_T 下比重瓶的体积，以毫升(mL)表示：

$$V_t = \frac{m_3 - m_1}{\rho_W - \rho_A} \times \left(1 - \frac{\rho_A}{\rho_G}\right) \qquad \text{(A.1)}$$

或

$$V_t = \frac{m_3 - m_1}{\rho_W - 0.001\,2} \times 0.999\,85 \qquad \text{(A.2)}$$

式中：

m_1——空比重瓶的质量，单位为克(g)；

m_3——试验温度 t_T 下，装满蒸馏水的比重瓶的质量，单位为克(g)；

ρ_W——试验温度 t_T(见表 A.1)下纯水的密度，单位为克/毫升(g/mL)；

ρ_A——空气的密度(0.001 2 g/mL)；

ρ_G——所用天平砝码的密度(例如钢，$\rho_G = 8\ g/cm^3$)。

表 A.1 无空气的纯水的密度

温度 t_T ℃	密度 ρ_W g/mL	温度 t_T ℃	密度 ρ_W g/mL	温度 t_T ℃	密度 ρ_W g/mL
10	0.999 7	22	0.997 8	25	0.997 0
11	0.999 6				
12	0.999 5	22.1	0.997 8	25.1	0.997 0
13	0.999 4	22.2	0.997 7	25.2	0.997 0
14	0.999 2	22.3	0.997 7	25.3	0.997 0
15	0.999 1	22.4	0.997 7	25.4	0.996 9
16	0.998 9	22.5	0.997 7	25.5	0.996 9
17	0.998 8	22.6	0.997 6	25.6	0.996 9
18	0.998 6	22.7	0.997 6	25.7	0.996 9
19	0.998 4	22.8	0.997 6	25.8	0.996 8
		22.9	0.997 6	25.9	0.996 8
20	0.998 2	23	0.997 5	26	0.996 8
				27	0.996 5
20.1	0.998 2	23.1	0.997 5	28	0.996 2
20.2	0.998 2	23.2	0.997 5	29	0.995 9
20.3	0.998 1	23.3	0.997 5	30	0.995 7
20.4	0.998 1	23.4	0.997 4	31	0.995 3
20.5	0.998 1	23.5	0.997 4	32	0.995 0
20.6	0.998 1	23.6	0.997 4	33	0.994 7
20.7	0.998 1	23.7	0.997 4	34	0.994 4
20.8	0.998 0	23.8	0.997 3	35	0.994 0
20.9	0.998 0	23.9	0.997 3		
21	0.998 0	24	0.997 3	36	0.993 7
				37	0.993 3
21.1	0.998 0	24.1	0.997 3	38	0.993 0
21.2	0.998 0	24.2	0.997 2	39	0.992 6
21.3	0.997 9	24.3	0.997 2	40	0.992 2
21.4	0.997 9	24.4	0.997 2		
21.5	0.997 9	24.5	0.997 2		
21.6	0.997 9	24.6	0.997 1		
21.7	0.997 8	24.7	0.997 1		
21.8	0.997 8	24.8	0.997 1		
21.9	0.997 8	24.9	0.997 1		

附 录 B
（资料性附录）
温度变化的影响

B.1 比重瓶热膨胀性的校正

如果试验温度超过已知比重瓶容积相对应的温度5℃，则密度应因比重瓶容积的改变进行校正。

在试验条件下，通过式(B.1)来计算比重瓶的容积 V_t，以毫升(mL)表示，计算涉及5个重要的参数。

$$V_t = V_C[1+\gamma_P(t_T-t_C)] \quad \cdots\cdots(B.1)$$

式中：

V_C——在校正温度 t_C 下比重瓶的体积，单位为毫升(mL)；

t_T——试验温度，单位为摄氏度(℃)；

t_C——校正温度，单位为摄氏度(℃)；

γ_P——体积膨胀系数，摄氏度的倒数(℃$^{-1}$)，它与比重瓶的材料有关(见表B.1)。

表 B.1 不同材料比重瓶的热膨胀系数 γ_P

材 料	热膨胀系数 γ_P/℃$^{-1}$
硼硅玻璃	10×10^{-6}
碱石灰玻璃	25×10^{-6}
奥氏体不锈钢	48×10^{-6}
铅锌合金(黄铜)	54×10^{-6}[是 CuZn37(Ms63)的值]
铝	69×10^{-6}

B.2 其他温度测定的密度与标准温度的密度的换算

如果被测产品测定时的温度不是标准温度，则标准温度时的密度 ρ_C，以克每毫升(g/mL)表示，可通过式(B.2)计算得出：

$$\rho_C = \frac{\rho_t}{[1+\gamma_m(t_C-t_T)]} = \rho_t[1-\gamma_m(t_C-t_T)] \quad \cdots\cdots(B.2)$$

式中：

t_C——标准温度，单位为摄氏度(℃)；

t_T——试验温度，单位为摄氏度(℃)；

γ_m——被测产品的体积膨胀系数，水性涂料 γ_m 值约为 2×10^{-4}℃$^{-1}$，其他涂料 γ_m 值约为 7×10^{-4}℃$^{-1}$；

ρ_t——被测产品在试验温度时的密度，单位为克每毫升(g/mL)。

ICS 87.040
G 50

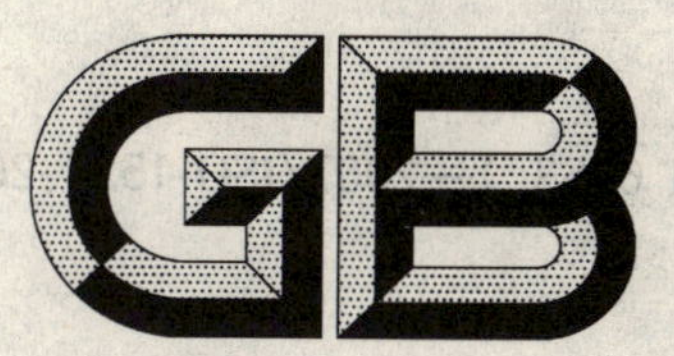

中华人民共和国国家标准

GB/T 6753.1—2007/ISO 1524:2000
代替 GB/T 6753.1—1986

色漆、清漆和印刷油墨研磨细度的测定

Paints, varnishes and printing inks—Determination of fineness of grind

(ISO 1524:2000, IDT)

2007-09-11 发布　　2008-04-01 实施

中华人民共和国国家质量监督检验检疫总局
中国国家标准化管理委员会　发布

前　言

本标准等同采用 ISO 1524:2000《色漆、清漆和印刷油墨　研磨细度的测定》(英文版)。

本标准代替 GB/T 6753.1—1986《涂料研磨细度的测定》。

本标准与前版 GB/T 6753.1—1986 的主要技术差异为：

——前版系等效采用 ISO 1524:1983；

——增加了标准的适用范围，包括色漆、清漆和印刷油墨；

——取消了量程为(0～15)μm 的细度板；

——取消了检查凹槽深度的方法；

——取消了刮完样品后的读数时间的明确规定，只要求尽快读数。

本标准由中国石油和化学工业协会提出。

本标准由全国涂料和颜料标准化技术委员会归口。

本标准起草单位：中国化工建设总公司常州涂料化工研究院。

本标准主要起草人：顾辉旗。

本标准于 1986 年首次发布，本次为第一次修订。

本标准委托全国涂料和颜料标准化技术委员会负责解释。

色漆、清漆和印刷油墨 研磨细度的测定

1 范围

本标准是有关色漆、清漆、印刷油墨及相关产品的取样和试验的系列标准之一。

本标准规定了使用合适的细度板(刻度为微米)测定色漆、清漆、印刷油墨的研磨细度的方法。

本标准适用于所有类型的液体色漆和清漆及有关产品。其中 100 μm 的细度板适用于一般的场合,但是 50 μm 的细度板,特别是 25 μm 的细度板只有熟练的实验室人员操作才能得到可靠的结果。在判断小于 10 μm 的读数时,应当特别谨慎。

2 规范性引用文件

下列文件中的条款通过本标准的引用而成为本标准的条款。凡是注日期的引用文件,其随后所有的修改单(不包括勘误的内容)或修订版均不适用于本标准,然而,鼓励根据本标准达成协议的各方研究是否可使用这些文件的最新版本。凡是不注日期的引用文件,其最新版本适用于本标准。

GB/T 3186—2006 色漆、清漆和色漆与清漆用原材料 取样(ISO 15528:2000,IDT)

GB/T 20777—2006 色漆和清漆 试样的检查和制备(ISO 1513:1992,IDT)

3 术语和定义

本标准采用下列术语和定义:

3.1

研磨细度 fineness of grind

在规定试验条件下,在标准细度板上获得的读数。此读数可表示细度板凹槽的深度,在此处,可以容易地辨别出产品中个别的固体颗粒。

4 仪器

4.1 细度板

由长约 175 mm,宽 65 mm,厚 13 mm 的淬火钢块制成。

注:建议用不锈钢块制细度计。

将钢块的上面磨平磨光,在其上面开出一条或两条长约 140 mm,宽约 12.5 mm 平行于钢块长边的凹槽。每条槽的深度应沿钢块的长边均匀地递减。槽的一端有一合适的深度(例如 25 μm,50 μm 或 100 μm),另一端的深度为零,且应以表 1 中的规定分刻度。典型细度计的图形如图 1。

表 1 典型细度板分度和推荐范围

单位为微米

凹槽的最大深度	分度间隔	推荐测试范围
100	10	40～90
50	5	15～40
25	2.5	5～15

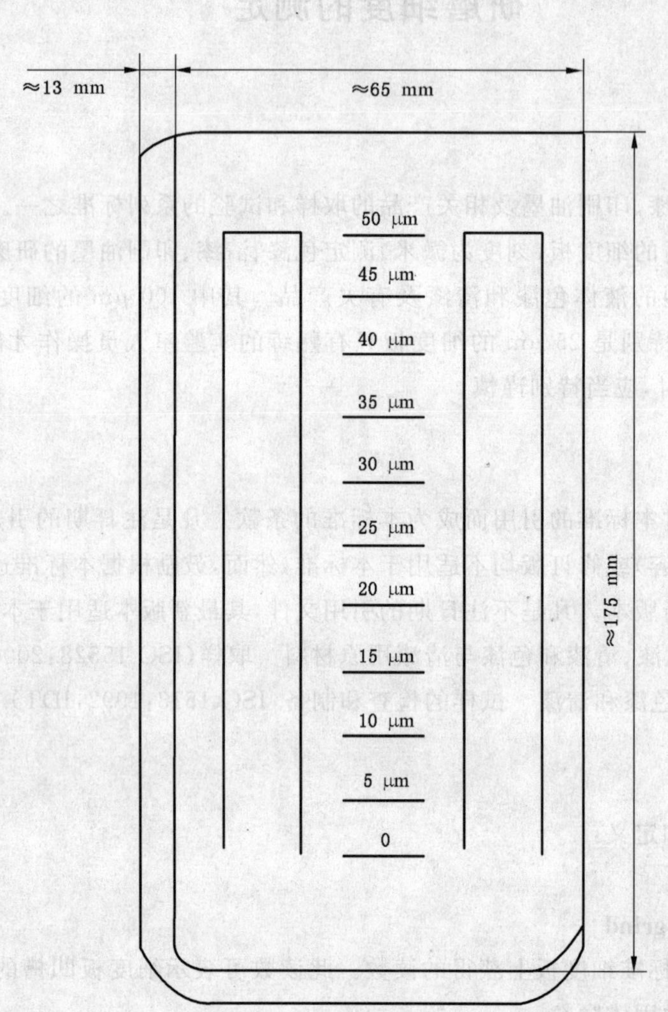

图 1　典型的细度板

沿凹槽长度的任何位置的凹槽深度与在该位置横跨槽上的标准数值的偏差不应超过 2.5 μm。

钢块的表面应该以细致研磨或精磨加工，表面应平整，表面平面度为 12 μm，其横截面母线的直线度为 1 μm。钢块表面与底面的平行度应在 25 μm 之内。

注：标明分刻度的钢制细度板是适用的，能给出相似结果的其他类的细度板也可以使用。

研磨细度测定的精密度部分取决于使用的细度板。因此当报告结果或规定要求时规定细度板(100 μm，50 μm 或 25 μm)是必不可少的。

4.2　刮刀

由大约长 90 mm，宽 40 mm，厚 6 mm 的单刃或双刃钢片制成。长边上的刀刃应是平直的且成 0.25 mm半径的圆弧状。适用的刮刀图形见图 2。

单位为毫米

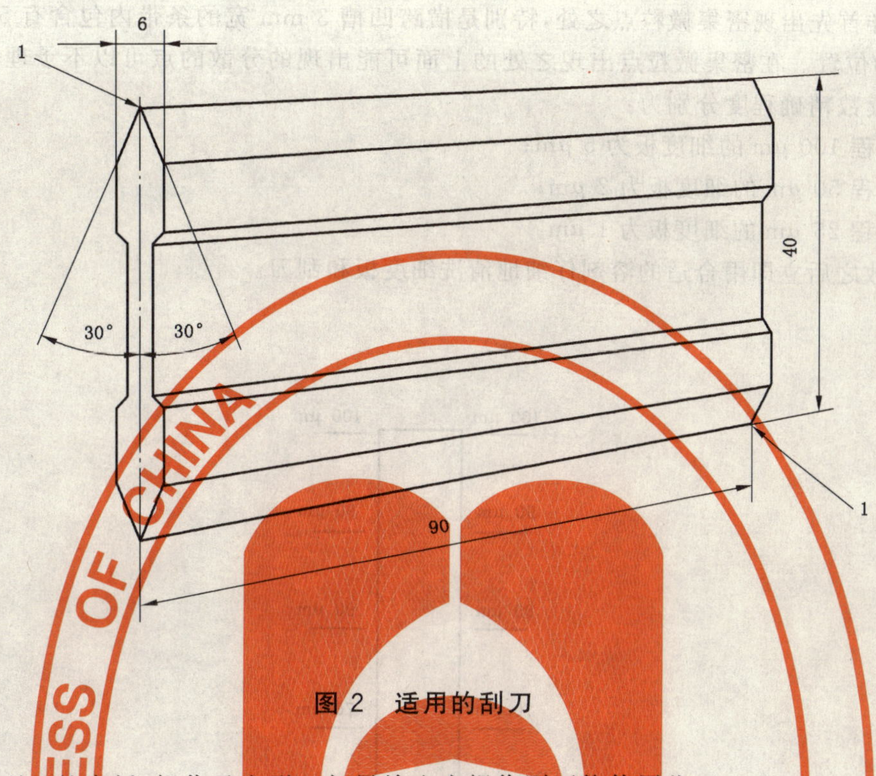

图 2　适用的刮刀

应定期检查刮刀的磨耗、损伤及变形。如果检查出损伤则不能使用此刀。

注：细度板的上表面可用于对刮刀进行常规检查，以证明刮刀本身没有磨损或变形。

当不使用时，应将刮刀放在内衬丝绒或类似的柔软材料的容器中。

5　取样

按 GB/T 3186—2006 规定，取受试产品的代表性样品。

按 GB/T 20777—2006 的规定，检查和制备试验样品。

6　试验步骤

6.1　进行预测以确定最适宜的细度板规格和试样近似的研磨细度(见表 1 和 6.5 的注)。此近似测定的结果不包含在试验结果中。

进行 3 份试样的平行测定。

6.2　将彻底洗净并干燥的细度板(4.1)放在平坦、水平、不会滑动的平面上。

6.3　将足够量的样品倒入沟槽的深端，并使样品略有溢出，注意在倾倒样品时勿使样品夹带空气。

6.4　用两手的大拇指和食指捏住刮刀，将刮刀的刀口放在细度板凹槽最深一端，与细度板表面相接触，并使刮刀的长边平行于细度板的宽边，而且要将刮刀垂直压于细度板的表面，使刮刀和凹槽的长边成直角。在 1 s～2 s 内使刮刀以均匀的速度刮过细度板的整个表面到凹槽深度为零的一端。就印刷油墨或类似的黏性液体来说，为了获得较低的结果，要求刮刀刮过整条凹槽长度的时间应不小于 5 s。要施加足够的压力于刮刀上，以使凹槽中充满试样，多余的试样则被刮下。

6.5　在刮完样后尽可能快的(几秒内)时间内以如下的方法从侧面观察细度板，观察时，视线与凹槽的长边成直角，且和细度板表面的角度为不大于 30°，不小于 20°，同时要求在易于看出凹槽中样品状况的光线下进行观察。

注：如果由于试样的流变性能而造成在刮样后不能得到平整的图样时，可以加入最低量的合适的稀释剂或漆基溶液并用人工搅拌，然后重复试验。在报告中应注明任何稀释情况。有时稀释试样可能发生絮凝而影响研磨细度的结果。

6.6 观察试样首先出现密集微粒点之处，特别是横跨凹槽 3 mm 宽的条带内包含有 5～10 个颗粒（见图 3 和图 4）的位置。在密集微粒点出现之处的上面可能出现的分散的点可以不予理会。确定此条带上限的位置，读数精确程度分别为：

——对量程 100 μm 的细度板为 5 μm；

——对量程 50 μm 的细度板为 2 μm；

——对量程 25 μm 的细度板为 1 μm。

6.7 每次读数之后立即用合适的溶剂仔细地清洗细度板和刮刀。

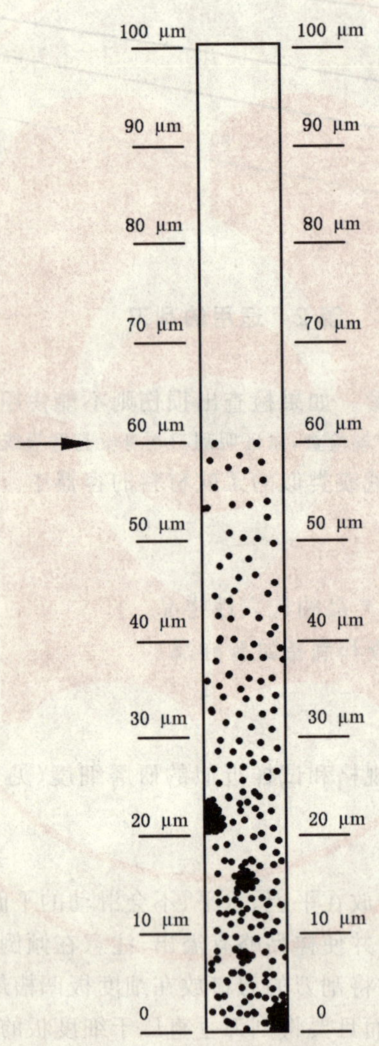

图 3 细度板上的典型读数

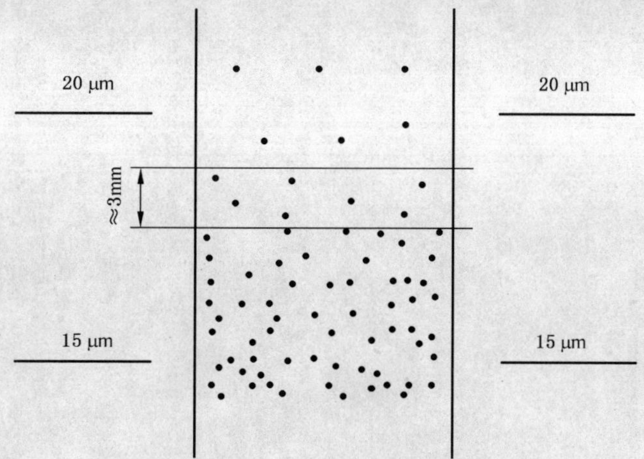

图 4 读数为 18 μm 细度板的放大图

7 结果的表示

计算三次测定的平均值并以与初始读数相同的精度(见 6.6)记录其结果。

8 精密度

8.1 重复性(*r*)

同一操作者在同一实验室,在短时间间隔内使用同一设备,用本标准试验方法所获得的相同试验材料的两个单独试验结果之绝对差低于细度板量程 10%时,则认为其置信度为 95%。

8.2 再现性(*R*)

不同操作者在不同实验室,用本标准试验方法对同一材料得到的两个单独试验结果之绝对差低于细度板量程 20%时,则认为其置信度为 95%。

9 试验报告

试验报告至少应包括下列内容:

a) 识别受试产品所必要的全部细节;

b) 注明本标准编号;

c) 指明使用的细度板;

d) 任何稀释的细节(见 6.5 注);

e) 按第 7 章的说明注明试验结果,以 μm 表示;

f) 商定或由其他原因造成的与规定试验操作的任何不同之处;

g) 试验日期。

ICS 67.220.20
X 42

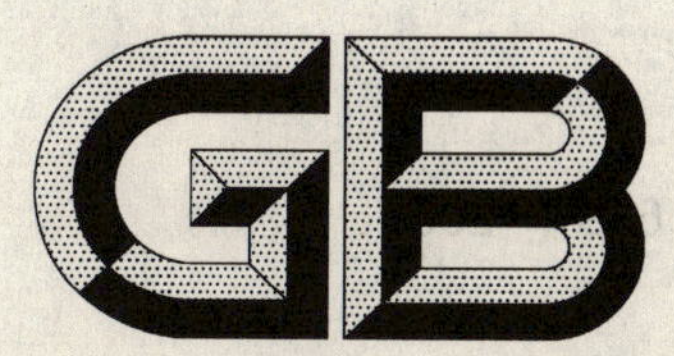

中华人民共和国国家标准

GB 6781—2007
代替 GB 6781—1986

食品添加剂　乳酸亚铁

Food additive—Ferrous lactate

2007-10-29 发布　　　　2008-06-01 实施

中华人民共和国国家质量监督检验检疫总局
中国国家标准化管理委员会　发布

前　言

本标准第4章技术要求为强制性，其余为推荐性。

本标准的技术要求参照采用联合国粮农组织和世界卫生组织(FAO/WHO)联合食品添加剂专家委员会(JECFA)的技术规格。

本标准代替GB 6781—1986《食品添加剂　乳酸亚铁》。

本标准与GB 6781—1986相比主要技术差异如下：

——理化指标中增加了乳酸亚铁、三价铁、氯化物、硫酸盐、铅等项目的要求，去掉了总铁、亚铁、钙盐、重金属等项目；

——增加了干燥失重的要求，以替代GB 6781—1986中的水分指标；

——参照国际标准修改了砷指标的限量。

本标准由中国轻工业联合会提出。

本标准由全国食品发酵标准化中心归口。

本标准起草单位：中国食品添加剂生产应用工业协会、河南省洛阳市食品添加剂厂、中国食品发酵工业研究院。

本标准主要起草人：李长山、李惠宜、任智龙、胡建平。

本标准所代替标准的历次版本发布情况为：

——GB 6781—1986。

食品添加剂　乳酸亚铁

1　范围

本标准规定了食品添加剂乳酸亚铁的技术要求、试验方法、检验规则、标志、包装、运输、贮存和保质期。

本标准适用于乳酸钙、乳酸钠或乳酸铵与硫酸亚铁或氯化亚铁反应或乳酸与铁粉反应生成的乳酸亚铁的三水合物制品。

2　规范性引用文件

下列文件中的条款通过本标准的引用而成为本标准的条款。凡是注日期的引用文件，其随后所有的修改单(不包括勘误的内容)或修订版均不适用于本标准，然而，鼓励根据本标准达成协议的各方研究是否可使用这些文件的最新版本。凡是不注日期的引用文件，其最新版本适用于本标准。

GB/T 601　化学试剂　标准滴定溶液的制备

GB/T 602　化学试剂　杂质测定用标准溶液的制备

GB/T 603　化学试剂　试验方法中所用制剂及制品的制备(GB/T 603—2002，ISO 6353-1:1982，NEQ)

GB/T 5009.11　食品中总砷及无机砷的测定

GB/T 5009.12　食品中铅的测定

GB/T 6682　分析实验室用水规格和试验方法(GB/T 6682—1992，neq ISO 3696:1987)

定量包装商品计量监督管理办法　国家质量监督检验检疫总局第75号令

食品添加剂卫生管理办法　卫生部[2002]第26号令

3　产品化学名称、分子式、结构式和相对分子质量

3.1　化学名称

乳酸亚铁(2-羟基丙酸亚铁)。

3.2　分子式

$C_6H_{10}FeO_6 \cdot 3H_2O$。

3.3　结构式

$$[CH_3—\underset{\displaystyle |\atop \displaystyle OH}{CH}—COO]_2Fe \cdot 3H_2O$$

3.4　相对分子质量

288.03(三水合物)(按2001年国际原子量表)。

4　技术要求

4.1　感官特性

淡黄绿色结晶粉末，具有轻微特征性气味。

4.2　溶解性

略溶于水，不溶于乙醇。

4.3　理化指标

应符合表1的规定。

表 1 理化指标

项目		指标
乳酸亚铁含量(以干基计)/%	≥	96
干燥失重/%	≤	20
氯化物(以 Cl^- 计)/%	≤	0.1
三价铁(以 Fe^{3+} 计)/%	≤	0.6
硫酸盐(以 SO_4^{2-} 计)/%	≤	0.1
pH		5.0~6.0
铅/(mg/kg)	≤	1
砷(以 As 计)/(mg/ kg)	≤	3

5 试验方法

除非另有说明,在分析中仅使用确认为分析纯的试剂和 GB/T 6682 中规定的水。

5.1 感官检验

将样品置于清洁、干燥的白瓷盘中,在自然光线下,观察其色泽,嗅其味。

5.2 鉴别

5.2.1 试剂

a) 高锰酸钾试液:0.1 mol/L。

b) 硫酸溶液:硫酸:水=1:20(体积比)。

c) 铁氰化钾溶液:100 g/L。

d) 盐酸溶液:盐酸:水=1:3(体积比)。

e) 吗啉溶液:20%(质量分数)。

f) 亚硝基铁氰化钠试液:5%(质量分数)。

g) 氢氧化钠溶液:1 mol/L。

5.2.2 分析步骤

a) 乳酸盐的鉴别:取 5 mL 样品溶液[样品:水=1:50(质量比)],加入 2 mL 硫酸溶液混匀,再加 2 mL 高锰酸钾试液,加热,应有乙醛气体产生。乙醛气体的识别采用等体积 20%吗啡啉溶液和 5%亚硝基铁氰化钠试液的混合液湿润过的滤纸,滤纸与气体相接触呈蓝色。

b) 亚铁盐的鉴别:取 10 mL 样品溶液[样品:水=1:50(质量比)],加入 2 mL 铁氰化钾试液,生成深蓝色沉淀,加盐酸溶液,沉淀不溶解,若换加 1 mol/L 的氢氧化钠溶液,沉淀溶解。样品溶液[样品:水=1:50(质量比)]和 1 mol/L 的氢氧化钠溶液混合,产生微绿白色沉淀,接着很快变成绿色,摇晃后呈棕色。

5.3 乳酸亚铁含量

5.3.1 试剂

a) 磷酸。

b) 硫酸溶液:硫酸:水=1:15(体积比)。

c) 硫酸铈标准溶液:0.1 mol/L,按 GB/T 601 配制,每毫升标准溶液相当于 23.40 mg 乳酸亚铁。

d) 邻二氮菲试液:按 GB/T 603 配制。

5.3.2 分析步骤

准确称取 0.8 g 样品(精确到 0.000 1 g),置于 300 mL 的烧瓶中,加入 160 mL 硫酸溶液和 5 mL 磷酸,必要时冷却至室温。加入 1 滴邻二氮菲试液,立即用 0.1 mol/L 的硫酸铈标准溶液滴定至红色消失为终点,同时做空白试验。

5.3.3 结果计算

乳酸亚铁的质量分数(以干基计)按式(1)计算:

$$X_1 = \frac{(V_1 - V_0) \times c \times 0.234}{m \times (1 - X_2)} \times 100 \quad \cdots\cdots\cdots\cdots (1)$$

式中:

X_1——乳酸亚铁的质量分数(以干基计),%;

V_1——滴定样品用硫酸铈标准溶液的体积,单位为毫升(mL);

V_0——滴定空白用硫酸铈标准溶液的体积,单位为毫升(mL);

c——硫酸铈标准溶液的浓度,单位为摩尔每升(mol/L);

0.234——乳酸亚铁毫摩尔质量,单位为克(g);

m——样品的质量,单位为克(g);

X_2——样品干燥失重的质量分数,%。

5.3.4 允许差

在重复性条件下获得的两次平行测定结果的绝对差值,应不超过算术平均值的2%,取两次平行测定的算术平均值为测定结果。

5.4 干燥失重

5.4.1 仪器

a) 电热恒温干燥箱。

b) 称量瓶:内径60 mm~70 mm,高35 mm以下。

5.4.2 分析步骤

将称量瓶置于105℃±1℃的烘箱干燥30 min,恒重。于该称量瓶中准确称取1.0 g~2.0 g的样品(精确到0.000 1 g),加盖,侧摇,使样品在称量瓶中均匀分布,将载物的称量瓶放入烘箱中,打开瓶盖,将瓶盖留在烘箱内,在105℃±1℃下干燥3 h,打开烘箱,将带样品的称量瓶立即盖上盖子,放入干燥器中冷却至室温,恒重,根据减轻的质量和取样量计算干燥失重。

5.4.3 结果计算

干燥失重的质量分数按式(2)计算:

$$X_2 = \frac{m_1 - m_2}{m_1 - m_3} \times 100 \quad \cdots\cdots\cdots\cdots (2)$$

式中:

X_2——干燥失重的质量分数,%;

m_1——烘干前称量瓶和样品的总质量,单位为克(g);

m_2——烘干后称量瓶和样品的总质量,单位为克(g);

m_3——称量瓶的质量,单位为克(g)。

5.4.4 允许差

在重复性条件下获得的两次独立测定结果的绝对差值,应不超过算术平均值的2%,取两次平行测定的算术平均值为测定结果。

5.5 氯化物

5.5.1 试剂

a) 硝酸溶液:硝酸:水=1:9(体积比)。

b) 硝酸银溶液:0.1 mol/L,按GB/T 601配制和标定。

c) 氯化物标准溶液:按GB/T 602配制后,稀释至每1 mL相当于0.01 mg的氯离子。

5.5.2 分析步骤

称取0.1 g样品(精确到0.01 g)置于50 mL纳氏比色管中,加适量水及10 mL硝酸溶液使其溶解,加 1 mL 硝酸银溶液,再加水至 50 mL,摇匀,在暗处放置 5 min,同置黑色背景上与标准管比浊,其浊度不得深于标准管。

标准管的制备:准确吸取 10 mL 氯化物标准溶液,与试样管同时同样处理。

5.6 三价铁含量

5.6.1 试剂

a) 盐酸:分析纯。

b) 碘化钾:分析纯。

c) 硫代硫酸钠标准溶液:0.1 mol/L,按 GB/T 601 配制,每毫升标准溶液相当于 5.585 mg 三价铁离子。

d) 淀粉指示剂:按 GB/T 603 配制。

5.6.2 分析步骤

称取 5 g 样品(精确到 0.000 1 g)置于 250 mL 碘量瓶中,加 100 mL 水和 10 mL 盐酸,必要时冷却至室温,加 3 g 碘化钾,密塞、摇匀,在暗处放置 5 min。用 0.1 mol/L 的硫代硫酸钠标准溶液滴定,近终点时,加 2 mL 淀粉指示剂,继续滴定至蓝色消失为终点。同时做空白试验。

5.6.3 结果计算

三价铁的质量分数按式(3)计算:

$$X_3 = \frac{(V_3 - V_2) \times c \times 0.055\ 85}{m} \times 100 \quad \cdots\cdots(3)$$

式中:

X_3——三价铁的质量分数,%;

V_3——滴定样品用硫代硫酸钠标准溶液的体积,单位为毫升(mL);

V_2——滴定空白用硫代硫酸钠标准溶液的体积,单位为毫升(mL);

c——硫代硫酸钠标准溶液的浓度,单位为摩尔每升(mol/L);

0.055 85——三价铁的毫摩尔质量,单位为克(g);

m——样品质量,单位为克(g)。

5.6.4 允许差

在重复性条件下获得的两次独立测定结果的绝对差值,应不超过算术平均值的 2%,取两次平行测定的算术平均值为测定结果。

5.7 硫酸盐

5.7.1 试剂

a) 盐酸溶液:盐酸∶水=1∶4(体积比)。

b) 氯化钡溶液:250 g/L。

c) 硫酸盐标准溶液:按 GB/T 602 配制后,稀释至每毫升相当于 0.01 mg 硫酸根离子。

5.7.2 分析步骤

称取 0.1 g 样品(精确到 0.01 g)置于 50 mL 纳氏比色管中,加适量水及 2 mL 盐酸溶液使其溶解,加 5 mL 氯化钡溶液,再加水至 50 mL,摇匀,在暗处放置 10 min,同置黑色背景上与标准管比浊,其浊度不得深于标准管。

标准管的制备:准确吸取 10 mL 硫酸盐标准溶液,与试样管同时同样处理。

5.8 pH

称取适量样品,配制成 1∶50(体积比)的水溶液,在常温下用 pH 计测定。

5.9 铅

按 GB/T 5009.12 的规定进行测定。

5.10 砷

按 GB/T 5009.11 的规定进行测定。

6 检验规则

6.1 批次的确定

由生产单位的质量检验部门按照其相应的规则确定产品的批号，经最后混合且有均一性质量的产品为一批。

6.2 取样方法和取样量

在每批产品中随机抽取样品，每批按包装件数的3%抽取小样，每批不得少于三个包装，每个包装抽取样品不得少于100 g，将抽取试样迅速混合均匀，分装入两个洁净、干燥的瓶中，瓶上注明生产厂、产品名称、批号、数量及取样日期，一瓶作检验，一瓶密封留存备查。

6.3 出厂检验

6.3.1 出厂检验项目包括乳酸亚铁含量、干燥失重、氯化物、三价铁和硫酸盐。

6.3.2 每批产品应经生产厂检验部门按本标准规定的方法检验，并出具产品合格证后方可出厂。

6.4 型式检验

本标准技术要求中规定的所有项目均为型式检验项目。型式检验每半年进行一次，或当出现下列情况之一时进行检验：

——原料、工艺发生较大变化时；

——停产后重新恢复生产时；

——出厂检验结果与平常记录有较大差别时；

——国家质量监督检验机构或用户提出要求时。

6.5 判定规则

对全部技术要求进行检验，检验结果中若有一项指标不符合本标准要求时，应重新双倍取样进行复检。复检结果即使有一项不符合本标准，则整批产品判为不合格。

如供需双方对产品质量发生异议时，可由双方协商选定仲裁机构，按本标准规定的检验方法进行仲裁。

7 标志、包装、运输、贮存和保质期

7.1 标志

产品的标志应符合卫生部[2002]第26号令第四章的要求，同时还应标明产品水合状态。

7.2 包装

产品的包装应采用国家批准的、并符合相应的食品包装用卫生标准的材料，包装净含量偏差应符合国家质量监督检验检疫总局第75号令。

7.3 运输

产品在运输过程中不得与有毒、有害及污染物质混合载运，避免雨淋日晒等。

7.4 贮存

产品应贮存在通风、清洁、干燥的地方，不得与有毒、有害及有腐蚀性等物质混存。

7.5 保质期

产品自生产之日起，在符合上述储运条件、原包装完好的情况下，保质期应大于六个月。

ICS 27.020
J 90

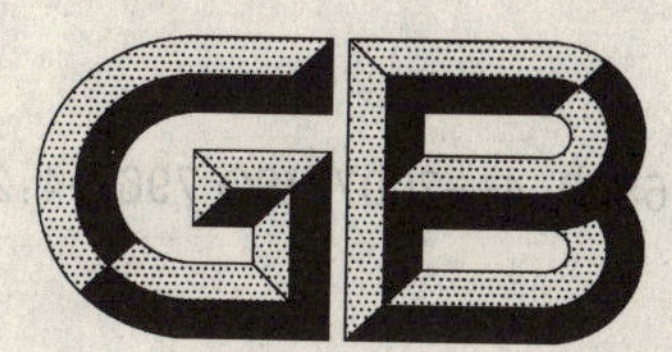

中华人民共和国国家标准

GB/T 6809.4—2007/ISO 7967-4:2005
代替 GB/T 6809.4—1989

往复式内燃机　零部件和系统术语
第4部分:增压及进排气管系统

Reciprocating internal combustion engines—
Vocabulary of components and systems—
Part 4:Pressure charging and air/exhaust gas ducting systems

(ISO 7967-4:2005,IDT)

2007-06-25 发布　　2007-11-01 实施

中华人民共和国国家质量监督检验检疫总局
中国国家标准化管理委员会　发布

前　言

GB/T 6809《往复式内燃机　零部件和系统术语》由下列各部分组成：

——第 1 部分：固定件及外部罩盖；

——第 2 部分：气门、凸轮轴传动和驱动机构；

——第 3 部分：主要运动件；

——第 4 部分：增压及进排气管系统；

——第 5 部分：冷却系统；

——第 6 部分：润滑系统；

——第 7 部分：调节系统；

——第 8 部分：起动系统；

——第 9 部分：监控系统。

本部分为 GB/T 6809 的第 4 部分。

本部分等同采用 ISO 7967-4:2005《往复式内燃机　零部件和系统词汇　第 4 部分：增压及进排气管系统》(英文版)。

本部分等同翻译 ISO 7967-4:2005。

为便于使用，本部分做了如下编辑性修改：

——"本国际标准"一词改为"本部分"；

——删除了国际标准的前言。

本部分是对 GB/T 6809.4—1989《往复式内燃机　零部件术语　增压及进排气管系统》的修订。本部分与 GB/T 6809.4—1989 的主要区别是：

——增加了规范性引用文件；

——修改和增加了部分术语；

——对术语进行了分类编排；

——补充了中英文索引。

本部分由中国机械工业联合会提出。

本部分由全国内燃机标准化技术委员会归口。

本部分起草单位：上海内燃机研究所。

本部分主要起草人：陈云清、计维斌、谢亚平、宋国婵、瞿俊鸣。

本部分所代替标准的历次版本发布情况为：

——GB/T 6809.4—1989。

往复式内燃机 零部件和系统术语 第4部分:增压及进排气管系统

1 范围

GB/T 6809的本部分规定了与往复式内燃机增压及进排气管系统有关的术语。

GB/T 1883则提供了往复式内燃机的分类和规定了这种发动机及其工作特性的基本术语。

2 规范性引用文件

下列文件中的条款通过GB/T 6809的本部分的引用而成为本部分的条款。凡是注日期的引用文件,其随后所有的的修改单(不包括勘误的内容)或修订版均不适用于本部分,然而,鼓励根据本部分达成协议的各方研究是否可使用这些文件的最新版本。凡是不注日期的引用文件,其最新版本适用于本部分。

GB/T 6809.5—1999 往复式内燃机 零部件和系统术语 第5部分:冷却系统(idt ISO 7967-5:1992)

3 术语和定义

下列术语和定义适用于本部分。

3.1 废气涡轮增压器型式

序号	术 语	定 义	图 例
3.1.1	废气涡轮增压器 turbocharger	将空气压缩输入发动机的装置,系由废气驱动的涡轮和同轴连接的压气机叶轮所组成	—
3.1.2	低压涡轮增压器 low-pressure turbocharger	二级涡轮增压系统中的第一级涡轮增压器。进入该系统的新鲜空气被压缩至压气机高压叶轮前的进气压力	—
3.1.3	高压涡轮增压器 high-pressure turbocharger	二级涡轮增压系统中的第二级涡轮增压器。由低压涡轮增压器输出的空气被压缩至增压压力	—
3.1.4	可变几何截面涡轮增压器 variable geometry turbocharger	装有可以改变涡轮喷嘴环或压气机叶轮扩压环通道型线和截面的装置的涡轮增压器	
3.1.5	联接式涡轮增压器 engine-coupled turbocharger	其转子与发动机曲轴联接的涡轮增压器	—

3.2 废气涡轮增压器零部件

序号	术语	定义	图例
3.2.1	涡轮进气壳 turbine inlet casing	涡轮增压器壳体中，具有一个或几个进口，用以将废气输入涡轮的部分。 通常带有涡轮喷嘴环	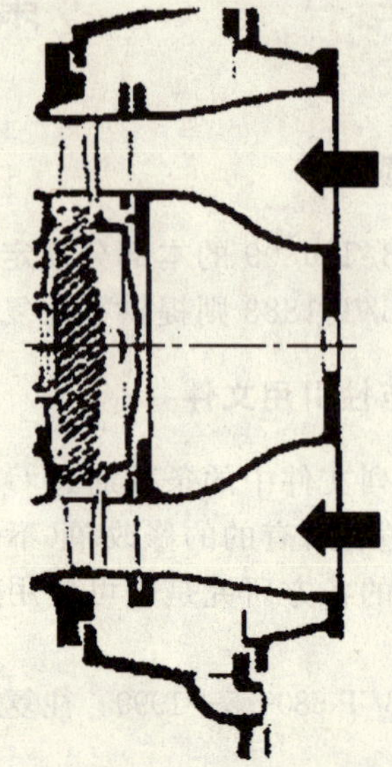
3.2.2	涡轮排气壳 turbine outlet casing	涡轮增压器壳体中，用以将废气排出涡轮的部分	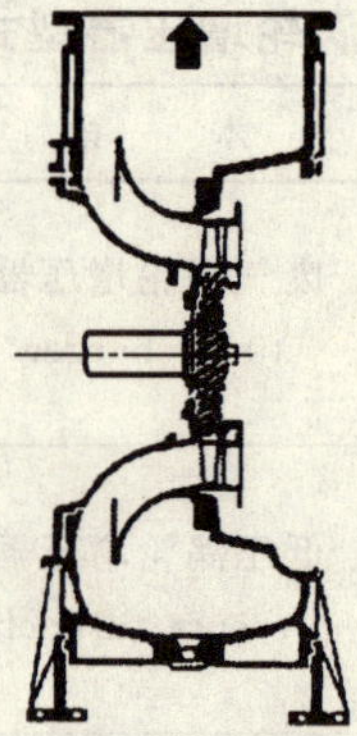
3.2.3	轴承体 bearing housing	涡轮增压器壳体中用以安置转子轴承的部分	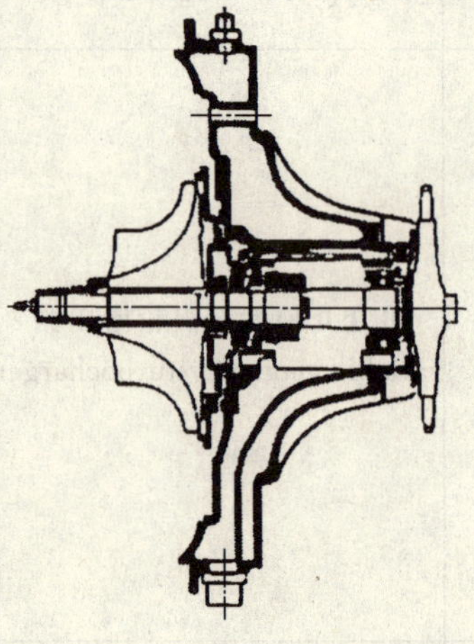

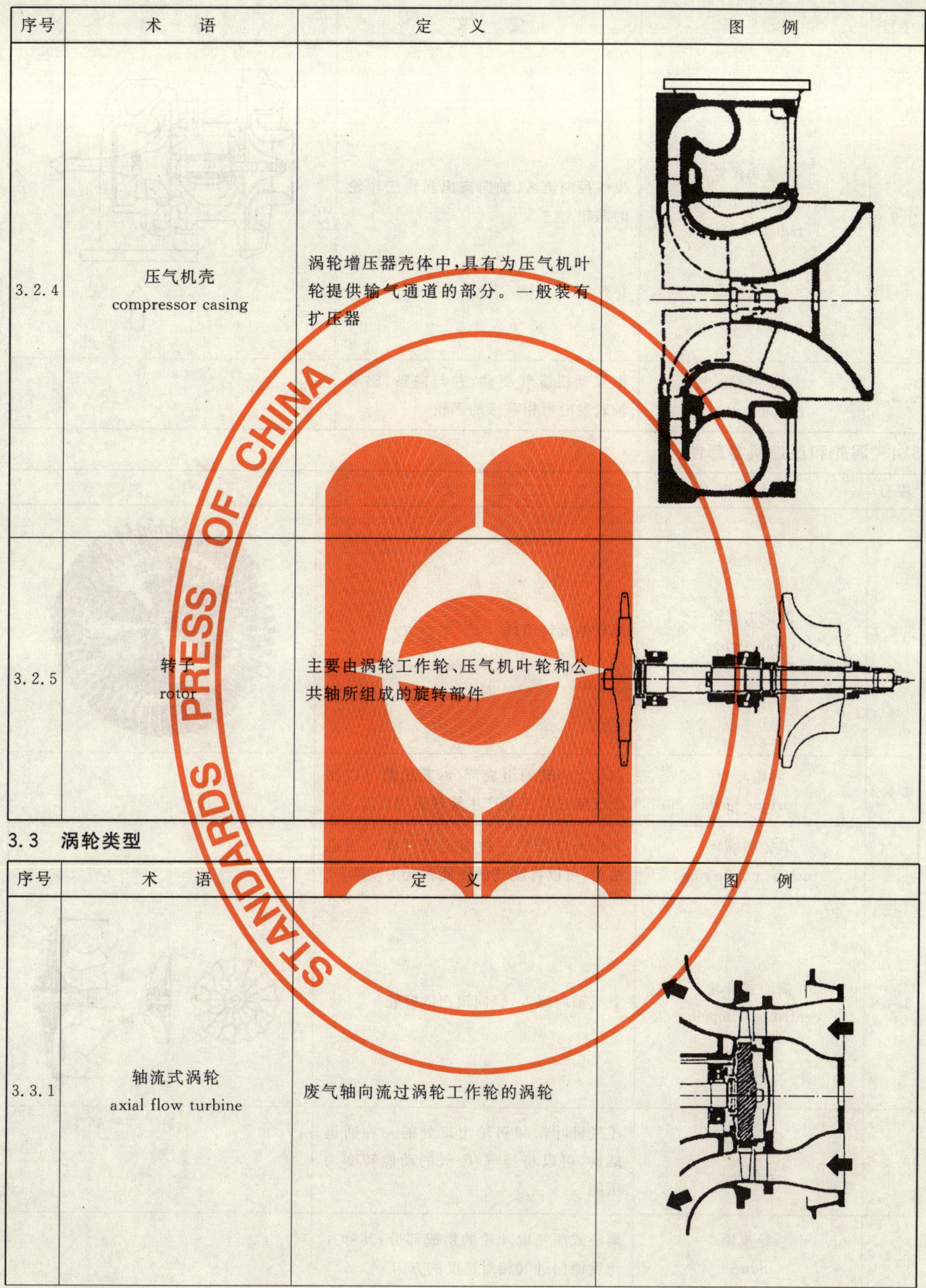

序号	术　语	定　义	图　例
3.2.4	压气机壳 compressor casing	涡轮增压器壳体中，具有为压气机叶轮提供输气通道的部分。一般装有扩压器	
3.2.5	转子 rotor	主要由涡轮工作轮、压气机叶轮和公共轴所组成的旋转部件	

3.3　涡轮类型

序号	术　语	定　义	图　例
3.3.1	轴流式涡轮 axial flow turbine	废气轴向流过涡轮工作轮的涡轮	

序号	术　语	定　义	图　例
3.3.2	径流式涡轮 centripetal turbine; radial turbine	废气径向流入、轴向流出涡轮工作轮的涡轮	
3.3.3	动力涡轮 power turbine	由发动机废气驱动，并与曲轴、驱动轴或发电机相联接的涡轮	—

3.4　涡轮和压缩机零部件

序号	术　语	定　义	图　例
3.4.1	涡轮工作轮 turbine wheel	涡轮的旋转组件	
3.4.2	涡轮叶片 turbine blade	涡轮工作轮的组成部分，其轮廓可以在废气流过时使其产生旋转运动	—
3.4.3	涡轮喷嘴环 turbine nozzle ring	涡轮入口处的一种固定或可调式通道结构，可以将废气的压能转变为动能	—
3.4.4	离心式叶轮 centrifugal impeller	空气轴向流入，径向流出的叶轮	
3.4.5	扩压器 diffuser	压气机叶轮和涡轮出口处的一种通道结构，可以将排气/废气的动能转变为压能	—
3.4.6	导流轮 inducer	离心式压气机叶轮的组成部分，其叶片角度面向进气相对速度的方向	—

3.5 增压器类型

序号	术 语	定 义	图 例
3.5.1	机械驱动式压气机 engine-driven blower	由发动机曲轴机械驱动的压气机	1——压气机； 2——传动齿轮； 3——发动机。
3.5.2	活塞式压气机 piston compressor	由往复活塞按照不同循环输送和压缩空气的压气机	—
3.5.3	罗茨式压气机 multilobed pressure charger	依靠旋转叶片压缩和输送空气的增压器	
3.5.4	气波增压器 pressure exchanger	由废气直接将能量传递给空气，使之压缩和输送的增压器	
3.5.5	废气旁通控制系统 exhaust bypass control system	用废气旁通阀控制增压空气压力的控制系统	—
3.5.6	增压空气旁通控制系统 charge air bypass control system	用旁通阀将部分增压空气直接排入大气或排气管，以控制增压空气压力的控制系统	—

3.6 进排气总管和歧管

序号	术 语	定 义	图 例
3.6.1	进气总管 inlet pipe	将新鲜增压空气输入进气支管或气缸的管道	—
3.6.2	进气歧管 inlet manifold	将新鲜增压空气分配给发动机各气缸的管道系统	—
3.6.3	排气总管 exhaust pipe	将废气从涡轮增压器、排气支管或发动机气缸排出时所通过的管道	—
3.6.4	排气歧管 exhaust manifold	将发动机各气缸排出的废气汇集在一起的管道系统	—
3.6.5	定压排气歧管 constant pressure exhaust manifold	具有较大容积，用以将每排气缸排出的废气汇集在一起的排气支管。其管内废气压力基本均匀	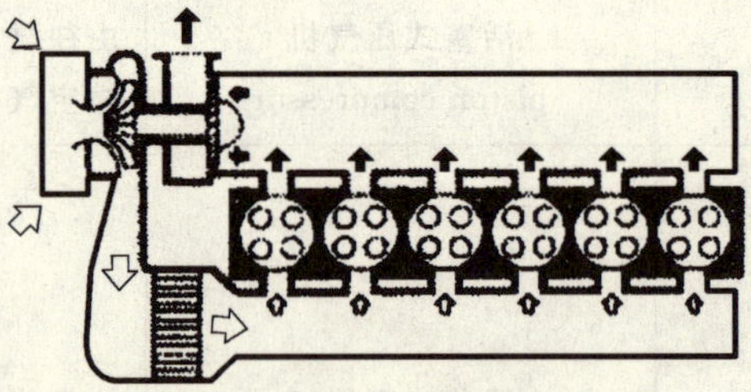
3.6.6	脉动排气歧管 pulse exhaust manifold	具有较小容积，用以将几个气缸排出的废气汇集在一起的排气支管。其管内废气压力是脉动的	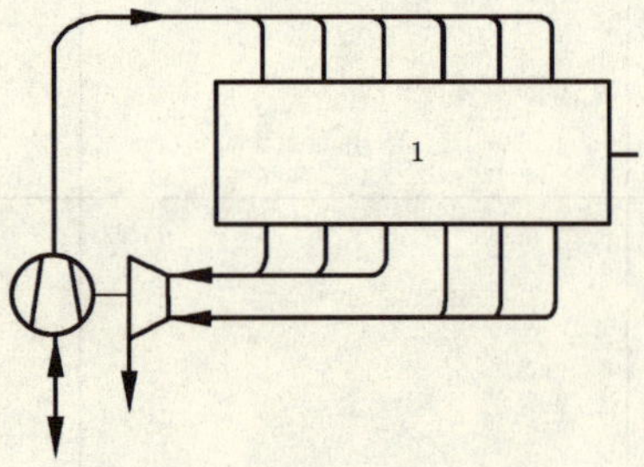 1 1——发动机。
3.6.7	脉冲转换器 pulse converter	可以安装在排气支管上，用以将气缸排出废气的脉动压力部分或全部转变为近似恒压的元件	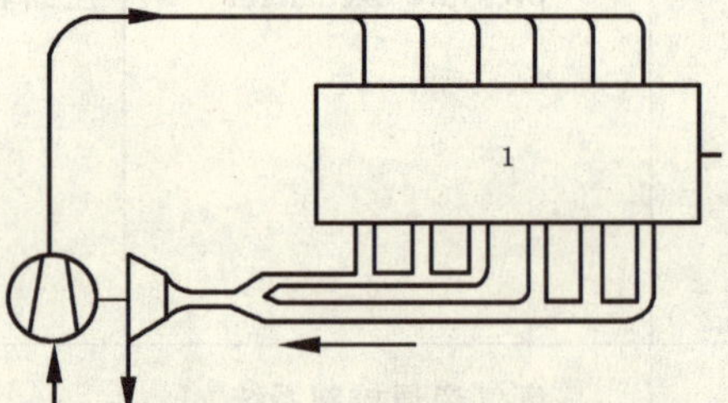 1 1——发动机。
3.6.8	废气旁通阀 waste gate	调节涡轮废气流量的旁通阀	—

3.7 空气过滤系统

序号	术　语	定　义	图　例
3.7.1	空气滤清器 air filter; air cleaner	用以滤除吸入发动机新鲜空气中悬浮颗粒的装置	—
3.7.2	滤芯 filter element	空气滤清器中,由滤清材料和骨架组成的可更换部分	—

3.8 消声装置

序号	术　语	定　义	图　例
3.8.1	消声器 silencer	用以降低发动机进排气口噪声级的装置	—
3.8.2	隔声罩 acoustic hood	用以将发动机罩住,通过全部或部分隔声以降低噪声级的装置	—

3.9 增压空气冷却装置

冷却系统见 GB/T 6809.5。

3.10 排气滤清器

序号	术　语	定　义	图　例
3.10.1	排气滤清器 exhaust gas filter	利用机械、静电或其他物理作用滤除排气中颗粒物的排气净化器	—
3.10.2	排气净化器 exhaust gas scrubber	利用吸附、吸收或化学转变为无害产物,而将排气有害组分滤除的净化器	—

中 文 索 引

英文索引

A

B

C

D

E

F

H

I

L

ICS 27.020
J 90

中华人民共和国国家标准

GB/T 6809.9—2007/ISO 7967-9:1996

往复式内燃机　零部件和系统术语
第9部分:监控系统

Reciprocating internal combustion engines—Vocabulary of components and systems—Part 9: Control and monitoring systems

(ISO 7967-9:1996,IDT)

2007-06-25 发布　　　　　　　　　　2007-11-01 实施

中华人民共和国国家质量监督检验检疫总局
中国国家标准化管理委员会　发布

前 言

GB/T 6809《往复式内燃机 零部件和系统术语》由下列各部分组成：

——第1部分：固定件及外部罩盖；

——第2部分：气门、凸轮轴传动和驱动机构；

——第3部分：主要运动件；

——第4部分：增压及进排气管系统；

——第5部分：冷却系统；

——第6部分：润滑系统；

——第7部分：调节系统；

——第8部分：起动系统；

——第9部分：监控系统。

本部分为GB/T 6809的第9部分。

本部分等同采用ISO 7967-9:1996《往复式内燃机 零部件和系统术语 第9部分：监控系统》(英文版)。

本部分等同翻译ISO 7967-9:1996。

为便于使用，本部分做了如下编辑性修改：

——"本国际标准"一词改为"本部分"；

——删除了国际标准的前言。

本部分由中国机械工业联合会提出。

本部分由全国内燃机标准化技术委员会归口。

本部分起草单位：上海内燃机研究所。

本部分主要起草人：陈云清、计维斌、谢亚平、宋国婵、瞿俊鸣。

往复式内燃机 零部件和系统术语
第9部分:监控系统

1 范围

GB/T 6809的本部分规定了与往复式内燃机监控系统有关的术语。

GB/T 1883.1则提供了往复式内燃机的分类和规定了这种发动机及其工作和特性的基本术语。

2 规范性引用文件

下列文件中的条款通过GB/T 6809的本部分的引用而成为本部分的条款。凡是注日期的引用文件,其随后所有的修改单(不包括勘误的内容)或修订版均不适用于本部分,然而,鼓励根据本部分达成协议的各方研究是否可使用这些文件的最新版本。凡是不注日期的引用文件,其最新版本适用于本部分。

GB/T 1883.1—2005 往复式内燃机 词汇 第1部分:发动机设计和运行术语(ISO 2710-1:2000,IDT)

3 术语和定义

术语和定义以表格形式分列在第4章、第5章和第6章内。

序号	术语	定义
4	**一般术语**	
4.1	系统 system	由相关元件所组成的集合,通过执行规定功能来达到某一给定目标
4.2	控制 control	为达到规定目标而对系统或由系统采取的针对性措施 注:除了控制措施本身外,控制还可包括监测和防护。
4.3	监测 monitoring	对系统或系统零件的运行所作的观察,以便通过检测不正确的功能来检验正确功能。这可以通过测量系统的一个或多个变量并将实测值与规定值进行比较来达到
5	**控制** **control**	
5.1	控制系统 control system	使发动机和/或其相关系统中的受控条件保持在预期值的系统
5.2	一般定义 general definitions	
5.2.1	受控条件 controlled condition	系统设计时要求保持的物理量或工况
5.2.2	预期值 desired value	系统设计时要求受控条件应保持的值
5.2.3	控制点 control point	受控条件在稳态工况下实际所保持的值

序　号	术　　语	定　　义
5.2.4	控制点变化 change of control point	受控条件值在稳态工况下实际所保持的范围
5.2.5	设定点 set point	自动控制器所设定的受控条件值 注:通常与预期值相同。
5.2.6	限值 limiting value	由停机机构、停机阀等保护装置限定的受控条件值
5.2.7	限值范围 range of limiting value	两极或通/断控制器起作用时的受控条件值的范围
5.3	控制系统类型 types of control system	
5.3.1	手动控制系统 manual control system	将受控条件值与预期值进行比较,并通过人为干预采取纠正措施的控制系统
5.3.2	自动控制系统 automatic control system	将受控条件值与预期值进行比较,并自动采取纠正措施的控制系统
5.3.3	遥控系统 remote control system	由中央统一进行的控制。可以人工或者自动采取纠正措施,例如主机的驾驶台操纵
5.3.4	转速控制系统 speed control system; 调速器 governor	由受控对象(如发动机)和速度控制器(如发动机的调速器)所组成的控制系统
5.3.5	温度控制系统 temperature control system	由受控对象(如发动机)和温度控制器所组成的控制系统。无论负荷和/或环境状况如何变化,均能使流动介质(冷却液、润滑油、增压空气等)或发动机零部件的温度保持在预定水平
5.3.6	串级控制系统 cascade control system	用一个控制器改变另一个或其他多个控制器设定点的控制系统,例如:对发动机冷却系统的综合控制
5.3.7	再循环控制系统 recirculating control system	用阀门控制流体在发动机出口处的流动,使其直接再循环通过发动机的控制系统
5.3.8	旁通控制系统 bypass control system	用旁通阀门控制流体通过发动机和/或冷却系统的流动,以控制发动机出口参数的控制系统
5.3.9	压力控制系统 pressure control system	由受控流体和压力控制器所组成的控制系统,无论负荷和/或环境状况如何变化,均能使流动介质(润滑油、增压空气等)的压力保持在预定水平
5.3.10	比值控制系统 ratio control system	利用控制器使两被测变量的比值保持在预期值的控制系统,例如对空/燃比的控制
5.3.11	多元控制系统 multi-element control system	将多个测量元件的信号综合后向控制器提供操作信号的控制系统
5.3.12	伺服控制系统 servo control system	通过伺服机构的作用来增强驱动力的控制系统
5.4	零部件定义 definitions of components	

序　号	术　语	定　义
5.4.1	测量单元 measuring unit	由检测元件所组成,用以确定受控条件值的装置
5.4.2	纠正单元 correcting unit	由调节受控条件相关物理量的元件所组成的装置,如:调节阀、流体加热器、燃油泵油量调节杆等
5.4.3	控制单元 controlling unit; 控制器 controller	将受控条件值与预期值进行比较,并对纠正单元施加纠正措施以减小偏差的装置
5.4.4	自作用控制器 self-acting controller	直接从测量元件获得使校正元件工作所需作用力的控制器,例如:蜡式节温阀、弹簧式调压阀,单极式调速器等
5.4.5	间接作用控制器 indirect acting controller	从单独能源获得使校正元件工作所需作用力的控制器,如气动恒温阀、液压调速器等
5.4.6	执行器 actuator	当收到控制信号后可产生机械动作的装置,如气缸或液压缸、电磁阀等
5.4.7	定位器 positioner	确保执行机构的动作符合控制器要求的装置
5.4.8	设定点调节器 set point adjuster	用于调节设定点的机构 注:可以用人工、气动、液压、电动等方法。
5.5	控制器类型 types of controller	
5.5.1	两极控制器 two-step controller	仅在受控条件处于最大和最小值时才进行校正的控制器,例如简易油箱液位控制器、暖风装置自动节温器等
5.5.2	比例作用控制器 proportional action controller; 单作用控制器 one-term controller	输出随偏差按比例变化的持续作用式控制器
5.5.3	积分作用控制器 integral action controller	输出变化率与偏差成比例,亦即控制器输出信号随偏差的时间积分按比例变化的控制器
5.5.4	微分作用控制器 differential action controller	输出与偏差变化率成比例的控制器
5.5.5	双作用控制器 two-term controller	具有比例作用、加上微分作用或积分作用的控制器
5.5.6	三作用控制器 three-term controller	具有比例作用、加上微分作用和积分作用的控制器
6	**监测** **monitoring**	
6.1	监测系统 monitoring system	用于对运行中的发动机系统或零部件进行连续监视的系统
6.2	监测系统类型 types of monitoring system	

序　号	术　语	定　义
6.2.1	性能监测 performance monitoring	用于对运行中的发动机性能参数进行监测的系统
6.2.1.1	人工监测 manual monitoring	通过从发动机附近或远离发动机处，例如中央控制室，直接从仪表上读取数据对系统运行进行的观测 注：可将读数记入发动机运行日志，从而可以规定关键变量的限值。
6.2.1.2	自动监测 automatic monitoring	对若干变量自动进行扫描，并可显示所选变量数值，包括最大值、最小值、平均值或与平均值的偏差的系统
6.2.1.3	自监测 self-monitoring	能对系统本身进行监测的自动监测系统 注：该系统可以诊断诸如热电偶失效、电绝缘损坏、扫描故障等。
6.2.1.4	计算机控制监测 computer controlled monitoring	用计算机接收被监测变量信号的自动监测系统
6.2.1.5	工况监测 condition monitoring	对工作变量进行长期观测的监测系统，由此可以按工况制定保养规范 注：也可包含信号分析元件，如光谱分析。
6.2.1.6	功能诊断 functional diagnostic	能在发动机运行过程中采集数据的工况监测系统
6.2.1.7	测试诊断 test diagnostic	需要对发动机进行特殊试验，并可能要求发动机停机的工况监测系统
6.2.2	报警监测 alarm monitoring	当被监测变量达到限值时可以显示视频和/或音频报警的系统 注：系统也可显示故障的性质，例如瞬时故障、由清零引起的临时性故障或者持续存在的故障。
6.2.2.1	一级报警 single-level alarm	由某变量的单一限值触发的报警系统
6.2.2.2	两级报警 two-level alarm	当变量值达到报警级时进行首次触发，而当变量达到紧急级、发动机必须停机、卸载等时进行二次触发的报警系统
6.2.3	自动保护监测 automatic protection monitoring	依靠监测系统所检测的故障，触发某一保护性功能，使发动机停机、卸载等的系统
6.2.3.1	停机 shut-down	当被自动保护监测系统触发时，可以超越发动机的控制系统，使发动机停机的系统 注：为使发动机停机可采取切断燃料和/或燃烧空气的供应，对火花点燃式发动机则可断开点火系统。
6.2.3.2	手动越控停机 shut-down with manual override	除非另有特许，自动保护监测系统将提供手动越控，以防止发动机停机的控制系统。当进行手动越控时应提供适宜的报警措施

中 文 索 引

英 文 索 引

M

P

R

S

T

参 考 文 献

[1] IEC 出版物 50(351):1975,国际电工词汇 第 351 章:自动控制

ICS 87.040
G 50

中华人民共和国国家标准

GB/T 6822—2007
代替 GB/T 6822—1986,GB/T 13351—1992

船体防污防锈漆体系

Anticorrosive and antifouling paints system for ship hull

2007-09-11 发布　　2008-04-01 实施

中华人民共和国国家质量监督检验检疫总局
中国国家标准化管理委员会　发布

前　言

本标准代替GB/T 6822—1986《船底防污漆通用技术条件》和GB/T 13351—1992《船底防锈漆通用技术条件》。

本标准与GB/T 6822—1986和GB/T 13351—1992相比主要技术变化如下：

——本标准的产品是以船体防污防锈漆配套体系为主，对船体防污漆和防锈漆的分类分别按型别、类别和使用期效3方面进行。

——规定的防污漆技术指标与代替的GB/T 6822—1986的技术指标比较，增加了“防污剂、不挥发分、颜色、闪点、适用期、毒性、抛光率(或磨蚀率)”内容。

——规定的防锈漆技术指标与代替的GB/T 13351—1992的技术指标比较，增加了“油漆的不挥发分、密度、黏度、适用期、抗起泡性、耐阴极剥离性”内容。调整了油漆体系涂层的耐盐水浸泡试验的时间。

——取消了“细度”项目。

——对“防污剂”的检验包括了铜类防污剂、有机锡防污剂和其他防污剂的内容。

——规定的油漆体系的防污性能方面除保留代替的GB/T 6822—1986的“浅海浸泡试验”项目外，增加了“防污涂层抛光性”和“动态模拟试验”的内容。

——从船体防污防锈漆体系性能要求增加了“与阴极保护相容性”的内容。

——对检验方式分型式检验和出厂检验二种。

本标准的附录A、附录B、附录C和附录D为资料性附录。

本标准由中国石油和化学工业协会提出。

本标准由全国涂料和颜料标准化技术委员会归口。

本标准负责起草单位：中国船舶重工集团公司第七二五研究所。

本标准参加起草单位：上海开林造漆厂、式玛卡龙(昆山)有限公司、海虹老人牌(中国)有限公司、海洋化工研究院、中远佐敦船舶涂料有限公司、中国化工建设总公司常州涂料化工研究院。

本标准主要起草人：金晓鸿、欧伯兴、苏春海、杨琳、徐国强、钱叶苗、王健、郑添水、叶章基、姚敬华、陈乃洪。

本标准所代替标准的历次版本发布情况为：

——GB/T 6822—1986；

——GB/T 13351—1992。

船体防污防锈漆体系

1 范围

本标准规定了船体设计水线以下部位外表面用防污漆体系和防锈漆体系的分类、要求、试验方法、检验规则、包装和运输。

本标准适用于各类材料的船舶设计水线以下的防污防锈漆体系，也包括船体水线部位的防污防锈漆体系。

2 规范性引用文件

下列文件中的条款通过本标准的引用而成为本标准的条款。凡是注日期的引用文件，其随后所有的修改单（不包括勘误的内容）或修订版均不适用于本标准，然而，鼓励根据本标准达成协议的各方研究是否可使用这些文件的最新版本。凡是不注日期的引用文件，其最新版本适用于本标准。

GB 190 危险货物包装标志

GB/T 191 包装储运图示标志（GB/T 191—2000，eqv ISO 780：1997）

GB/T 1723 涂料黏度测定法

GB/T 1728 漆膜、腻子膜干燥时间测定法

GB/T 3181 漆膜颜色标准

GB/T 3186—2006 色漆、清漆和色漆与清漆用原材料 取样（ISO 15528：2000，IDT）

GB/T 5208 涂料闪点测定法 快速平衡法（GB/T 5208—1985，neq ISO 3679：1983）

GB/T 5210 色漆和清漆 拉开法附着力试验（GB/T 5210—2006，ISO 4624：2002，IDT）

GB/T 5370 防污漆样板浅海浸泡试验方法

GB/T 6750 色漆和清漆 密度的测定 比重瓶法（GB/T 6750—2007，ISO 2811-1：1997，IDT）

GB/T 6753.3 涂料贮存稳定性试验方法

GB/T 7789 船舶防污漆防污性能动态试验方法

GB/T 7790 防锈漆耐阴极剥离性试验方法

GB/T 9269 建筑涂料黏度的测定 斯托默黏度计法

GB/T 9272 色漆和清漆 通过测量干涂层密度测定涂料的不挥发物体积分数（GB/T 9272—2007，ISO 3233：1998，MOD）

GB/T 9750 涂料产品包装标志

GB/T 9751 涂料在高剪切速率下黏度的测定（GB/T 9751—1988，eqv ISO 2884：1974）

GB/T 9761 色漆和清漆 色漆的目视比色（GB/T 9761—1988，eqv ISO 3668：1976）

GB/T 10834 船舶漆耐盐水性的测定 盐水和热盐水浸泡法

GB/T 13491 涂料产品包装通则

HG/T 2458 涂料产品检验、运输和贮存通则

HG/T 3668—2000 富锌底漆

ASTM D6632 防污漆总铜量测定方法

3 分类

3.1 防污漆体系

3.1.1 型别

3.1.1.1 Ⅰ型：自抛光型防污漆。

3.1.1.2 Ⅱ型:非自抛光型防污漆。

3.1.2 类别

1类:用于金属底材的油漆体系

1A类:油漆体系中防污漆含有铜基毒料。

1B类:油漆体系中防污漆含有复合毒料。

1C类:油漆体系中防污漆不含有毒料。

2类:用于非金属底材(如纤维增强材料,橡胶等)的油漆体系

2A类:油漆体系中防污漆只含有铜基毒料。

2B类:油漆体系中防污漆含有复合毒料。

2C类:油漆体系中防污漆不含有毒料。

3.1.3 使用期效

短期效:3年以下使用期。

中期效:3年及3年以上,5年以下使用期。

长期效:5年及5年以上使用期。

3.1.4 分类说明

防污漆体系的组成和分类的详细说明见附录A。

3.2 防锈漆体系

3.2.1 型别

3.2.1.1 Ⅰ型:双组分油漆。

3.2.1.2 Ⅱ型:单组分溶剂挥发型油漆。

3.2.2 类别(仅适用于Ⅰ型)

1类:常温固化　固化温度通常在10℃及10℃以上。

2类:低温固化　固化温度通常在10℃以下。

3.2.3 使用期效

完整的船体防锈漆体系的使用期效分为:

一级防锈有效期:5年及5年以上。

二级防锈有效期:3年及3年以上,5年以下。

三级防锈有效期:3年以下。

3.2.4 分类说明

防锈漆体系的组成和分类的详细说明见附录B。

4 要求

4.1 防污防锈漆体系的一般要求

4.1.1 安全说明书

作为船体防污漆和防锈漆的产品,应符合相关材料的安全说明书(MSDS)的要求。

4.1.2 防污防锈漆的技术性能

4.1.2.1 本标准规定的船体防污和防锈漆产品应均匀一致,配套应用,并能与车间底漆互相配套。油漆的技术性能应符合表1的规定。油漆制造方按表1的规定提供油漆技术性能要求。

4.1.2.2 表1中列出的性能:不挥发分、密度、颜色、黏度、闪点和干燥时间应符合产品的技术要求。

4.1.2.3 适用期(适用于多组分的防污漆Ⅱ型和防锈漆Ⅰ型)

油漆产品按照HG/T 3668—2000的5.9方法试验,符合产品技术要求。

4.1.2.4 毒性

油漆产品不含有石棉或含有石棉的颜料、汞化合物、DDT 以及国家有关部门禁用的化学物质。

防污漆中锡总含量应小于 2 500 mg/kg 干油漆样品，允差范围为±500 mg/kg 干油漆样品。

表 1 油漆的技术性能

序号	检测项目		防污漆[a]	防锈漆
1	防污剂[b]		报告含量范围	—
2	不挥发分，体积分数/%		按产品的技术要求	按产品的技术要求
3	密度/(g/mL)		按产品的技术要求	按产品的技术要求
4	颜色		按产品的技术要求	—
5	黏度		按产品的技术要求	按产品的技术要求
6	闪点/℃		按产品的技术要求	按产品的技术要求
7	干燥时间/h	表干	按产品的技术要求	按产品的技术要求
		实干	≤24	≤24
8	适用期		按产品的技术要求	按产品的技术要求
9	毒性[c]		按产品的技术要求	按产品的技术要求
10	抛光或磨蚀速率[d]		按产品的技术要求	—

a 指防污漆基料组份或混合后施工的油漆。

b 仅用于防污漆面漆。

c 按 4.1.2.4 要求认证。

d 制造厂应给定和报告抛光率（或磨蚀率）的范围，以每年微米为单位。这个数字应与申请批准的使用期效和 4.2.1.2相一致。

4.1.3 在容器中状态

在用机械混和器搅拌 5 min 之内，油漆应该很容易地混合成均匀的状态。油漆应无坚硬的沉底、结皮、起颗粒或其他不适合使用的现象。

4.1.4 贮存稳定性

原封、未开桶包装的油漆按照 GB/T 6753.3 方法试验，在自然环境条件下贮存 1 年后（或按照产品技术要求），或者在加速条件下贮存 30 d 后，使用时应该满足下列性能：

a) 用机械混和器搅拌，在 5 min 之内很容易地混合成均匀的状态。

b) 无粗粒子、起颗粒，硬质或胶质沉淀物、结皮、硬的颜料沉底和持续的泡沫。

4.1.5 油漆的施工性

船体防污防锈漆的施工方法宜符合附录 C 的要求。

4.2 防污漆体系的涂层性能

4.2.1 防污性能

4.2.1.1 浅海浸泡性

所有类型的防污漆在按照 5.14.1 进行试验时，应符合下列要求：

a) 防锈涂层应无剥落和片落。

b) 防污漆的性能评价按 GB/T 5370 方法进行。

4.2.1.2 防污涂层抛光（或磨蚀）性

在按照 5.14.2 进行试验时，应符合下列要求：

a) 防锈涂层应无剥落或片落。

b) 防污涂层的抛光或磨耗速率应与抛光速率鉴定特征性能相一致。

4.2.1.3 动态模拟试验

4.2.1.3.1 短期效防污漆体系

在按照5.14.3进行试验时,应符合下列要求:

a) 试验周期要求在3个或3个以上,5个以下,并且在每个试验周期结束后检查评级1次。

b) 防锈涂层应无剥落和片落。

4.2.1.3.2 中期效防污漆体系

在按照5.14.3进行试验时,应符合下列要求:

a) 试验周期要求在5个或5个以上,10个以下,并且在每个试验周期结束后检查评级1次。

b) 防锈涂层应无剥落和片落。

4.2.1.3.3 长期效防污漆体系

在按照5.14.3进行试验时,应符合下列要求:

a) 试验周期要求在10个或10个以上,并且在每个试验周期结束后检查评级1次。

b) 防锈涂层应无剥落和片落。

4.2.2 与阴极保护相容性

在按照5.15进行试验时,试验的油漆应不剥落、片落、起泡、溶解或其他损坏。在人工开孔周围10 mm处防锈底漆和防污漆剥离是容许的。本试验不适用2类的防污漆体系(非金属材料底材)。

4.3 防锈漆体系的涂层性能

4.3.1 附着力

船体防锈漆体系与基体材料的附着力,按照GB/T 5210方法试验时,一级和二级防锈漆体系应大于3.0 MPa,三级防锈漆体系应大于或等于2.0 MPa(Ⅱ型沥青系除外)。

4.3.2 耐浸泡性

防锈漆体系在进行浸泡试验时,漆膜不应产生破坏(外观颜色有适当变化和小于总面积1%左右的漆膜破坏除外),不应出现针孔锈点和大于1.5 mm直径的起泡,一级和二级防锈漆体系附着力应不小于3.0 MPa,三级防锈漆体系(Ⅱ型沥青系除外)附着力应不小于2.0 MPa。浸泡试验的前10个周期(70 d)出现的非常小的起泡和表面缺陷,但增长速率很慢或不明显,可以不计在内。

4.3.3 抗起泡性(适用于Ⅰ型)

防锈漆体系经热盐水浸泡试验,不应出现起泡。

4.3.4 耐阴极剥离试验(适用于Ⅰ型)

本条仅对船体防锈漆体系而言,防锈漆体系应与船舶的阴极保护方法相适应,试样的剥离面积不应大于对照板剥离面积的10%。如防锈漆体系与配套的防污漆一同进行耐阴极保护性试验,试验方法和要求按照5.15和4.2.2进行。

5 试验方法

5.1 防污剂

5.1.1 铜类防污剂

防污漆中铜含量的测定按照ASTM D6632方法进行。

5.1.2 有机锡防污剂

防污漆涂层中的有机锡防污剂的含量宜按照国际海事组织(IMO)的海洋环境保护委员会(MEPC)提出的《船舶防污漆体系有害物质控制国际公约》2001中的MEPC.104(49)决议的附录方法1和方法2来测定防污漆样品的总锡量和有机锡含量,方法1和方法2的详细内容见附录D。

5.1.3 其他防污剂

其他各类防污剂的测定按照生产厂家提供的方法测定。

5.2 不挥发分

防污漆和防锈漆的不挥发分的测定按照 GB/T 9272 方法或在温度 23℃±2℃，湿度 50%±5%，干燥 7d 的条件进行。

5.3 密度

防污漆和防锈漆的密度的测定按照 GB/T 6750 方法进行。

5.4 颜色

防污漆的颜色测定和表示按照 GB/T 9761 的方法进行。

5.5 黏度

防污漆和防锈漆的黏度测定按照 GB/T 1723、或 GB/T 9269 、或 GB/T 9751 或按照产品规定的测试方法进行。

5.6 闪点

防污漆和防锈漆的闪点测定按照 GB/T 5208 方法进行。

5.7 干燥时间

防污漆和防锈漆的干燥时间测定按照 GB/T 1728 方法进行。

5.8 附着力

防锈漆体系的附着力测定按照 GB/T 5210 方法进行。

5.9 耐浸泡性

试样尺寸及试验方法：150 mm×300 mm×3 mm，表面粗糙度 *Ra* 为 40 μm～80 μm，制板及试验条件按GB/T 10834规定进行。

试验程序及评定：涂漆样板经 20 个周期（每周期 7 d）浸泡试验（或至失效前），每周期均记录涂层情况。如果在 20 个周期后，涂层情况完好，则用软布和自来水轻擦表面，室温干燥 48 h，经表面处理后，用涂层体系面漆一道（如适合，则涂底漆一道、面漆一道），重涂每块试板一侧面中心向上的三分之一，并封边 13 mm。状态处理 7 d，然后增加 5 个周期全浸试验。在重涂侧面上，后加涂层的附着力判定减少至原来涂层层间附着力的一半视为失效。

5.10 抗起泡性

制板和盐水溶液按 GB/T 10834 规定进行，第一个周期试验温度 88℃±3℃，条件保持 14 d。取出样板，洗涤、干燥，然后用金刚砂布（100＃）手工轻磨每块样板其中的一面，对磨面再清洗、干燥，再涂面漆一道，干燥 7 d 后，进行第二周期试验，样板浸入 38℃±2℃ 盐水或天然海水中 14 d。取出样板，检查并记录起泡程度（边缘向内 6 mm 不计）。

5.11 耐阴极剥离性

防锈漆体系的耐阴极剥离性测定按照 GB/T 7790 方法进行。

5.12 适用期

按照 HG/T 3668—2000 的 5.9 进行。

5.13 贮存稳定性

按照 GB/T 6753.3 方法进行。

5.14 防污性能

5.14.1 浅海浸泡性

5.14.1.1 浮筏浸泡

按照 GB/T 5370 方法进行。

5.14.1.2 试验时间

5.14.1.2.1 短期效防污漆

试验要求经过 1 个海生物生长旺季，并且至少每半年检查评级 1 次，油漆体系应符合 4.2.1.1

要求。

5.14.1.2.2 中期效防污漆

试验要求经过 2 个海生物生长旺季，并且至少每半年检查评级 1 次，油漆体系应符合 4.2.1.1 要求。

5.14.1.2.3 长期效防污漆

试验要求经过 3 个海生物生长旺季，并且至少每半年检查评级 1 次，油漆体系应符合 4.2.1.1 要求。

5.14.2 防污涂层抛光性

按照 GB/T 7789 方法要求进行。

5.14.3 动态模拟试验

按照 GB/T 7789 方法要求进行。

5.15 与阴极保护相容性

每种防锈防污漆体系制备四块试样，试板尺寸为 250 mm×150 mm×2 mm。每块试板在涂装前用 M 5，长 10 mm 的铜螺钉、铜螺母和铜垫片把一条长度为 600 mm，线芯直径为 1 mm 的带塑料绝缘层的铜导线的一端固定在试板的连接孔上。铜导线另一端与镁阳极连接。阳极表面与试板中心位置的电阻应小于 0.01 Ω。用环氧胶密封试板的导线连接端孔。按照防锈漆和防污漆的配套要求依次进行涂装。在涂装后的试样中心位置对涂层开一个人造漏涂孔，该孔是一个去掉全部涂层，裸露金属基体的直径为 6 mm 圆孔，孔洞部位应暴露出底材金属的光泽。按照 GB/T 7790 方法进行与阴极保护相容性试验。其中二块试样连接镁阳极，另二块试样作为对照试样，不与镁阳极连接。试验周期为 30 d。试验结束后，检查每块试样的人造漏涂孔周围涂层附着力降低(即涂层剥离)、剥落、起泡或其它涂层破坏的现象。试验结果按照 4.2.2 要求评定。

6 检验规则

6.1 检验责任

除合同或订单另有规定外，油漆生产厂应负责本标准规定的所有检验。必要时，定货方有权按本标准所述对任一检验项目进行检验。

6.2 检验分类

6.2.1 船舶船体防污防锈漆检验分为型式检验和出厂检验。

6.2.2 型式检验为周期检验，出厂检验为每批次检验。

6.3 抽样

船舶船体防污防锈漆应按 GB/T 3186—2006 的规定抽样，样品分为两份，一份密封储存备查，另一份作检验用样品。

6.4 型式检验

6.4.1 检验条件

本油漆体系中每一种单一涂料有下列情况之一时，应进行型式检验：

a) 正常生产时，每四年应进行一次型式检验；

b) 当产品新投产时；

c) 当材料、工艺有改变足以影响产品性能时；

d) 产品停产 1 年以上后重新恢复生产时。

6.4.2 检验项目

防污漆体系按表 2 规定的项目进行型式检验；船体防锈漆体系按表 3 规定的项目进行型式检验。其中表 2 的第 9 项浅海浸泡性为首次型式检验项目，对中长期效防污漆可采用动态模拟试验作为防污性检验的必检项目。

6.5 出厂检验

6.5.1 检验条件

每批油漆均应进行出厂检验。

6.5.2 批次

出厂检验以批为单位，按每一贮漆槽为一批。

6.5.3 检验项目

按表2和表3的规定分别进行出厂检验。

6.6 合格判定

油漆定货方在对油漆产品进行检验时，如发现产品质量不符合本标准技术要求规定时，供需双方应按照GB/T 3186的规定重新取双倍量进行复验，如仍不符合本标准技术要求规定时，产品即为不合格品。

表2 船体防污漆体系检验项目要求和方法

序号	检验项目	出厂检验	型式检验	要求章节	试验方法
1	防污剂/%	—[a]	•[b]	4.1.2.1	5.1
2	不挥发分，体积分数/%	—	•	4.1.2.1	5.2
3	密度/(g/mL)	•	•	4.1.2.1	5.3
4	颜色	•	•	4.1.2.1	5.4
5	黏度	•	•	4.1.2.1	5.5
6	闪点/℃	—	•	4.1.2.1	5.6
7	干燥时间/h	•	•	4.1.2.1	5.7
8	贮存稳定性	—	•	4.1.4	5.13
9	浅海浸泡性[c]	—	•	4.2.1.1	5.14.1
10	防污涂层抛光(或磨蚀)性(适用于Ⅰ型)	—	•	4.2.1.2	5.14.2
11	动态模拟试验[c]	—	•	4.2.1.3	5.14.3
12	与阴极保护相容性[c]	—	•	4.2.2	5.15
13	适用期	—	•	4.1.2.3	5.12
14	毒性	—	•	4.1.2.4	5.1

[a] 不选择。

[b] 选择。

[c] 与防锈漆配套试验。

表3 船体防锈漆体系检验项目要求和方法

序号	检验项目	出厂检验	型式检验	要求章节	试验方法
1	不挥发分，体积分数/%	—[a]	•[b]	4.1.2.1	5.2
2	密度/(g/mL)	•	•	4.1.2.1	5.3
3	黏度	•	•	4.1.2.1	5.5
4	闪点/℃	—	•	4.1.2.1	5.6
5	干燥时间/h	•	•	4.1.2.1	5.7

表 3(续)

序号	检验项目	出厂检验	型式检验	要求章节	试验方法
6	附着力	—	·	4.3.1	5.8
7	耐浸泡性	—	·	4.3.2	5.9
8	抗起泡性	—	·	4.3.3	5.10
9	耐阴极剥离性	—	·	4.3.4	5.11
10	适用期	—	·	4.1.2.3	5.12
11	贮存稳定性	—	·	4.1.4	5.13
[a] 不选择。 [b] 选择。					

7 标志、包装、运输、贮存

7.1 标志

船舶船体防污防锈漆产品的标志应符合 GB/T 9750 的要求。

7.2 包装

船舶船体防污防锈漆产品的包装应符合 GB 190、GB/T 191 和 GB/T 13491 的要求。

7.3 运输

船舶船体防污防锈漆产品在运输中应符合 HG/T 2458 的要求，防止雨淋、日光暴晒。

7.4 贮存

船舶船体防污防锈漆产品应符合 HG/T 2458 的要求，贮存在通风、干燥的仓库内，防止日光直接照射，并应隔绝火源。产品在原包装封闭的条件下，自生产完成之日起，贮存期为 1 年(或按照产品技术要求)。超过贮存期的产品可按本标准规定的出厂检验项目进行检验，如检验合格，仍可使用。

附 录 A
（资料性附录）
防污漆体系组成和分类说明

A.1 组成

A.1.1 预定直接涂在金属底材上的防锈漆或防锈漆体系之上的防污漆。

A.1.2 应用非金属材料表面上，不需要与防锈漆配套，可以直接涂装防污漆或用附着力增进涂层（中间层）进行配套。

A.2 分类说明

A.2.1 型别

两种型别的防污漆的毒料释放机理如下：

Ⅰ型 Ⅰ型是一种具有自抛光型防污漆的油漆体系，在完成其防污作用过程中应是水解的、抛光的、磨耗的或者在厚度上是减少的。其主要作用应是通过渗出过程来达到，也可以采用机械水下冲刷进行选择的更新。

Ⅱ型 Ⅱ型是一类非自抛光型防污漆，它们在使用中不减少涂层厚度。大多数类型的油漆是按照毒料渗出机理作用的。Ⅱ型防污漆也可采用水下机械清洗方法。

A.2.2 类别

分成3类防污漆产品：

A.2.2.1 1类：

用于金属底材的油漆体系。

A.2.2.1.1 1A类

1A类油漆体系中防污漆应只含有作为毒料的铜合化物。

A.2.2.1.2 1B类

1B类油漆体系中防污漆可以含一种或多种毒料混合物，其中一种是铜化合物。

A.2.2.1.3 1C类

1C类油漆体系中防污漆应不含有国家环境保护局注册的任何杀虫、灭菌和杀鼠剂等毒剂。

A.2.2.2 2类：

用于非金属底材（如纤维增强材料，橡胶等）的油漆体系。

A.2.2.2.1 2A类

2A类油漆体系中的防污漆应只含有铜化合物做为毒料。

A.2.2.2.2 2B类

2B类油漆体系中防污漆可以含有混合毒料，但其中一种必须是铜化合物。

A.2.2.2.3 2C类

2C类油漆体系中防污漆不含有国家环境保护局注册的任何杀虫、灭菌和杀鼠剂等毒剂。

A.2.3 使用期效

按照防污漆体系的使用期效分短期效、中期效和长期效3种。

A.2.3.1 短期效

油漆体系应具有3年以下的使用期，并且没有因附着力损失、起泡、片落，由于过量磨蚀或防污能力的降低而造成的防污失效（从水线到轻载水线少量的海泥和污损除外）。

A.2.3.2 中期效

油漆体系应具有 3 年和 3 年以上，5 年以下的使用期，并且没有因附着力损失、起泡、片落，由于过量磨蚀或防污能力降低而造成的防污失效（从水线到轻载水线少量的海泥和污损除外）。

A.2.3.3 长期效

油漆体系应具有 5 年和 5 年以上的使用期，并且没有因附着力损失、起泡、片落，由于过量磨蚀或防污能力降低而造成的防污失效（从水线到轻载水线少量的海泥和污损除外）。

附 录 B
（资料性附录）
防锈漆体系组成和分类说明

B.1 组成

船体防锈漆体系可以是多道的单一防锈漆产品，也可以由防锈底漆和防锈面漆组成的体系。

B.2 分类说明

B.2.1 型别

按照防锈漆的成膜机理，防锈漆可分成下面二种型别：

B.2.1.1 Ⅰ型

防锈漆由二种组分构成，在涂装施工前按照规定比例，均匀混合二种组分，经过一定时间的预反应后即可进行涂装施工，通过二种组分反应固化而干燥成膜。

B.2.1.2 Ⅱ型

防锈漆为单组分，涂装施工后，通过漆膜内的溶剂挥发而干燥成膜。

B.2.1.3 类别（仅适用于Ⅰ型）

按照防锈漆成膜时对固化温度的要求不同，分成二类：

a） 1类

通常在10℃和10℃以上固化成膜的Ⅰ型防锈漆。

b） 2类

通常在10℃以下固化成膜的Ⅰ型防锈漆。

B.2.2 有效使用期

完整的船体防锈漆体系的有效使用期分成三种级别。

B.2.2.1 一级防锈有效期

防锈有效期在5年和5年以上的防锈漆体系。

B.2.2.2 二级防锈有效期

防锈有效期在3年和3年以上，5年以下的防锈漆体系。

B.2.2.3 三级防锈有效期

防锈有效期在3年以下的防锈漆体系。

附 录 C
（资料性附录）
油漆施工性

C.1 油漆施工方法

C.1.1 喷涂性

按照船体防污防锈漆体系中每一种油漆的使用要求进行无气喷涂或压缩空气喷涂涂装。

C.1.2 刷涂性

按照船体防污防锈漆体系中每一种油漆的使用要求进行刷涂试验。

C.1.3 辊涂性

按照船体防污防锈漆体系中每一种油漆的使用要求进行辊涂试验。

C.2 油漆施工性能

C.2.1 喷涂性能

油漆体系的每一种单独的油漆，按照产品规定要求混合，进行喷涂试验时，喷涂时油漆能雾化均匀。湿膜不应出现流挂，干燥后的漆膜应平滑、均匀。

C.2.2 刷涂性能

油漆体系的每一种单独的油漆，按照产品规定要求混合，进行刷涂试验时，应容易涂刷，应具有良好的流动性和涂布性。湿膜不应出现流挂，干燥后的漆膜应平滑、均匀。

C.2.3 辊涂性能

油漆体系的每一种单独的油漆，按照产品规定要求混合，进行辊涂试验时，应容易辊涂，应具有良好的流动性和涂布性。湿膜不应出现流挂，干燥后的漆膜应平滑、均匀。

附　录　D
（资料性附录）
防污漆样品的总锡量和有机锡含量测定方法
国际海事组织(IMO)的海洋环境保护委员会(MEPC)提出的
《船舶防污漆体系有害物质控制国际公约》2001中的MEPC.104(49)决议的附录

D.1　方法1

D.1.1　取样

平行取样两个部分，明确标识为试样A和试样B，以用于分析程序的检测。

D.1.2　分析程序

D.1.2.1　构成分析程序的二个部分在图D.1中表示。二个部分或步骤如下：

步骤1　对试样A的锡总量进行分析。

步骤2　对试样B进行较昂贵和较费时的分析。

只有当步骤1获得肯定的结果时才适用。此试验涉及由通过衍生后的气相色谱法/质谱分光光度测定法(GC/MS)对有机锡分析，并提供有机锡各种类的具体数据。

D.1.2.2　步骤1：对试样A全部有机锡含量的分析

试验A是通过应用感应耦合等离子体/质谱法(ICP/MS)，对每公斤干油漆中锡的总含量(或每个样品中的锡总量)进行分析，前提是该材料已用王水予以增溶溶解。

应注意，进行锡分析的任何其他科学认可的程序(诸如AAS，XRF和ICP-OES)都可接受。

D.1.2.3　步骤2：在试样B中有机锡的特征

对试样B的分析

如果试样A的结果是肯定的，应对试样B的有机锡化合物定性和定量。

试样B宜用下列程序进行分析：

——在超声浴器中通过声处理方法对试样B溶剂提取；

——溴化乙基镁的衍生；

——提取物清除；

——用高分辨气相色谱法/质谱分光光度测定法(GC/MS)进行分析；

——用三丙锡作为定量分析的标样。

任何同等可靠的有机锡化合物的定性和定化的方法都可接受。

D.1.3　极限和容许范围

D.1.3.1　极限

这里描述的简单取样方法的极限值是：

“每公斤干油漆含2 500 mg锡(Sn)

D.1.3.2　容许范围

容许范围是除了极限值外每公斤干油漆含500 mg Sn(20%)。

D.1.3.3　含有生物杀伤剂或催化剂化合物的有机锡

D.1.3.3.1　非生物杀伤剂的有机锡化合物

正如在MEPC.102(48)决议附录中所述的那样，就确定符合本公约附则1而言，应注意到，假如它们不作为生物杀伤剂，则允许有少量的有机锡化合物作为化学催化剂(诸如单基取代和双基取代有机锡化合物)。

D.1.3.3.2 油漆成分中的无机杂质

宜考虑油漆成分中的无机杂质。

D.1.3.3.3 各种生物杀伤剂的防污漆的区别

目前，无论有机锡催化剂还是无机杂质，都没有发现其浓度接近极限标准（每公斤干油漆含2 500 mg Sn）或更高。但是，当为了作为生物杀伤剂在油漆中出现时，已发现含有机锡的化合物在每公斤干油漆含50 000 mg Sn的浓度。这样，在含作为生物杀伤剂的有机锡化合物的防污漆系统和不含这些化合物的防污漆系统或作为生物杀伤剂的浓度中不含这些化合物的防污漆系统之间很有可能存在区别。

D.1.4 符合的定义：二个步骤的程序

D.1.4.1 符合本公约的分析验证根据流程图D.1用二个步骤的程序执行。

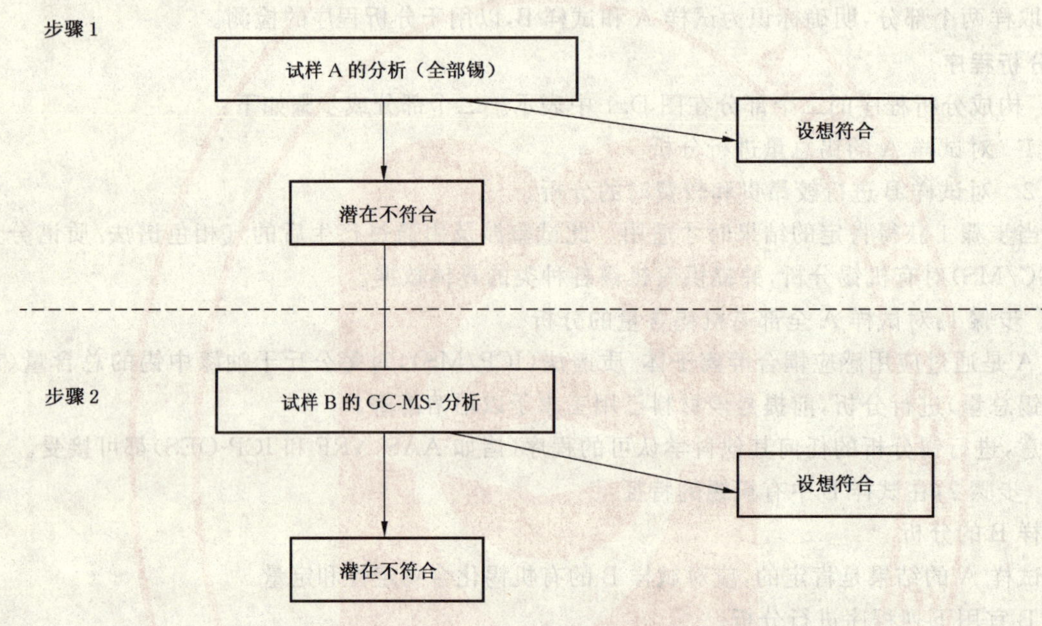

图 D.1 二个步骤分析程序的流程图

D.1.4.2 符合步骤1——含量范围

当步骤1中所分析的试样A的结果符合下列要求，则假定符合本公约：

a) 总数不超过25%的样品试验结果是每公斤干油漆中锡的总含量超过2 500 mg（每公斤干油漆含2 500 mg Sn）。
b) 总数至少8个样品中，没有一个显示出锡总量的浓度高于极限值和容限范围的总和，即，没有样品一定超过每公斤干油漆含3 000 mg Sn的浓度。

如果试样A的结果表明不存在作为生物杀伤剂的有机锡，那么步骤2就没有必要了。

D.1.4.3 不符合步骤1——含量范围

如果不符合D.1.4.2的规定，则结果表明是不符合。

应采取步骤2，且标有试样B的样品应予分析以确定和表征存在的有机锡（见图D.1）。

D.1.4.4 符合步骤2——含量范围

当步骤2中所分析的试样B的结果同时符合下列要求时，设想符合本公约：

a) 总数不超过25%的样品试验结果是每公斤干油漆中锡的总含量超过2 500 mg（每公斤干油漆含2 500 mg Sn）。
b) 总数至少8个样品中，没有一个显示出锡总量的浓度高于极限值和容限范围的总和，即，没有样品一定超过每公斤干油漆含3 000 mg Sn的浓度。

D.1.4.5 不符合步骤2——含量范围

如果不符合D.1.4.4的规定，则步骤2的结果表明不符合公约，该结果意味着在防污漆系统中存在有机锡化合物，其在某一水平作为一种生物杀伤剂。

D.2 方法2

D.2.1 第一阶段分析

假定第一阶段分析是在检验或检查现场进行，如干船坞和海港。

为了完成现场分析，采用X射线荧光分析(XRF)方法来测得锡的总含量。

对于诸如测量范围和精确性范围的分析特征，主要取决于仪器的类型，如X射线管、光谱仪、光学装置(滤光器或视准仪)等。

在几种XRF仪器类型中，一种紧凑型的、能进行无液氮操作的带有硅漂移探测仪的能力分散光谱仪(SDD)，被优先用于现场分析系统。

如果分析是实验室进行的话，则也可使用波长分散系统或固态探测仪。

为锡分析制定的软件可用于帮助验船师或当事国港监官员(PSCO)的操作员测量试样中的锡总含量。

按要求定制的软件可预先需要一个与锡含量有关的锡X射线密度特征的标准曲线，特别是在(0.1～0.5)%的范围内。

在包括XRF仪器预热和计算机启动的准备工作后，一个试件(取样盘)被置于仪器的取样阶段。然后，用定制软件进行分析。一个试件的单批分析一般需要5 min，其结果在显示屏上自动出现。

由于XRF分析不会影响试样性能，采集的所有试件(6～9个试件)，包括那些用于第二次分析和储藏的试件，都能用于这种分析。

D.2.2 第一阶段分析结果的说明

根据上述程序，每个取样点都获得6或9个试件的XRF数据。从数据中去掉最高值和最低值，锡的平均含量就可以根据中间值这些取样点的代表值计算而得。

当样品中的锡含量(平均值)不超过极限数量(每公斤2 500 mg)和容限量(每公斤500 mg)的和，可假定符合本公约。

当一个或一个以上来自不同取样点样品的平均值不符合上述标准，这些样品应送到实验室进行第二阶段的分析。不管结果如何，当验船师或PSCO认为有必要这么做，则也有可能进行第二阶段分析。

D.2.3 第二阶段分析

由于第二阶段分析提供样品的最终和确切结果，其方法应由专家依据科学证据予以彻底审阅。下面是对第二阶段分析暂用方法的简述。

收集的油漆试件去自砂纸，而总质量是由精确到0.1 mg的电子秤测得。试件由氢氧化钠含水溶液水解，由有机溶剂提取，然后由丙基溴化镁派生出来。把提取物弄干净后，用高分辨率的气相色谱法/质谱分光光度测定法(GC/MS)进行分析。对于定量分析，内部标准应增加d36的四丁基锡。

这些分析提供了化学种类及其含量的数据(每公斤试件的mg)。有机锡含量以每公斤干油漆的mg为单位获取。

D.2.4 符合本公约的判定

D.2.4.1 符合公约

当第二阶段分析结果同时符合下列要求时，则可假定为符合本公约：

1) 总数不超过25%的样品试验结果是每公斤干油漆中有机锡含量超过2 500 mg(每公斤干油漆含2 500 mg Sn)。
2) 至少8个试样的总数试件中，没有一个显示出有机锡浓度高于极限值和容限范围的总和，即没有样品超过每公斤干油漆含3 000 mg Sn的浓度。

D.2.4.2 不符合公约

当结果不符合上述标准时，就意味着在防污漆系统中存在有机锡化合物，其在一定程度上起到生物杀伤剂作用。

D.2.4.3 缩略语

AAS：atomic absorption spectrophotometry 原子吸收光谱法

DDT：滴滴涕

GC：gas chromatography 气相色谱法

ICP：inductively coupled plasma 感应耦合等离子体

IMO：International Maritime Organization 国际海事组织

MEPC：Marine Environment Protection Committee 海洋环境保护委员会

MS：mass spectrophotometry 质谱分光光度测定法

PSCO：port State control officer 当事国港监官员

XRF：X-ray fluorescence anaysis X 射线荧光分析

ICS 59.080.20
W 58

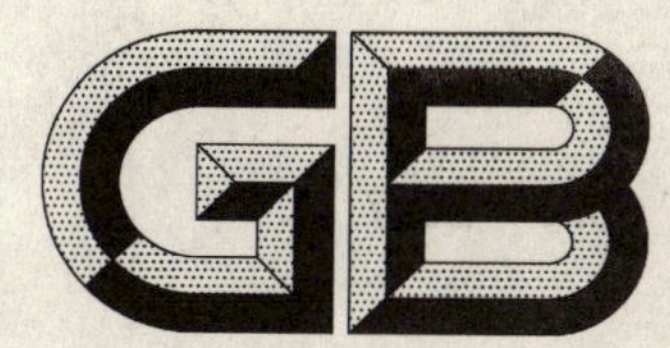

中华人民共和国国家标准

GB/T 6836—2007
代替 GB/T 6836—1997,GB/T 6838—1986 等

缝纫线

Sewing threads

2007-12-05 发布　　2008-09-01 实施

中华人民共和国国家质量监督检验检疫总局
中国国家标准化管理委员会　发布

前　言

本标准是对GB/T 6834—1986《棉蜡光缝纫线》、GB/T 6835—1997《棉缝纫线》、GB/T 6836—1997《涤纶缝纫线》、GB/T 6838—1986《缝纫线试验方法》、GB/T 6841—1986《缝纫线验收规则》、GB/T 6842—1986《缝纫线包装标志和运输保管》六项标准整合修订。

本标准与JIS L 2101:2000《棉缝纫线》、JIS L 2511:2000《涤纶缝纫线》的一致性程度为非等效，采用以下指标值为本标准技术要求中相关指标制定的依据：

——线密度偏差率；

——单线断裂强力；

——单线断裂强力变异系数。

本标准与GB/T 6834—1986、GB/T 6835—1997、GB/T 6836—1997、GB/T 6838—1986、GB/T 6841—1986、GB/T 6842—1986相比主要变化如下：

——内在质量、外观质量指标分为优等品、一等品、合格品；

——增加术语和定义一章；

——单线断裂强力要求适当提高；

——单线断裂强力变异系数要求提高；

——色牢度指标要求提高；

——色差、色花、夹心要求提高；

——成包回潮率要求提高。

本标准由中国纺织工业协会提出。

本标准由上海市纺织工业技术监督所归口。

本标准起草单位：华美线业有限公司、上海市纺织工业技术监督所。

本标准所代替标准的历次版本发布情况为：

——GB/T 6834—1986；

——GB/T 6835—1997；

——GB/T 6836—1997；

——GB/T 6838—1986；

——GB/T 6841—1986；

——GB/T 6842—1986。

缝 纫 线

1 范围

本标准规定了涤纶缝纫线、棉缝纫线、棉蜡光缝纫线产品的术语和定义、要求、分等规定、试验方法、验收规则、包装标志和运输保管。

本标准适用于鉴定涤纶缝纫线、棉缝纫线、棉蜡光缝纫线的品质。

2 规范性引用文件

下列文件中的条款通过本标准的引用而成为本标准的条款，凡是注日期的引用文件，其随后所有的修改单(不包括勘误的内容)或修订版均不适用于本标准，然而，鼓励根据本标准达成协议的各方研究是否可使用这些文件的最新版本。凡是不注日期的引用文件，其最新版本适用于本标准。

GB 250 评定变色用灰色样卡

GB 251 评定沾色用灰色样卡

GB/T 2543.1 纺织品 纱线捻度的测定 第1部分:直接计数法

GB/T 3916 纺织品 卷装纱 单根纱线断裂强力和断裂伸长率的测定

GB/T 3920 纺织品 色牢度试验 耐摩擦色牢度

GB/T 3921.3 纺织品 色牢度试验 耐洗色牢度:试验3

GB/T 4743—1995 纱线线密度的测定 绞纱法

GB/T 4856 针棉织品包装

GB 5296.4 消费品使用说明 纺织品和服装使用说明

GB 18401 国家纺织产品基本安全技术规范

3 术语和定义

下列术语和定义适用于本标准。

3.1

棉丝光缝纫线 cotton mercerized sewing threads

经丝光处理的棉缝纫线。

3.2

棉无光缝纫线 grey cotton sewing threads

不经丝光处理的棉缝纫线。

4 要求

4.1 棉缝纫线、棉蜡光缝纫线、涤纶缝纫线的要求

棉缝纫线、棉蜡光缝纫线、涤纶缝纫线的要求分为内在质量和外观质量。内在质量包括单线断裂强力、线密度偏差率、单线断裂强力变异系数、耐洗色牢度、耐摩擦色牢度、长度允许偏差率、结头个数等7项。外观质量包括表面结头、油污、色差、色花、夹心等8项疵点。

4.2 涤纶缝纫线的内在质量

4.2.1 涤纶缝纫线单线断裂强力的要求见表1。

4.2.2 涤纶缝纫线其他内在质量的要求见表2。

表 1 涤纶缝纫线单线断裂强力的要求

线密度/tex(英制支数)	股数	单线断裂强力/(cN/50cm) 不低于			单线断裂强力变异系数/% 不大于			捻度(参考)/(捻/10cm)	捻向
		优等品	一等品	合格品	优等品	一等品	合格品		
29.5(20)	2	1 960	1 880	1 800	8.0	10.5	13.5	58～62	SZ
29.5(20)	3	3 070	2 990	2 900	6.5	9.0	12.0	44～48	SZ
29.5(20)	4	4 060	3 980	3 900	6.0	8.5	11.0	40～44	SZ
19.7(30)	2	1 240	1 180	1 120	8.0	10.5	13.5	70～74	SZ
19.7(30)	3	1 680	1 600	1 520	6.5	9.0	12.0	58～62	SZ
14.8(40)	2	940	900	860	8.5	11.0	14.0	80～84	SZ
14.8(40)	3	1 360	1 300	1 240	7.0	9.5	12.5	76～80	SZ
11.8(50)	2	720	690	660	9.0	11.5	14.5	82～86	SZ
11.8(50)	3	1 140	1 090	1 040	7.5	10.0	13.0	78～82	SZ
9.8(60)	2	590	560	530	9.0	11.5	14.5	96～100	SZ
9.8(60)	3	930	890	850	8.0	10.5	13.5	80～84	SZ
9.1(65)	3	720	690	660	8.0	10.5	13.5	82～86	SZ
8.4(70)	3	680	650	620	8.0	10.5	13.5	82～86	SZ
7.4(80)	2	370	350	330	9.5	12.0	15.0	114～118	SZ
7.4(80)	3	620	590	560	8.0	10.5	13.5	84～88	SZ

表 2 涤纶缝纫线其他内在质量的要求

项目		优等品	一等品	合格品
线密度偏差率/%	漂白或染色	±13		超出一等品允许范围
	未漂白或未染色	±8		超出一等品允许范围
耐洗色牢度/级	试样变色	≥4—5	≥4	≥3
	贴衬布沾色	≥4—5	≥4	≥3
耐摩擦色牢度/级	干摩擦	≥4	≥3—4	≥3
	湿摩擦	≥4	≥3—4	≥3
长度允许偏差率/%	200 m 及以下	−2.5	−3.0	−6.0
	201 m～1 000 m	−2.0	−2.5	−4.0
	1 001 m～5 000 m	−1.5	−2.0	−3.0
	5 001 m 以上	−1.0	−1.5	−2.0
结头个数(包括面结)	500 m 及以下	0	≤1	≤2
	501 m～1 000 m	≤1	≤2	≤4
	1 001 m～5 000 m	≤3	≤4	≤6
	5 001 m 以上	每增加 1 000m 允许增加 1 个结头(不足 1 000 m 按 1 000 m 计算)		每增加 1 000 m 允许增加 2 个结头(不足 1 000 m 按 1 000 m 计算)

4.3 棉缝纫线、棉蜡光缝纫线的内在质量

4.3.1 梳棉丝光、无光线单线断裂强力的要求见表3。

表3 梳棉丝光、无光线单线断裂强力的要求

线密度/tex(英制支数)	股数	单线断裂强力/(cN/50cm)不低于			捻度(参考)/(捻/10cm)		捻向
		优等品	一等品	合格品	初捻	复捻	
28(21)	3	1 200	1 140	1 080	50～60		ZS
28(21)	4	1 700	1 620	1 540	51～55		ZS
19.5(30)	3	840	800	760	59～63		SZ
18(32)	2	490	470	440	83～87		ZS
18(32)	3	770	730	690	67～71		ZS
18(32)	2×3	1 650	1 570	1 490	40～44	60～64	ZZS
18(32)	2×3	1 650	1 570	1 490	100～104	48～52	ZSZ
15(38)	2	460	440	410	85～89		SZ
15(38)	4	1 030	980	930	59～63		SZ
14.5(40)	4	920	880	830	68～72		SZ
14(42)	2	390	370	350	88～92		ZS
14(42)	3	620	590	560	75～79		ZS
14(42)	5	1 190	1 130	1 070	56～60		ZS
14(42)	2×3	1 390	1 320	1 250	40～44	68～72	ZZS
14(42)	2×3	1 390	1 320	1 250	106～110	50～54	ZSZ
9.5(60)	3	490	470	440	85～89		ZS
9.5(60)	4	690	660	630	78～82		ZS
9.5(60)	2×2	670	640	610	108～112	70～79	ZSZ
9.5(60)	2×3	1 030	980	930	108～112	52～56	ZSZ
9.5(60)	2×3	1 030	980	930	40～44	60～64	ZZS

4.3.2 精梳棉丝光、无光线单线断裂强力的要求见表4。

表4 精梳棉丝光、无光线单线断裂强力的要求

线密度/tex(英制支数)	股数	单线断裂强力/(cN/50cm)不低于			捻度(参考)/(捻/10cm)		捻向
		优等品	一等品	合格品	初捻	复捻	
22(26)	2	890	850	810	75～79		SZ
19.5(30)	2	770	730	690	82～86		SZ
19.5(30)	3	1 200	1 140	1 080	66～72		SZ
16(36)	2	670	640	610	84～88		SZ
16(36)	3	1 030	980	930	74～78		SZ
16(36)	4	1 040	990	940	70～74		SZ
14.5(40)	2	610	580	550	86～90		SZ
14.5(40)	3	930	890	850	78～82		SZ
11.7(50)	2	480	460	440	87～91		SZ
11.7(50)	3	770	730	690	86～90		SZ
9.5(60)	3	640	610	580	93～97		SZ
8.3(70)	3	540	510	480	100～104		SZ
7.3(80)	3	440	420	400	108～112		SZ
7.3(80)	2×2	660	630	600	140～144	90～94	ZSZ

4.3.3 棉蜡光缝纫线单线断裂强力的要求见表5。

表5 棉蜡光缝纫线单线断裂强力的要求

线密度/tex(英制支数)	股数	单线断裂强力/(cN/50cm) 不低于			捻度(参考)/(捻/10cm)		捻向
		优等品	一等品	合格品	初捻	复捻	
36(16)	2	1 230	1 120	1 060	64～68		ZS
36(16)	3	1 960	1 780	1 690	50～54		ZS
28(21)	3	1 520	1 380	1 310	56～60		ZS
28(21)	4	2 060	1 870	1 780	48～52		ZS
28(21)	2×3	3 180	2 890	2 750	95～99	47～51	ZSZ
28(21)	3×3	5 170	4 650	4 420	78～82	38～42	ZSZ
28(21)	4×3	7 000	6 370	6 050	68～72	34～38	ZSZ
18(32)	2	600	540	510	83～87		ZS
18(32)	3	940	850	810	67～71		ZS
18(32)	5	1 720	1 560	1 480	55～59		ZS
18(32)	2×3	2 050	1 860	1 770	100～104	48～52	ZSZ
18(32)	3×3	3 550	3 230	3 070	88～92	42～46	ZSZ
18(32)	4×3	5 000	4 550	4 320	78～82	36～40	ZSZ
16(36)	3	860	780	740	65～69		ZS
15(38)	3	800	730	690	68～72		ZS
14(42)	3	750	680	640	75～79		ZS
14(42)	4	1 130	1 030	980	66～70		ZS
14(42)	5	1 420	1 290	1 220	56～60		ZS
14(42)	2×3	1 700	1 550	1 470	106～110	50～54	ZSZ
9.5(60)	2×3	1 210	1 100	1 040	108～112	52～58	ZSZ
9.5(60)	2×2	790	720	680	108～112	52～58	ZSZ

4.3.4 棉缝纫线、棉蜡光缝纫线其他内在质量的要求见表6。

表6 棉缝纫线、棉蜡光缝纫线其他内在质量的要求

项目		优等品	一等品	合格品
单线断裂强力变异系数/%		≤8	≤11	≤13
线密度允许偏差率	漂白或染色	±10%		超出一等品允许范围
	未漂白或未染色	±5%		超出一等品允许范围
耐洗色牢度/级	原样变色	≥4	≥3—4	≥3
	白布沾色	≥4	≥3—4	≥3
耐摩擦色牢度/级	干摩擦	≥4	≥3—4	≥3
	湿摩擦	≥3	≥2—3	≥2

表 6（续）

品种项目		优等品	一等品	合格品
长度允许偏差率/%	200 m 及以下	-2.5	-3.0	-6.0
	201 m～1 000 m	-2.0	-2.5	-4.0
	1 001 m～5 000 m	-1.5	-2.0	-3.0
	5 001 m 以上	-1.0	-1.5	-2.0
结头个数 （包括面结）	500 m 及以下	≤0	≤1	≤2
	501 m～1 000 m	≤2	≤3	≤6
	1 001 m～2 000 m	≤3	≤5	≤10
	2 001 m 以上	每增加 1 000 m 允许增加 1 个结头 （不足 1 000 m 按 1 000 m 计算）		每增加 1 000 m 允许增加 2 个结头（不足 1 000 m 按 1 000 m 计算）

4.4 外观质量

外观质量的要求见表 7。

表 7 外观质量的要求

项目		优等品	一等品	合格品
表面结头		股线结头或相当于结头的棉结，在表面或端面： ①1 000 m 及以下不允许； ②1 000 m 以上允许 1 个，但必须修整，结头尾长限 0.5 cm以内； ③木芯线、塑芯线（成形同木芯线）不允许	股线结头或相当于结头的棉结，在表面或端面： ①1 000 m 及以下允许 1 个； ②1 000 m 以上允许 2 个，但必须修整，结头尾长限 0.5 cm 以内； ③木芯线，塑芯线（成形同木芯线）不允许，但允许有 1 个影结	股线结头或相当于结头的棉结，在表面或端面： ①1 000 m 及以下允许 2 个； ②1 000 m 以上允许 4 个，但必须修整，结头尾长限 0.5 cm 以内； ③木芯线，塑芯线（成形同木芯线）不允许，但允许有 2 个影结
污渍	线圈类	①4 级及以上面积不超过 0.5 cm^2 或单根线不超过 1/4 圈； ②4 级以下不允许	①3 级以上面积不超过 0.5 cm^2 或单根线不超过半圈； ②2 级以上面积不超过 0.04 cm^2； ③2 级及以下不允许	①3 级以上面积不超过 1.0 cm^2 或单根线不超过半圈； ②2 级以上面积不超过 0.08 cm^2； ③2 级及以下不允许
	宝塔线	①4 级及以上面积不超过 1 cm^2 或单根线不超过 4 cm； ②4 级以下不允许	①3 级以上面积不超过 1 cm^2 或单根线不超过 5 cm； ②2 级以上面积不超过 0.16 cm^2 或单根线不超过 3 cm； ③2 级及以下面积不超过 0.01 cm^2	①3 级以上面积不超过 2 cm^2 或单根线不超过 16 cm； ②2 级以上面积不超过 0.32 cm^2 或单根线不超过 6 cm； ③2 级及以下面积不超过 0.02 cm^2
色差	按色卡或来样	不低于 4 级	不低于 3—4 级	不低于 3 级
	盒内个与个之间	不低于 4—5 级	不低于 4 级	不低于 3 级

表 7（续）

项目		优等品	一等品	合格品
色花、夹心	色花深浅相差	不低于4级	不低于3—4级	不低于2—3级
	夹心、黄白	不低于4级	不低于4级	不低于3级
麻懈线		不允许	轻微者允许	不符合一等品要求
蛛网		纸芯线单头允许跳线1根，塔筒线小头允许跳线1根，每根跳线长度不超过半圈。大头不允许跳线	纸芯线单头允许跳线1根，塔筒线小头允许跳线2根，每根跳线长度不超过半圈。大头不允许跳线	纸芯线单头允许跳线2根，塔筒线小头允许跳线4根，每根跳线长度不超过半圈。大头不允许跳线
蜡光起毛		允许轻微起毛和圈毛	允许轻微起毛和圈毛	不符合一等品要求
线管芯缺边		不允许	单头缺口、缺边深度不超过0.25 cm，总长度不超过1.8 cm	不符合一等品要求
注：定重产品可换算为定长产品考核。				

4.5 其他

产品应符合 GB 18401 的要求。

5 分等规定

5.1 涤纶缝纫线、棉缝纫线、棉蜡光缝纫线(以下简称缝纫线)的成品质量分为优等品、一等品、合格品。

5.2 缝纫线内在质量按批评定，并以其中最低的一项评等；外观质量按个评定，按其中最低的一项评等。

5.3 缝纫线最终等级由内在质量的等级与外观质量的等级综合评定，按最低的一项来评定。两项同时为合格品时，则降为不合格品。

6 试验方法

6.1 试验条件

按各个方法标准的规定进行，如试样实际回潮率大于公定回潮率时，应进行预调湿。

6.2 取样

缝纫线的内在质量每批抽取试样数量及试验次数的规定见表 8。

表 8 内在质量每批抽取试样数量及试验次数规定

项目	线圈类		塔筒及其他线类	
	数量/个(支)	总次数	数量/个(支)	总次数
单线断裂强力	10	30	10	30
单线断裂强力变异系数	10	30	10	30
线密度	10	10	10	10
耐洗色牢度	4	1	2	1
耐摩擦色牢度	4	1	2	1
长度	10	10	3	3
结头	10	10	3	3
捻度	10	20	10	20
回潮率	10	1	10	1

6.3　单线断裂强力和单线断裂强力变异系数的试验方法

按 GB/T 3916 执行。

6.4　线密度的试验方法

按 GB/T 4743—1995 中方法 3 执行，线密度偏差率按式(1)计算。

$$D_T=\frac{T_t-T_0}{T_0}\times 100 \quad \cdots\cdots\cdots\cdots (1)$$

式中：

D_T——缝纫线线密度偏差率，%；

T_t——缝纫线的实际线密度，单位为特克斯(tex)；

T_0——缝纫线的公称线密度，单位为特克斯(tex)。

6.5　耐洗色牢度的试验方法

按 GB/T 3921.3 执行。

6.6　耐摩擦色牢度的试验方法

按 GB/T 3920 执行。

6.7　长度试验

6.7.1　长度试验用测长器应符合 GB/T 4743—1995 规定。

6.7.2　测试长度时，单线预加张力为(0.5±0.1)cN/tex。

6.7.3　样品在测长器上每摇满 100 m 后应拨在一旁再继续摇，直至全部摇完为止，不足 1 m 长的线用米尺测量，精确至 0.01 m。

6.7.4　实测长度应以该试样的全部试验值的算术平均值表示，计算结果修约至一位小数。

6.8　结头试验

6.8.1　将全部试样在测长器上摇成绞线(可与长度试验用同一份试样)，计点全部绞线上实际结头个数。

6.8.2　单纱和初捻(即二次加捻线的第一次加捻)的结头不作结头计。

6.8.3　结头个数以该试样全部试验值的算术平均值表示，修约至个位。

6.9　捻度的试验方法

按 GB/T 2543.1 执行。

6.10　回潮率试验

6.10.1　称取成品线约 10 g(精确至小数点后两位)，放置烘箱内烘燥，烘箱的标准温度在 105℃～110℃，烘至不变重量(干燥不变量)为止，不变重量是指相隔 10 min 的二次称重差异，不超过后称重的 0.1%，以最后一次称重为准。

6.10.2　回潮率按式(2)计算：

$$W=\frac{m_1-m_2}{m_2}\times 100 \quad \cdots\cdots\cdots\cdots (2)$$

式中：

W——回潮率，%；

m_1——缝纫线烘前重量，单位为克(g)；

m_2——缝纫线烘后干燥重量，单位为克(g)。

6.11　外观质量检验

6.11.1　外观质量检验条件

采用室内北向自然光源，如光源不足，照度低于 400 lx 时，可用标准光源或近似 40 W 正常青光日光灯在(70±10)cm 距离间补足照度。

6.11.2 **外观质量检验取样数量**

外观质量检验取样数量规定见表9。

表9 外观质量检验取样数量规定

每批数量 (最小包装)	50及以下	51～100	101～500	501～1 000	1 001～2 000	2 001以上
取样数量 (最小包装)	2	4	5	10	15	20

6.11.3 **外观质量检验规定**

外观质量检验中,除污渍的深度按GB 251评定,色差、色花、夹心按GB 250评定外,其余内容按目测评定。

7 验收规则

7.1 收货方在收到缝纫线时应立即进行验收,如不验收,可按供货方检验结果收货。

7.2 外观质量验收按6.11执行。

外观质量漏验率在5%及以内者,其漏验部分产品应当场调换。如漏验率超过5%不超过7%,允许复验一次,如复验后又超过5%,则该批成品应重新整理,经复验合格方可出厂。如漏验率超过7%,不允许复验,作退货处理。

7.3 内在质量验收按6.1～6.10执行。

若收货方对内在质量项目进行抽验,其结果达不到标准规定时,可由双方共同重新抽取相同数量的产品进行复验,复验结果应为该批产品的最终结果。

7.4 出厂成包回潮率要求:棉丝光、无光线不超过10%;棉蜡光木纱团、蜡光纸纱团、宝塔线、粗支蜡绞线不超过12%。

8 包装标志

8.1 包装标识应明确、清晰、项目齐全、便于识别,按GB 5296.4相关要求执行。

8.2 包装应按GB/T 4856要求执行。

8.3 如有特殊要求,供需双方另定协议。

9 运输保管

9.1 缝纫线在运输过程中,应有严密遮盖,不能受雨,受潮、暴晒和高温烘焙,以防变质。

9.2 缝纫线应堆放在干燥仓库,应保存在离地基5 cm以上,四周空隙10 cm以上处,并作好通风散湿工作,以防受潮。

9.3 缝纫线存放应先进先出,并经常翻堆检查。

9.4 工厂交货后,如因运输、储存、保管不善,以致产品质量受到影响或发生质变时,应由责任方负责。若不能确定运输、储存或保管的因素影响时,应由供需双方共同研究分析,分清责任,由责任方负责。

ICS 77.160
H 72

中华人民共和国国家标准

GB/T 6887—2007
代替 GB/T 6887—1986,GB/T 6888—1986,GB/T 6889—1986

烧结金属过滤元件

Sintered metal filter elements

2007-04-30 发布 2007-11-01 实施

中华人民共和国国家质量监督检验检疫总局
中国国家标准化管理委员会 发布

前　言

本标准是对 GB/T 6887—1986《烧结钛过滤元件及材料》、GB/T 6888—1986《烧结镍过滤元件》及 GB/T 6889—1986《烧结镍铜合金过滤元件》的整合修订。

本部分与 GB/T 6887—1986、GB/T 6888—1986、GB/T 6889—1986 相比，主要变化如下：

——采用 ISO 16889 检测过滤元件特定过滤效率所对应的颗粒尺寸值作为元件牌号划分依据；

——本标准规定的牌号名称替代原按"粉末冶金材料分类和牌号表示方法"的定义；将法兰的尺寸及联接形式作了适当变动，对元件型号、规格及尺寸偏差作了适当调整。

本标准自实施之日起，同时代替 GB/T 6887—1986、GB/T 6888—1986、GB/T 6889—1986。

本标准由中国有色金属工业协会提出。

本标准由全国有色金属标准化技术委员会归口。

本标准起草单位：西北有色金属研究院。

本标准主要起草人：董领锋、汤慧萍、刘延昌、吴全兴、吴引江、朱梅生、袁英、张江峰。

本标准由全国有色金属标准化技术委员会负责解释。

本标准所代替标准的历次版本发布情况为：

——GB/T 6887—1986；

——GB/T 6888—1986；

——GB/T 6889—1986。

烧结金属过滤元件

1 范围

本标准规定了烧结钛、烧结镍及镍合金过滤元件的要求、试验方法、检验规则和标志、包装、运输、贮存。

本标准适用于粉末冶金方法生产的用于气体和液体净化与分离的钛、镍及镍合金过滤元件。

2 规范性引用文件

下列文件中的条款通过本标准的引用而成为本标准的条款。凡是注日期的引用文件，其随后所有的修改单(不包括勘误的内容)或修订版均不适用于本标准，然而，鼓励根据本标准达成协议的各方研究是否可使用这些文件的最新版本。凡是不注日期的引用文件，其最新版本适用于本标准。

GB/T 2524—2002 海绵钛

GB/T 4698(所有部分) 海绵钛、钛及钛合金化学分析方法

GB/T 5235 加工镍及镍合金 化学成分和产品形状

GB/T 5250 可渗透烧结金属材料 流体渗透性的测定

GB/T 6886—2001 烧结不锈钢过滤元件

GB/T 8647(所有部分) 镍化学分析方法

YS/T 325 镍铜合金(NCu28-2.5-1.5)化学分析方法

ISO 16889 液压传动过滤器 评价过滤特性的多次通过法

3 术语

本标准中采用的术语：过滤效率、渗透性、粘性渗透系数的定义见 GB/T 6886—2001。

4 要求

4.1 过滤元件分类及性能

4.1.1 过滤元件型号

过滤元件按形状分为管状元件和片状元件。

管状元件：A1、A2、A3 型(见图 1～图 3)，其中 A1、A3 型元件的底部(图中右法兰)可以采用焊接或一次成型两种方法，顶部法兰(图中左法兰)为焊接法兰。

片状元件：B1 型(见图 4)。

图中各字母的含义分别见表 5～表 8。

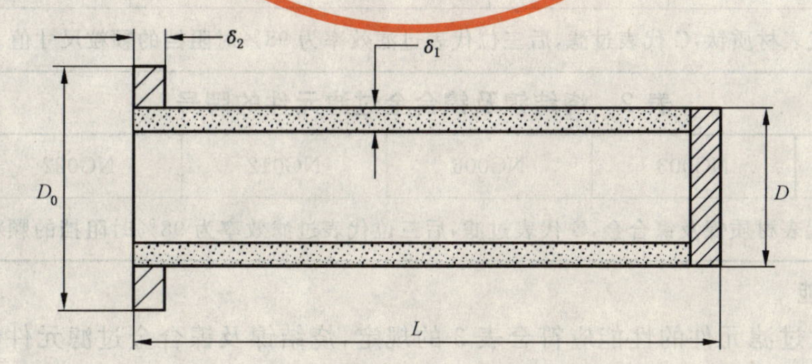

图 1 A1 型

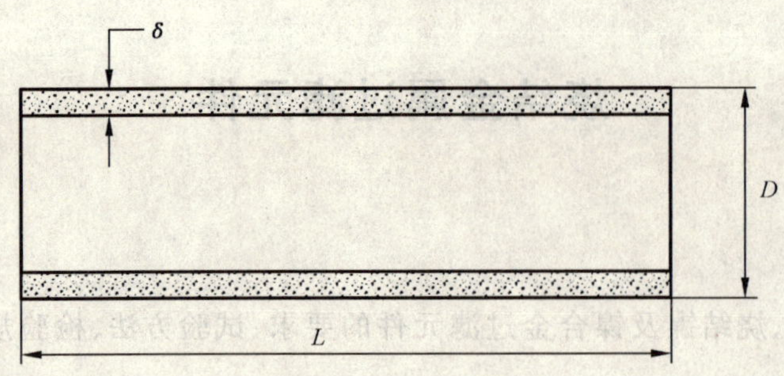

图 2 A2 型

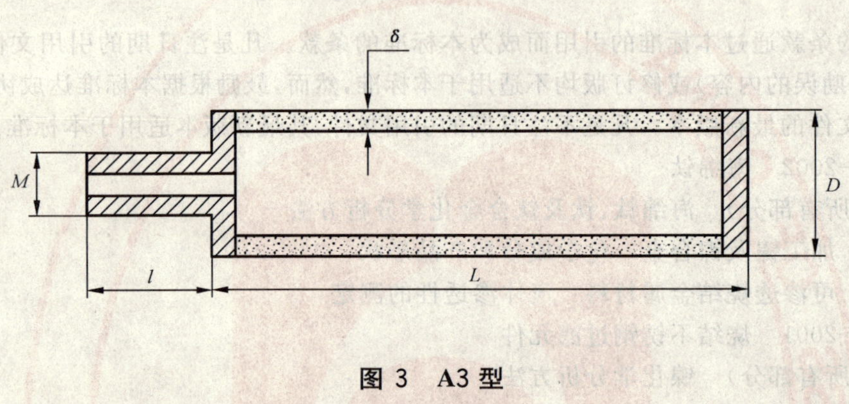

图 3 A3 型

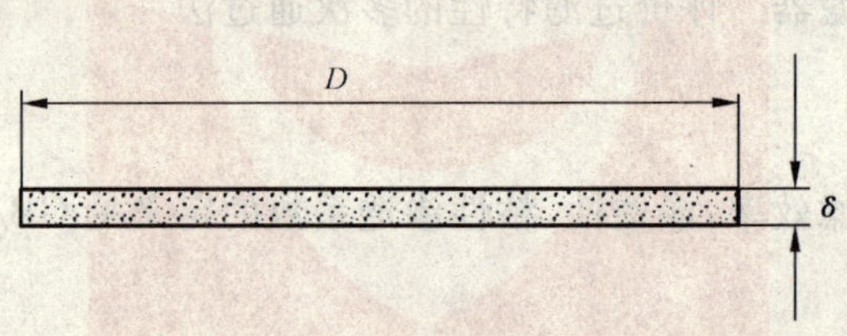

图 4 B1 型

4.1.2 过滤元件牌号

过滤元件参照 ISO 16889 标准的规定，按照在液体中过滤效率为 98%时所阻挡的固体颗粒尺寸值进行分类。烧结钛过滤元件分为 6 种牌号，见表 1；烧结镍及镍合金过滤元件分为 5 种牌号，见表 2。

表 1 烧结钛过滤元件的牌号

牌 号	TG003	TG006	TG010	TG020	TG035	TG060
注：牌号中的 T 代表材质钛，G 代表过滤，后三位代表过滤效率为 98%时阻挡的颗粒尺寸值。						

表 2 烧结镍及镍合金过滤元件的牌号

牌 号	NG003	NG006	NG012	NG022	NG035
注：牌号中的 N 代表材质镍及镍合金，G 代表过滤，后三位代表过滤效率为 98%时阻挡的颗粒尺寸值。					

4.1.3 过滤元件性能

各种牌号烧结钛过滤元件的性能应符合表 3 的规定，烧结镍及镍合金过滤元件的性能应符合表 4 的规定。

表 3　烧结钛过滤元件的性能

牌　　号	液体中阻挡的颗粒尺寸值/μm		渗透性，不小于		耐压破坏强度/MPa 不小于
	过滤效率(98%)	过滤效率(99.9%)	渗透系数/10^{-12} m^2	相对透气系数/[m^3/(h·kPa·m^2)]	
TG003	3	5	0.04	8	3.0
TG006	6	10	0.15	30	3.0
TG010	10	14	0.40	80	3.0
TG020	20	32	1.01	200	2.5
TG035	35	52	2.01	400	2.5
TG060	60	85	3.02	600	2.5

注 1：轧制成型的过滤元件，其耐压破坏强度不小于 0.3 MPa。管状元件需进行耐内压破坏强度试验。

注 2：表中的“渗透系数”值对应的元件厚度为 1 mm。

表 4　烧结镍及镍合金过滤元件的性能

牌　　号	液体中阻挡的颗粒尺寸值/μm		渗透性，不小于		耐压破坏强度/MPa 不小于
	过滤效率(98%)	过滤效率(99.9%)	渗透系数/10^{-12} m^2	相对透气系数/[m^3/(h·kPa·m^2)]	
NG003	3	5	0.08	8	3.0
NG006	6	10	0.40	40	3.0
NG012	12	18	0.71	70	3.0
NG022	22	36	2.44	240	2.5
NG035	35	50	6.10	600	2.5

注 1：管状元件优先进行耐内压破坏强度试验。

注 2：表中的“渗透系数”值对应的元件厚度为 2 mm。

4.1.4　过滤元件标记

4.1.4.1　过滤元件标记方法

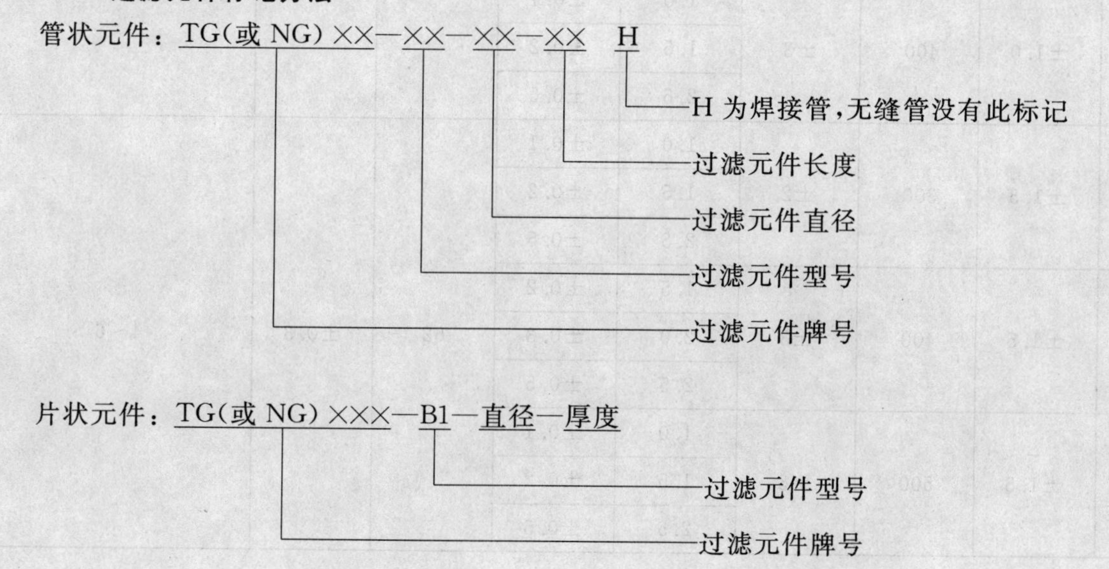

4.1.4.2 标记示例

示例 1：

过滤效率为 98%时的阻挡颗粒尺寸值为 10 μm，外径为 20 mm、长度为 200 mm 的 A1 型焊接烧结钛过滤元件标记为：

TG010-A1-20-200H

相同条件的无缝钛过滤元件标记为：

TG010-A1-20-200

示例 2：

过滤效率为 98%时的阻挡颗粒尺寸值为 12 μm，直径为 30 mm、厚度为 3 mm 的片状烧结镍及镍合金过滤元件标记为：

NG012-B1-30-3

4.2 化学成分

各种牌号烧结钛过滤元件的化学成分，除氧含量≤1.0%以外，其余化学成分应符合 GB/T 2524 中对牌号为 MHT-160 的海绵钛的要求。各种牌号烧结镍及镍合金过滤元件的化学成分应符合 GB/T 5235中 N6、NCu28-2.5-1.5 的规定。

4.3 尺寸及其允许偏差

不同型号过滤元件的尺寸及其允许偏差应符合表 5～表 8 的规定。

表 5 A1 型过滤元件的尺寸及其允许偏差

单位为毫米

<table>
<tr><th colspan="2">直径 D</th><th colspan="2">长度 L</th><th colspan="2">壁厚 δ_1</th><th colspan="2">法兰直径 D_0</th><th rowspan="2">法兰厚度 δ_2</th></tr>
<tr><th>公称尺寸</th><th>允许偏差</th><th>公称尺寸</th><th>允许偏差</th><th>公称尺寸</th><th>允许偏差</th><th>公称尺寸</th><th>允许偏差</th></tr>
<tr><td>20</td><td>±1.0</td><td>200</td><td>±2</td><td>2.5</td><td>±0.5</td><td>30</td><td>±0.2</td><td>3～4</td></tr>
<tr><td>30</td><td>±1.0</td><td>200</td><td>±2</td><td>2.5</td><td>±0.5</td><td rowspan="2">40</td><td rowspan="2">±0.2</td><td rowspan="2">3～4</td></tr>
<tr><td>30</td><td>±1.0</td><td>300</td><td>±2</td><td>2.5</td><td>±0.5</td></tr>
<tr><td rowspan="3">40</td><td rowspan="3">±1.0</td><td rowspan="3">200</td><td rowspan="3">±2</td><td>1.0</td><td>±0.1</td><td rowspan="9">52</td><td rowspan="9">±0.3</td><td rowspan="9">3～5</td></tr>
<tr><td>1.5</td><td>±0.2</td></tr>
<tr><td>2.5</td><td>±0.5</td></tr>
<tr><td rowspan="3">40</td><td rowspan="3">±1.0</td><td rowspan="3">300</td><td rowspan="3">±2</td><td>1.0</td><td>±0.1</td></tr>
<tr><td>1.5</td><td>±0.2</td></tr>
<tr><td>2.5</td><td>±0.5</td></tr>
<tr><td rowspan="3">40</td><td rowspan="3">±1.0</td><td rowspan="3">400</td><td rowspan="3">±3</td><td>1.0</td><td>±0.1</td></tr>
<tr><td>1.5</td><td>±0.2</td></tr>
<tr><td>2.5</td><td>±0.5</td></tr>
<tr><td rowspan="3">50</td><td rowspan="3">±1.5</td><td rowspan="3">300</td><td rowspan="3">±2</td><td>1.0</td><td>±0.1</td><td rowspan="9">62</td><td rowspan="9">±0.3</td><td rowspan="9">4～6</td></tr>
<tr><td>1.5</td><td>±0.2</td></tr>
<tr><td>2.5</td><td>±0.5</td></tr>
<tr><td rowspan="3">50</td><td rowspan="3">±1.5</td><td rowspan="3">400</td><td rowspan="3">±3</td><td>1.5</td><td>±0.2</td></tr>
<tr><td>2.0</td><td>±0.3</td></tr>
<tr><td>2.5</td><td>±0.5</td></tr>
<tr><td rowspan="3">50</td><td rowspan="3">±1.5</td><td rowspan="3">500</td><td rowspan="3">±3</td><td>1.0</td><td>±0.1</td></tr>
<tr><td>1.5</td><td>±0.2</td></tr>
<tr><td>2.5</td><td>±0.5</td></tr>
</table>

表 5（续）

单位为毫米

直径 D		长度 L		壁厚 δ_1		法兰直径 D_0		法兰厚度 δ_2
公称尺寸	允许偏差	公称尺寸	允许偏差	公称尺寸	允许偏差	公称尺寸	允许偏差	
60	±1.5	300	±2	1.0	±0.1	72	±0.3	4～6
				1.5	±0.2			
				3.0	±0.5			
60	±1.5	400	±3	1.0	±0.1			
				1.5	±0.2			
				3.0	±0.5			
60	±1.5	500	±3	1.0	±0.1			
				1.5	±0.2			
				3.0	±0.5			
60	±1.5	600	±4	3.0	±0.5			
60	±1.5	700	±4	3.0	±0.5			
90	±2.0	800	±5	5.5	±0.8	110	±0.5	5～12

注：壁厚公称尺寸为 1.0 mm、1.5 mm 的管状过滤元件由轧制板材卷焊而成。

表 6　A2 型过滤元件的尺寸及其允许偏差

单位为毫米

直径 D		长度 L		壁厚 δ	
公称尺寸	允许偏差	公称尺寸	允许偏差	公称尺寸	允许偏差
20	±1.0	200	±2	2.5	±0.5
30	±1.0	200	±2	2.5	±0.5
30	±1.0	300	±2	2.5	±0.5
40	±1.0	200	±2	1.0	±0.1
				1.5	±0.2
				2.5	±0.5
40	±1.0	300	±2	1.0	±0.1
				1.5	±0.2
				2.5	±0.5
40	±1.0	400	±3	1.0	±0.1
				1.5	±0.2
				2.5	±0.5
50	±1.5	300	±2	1.0	±0.1
				1.5	±0.2
				2.5	±0.5
50	±1.5	400	±3	1.5	±0.2
				2.0	±0.3
				2.5	±0.5

表 6（续）

单位为毫米

直径 D		长度 L		壁厚 δ	
公称尺寸	允许偏差	公称尺寸	允许偏差	公称尺寸	允许偏差
50	±1.5	500	±3	1.0	±0.1
				1.5	±0.2
				2.5	±0.5
60	±1.5	300	±2	1.0	±0.1
				1.5	±0.2
				3.0	±0.5
60	±1.5	400	±3	1.0	±0.1
				1.5	±0.2
				3.0	±0.5
60	±1.5	500	±3	1.0	±0.1
				1.5	±0.2
				3.0	±0.5
60	±1.5	600	±4	3.0	±0.5
60	±1.5	700	±4	3.0	±0.5
90	±2.0	800	±5	5.5	±0.8
注：壁厚公称尺寸为 1.0 mm、1.5 mm 的管状过滤元件由轧制板材卷焊而成。					

表 7　A3 型过滤元件的尺寸及偏差

单位为毫米

直径 D		长度 L		壁厚 δ		管接头	
公称尺寸	允许偏差	公称尺寸	允许偏差	公称尺寸	允许偏差	螺纹尺寸	长度 1
20	±1.0	200	±2	2.5	±0.5	M12×1.0	28
30	±1.0	200	±2	2.5	±0.5		
30	±1.0	300	±2	2.5	±0.5		
40	±1.0	200	±2	1.0	±0.1		
				1.5	±0.2		
				2.5	±0.5		
40	±1.0	300	±2	1.0	±0.1		
				1.5	±0.2		
				2.5	±0.5		
40	±1.0	400	±3	1.0	±0.1		
				1.5	±0.2		
				2.5	±0.5		

表 7（续）

单位为毫米

直径 D		长度 L		壁厚 δ		管接头	
公称尺寸	允许偏差	公称尺寸	允许偏差	公称尺寸	允许偏差	螺纹尺寸	长度 1
50	±1.5	300	±2	1.0	±0.1	M20×1.5	40
				1.5	±0.2		
				2.5	±0.5		
50	±1.5	400	±3	1.5	±0.2		
				2.0	±0.3		
				2.5	±0.5		
50	±1.5	500	±3	1.0	±0.1		
				1.5	±0.2		
				2.5	±0.5		
60	±1.5	300	±2	1.0	±0.1	M30×2.0	40
				1.5	±0.2		
				3.0	±0.5		
60	±1.5	400	±3	1.0	±0.1		
				1.5	±0.2		
				3.0	±0.5		
60	±1.5	500	±3	1.0	±0.1		
				1.5	±0.2		
				3.0	±0.5		
60	±1.5	600	±4	3.0	±0.5		
60	±1.5	700	±4	3.0	±0.5	M30×2.0	50
注：壁厚公称尺寸为 1.0 mm、1.5 mm 的管状过滤元件由轧制板材卷焊而成。							

表 8　B1 型过滤元件的尺寸及其允许偏差

单位为毫米

直径 D		厚度 δ	
公　称　尺　寸	允　许　偏　差	公　称　尺　寸	允　许　偏　差
10	±0.2	1.0、1.5、2.0、2.5、3.0	±0.1
30	±0.5	1.0、1.5、2.0、2.5、3.0	±0.1
50	±1.0	1.0、1.5、2.0、2.5、3.0	±0.1
80	±1.5	1.0、1.5、2.0、2.5、3.0	±0.2
100	±2.0	1.0、1.5、2.0、2.5、3.0	±0.2
200	±2.5	2.5、3.0、3.5、4.0、5.0	±0.3
300	±2.5	3.0、3.5、4.0、5.0	±0.3
400	±2.5	3.0、3.5、4.0、5.0	±0.3
注：厚度公称尺寸为 1.0 mm、1.5 mm 的片状过滤元件由轧制板材机加工而成。			

4.4　需方对过滤元件的规格、尺寸、性能有特殊要求时，由供需双方商定。

4.5 过滤元件表面不应有浮粉、裂纹、斑点及过烧等缺陷，焊接元件焊缝应没有严重氧化现象。

5 试验方法

5.1 烧结钛过滤元件的化学成分按 GB/T 4698.1～4698.25 进行分析；烧结镍及镍合金过滤元件的化学成分按 GB/T 8647、YS/T 325 的规定进行分析。

5.2 在特定过滤效率值下阻挡固体颗粒尺寸值的测定按 ISO 16889 进行。

5.3 渗透性的测定按 GB/T 5250 进行。

5.4 耐压破坏强度的测定按 GB/T 6886—2001 附录 A 的规定进行。

5.5 表面缺陷目视检查。

5.6 外形尺寸用足够精度的量具测量。

6 检验规则

6.1 产品应由供方技术监督部门进行检查，保证产品质量符合本标准或订货合同的规定，并附质量证明书。

6.2 需方可对收到的产品按本标准或订货合同规定进行验收，如果检验结果与本标准或订货合同的规定不符时，应在产品收到之日起三个月内向供方提出，由供需双方协商解决。

6.3 产品应成批提交检验，每批由同一合批粉末按相同工艺参数生产的产品组成。

6.4 检验项目、取样规则及数量按表 9 规定进行。

表 9 过滤元件的检验项目及数量

检 验 项 目	取样规则及样品数量
渗透性	每批 3%，但不少于 3 个
外型尺寸	逐件检验
外观	
注：化学成分、过滤效率、耐压破坏强度合同中注明时方予检测。检验时，每批产品各项性能随机抽取试样，试样数量由供需双方协商。	

6.5 尺寸偏差和表面质量检验不合格时，按件报废。其余项目的检验结果如有一项不符合本标准规定时，则在该批产品中对该项加倍取样进行重复试验，若仍有一项不符合本标准要求时，则该批产品为不合格。

7 标志、包装、运输、贮存

7.1 标志

7.1.1 检验合格的产品应有如下标志或标签：

a) 产品牌号；

b) 生产日期；

c) 产品型号；

d) 产品规格；

e) 产品批号；

f) 供方技术监督部门的检印。

7.1.2 包装箱上应注明：

a) 供方名称；

b) 产品名称；

c) 订货单位及地址；

d) 防潮、防震等字样或标志。

7.2 包装、运输、贮存

7.2.1 产品以塑料袋或纸盒包装，包装好的产品置于运输包装箱内，以软质物隔开并填紧。

7.2.2 产品运输过程中，不得受潮、撞击和滚动。

7.2.3 产品应存放于干燥处，以免受潮。

7.3 质量证明书

每批过滤元件应附有产品质量证明书，注明：

a) 供方名称；
b) 产品名称；
c) 产品牌号；
d) 产品型号；
e) 产品规格；
f) 产品批号；
g) 件数或净重；
h) 各项分析检验结果和技术监督部门检印；
i) 本标准编号；
j) 出厂日期。

8 订货单(或合同)内容

订购本标准所列材料的订货单(或合同)应包括以下内容：

a) 产品名称；
b) 产品牌号；
c) 产品型号；
d) 产品规格；
e) 重量或件数；
f) 本标准要求的"应在合同中注明的"事项；
g) 本标准编号；
h) 增加本标准以外的协商结果。

ICS 77.150.99
H 63

中华人民共和国国家标准

GB/T 6896—2007
代替 GB/T 6896—1998

铌　　条

Niobium bars

2007-11-23 发布　　2008-06-01 实施

中华人民共和国国家质量监督检验检疫总局
中国国家标准化管理委员会　发布

前 言

本标准代替 GB/T 6896—1998《铌条》。

本标准与 GB/T 6896—1998 相比，主要变化如下：

——取消了 Nb-2 牌号；

——将 Nb-01，Nb-1 牌号改为 TNb1，TNb2，同时将这两个牌号的部分杂质含量进行了调整。

本标准由中国有色金属工业协会提出。

本标准由全国有色金属标准化技术委员会归口。

本标准由株洲硬质合金集团有限公司负责起草。

本标准由宁夏东方钽业股份有限公司参加起草。

本标准主要起草人：王飞、王忠、刘铁梅、王时光。

本标准所代替标准的历次版本发布情况为：

——GB/T 6896—1986、GB/T 6896—1998。

铌条

1 范围

本标准规定了铌条的要求、试验方法、检验规则、标志、包装、运输、贮存以及订货单(或合同)内容。

本标准适用于碳热还原法制取的铌条。产品供生产铌粉、超导材料、高温合金钢的添加剂和电子轰击熔炼铌及铌合金锭等用。

2 规范性引用文件

下列文件中的条款通过本标准的引用而成为本标准的条款。凡是注日期的引用文件,其随后所有的修改单(不包括勘误的内容)或修订版均不适用于本标准,然而,鼓励根据本标准达成协议的各方研究是否可使用这些文件的最新版本。凡是不注日期的引用文件,其最新版本适用于本标准。

GB/T 15076(所有部分) 钽铌化学分析方法

3 要求

3.1 产品分类

产品根据化学成分不同,划分为 TNb1、TNb2 两个牌号。

3.2 各牌号产品化学成分应符合表 1 规定。

表 1

质量分数/%

化学成分		产品牌号	
		TNb1	TNb2
杂质含量,不大于	Ta	0.10	0.15
	O	0.05	0.15
	N	0.03	0.05
	C	0.02	0.03
	Si	0.003	0.005 0
	Fe	0.005 0	0.02
	W	0.005	0.01
	Mo	0.005 0	0.005 0
	Ti	0.005 0	0.01
	Al	0.003 0	0.005 0
	Cu	0.002 0	0.003 0
	Cr	0.005 0	0.005 0
	Ni	0.005	0.010
	Zr	0.020	0.020

3.3 长度不小于 300 mm(根据用户要求可以切断),产品断面尺寸不小于 14 mm×14 mm。

3.4 沿长度方向的挠度不大于 1%。

3.5 产品表面不得有氧化、渗碳、鼓泡和沾污,断面无夹心。

4 试验方法

4.1 产品化学成分仲裁分析按 GB/T 15076 的规定进行。

4.2 产品尺寸和挠度用相应精度的直尺和塞尺检查。

4.3 产品表面和断面用目视检查。

5 检验规则

5.1 检查和验收

5.1.1 产品由供方质量检验部门进行检验，保证产品符合本标准规定，并填写质量证明书。

5.1.2 需方应对收到的产品进行检验，如检验结果与本标准规定不符时，在收到产品之日起 3 个月内向供方提出，供需双方协商解决。

5.2 组批

产品应成批提交验收。每批由同一混合料、同一规格和同一牌号产品组成，每批产品重量不超过 200 kg。

5.3 检验项目

每批产品的检验项目及取样见表 2。

表 2

检验项目	取样位置和数量	要求的章条号	试验方法章条号
化学成分	每批在距铌条端部 50 mm 处任取一个样品	3.2	4.1
尺寸和挠度	逐件	3.3、3.4	4.2
表面和断面	逐件	3.5	4.3

5.4 检验结果的判定

5.4.1 化学成分检验结果不合格时，允许加倍取样进行重复试验，重复试验仍有一个结果不合格时，判该批产品不合格。

5.4.2 尺寸和挠度不合格时，判该件产品不合格。

5.4.3 表面和断面质量不合格时，判该件产品不合格。

6 标志、包装、运输、贮存

6.1 标志

每箱上应注明：供方名称、产品牌号、批号和净重。

6.2 包装、运输、贮存

6.2.1 产品用防潮纸和塑料袋包装后，置于木箱内，用纸屑填紧，以防窜动。每箱净重不超过 40 kg。

6.2.2 产品运输时应防止潮湿，不得剧烈碰撞。

6.2.3 产品应密封存放于干燥和无腐蚀性气氛之处，严防氧化。

6.3 质量证明书

每批产品应附有质量证明书，注明：

a） 供方名称；

b） 产品牌号；

c） 产品批号、净重和件数；

d） 各项分析检验结果及检验部门印记；

e） 本标准编号；

f） 检验日期。

7 订货单（或合同）内容

a） 产品名称；
b） 产品牌号；
c） 产品净重；
d） 本标准编号；
e） 其他。

ICS 71.040.40
G 76

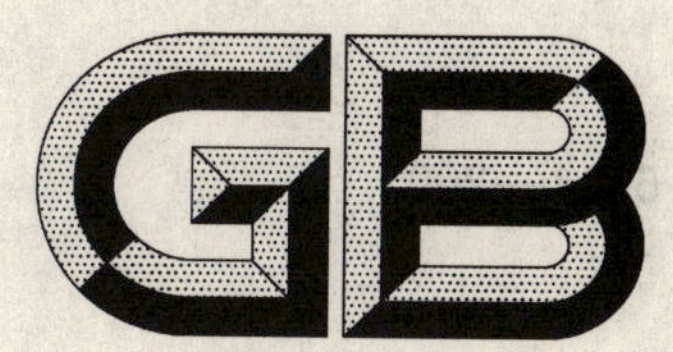

中华人民共和国国家标准

GB/T 6911—2007

代替 GB/T 6911.1—1986,GB/T 6911.3—1986,GB/T 15893.3—1995

工业循环冷却水和锅炉用水中硫酸盐的测定

Water for industrial circulating cooling system and boiler—Determination of sulfate

(ISO 9280:1990,Water quality—Determination of sulfate—Gravimetric method using barium chloride,NEQ)

2007-08-13 发布　　　　2008-02-01 实施

中华人民共和国国家质量监督检验检疫总局
中国国家标准化管理委员会　发布

前言

本标准对应于ISO 9280:1990《水质　硫酸盐的测定　氯化钡重量法》(英文版),与ISO 9280:1990的一致性程度为非等效。

本标准同时代替GB/T 6911.1—1986《锅炉用水和冷却水分析方法　硫酸盐的测定　重量法》、GB/T 6911.3—1986《锅炉用水和冷却水分析方法　硫酸盐的测定　电位滴定法》、GB/T 15893.3—1995《工业循环冷却水中硫酸盐的测定　重量法》。

本标准将GB/T 6911.1—1986、GB/T 6911.3—1986和GB/T 15893.3—1995的标准内容进行了调整和合并。

本标准由中华人民共和国石油和化学工业协会提出。

本标准由全国化学标准化技术委员会水处理剂分会(SAC/TC 63/SC 5)归口。

本标准起草单位:天津化工研究设计院。

本标准主要起草人:白莹、邵宏谦、李琳、朱传俊。

本标准所代替标准的版本发布情况为:

——GB/T 6911.1—1986;

——GB/T 6911.3—1986;

——GB/T 15893.3—1995。

工业循环冷却水和锅炉用水中硫酸盐的测定

1 范围

本标准规定了工业循环冷却水和锅炉用水中硫酸盐的测定方法。

本标准适用于工业循环冷却水和锅炉用水中含量不小于10 mg/L硫酸盐(以SO_4^{2-}计)的测定。

本标准不适用于使用钡盐阻垢分散剂的工业循环冷却水中硫酸盐的测定。

2 规范性引用文件

下列文件中的条款通过本标准的引用而成为本标准的条款。凡是注日期的引用文件,其随后所有的修改单(不包括勘误的内容)或修订版均不适用于本标准,然而,鼓励根据本标准达成协议的各方研究是否可使用这些文件的最新版本。凡是不注日期的引用文件,其最新版本适用于本标准。

GB/T 601 化学试剂 标准滴定溶液的制备

GB/T 602 化学试剂 杂质测定用标准溶液的制备(GB/T 602—2002,ISO 6353-1:1982,NEQ)

GB/T 603 化学试剂 试验方法中所用制剂及制品的制备(GB/T 603—2002,ISO 6353-1:1982,NEQ)

GB/T 6682 分析实验室用水规格和试验方法(GB/T 6682—1992,neq ISO 3696:1987)

3 分析方法

本标准所用试剂和水,除非另有规定,仅使用分析纯试剂和符合GB/T 6682三级水的规定。试验中所需标准滴定溶液、杂质用标准溶液、制剂及制品,在没有注明其他要求时,按GB/T 601、GB/T 602、GB/T 603之规定制备。

安全提示:本标准所使用的强酸、强碱具有腐蚀性,使用时应注意。溅到身上时,用大量水冲洗,避免吸入或接触皮肤。

3.1 重量法(仲裁法)

3.1.1 原理

在酸性条件下硫酸盐与氯化钡反应,生成硫酸钡沉淀,经过滤干燥称量后,根据硫酸钡质量可求出硫酸根含量。

3.1.2 试剂和材料

3.1.2.1 盐酸溶液:1+1。

3.1.2.2 氯化钡($BaCl_2 \cdot 2H_2O$)溶液:100 g/L。

3.1.2.3 硝酸银溶液:17 g/L。

3.1.2.4 甲基橙指示液:1 g/L。

3.1.3 仪器和设备

一般实验室用仪器。

坩埚式过滤器:滤板孔径5 μm~15 μm。

3.1.4 分析步骤

用慢速定量滤纸过滤试样。移取一定量过滤后的试样,置于500 mL烧杯中。加2滴甲基橙指示液,滴加盐酸溶液至红色并过量2 mL,加水至总体积为200 mL。煮沸5 min后,搅拌下缓慢加入10 mL

热的(约 80℃)氯化钡溶液,于 80℃水浴中放置 2 h。

用已于(105±2)℃干燥至恒量的坩埚式过滤器过滤。用水洗涤沉淀,直至滤液中无氯离子为止(用硝酸银溶液检验)。

将坩埚式过滤器在(105±2)℃下干燥至恒量。

3.1.5 结果计算

硫酸盐含量(以 SO_4^{2-} 计)以质量浓度 ρ_1 计,数值以毫克每升(mg/L)表示,按式(1)计算:

$$\rho_1 = \frac{(m - m_0) \times M_1 / M_2 \times 10^6}{V_0} \qquad \cdots\cdots(1)$$

式中:

m——沉淀与坩埚式过滤器的质量的数值,单位为克(g);

m_0——坩埚式过滤器的质量的数值,单位为克(g);

V_0——所取试样溶液体积的数值,单位为毫升(mL);

M_1——硫酸根的摩尔质量的数值,单位为克每摩尔(g/mol)(M_1=96.06);

M_2——硫酸钡的摩尔质量的数值,单位为克每摩尔(g/mol)(M_2=233.4)。

3.1.6 允许差

取平行测定结果的算术平均值为测定结果,平行测定结果的绝对差值不大于 0.5 mg/L。

3.2 电位滴定法

3.2.1 原理

以铅电极作为指示电极,在 pH=4 的条件下,以高氯酸铅标准溶液电位滴定 75%乙醇体系中的硫酸根离子,此时能定量地生成硫酸铅沉淀,过量的铅离子使电位产生突跃,从而求出滴定终点。水样中的重金属、钙、镁等离子可事先用氢型强酸性阳离子交换树脂除去。磷酸盐和聚磷酸盐的干扰可用稀释法或二氧化锰共沉淀法来消除。

3.2.2 仪器和设备

一般实验室用仪器和下列仪器。

3.2.2.1 酸度计或离子计:精度 2 mV。

3.2.2.2 电磁搅拌器。

3.2.2.3 铅电极(固体膜)。

3.2.2.4 双桥盐饱和甘汞电极。

3.2.2.5 微量滴定管:5 mL,分度 0.05 mL。

3.2.2.6 气体洗涤器:G3。

3.2.2.7 离子交换柱:高度 500 mm～580 mm,内径 20 mm～22 mm。

3.2.3 试剂和材料

3.2.3.1 无水乙醇。

3.2.3.2 盐酸溶液:1+4。

3.2.3.3 高氯酸溶液:约 0.02 mol/L。

100 mL 水中加 3～4 滴高氯酸。

3.2.3.4 氢氧化钠溶液:20 g/L。

3.2.3.5 氢氧化钠溶液:4 g/L。

3.2.3.6 硝酸钠溶液:85 g/L。

3.2.3.7 硝酸锰溶液:50 g/L。

3.2.3.8 硫酸盐标准溶液:0.1 mg/mL。

按 GB/T 602 配制。

3.2.3.9 高氯酸铅标准滴定溶液:$c\left[\frac{1}{2}Pb(ClO_4)_2\right]$约 2×10^{-3} mol/L。

3.2.3.9.1 配制方法：称取 0.9 g 高氯酸铅[$Pb(ClO_4)_2 \cdot 3H_2O$]溶于 1 L 水中。

3.2.3.9.2 标定方法

3.2.3.9.2.1 标定前将酸度计（或离子计）接通电源，预热半小时后，根据说明书“调零”和“校正”，然后将双盐桥甘汞电极接正极，指示电极——铅电极接负极，放入内盛水的 50 mL 烧杯中，在电磁搅拌下，进行清洗 2 min～3 min，按下“测量”开关，看是否已清洗到该电极出厂清洗电位附近，若未达到，用水继续清洗，一直洗至电位基本稳定为止。

3.2.3.9.2.2 移取 5 mL 硫酸盐标准溶液于 50 mL 烧杯中，用量筒加入 15 mL 无水乙醇和 1～2 滴混合指示剂。若溶液颜色变为黄色，可滴加氢氧化钠溶液至溶液变为绿色，再用高氯酸溶液滴至刚变黄色（pH 约 4.5 左右）。

3.2.3.9.2.3 将事先已用水清洗好的铅电极与双盐桥甘汞电极一起插入上述溶液中，按下“测量”开关，电磁搅拌 3 min 后读取电位值。然后用高氯酸铅标准溶液滴定，每次加入 0.1 mL，过 1 min 后读取电位值，一直滴至电位值突变最大（约 20 mV 以上），预示已到终点，继续滴定并读取电位值二次，此时电位值变化反而变小。当二次微商 $\Delta^2E/\Delta V^2=0$ 时，对应的体积即为终点时滴定剂的体积（V）。按表 1 进行记录和计算。

表 1 电位滴定法终点体积的确定

编号 i	加入高氯酸铅的体积 mL	电位值（E_i） mV	$\Delta E/\Delta V$ mV/0.1 mL	$\Delta^2E/\Delta V^2$ (mV/0.1 mL)^2
4	0.50	−200	7	
5	0.60	−193	19	12
6	0.70	−174	30	11
7	0.80	−144	9	−21
8	0.90	−135	5	−4
9	1.00	−130	4	−1
10	1.10	−126		
注：$\Delta E=E_{i+1}-E_i$，$\Delta^2E=\Delta E_{i+1}-\Delta E_i$。				

示例：用表 1 的测量数据，求高氯酸铅标准溶液的终点体积（V）。

从表 1 数据可以看出，因 $\Delta^2E/\Delta V^2=0$ 时即为滴定终点，故滴定终点在 $\Delta^2E/\Delta V^2=11$ 和 -21 之间，终点体积在 0.70 mL～0.80 mL 之间，其准确的终点体积 V 计算如下：

$$V=0.70\ \text{mL}+(0.80-0.70)\times\frac{11}{11-(-12)}\ \text{mL}=0.73\ \text{mL}$$

3.2.3.9.2.4 测定完毕后，随即用水清洗铅电极至初始电位附近，即可继续做下一个测定。

3.2.3.9.2.5 高氯酸铅标准滴定溶液的浓度 $c\left[\frac{1}{2}Pb(ClO_4)_2\right]$，数值以摩尔每升（mol/L）表示，按式（2）计算：

$$c\left[\frac{1}{2}Pb(ClO_4)_2\right]=\frac{5\rho}{VM} \qquad \cdots\cdots(2)$$

式中：

V——所用高氯酸铅标准滴定溶液的终点体积的数值，单位为毫升（mL）；

ρ——硫酸盐标准溶液质量浓度的准确数值，单位为毫克每毫升（mg/mL）；

M——硫酸根的摩尔质量的数值，单位为克每摩尔（g/mol）（M=96.0）。

3.2.3.10 酚酞溶液：1 g/L 乙醇溶液。

3.2.3.11 混合指示剂。

1份1 g/L溴甲酚绿钠水溶液与1份0.2 g/L甲基橙水溶液，混匀。

3.2.3.12 氢型强酸性阳离子交换树脂

3.2.3.12.1 将强酸性阳离子交换树脂加到内充三分之一高度水的离子交换柱中(见图1)，一直装至树脂高度达交换柱三分之二处。

3.2.3.12.2 然后用4 L～5 L盐酸溶液从交换柱顶部慢慢加入，让交换柱底部流出液流速保持30 mL/min。待盐酸溶液加完后，再用水以60 mL/min～100 mL/min的流速淋洗树脂，使流出液pH接近中性。将树脂倒入玻璃砂芯漏斗中，用水泵将树脂中附着水分抽干。放入广口瓶内贮存备用。

单位为毫米

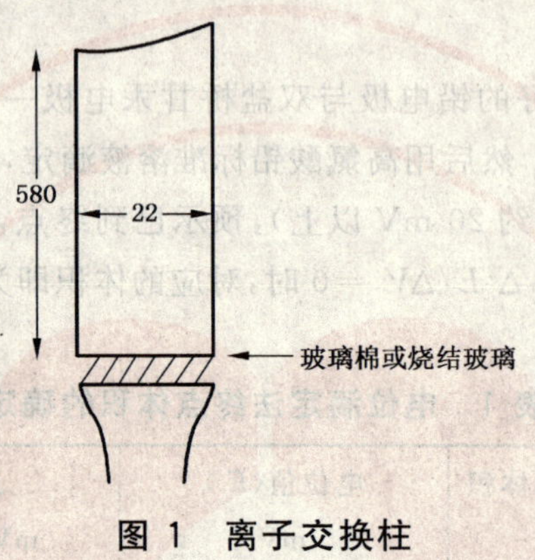

图1 离子交换柱

3.2.4 分析步骤

3.2.4.1 水样的预处理

3.2.4.1.1 水样中含有磷酸盐时，可直接将水样稀释至磷酸盐最大允许量(2 mg/L)，再按3.2.4.2步骤测定。

3.2.4.1.2 水样中含有大量磷酸盐时，可采用共沉淀除去磷酸盐，其步骤为：吸取50 mL水样于250 mL烧杯中，加入20滴硝酸锰溶液，加热煮沸后，加2滴酚酞溶液。用氢氧化钠溶液(3.2.3.5)中和至溶液刚变红为止。再多加一滴，煮沸3 min～5 min，冷却，将沉淀和溶液一起转移至100 mL容量瓶中，用水洗烧杯数次，洗液一并移入容量瓶中，再用水稀释至刻度，摇匀。用干的快速滤纸将上述混浊液过滤于50 mL干烧杯中，以下按3.2.4.2步骤测定。

3.2.4.2 水样的测定

3.2.4.2.1 按3.2.3.9.2.1方法调试仪器和清洗电极。

3.2.4.2.2 移取20 mL水样于50 mL烧杯中，加入约2 g氢型强酸性阳离子交换树脂，在电磁搅拌器上搅拌2 min～3 min后取下，用5 mL移液管(下端尖嘴用橡皮管套上小型G3气体洗涤器)移取5 mL不带树脂的水样(若没有气体洗涤器，可过滤后移取5 mL水样)于50 mL烧杯中。

3.2.4.2.3 加入15 mL无水乙醇和1～2滴混合指示剂，其余步骤按3.2.3.9.2.2～3.2.3.9.2.4进行。

3.2.5 结果计算

水样中硫酸根含量以质量浓度ρ_2计，数值以mg/L表示，按式(3)计算：

$$\rho_2 = \frac{c\left(\frac{V_1}{1\,000}\right)M \times 10^3}{\left(\frac{V}{1\,000}\right)} \qquad \cdots\cdots(3)$$

式中：

c——高氯酸铅标准滴定溶液浓度的准确数值，单位为摩尔每升(mol/L)；

V_1——高氯酸铅标准滴定溶液终点的体积数值，单位为毫升(mL)；

V——所取水样的体积的数值，单位为毫升(mL)；

M——硫酸根的摩尔质量的数值，单位为克每摩尔(g/mol)(M=96.0)。

3.2.6 允许差

取平行测定结果的算术平均值为测定结果，平行测定结果的绝对差值不大于0.5 mg/L。

ICS 65.060.10
T 60

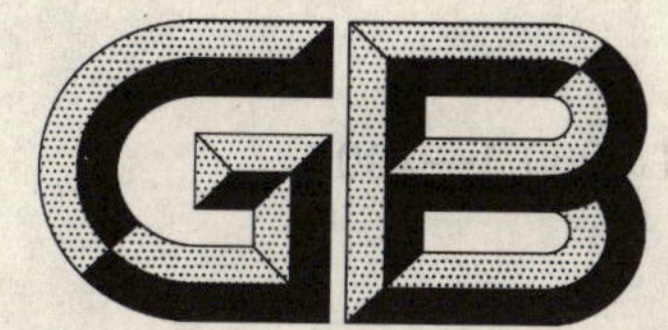

中华人民共和国国家标准

GB/T 6960.1—2007
代替 GB/T 6960.1—1995

拖拉机术语　第1部分:整机

Tractor terminology—Part 1:Complete tractor

2007-03-21 发布　　2007-08-01 实施

中华人民共和国国家质量监督检验检疫总局
中国国家标准化管理委员会　发布

前言

GB/T 6960《拖拉机术语》分为七个部分：

——第1部分：整机；

——第2部分：传动系；

——第3部分：制动系；

——第4部分：行走系；

——第5部分：转向系；

——第6部分：液压悬挂系及牵引、拖挂装置；

——第7部分：驾驶室、驾驶座和覆盖件。

本部分是GB/T 6960的第1部分。

本部分是对GB/T 6960.1—1995《拖拉机术语　整机》的修订，主要修订内容如下：

——按术语标准的编写规定，调整了格式的编排；

——标准名称中增加了“第1部分”；

——将“驱动配套机具”修改为“携带或/和驱动配套机具”等；

——修订了四轮驱动、船式拖拉机及自走底盘的定义；

——完善了轮式拖拉机、转向操纵性和通过性的定义；

——增加了运输型拖拉机、半履带拖拉机、纵向通过角术语定义；

——增加了本部分的中、英文索引。

本部分由中国机械工业联合会提出。

本部分由全国拖拉机标准化技术委员会归口。

本部分起草单位：洛阳拖拉机研究所、国家拖拉机质量监督检验中心、洛阳出入境检验检疫局。

本部分主要起草人：李京忠、陈志强、韩庚琳、薛世钦、尚项绳、郑志刚。

本部分所代替标准的历次版本发布情况为：

——GB 6960.1—1986部分；

——GB/T 6960.1—1995。

拖拉机术语　第1部分:整机

1　范围

GB/T 6960的本部分规定了拖拉机整机的术语和定义,并列出对应的英文名称。

本部分适用于拖拉机。

2　术语和定义

下列术语和定义适用于本部分。

2.1　拖拉机及其类型

2.1.1

拖拉机　tractor

用于牵引、推动、携带或/和驱动配套机具进行作业的自走式动力机械。

2.1.2

农业拖拉机　agricultural tractor

用于农业(种植业)耕作、管理、农田基本建设和运输等作业的拖拉机。

2.1.3

工业拖拉机　industrial tractor

用于工程施工和土石方作业的拖拉机。

2.1.4

林业拖拉机　forestry tractor

用于林区集运材和营造林作业的拖拉机。

2.1.5

一般用途农业拖拉机　agricultural general purpose tractor

通用于耕、整地、播种、收获和运输等作业的拖拉机。

2.1.6

中耕拖拉机　row-crop tractor

适用于作物行间中耕管理作业的拖拉机。

2.1.7

水田拖拉机　paddy tractor

适用于在水田中作业的拖拉机。

2.1.8

坡地拖拉机　hillside tractor

适用于坡地沿等高线作业的拖拉机。

2.1.9

果园、葡萄园拖拉机　orchard and vineyard tractor

主要用于果园、葡萄园耕作和管理作业的拖拉机。

2.1.10

草坪、园艺拖拉机　lawn and garden tractor

主要用于草坪修剪、庭园(场地)管理作业的拖拉机。

2.1.11

运输型拖拉机 transporting tractor

主要用于运输作业的拖拉机。

2.1.12

轮式拖拉机 wheeled tractor

通过车轮行走的两轴(或多轴)拖拉机。

2.1.12.1

后轮驱动拖拉机 tractor with rear-wheel drive

仅由后轮驱动的拖拉机。

2.1.12.2

四轮驱动拖拉机 tractor with four-wheel drive

前、后轮都有驱动装置的拖拉机。

2.1.13

履带拖拉机 crawler (tracklaying) tractor

装有履带行走装置的拖拉机。

2.1.13.1

半履带拖拉机 semi-crawler tractor

以履带为驱动装置,前轮转向的拖拉机。

2.1.14

手扶拖拉机 walking tractor

由扶手把操纵的单轴拖拉机。

2.1.15

船式拖拉机 boat tractor

由船体支撑机体和叶轮驱动的水田作业拖拉机。

2.1.16

双向行驶拖拉机 bi-directional tractor

能沿两个方向操纵行驶的拖拉机。

2.1.17

自走底盘 self-propelled tool chassis

能独立行走的农机具通用机架。

2.2 整机性能及参数

2.2.1

牵引性能 tractive performance

拖拉机在规定地面条件下所发挥的牵引工作能力及其效率。

2.2.1.1

拖拉机牵引力 drawbar pull of tractor

在拖拉机牵引装置上的平行于地面用于牵引机具的力。

2.2.1.2

牵引力系数 coefficient for drawbar pull

拖拉机牵引力与附着载荷之比。

2.2.1.3

标定牵引力 rated drawbar pull

农业拖拉机在田间作业的牵引能力,即拖拉机在水平区段、适耕湿度的壤土茬地上(对旱地拖拉机)

或中等泥脚深度稻茬地上(对水田拖拉机),在基本牵引工作速度或允许滑转率下所能发出的最大牵引力(两者取较小者)。

2.2.1.4

最大牵引力 maximum drawbar pull

拖拉机受发动机最大转矩或地面附着条件限制所能发出的牵引力。

2.2.1.5

理论速度 theoretical travel speed

按驱动轮或履带无滑转计算的拖拉机行驶速度。

2.2.1.6

实际速度 travel speed

在驱动轮或履带有滑转的实际工况下的拖拉机行驶速度。

2.2.1.7

牵引功率 drawbar power

拖拉机发出的用于牵引机具的功率。

2.2.1.8

牵引效率 traction efficiency

拖拉机的牵引功率与相应的发动机功率的比值。

2.2.2

动力输出轴功率 power take-off shaft(PTO)power

拖拉机动力输出轴上输出的功率。

2.2.2.1

最大动力输出轴功率 maximum PTO power

动力输出轴上能输出的最大功率。

2.2.2.2

标准转速下的动力输出轴功率 PTO power at standard speed

动力输出轴标准转速时输出的最大功率。

2.2.3

燃油经济性 fuel economy

拖拉机使用时燃油消耗方面经济效果的评价。

2.2.3.1

小时燃油耗量 fuel consumption per hour

单位工作小时的燃油消耗量。

2.2.3.2

牵引燃油消耗率 specific fuel consumption for drawbar power

单位牵引功率的小时燃油耗量。

2.2.3.3

动力输出轴燃油消耗率 specific fuel consumption for PTO power

动力输出轴单位功率的小时燃油耗量。

2.2.4

转向操纵性 turnability

拖拉机按驾驶员操作所期望路线行驶的性能。

2.2.4.1

最小转向圆半径 minimum turning radius

拖拉机转向时,转向操纵机构在极限位置,回转中心到拖拉机最外轮辙(履辙)中心的距离(见图1)。

2.2.4.2

最小水平通过半径　minimum clearance radius

拖拉机转向时，转向操纵机构在极限位置，回转中心到拖拉机最外端点在地面上投影点的距离（见图1）。

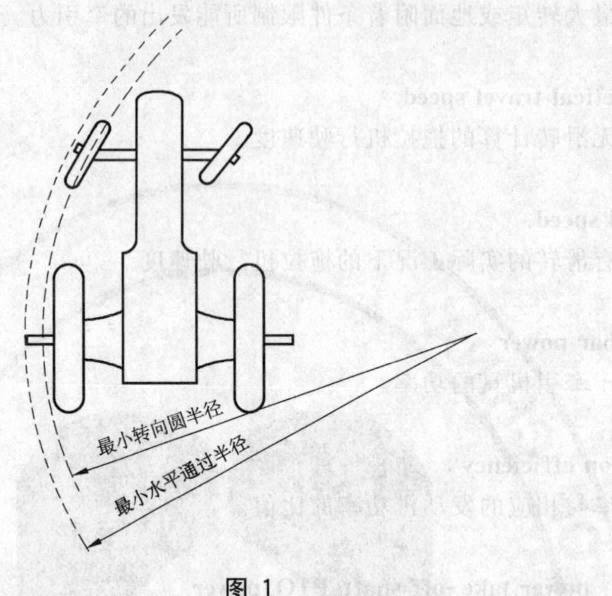

图1

2.2.4.3

最小转向半径　turning radius

拖拉机转弯时，回转中心到拖拉机纵向中心面的距离，其最小值可对拖拉机机动性或操纵性作一般性的评价、比较。

2.2.5

稳定性　stability

拖拉机在坡道上不致翻倾或滑移的能力。

2.2.5.1

纵向极限翻倾角　longitudinal overturning angle of slope

拖拉机制动状态纵向停放在坡道上，不致产生翻倾的最大坡度角。

2.2.5.2

纵向滑移角　longitudinal translation angle of slope

拖拉机制动状态纵向停放在坡道上，不致产生滑移的最大坡度角。

2.2.5.3

横向极限翻倾角　lateral overturning angle of slope

拖拉机横向停放在坡道上，不致产生翻倾的最大坡度角。

2.2.5.4

横向滑移角　lateral translation angle of slope

拖拉机横向停放在坡道上，不致产生滑移的最大坡度角。

2.2.5.5

抗翻系数　coefficient of anti-rearward overturning

轮式拖拉机悬挂相当于悬挂系统最大提升力载荷，下拉杆处于水平状态时，拖拉机抵抗绕后轴翻倾能力的指标。用能使拖拉机翻倾时处于水平状态的下拉杆上悬挂的载荷与拖拉机最大提升力的比值表示。

2.2.6

行车制动性能 service braking performance

操纵行车制动装置，使行驶中的拖拉机减速或迅速停驶的能力。

2.2.7

驻车制动性能 park braking performance

操纵驻车制动装置，使拖拉机能在规定坡度上停住的性能。

2.2.8

通过性 passing ability

拖拉机在田间、道路及非道路条件下的通过能力。

2.2.8.1

最大越障高度 maximum height of surmountable obstacle

拖拉机低速行驶能爬越的最大障碍高度。

2.2.8.2

最大越沟宽度 maximum width of trench-crossing

拖拉机低速行驶能越过的最大横沟宽度。

2.2.8.3

最小离地间隙 minimum ground clearance

在与纵向中心面等距离的两平面之间，拖拉机最低点至支撑面的距离，此两平面的距离为同一轴上左右车轮(履带)内缘间最小距离的80%。

2.2.8.4

农艺地隙 agricultural ground clearance

在拖拉机机体下方，中耕作物通过部分的离地间隙。

2.2.8.5

纵向通过角 ramp angle

与静载前轮和静载后轮相切的两平面，在轮式拖拉机下部相交形成的最小锐角，该锐角为轮式拖拉机可以通过的最大角度(见图2)。

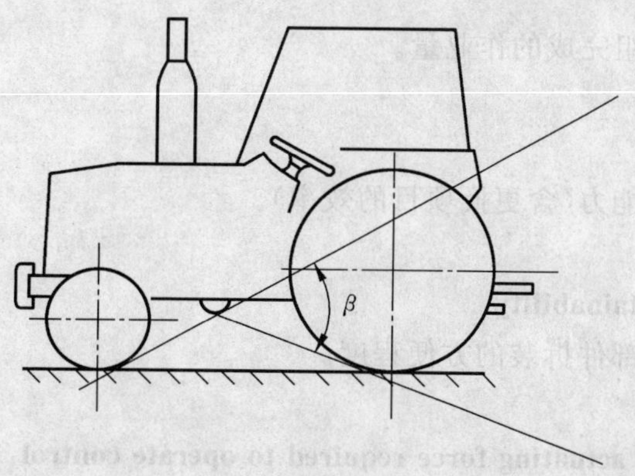

图2

2.2.9

视野 field of vision

坐着的驾驶员眼睛位置处所能看到的范围。

2.2.9.1

遮蔽阴影 masking effect

在视野半圆中，由于构件的遮挡，从驾驶员眼睛位置处不可见区域的扇形的面积。

2.2.10

乘坐舒适性　riding comfort

在驾驶座上乘坐时，驾驶员减缓受震和舒适的程度。

2.2.10.1

驾驶员全身振动　whole body vibration of operator

通过坐着的驾驶员臀部传到人体的三轴向线性振动。

2.2.10.2

扶手把振动　vibration transmited to handle

传导至手扶拖拉机扶手把 X 轴方向线性振动，X 轴处于通过扶手把轴线的铅垂平面内并和扶手把轴线相垂交。

2.2.10.3

驾驶座振动传递系数　vibration transmission factor for seat

驾驶座座面垂直振动加权加速度与驾驶座安装处的拖拉机机体的相应振动加速度之比。

2.2.10.4

联合加权加速度　combine of r. m. s. value of the weighted vibration acceleration

按规定的频率加权方法对人体所受到的三轴向振动加速度进行修正后求出均方根值 A_{XW}、A_{YW}、A_{ZW}，并按下式求得联合加权加速度 A_W。

$$A_W = \sqrt{(1.4\,A_{XW})^2 + (1.4A_{YW})^2 + A_{ZW}{}^2}$$

2.2.11

可靠性　reliability

拖拉机在规定的使用条件、规定时间内完成规定功能的能力。

2.2.12

耐久性　durability

拖拉机在规定的使用和维修条件下，达到某种技术或经济指标极限时，完成规定功能的能力。

2.2.13

生产率　productivity

单位时间内拖拉机或机组完成的作业量。

2.2.14

综合利用性　versatility

拖拉机实施多种作业的能力(含更换项目的效率)。

2.2.15

维修保养方便性　maintainability

指技术保养及维修时零部件拆装的方便程度。

2.2.16

最大操纵力　maximum actuating force required to operate control

驾驶员劳动保护要求规定的各操纵机构操纵力的最大允许值。

2.2.17

动态环境噪声　noise emitted by accelerating tractor

拖拉机按规定工况加速空驶，在离行驶中心线两侧 7.5 m 处测得的最大噪声。

2.2.18

驾驶员操作位置处噪声　noise at the operator's position

拖拉机在规定牵引工况下，在驾驶员耳旁规定位置处测得的最大噪声。

2.2.19

极限冷起动温度　lowest starting temperature

拖拉机用自身装备的一切辅助起动装置和储备能源起动的最低环境温度。

2.2.20

最高工作环境温度　highest ambient temperature

在规定的使用(试验)条件下,拖拉机所能工作的最高环境温度。

2.2.21

拖拉机纵向中心面　medium longitudinal plane of tractor

轮式拖拉机为同一轴上左右车轮接地中心点连线的垂直平分面,接地中心点为通过车轮轴线所作支承面的铅垂面与车轮中心面的交线在支承面上的交点。

履带拖拉机为距左右履带中心面等距离的平面。

2.2.22

车轮(履带)中心面　median plane of wheel(track)

距车轮轮辋两内缘(履带两侧)等距的平面。

2.2.23　拖拉机尺寸参数

2.2.23.1

拖拉机总长　overall length

分别相切于拖拉机前、后端并垂直于纵向中心面的两个铅垂面间的距离(悬挂下拉杆处于水平位置),见图 3 中 L_o。

2.2.23.2

拖拉机总宽　overall width

平行于纵向中心面并分别相切于拖拉机左、右固定突出部位最外侧点的两个平面间的距离,见图 3 中 B_o。

2.2.23.3

拖拉机总高　overall height

拖拉机最高部位至支承面间的距离,见图 3 中 H_{op}。

2.2.23.4

轴距　wheel base

分别通过拖拉机同侧前、后车轮接地中心点并垂直于纵向中心面和支承面的两平面间的距离,见图 3中 L。

2.2.23.5

轮距(轨距)　wheel tread(track)

同轴线上左、右车轮接地中心点(左、右履带中心面)之间的距离,见图 3 中 B_c、B_q。

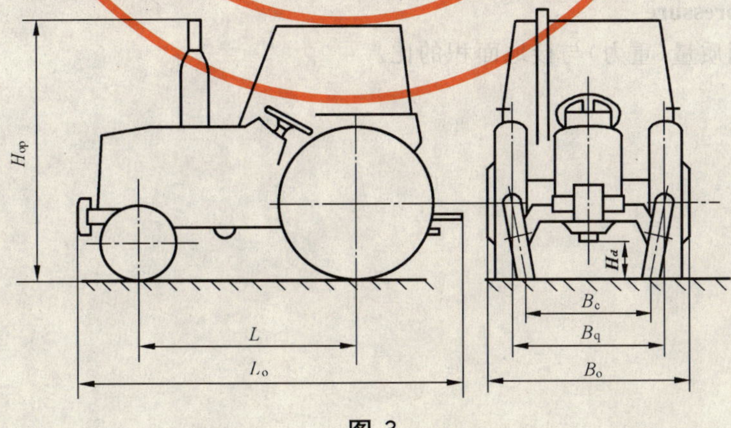

图 3

2.2.23.6

质心高度坐标　vertical coordinate of the centre of tractor mass

拖拉机质心到支承面的距离。

2.2.23.7

质心纵向坐标　horizontal coordinate of the centre of tractor mass

拖拉机质心到通过后轮轴线的铅垂面的水平距离。

2.2.23.8

质心横向坐标　lateral coordinat of the centre of tractor mass

拖拉机质心到纵向中心面的距离。

2.2.24　**拖拉机质量　tractor mass**

2.2.24.1

结构质量　dry mass

指不加油料(燃油、润滑油、液压油)和冷却液、无随车工具和无可拆卸配重(轮胎内无注水)时的拖拉机质量。

2.2.24.2

最小使用质量　minimum operation mass

按规定加足各种油料(燃油、润滑油、液压油)和冷却液并有驾驶员和随车工具、无可拆卸配重(轮胎内无注水)时的拖拉机质量。

2.2.24.3

最大使用质量　maximum operation mass

按规定加足各种油料(燃油、润滑油、液压油)和冷却液并有驾驶员和随车工具、装最大配重(轮胎内无注水)时的拖拉机质量。

2.2.24.4

结构比质量　specific dry mass

拖拉机结构质量与发动机标定功率之比值。

2.2.25

前(后)轮质量分配系数　coefficient of weight on front(rear)wheel

拖拉机静止状态下,前(后)轮作用在水平支撑面上的垂直力与使用质量(重力)之比值。

2.2.26

灌注量　filling capacity

拖拉机正常工作所需注入各有关部件的规定液体量。

2.2.27

比压　specific pressure

拖拉机最大使用质量(重力)与接地面积的比。

中 文 索 引

L

N

P

Q

R

S

T

英文索引

A

B

C

D

F

H

I

L

S

T

V

W

ICS 65.060.10
T 60

中华人民共和国国家标准

GB/T 6960.2—2007
代替 GB/T 6960.2—1995

拖拉机术语 第2部分:传动系

Tractor terminology—Part 2: Transmission system

2007-03-21 发布 2007-08-01 实施

中华人民共和国国家质量监督检验检疫总局
中国国家标准化管理委员会 发布

前　言

GB/T 6960《拖拉机术语》分为七个部分：

——第 1 部分：整机；

——第 2 部分：传动系；

——第 3 部分：制动系；

——第 4 部分：行走系；

——第 5 部分：转向系；

——第 6 部分：液压悬挂系及牵引、拖挂装置；

——第 7 部分：驾驶室、驾驶座和覆盖件。

本部分是 GB/T 6960 的第 2 部分。

本部分是对 GB/T 6960.2—1995《拖拉机术语　传动系》的修订。修订时，主要修订内容如下：

——标准名称中增加了“第 2 部分”；

——增加了部分术语和定义；

——完善了 3.2.2、3.2.4、3.2.5、3.4.5、3.12.6 条的定义；

——增加了本部分的中、英文索引。

本部分由中国机械工业联合会提出。

本部分由全国拖拉机标准化技术委员会归口。

本部分起草单位：洛阳拖拉机研究所、国家拖拉机质量监督检验中心。

本部分主要起草人：李乐臣、任越光、解志桥、李勇、柳玲文。

本部分所代替标准的历次版本发布情况为：

——GB 6960.2—1986、GB/T 6960.2—1995。

拖拉机术语 第2部分:传动系

1 范围

GB/T 6960的本部分规定了拖拉机传动系的术语和定义,并列出对应的英文名称。

本部分适用于拖拉机。

2 规范性引用文件

下列文件中的条款通过GB/T 6960的本部分的引用而成为本部分的条款。凡是注日期的引用文件,其随后所有的修改单(不包括勘误的内容)或修订版均不适用于本部分,然而,鼓励根据本部分达成协议的各方研究是否可使用这些文件的最新版本。凡是不注日期的引用文件,其最新版本适用于本部分。

GB/T 6960.1—2007 拖拉机术语 第1部分:整机

3 术语和定义

GB/T 6960.1—2007确立的以及下列术语和定义适用于GB/T 6960的本部分。

3.1

传动系 transmission system

将发动机的转速、转矩经转换与控制传至驱动轮和动力输出轴(带轮)的全套装置。

3.1.1

机械传动系 mechanical transmission system

由离合器、变速箱、驱动桥等机械装置组成的传动系。

3.1.2

液压传动系 hydrostatic transmission system

由液压泵、液压马达、阀和管路等液压装置组成的传动系。

3.1 3

液力传动系 hydrodynamic transmission system

由液力变矩器或偶合器等液力装置组成的传动系。

3.1.4

速比 speed ratio

输入轴转速与输出轴转速之比。

3.1.5

转矩比 torque ratio

输出轴转矩与输入轴转矩之比。

3.1.6

传动效率 transmission efficiency

输出轴功率与输入轴功率之比。

3.2

离合器 clutch

用于传递和切断动力的装置。

3.2.1

摩擦式离合器　friction clutch

靠主、从动件间的摩擦力传递动力的离合器。

3.2.2

牙嵌式离合器　dog clutch

靠主、从动轴端面上互相嵌合的凸块传递动力的离合器。

3.2.3

弹簧压紧式离合器　spring-loaded clutch

主、从动摩擦件间的压紧力由压紧弹簧产生的离合器。

3.2.4

杠杆压紧式离合器　lever-loaded clutch

主、从动摩擦件间的压紧力由杠杆机构的弹性力产生的离合器。

3.2.5

液压离合器　hydraulic clutch

主、从动摩擦件间的压紧力由液体压力产生的离合器。

3.2.6

主离合器　traction (main)clutch

控制发动机向驱动轮传送动力的离合器。

3.2.7

动力输出离合器　power take - off clutch(PTO clutch)

控制发动机向动力输出轴(带轮)传送动力的离合器。

3.2.8

独立操纵的双作用离合器　independent operated dual-stage clutch

能各自独立操纵的主离合器与动力输出离合器的组合体。

3.2.9

联动操纵的双作用离合器　linkage operated dual-stage clutch

具有一套操纵机构,分段联动操纵的主离合器与动力输出离合器的组合体。

3.2.10

湿式离合器　wet clutch

主、从动摩擦件在油液中工作的离合器。

3.2.11

转向离合器　steering clutch

控制向左、右侧驱动轮传送动力以实现拖拉机转向的离合器。

3.2.12

离合器转矩储备系数　clutch torque reserve factor

摩擦式离合器传递的最大稳定转矩与标定输入转矩之比。

3.2.13

滑摩功　slip energy

离合器主、从动件在接合期间消耗于摩擦的功。

3.2.14

离合器衰减系数　fade coefficient of clutch

离合器热态和冷态时所传递的最大稳定输出转矩之比。

3.2.15

从动盘 driven plate

摩擦离合器中被驱动的圆盘(片)。

3.2.16

压盘 pressure plate

摩擦离合器中传递压紧力的主动圆盘。

3.2.17

离合器盖 clutch cover

支承压紧弹簧及作为分离杆杠支座的壳形件。

3.3

传动轴 drive shaft

用于部件间传递转速、转矩的联轴节与轴(轴管)组合。

3.4

变速箱 transmission (gear box)

能改变速比(或转矩比)和输出轴旋转方向的传动装置。

3.4.1

组成式变速箱 compound transmission

由主变速和各种副变速装置组成的变速箱。

3.4.2

行星式变速箱 planetary transmission

采用行星机构变速的变速箱。

3.4.3

有级变速 stepped shift speed

速比在若干个固定速比间变换。

3.4.4

无级变速 infinitely variable speed

速比连续变换。

3.4.5

换档 shift

变换工作齿轮副改变速比或/和旋转方向。

3.4.5.1

滑动齿轮换档 sliding gear shift

通过齿轮轴向滑动实现换档。

3.4.5.2

啮合套换档 collar shift

通过移动啮合套变换被接合齿轮实现换档。

3.4.5.3

同步器换档 synchronized shift

通过同步器变换被接合齿轮实现换档。

3.4.5.4

动力换档 power shift

利用液压换档离合器或/和制动器快速变换工作齿轮副实现负载下换档。

3.4.6

增矩器　torque amplifier(hi-lo unit)

具有两个档位的动力换档装置。

3.4.7

同步器　synchronizer

换档时,在其啮合套进入刚性接合前,通过摩擦元件使相啮合件转速趋于一致的装置。

3.4.8

换档锁定机构　shift detent mechanism

使拨叉或拨叉轴锁定在挂档或空档位置的机构。

3.4.9

换档互锁机构　shift interlock mechanism

换档时避免同时移动两个拨叉(拨叉轴)的机构。

3.4.10

拨叉　shift fork

拨动滑动齿轮、啮合套换档的叉形件。

3.5

分动箱　transfer case

使变速箱输出的动力分别向前、后桥传递的传动装置。

3.6

中央传动　main drive

使变速箱输出的动力传给差速器或履带转向机构的减速装置。

3.7

差速器　differential

能使左、右半轴以差速传递转矩的机构。

3.7.1

差速锁　differential lock

使差速器处于不能差速传动的装置。

3.7.2

防滑差速器　limited slip differential

能自动使左、右半轴转矩不等,减少附着力较差一侧驱动轮滑转的差速器。

3.7.2.1

锁止系数　lock ratio

防滑差速器左、右半轴转矩差值与左、右半轴转矩和之比。

3.8

履带转向机构　steering mechanism for crawler tractor

能改变左、右履带驱动力(速度)使履带拖拉机转向的传动及制动机构总和。

3.9

后(驱动)桥　rear(drive) axle

变速箱后或分动箱后(经传动轴)至后驱动轮之间的传动装置。

3.10

前(驱动)桥　front wheel drive axle

分动箱后(经传动轴)至前驱动轮之间的传动装置。

3.11

最终传动　final drive

向左、右驱动轮传递动力的最终减速装置。

3.11.1

内置式最终传动　inside installed final drive

置于后桥箱体内，差速器两侧的最终传动。

3.11.2

外置式最终传动　outside installed final drive

置于后桥箱体外侧或靠近驱动轮处的最终传动。

3.12

动力输出轴　power take-off shaft（PTO）

拖拉机向其驱动机具输出动力的轴伸。

3.12.1

后动力输出轴　rear PTO

位于拖拉机后部，向后伸出的动力输出轴。

3.12.2

前动力输出轴　front PTO

位于拖拉机前部，向前伸出的动力输出轴。

3.12.3

轴间动力输出轴　mid PTO

位于拖拉机前、后轴间向前伸出的动力输出轴。

3.12.4

独立式动力输出轴　independent PTO

其运转和停止与拖拉机的行驶和停止互不影响的动力输出轴。

3.12.5

非独立式动力输出轴　transmission-driven PTO

其运转和停止与拖拉机的行驶和停止同时发生的动力输出轴。

3.12.6

半独立式动力输出轴　continuous-running PTO

一种运转可不受拖拉机的行驶和停止影响的动力输出轴，但其运转或停止状态的改变必须在拖拉机停止时进行。

3.12.7

同步式动力输出轴　ground speed PTO

其转速与拖拉机行驶速度成固定比例的动力输出轴。

3.12.8

动力输出轴标准转速　standard speed of PTO

符合标准规定的动力输出轴转速，1 型为 540 r/min；2 型和 3 型为 1 000 r/min。

3.13

动力输出带轮　power take-off belt pulley

拖拉机向固定机具输出动力的带轮。

中文索引

B

C

D

F

G

H

J

L

M

N

Q

S

T

W

X

Y

Z

英 文 索 引

M

O

P

R

S

T

W

ICS 65.060.10
T 60

中华人民共和国国家标准

GB/T 6960.3—2007
代替 GB/T 6960.3—1995

拖拉机术语 第3部分:制动系

Tractor terminology—Part 3:Braking system

2007-03-21 发布 2007-08-01 实施

中华人民共和国国家质量监督检验检疫总局
中国国家标准化管理委员会 发布

前　言

GB/T 6960《拖拉机术语》分为七个部分：

——第1部分：整机；

——第2部分：传动系；

——第3部分：制动系；

——第4部分：行走系；

——第5部分：转向系；

——第6部分：液压悬挂系及牵引、拖挂装置；

——第7部分：驾驶室、驾驶座和覆盖件。

本部分是GB/T 6960的第3部分。

本部分是对GB/T 6960.3—1995《拖拉机术语　制动系》的修订，主要修订内容以下：

——标准名称中增加了“第3部分”；

——增加了部分术语和定义；

——完善了3.1.1、3.1.2、3.1.5、3.1.6、3.2.2、3.6.1的定义；

——增加了本部分的中、英文索引。

本部分由中国机械工业联合会提出。

本部分由全国拖拉机标准化技术委员会归口。

本部分起草单位：洛阳拖拉机研究所、国家拖拉机质量监督检验中心。

本部分主要起草人：郎志中、齐亮、范建华、石国权、徐惠娟。

本部分所代替标准的历次版本发布情况为：

——GB 6960.3—1986、GB/T 6960.3—1995。

拖拉机术语　第3部分:制动系

1　范围

GB/T 6960的本部分规定了拖拉机制动系的术语和定义,并列出对应的英文名称。

本部分适用于拖拉机。

2　规范性引用文件

下列文件中的条款通过GB/T 6960的本部分的引用而成为本部分的条款。凡是注日期的引用文件,其随后所有的修改单(不包括勘误的内容)或修订版均不适用于本部分,然而,鼓励根据本部分达成协议的各方研究是否可使用这些文件的最新版本。凡是不注日期的引用文件,其最新版本适用于本部分。

GB/T 6960.1—2007　拖拉机术语　第1部分:整机

3　术语和定义

GB/T 6960.1—2007确立的以及下列术语和定义适用于GB/T 6960的本部分。

3.1

制动系　braking system

制止拖拉机运动或运动趋势的全套装置。

3.1.1

行车制动系　service braking system

使行驶中的拖拉机平稳减速或停驶的制动系。

3.1.2

驻车制动系　parking braking system

使拖拉机保持停止状态的制动系。

3.1.3

机械制动系　mechanical braking system

产生制动力所需能量由驾驶员体力供给并全部由机械机构传递的制动系。

3.1.4

人力液压制动　non-power hydraulic braking

产生制动力所需能量由驾驶员体力供给和由液体压力传递的制动。

3.1.5

液压制动　power-assisted hydraulic braking

产生制动力所需能量由液压装置提供的制动。

3.1.6

气压制动　pneumatic braking

产生制动力所需能量由气压装置提供的制动。

3.2

制动供能装置　energy supplying device for braking

供给、调节和改善制动所需能量的装置。

3.2.1

制动主缸　brake master cylinder

将控制力转换为液体压力的部件。

3.2.2

气泵(压气机)　air compressor

产生压缩空气的装置。

3.2.3

储气筒　air storage reservoir

储存压缩空气满足制动供气需要的容器。

3.3

制动控制装置　braking control device

制动时操纵和控制制动效果的装置。

3.3.1

制动踏板装置　braking pedal device

制动时用脚踏的控制装置。

3.3.2

驻车制动操纵装置　parking braking control device

停车制动时产生和维持机械控制力传向制动器的装置。

3.3.3

液压制动阀　hydraulic brake valve

使传能装置取得相应的液体压力的制动控制装置。

3.3.4

气制动阀　air brake valve

使传能装置取得相应的气体压力的制动控制装置。

3.4

制动传能装置　energy transfer device for braking

传送控制装置分配来的能量到制动器的装置。

3.4.1

制动油缸　brake cylinder

将液体压力转换为作用在制动器上的机械力的装置。

3.4.2

制动气室　brake chamber

将气体压力转换为作用在制动器上的机械力的装置。

3.5

制动器　brake

产生制动力矩的装置。

3.5.1

带式制动器　band brake

通过抱紧制动带产生摩擦制动力的制动器。

3.5.2

蹄式制动器　shoe brake

通过胀紧制动蹄片产生摩擦制动力的制动器。

3.5.3

盘式制动器　disk brake

通过压紧制动盘片产生摩擦制动力的制动器。

3.5.4

钳式制动器　caliper disk brake

通过局部夹紧制动盘产生摩擦制动力的制动器。

3.5.5

湿式制动器　wet brake

摩擦副在油液中工作的制动器。

3.6　制动系参数

3.6.1

制动操纵力　braking control force

施加在制动操纵装置上的力。

3.6.2

制动力矩　braking torque

制动器产生的制止车轮或履带运动或运动趋势的阻力矩。

3.6.3

制动力　braking force

由制动作用产生的阻止车轮或履带运动或运动趋势的地面摩擦力。

3.6.4

制动反应时间　braking react time

从制动操纵装置开始动作到制动器开始产生制动力矩所经历的时间。

3.6.5

有效制动时间　active braking time

从制动力开始产生到拖拉机完全停住所经历的时间。

3.6.6

总制动时间　total braking time

制动反应时间和有效制动时间之和。

3.6.7

制动距离　braking distance

由驾驶员开始制动至拖拉机完全停住时的行驶距离。

3.6.8

制动初速度　initial speed of braking

制动操纵装置开始动作时的拖拉机行驶速度。

3.6.9

平均制动减速度　mean braking deceleration

自驾驶员开始制动至拖拉机完全停住所获得的制动减速度的平均值(a_m)。

$$a_m = v_0/t \qquad \cdots\cdots(1)$$

$$或\ a_m = v_0^2/s \qquad \cdots\cdots(2)$$

式中：

v_0——制动初速度，单位为米每秒(m/s)；

t——总制动时间，单位为秒(s)；

s——制动距离，单位为米(m)。

3.6.10

制动器热衰减系数　heat fade coefficient of brake

热态和冷态平均制动减速度之比。

3.7

制动跑偏　braking deviation

左、右轮制动力矩不同引起的拖拉机偏离行驶方向、路线的现象。

中 文 索 引

英 文 索 引

M

N

P

S

T

W

ICS 65.060.10
T 60

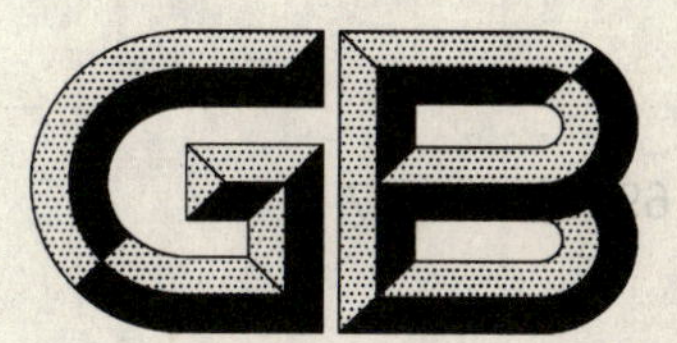

中华人民共和国国家标准

GB/T 6960.4—2007
代替 GB/T 6960.4—1995

拖拉机术语 第4部分:行走系

Tractor terminology—Part 4:Running gears and undercarriages

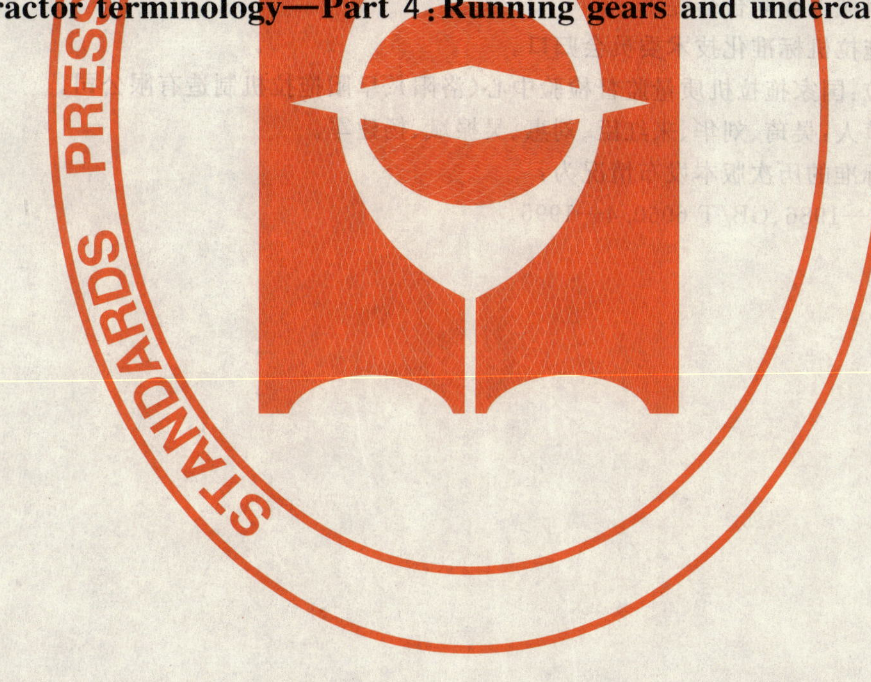

2007-03-21 发布　　　　2007-08-01 实施

中华人民共和国国家质量监督检验检疫总局
中国国家标准化管理委员会 发布

前言

GB/T 6960《拖拉机术语》分为七个部分：

——第1部分：整机；

——第2部分：传动系；

——第3部分：制动系；

——第4部分：行走系；

——第5部分：转向系；

——第6部分：液压悬挂系及牵引、拖挂装置；

——第7部分：驾驶室、驾驶座和覆盖件。

本部分是GB/T 6960的第4部分。

本部分是对GB/T 6960.4—1995《拖拉机术语　行走系》的修订，主要修订内容如下：

——标准名称中增加了“第4部分”；

——完善了3.1.2、3.2.1.2、3.2.1.3的定义；

——增加了本部分的中、英文索引。

本部分由中国机械工业联合会提出。

本部分由全国拖拉机标准化技术委员会归口。

本部分起草单位：国家拖拉机质量监督检验中心（洛阳）、阜阳拖拉机制造有限公司。

本部分主要起草人：吴琦、刘华、来红臣、刘惠、吴振斌、杨建军。

本部分所代替标准的历次版本发布情况为：

——GB 6960.4—1986、GB/T 6960.4—1995。

拖拉机术语　第 4 部分:行走系

1　范围

GB/T 6960 的本部分规定了拖拉机行走系的术语和定义,并列出对应的英文名称。

本部分适用于拖拉机。

2　规范性引用文件

下列文件中的条款通过 GB/T 6960 的本部分的引用而成为本部分的条款。凡是注日期的引用文件,其随后所有的修改单(不包括勘误的内容)或修订版均不适用于本部分,然而,鼓励根据本部分达成协议的各方研究是否可使用这些文件的最新版本。凡是不注日期的引用文件,其最新版本适用于本部分。

GB/T 6960.1—2007　拖拉机术语　第 1 部分:整机

3　术语和定义

GB/T 6960.1—2007 确立的以及下列术语和定义适用于 GB/T 6960 的本部分。

3.1　行走系及机架分类

3.1.1

行走系　running gears; undercarriages

支承机体,使拖拉机能够行驶并提供牵引力的全套装置。

3.1.2

轮式行走系　running gears of wheeled tractor

一种靠车轮支承机体、行走并获取地表切向反力的系统。

3.1.3

履带行走系　undercarriages of crawler tractor

一种通过履带支承机体、通过卷绕循环铺放的履带行走并获得地表反向力的系统。

3.1.3.1

整体台车履带行走系　undercarriages with entire bogie of crawler tractor

具有整体台车的履带行走系。

3.1.3.2

平衡台车履带行走系　undercarriages with equalizing bogie of crawler tractor

具有平衡台车的履带行走系。

3.1.3.3

独立台车履带行走系　undercarriages with independent bogie crawler tractor

具有独立台车的履带行走系。

3.1.4

机架　frame

由纵横梁和(或)部件壳体连接组成的构件,其上可安装、连接各部件,使拖拉机构成一整体。

3.1.4.1

全架　entire frame

全部由纵横梁组成的机架。

3.1.4.2

无架 frameless

全部由各部件壳体连接组成的机架。

3.1.4.3

半架 semi-frame

由纵横梁和部件壳体连接组成的机架。

3.1.4.4

铰接架 articulated frame

由前、后两段机架铰接组成的机架。

3.2 轮式行走装置

3.2.1

前轴 front axle

用于安装前轮并支承拖拉机前部的构件。

3.2.1.1

伸缩套管式前轴 telescopic front axle

由管式前梁套接前梁臂构成的可调整轮距式前轴。

3.2.1.2

可调板梁式前轴 adjustable beam front axle

由矩形、工字形等断面前梁和前梁臂搭接构成的可调整轮距式前轴。

3.2.1.3

固定轮距式前轴 fixed tread front axle

前轮的安装距离不可调整的前轴。

3.2.2

车轮 wheel

装在车轴上支撑机体,旋转行驶的组件。

3.2.2.1

前轮 front wheel

位于拖拉机前部的车轮。

3.2.2.2

后轮 rear wheel

位于拖拉机后部的车轮。

3.2.2.3

导向轮 steering wheel

用于控制拖拉机行驶方向的车轮。

3.2.2.4

驱动轮 driving wheel

用于驱动拖拉机行驶的车轮。

3.2.2.5

水田轮 paddy field wheel

专用于水田作业的驱动轮。

3.2.2.6

双排驱动轮 dual driving wheel

在拖拉机每侧驱动轴上并装两个驱动轮。

3.3 履带拖拉机悬架和行走装置

3.3.1

悬架 suspension

使支重轮(组)与机架连接并传递机体重力的构件。

3.3.1.1

刚性悬架 rigid suspension

机体重力通过刚性元件传递的悬架。

3.3.1.2

弹性悬架 elastic suspension

机体全部重力通过弹性元件传递的悬架。

3.3.1.3

半刚性悬架 semi-rigid suspension

机体部分重力通过刚性元件传递的悬架。

3.3.2

履带行走装置 endless track installation

装在机架或整体台车架上，支承机体，使履带循环转动行驶及发挥出牵引力的全套机构。

3.3.2.1

台车 bogie

支重轮组或支重轮与悬架的组合体。

3.3.2.1.1

整体台车 entire bogie

由一侧支重轮刚性联结组成的台车。

3.3.2.1.2

平衡台车 equalizing bogie

由两个(或两个以上)支重轮彼此用平衡臂联结的台车。

3.3.2.1.3

独立台车架 independent bogie

由支重轮与各自的弹性元件组成的台车。

3.3.2.2

履带 track

能循环卷绕的环形带，并形成无限长移动轨道。

3.3.2.2.1

金属履带 metal track

全部由金属零件组成的履带。

3.3.2.2.2

整体式履带 entire track

由整体铸造履带板组成的履带。

3.3.2.2.3

组合式履带 sectional track

由履轨、履板和销套组成的履带。

3.3.2.2.4

橡胶-金属履带 rubber-metal track

由金属履带板和橡胶连接件所组成的履带。

3.3.2.2.5

橡胶履带 rubber track

由整条橡胶带构成的履带。

3.3.3

支重轮 support roller

支承机体,在履带轨道上旋转行驶的轮子。

3.3.4

张紧缓冲装置 tensional device

具有调整履带张紧力和缓冲性能的装置。

3.3.4.1

导向(张紧)轮 track(tension)idler

张紧履带,承受行走时履带所受冲击力,保证引导履带卷绕方向的轮子。

3.3.5

驱动轮 driving sprocket

通过卷绕履带驱动拖拉机的轮子。

3.3.5.1

节齿式啮合 tooth mesh

由位于履带板铰链中间的齿和驱动链轮上的齿槽啮合。

3.3.5.2

节销式啮合 link-pin mesh

由履带板铰链中间的齿销和驱动链轮上的轮齿啮合。

3.3.6

托轮 carrier roller

托住履带,防止履带下垂量过大的轮子。

3.4 行走系性能参数

3.4.1

接地面积 contact area

车轮或履带行走装置与地面接触部分的面积。

3.4.2

附着载荷 adhesion weight

驱动轮或履带行走装置对地面的垂直载荷。

3.4.3

平均接地压力 average contact pressure

车轮或履带行走装置的垂直载荷与接地面积之比。

3.4.4

下陷量 sinkage

车轮或履带行走装置的最低点(不计抓土齿部分)与未被压过的地面间的垂直距离。

3.4.5

附着力 adhesion force

驱动轮或履带行走装置在一定的垂直载荷和地面条件下所能发挥的最大驱动力。

3.4.6

附着系数 coefficient of adhesion

附着力与附着载荷之比。

3.4.7

动力半径　dynamic radius

作用于驱动轮上与运动方向相同的全部反作用力合力作用线到驱动轮中心的距离。

3.4.8

驱动力　gross tractive force

驱动轮或履带行走装置驱动时，在地面上产生的与行驶方向相同的力，其值为驱动转矩除以动力半径。

3.4.9

滚动阻力　rolling resistance

车轮或履带行走装置滚动时，克服地面变形及行走装置内部摩擦等引起的与行驶方向相反的力。

3.4.10

滚动阻力系数　coefficient of rolling resistance

车轮或履带行走装置滚动时的滚动阻力与其对地面垂直载荷之比。

3.4.11

滑转率　slip

驱动轮或履带行走装置在驱动力为零时的理论速度与有驱动力时的实际速度之差与理论速度之比。

3.4.12

行走效率　efficiency for running gears(undercarriages)

行走系的效率指标(η_0)。

$$\eta_0 = (1 - F_f/F_q) \cdot (1 - \delta) \quad \cdots\cdots\cdots\cdots (1)$$

式中：

F_r——滚动阻力；

F_q——驱动力；

δ——滑转率。

3.4.13

静力半径　static loaded radius

车轮在静止垂直载荷下，轮轴轴心到地面的垂直距离。

3.4.14

滚动半径　rolling radius

车轮滚动一周所行驶距离与 2π 之比。

3.4.15

前轴摆角　oscillatory angle of front axle

前轴从水平位置摆动到限位时的转角。

3.4.16

前轮外倾角　camber

前轮中心面与铅垂线间的夹角。

3.4.17

立轴内倾角　king pin inclination

立轴轴线在垂直于支承面和纵向中心面的平面上的投影与支承面垂线间的夹角。

3.4.18

立轴后倾角　caster

立轴轴线在纵向中心面上的投影与支承面垂线间的夹角。

3.4.19

前束　toe in

在前轮中心高度上测得的左右轮胎面中心线间，后、前尺寸之差。

3.4.20

前轮摆振　shimmy of front wheel

拖拉机直线行驶时，前轮的横向摆动现象。

3.4.21

履带张紧力　tensioning force

由履带张紧装置施加于履带的张力。

3.4.22

履带前倾角　approach angle of track

前部履带下方与支承面间的夹角。

3.4.23

履带后倾角　trim angle of track

后部履带下方与支承面间的夹角。

3.4.24

驱动轮节距　drive sprocket pitch

驱动链轮相邻啮合齿在节圆上的弦长。

3.4.25

履带节距　track pitch

两相邻履带销孔中心线之间的距离。

3.4.26

履带接地长度　ground contact length of track

履带与地面的接触长度。

3.4.27

履带下垂量　sag of chain track

两个轮子(托轮、导向轮、驱动轮)之间履带下垂的最大距离。

中 文 索 引

K

L

P

Q

S

T

英 文 索 引

A

B

C

D

E

F

T

U

W

ICS 65.060.10
T 60

中华人民共和国国家标准

GB/T 6960.5—2007
代替 GB/T 6960.5—1995

拖拉机术语 第5部分:转向系

Tractors terminology—Part 5: Steering system

2007-03-21 发布 2007-08-01 实施

中华人民共和国国家质量监督检验检疫总局
中国国家标准化管理委员会 发布

前　言

GB/T 6960《拖拉机术语》分为七个部分：

——第 1 部分：整机；

——第 2 部分：传动系；

——第 3 部分：制动系；

——第 4 部分：行走系；

——第 5 部分：转向系；

——第 6 部分：液压悬挂系及牵引、拖挂装置；

——第 7 部分：驾驶室、驾驶座和覆盖件。

本部分是 GB/T 6960 的第 5 部分。

本部分是对 GB/T 6960.5—1995 的《拖拉机术语　转向系》的修订，主要修订内容如下：

——标准名称中增加了“第 5 部分”；

——完善了 3.1.1.3、3.3、3.3.8.2 的定义；

——增加了部分术语和定义；

——增加了本部分的中、英文索引。

本部分由中国机械工业联合会提出。

本部分由全国拖拉机标准化技术委员会归口。

本部分起草单位：洛阳拖拉机研究所、国家拖拉机质量监督检验中心。

本部分主要起草人：尚项绳、齐劲峰、闫小方、孙盼盼。

本部分所代替标准的历次版本发布情况为：

——GB 6960.5—1986、GB/T 6960.5—1995。

拖拉机术语 第5部分:转向系

1 范围

GB/T 6960的本部分规定了拖拉机转向系的术语和定义,并列出对应的英文名称。

本部分适用于拖拉机。

2 规范性引用文件

下列文件中的条款通过GB/T 6960的本部分的引用而成为本部分的条款。凡是注日期的引用文件,其随后所有的修改单(不包括勘误的内容)或修订版均不适用于本部分,然而,鼓励根据本部分达成协议的各方研究是否可使用这些文件的最新版本。凡是不注日期的引用文件,其最新版本适用于本部分。

GB/T 6960.1—2007 拖拉机术语 第1部分:整机

3 术语和定义

GB/T 6960.1—2007确立的以及下列术语和定义适用于GB/T 6960的本部分。

3.1

转向系 steering system

改变和保持拖拉机行驶方向的全套装置。

3.1.1

轮式拖拉机转向系 steering system for wheeled tractor

轮式拖拉机偏转车轮的全套装置。

3.1.1.1

车轮转向 wheel steering

通过偏转车轮改变拖拉机行驶方向。

3.1.1.2

折腰转向 articulated steering

通过前、后铰接机体偏折使车轮偏转改变拖拉机行驶方向。

3.1.1.3

机械转向 mechanical steering(manual)

靠人力操纵机械装置进行转向。

3.1.1.4

液压转向 hydrostatic steering

操纵液压装置,用液压能进行转向。

3.1.1.4.1

熄火转向 emergency steering

在液压转向拖拉机上,发动机熄火或液压泵停止工作时,由驾驶员用手力驱动转向计量泵,泵送油液进行转向。

3.1.1.5

液压助力转向 power-assisted steering

操纵机械装置,同时控制液压伺服装置,用液压能帮助驾驶员手力进行转向。

3.1.2

履带拖拉机转向系　steering system for crawler tractor

履带拖拉机改变左、右履带驱动力(或速度)的传动和制动装置及其操纵机构。

3.1.2.1

侧滑转向　skid steering

通过左右履带(驱动轮)牵引力不同引起履带(或车轮)侧向滑动改变拖拉机行驶方向。

3.2　转向系性能参数

3.2.1

转向系角传动比　angle ratio of steering system

转向盘转角的增量与同侧转向节转角的相应增量之比。

3.2.2

转向系刚度　stiffness of steering system

转向节固定,转向盘的输入力矩与角位移之比。

3.2.3

转向盘总圈数　total turns of steering wheel

在拖拉机上,转向盘从一个极端位置转到另一个极端位置时所转过的圈数。

3.2.4

转向盘自由行程　free running of steering wheel

导向轮在直线行驶位置时,转向盘空转角度。

3.2.5

转向力矩　steering moment

由车轮偏转产生的侧向分力或由左右两侧履带驱动力之差形成的使拖拉机转向的力矩。

3.2.6

转向阻力矩　steering resisting moment

转向时地面和机具作用于拖拉机的阻止转向的力矩。

3.2.7

转向操纵力(力矩)　steering control force(moment)

作用于转向盘或其他转向操纵装置上的力(力矩)。

3.3

机械转向器　manual steering gear

使转向盘的双向转动变为垂臂按一定传动比的摆动的机械装置。

3.3.1

转向器角传动比　steering gear angle ratio

转向轴转角增量与转向器输出轴转角的相应增量之比。

3.3.2

转向器扭转刚度　torsional stiffness of steering gear

转向器垂臂固定,转向器输入的力矩增量与其产生的角位移增量之比。

3.3.3

转向器传动效率　steering gear efficiency

转向器输出功率与输入功率之比。

3.3.3.1

正效率　forward efficiency

功率由转向轴输入,垂臂轴输出时的效率。

3.3.3.2

逆效率　reverse efficiency

功率由垂臂轴输入，转向轴输出时的效率。

3.3.4

蜗杆滚轮式转向器　worm and roller steering gear

一种具有相当于蜗轮两或三个齿的滚动件与球面蜗杆啮合进行传动的转向器。

3.3.5

循环球式转向器　re-circulating ball steering gear

其螺杆与螺母的螺旋圆弧槽中有一组能循环滚动钢球的螺杆螺母式转向器。

3.3.6

曲柄指销式转向器　worm and peg steering gear

一种以曲柄的指形销轴(套)在螺杆梯形槽中配合进行传动的转向器。

3.3.7

垂臂　pitman arm

转向器输出轴上的摇臂。

3.3.8

液压转向器　hydrostatic steering unit

能使转向盘计量控制转向油缸(马达)工作的液压装置。

3.3.8.1

转向计量泵　steering metering pump

液压转向器中控制每转输出油量的泵。

3.3.8.2

转向控制阀　steering control valve

液压转向器中改变动力传递路线的阀。

3.4

转向传动机构　steering linkage

转向器输出轴与转向节之间传动的连杆机构。

3.4.1

转向梯形机构　tie rod linkage

使左、右导向轮按一定关系进行偏转，减少侧滑的梯形连杆机构。

3.4.2

双纵拉杆转向机构　double drag link linkage

使左、右导向轮按一定关系进行偏转，减少侧滑的两根纵拉杆的连杆机构。

中 文 索 引

英 文 索 引

T

W

ICS 65.060.10
T 60

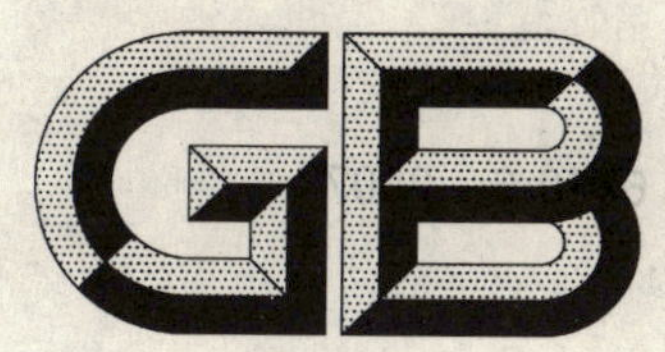

中华人民共和国国家标准

GB/T 6960.6—2007
代替 GB/T 6960.6—1995

拖拉机术语
第6部分:液压悬挂系及牵引、拖挂装置

Tractor terminology—Part 6: Hydraulic hitch system and drawbar, hook

2007-03-21 发布 2007-08-01 实施

中华人民共和国国家质量监督检验检疫总局
中国国家标准化管理委员会 发布

前　言

GB/T 6960《拖拉机术语》分为七个部分：

——第1部分：整机；

——第2部分：传动系；

——第3部分：制动系；

——第4部分：行走系；

——第5部分：转向系；

——第6部分：液压悬挂系及牵引、拖挂装置；

——第7部分：驾驶室、驾驶座和覆盖件。

本部分是GB/T 6960的第6部分。

本部分是对GB/T 6960.6—1995《拖拉机术语　液压悬挂系及牵引、拖挂装置》的修订，主要修订内容如下：

——标准名称中增加了“第6部分”；

——修改了3.4中的术语和定义，使其与GB/T 1593.1—1996中的术语协调一致；

——增加了本部分的中、英文索引。

本部分由中国机械工业联合会提出。

本部分由全国拖拉机标准化技术委员会归口。

本部分起草单位：洛阳拖拉机研究所、国家拖拉机质量监督检验中心。

本部分主要起草人：柳玲文、王华、魏法功、岳倩。

本部分所代替标准的历次版本发布情况为：

——GB 6960.6—1986、GB/T 6960.6—1995。

拖拉机术语
第6部分:液压悬挂系及牵引、拖挂装置

1 范围

GB/T 6960的本部分规定了拖拉机液压悬挂系及牵引、拖挂装置的术语和定义,并列出对应的英文名称。

本部分适用于拖拉机。

2 规范性引用文件

下列文件中的条款通过GB/T 6960的本部分的引用而成为本部分的条款。凡是注日期的引用文件,其随后所有的修改单(不包括勘误的内容)或修订版均不适用于本部分,然而,鼓励根据本部分达成协议的各方研究是否可使用这些文件的最新版本。凡是不注日期的引用文件,其最新版本适用于本部分。

GB/T 6960.1—2007 拖拉机术语 第1部分:整机

GB/T 1593.1—1996 农业轮式拖拉机后置式三点悬挂装置 第1部分:1、2、3和4类(eqv ISO 703-1:1994)

3 术语和定义

GB/T 6960.1—2007确立的以及下列术语和定义适用于GB/T 6960的本部分。

3.1 液压悬挂系及其型式

3.1.1

液压悬挂系 hydraulic hitch system

将机具挂结在拖拉机上,传递牵引力,以液压操纵升降机具、控制耕深和输出液压能的全套装置。

3.1.2

整体式液压悬挂系 integrated hydraulic hitch system

各液压元件组成一个整体的液压悬挂系。

3.1.3

分置式液压悬挂系 hydraulic hitch system with separated units

各液压元件分别安装在拖拉机的不同部位的液压悬挂系。

3.1.4

半分置式液压悬挂系 hydraulic hitch system with partial separated units

除液压泵单独安装外,其他液压元件组成一个整体的液压悬挂系。

3.1.5

吸油路调节式液压悬挂系 hydraulic hitch system with inlet control

通过调节液压泵的吸油量,来改变输出油量(由零到额定油量)从而控制执行油缸动作的液压悬挂系。

3.1.6

压油路调节式液压悬挂系 hydraulic hitch system with outlet control

通过主控制阀改变压力油路的油流方向来控制执行油缸动作的液压悬挂系。

3.1.7

卸荷式液压悬挂系 hydraulic hitch system with unloading function

耕作位置时，主控制阀处于中立位置，使油缸进排油切断，液压泵卸荷输出的油量流回油箱的液压悬挂系。

3.1.8

节流式液压悬挂系 hydraulic hitch system with throttle control

耕作位置时，主控制阀处于中立位置，通过其阀口节流调节系统压力，维持提升油缸负荷要求的液压悬挂系。

3.1.9

开心式液压系统 open centre hydraulic system

主控制阀处于中立位置时，液压泵的输出油流通过主控制阀流回油箱的液压系统。

3.1.10

闭心式液压系统 closed centre hydraulic system

主控制阀处于中立位置时，液压泵的输出油流被主控制阀切断的液压系统。

3.1.11

开式循环液压系统 open circuit hydraulic system

液压泵从油箱吸油，油缸（或马达）排油流回油箱的液压系统。

3.1.12

闭式循环液压系统 closed circuit hydraulic system

液压泵吸油口与油缸（或马达）排油口相通，系统中只需有少量的补油的液压系统。

3.2 耕深控制方式

3.2.1

浮动控制 floating control

用机具上的地轮控制耕深，悬挂装置处于浮动状态。

3.2.2

阻力控制 draft control

通过传到悬挂装置上的机具牵引阻力变化信号，自动控制耕深。

3.2.3

位置控制 position control

通过悬挂装置调节机具与拖拉机的相对位置来控制耕深。

3.2.4

综合控制 composite control

阻力和位置控制共同起作用来控制耕深。

3.2.5

定比例综合控制 constant proportion composite control

阻力和位置控制耕深具有定比例的控制。

3.2.6

变比例综合控制 variable proportion composite control

阻力和位置控制耕深具有可以根据需要改变比例的控制。

3.3 传感方式

3.3.1

上拉杆传感 upper link sensing

牵引阻力信号通过悬挂装置上拉杆传给控制机构。

3.3.2

下拉杆传感　lower link sensing

牵引阻力信号通过悬挂装置下拉杆传给控制机构。

3.3.3

转矩传感　torque sensing

传感轴上转矩作为牵引阻力信号传给控制机构。

3.4　悬挂装置

3.4.1

悬挂装置　linkage

把机具连接在拖拉机上的一套杆件。

3.4.2

三点悬挂装置　three-point linkage

以三个铰接点与拖拉机机体连接的悬挂装置。

3.4.3

两点悬挂装置　two-point linkage

以两个铰接点与拖拉机机体连接的悬挂装置。

3.4.4

前悬挂装置　front-mounted linkage

将机具悬挂在拖拉机前方的悬挂装置。

3.4.5

侧悬挂装置　side-mounted linkage

将机具悬挂在拖拉机侧面的悬挂装置。

3.4.6

轴间悬挂装置　inter axial mounted linkage

将机具悬挂在拖拉机前、后轮轴之间的悬挂装置。

3.4.7

后悬挂装置　rear mounted linkage

将机具悬挂在拖拉机后面的悬挂装置。

3.4.8

悬挂点　hitch point

拉杆与农具间球铰联接的中心点。

[GB/T 1593.1—1996,定义 3.2]

3.4.8.1

上悬挂点　upper hitch point

上拉杆与农具间球铰联接的中心点。

[GB/T 1593.1—1996,定义 3.5]

3.4.8.2

下悬挂点　lower hitch point

下拉杆与农具间球铰联接的中心点。

[GB/T 1593.1—1996,定义 3.6]

3.4.9

铰接点　link point

拉杆与拖拉机间球铰联接的中心点。

[GB/T 1593.1—1996,定义 3.3]

3.4.9.1

上铰接点　upper link point

上拉杆与拖拉机间球铰联接的中心点。

[GB/T 1593.1—1996,定义 3.7]

3.4.9.2

下铰接点　lower link point

下拉杆与拖拉机间球铰联接的中心点。

[GB/T 1593.1—1996,定义 3.8]

3.4.10

动力提升行程　movement range

对应于提升器油缸全行程,下悬挂点在支承面垂直方向的移动量,不包括悬挂杆件或提升杆的调节。

[GB/T 1593.1—1996,定义 3.20]

3.4.11

水平调节范围　leveling adjustment

一个下悬挂点相对于另一个下悬挂点沿铅垂方向的调节范围。用此调节农具的横向倾斜度。

[GB/T 1593.1—1996,定义 3.17]

3.4.12

运输高度　transport height

提升杆调到最短,下悬挂点公共轴线处于横向水平最高提升位置时,下悬挂点至地面的垂直距离。

[GB/T 1593.1—1996,定义 3.21]

3.4.13

下悬挂点间隙　lower hitch point clearance

消除下拉杆横向摆动,下悬挂点在最高位置时与拖拉机之间的径向距离。

[GB/T 1593.1—1996,定义 3.22]

3.4.14

立柱倾角　pitch

立柱相对于铅垂线倾斜的角度,规定立柱向前倾斜的角度为正。

[GB/T 1593.1—1996,定义 3.23]

3.4.15

运输角　transport pitch

农具从下拉杆水平位置,立柱处于垂直状态提升到标准运输高度时所达到的立柱倾角。

[GB/T 1593.1—1996,定义 3.26]

3.4.16

自由扭转浮动量　torsional free float distance

两根下拉杆呈水平时,一个下悬挂点相对于另一个下悬挂点在铅垂方向的自由浮动量。

[GB/T 1593.1—1996,定义 4.3]

3.4.17

水平汇聚距离　horizontal convergence distance

两根下拉杆处于水平对称位置时,从下悬挂点到两根下拉杆延长线交汇点之间的距离。

[GB/T 1593.1—1996,定义 3.27]

3.4.18

垂直汇聚距离 vertical convergence distance

两根下拉杆处于水平位置时，从下悬挂点到上、下拉杆延长线在纵垂平面上交汇点之间的距离。

[GB/T 1593.1—1996，定义 3.28]

3.4.19

提升时间 lifting time

提升相当于最大提升力的载荷完成动力提升行程所需的时间。

3.4.20

安全阀调定压力 minimum setting pressure of relief valve

由制造厂规定的安全阀最小全开压力。

3.4.21

静沉降 maintenance of lift of load

油缸置于中立位置，发动机熄灭状态，在规定时间内，在规定的提升悬挂载荷下，在规定的加载点处的垂直升降距离。

3.4.22

最大提升力 maximum force exerted in full range

在整个动力提升行程中，将各测点最大提升力(在规定位置测得)的最小值修正到工厂规定的最小安全阀调定压力 90%时的相应值。

3.4.23

液压输出 extenal hydraulic service

输出液压能以驱动机具上的液压部件。

3.4.24

快速挂结装置 hitch coupler

便于将农机具连接到悬挂装置上的一种挂结装置。

3.5 典型的液压元件

3.5.1

液压泵 hydraulic pump

将输入的机械能转变为液压能的转换装置。

3.5.1.1

齿轮泵 gear pump

齿轮式液压泵。

3.5.1.2

柱塞泵 piston pump

柱塞式的液压泵。

3.5.2

分配器 distributor

操纵控制悬挂装置升降及液压输出的液压阀总成。

3.5.3

液压提升器 hydraulic lifter (hydraulic rockshaft)

分配器、油缸、提升臂、操纵机构(也可包括液压泵)组合在一起，具有升降机具功能的液压部件。

3.5.4

主控制阀　main control valve

接受操纵手柄及调节机构的控制,从而使系统处于提升、中立或下降等不同状态的控制阀。

3.5.5

回油阀　return valve

主控制阀的随动阀,利用主控制阀的开启或关闭使系统处于工作或卸荷状态的阀。

3.5.6

下降阀　lowering valve

主控制阀的随动阀,控制泄油使机具下降。

3.5.7

下降速度控制阀　lowering speed control valve

用以控制机具下降速度的阀。

3.5.8

灵敏度控制阀　sensitivity control valve

用以控制系统自动调节灵敏度的阀。

3.5.9

流量控制阀　flow control valve

用以控制进入油缸(马达)油流量的阀。

3.5.10

多路阀　banked direction control valve

手动换向阀、溢流阀、单向阀的组合,用以控制执行元件动作的方向阀。

3.5.11

安全阀　relief valve

为防止系统过载,保证系统安全的压力控制阀。

3.5.12

油缸　cylinder

用来将油液的流量和压力转换为机械能的能量转换装置。

3.5.12.1

双作用油缸　double-acting cylinder

可向活塞两侧供给压力油的油缸。

3.5.12.2

单作用油缸　single acting cylinder

仅向活塞一侧供给压力油的油缸。

3.5.13

滤油器　oil filter

减少油液中不溶性污物参与油流循环的渗透性装置。

3.5.14

液压快换接头　quick-action hydraulic coupler

把液压能输出到机具上的能迅速连接和断开的接头。

3.6 牵引装置和拖挂装置

3.6.1

牵引钩 drawbar

拖拉机上用来连接和拖动牵引式机具的装置。

3.6.2

U 型挂钩 clevis

拖拉机上用来连接和拖动挂车的一种 U 型连接装置。

3.6.3

钩型挂钩 hook

拖拉机上用来连接和拖动挂车的一种钩型连接装置。

中文索引

A

B

C

D

F

G

H

J

K

L

Q

S

T

U

W

X

Y

Z

英 文 索 引

S

T

U

V

ICS 65.060.10
T 60

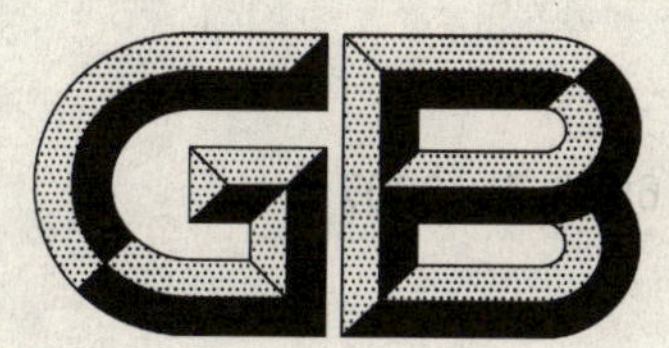

中华人民共和国国家标准

GB/T 6960.7—2007
代替 GB/T 6960.7—1995

拖拉机术语
第7部分：驾驶室、驾驶座和覆盖件

Tractor terminology—Part 7：Cab，seat and sheet metal

STANDARDS PRESS OF CHINA

2007-03-21 发布　　　　2007-08-01 实施

中华人民共和国国家质量监督检验检疫总局
中国国家标准化管理委员会　发布

前　言

GB/T 6960《拖拉机术语》分为七个部分：

——第 1 部分：整机；

——第 2 部分：传动系；

——第 3 部分：制动系；

——第 4 部分：行走系；

——第 5 部分：转向系；

——第 6 部分：液压悬挂系及牵引、拖挂装置；

——第 7 部分：驾驶室、驾驶座和覆盖件。

本部分是 GB/T 6960 的第 7 部分。

本部分是对 GB/T 6960.7—1995《拖拉机术语　驾驶室、驾驶座和覆盖件》的修订，主要修订内容如下：

——标准名称中增加了“第 7 部分”；

——修改了 3.1、3.2.4 的定义；

——本部分列出拖拉机机架并修订部分内容；

——增加了本部分的中、英文索引。

本部分由中国机械工业联合会提出。

本部分由全国拖拉机标准化技术委员会归口。

本部分起草单位：洛阳拖拉机研究所、国家拖拉机质量监督检验中心。

本部分主要起草人：徐惠娟、金锡平、高波、刘惠、陈振。

本部分所代替标准的历次版本发布情况为：

——GB 6960.7—1986、GB/T 6960.7—1995。

拖拉机术语
第7部分:驾驶室、驾驶座和覆盖件

1 范围

GB/T 6960的本部分规定了拖拉机驾驶室、驾驶座和覆盖件的术语和定义,并列出对应的英文名称。

本部分适用于拖拉机。

2 规范性引用文件

下列文件中的条款通过GB/T 6960的本部分的引用而成为本部分的条款。凡是注日期的引用文件,其随后所有的修改单(不包括勘误的内容)或修订版均不适用于本部分,然而,鼓励根据本部分达成协议的各方研究是否可使用这些文件的最新版本。凡是不注日期的引用文件,其最新版本适用于本部分。

GB/T 6960.1—2007 拖拉机术语 第1部分:整机

GB/T 13877.1—2003 农林拖拉机和自走式机械封闭驾驶室 第1部分:词汇(ISO 14269-1:1997,IDT)

3 术语和定义

GB/T 6960.1—2007确立的以及下列术语和定义适用于GB/T 6960的本部分。

3.1

驾驶室 cab

包封驾驶员工作空间的装置。

3.1.1

简易驾驶室 simple cab

一种为驾驶员挡风避雨的驾驶室。

3.1.2

舒适驾驶室 comfort cab

能提供良好的隔声、防振效果,配备空调或采暖和通风系统等为驾驶员提供舒适工作环境的驾驶室。

3.1.3

封闭驾驶室 operator enclosure

将驾驶员完全包围起来的机器的一部分,用以防止外部空气、灰尘和其他东西进入驾驶员周围的空间。

[GB/T 13877.1—2003,定义2.4]

该驾驶室具有完善的安全防护功能。

3.1.4

安全驾驶室 safety cab

能在拖拉机发生翻车事故时,对处于容身区内的驾驶员提供安全防护的驾驶室。

3.1.5

翻倾防护装置　roll-over protective structure

指由驾驶室骨架或安全框架、立柱等组成的，能对处于容身区域内的驾驶员提供安全防护的装置。

3.1.6

驾驶员工作空间　operator's workplace

以纵向中心面和驾驶座标志点为基准所规定的驾驶员进行正常操作所需的最小空间尺寸。

3.1.7

容身区　clearance zone

以纵向中心面和驾驶座标志点为基准所规定的一个供驾驶员容身的空间范围。

3.1.8

门道　access doorway

指驾驶室门框尺寸和门打开时驾驶员出入的通道尺寸。

3.1.9

紧急出口　emergency exit

指能从驾驶室里面打开并安全脱险的出口，包括正常的驾驶室门。

3.1.10

加压系统　pressurization system

增加驾驶室内压力的装置，包括影响系统性能的任何元件。

[GB/T 13877.1—2003，定义 2.13]

3.1.11

采暖和通风系统　heating and ventilation system

增加驾驶室内空气温度并为得到舒服环境而进行空气交换的系统。

[GB/T 13877.1—2003，定义 2.7、定义 2.10]

3.1.12

空调系统　air-conditioning system

控制封闭驾驶室内有效温度和气压的系统。

[GB/T 13877.1—2003，定义 2.5、定义 2.6]。

3.2

驾驶座　operator's seat

驾驶员进行驾驶操作所乘坐的座椅。

3.2.1

悬架式驾驶座　suspension seat

装有弹性悬架和减振器的驾驶座。

3.2.2

驾驶员体重调节装置　weight-adjustment device

根据驾驶员体重的不同而对驾驶座悬架进行调节的装置。

3.2.3

驾驶座标志点　seat index point

驾驶座上大致相当于驾驶员坐姿髋关节中心的一个假想点，该点位置用专用工具进行测量。

3.2.4

安全带　seat belt

将驾驶员可靠地系在驾驶座上，当出现事故时，驾驶员不至脱身至容身区外的带子。

3.3 仪表盘、操纵柜

3.3.1

仪表盘 instrument panel

装有各种电器仪表、信号指示和开关等的板盘。

3.3.2

组合仪表 instrument cluster

装有将多种指示检测仪表、报警信号指示等组合在一体的仪表装置。

3.3.3

操纵柜 console

集中安装油门、变速杆和液压操纵等手柄的柜形装置。

3.4 覆盖件

3.4.1

机罩 hood

主要用于遮盖和保护发动机的薄壳总成。

3.4.2

挡泥板 fender

设置在轮胎(履带)上方以挡住飞溅的泥水的薄壳总成。

3.5

燃油箱 fuel tank

拖拉机上装燃油的油箱。

3.6

安全标志 safety sign

用于驾驶员或操作人员在操作、保养和维修拖拉机时,避免潜在风险发生的标志、安全警戒符号、危险程度标志词及文字信息、危险图形等。

中 文 索 引

X

Y

Z

英 文 索 引

STANDARDS PRESS OF CHINA

ICS 65.060.99
B 91

中华人民共和国国家标准

GB/T 6970—2007
代替 GB/T 6970—1986

粮食干燥机试验方法

Testing methods for grain driers

2007-11-01 发布　　　　2008-01-01 实施

中华人民共和国国家质量监督检验检疫总局
中国国家标准化管理委员会　发布

前　言

本标准是对 GB/T 6970—1986《粮食干燥机试验方法》的修订，与 GB/T 6970—1986 相比其内容变化如下：

——增加了试验原理；

——增加了试验准备、取样、样品处理部分内容；

——增加了试验程序；

——删除了供热器热效率，单位耗气量、特性风速、干燥强度等测定和计算；

——删除了附表。

本标准自实施之日起代替 GB/T 6970—1986。

本标准的附录 A 为资料性附录。

本标准由中国机械工业联合会提出。

本标准由全国农业机械标准化技术委员会归口。

本标准起草单位：黑龙江省农副产品加工机械化研究所、黑龙江省哈美达烘储设备有限公司、农业部干燥机械设备质量监督检验测试中心、中国农业机械化科学研究院。

本标准主要起草人：赵承圃、崔士勇、潘九君、牟仁生、徐明、王亦南。

本标准 1986 年首次发布，2007 年第一次修订。

粮食干燥机试验方法

1 范围

本标准规定了粮食干燥机性能试验方法和生产试验方法。

本标准适用于连续式粮食干燥机和批式循环粮食干燥机。

2 规范性引用文件

下列文件中的条款通过本标准的引用而成为本标准的条款。凡是注日期的引用文件，其随后所有的修改单(不包括勘误的内容)或修订版均不适用于本标准，然而，鼓励根据本标准达成协议的各方研究是否可使用这些文件的最新版本。凡是不注日期的引用文件，其最新版本适用于本标准。

GB/T 1236 工业通风机 用标准化风道进行性能试验(GB/T 1236—2000,idt ISO 5801:1997)

GB/T 3543.7 农作物种子检验规程 其他项目检验

GB/T 5009.27 食品中苯并(a)芘的测定

GB/T 5468 锅炉烟尘测试方法

GB/T 5490 粮食、油料及植物油脂检验 一般规则

GB/T 5491 粮食、油料检验 扦样、分样法

GB/T 5492 粮食、油料检验 色泽、气味、口味鉴定法

GB/T 5494 粮食、油料检验 杂质、不完善粒检验法

GB/T 5496 粮食、油料检验 黄粒米及裂纹粒检验法

GB/T 5497 粮食、油料检验 水分测定法

GB/T 5503 粮食、油料检验 碎米检验法

GB/T 5506 粮食、油料检验 面筋测定法

GB/T 5520 粮食、油料检验 种子发芽试验

GB/T 5748 作业场所空气中粉尘测定方法

GB/T 14095 农产品干燥技术 术语

GB 16297 大气污染物综合排放标准

GB/T 16714 连续式粮食干燥机

GB/T 21162 顺流粮食干燥机单位耗热量与处理量折算规则

JB/T 10268 批式循环谷物干燥机

SN/T 0800.7 进出口粮食、饲料 不完善粒检验方法

WS/T 69 作业场所噪声测量规范

3 术语和定义

GB/T 14095 确立的以及下列术语和定义适用于本标准。

3.1

干燥能力 drying capacity

平均每小时降水幅度1%干燥湿粮的能力，单位为吨每小时(t/h)。

3.2

稻谷重度裂纹 paddy severe fissuring

影响稻谷出糙率和整精米率的裂纹(如稻谷胚乳出现裂缝，或一条裂纹贯穿全粒，或有两条及以上裂纹，或有纵向裂纹)。

4 性能试验

4.1 试验原理

4.1.1 连续式粮食干燥机在稳定状态作业时，出机干粮流量、温度、水分以及排出气体的温度、湿度均保持稳定。稳定状态下测定的性能指标，即能代表连续式粮食干燥机性能。

4.1.2 批式循环粮食干燥机需经一个干燥周期才能排出干粮，当环境条件和干燥条件保持稳定时，不同干燥周期测定的性能指标基本一致。任一个干燥周期测定的性能指标，均能代表批式循环粮食干燥机性能。

4.2 试验条件

4.2.1 试验用干燥机应符合 GB/T 16714 或 JB/T 10268 规定。

4.2.2 环境温度、湿度及大气压力应符合试验用干燥机对环境条件要求。

4.2.3 试验用煤低位发热量 21 MJ/kg～25 MJ/kg。其他燃料应符合热风炉或燃烧器使用燃料标准要求，并提供准确的低位发热量(值)。

4.2.4 根据试验用干燥机容料量、试验次数及每次试验时间准备足够的粮食，并应符合以下要求：

a) 粮食水分应符合干燥机降水幅度要求。

b) 稻谷、小麦水分不均匀度应不大于 2%。玉米降水幅度小于或等于 10%，水分不均匀度应不大于 2%；玉米降水幅度大于 10%，水分不均度应不大于 3%。

c) 含杂率应不大于 2%。

d) 发芽(生活力)率应大于或等于 80%。

4.2.5 试验用仪器、仪表应在检验有效期内，并检验合格。现场测试用仪器、仪表及精度要求参见附录 A。

4.3 试验准备

4.3.1 传感器设置：

a) 测定干燥段热风温度：温度传感器应安装在热风室靠近粮层的热风进口处，分上、中、下 3 个位置，每处并排安装二个。顺流干燥机可每级安装一个。

b) 测定冷却段冷风温度：只需一个温度传感器安装在靠近粮层冷风进口处。

c) 测定排气温度、湿度：温度传感器和湿度传感器应安装在排气室靠近粮层排气出口处，分上、中、下 3 个位置，每处安装一个温度传感器和一个湿度传感器。

d) 测定进、出机粮温：温度传感器应分别安装在贮粮段上端及排粮段下端。

e) 测定干燥机内粮温：温度传感器应安装在粮温最高的干燥段内粮温最高处。顺流干燥机应在每级粮温最高处均安装温度传感器。传感器测头(触点)位置应排除热风温度的影响。

f) 测定环境温度、湿度及大气压力：传感器或仪表应安装在完全不受干燥机影响的位置。

4.3.2 连续式粮食干燥机调试：

a) 启动进粮装置，向干燥机内装入准备好的湿粮，直至贮粮段上料位开关起作用停止，并记录干燥机容料量。

b) 按干燥机使用说明书要求，顺序启动干燥机，使干燥机进入连续工作状态。

c) 调整热风温度、风量及排粮速度，使出机干粮达到安全水分或规定水分，干燥机进入稳定状态，并锁定各项操作工艺参数。

d) 稳定状态作业至少一个干燥周期，方可进入测试程序。

4.3.3 批式循环粮食干燥机调试：

a) 启动进粮装置，将干燥机装满湿粮，并记录容料量；

b) 按使用说明书要求，设定热风温度上下限值及超温报警值，设定出机干粮水分及粮温报警值；

c) 顺序启动干燥机作业至少一个干燥周期，方可进入测试程序。

4.4 取样

4.4.1 进机湿粮取样：在干燥机进粮口接取，不少于9次，在试验期间等间隔进行，每次样品质量应满足4.5.1样品处理要求。

4.4.2 出机干粮取样：在干燥机排粮口接取，不少于9次，在试验期间等间隔进行，每次样品质量应满足4.5.2样品处理要求。

4.4.3 干燥不均匀度取样：

a) 连续式粮食干燥机在排粮段中间粮层选取可能产生干燥不均度的5个位置取样，不少于2次，在试验期间等间隔进行，每次样品质量应满足4.5.3 a)样品处理要求；

b) 批式循环粮食干燥机在排粮口接取，不少于3次，在试验期间等间隔进行，或用4.4.2出机干粮样品，每次样品质量应满足4.5.3 b)样品处理要求。

4.5 样品处理

4.5.1 进机湿粮样品处理：

a) 将4.4.1样品按GB/T 5490、GB/T 5491规定制成平均样品、试验样品及保存样品。

b) 用试验样品分别测量以下项目：

1) 按GB/T 5494规定测定含杂率；

2) 按GB/T 5497规定测定水分；

3) 按GB/T 5503规定测定破碎率；

4) 按GB/T 5506规定测定小麦湿面筋或按GB/T 5496规定测定稻谷重度裂纹率或玉米裂纹率；

5) 按GB/T 5009.27规定测定苯并(a)芘(只限直接加热干燥样品)。

c) 将一部分试验样品，自然干燥到安全水分(小麦12.5%～13.5%、稻谷13.5%～14.5%、玉米14%)，按GB/T 5520或GB/T 3543.7规定测定发芽率或生活力。

4.5.2 出机干粮样品处理：

a) 将4.4.2样品按GB/T 5490、GB/T 5491规定制成平均样品、试验样品及保存样品；

b) 用试验样品分别测定水分、破碎率、小麦湿面筋或稻谷重度裂纹率或玉米裂纹率、苯并(a)芘，方法同4.5.1 b)；

c) 用试验样品测定发芽率或生活力，方法同4.5.1 c)；

d) 用试验样品按SN/T 0800.7规定测定玉米热损粒；

e) 用试验样品按GB/T 5492规定鉴定色泽、气味。

4.5.3 干燥不均匀度样品处理：

a) 将4.4.3 a)每次样品，按GB/T 5497规定分别测定出5个不同位置样品的水分，并计算出最大差值；

b) 将4.4.3 b)每次样品，按GB/T 5497规定分别测定出3次样品的水分，并计算出最大差值。

4.6 测试程序

4.6.1 连续式粮食干燥机测试程序：

a) 完成4.3.2试验准备之后，即可测试，记录开始时间；

b) 开始计量燃料消耗量和耗电量；

c) 开始人工或自动计量进机湿粮或出机干粮质量；

d) 按4.4规定取样；

e) 定时检测记录(不少于5次)或计算机控制自动采集进机湿粮温度、出机干粮温度、干燥段粮温、干燥段热风温度、排气温度和湿度以及冷却风温；

f) 定时检测记录(不少于5次)或计算机控制自动采集环境温度，湿度及大气压力；

g) 按GB/T 1236规定测定热风机、冷却风机实际工况下风压和风量；

h) 按 GB/T 5748、WS/T 69 规定测定工作场所粉尘浓度和噪声；

i) 按 GB/T 5468、GB 16297 规定采样测定热风炉烟尘和干燥机排出的粮食粉尘浓度及速率；

j) 测试结束，记录结束时间，记录整理燃料消耗量及耗电量，并计算出每小时燃料消耗量。

4.6.2 批式循环粮食干燥测试程序可按干燥机操作程序进行：

a) 启动进粮程序：

1) 测试开始，开始向干燥机内装入湿粮，记录开始时间；
2) 开始计量耗电量；
3) 开始人工或自动计量进机湿粮质量；
4) 按 4.4.1 规定取样；
5) 定时检测记录（至少 5 次）或自动检测记录进机湿粮温度；
6) 直至装满干燥机，记录结束时间。

b) 启动循环干燥作业程序：

1) 进粮结束，即开始干燥作业，记录开始时间；
2) 开始计量燃料消耗量；
3) 定时检测记录（至少 5 次）或自动检测记录干燥段粮温、热风温度、排气温度及湿度；
4) 定时检测记录（至少 5 次）或自动检测记录环境温度、湿度及大气压力；
5) 按 GB/T 1236 规定测定热风机风量、风压；
6) 按 GB/T 5748、WS/T 69 规定测定工作场所粉尘浓度和噪声；
7) 按 GB 16297 规定采样测定干燥机排出的粮食粉尘浓度及速率；
8) 直至降到设定水分，记录终了时间，记录整理燃料消耗量，并计算出每小时燃料消耗量。

c) 启动冷却（通风循环）程序：

1) 循环干燥作业结束，即开始冷却，记录开始时间；
2) 定时检测记录（至少 5 次）或自动检测记录冷却风温；
3) 按 GB/T 1236 规定测定冷却风机风量、风压；
4) 直至冷却到规定粮温，记录结束时间。

d) 启动排粮程序：

1) 冷却结束，即开始排粮，记录开始时间；
2) 开始人工或自动计量出机干粮质量；
3) 按 4.4.2、4.4.3 规定取样；
4) 定时检测记录（至少 5 次）或自动检测记录出机干粮温度；
5) 直至排空干燥机内粮食，记录结束时间。记录整理测试时间及耗电量。

4.6.3 需要重复测试时，连续式粮食干燥机和批式循环粮食干燥机分别按 4.6.1、4.6.2 规定重复进行。

4.7 性能试验结果计算

4.7.1 降水幅度，按式(1)计算：

$$\Delta M = M_1 - M_2 \quad \cdots\cdots(1)$$

式中：

ΔM——降水幅度，%；

M_1——进机湿粮水分，%；

M_2——出机干粮水分，%。

4.7.2 干燥能力，按式(2)计算：

$$P_1 = \frac{G_1 \Delta M}{T} \quad \cdots\cdots(2)$$

式中：

P_1——干燥能力，单位为吨每小时(t/h)；

G_1——进机湿粮质量，单位为吨(t)；

T——测试时间，单位为小时(h)。

4.7.3 生产率，按式(3)计算：

$$P_2 = \frac{G_2}{T} \quad \cdots\cdots (3)$$

式中：

P_2——生产率，单位为吨每小时(t/h)；

G_2——出机干粮质量，单位为吨(t)。

4.7.4 小时水分蒸发量，按式(4)计算：

$$W = \frac{1\,000 P_2 \Delta M}{100 - M_1} \quad \cdots\cdots (4)$$

式中：

W——小时水分蒸发量，单位为千克每小时(kg/h)。

4.7.5 单位耗热量，按式(5)计算：

$$Q = \frac{FH}{W} \quad \cdots\cdots (5)$$

式中：

Q——单位耗热量，单位为千焦每千克(kJ/kg)；

F——小时燃料消耗量，单位为千克每小时(kg/h)；

H——燃料低位发热量(值)，单位为千焦每千克(kJ/kg)。

4.7.6 干燥成品质量指标计算：

a) 干燥不均匀度取 4.5.3 样品处理各次计算结果的最大差值；

b) 发芽率或生活力取 4.5.1、4.5.2 该项测定的发芽率或生活力平均值，计算出干燥后样品发芽率或生活力占干燥前样品的百分比；

c) 小麦湿面筋降低值、稻谷重度裂纹率增加值、玉米裂纹率增加值、破碎率增加值及苯并(a)芘增加值，取 4.5.2 与 4.5.1 该项测定平均值的差值；

d) 玉米热损粒取 4.5.2 该项测定计算值。

4.8 生产率和单位耗热量折算

4.8.1 将 4.7.3 计算结果按 GB/T 21162 折算成标准环境条件下的处理量或生产率。

4.8.2 将 4.7.5 计算结果按 GB/T 21162 折算成标准环境条件下单位耗热量。

5 生产试验

5.1 试验要求

5.1.1 连续式粮食干燥机试验时间不少于 7 个工作日，批式循环粮食干燥机不少于 3 个工作日。

5.1.2 标定干燥多种粮食的干燥机应试验 2 种以上粮食。

5.1.3 生产试验期间，应进行 3 次性能查定，查定方法同第 4 章。

5.2 试验内容

5.2.1 在生产试验期间，准确测定每工作日进机湿粮质量、进机湿粮水分、出机干粮水分、燃料消耗量、耗电量及人工费。

5.2.2 准确记录每工作日干燥机作业时间、故障时间及故障原因。

5.2.3 考核记录干燥机安全状况及使用调整方便情况。

5.3 技术经济指标计算

5.3.1 日处理量,按式(6)计算:

$$P_r = \frac{\sum G_r}{N} \quad \cdots\cdots(6)$$

式中:

P_r——日处理量,单位为吨每日(t/d);

G_r——每工作日进机湿粮质量,单位为吨(t);

N——实际工作日数,单位为日(d)。

5.3.2 使用有效度,按式(7)计算:

$$K = \frac{\sum T_z}{\sum T_z + \sum T_g} \times 100 \quad \cdots\cdots(7)$$

式中:

K——使用有效度,%;

T_z——每工作日作业时间,单位为小时(h);

T_g——每工作日故障停机时间,单位为小时(h)。

5.3.3 干燥作业直接费用,按式(8)计算:

$$S = \frac{\sum(S_r + S_d + S_g)}{\sum G_r} \quad \cdots\cdots(8)$$

式中:

S——干燥每吨湿粮直接费用,单位为元每吨(元/t);

S_r——每工作日燃料费,元;

S_d——每工作日电费,元;

S_g——每工作日人工费,元。

6 试验报告

试验报告应包括以下内容:

a) 试验目的、时间、地点及相关说明;

b) 试验用干燥机简介;

c) 试验条件及作业状态;

d) 试验结果及分析;

e) 试验结论;

f) 应附的数据表、图;

g) 主持试验单位及参加人员。

附 录 A
（资料性附录）
测试用仪器仪表

A.1 现场测试用仪器、仪表(不包括引用标准中所使用的仪器、仪表)及精度要求如表 A.1 所示。

表 A.1 测试用仪器仪表

序 号	名 称	精度要求
1	温度计	±1℃
2	数字温度传感器	±1℃
3	湿度计	±3%
4	数字湿度传感器	±3%
5	气压表	±0.2%
6	快速水分测定仪	±0.5%
7	在线水分测定仪	±0.5%
8	台秤	±0.5%
9	电子皮带秤	±0.25%
10	流量计	±1%
11	燃油流量表	±0.5%
12	功率表	1.0 级

ICS 65.060.99
B 93

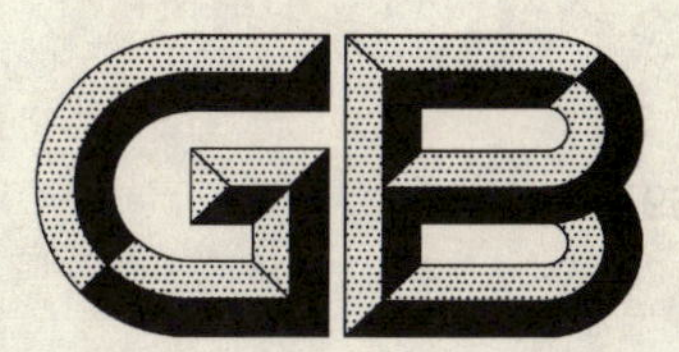

中华人民共和国国家标准

GB/T 6971—2007
代替 GB/T 6971—1986

饲料粉碎机 试验方法

Test method for feed mills

2007-11-01 发布 2008-01-01 实施

中华人民共和国国家质量监督检验检疫总局
中国国家标准化管理委员会 发布

前　言

本标准是对 GB/T 6971—1986《饲料粉碎机　试验方法》的修订。与 GB/T 6971—1986 相比主要变化如下：

——只保留了原标准 2.4 中可靠性内容；

——增加了 5.3 锤片和扁齿寿命试验及 5.4 安全检查；

——取消了原标准中记录表格；

——原标准中附录 B 改为“玉米质量标准”；

——增加了机组或成套设备中粉碎机单机的测定。

本标准自实施之日起代替 GB/T 6971—1986；

本标准附录 A 为资料性附录，附录 B 为规范性附录。

本标准由中国机械工业联合会提出。

本标准由全国农业机械标准化技术委员会归口。

本标准起草单位：中国农业机械化科学研究院、江苏牧羊集团、广西金达机械股份有限公司、昆明飘叶机械制造有限公司。

本标准起草人：陈戈、王东、叶复旺、叶芳兵、齐惠昌。

本标准代替标准的历次发布情况为：

——GB/T 6971—1986；

——NJ 147—1977。

饲料粉碎机　试验方法

1　范围

本标准规定了饲料粉碎机试验条件和要求、试验的准备、试验项目及方法。

本标准适用于饲料粉碎机。

2　规范性引用标准

下列文件中的条款通过本标准的引用而成为本标准的条款。凡是注日期的引用文件，其随后所有的修改单(不包括勘误的内容)或修订版均不适用于本标准，然而，鼓励根据本标准达成协议的各方研究是否可使用这些文件的最新版本。凡是不注日期的引用文件，其最新版本适用于本标准。

GB/T 3768　声学　声压法测定噪声源声功率级　反射面上方采用包络测量表面的简易法

GB/T 9239.1—2006　机械振动　恒态(刚性)转子平衡品质要求　第1部分:规范与平衡允差的检验(ISO 1940-1:2003,IDT)

GB/T 10362　玉米水分测定法

GB 10395.1　农林拖拉机和机械　安全技术要求　第1部分:总则(GB 10395.1—2001,eqv ISO 4254-1:1989)

GB 10396　农林拖拉机和机械、草坪和园艺动力机械　安全标志和危险图形　总则(GB 10396—2006,ISO 11684:1995,MOD)

JB/T 9822.2　锤片式饲料粉碎机　锤片

JB/T 9832.2—1999　农林拖拉机及机具涂漆　漆膜附着性能测定方法　压切法

3　试验条件和要求

3.1　环境条件

3.1.1　试验场地应宽敞，便于试验工作的展开。

3.1.2　试验现场的自然风速不得大于3 m/s。

3.1.3　试验电压应符合下述要求：

——三相电动机为380 V±5%；

——单相电动机为220 V±5%；

——当产品使用说明书中对适用电压另有规定时应按其规定电压进行试验。

3.1.4　试验应在机器标定工况下进行，试验中电机的平均负荷程度为85%～110%。

3.2　试验用仪器设备的要求

3.2.1 试验用仪器设备应在有效检定周期内。

3.2.2　试验开始前应对所用仪器设备的技术状态完好情况进行确认。

3.2.3　试验用主要仪器设备见附录A。

3.3　试验物料的要求

3.3.1　试验物料应符合产品使用说明书的规定，对未作规定的物料应优先采用二级或不低于二级的玉米进行试验。玉米容重应为660 kg/m^3～770 kg/m^3。若规定的适用物料中不包括玉米时则可任选其中一种物料。若规定只适用于粉碎秸蔓类物料，则应按其规定结合当地条件选择试验物料。

3.3.2　试验物料含水率：谷物类物料为12%～18%；秸蔓类物料为8%～17%。

3.3.3　试验物料内不得含有可能导致试验样机损伤的各种夹杂物。

4 试验前的准备

4.1 将试验样机按其使用说明书规定调整到最佳工作状态。

4.2 样机进行空运转试验，直至空载功率趋于稳定后，测定主轴转速，应符合使用说明书的规定。

4.3 确认筛孔直径应符合使用说明书的要求。

4.4 确定操作人员，保证物料喂入的均匀性和连续性。

4.5 测定物料含水率：

——秸蔓类物料随机取 5 个样本做切碎处理，其长度为 15 mm 左右。每个样本的质量为 50 g，装入铝盒，编号并立即称重，放入烘箱，在 130℃ 恒温下烘 4 h。取出后放入干燥器中冷却到常温称量。按式(1)计算，取 5 个样本的平均值为物料含水率。

——玉米含水率按 GB/T 10362 的规定执行，也可用精度相当的水分测定仪器测定。

测三次取平均值(特殊规定者除外)。

$$H = \frac{W_s - W_g}{W_s} \times 100 \quad \cdots\cdots\cdots\cdots(1)$$

式中：

H——物料含水率，%；

W_s——物料烘干前的质量，单位为克(g)；

W_g——物料烘干后的质量，单位为克(g)。

5 试验项目与方法

5.1 性能试验

5.1.1 工作小时生产率

按使用说明书中规定的生产率上限值计算工作 10 min 所需的物料量，在样机负荷程度满足规定工况条件下，待样机达到正常工作状态方可开始测试。计时开始与终了应与取样同步，测定该区段内被粉碎的物料质量与相应的时间，试验时间不少于 10 min。按式(2)计算生产率。

$$E_c = \frac{Q_c}{t_c} \quad \cdots\cdots\cdots\cdots(2)$$

式中：

E_c——工作小时生产率，单位为千克每小时(kg/h)；

Q_c——工作时间内的作业量，单位为千克(kg)；

t_c——工作时间，单位为小时(h)。

5.1.2 吨料电耗

在测定工作小时生产率的同时，测定样机工作时间内的耗电量。按式(3)计算吨料电耗。

$$G = \frac{G_n}{Q_c/1\,000} \quad \cdots\cdots\cdots\cdots(3)$$

式中：

G——吨料电耗，单位为千瓦小时每吨(kW·h/t)；

G_n——工作时间内耗电量，单位为千瓦小时(kW·h)。

5.1.3 电机输出功率、负荷程度

根据 5.1.1 和 5.1.2 的测试结果按式(4)～式(6)计算电机输出功率及负荷程度。

$$P_2 = P_1 \cdot \eta \quad \cdots\cdots\cdots\cdots(4)$$

$$P_1 = \frac{G_n}{t_c} \quad \cdots\cdots\cdots\cdots(5)$$

$$\varepsilon = \frac{P_2}{P} \times 100 \qquad \cdots\cdots\cdots\cdots (6)$$

式中：

P_1——电机输入功率，单位为千瓦（kW）；

P_2——电机平均输出功率，单位为千瓦（kW）；

η——电机标定效率，%；

P——电机标定功率，单位为千瓦（kW）；

ε——电机负荷程度，%。

5.1.4 饲料温升

每次试验结束后，立即用测温仪测定出料口处的成品料温度。该温度与原粮温度之差即为饲料温升。

5.1.5 噪声

按 GB/T 3768 的规定执行。

5.1.6 粉尘浓度

5.1.6.1 用镊子将滤膜平放在洁净的白纸上，不得重叠，将其置于干燥器内平衡 24 h 后取出称重。然后再放回到干燥器内平衡 1 h 后再次称重，直至前后两次质量差不大于 0.4 mg 则认为质量恒定。

5.1.6.2 将称量后的滤膜编号并记录其质量，用镊子放在滤膜夹上装入滤膜盒备用。

5.1.6.3 使用时，将滤膜夹取出装夹在采样头上，打开采样器，按粉尘采样仪使用说明书规定的使用方法调整好采样流量。根据样机漏粉程度确定采样时间，一般为 5 min～10 min。

5.1.6.4 将采样头对准样机的最大粉尘源，采样头位于粉尘排出口水平距离为 1.0 m，高于粉尘排出口 0.2 m 处。

5.1.6.5 待样机进入正常试验后打开采样仪进行试验采样。将采样后的滤膜用镊子轻轻取下，放在洁净的白纸上，各张分开，不得重叠，放在干燥器内平衡 24 h 后称量记录。

5.1.6.6 每个测点取 2 个平行样品，其偏差值小于 20% 时则测试有效，取 2 个平行样品的平均值为该点的粉尘浓度。按式(7)计算两个平行样品的偏差值：

$$N_n = \frac{|N_1 - N_2|}{(N_1 + N_2)/2} \times 100 \qquad \cdots\cdots\cdots\cdots (7)$$

式中：

N_n——两平行样品偏差值，%；

N_1——第 1 个样品的粉尘浓度，单位为毫克每立方米（mg/m^3）；

N_2——第 2 个样品的粉尘浓度，单位为毫克每立方米（mg/m^3）。

5.1.6.7 一般情况下仅测最大粉尘源，若测多个测点时，取各测点中的最大值。

5.1.6.8 粉尘浓度计算，见式(8)。

$$N = \frac{1\,000(W_2 - W_1)}{V_0} \qquad \cdots\cdots\cdots\cdots (8)$$

式中：

N——粉尘浓度，单位为毫克每立方米（mg/m^3）；

W_1——采样前滤膜质量，单位为克（g）；

W_2——采样后滤膜质量，单位为克（g）；

V_0——换算为标准状态下的抽气量，单位为升（L）。

$$V_0 = V \times \frac{273}{273 + t} \times \frac{p}{p_0} \qquad \cdots\cdots\cdots\cdots (9)$$

式中：

V——实际采样体积，单位为升（L）；

t——采样时记录的温度，单位为摄氏度(℃)；

p_0——标准大气压(101 325 Pa)，单位为帕(Pa)；

p——采样时记录的大气压，单位为帕(Pa)。

5.1.7 轴承温升

试验前应测定轴承壳外表面的温度。每次试验结束后，立即测定每个轴承壳外表面的温度，测3点，取最大值。与生产率同步测3次取最大值。左右两轴承壳外表面温度取较大值。

$$T_w = T_0 - T_i \qquad (10)$$

式中：

T_w——轴承温升，单位为摄氏度(℃)；

T_0——试验前轴承温度，单位为摄氏度(℃)；

T_i——试验后轴承温度，单位为摄氏度(℃)。

5.1.8 饲料粒度

取100 g的成品料，用相应孔径的标准筛进行筛分，筛上残留物应不大于2%。

5.1.9 转子平衡

5.1.9.1 按GB/T 9239.1的规定进行试验。

5.1.9.2 动平衡试验应按动平衡机或动平衡仪使用说明书的规定执行。

5.1.9.3 静平衡试验时，在试验前应将静平衡试验台架调整到水平状态，然后将转子置于台架上，使转子轴线与台架纵向保持垂直。

5.1.9.3.1 给转子施加一外力，使其自由旋转。

5.1.9.3.2 转子静止后在其最高点试配平，然后重复5.1.9.1。

5.1.9.3.3 直至转子能在任意位置保持静止，则视为平衡。

5.1.9.3.4 将配平物用精度为0.01 g的天平称重(磁力砝码直接读数)，用式(11)计算：

$$U_{Der} = G_P \times r \qquad (11)$$

式中：

U_{Der}——剩余不平衡力矩，单位为牛米(N·m)；

G_P——配平物重，单位为牛(N)；

r——配平物距轴心的距离，单位为米(m)。

5.1.10 径向相对的两组锤片、齿爪总质量差

从已经装配好的转子上拆卸锤片、齿爪或在已分组称重的样本中随机抽取，保持原组别，每组分别称重，按径向相对关系计算两组别间的质量差，取最大值。

5.1.11 锤片、齿爪硬度

锤片硬度测定按JB/T 9822.2—1999中4.3执行。

齿爪(扁齿、圆齿、方齿)淬火区硬度测点位于工作面距齿顶25 mm的长度上，两测点均布。非淬火区硬度测点位于：

——扁齿在距安装孔直径2 mm～3 mm的圆周上，两测点均布。

——圆、方齿在齿根全长上两测点均布。

5.1.12 漆膜厚度及漆膜附着力

——漆膜厚度用涂层测厚仪测试平整、光滑的钣金表面，测3点，取平均值。

——漆膜附着力应按JB/T 9832.2—1999中5.1～5.6执行。

5.1.13 测量次数和数值处理

性能试验项目中，轴承温升和饲料温升测3次取最大值，其余各项均测3次取平均值。

5.2 可靠性试验

5.2.1 累计总工作时间和总排除故障时间，按式(12)计算：

$$K=\frac{\sum T_z}{\sum T_g+\sum T_z}\times 100 \qquad (12)$$

式中：

K——有效度，%；

$\sum T_z$——总工作时间，单位为小时(h)；

$\sum T_g$——总排除故障时间，单位为小时(h)。

5.2.2　可靠性试验时间应不少于400 h。

5.2.3　总工作时间和总排除故障时间精确到单位为分钟。

5.2.4　锤片和筛片正常磨损后的更换不计算为故障时间。

5.3　部件寿命试验

5.3.1　锤片寿命

5.3.1.1　锤片单角累计工作时间满40 h时第1次测定样机的生产率和吨料电耗，以后每24 h测定1次，88 h后每8 h测定1次，100 h后每4 h测定1次。直至生产率和吨料电耗不能满足使用说明书或标准规定时则认为该角寿命终结。

5.3.1.2　更换锤片工作角，重复5.3.1.1。

5.3.1.3　累加4个角总工作时间为锤片寿命。

5.3.2　扁齿寿命

5.3.2.1　扁齿单面角累计工作时间满160 h时第1次测定样机的生产率和吨料电耗，以后每24 h测定1次，208 h后每8h测定1次，240 h后每4 h测定1次。直至生产率和吨料电耗不能满足使用说明书或标准规定时则认为该角寿命终结。

5.3.2.2　更换扁齿工作面，重复5.3.2.1。

5.3.2.3　累加2个工作面总工作时间为扁齿寿命。

5.4　安全检查

5.4.1　磁性保护装置

5.4.1.1　检查样机有无防止磁性金属杂物进入粉碎室的磁性保护装置和装置的有效性。

5.4.1.2　将50 g～100 g的细小金属物混合在玉米物料中放置在喂入斗上，使其在额定喂入量状态下通过磁性保护装置流向喂入口，磁性保护装置应能将其全部吸附。

5.4.2　安全防护装置

5.4.2.1　检查外露传动部件是否有符合GB 10395.1规定的安全防护装置。

5.4.2.2　测量防护装置与被防护件的安全距离应符合GB 10395.1规定。

5.4.3　安全标志

检查样机的防护罩等危险处，是否有符合GB 10396规定的安全标志。

5.4.4　开关和安全开关

5.4.4.1　在操作开关附近，检查有无标明其用途的文字或符号。

5.4.4.2　打开样机上壳(门)，检查电源能否被切断(单独使用的小型粉碎机除外)。

5.4.5　过载保护装置

当样机配有电控装置时，应检查有无过载保护。当样机不配备电控装置时，查阅其说明书中是否指出使用时应加装过载保护。

5.5　机组或成套设备(简称系统，以下均同)中粉碎机单机的测定

5.5.1　工作小时生产率

若粉碎机在机组或系统中采用自动上料和卸料装置(机械或风运)，试验时应允许使用自动上料和卸料装置(机械或风运)。

5.5.2　吨料电耗

当按5.5.1测试工作小时生产率时，只测定粉碎机和卸料装置的电耗，耗电量G_n按式(13)计算：

$$G_n = G_{n1} + G_{n2} \quad \cdots\cdots\cdots\cdots\cdots\cdots(13)$$

式中：

G_n——耗电量，单位为千瓦小时(kW·h)；

G_{n1}——粉碎机耗电量，单位为千瓦小时(kW·h)；

G_{n2}——卸料装置耗电量，单位为千瓦小时(kW·h)。

5.5.3 噪声

若系统中的粉碎机单机位于地下室且为非工作区域，噪声测定位置应在地下室的入口处。入口为水平平面，测点按图1选取，测点与水平面的垂直高度1.5 m。入口为垂直平面，测点按图2选取，测点与垂直平面的水平距离为1.0 m，与地面的垂直高度与图2所示测点平行。

若机组或系统中的粉碎机单机位于地面上，测定方法同5.1.5。

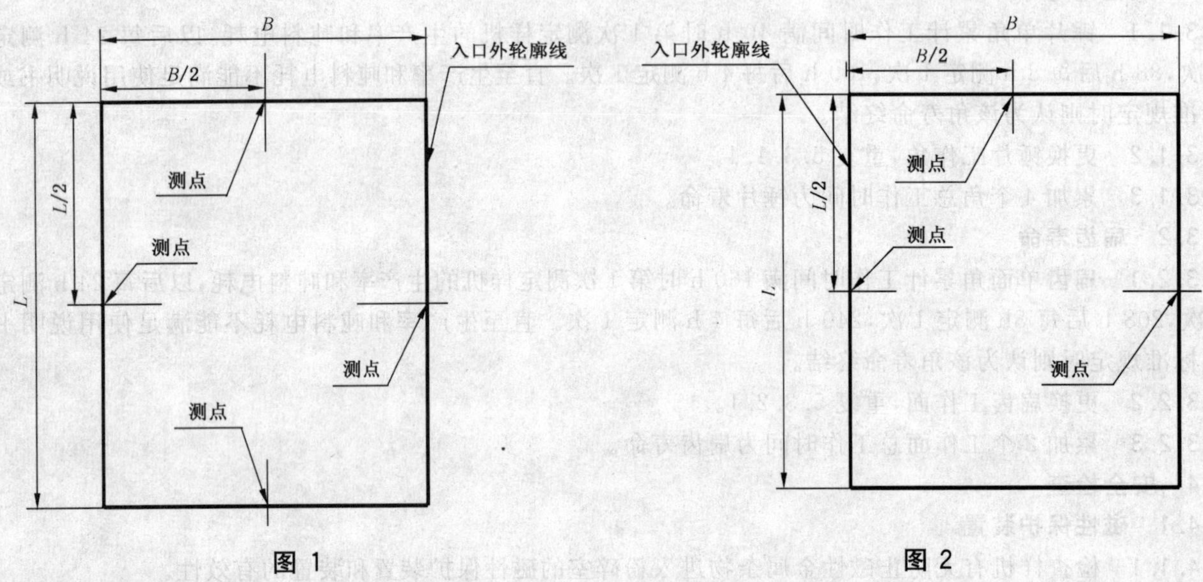

图 1　　　　图 2

5.5.4 粉尘浓度

测试时，若机组或系统中的其他设备(不含上料和卸料装置)必须与粉碎机配套工作，目测样机不得有明显可见的漏粉现象，若粉碎机(含上料和卸料装置)独立工作，测试方法同5.1.6。

5.5.5 其他项目

其他未列项目的测试方法同单机测试。

6 试验报告

试验报告应包括以下内容：

——试验的目的、时间、地点及试验条件；

——试验依据；

——试验样机简介(工作原理、结构及主要技术参数)；

——试验结果及分析；

——意见和建议；

——试验单位及人员。

附 录 A
（资料性附录）
试验用主要仪器设备

序号	仪器设备名称	量程	准确度	备注
A1	功率仪（功率测定装置）	应满足样机功率	0.5%	仪表精度应不低于1级
A2	粮食水分测量仪	0～20%	0.5%	或鼓风干燥箱
A3	测温仪	0℃～100℃	±1℃	
A4	声级计	40 dB～130 dB	1 dB	
A5	粉尘测试仪	≥50 L/min	—	
A6	转速表	10 000 r/min	1 r/min	
A7	秒表	24 h	0.01 s	
A8	天平	≥100 g	0.01 g	
A9	分析天平	—	0.000 1 g	
A10	标准筛原孔筛	—	—	1套
A11	称重设备	—	0.5 kg	

附　录　B
（规范性附录）
二级以上玉米质量标准

序　号	级　别	纯粮率/%	杂质/%	水分/%		色泽、气味
				一般地区	东北、内蒙、新疆地区	
1	1	97	1.0	14.0	18.0	正　常
2	2	94	1.0	14.0	18.0	正　常

ICS 55.020
A 80

中华人民共和国国家标准

GB 6975—2007
代替 GB/T 6975—2001

棉花包装

Cotton baling

2007-09-27 发布　　2008-04-01 实施

中华人民共和国国家质量监督检验检疫总局
中国国家标准化管理委员会　发布

前　言

本标准3.1.2中Ⅰ型和Ⅲ型包、3.2.1.2、4.4、4.7、5.1.1、5.1.3、5.2.1、5.2.2、5.2.4为强制性条款，其余为推荐性条款。

本标准代替GB/T 6975—2001《棉花包装》。

本标准与GB/T 6975—2001相比，主要修订内容如下：

——对包型尺寸进行了修订，增加了允许偏差的内容；

——修改了棉布包装物的技术要求；

——增加了塑料包装袋和塑料捆扎带，规定了相关技术要求；

——修改了钢带的捆扎根数；

——增加了套包包装方法，规定了相关技术要求；

——对按批检验和逐包检验的棉包标志内容作出了规定，逐包检验的棉包以条码作为标志。

本标准由中华全国供销合作总社提出。

本标准由中华全国供销合作总社棉花加工工业标准化技术委员会归口。

本标准起草单位：中国棉花协会棉花加工分会、中国纤维检验局、铁道部运输局、郑州商品交易所、中棉工业有限责任公司、北京中棉机械成套设备有限公司、中华全国供销合作总社郑州棉麻工程技术设计研究所、南通棉花机械有限公司、南通御丰塑钢包装有限公司。

本标准主要起草人：康玉国、王丹涛、胡春雷、余泳、刘哲、李博晰、钱鹏、季宏斌、李久喜、韩金、蔡光泉、胡宝林、张海远。

本标准所代替标准的历次版本发布情况为：

——GB/T 6975—1986，GB/T 6975—2001。

棉 花 包 装

1 范围

本标准规定了棉包的外形尺寸、包重、包装物、包装方法、棉包标志和试验方法。

本标准适用于棉花包装，亦适用于棉短绒包装。

2 规范性引用文件

下列文件中的条款通过本标准的引用而成为本标准的条款。凡是注日期的引用文件，其随后所有的修改单(不包括勘误的内容)或修订版均不适用于本标准，然而，鼓励根据本标准达成协议的各方研究是否可使用这些文件的最新版本。凡是不注日期的引用文件，其最新版本适用于本标准。

GB/T 228 金属材料 室温拉伸试验方法

GB/T 406 棉本色布

GB/T 1040.3 塑料 拉伸性能的测定 第3部分：薄膜和薄片的试验条件

GB 1103 棉花 细绒棉

GB/T 3923.1 纺织品 织物拉伸性能 第1部分：断裂强力和断裂伸长率的测定 条样法

GB/T 4668 机织物密度的测定

GB/T 6672 塑料薄膜和薄片 厚度测定 机械测量法

GB/T 13022 塑料 薄膜拉伸性能试验方法

GB/T 16422.3 塑料实验室光源暴露试验方法 第3部分：荧光紫外灯

QB/T 3811 塑料打包带

3 技术要求

3.1 棉包的外形和尺寸

3.1.1 棉包的外形和尺寸代号见图1。

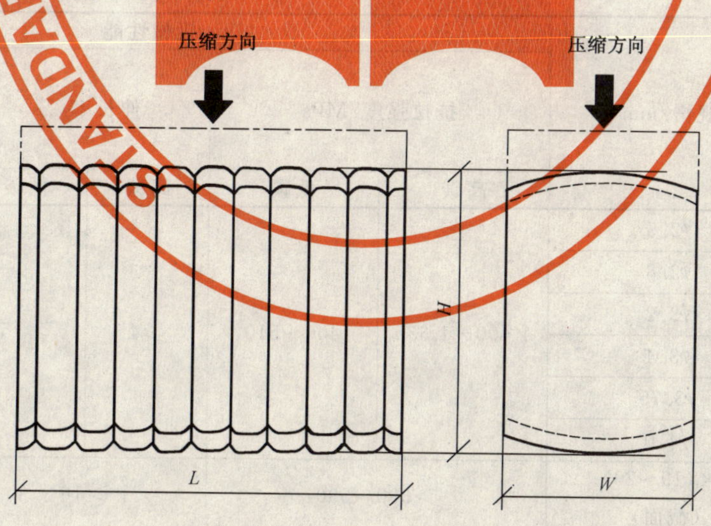

L——棉包长度；
W——棉包宽度；
H——棉包高度。

图1 棉包外形示意图和尺寸代号

3.1.2 棉包外形尺寸、重量及允许偏差应符合表1规定。

表1 棉包外形尺寸、重量及允许偏差

棉包型号	长度 L/mm		宽度 W/mm		高度 H/mm		棉包重量/kg	
	基本尺寸	允许偏差	基本尺寸	允许偏差	基本尺寸	允许偏差	重量	允许偏差
Ⅰ	1 400	−30	530	−10	700	+150	227	±10
Ⅱ	1 060	−20	530	−10	780	+100	200	±10
Ⅲ	800	−15	400	−10	600	+50	85	±5

3.1.3 Ⅰ、Ⅱ型棉包两端的高度差不大于50 mm，Ⅲ型棉包两端的高度差不大于20 mm。

3.2 包装物

3.2.1 包装材料

3.2.1.1 采用符合棉包包装要求的、不污染棉花、不产生异性纤维的本白色纯棉布、塑料或其他材料进行包装。塑料包装袋应留有半圆形透气孔隙，单个透气孔隙面积不大于240 mm^2。

3.2.1.2 本白色纯棉布技术要求见表2。

表2 本白色纯棉布技术要求

项目	纱线		棉布密度/(根/10 cm)	断裂强力/N
	线密度/tex（支数）	百米重量偏差/%		
经向	58.3 (10^s)	±2.5	≥118	≥180
纬向	58.3 (10^s)	±2.5	≥118	≥220

3.2.1.3 塑料包装袋技术要求见表3。

表3 塑料包装袋技术要求

厚度/mm	拉伸强度/MPa	
	纵向	横向
0.15±0.02	≥24	≥23

3.2.2 捆扎材料

3.2.2.1 捆扎材料的规格、机械性能应符合表4规定。

表4 捆扎材料的机械性能

捆扎材料	规格/mm	机械性能				
		抗拉强度/MPa		伸长率/%		抗老化(100 h紫外光老化拉伸断裂强度保留率)/%
		高碳	低碳	高碳	低碳	
镀锌钢丝	ϕ2.5	1 400～1 650	400～510	≥4	≥15	—
	ϕ2.8					
	ϕ3.2					
	ϕ3.4					
	ϕ3.75					
	ϕ4.0					
碳钢钢带	1×(19～20)（截面）	>390～590		>16		
高强度钢带	(0.7～1)×(19～20)（截面）	>590～780		>16		
塑料捆扎带	(1～1.5)×(19～20)（截面）	>390～590		>16		>96

3.2.2.2 捆扎材料规格及捆扎根数应符合表5规定。

表5 捆扎材料规格及捆扎根数

棉包型号	捆扎材料									
	低碳钢丝/mm			高碳钢丝/mm				碳钢钢带/mm（截面）	高强度钢带/mm（截面）	塑料捆扎带/mm（截面）
	φ2.5	φ2.8	φ4.0	φ2.5	φ3.2	φ3.4	φ3.75	1×(19～20)	(0.7～1)×(19～20)	(1～1.5)×(19～20)
Ⅰ、Ⅱ			10～11		10～11	10	8	8	8	8
Ⅲ	10～12	10～11		10～11						

4 包装方法

4.1 捆扎法：皮棉经压缩并用棉布包裹后再进行捆扎的方法。

4.2 套包法：皮棉经压缩、捆扎后通过套包装置把包装袋套在棉包上的包装方法。

4.3 棉布包装适用于捆扎法或套包法，塑料包装袋仅适用于套包法。

4.4 棉布包装的棉包捆扎好后，用棉线绳将棉包包头接缝处缝严，针距不大于25 mm。

4.5 成包过程中切割取样的应将切割口用同等棉布缝严，允许用不污染棉花、不产生异性纤维的其他材料将切割口覆盖。

4.6 棉包出厂时均不得有露棉（塑料包装袋的透气孔隙除外）、包装破损及污染现象。

4.7 棉包包索排列要均匀且相互平行，包索结扣应牢固、可靠。结扣处应平滑，不易划伤其他接触物。

5 棉包标志

5.1 按批检验的棉包标志

5.1.1 对用棉布包装的棉包，在棉包两头用黑色刷明标志，内容包括：棉花产地（省、自治区、直辖市和县）、棉花加工单位、棉花质量标识、批号、包号、毛重、异性纤维含量代号、生产日期。

5.1.2 塑料套包法包装的棉包在棉包两头采取不干胶粘贴或其他方式固定标签，标签载明内容按5.1.1。

5.1.3 棉花质量标识应符合GB 1103的规定。

5.1.4 允许在不影响棉包标志的塑料包装袋表面标注放置方向、商标等信息。

5.2 逐包检验的棉包标志

5.2.1 采用条码作为棉包标志。

5.2.2 对用棉布包装的棉包，棉包两头用黑色刷明标志：棉花产地（省、自治区、直辖市和县）、棉花加工单位、包号（加工流水编号，不得重复）、毛重、异性纤维含量代号、生产日期。

5.2.3 塑料套包法包装的棉包在棉包两头固定条码作为标志。

5.2.4 棉布包装的棉包条码应固定在棉包两头。

6 试验方法

6.1 外形尺寸

在已加工并存放24 h以后的棉包中，每20包（不足20包的按20包计）抽取1包，测量棉包尺寸。

测量方法：将被测棉包放置在平面上，用两个直角尺分别轻靠在棉包对称面上，测量相对应的棉包尺寸；测量位置为棉包各对应面的两端及中部，取其最大值。再分别取长、宽、高的平均值为棉包尺寸实测值。

6.2 棉布纱线线密度

按 GB/T 406 规定的方法测定。

6.3 棉布密度

按 GB/T 4668 规定的方法测定。

6.4 棉布断裂强力

按 GB/T 3923.1 规定的方法测定。

6.5 塑料薄膜和薄片厚度

按 GB/T 6672 规定的方法测定。

6.6 塑料薄膜拉伸强度

按 GB/T 13022 规定的方法测定。

6.7 塑料捆扎带抗老化试验

按 GB/T 16422.3 规定的方法执行。

6.8 钢丝与钢带抗拉强度和伸长率

按 GB/T 228 规定的方法测定。

6.9 塑料捆扎带抗拉强度和伸长率

按 GB/T 1040.3 和 QB/T 3811 规定的方法测定。

ICS 59.060.10
B 40

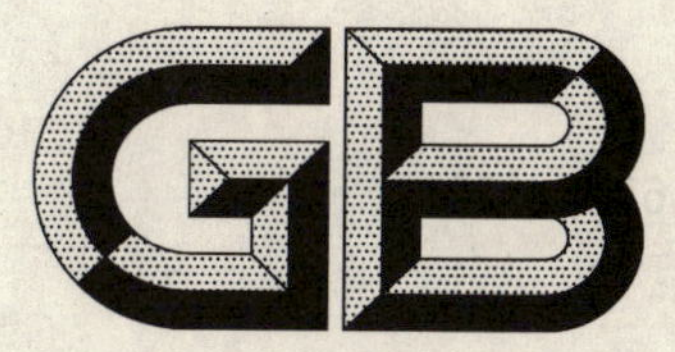

中华人民共和国国家标准

GB/T 6976—2007
代替 GB/T 6976—1986

羊毛毛丛自然长度试验方法

Test method for measure length of the wool staple natural formation

2007-12-27 发布　　2008-03-01 实施

中华人民共和国国家质量监督检验检疫总局
中国国家标准化管理委员会　发布

前　言

本标准修改采用国际羊毛组织 IWTO-30-98《毛丛长度和强度的测定方法》及美国试验与材料协会 ASTM D1234-85(2001)《含脂羊毛毛丛长度的取样和试验方法》。

本标准与 IWTO-30-98 相比主要技术变化如下：

——适用范围增加了其他动物毛也适用的内容，与 ASTM 标准同；

——增加了附录 A“试验毛丛个数”的确定，加大了毛丛试验个数；

——试验室样品由 2 kg 左右加大到不少于 4 kg。

本标准与 ASTM D1234-85(2001)相比主要技术变化如下：

——标准名称改为《羊毛毛丛自然长度试验方法》；

——增加了附录 A 试验毛丛个数的确定；

——未采用取样矛状工具及其取样方法。

本标准代替 GB/T 6976—1986《羊毛毛丛自然长度试验方法》。

本标准结合国内情况，对 GB/T 6976—1986 作了以下技术修改：

——按照 IWTO-30-98 标准修改了毛丛、毛丛长度的定义，将带辫毛丛改为辫状毛丛。

——增加了原理叙述。

——增加了批样的扦取按照相应的产品标准所规定的方法和数量进行的规定。

——增加了一份备样。

——试验室样品由 2 kg 左右加大到不少于 4 kg。

——测量长度组距由 10 mm 改为 5 mm。

——数值修约保留位数由小数点后 2 位改为整数位。

——加大了取样板的尺寸。

本标准的附录 A、附录 B 为规范性附录，附录 C 为资料性附录。

本标准由中国纤维检验局提出并归口。

本标准主要起草单位：陕西省纤维检验局。

本标准主要起草人：贠秀琴、黄超、陈武成、田永杰、林晓煜。

羊毛毛丛自然长度试验方法

1 范围

本标准规定了测定自然状态下羊毛毛丛自然长度的试验方法。

本标准适用于测定羊毛毛丛自然长度。本标准也适用于其他动物毛。

2 规范性引用文件

下列文件中的条款通过本标准的引用而成为本标准的条款。凡是注日期的引用文件，其随后所有的修改单(不包括勘误的内容)或修订版均不适用于本标准，然而，鼓励根据本标准达成协议的各方研究是否可使用这些文件的最新版本。凡是不注日期的引用文件，其最新版本适用于本标准。

GB/T 8170 数值修约规则

3 术语和定义

下列术语和定义适用于本标准。

3.1

毛丛自然长度 staple natural formation length

毛丛中纤维未经拉伸、卷曲未受破坏时，沿毛丛轴线进行测量得到的毛丛长度。

3.2

毛丛 staple

取自含脂毛的、作为一个整体的、轮廓分明的纤维束。

3.3

平顶毛丛 flat top staple

顶部呈平面状的毛丛。

3.4

圆锥形毛丛 conical staple

呈圆锥状的毛丛。

3.5

辫状毛丛 plated staple

顶部呈明显发辫状的毛丛。

4 原理

用长度度量器具对取得的毛丛试样，在自然状态下进行长度测量，计算平均长度及其分布参数。

5 工具

绒板，钢板尺(精度值 1 mm)，取样板。

6 取样

6.1 从毛批中按照相应的产品标准所规定的方法和数量随机抽取批样。

6.2 从批样中随机抽取试验室样品，样品质量不少于 4 kg。

6.3 将试验室样品混合后等分为 2 份，其中 1 份作为备样。

6.4　按照附录 A 确定毛丛试样个数 n。

6.5　把试验室样品充分混合后平铺在工作台上，然后将取样板盖在上面，均匀地从取样板(见附录 B)的各个圆孔中随机抽取所需要的毛丛试样。共取 n 个毛丛。

6.6　若一次抽取不足 n 个，按 6.5 再重新抽取，直至取够 n 个毛丛。

7　试验步骤

7.1　将所抽取的毛丛试样整齐地排在黑绒板上，剥去与此相连的其他毛丛，并理顺毛丛，尽可能保持毛丛原本自然形态。

7.2　逐一测量毛丛的自然长度，精确到 1 mm。测量时，可稍稍压平毛丛，以去除拱曲或弯曲，但不要拉伸或用力揿压。

7.3　测量位置按毛丛形态分为以下几种情况：

7.3.1　平顶毛丛：测量其整个毛丛自然长度。

7.3.2　圆锥形毛丛：测量其整个毛丛自然长度后去掉 2 mm。

7.3.3　辫状毛丛：测量其带辫毛丛全长，即自毛丛底部量至毛辫虚尖以下；同时测量毛丛中底绒长度，即自毛丛底部量至绒毛顶端集中点。

7.3.4　当毛丛梢部尖长时，以测量梢部开始的一点到终点距离的一半处为准。

7.4　将依次量得的长度结果记录在一张以 5 mm 为组距的工作表格中(参见附录 C)。计算毛丛自然长度。

8　试验结果的计算

8.1　平均毛丛自然长度按式(1)计算：

$$L = A\frac{\sum(F\times D)}{\sum F}\times I \qquad (1)$$

式中：

L——平均毛丛自然长度，单位为毫米(mm)；

A——组中值(假定毛丛平均自然长度)，单位为毫米(mm)；

D——相对组中值(假定毛丛平均自然长度)之差；

F——毛丛个数；

I——毛丛分组组距，单位为毫米(mm)。

8.2　毛丛自然长度的标准差按式(2)计算：

$$S=\sqrt{\frac{\sum(F\times D^2)}{\sum F}-\left[\frac{\sum(F\times D)^2}{\sum F}\right]^2}\times I \qquad (2)$$

式中：

S——标准差，单位为毫米(mm)。

8.3　毛丛自然长度的变异系数按式(3)计算：

$$CV=\frac{S}{L}\times 100 \qquad (3)$$

式中：

CV——长度变异系数，%。

8.4　数值修约

试验结果按 GB/T 8170 进行修约，计算精确到整数位。

9　试验报告

试验报告包括各项试验结果，并写明样品编号、试验日期和检验依据等。

附 录 A
（规范性附录）
毛丛试样个数的确定

A.1 试样个数应由式(A.1)来确定：

$$n=\frac{t^2\cdot CV^2}{E^2} \qquad \cdots\cdots\cdots(A.1)$$

式中：

n——试样个数；

t——t 分布的临界值($t=196$)；

CV——毛丛长度变异系数，%；

E——允许偏差率(取 $E=\pm5\%$)，%。

A.2 当毛丛长度变异系数 CV 为未知时，可先取 100 个毛丛试验，计算毛丛长度变异系数，然后用式(A.1)验证 n 值。按式(A.1)计算 n 值和 CV 值的关系大致如下：

当毛丛长度变异系数 $CV\leqslant25\%$时，试验个数 n 值为 100；

当毛丛长度变异系数在 $25\%<CV\leqslant30\%$时，试验个数 n 值为 150；

当毛丛长度变异系数在 $30\%<CV\leqslant35\%$时，试验个数 n 值为 200；

当毛丛长度变异系数在 $35\%<CV\leqslant40\%$时，试验个数 n 值为 250；

当毛丛长度变异系数 $CV>40\%$时，试验个数 n 值为 320。

附 录 B
（规范性附录）
取 样 板

取样板示意图见图 B.1。

单位为毫米

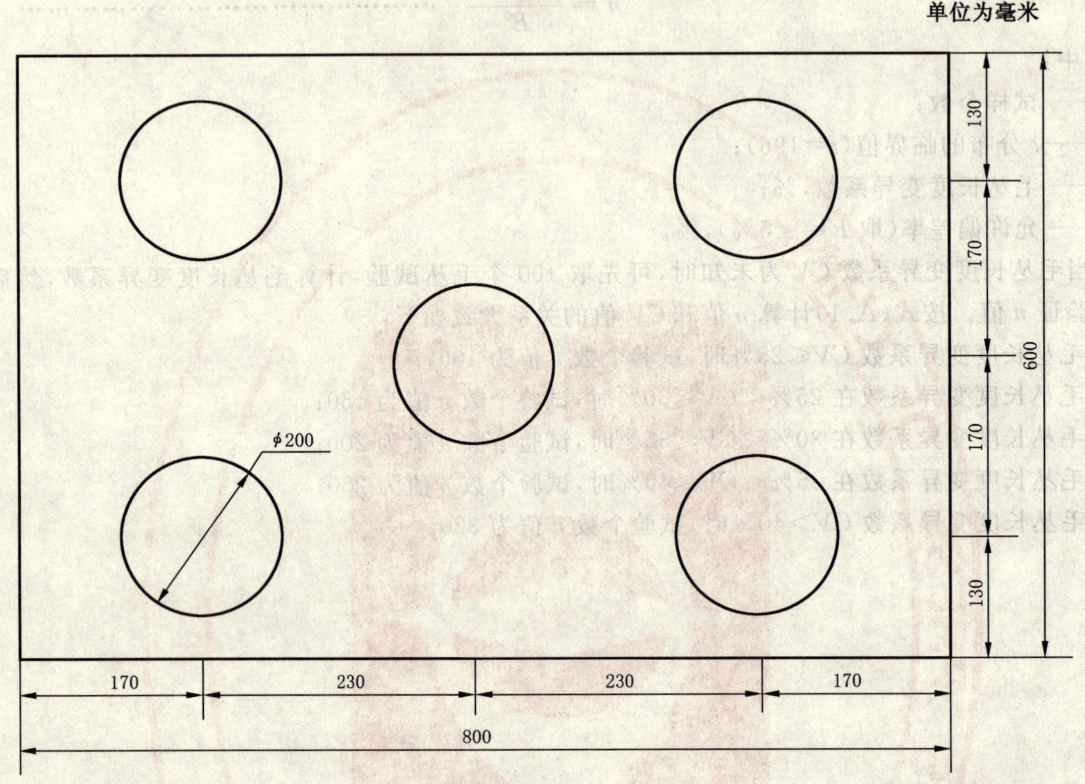

图 B.1

附　录　C
（资料性附录）
试验结果举例

表 C.1 是试验结果记录。

表 C.1

毛丛分组 组距范围/mm	组中值 A/mm	毛丛个数 F	相对组中值之差 D	$F\times D$	$F\times D^2$
30～35	32.5				
35～40	37.5				
40～45	42.5	4	−3	−12	36
45～50	47.5	23	−2	−46	92
50～55	52.5	22	−1	−22	22
55～60	57.5	27	0	0	0
60～65	62.5	11	1	11	11
65～70	67.5	7	2	14	28
70～75	72.5	3	3	9	27
75～80	77.5	2	4	18	32
80～85	82.5	1	5	5	25
85～90	87.5				
90～95	92.5				
95～100	97.5				
100～105	102.5				
累计		100		−29	273

计算：

$$L=A\frac{\sum(F\times D)}{\sum F}\times I=57.5+\left(\frac{-29}{100}\right)\times 5=56(\text{mm})$$

$$S=\sqrt{\frac{\sum(F\times D^2)}{\sum F}-\left[\frac{\sum(F\times D)^2}{\sum F}\right]^2}\times I$$

$$=\sqrt{\frac{273}{100}-\left(\frac{-29}{100}\right)^2}\times 5=8(\text{mm})$$

$$CV=\frac{S}{L}\times 100=\frac{8}{56}\times 100=14(\%)$$

ICS 59.060.10
B 45

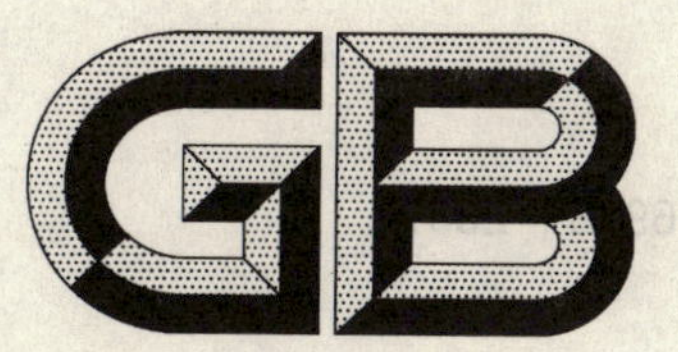

中华人民共和国国家标准

GB/T 6978—2007
代替 GB/T 6978—1986

含脂毛洗净率试验方法 烘箱法

Test method for the determination of scoured yield of greasy wool—Drying oven method

2007-06-21 发布 2007-09-01 实施

中华人民共和国国家质量监督检验检疫总局
中国国家标准化管理委员会 发布

前言

本标准代替 GB/T 6978—1986《原毛洗净率试验方法　烘箱法》。

与 GB/T 6978—1986 相比，本标准主要作了以下修改：

——考虑到分样中土杂的损失，增加对试验试样质量的修正；按照 IWTO 相关检验规则，增加了试验用环境温湿度对烘干质量的修正；

——增加对羊毛中异性纤维的拣除；

——增加洗净毛中植物性杂质含量的检验；

——增加洗净毛中残油、灰分的限量和检验，洗净毛中残油 1.70%，灰分 0.57%，与 IWTO 检验规则中的值保持一致，对含脂毛洗净率进行修正；

——增加手工扦样方法，扦样方法、开松去杂、洗毛工艺有所改进。

本标准的附录 A 和附录 D 是规范性附录，附录 B 和附录 C 是资料性附录。

本标准由中国纤维检验局提出并归口。

本标准起草单位：新疆维吾尔自治区纤维检验局。

本标准主要起草人：张宋强、邓明辉、张峰、陈洁。

本标准于 1986 年首次发布，本次为第一次修订。

含脂毛洗净率试验方法　烘箱法

1　范围

本标准规定了测定含脂毛洗净率的试验方法。

本标准适用于绵羊毛的含脂毛，其他毛绒类纤维可参照执行。

2　规范性引用文件

下列文件中的条款通过本标准的引用而成为本标准的条款。凡是注日期的引用文件，其随后所有的修改单(不包括勘误的内容)或修订版均不适用于本标准，然而，鼓励根据本标准达成协议的各方研究是否可使用这些文件的最新版本。凡是不注日期的引用文件，其最新版本适用于本标准。

GB/T 5706　纺织名词术语(毛部分)

GB/T 6977　洗净羊毛油、灰、杂含量试验方法

GB/T 8170　数值修约规则

3　术语和定义

GB/T 5706 中确立的以及下列术语和定义适用于本标准。

3.1

含脂毛　greasy wool

从绵羊身上或绵羊皮上剪下的未经洗涤、溶剂脱脂、碳化或其他方法处理的羊毛。

3.2

洗净率　scoured yield

绵羊毛洗净后的公定回潮质量占含脂毛质量的百分比。

3.3

异性纤维　non-animal fiber and other animal fiber in wool

绵羊毛中混入的非绵羊毛纤维。如:人的毛发、其他动物纤维、化学纤维、棉、麻及过滤烟蒂等纤维物质。

4　方法原理

含脂毛除含有毛纤维外，还含有土砂、油汗、草杂等。将一定质量含脂毛洗净烘干后得到洗净毛烘干质量(其中允许含有规定量的残余油脂和灰分)，用公定回潮率修正后得到洗净毛公定回潮质量占含脂毛质量的比就是含脂毛的洗净率。

5　仪器设备和用具

5.1　扦样工具。

5.2　开松去杂机。

5.3　天平:最大称量 1 000 g，分度值 0.1 g。

5.4　天平:最大称量 200 g，分度值 0.01 g。

5.5　洗毛器。

5.6　八篮烘箱:天平分度值 0.01 g。

6 扦样

按附录A扦样方法进行。

7 试验方法

7.1 开松、去杂

7.1.1 将扦取的批样在4 h内称量(m_a,精确至0.1 g),作为试验室样品。称量前检查样品状态,确认包装完好。

7.1.2 将试验室样品用开松去杂设备开松两遍或用手工方法撕松,在开松前和开松过程中尽量抖去土砂、杂质,拣出粪块和异性纤维,并使开松后试验室样品混合均匀。

7.1.3 开松去杂设备要求参见附录B。

7.2 分样、称量

7.2.1 将开松、去杂、混合均匀的试验室样品称量(m_b,精确至0.1 g),不得丢落羊毛。

7.2.2 将开松、去杂后的试验室样品厚薄均匀地平铺在实验台上,用取样器(面积约80 cm×80 cm)罩住毛样,采用多点法从每个取样方框中随机抽取毛样组成1份试验试样,每批扦取5份试样,其中三份测试,两份备用。每份试验试样开松去杂后的质量m(精确至0.01 g)按式(1)计算。

$$m = m_0 \times \frac{m_b}{m_a} \qquad \cdots\cdots(1)$$

式中:

m——每份试验试样开松、去杂后的质量,单位为克(g);

m_0——每份试验试样的质量(m_0=150 g),单位为克(g);

m_a——试验室样品的质量,单位为克(g);

m_b——试验室样品开松、去杂后的质量,单位为克(g)。

7.2.3 完成分取试验试样后,余样要称量(精确至0.01 g),计算余样质量与5份试验试样质量之和m_c,按式(2)对试验试样质量m_0进行修正。

$$m_0' = m_0 \times \frac{m_b}{m_c} \qquad \cdots\cdots(2)$$

式中:

m_0'——修正后每份试验试样的质量,单位为克(g);

m_c——开松、去杂后的余样质量与5份试验试样质量之和,单位为克(g)。

7.2.4 当批量过少,无法满足上述取样质量或份数时,每批扦取至少三等份,每份试验试样质量(m_0)不少于80 g,其中至少两份测试,一份备用。

7.3 洗涤

7.3.1 将试验试样逐个放在合适的洗毛盆(槽)或自动洗毛设备内进行洗涤。

7.3.2 洗涤时,除去羊毛的油脂、土砂、粪块及异性纤维等。当粪块粘结羊毛时,应将粪块碾碎并拣除干净。羊毛中的植物性杂质在洗涤时除非自动脱落,否则不必刻意拣除。

7.3.3 试验试样洗涤后,拣净洗具和筛网上遗留的羊毛,以防羊毛丢失。

7.3.4 洗涤工艺条件参见附录C。

7.3.5 洗涤后羊毛质量要求:洁净松散;残余油脂含量不超过1.70%;灰分含量不超过0.57%。

7.4 烘干

7.4.1 将洗净毛样装入100目以上的网袋中进行脱水处理,防止羊毛丢失。

7.4.2 脱水后的毛样预烘或晾干。

7.4.3 撕松预烘或晾干后的毛样,再次抖落未洗去的土砂、粪块等杂质,拣去异性纤维。

7.4.4 将毛样放在温度为105℃±2℃的八篮烘箱内进行烘干。3h后进行第一次称量并记录质量，待温度回升后，每隔10 min再称量一次，直至两次质量差异不超过后一次质量的0.05%时，即以后一次的质量作为洗净烘干质量m_s。

7.4.5 烘箱加热的空气如果不是来自标准大气，需根据烘箱室内实际温湿度予以修正。查附录D中的表D.1获得相应的修正系数，将试验试样洗净烘干质量m_s乘修正系数得到修正后的试验试样洗净烘干质量m_s'。

7.5 洗净毛中残油、灰分、植物质含量的测定

洗净毛中残油、灰分、植物质含量按GB/T 6977执行。其中残余油脂含量选用方法A(乙醇提取物)。

7.6 计算

7.6.1 试验样品洗净率的计算按式(3)。

$$Y=\frac{m_s'\times(1-C_f-C_a)\times(1+R)}{m_0'\times 0.977\,3}\times 100 \quad\cdots\cdots(3)$$

式中：

Y——试验样品洗净率，%；

m_s'——修正后的试验样品洗净烘干质量，单位为克(g)；

C_f——洗净毛中实际残油含量，%；

C_a——洗净毛中实际灰分含量，%；

R——公定回潮率(细羊毛、半细羊毛$R=16\%$，改良羊毛$R=15\%$)，%。

7.6.2 以三个试验样品洗净率的平均值作为全批含脂毛的洗净率。计算结果修约至两位小数，数值修约按GB/T 8170的规定进行。当三个试验样品洗净率的极差超过2%时，需按同样方法测定备样，并以四份试验样品的平均洗净率作为全批的结果。

7.7 试验报告

试验报告应包括含脂毛洗净率、洗净毛中植物质含量，并写明试验产品的名称、批号、包数、质量(重量)、等级、产地、扦样方法、扦样包数、扦样质量(重量)等信息。

附 录 A
（规范性附录）
扦样方法

A.1 扦样应与羊毛过秤同时进行，以保证测定结果的准确。

A.2 机械硬包采用钻孔扦样，软包采用手工扦样。

A.3 钻孔扦样

A.3.1 钻孔扦样器直径为 25 mm，管长 500～550 mm。以手工压入式扦取。

A.3.2 钻孔扦样毛包数量与扦样包数比例见表 A.1。

表 A.1

毛包数量	25	50	75	100	150	200	300	400	500
扦样包数	25	33	37	39	42	43	46	48	50

A.3.3 钻孔时将毛包包皮割开，以防包皮材料混入。

A.3.4 扦样器插入毛包的部位必须是打包压紧方向，距边缘不少于 100 mm 的随机位置，并两面交替地垂直插入毛包进行扦样。

A.3.5 钻孔深度应达到扦样管长度 80%以上。

A.3.6 钻孔扦取批样质量不得少于 750 g。

A.3.7 包数在 25 包以下，必须逐包钻孔扦样（一包一孔），若包数过少，每包可增加钻孔数，但两孔间应保持 500 mm 以上距离。每 1 000 kg 含脂毛的批样质量不少于 375 g。

A.4 手工扦样

A.4.1 手工扦样每个毛包取样量不少于 80 g，批样质量不少于含脂毛总质量的 0.24%。

A.4.2 样品应在毛包的顶部以下 1/5 处、中部、底部以上 1/5 处沿对角线扦取。

A.5 扦取的样品，立刻放入密闭的容器或塑料袋中，不得丢失羊毛和土杂，保持回潮率不发生变化。称量并填写扦样单。

A.6 扦样单应注明产品名称、报验等级、批号、总包数、总质量、扦样包数、扦样质量、扦样日期、扦样地点、扦样人员等信息。若一批毛样分上、下午或隔天扦取则应分别称量累计。

附 录 B
（资料性附录）
开松去杂机要求

B.1 对机器的技术要求

B.1.1 机器应适用于原毛散毛、钻孔取样毛等的开松、去土杂、混合。

B.1.2 毛纤维经开松、去土杂、混合，应达到膨松、均匀。

B.2 机器应具备的技术指标

B.2.1 角钉辊转速 2 000 r/min±100 r/min。

B.2.2 风机出风口风速 12 m/s±1 m/s。

B.2.3 机器噪声应小于国家标准规定的 85 dB。

附　录　C
（资料性附录）
洗毛工艺

C.1　洗毛工艺一

C.1.1　洗毛工艺一的工艺参数见表C.1。

表 C.1

工　艺	槽　别						
	一	二		三		四	五
		中性洗剂	元明粉	中性洗剂	元明粉		
浓度洗剂/水	清水	根据条件以最佳洗效自选				清水	清水
温度/℃	40～50	55～60		55～60		45～50	45～50
时间/min	3	3		3		3	3

C.1.2　洗槽浴比 1∶50。

C.1.3　在连续洗样中应经常保持溶液应有的温度、浓度。

C.2　洗毛工艺二

C.2.1　洗毛工艺二的工艺参数见表C.2。

表 C.2

工　艺		槽　别		
		一	二	三
LS洗剂		0.1%	清水	清水
元明粉		0.5%	清水	清水
温度/℃		55～60	40～45	25～30
时间/min	浸渍	2		
	摇动荡	2	2	2

C.2.2　每槽溶液(水 10 L)洗毛样一份。

C.2.3　如无LS洗净剂亦可用其他中性洗剂代替，但应取得同一效果。

附 录 D
（规范性附录）
非标准大气条件下烘干质量的修正

表 D.1 进入烘箱空气的不同温湿度修正系数表

环境空气温度/℃	环境相对湿度/%								
	15	25	35	45	55	65	75	85	95
6	1.005	1.004	1.004	1.004	1.003	1.003	1.003	1.002	1.002
8	1.004	1.004	1.004	1.003	1.003	1.003	1.002	1.002	1.002
10	1.004	1.004	1.004	1.003	1.003	1.002	1.002	1.002	1.001
12	1.004	1.004	1.003	1.003	1.002	1.002	1.002	1.001	1.001
14	1.004	1.004	1.003	1.003	1.002	1.002	1.001	1.001	1.000
16	1.004	1.004	1.003	1.002	1.002	1.001	1.001	1.000	0.999
18	1.004	1.003	1.003	1.002	1.001	1.000	0.999	0.999	0.999
20	1.004	1.003	1.002	1.002	1.001	1.000	0.999	0.999	0.999
22	1.004	1.003	1.002	1.001	1.000	0.999	0.998	0.998	0.997
24	1.004	1.003	1.002	1.001	1.000	0.999	0.998	0.997	0.996
26	1.003	1.002	1.001	1.000	0.999	0.998	0.997	0.995	0.994
28	1.003	1.002	1.001	0.999	0.998	0.997	0.996	0.994	0.993
30	1.003	1.002	1.000	0.999	0.997	0.996	0.994	0.993	0.991
32	1.003	1.001	1.000	0.998	0.996	0.995	0.993	0.991	0.990
34	1.002	1.001	0.999	0.997	0.995	0.993	0.992	0.990	0.989
36	1.002	1.000	0.998	0.996	0.994	0.992	0.990	0.988	0.986
38	1.002	1.000	0.997	0.995	0.993	0.990	0.988	0.986	0.983
40	1.001	0.999	0.996	0.994	0.991	0.989	0.986	0.983	0.981

ICS 29.140.01
K 72

中华人民共和国国家标准

GB 7000.1—2007/IEC 60598-1:2003
代替 GB 7000.1—2002

灯具 第1部分:一般要求与试验

Luminaires—Part 1:General requirements and tests

(IEC 60598-1:2003,IDT)

2007-11-12 发布 2009-01-01 实施

中华人民共和国国家质量监督检验检疫总局
中国国家标准化管理委员会 发布

前言

本部分的全部技术内容为强制性。

GB 7000 系列灯具国家标准共有 19 个部分，到本部分出版之日，已出版的 GB 7000 系列标准如下：

——GB 7000.1—2007 灯具 第 1 部分：一般安全与试验

——GB 7000.2—1996 应急照明灯具安全要求

——GB 7000.3—1996 庭园用的可移式灯具安全要求

——GB 7000.4—2007 灯具 第 2-10 部分：特殊要求 儿童用可移式灯具

——GB 7000.5—2005 道路与街路照明灯具的安全要求

——GB 7000.6—1996 内装变压器的钨丝灯灯具的安全要求

——GB 7000.7—2005 投光灯具安全要求

——GB 7000.8—1997 游泳池和类似场所用灯具安全要求

——GB 7000.9—1998 灯串安全要求

——GB 7000.10—1999 固定式通用灯具安全要求

——GB 7000.11—1999 可移式通用灯具安全要求

——GB 7000.12—1999 嵌入式灯具安全要求

——GB 7000.13—1999 手提灯安全要求

——GB 7000.14—2000 通风式灯具安全要求

——GB 7000.15—2000 舞台灯光、电视、电影及摄影场所（室内外）用灯具安全要求

——GB 7000.16—2000 医院和康复大楼 诊所用灯具安全要求

——GB 7000.17—2003 限制表面温度灯具安全要求

——GB 7000.18—2003 钨丝灯用特低电压照明系统安全要求

——GB 7000.19—2005 照相和电影用灯具（非专业用）安全要求

在编写格式上，除了将 IEC 60598-1:2003 的附图按我国制图标准作个别改动以外，本部分等同采用 IEC 60598-1:2003。

本部分代替 GB 7000.1—2002《灯具一般安全要求与试验》。

本部分与 GB 7000.1—2002 的主要技术差异如下：

——关于本部分与 IEC 60079 防爆灯具标准的关系（0.1），本部分规定，IEC 60079 覆盖的防爆灯具除了符合 IEC 60079 规定的要求以外，还应符合 GB 7000 其他部分的规定。

——关于灯具的分类（2.2），本部分删去了 0 类灯具分类，在相关条款中将 0 类的相应规定删去，详见附录 U。

——增加特低电压灯专用的灯头（4.4.9）的应用规定，最初为单端特低电压灯设计的灯头不能用于使用额定电压高于 50 V 普通卤钨灯的灯具内。

——改变了试验链的阻值（4.26.3），规定的试验链阻值增大，由原来的 0.05 Ω/m(1±10%) 改为 2.5 Ω/m(1±20%)。

——增加了与插座连接的灯具的要求（5.2.18），规定应配有与灯具的分类适当的符合 GB 1002 和 GB 1003 的插头。

——修改了灯具耐久性试验（12.3）的时间的规定，即对于无 12.5.1 规定的异常条件的灯具，耐久性试验时间为 240 h。

——改变了金卤灯灯具异常工作试验线路（附录 C），并将该异常试验条件的适用范围扩大到某些

高压钠灯和某些金卤灯。

——修正制造期间合格试验(附录 Q)的电气强度试验的直流试验电压数值,Ⅰ类和Ⅱ类灯具的 1.5 kV d.c 改为1.5$\sqrt{2}$ kV d.c.,Ⅲ类灯具的 400 V d.c 改为 400$\sqrt{2}$ V d.c。

——改变附录 M(资料性附录)的属性,现在该附录是规范性附录。

——增加附录 U,由于标准文本中已删除了 0 类灯具的相关规定,但为了给 0 类灯具提供信息,附录 U 列出了被删除的相关内容。

作为灯具的基础性安全标准,本部分包括了灯具的一般安全要求与试验。本部分不是对任一灯具的全部安全规定,对一个具体类别的灯具,本部分应与 GB 7000 的其他相关部分一起使用。

本部分的附录 A、附录 B、附录 C、附录 D、附录 E、附录 F、附录 M、附录 P、附录 S 和附录 T 是规范性附录。

本部分的附录 J、附录 K、附录 L、附录 N、附录 Q、附录 R 和附录 U 是资料性附录。

本部分由中国轻工业联合会提出。

本部分由全国照明电器标准化技术委员会灯具分会归口。

本部分起草单位:浙江阳光集团股份有限公司、国家灯具质量监督检验中心、上海时代之光照明电器检测有限公司、上海市照明灯具研究所。

本部分主要起草人:陈超中、施晓红、徐国荣、陈炯、吕军。

本部分第 1 版于 1996 年发布,第 2 版于 2002 年发布,本版是第 2 次修订。

IEC 前言

1) 国际电工委员会（IEC)是一个所有国家电工委员会(IEC 国家委员会)组成的世界性国际标准化组织。IEC 的宗旨是促进有关在电器和电子领域内的所有标准化问题的国际合作。为此，IEC 除组织其他活动外,还出版国际标准、技术规定、技术报告、公众使用的规定和导则(后面称“IEC 出版物”)。国际标准委托给技术委员会制定,任何对所讨论的问题感兴趣的 IEC 国家委员会都可以参加这个制定工作。与 IEC 建立联系的国际组织、政府组织和非政府组织也可以参加这一制定工作。IEC 按照与国际标准化组织(ISO)达成的协议规定与其保持密切的合作。
2) IEC 关于技术问题的正式决议或协议,是由对该问题感兴趣的国家委员会的代表参加的技术委员会制定的,表达了国际上尽可能接近的一致意见。
3) IEC 出版物以推荐的方式供各国使用,在这个意义上已为 IEC 国家委员会所接受。IEC 尽力保证 IEC 出版物的准确性,但 IEC 不能对出版物的用途,也不对任何使用者的任何不正确的理解负责。
4) 为了促进国际的统一,IEC 国家委员会同意在其国家和地区最大程度地采用 IEC 出版物作为其国家标准和地区标准。IEC 出版物和相应国家标准或地区标准的任何差异应在后者指明。
5) IEC 不提供表示对某一产品认可的标识程序,对声称符合 IEC 出版物的任一产品不承担责任。
6) 所有使用者应确保能得到本出版物的最新版本。
7) IEC 或其首长、雇员、服务人员、办事处包括专家和技术委员会和 IEC 国家委员会成员不对任何个人伤害、财产损失或其他任何直接或间接的自然灾害或开支(包括法律费用)和由于使用或依赖本 IEC 出版物和其他 IEC 出版物而增加的费用负责。
8) 应注意本出版物中列出的引用标准,使用引用标准是正确使用本出版物必不可少的。
9) 要注意这种可能性,即本 IEC 出版物的某些部分涉及到专利内容。IEC 不负责验明这样的专利。

IEC 60598 是由 IEC 34 灯泡和相关产品的技术委员会的 34D 灯具分技术委员会制定的。

本第 6 版取消并替代 1999 年出版的第 5 版。它作了技术性的修订。

本标准文本建立在下述文本的基础上：

FDIS	表决报告
34D/788/FDIS	34D/794/RVE

本标准投票和赞成的信息可以在上表中列出的投票报告中找到。

附录 S 表示了包括了要求产品重新试验的更严酷/关键要求的条款。

委员会决定本出版物内容在 2005 年 8 月前保持不变。此后,出版物将：

——重新确认；

——取消；

——被修订版替代,或

——被修订。

灯具 第1部分:一般要求与试验

0 一般介绍

0.1 范围和目的

GB 7000 的本部分规定了使用电光源、电源电压不超过 1 000 V 的灯具的一般要求。本部分提出的要求和有关试验包括:分类、标记、机械结构和电气结构。

本部分的每章都应与第 0 章和引用的其他相关章条一起阅读。

GB 7000 的其他部分规定了电源电压不超过 1 000 V 的一个特定类型灯具或一组灯具的具体要求。为了便于修订,这些部分单独出版,而且当需要时,还会增添附加的部分。

要引起注意的是,本部分包括了各方面的安全(电的、热的和机械的)要求。

灯具的光度数据由国际照明委员会(CIE)考虑提出,因此本部分不涉及。

本部分包括了带有标称脉冲电压峰值不超过表 11.3 数值的触发器的灯具的要求。这些要求适用于触发器装在镇流器内的灯具以及触发器与镇流器分开的灯具。触发器装在光源内的灯具的要求正在考虑之中。

本部分包含了对半灯具的要求。

总的来说,本部分包括了灯具的安全要求。本部分的目的是提供一套适用于多数类型灯具的要求与试验,并被 GB 7000 其他部分的具体技术要求引用。因此,不应将本部分本身看成对任何类型灯具的规定,本部分的条款只适于 GB 7000 其他部分确定范围内特定类型的灯具。

GB 7000 其他部分引用本部分的某一章的要求时,规定了该章的适用程度、试验顺序和一些必要的附加要求。

本部分的序号无特殊意义,适用条款的顺序由每一型式灯具或一组灯具相应的 GB 7000 其他部分规定。GB 7000 其他部分都是独立的,不引用系列内的其他部分。

GB 7000 其他部分引用本部分的某一章的要求,出现“应用 GB 7000.1 中第…章要求”语句时,其意义为:除了明显不适用于 GB 7000 其他部分涉及的特定型式灯具的要求以外,本部分的该章的所有要求都适用。

对 IEC 60079 覆盖的防爆灯具,除了 IEC 60079 的要求以外,还要符合 GB 7000 相关部分的要求,当 GB 7000 与 IEC 60079 有矛盾时,优先考虑 IEC 60079 的规定。

根据 IEC 导则,新的 IEC 标准分成安全标准或性能标准。光源安全标准中“灯具设计信息”是为光源安全工作给出的,按本部分测试灯具时,应将其作为规范性附录。

要关注含有的“灯具设计信息”的光源性能标准,为使光源正常工作应遵循这些要求,但本部分不要求将光源性能测试作为灯具型式试验认可的一部分。

考虑工艺技术状态带来的安全方面进步,标准包含了以不断改善为基础的修订件和修改件的内容。区域性标准化机构可能在其衍生的标准中声明覆盖了符合制造商或标准化机构早先文件的产品。在这些声明中可以要求,对这类产品,这些早先的标准可以继续在生产时使用,直到必须使用新标准的日期。

0.2 规范性引用文件

下列文件中的条款通过 GB 7000 的本部分的引用而成为本部分的条款。凡是注日期的引用文件,其随后所有的修改单(不包括勘误的内容)或修订版均不适用于本部分,然而,鼓励根据本部分达成协议的各方研究是否可使用这些文件的最新版本。凡是不注日期的引用文件,其最新版本适用于本部分。

GB 1002 家用和类似用途单相插头插座 型式、基本参数和尺寸

GB 1003 家用和类似用途三相插头插座 型式、基本参数和尺寸

GB 1312　管形荧光灯座和启动器座（GB 1312—2002,IEC 60400:1999,IDT）

GB 4208—1993　外壳防护等级（IP 代码）(eqv IEC 60529:1989)

GB 5013(所有部分)　额定电压 450/750 V 及以下橡皮绝缘电缆[idt IEC 60245(所有部分)]

GB 5023(所有部分)　额定电压 450/750 V 及以下聚氯乙烯绝缘电缆[idt IEC 60227(所有部分)]

GB/T 5169.5　电工电子产品着火危险试验　第 2 部分:试验方法　第 2 篇:针焰试验(GB/T 5169.5—1997,idt IEC 60695-2-2:1991)

GB 7000.11—1999　可移式通用灯具安全要求(idt IEC 60598-2-4:1997)

GB 14196.1　家庭和类似场合普通照明用钨丝灯安全要求(GB 14196.1—2002,IEC 60432-1:1999,IDT)

GB 14196.2　家庭和类似场合普通照明用卤钨灯安全要求（GB 14196.2—2002,IEC 60432-2:1999,IDT)

GB/T 14472　电子设备用固定电容器　第 14 部分:分规范　抑制电源电磁干扰用固定电容器(GB/T 14472—1998,idt IEC 60384-14:1993)

GB 15092.1—2003　器具开关　第 1 部分:通用要求(IEC 61058-1:2000,IDT)

GB/T 16935.1　低压系统内设备的绝缘配合　第一部分:原理、要求和试验(GB/T 16935.1—1997,idt IEC 60664-1:1992)

GB 17936　卡口灯座(GB 17936—1999,idt IEC 61184:1997)

GB 18774　双端荧光灯　安全要求(GB 18774—2002,idt IEC 61195:1999)

GB 19510(所有部分)　灯的控制装置[IEC 61347(所有部分),IDT]

QB 2276　荧光灯用启动器(QB 2276—1996,idt IEC 60155:1993)

ISO 75-2:1993　塑料　确定负载下变形的温度　第 2 部分:塑料和硬胶

ISO 4046-4:2002　纸、纸板、纸箱和相关术语　词汇　第 4 部分:纸和纸板分级和转换产品

IEC 60061-2　控制灯头和灯座互换性和安全的量规　第 2 部分:灯座

IEC 60061-3　控制灯头和灯座互换性和安全的量规　第 3 部分:量规

IEC 60065: 2001　音视频和类似电子设备　安全要求

IEC 60068-2-75　环境试验　第 2-75 部分:试验　试验 Eh:锤试验

IEC 60079(所有部分)　爆炸性气体环境用电气设备

IEC 60085: 1984　电气绝缘的耐热性评价和分级

IEC 60112: 2003　固体绝缘材料在潮湿条件下相比起痕指数和耐漏电指数的测定方法

IEC 60238: 1998　螺口灯座

IEC 60320(所有部分)　家用和类似用途的器具耦合器

IEC 60357　卤钨灯泡(非车用)　性能要求

IEC 60360　灯头温升的标准测试方法

IEC 60417-DB:2002[1)]　设备用图形符号

IEC 60432-3　白炽灯　安全要求　第 3 部分:卤钨灯(非车用)

IEC 60570:2003　灯具用电源导轨系统

IEC 60598-2(所有部分)　灯具　第 2 部分:特殊要求

IEC 60634　灯具热试验用热试验源(H.T.S.)光源

IEC 60662　高压钠灯

IEC 60684(所有部分)　软绝缘套管

IEC 60695-2(所有部分)　着火危险试验　第 2 部分:试验方法

---

1) “DB”指 IEC 在线数据库。

IEC 60838(所有部分) 杂类灯座

IEC 60901 单端荧光灯 性能要求

IEC 60989 隔离变压器、自耦变压器、可调变压器和电抗器

IEC 60990:1999 接触电流和保护导体电流的测量方法

IEC 61032:1997 对人和设备的外壳防护 检验试具

IEC 61199:1999 单端荧光灯 安全要求

IEC 61558-2(所有部分) 电力变压器、电力电源部件及类似部件的安全 第2部分:特殊要求

IEC 62035 放电灯(荧光灯除外) 安全要求

IEC 80416-1 设备用图形符号的基本原理 第1部分:符号原型

0.3 一般要求

灯具应设计和制造得使其在正常使用时能安全地工作,对人或周围环境不产生危险。通常要用所有规定的试验来检验其合格性。

0.3.1 灯具应符合 GB 7000 一个部分的要求。如果某一个特殊灯具或一组灯具在 GB 7000 其他部分中没有相应的标准时,则可采用类别最相近的适合的 GB 7000 其他部分作为该灯具要求和试验的指南。

如果有两个或多个 GB 7000 其他部分适用于所设计的灯具,灯具应符合两个或所有适用的标准。

0.3.2 基于试验目的,半灯具应被当作灯具。

0.4 一般试验要求和验证

0.4.1 按照本部分的试验是型式试验,“型式试验”的定义见本部分的第1章。

注:本部分的要求和容差与用于型式试验的型式试验样品的试验有关。型式试验样品合格并不保证制造商的全部产品合格。产品的符合性是制造商的责任,除了型式试验以外,可包括例行试验和质量保证。

0.4.2 除非在本部分或 GB 7000 其他部分内另有规定,灯具均应在 10℃～30℃的环境温度下试验。灯具应按交货状态进行试验,并考虑制造商的安装说明书按正常使用安装。除试验时必须外,光源不包括在内。

除非内部接线是完整的,否则不能认为灯具符合本部分要求。

一般选择一个灯具样品进行试验,若是一个系列的相似灯具,系列中每一个额定功率选一个灯具,或者经制造商同意从该系列中选择一个有代表性的灯具(见附录T)进行试验。这种选择应包括灯具和附件,从试验的角度来看,应选择代表灯具和附件的最不利组合进行试验。

每一灯具样品都应做所有相应的试验。为了缩短试验时间和允许进行某些可能是破坏性的试验,制造商可以提供额外的灯具或灯具部件,这些灯具或灯具部件所用的材料和设计与原灯具相同,则其试验结果亦与原灯具的试验结果相同。合格性试验以“用目视检验”表示时,应包括所有必要的操作。

对导轨安装的灯具,制造商在提供灯具样品的同时,还应提供相应的导轨、连接器和连接灯具的接合器的样品。

组合灯具所进行安全要求的试验在部件装配效果最差的情况下进行。

灯具的某些部件,如接头和升降装置,如果这些部件设计成其性能与灯具的其他部件无关,那么它们就可单独试验。

使用不可拆卸软缆或软线的灯具,试验时软缆或软线连接至灯具。

灯具打算使用灯罩,但通常又不提供灯罩的,制造商应提供可用于该灯具的典型灯罩。

0.4.3 验证和试验

按本部分要求进行试验的灯具可以提交一个新试验样品及以前的检验报告,按本版对之前的报告进行更新。

通常不需要进行完整的型式试验,只要针对所有的标有“R”,并列入附录S的修改条款,对产品和以前的报告进行再检查。

注：标记“R”并列入附录 S 的条款将包含在未来的修订件/版本内。

0.5 灯具部件

0.5.1 除了整体部件以外，所有部件应符合该部件有关的国家标准或 IEC 标准（如有的话）。

符合有关国家标准或 IEC 标准要求并单独标记额定值的部件，要检验证实它们适合在使用中可能发生的条件。有关标准没有涉及使用状况的，应要求这些部件符合本部分附加的有关要求。

合格性用目视和有关试验检验。

整体部件作为灯具的一部分，应尽量合理地符合部件的国家标准或 IEC 标准。

注 1：这并不意味着认可灯具之前，部件需要单独试验。

注 2：不同种类灯具的零部件选择指南见附录 L。

灯具内部接线应符合 5.3 的要求。

注：这并不排除使用标准电缆。

0.5.2 对满足其自身标准且按预期使用的那些部件，应只试验本部分中有规定而该部件标准没有包括的那些要求（包括本部分中要求的标题）。

注：一份有效的试验报告充分说明了符合性。

适宜时，灯座和启动器座装入灯具后，还应符合相应的国家标准或 IEC 标准中的尺寸要求和互换性要求。

0.5.3 对没有相应国家标准或 IEC 标准的部件，作为灯具的一部分应满足本灯具标准的相关要求。适宜时，灯座和启动器座应另外符合相应国家标准或 IEC 标准中的尺寸要求和互换性要求。

注：部件的例子是灯座、开关、变压器、镇流器、软缆和软线以及插头。

0.5.4 只有使用了同一技术规格的防护罩，才能保证符合本部分的要求。

0.6 IEC 60598 第 2 部分清单

1. 固定式通用灯具（GB 7000.10）。
2. 嵌入式灯具（GB 7000.12）。
3. 道路和街路照明灯具（GB 7000.5）。
4. 可移式通用灯具（GB 7000.11）。
5. 投光灯具（GB 7000.7）。
6. 内装变压器的钨丝灯灯具（GB 7000.6）。
7. 庭园用可移式灯具（GB 7000.3）。
8. 手提灯（GB 7000.13）。
9. 照相和电影灯具（非专业用）（GB 7000.19）。
10. 儿童用可移式灯具（GB 7000.4）。
11. 目前未使用。
12. 目前未使用。
13. 目前未使用。
14. 目前未使用。
15. 目前未使用。
16. 目前未使用。
17. 舞台灯光、电视、电影及摄影场所（室内外）用灯具（GB 7000.15）。
18. 游泳池和类似场所用灯具（GB 7000.8）。
19. 通风式灯具（安全要求）（GB 7000.14）。
20. 灯串（GB 7000.9）。
21. 目前未使用。
22. 应急照明用灯具（GB 7000.2）。
23. 钨丝灯特低电压照明系统（GB 7000.18）。

24. 限制表面温度的灯具(GB 7000.17)。

25. 医院和康复大楼　诊所用灯具(GB 7000.16)。

1　定义

1.1　概要

本章给出了适用于灯具的通用定义。

1.2　定义

下述定义适用于本部分的所有章,其他有关光源的定义从相应的光源标准中得到。

除另有说明外,术语“电压”和“电流”指有效值。

1.2.1

灯具　luminaire

凡是能分配、透出或转变一个或多个光源发出光线的一种器具,并包括支承、固定和保护光源必需的所有部件(但不包括光源本身),以及必需的电路辅助装置和将它们与电源连接的装置。

注:采用整体式不可替换光源的发光器被视作一个灯具,但不对整体式光源和整体式自镇流灯进行试验。

1.2.2

(灯具)主要部件　main part(of luminaire)

被固定在安装表面上,或被直接悬挂或直接安放在安装表面上的部件(它可以带也可以不带光源、灯座和辅助装置)。

注:钨丝灯灯具中,带灯座的部件通常为主要部件。

1.2.3

普通灯具　ordinary luminaire

提供防止与带电部件意外接触的保护,但没有特殊的防尘、防固体异物或防水等级的灯具。

1.2.4

通用灯具　general purpose luminaire

不为专门目的设计的灯具。

注:通用灯具的例子包括悬挂灯具、某些聚光灯、某些表面或嵌入式安装的固定式灯具。专用灯具的例子是指那些用于恶劣环境的灯具、照相和电影灯具以及游泳池灯具。

1.2.5

可调式灯具　adjustable luminaire

通过接头、升降装置、伸缩套管或类似装置可使灯具主要部件旋转或移动的灯具。

注:可调式灯具可以是固定式,也可以是可移式。

1.2.6

基本灯具　basic luminaire

能符合 GB 7000 其他部分要求的最少数量装配部件。

1.2.7

组合灯具　combination luminaire

由一基本灯具和可用其他部件替换的一个或多个部件组合而成的灯具,或是由基本灯具与其他部件进行不同的组合,并且徒手或用工具能更换这些部件的灯具。

1.2.8

固定式灯具　fixed luminaire

由于灯具的固定方式使之只能借助于工具才能拆卸,或由于灯具使用在不易接触到的地方,使灯具不能轻易地从一处移到另一处。

注:一般来说,固定式灯具设计成与电源永久连接,但也可用插头或类似器件连接。

不易接触到的灯具的例子有吊灯和设计为固定在顶棚上的灯具。

1.2.9

可移式灯具　portable luminaire

正常使用时,连接电源后能够从一处移到另一处的灯具。

注:安装在墙上,带有不可拆卸的软缆或软线加插头连接电源的灯具,可能用蝶形螺钉、钢夹、挂钩方式将灯具固定到支承物上,徒手可以很方便地从支承物上取下的灯具,均被认为是可移式灯具。

1.2.10

嵌入式灯具　recessed luminaire

制造商打算完全或部分嵌入安装表面的灯具。

注:这一术语既适用于在封闭空腔内工作的灯具,也适用于经由表面(如吊顶)安装的灯具。

1.2.11

额定电压　rated voltage

由制造商规定的灯具的电源电压。

1.2.12

电源电流　supply current

在额定电压和额定频率下,灯具在正常使用状态下稳定时的电源端的电流。

1.2.13

额定功率　rated wattage

灯具设计时规定的光源的个数和光源的额定功率。

1.2.14

不可拆卸的软缆或软线　non-detachable flexible cable or cord

只能借助工具才能从灯具上拆卸的软缆或软线。

注:灯具可以带有不可拆卸的软缆和软线,或设计成使用不可拆卸的软缆或软线,例如,X 型连接、Y 型连接和 Z 型连接。

1.2.15

带电部件　live part

正常使用可能引起触电的导电部件。中心导体应看作是带电部件。

注:确定导电部件是否会成为引起触电的带电部件的试验见附录 A。

1.2.16

基本绝缘　basic insulation

加在带电部件上提供基本的防触电保护的绝缘。

注:基本绝缘不必包括专门为功能目的绝缘。

1.2.17

附加绝缘　supplementary insulation

附加在基本绝缘上的独立的绝缘,为了在基本绝缘失效时提供防触电保护。

1.2.18

双重绝缘　double insulation

由基本绝缘和附加绝缘组成的绝缘。

1.2.19

加强绝缘　reinforced insulation

加在带电部件上的一种单一绝缘系统,它提供相当于双重绝缘的防触电保护等级。

注:术语"绝缘系统"并不意味着这个绝缘体必须是均匀的一块,它可以由几层组成,但不能作为附加绝缘或基本绝缘单独进行试验。

1.2.20

（目前没有使用。）

1.2.21

0 类灯具（仅适用于普通灯具） class 0 luminaire (applicable to ordinary luminaire only)

依靠基本绝缘作为防触电保护的灯具。这意味着，灯具的易触及导电部件（如有这种部件）没有连接到设施的固定布线中的保护导体，万一基本绝缘失效，就只好依靠环境了。关于 0 类灯具的应用，见附录 U 的有关试验要求。

注 1：0 类灯具既可以有部分或全部基本绝缘组成的绝缘材料外壳，也可以有金属外壳，它至少用基本绝缘将其与带电部件隔开。

注 2：假如灯具有绝缘材料外壳，内部部件有接地措施，则属于Ⅰ类灯具。

注 3：0 类灯具可以有双重绝缘或加强绝缘的部件。

注 4：在日本，0 类灯具只适用于电源电压 100 V～127 V 的普通灯具。

1.2.22

Ⅰ类灯具 class Ⅰ luminaire

灯具的防触电保护不仅依靠基本绝缘，而且还包括附加的安全措施，即易触及的导电部件连接到设施的固定布线中的保护接地导体上，使易触及的导电部件在万一基本绝缘失效时不致带电。

注 1：对于使用软缆或软线的灯具，这种措施包括保护导体成为软缆或软线的组成部分。

注 2：Ⅰ类灯具可以有双重绝缘或加强绝缘的部件。

注 3：Ⅰ类灯具可以有依靠在安全特低电压（SELV）下工作进行防触电保护的部件。

1.2.23

Ⅱ类灯具 class Ⅱ luminaire

灯具的防触电保护不仅依靠基本绝缘，而且具有附加安全措施，例如双重绝缘或加强绝缘，没有保护接地或依赖安装条件的措施。

注 1：这样的灯具可以具有下列形式之一：

a） 具有耐用和坚固的完整绝缘材料外壳的灯具，该外壳包住除诸如铭牌、螺钉和铆钉之类小的部件以外的所有金属部件，这些小的部件用至少相当于加强绝缘的绝缘材料与带电部件隔离。这样的灯具称为绝缘外壳式Ⅱ类灯具。

b） 有坚固的全金属外壳的灯具，除了那些双重绝缘明显不可行的部件采用加强绝缘外，其内部全部采用双重绝缘。这样的灯具称为金属外壳式Ⅱ类灯具。

c） 上述 a）和 b）的组合形成的灯具。

注 2：绝缘外壳式Ⅱ类灯具的外壳可以成为附加绝缘或加强绝缘的一部分或全部。

注 3：如接地是为了帮助启动，而不接到易触及金属部件，该灯具仍然被认为是Ⅱ类灯具。符合相关 IEC 光源规范的可触及金属部件和正常使用时通常不接地并且一般触及不到的其他金属部件不作为可能引起触电的导电部件，但经附录 A 试验确定为带电部件的除外。

注 4：如果一个全部是双重绝缘和/或加强绝缘的灯具有接地接线端子或接地触点，该灯具为Ⅰ类结构。然而，一个Ⅱ类固定式灯具打算环路安装的话，为使接地导体的电气连续性不在该灯具内终止，在灯具内可以有一个内部接线端子，该灯具提供Ⅱ类绝缘使这个内部接线端子与易触及的金属部件隔离。

注 5：Ⅱ类灯具内可以有依靠安全特低电压（SELV）下工作来达到防触电保护的部件。

1.2.24

Ⅲ类灯具 class Ⅲ luminaire

防触电保护依靠电源电压为安全特低电压（SELV），并且不会产生高于 SELV 电压的灯具。

注：Ⅲ类灯具不应提供保护接地措施。

1.2.25

额定最高环境温度　rated maximum ambient temperature

t_a

由制造商规定的灯具在正常条件下可以工作的最高持续温度。

注：这不排除在不超过 $t_a+10℃$ 的温度下短时工作。

1.2.26

镇流器、电容器或启动装置外壳的额定最高工作温度　rated maximum ambient temperature of the case of a ballast, capacitor, or starting device

t_c

正常工作条件下，在额定电压或额定电压范围内的最大值时，可能出现在部件外表面上(如标记的话，在指示的部位)的最高允许温度。

1.2.27

灯的控制装置绕组的额定最高工作温度　rated maximum operating temperature of a lamp controlgear winding

t_w

由制造商设定的绕组温度，预期 50/60 Hz 灯的控制装置可在这个最高温度下至少可以连续工作十年。

1.2.28

镇流器　ballast

接入到电源与一个或多个放电灯之间的器件，它通过单个或组合的电感、电容或电阻将灯电流限定到要求的数值。

镇流器还可包括变换电源电压的装置，以及有助于提供启动电压和预热电流、防止冷起动、减少频闪效应、校正功率因数和抑制无线电干扰的装置。

1.2.29

独立式灯的控制装置　independent lamp control gear

灯的控制装置由一个或多个单独元件组成，或者它们被单独地安装在灯具外，具有符合灯的控制装置上标记的防护，而无需任何附加的外壳。

1.2.30

内装式灯的控制装置　built-in lamp control gear

设计成装在灯具内部的灯的控制装置，且没有专门预防措施，不打算装在灯具外部。

1.2.31

整体灯座　integral lampholder

用来支承光源并使光源接触通电的一个部件，它设计成灯具的一部分。

1.2.32

镇流器箱　ballast compartment

装入镇流器的灯具部件。

1.2.33

半透明罩　translucent cover

灯具的透光部件，它也可以保护光源和其他零部件。这个术语包括漫射器、棱镜板和类似控光器件。

1.2.34

固定布线　fixed wiring

与灯具连接的电缆，它是固定设施的一部分。

注：固定布线可以进入灯具并连接到接线端子，包括灯座、开关和类似部件的接线端子。

1.2.35

器具耦合器 appliance coupler

使软缆能随意连接到灯具的一种装置。它包括两个部分:一部分是一个带有插套的连接器,它与连接到电源的软缆组成整体,或设计成附着在连接到电源的软缆上;另一部分是带有插销的器具插座,它是与灯具结合的一部分或固定在灯具上。

1.2.36

外部接线 external wiring

通常指在灯具外部且附带在灯具上的接线。

注1:外部接线可用于将灯具连接到电源、连接到其他灯具或外部镇流器。

注2:外部接线的全长,未必只是在灯具外部。

1.2.37

内部接线 internal wiring

通常指灯具内部且附带在灯具上的接线。它形成外部接线的接线端子或电源电缆的接线端子与灯座、开关和类似部件的接线端子之间的连接。

注:内部接线的全长未必只是在灯具内部。

1.2.38

普通可燃材料 normally flammable material

材料的引燃温度至少为200℃,并且在此温度时该材料不致变形或强度降低。

例如:木材和厚度大于2 mm的以木材为基质的材料。

注:引燃温度和普通可燃材料的对于变形或强度降低的抵抗性能是基于15 min试验时间期间确定的广泛接受的数值。

1.2.39

易燃材料 readily flammable material

不能划分成普通可燃材料或非可燃材料的材料。

注:木纤维和厚度不大于2 mm的以木料为基质的材料。

1.2.40

非可燃材料 non-combustible material

不能助燃的材料。

注:本部分中,金属、灰浆和混凝土被视为非可燃材料。

1.2.41

可燃材料 flammable material

不符合13.3.2灼热丝试验要求的材料。

1.2.42

安全特低电压 safety extra-low voltage;SELV

在通过有单独绕组的安全隔离变压器或转换器与供电电源隔离开来的电路中,导体之间或在任何导体与地之间,不超过50 V的交流有效电压值(见注1)。

注1:直流电压数值正在考虑中。

注2:假定任何变压器或转换器在其额定电源电压下工作,无论是在满载或空载,都不应超过此电压限值。

1.2.43

工作电压 working voltage

在开路条件下或正常工作时,在额定电源电压下,任何一个绝缘体两端可能产生的最高有效值电压,瞬间电压可以忽略。

1.2.44

型式试验　type test

对型式试验样品的试验或一系列试验，其目的是检验某一给定产品的设计与有关标准要求的符合性。

1.2.45

型式试验样品　type test sample

由制造商或责任销售商提供的用于型式试验目的的一个或多个类似装置组成的样品。

1.2.46

徒手　by hand

不需要用工具、硬币或其他物品。

1.2.47

接线端子　terminal

灯具或部件中的一部分，用来与导体进行必要的电气连接。见第14章和第15章。

1.2.48

环路安装(转接供电)　looping-in(feed through)

两个或两个以上灯具与供电电源连接的系统，每根电源导体可在同一接线端子上接入和接出。

注：为了与接线端子连接可以切断电源导体(见图20)。

1.2.49

通过式布线　through wiring

通过灯具的接线，打算与一排灯具互相连接。

注1：一些国家不允许在通过式布线内有接点。

注2：灯具可以与或不与通过式布线电气连接(见图20)。

1.2.50

启动装置　starting device

靠其本身作用或与线路中的其他部件相结合，提供适当的电气条件使放电灯启动的装置。

1.2.51

启动器　starter

一种启动装置，它通常用于荧光灯，提供电极必须的预热，它与镇流器的阻抗串联组合起来产生一个冲击电压施加于光源上使灯启动。

1.2.52

触发器　ignitor

一种启动装置，它可以产生电压脉冲使放电灯启动，但不提供电极的预热。

1.2.53

接线端子座　terminal block

在绝缘基座或壳体内部或上面安装一个或多个接线端子的一个结合体，以便于导体的互相连接。

1.2.54

恶劣条件下使用的灯具　rough service luminaire

为繁重机械操作而设计的灯具。

注1：灯具可以：

——永久性固定安装，或

——临时性固定安装在建筑物或支架上，或

——含有一个完整支架或手柄。

注2：这样的灯具一般用于恶劣环境下，或需要临时性的照明的地方，例如在建筑工地、机械加工车间和类似用途。

1.2.55

电气—机械接触系统 electro-mechanical contact system

灯具内部的连接系统,通过它将带有灯座的主要部件与底板或悬挂装置进行电气和机械连接。它可以含有调节装置,也可以没有调节装置。

该系统可以用于一个特殊灯具的设计,或提供各种灯具型式的连接。

图31描述了1.2.55定义的电气—机械接触系统,因此,应用4.11.6和7.2.1的要求。

由于上述情况,基座和齿盘是唯一的,而且是不可替换的,底盘上不需要标3.2所要求的电气连接件的额定电流。

1.2.56

直流特低电压供电的荧光灯具 extra-low voltage d.c. supplied fluorescent luminaire

电池标称电压不超过48V d.c.,并且用含晶体管的直流/交流转换器给一个或多个荧光灯供电的灯具。

注1:直流特低电压供电的荧光灯具内部可能产生高出电源电压的电压,故不能划分为Ⅲ类灯具。应考虑且预防这种灯具的电击危险。

注2:电压值48 V正在考虑中。

1.2.57

安装表面 mounting surface

所有建筑物、家具或其他结构上的部分,正常使用时灯具可以以各种方式固定、悬吊、坐落或安置,并要支承灯具。

1.2.58

整体部件 integral component

构成灯具中一个不能替换的部件,并且不能与灯具分开试验。

1.2.59

自镇流灯 self-ballast lamps

提供一个灯头、内装一个光源以及光源启动和稳定工作必需的所有附加元件的部件,除非永久性破坏,否则其部件不能拆卸。

注1:自镇流灯的光源部件是不能替换的。

注2:镇流器部件是自镇流灯的一部分,不是灯具的一部分。在使用寿命终了时自镇流灯即被丢弃。

注3:试验时,自镇流灯被看作常规的灯泡。

注4:具体例子和更多信息见IEC 60972。

1.2.60

半灯具 semi-luminaire

类似于自镇流灯的一个装置,但设计使用一个可替换的光源和(或)启动装置。

注1:半灯具的光源元件和(或)启动装置是可方便替换的。

注2:镇流器元件是不可替换的,且每次换光源时不对镇流器进行处置。

注3:灯座用作电源连接。

注4:具体例子和更多信息见IEC 60972。

1.2.61

插头式镇流器/变压器 plug-ballast/transformer

镇流器或变压器装在外壳内并带整体插头,该插头作为连接电源的装置。

1.2.62

电源插座安装的灯具 mains socket-outlet-mounted luminaire

灯具附带整体插头,既用作安装又用作电源连接。

1.2.63

弹簧夹紧安装的灯具　clip-mounted luminaire

灯具和回位弹簧夹子的一个整体组合，通过一只手的动作使灯具固定在其安装表面的位置上。

1.2.64

光源连接器　lamp connector

一套特殊设计的触点，它提供一个电气接触但没有支承光源的装置。

1.2.65

电源插座　mains socket-outlet

一个用来与电源插头的插片或刃片配合的有插座触点的附件，它还带有与软缆或软线连接的接线端子。

1.2.66

可以重新接线灯具　rewireable luminaire

一种可以用通用工具更换灯具软缆或软线的灯具。

1.2.67

不可重新接线的灯具　non-rewireable luminaire

一种除非使灯具永久无法使用，用通用工具不能将软缆或软线与灯具分开的灯具。

注：通用工具的例子有旋凿、扳手等。

1.2.68

灯的控制装置　lamp control gear

控制光源所用的装置，例如镇流器、变压器和降压转换器。

注：本定义不包括开关光源的装置或诸如调光器和日光传感器控制亮度的装置。

1.2.69

安全特低电压部件　safety extra-low voltage(SELV)part

在灯具内供电，相对于任何其他部件或地的电压是特低电压(不超过 50V 交流有效值)的载流部件。

1.2.70

模拟灯　dummy lamp

符合 IEC 60061 要求的含有灯头的装置。

1.2.71

自带防护罩的卤钨灯(缩写为：自带防护罩灯)　self-shielded tungsten halogen lamp(abbreviated: self-shielded lamp)

灯具上不需要防护罩的卤钨灯。这些光源的包装上标有图 1 所示的有关标记。

1.2.72

外部软缆或软线　external flexible cable or cord

外部连接到输入或输出电路的软缆或软线，按照下述之一的连接方法使其固定在灯具上或与灯具装配在一起：

——X 型连接：软缆或软线可以轻易更换的一种连接方法。

注 1：软缆或软线可以是特制的，并且只能从制造商或其服务代理商处得到。

注 2：一种特制的软缆或软线也可以包括灯具的部件。

——Y 型连接：只能由制造商、其代理商或类似有资格的人更换软缆或软线的连接方法。

注 3：Y 型连接可以使用普通的软缆或软线，也可以使用特殊的软缆或软线。

——Z 型连接：不损坏或破坏灯具就不可能更换软缆或软线的连接方法。

1.2.73

功能接地 functional earthing

系统或设施或设备内专门功能必须的接地点，但不是防触电保护的组成部分。

1.2.74

互连电缆 inter-connecting cable

由灯具制造商提供并作为灯具组成部分的灯具两个主要部件之间的接线或接线组件。

注：接线组件可能包括不同接线的组合，例如用于馈通电源电压、提供接地、提供启动和工作电压以及提供功能连接的接线。应用举例：在灯具与控制装置箱之间、在灯具与安装到导轨系统的装配盒或连接器之间。

1.2.75

连接管 ferrule

机械夹紧装置，通常是刚性管，用于约束软缆被剥开的端部。

2 灯具的分类

2.1 概要

本章规定了灯具的分类。

灯具按防触电保护型式，防尘、防固体异物和防水等级，安装表面材料以及使用环境进行分类。

2.2 按防触电保护型式分类

按防触电保护型式，灯具应分类为Ⅰ类、Ⅱ类或Ⅲ类(见第1章的定义)。

灯具应只属于一个类别。例如，带内装式特低电压变压器并有接地措施的灯具应划分为Ⅰ类，即使用隔离物将光源腔与变压器腔隔开，灯具部分也不应分类为Ⅲ类。

半灯具不标Ⅱ类符号，但应符合Ⅱ类灯具的所有相关要求。

如果使用者用半灯具代替规定的光源，灯具制造商不需要为灯具继续符合 GB 7000 负责，除非灯具是专门为使用半灯具设计的。半灯具制造商有责任提供关于使用限制的信息。

注：省略Ⅱ类符号是为了避开该符号用于使用半灯具的完整灯具。

2.3 按防尘、防固体异物和防水等级分类

灯具应按 GB 4208 中规定的“IP 数字”分类法进行分类。

防护等级符号的规定见第3章。

防护等级的试验见第9章。

注1：划分为水密的灯具未必适宜于在水下工作，在这种场所应使用加压水密灯具。

注2：IP 数字是灯具上的主要标记，但如果有要求的话，可在 IP 数字以外另加符号。

2.4 按灯具设计的安装表面材料分类

灯具应根据是否属于下述情况进行分类：

——仅适宜于安装在非可燃材料表面上；

——适宜于直接安装在普通可燃材料表面上；

——当隔热材料可能覆盖灯具时，灯具适宜于直接安装在普通可燃材料表面上或表面内。

注：易燃表面不适宜直接安装灯具。灯具分类为适宜于直接安装在普通可燃材料表面的，无论覆盖或不覆盖隔热材料，或仅适宜于安装在非可燃材料表面的灯具，其标记要求见第3章、结构要求见第4章、相关试验见第12章。附录D给出了试验用防风罩的规定，附录N给出了F标记灯具的解释。

2.5 按使用环境分类

灯具应按其是正常条件下使用还是恶劣条件下使用进行分类。

分类	符号
——正常条件下使用的灯具。	无符号。
——恶劣条件下使用的灯具。	有符号——见图1。

3 标记

3.1 概要

本章对标记在灯具上的信息作了规定。

3.2 灯具上的标记

下述信息应清晰、持久地标记在灯具上(见表3.1)。

a) 换光源时要看的标记应在灯具的外表面(安装面除外)看到,或在换光源时且随光源一起卸下的罩盖反面看得到。

b) 安装时要看的标记应在灯具外表面看到,或在安装期间要卸下的罩盖或部件的反面看得到。

c) 安装完成后要看到的标记应在灯具装配好并按正常使用安装而且光源在位时看到。

在满足上述a)或b)条件的情况下,标记可以标在镇流器上。

表3.1 灯具上的标记

属于a)的标记	属于b)的标记	属于c)的标记
3.2.8[a] 额定功率	3.2.1～3.2.2[b]	3.2.13 被照物[d]
3.2.10 特殊光源	3.2.3 环境温度	3.2.14 恶劣条件
3.2.11 冷光束	3.2.4～3.2.5	
3.2.15 碗形镜面反射灯泡	3.2.6 IP数字	
3.2.16 防护罩	3.2.7 型号	
3.2.18 触发警告	3.2.9 符号	
3.2.19 自带防护罩灯泡	3.2.12 端头	
	3.2.17[c] 互连的灯具	

a 3.2.8 额定功率。有远距离控制装置的气体放电灯灯具,可以用说明文字"光源的型号见控制装置"代替该标记。

b 3.2.2 额定电压。对气体放电灯,如果镇流器不装在灯具内,灯具应标记工作电压代替电源电压。装有内装钨丝灯变压器的灯具,见GB 7000.6。

c 3.2.17 互连的灯具。对于固定式灯具,此信息也可以在安装说明书内提供。

d 3.2.13 被照物。灯具上只须标符号。若在灯具上未给出符号的解释,应在随灯具提供的说明书上提供。

如果镇流器是不可替换的,3.2.12要求的接地标记可以标记在镇流器上,而不标记在灯具上。图形符号的高度应不低于5 mm,当标记的空间有限时,只有Ⅱ类、Ⅲ类和F标记的高度可以减到3 mm。分开表示、一起表示或作为符号组成部分的字母和数字的高度应不小于2 mm。

不同组合的组合式灯具,其型号或额定输入不同的话,在产品目录或类似文件提供可以识别的型号和整套灯具的额定输入的条件下,主要部件和可供选择的部件可适当标有型号或额定输入。

对于用电气—机械接触系统的灯具,如果系统可以与不同型号的灯具连接使用,系统的底板应标记电气连接件的额定电流。

3.2.1 来源标记(其形式可以是商标,或制造商识别标记,或责任销售商的名称)。

3.2.2 单位为V的额定电压。用钨丝灯泡的灯具,其额定电压不是250 V时,才需要标记额定电压。

Ⅲ类可移式灯具应在灯具外表面标记额定电压。

3.2.3 额定最高环境温度t_a,25℃的除外(见图1)。

注:一般条件以外的情况,GB 7000系列其他部分的可能有特殊规定。

3.2.4 适用时,Ⅱ类灯具的符号(见图1)。

带有不可拆卸软缆或软线的可移式灯具,适用时,Ⅱ类结构的符号应标在灯具外表面上。

Ⅱ类符号应不适用于半灯具。

3.2.5 适用时,Ⅲ类灯具的符号(见图1)。

3.2.6 标出合适的防尘、防固体异物和防水等级的IP数字,若需要时附加符号(见图1和附录J)。当

图1中IP数字中使用X,它表示举例中省略的一个数字,但在灯具上两位适宜的数字都应标出。

当不同IP数字用于不同的灯具部件时,低的数字应标在灯具的型号标记上,高的数字单独标在相关的部件上。与灯具一起提供的说明书中应包括适用于灯具不同部件IP数字的详细内容。灯具不同部件上使用不同的IP数字仅适用于固定式灯具。

对普通灯具上的IP20标记没有要求。

3.2.7 制造商的产品型号。

3.2.8 额定功率或灯具设计使用的光源类型在光源数据单上指示的型号。仅标出光源的功率还不够时,还应标出光源的数量和型号。

钨丝灯灯具应标明光源的最大额定功率和数量。钨丝灯灯具若有一个以上的灯座,可以用以下形式标记最大额定功率:

n×MAX... W,n为灯座数量。

3.2.9 适用的话:

——仅适宜于直接安装在非可燃材料表面的相关符号(见图1);

注:作为选择,可以使用3.3.4所述的警告标记。

——适宜于直接安装在普通可燃材料表面的符号(见图1);

——当隔热材料覆盖灯具时,适宜于直接安装在普通可燃材料表面上或表面内的符号(见图1)。

注:如果灯具明显要安装在普通可燃材料表面时,没有警告或符号的要求,例如可移式通用灯具、手提灯,儿童用可移式灯具和应急照明用灯具。

3.2.10 适用的话,使用特殊光源的有关说明。

灯具使用带内启动装置高压钠灯或需要外接触发器高压钠灯的符号(见图1)是特殊光源说明的应用,光源要求标有相同的符合IEC 60662的符号。

3.2.11 适用时,使用形状与"冷光束"光源相似,但如果使用异向反射的"冷光束"光源可能损害安全的灯具的符号(见图1)。

3.2.12 除了Z型连接以外,端头应有标记,以识别相线、中线和接地线,当把灯具连接到电源时保证安全和可靠的操作。

指示电源端头的符号应符合IEC 60417的规定。

接地端头应只能用IEC 60417规定的相应符号标记。

注1:IEC 60417相关的符号为:接地(IEC 60417-5017:(DB:2002-10)),无噪音(无辐射)接地(之前称为功能接地)(IEC 60417-5018:(DB:2002-10))和保护接地(IEC 60417-5019:(DB:2002-10))。

与特低电压直流电源连接的连接引线,应该用颜色编码红色标识其打算连接到正极端头,用颜色编码黑色标识其打算连接到负极端头。如提供固定的端头,应以符号"+"标识正极连接,以符号"−"标识负极连接。

注2:端头可以在连接引线、连接件或接线端子座和其他结构的接线端子处找到。

灯具使用未安装插头的不可拆卸软缆或软线的,应包括为确保安全连接必需的制造商的说明。例如,当芯线与国家标准的颜色规范不同,而且这种差异不会导致安装、使用或维护时发生不安全情况时,应注明这种差异。

注3:在一些国家,打算连接到电源插座带有不可拆卸的软缆或软线的灯具,不带插头是不允许的。

3.2.13 适用时,离被照物最小距离的符号(见图1),例如由于使用的光源型号、反射器形状、可调节安装方法或安装说明书上规定的安装位置可以使被照物过热的灯具。

所标的最短距离由12.4.1 j)的温度试验确定。

距离在灯具的光轴上测定,从最接近被照物的灯具或光源处开始测量。

最短距离的符号及其含义应在灯具上或随灯具的说明书上给出。

3.2.14 适用时,恶劣条件下使用的灯具的符号(见图1)。

3.2.15 适用时,灯具设计使用碗形镜面反射灯泡的符号(见图 1)。

注:附着在普通照明灯泡上单独的凹面镜与灯具试验无关,不在本部分范围内。

3.2.16 带有玻璃防护罩的灯具应标明:"更换任何已裂开的防护罩"或带有符号(见图 1)。

3.2.17 提供可以相互连接的灯具的最大数目,或与供电电源环路连接的耦合器引出的最大总电流。对固定式灯具,此信息也可以在安装说明书中提供。

3.2.18 带有双端高压气体放电灯用触发器的灯具以及带有 Fa8 灯头的双端管形灯的灯具,当按照图 26 测得的峰值电压高于 34 V 时,应有警告符号或警告注意事项。

a) 在更换光源期间可见的 IEC 60417-5036(DB:2002-10)的警告符号。在灯具上或与灯具一起提供的制造商的说明书中应有符号的解释。

b) 在可替换的触发器或可替换开关元件(如有的话)座的附近的警告注意事项,"注意,更换光源前取下可替换装置。在光源换好后再插入可替换装置。"

3.2.19 灯具设计成只能用自带防护罩卤钨灯的符号(见图 1)。

3.3 附加内容

除上述标记外,保证正确安装、使用及维护所必须的详细说明,均应在灯具、半灯具或内装的镇流器上或与灯具一起提供的制造商的说明书中给出,例如:

有关安全的书面说明应使用设备安装地所在国能接受的语言。

3.3.1 如果没有达到基本灯具的相应要求,组合式灯具可供选择的部件所允许的环境温度、防触电保护型式或防尘、防固体异物和防水等级。

3.3.2 标称频率(Hz)。

3.3.3 工作温度:

a) (绕组)额定最高工作温度 t_w(℃);

b) (电容器)额定最高工作温度 t_c(℃);

c) 若超过 90℃时(见表 12.2 中关于未加套管的固定布线的注[c]),正常工作的最不利条件下,电源电缆和互连电缆的绝缘层在灯具内承受的最高温度。表示该要求的符号见图 1。

d) 安装期间要看到的间距要求。

3.3.4 如果灯具只适宜于直接安装在非可燃材料表面,而且未标相应的符号(见图 1)时,灯具应给出警告或在制造商的说明书中予以解释,说明无论什么情况下,灯具均不能直接安装在普通可燃材料表面。

由于应用的原因,带有安装到导轨上的接合器的灯具要带有 F 标记,这种灯具必须符合这个要求。

3.3.5 接线图,适合与供电电源直接连接的灯具除外。

3.3.6 灯具和镇流器适合的特殊条件,例如,灯具是否打算环路安装。

3.3.7 适用的话,金卤灯灯具应提供下述警告注意事项:

"灯具应只能完整地带有防护罩使用"。

3.3.8 半灯具制造商应提供关于这种装置使用限制的信息,尤其在可替换光源的位置或热分布与将要替换光源的不同可能导致过热的情况下。

3.3.9 另外,制造商应提供功率因数和电源电流的电源信息。

对适用于电阻性负载和电感性负载的连接件,电感性负载的额定电流应在括号内标出,且标在电阻性负载的额定电流后面。可依照如下标记:

3(1)A250V 或 3(1)/250 或 $\frac{3(1)}{250}$

注 1:本标记与 GB 15092.1 一致。

注 2:额定电流值一般不是用于各条线路,而仅作为整个灯具的额定值。

3.3.10 适于在"室内"使用,包括相关的环境温度。

3.3.11 使用远距离控制装置的灯具，灯具设计的光源范围。

3.3.12 弹簧夹紧安装的灯具，不适于安装在管材上的警告。

3.3.13 制造商应提供所有防护罩的技术要求。

3.3.14 正确工作必须时，灯具应标记电源种类的符号（见图1）。

3.3.15 对于装在灯具上的插座，如果小于其额定值的话，制造商应申明该插座在额定电压下的额定电流。

3.3.16 恶劣条件下使用的灯具的有关信息应包括：

——与额定IPX4插座的连接；

——临时设备的正确安装的考虑；

——在支架上的正确固定，如果支架不随灯具提供，支架的最大高度，为保证平稳性的支杆数量和最短支杆长度。

3.3.17 用X、Y或Z连接的灯具，安装说明书应包含以下内容：

——带有一根特制软线的X型连接：如果此灯具的外部软缆或软线损坏了，该线要用制造商或其服务代理商专门提供的软缆或软线替换。

——Y型连接：如果此灯具的外部软缆或软线损坏了，该线要由制造商或其服务代理商或有类似资格的人更换，以避免发生危险。

——Z型连接：此灯具的外部软缆或软线不能替换；如果软线损坏，该灯具即报废。

3.3.18 除普通灯具以外的灯具装有PVC不可拆卸软缆或软线时，应提供预期的使用的信息，例如“仅在室内使用”。

3.4 标记的试验

3.2和3.3要求的合格性由目视和以下试验检验：

检验标记耐久性试验方法是，用浸水的布轻擦15 s，试图擦去标记，待晾干后，再用浸过汽油的布轻擦15 s，并在完成第12章所述的试验后目视检验。

试验后，标记应字迹清晰，标贴不易脱落和不卷曲。

注：汽油应以己烷做溶剂，内含芳香剂的容积百分比最大为0.1%，贝壳松脂丁醇值29%，初始沸点大约为65℃，干燥点大约为69℃，密度约为0.68 g/cm³。

4 结构

4.1 概要

本章规定了灯具的一般结构要求。还见附录L。

4.2 可替换部件

含有可替换零件或部件的灯具应设计成具有足够的空间，使这些零件或部件的替换能没有困难且能不损害安全地进行。

注：密封的零件和铆接部件为不可替换部件。

4.3 走线槽

走线槽应光滑，没有可能磨损接线绝缘层的锐边、毛口、毛刺和类似现象。诸如金属定位螺钉之类的零件不能凸伸到走线槽内。

合格性由目视检验，必要时，将灯具拆开重装予以检验。

4.4 灯座

4.4.1 当按正常使用将光源完全装配到位时，与灯座成为整体的灯具的电气安全要求适用于整体灯座。

此外，整体灯座安装入灯具后，光源插入期间的安全性应符合有关灯座标准的要求。

4.4.2 与整体灯座触点的接线可以是能在灯座整个使用寿命期间提供可靠电气接触的方式。

4.4.3 设计成首尾相接安装的管形荧光灯灯具应设计得在更换一排灯具中间的一个灯具的荧光灯管时，不需调整任何其他灯具。多根灯管的管形荧光灯灯具中，更换其中一根灯管时不得损害其他灯管的牢固性。

4.4.1～4.4.3要求的合格性由目视检验。

4.4.4 由使用者放置的灯座应能方便而且正确的定位。

对于要安装在一个固定位置的荧光灯，一对固定的灯座之间的距离应符合IEC 60061-2有关要求或(如果IEC 60061-2不适用)灯座制造商安装说明书的规定。灯座固定装置应有足够的机械强度以经受正常使用时可能产生的粗糙操作。这些要求既适用于由使用者放置的灯座，也适用于由灯具制造商安装的灯座。

合格性由目视、测量来检验，适用的话，用以下机械试验来检验：

ⅰ) 试验灯头在位的荧光灯灯座承受一个沿其轴线方向作用于灯头中央的压力，时间为1 min。

——G5灯座　15 N

——G13灯座　30 N

——单端荧光灯灯座(G23、G10q和GR8等)　30 N

其他灯座的数值还在考虑中。

试验后，灯座之间的距离应符合IEC 60061-2的有关要求，并且灯座应无损坏。本试验使用的试验灯头应符合IEC 60061-3中的数据单：

G5灯座，7006-47C

G13灯座，7006-60C

其他灯座的试验灯头正在考虑中。

试验后，单端荧光灯灯座不应从其位置上偏离，并且固定装置应没有永久变形，光源重新插入时将进入其预定位置。

ⅱ) 螺口灯座或卡口灯座的安装支架承受下列的弯矩，历时1 min：

E14和B15灯座　1.0 Nm

E26、E27和B22灯座　2.0 Nm

E39和E40灯座　数值在考虑中。

4.4.5 带有触发器的灯具，灯座作为脉冲电压电路一部分，其触点间产生的脉冲峰值电压应不大于在灯座上标志的脉冲电压值，或者，如灯座上无此标志，则不应大于：

——额定电压250 V的灯座　2.5 kV

——额定电压500 V的螺口灯座　4 kV

——额定电压750 V的螺口灯座　5 kV

合格性由10.2.2对于带触发器灯具做脉冲试验时测量灯座触点间产生的电压来检验。

4.4.6 灯具带有触发器，且装有螺口灯座的，灯座的中心触点应连接到提供脉冲电压的那根引线。

合格性由目视检验。

4.4.7 恶劣条件下使用的灯具，灯具的灯座和插头的绝缘部件应采用耐起痕材料。

合格性由13.4的试验检验。

4.4.8 光源连接器应符合灯座的所有要求，保持光源在其位的有关要求除外。保持光源在其位的装置应由灯具的其他部件提供。

合格性通过目视和4.4.1～4.4.7的试验来检验。

注：光源连接器和灯座的区别在IEC 60061的有关数据单中有明确的规定。

4.4.9 最初为单端特低电压灯设计的灯头不能用于使用额定电压高于50 V普通卤钨灯的灯具内。

注：此类特低电压组件的例子是：G4，GU4，GY4，GX5.3，GU5.3，G6.35，GY6.35，GU7和G53。

GU10灯头应只能用于镀铝反射灯。

合格性由目视检验。

4.5 启动器座

除了Ⅱ类灯具以外，灯具中的启动器座应能插入符合 QB 2276 的启动器。

Ⅱ类灯具可能要求Ⅱ类结构的启动器。

对Ⅱ类灯具，当灯具按使用状态完整地装配好，或为了更换光源或启动器而打开灯具时，如用标准试验指可以触及启动器，应使用一个只能接受符合 QB 2276 中的Ⅱ类荧光灯灯具用启动器的启动器座。

合格性由目视检验。

4.6 接线端子座

若灯具带有连接引线，且此连接引线需要一个独立的接线端子座连接到固定布线的，应在灯具内为这个接线端子座提供足够的空间，或者在随灯具一起提供或者制造商规定的接线盒内提供足够的空间容纳该接线端子座。

此项要求适用于连接引线的导体标称截面积不超过 2.5 mm^2 的接线端子座。

合格性由测量和安装试验来检验，安装试验用一个接线端子座，每两根导体连接在一起，如图 2 所示，固定布线的长度约 80 mm。接线端子座的尺寸由制造商规定，若无此项规定，接线端子座的尺寸应为 10 mm×20 mm×25 mm。

注 1：只有当设计和绝缘能使不固定的接线端子座在任何位置爬电距离和电气间隙均能保持符合第 11 章的规定，并且能防止内部接线受到损坏时，这种不固定的接线端子座才是允许的。

注 2：当符合所有相关的要求时，Ⅱ类灯具用连接引线与电源连接是可以接受的。

4.7 接线端子和电源连接件

4.7.1 Ⅰ类和Ⅱ类可移式灯具以及经常调节的Ⅰ类和Ⅱ类固定式灯具内，应采取适当的预防措施防止由于一个脱落的电线或螺钉使金属部件带电。这个要求适用于所有的接线端子(包括电源接线端子)。

注：满足本要求的办法可以是固定接线端子入口附近的电线、接线端子使用尺寸适宜的外壳、使用绝缘材料外壳或在外壳内采用绝缘衬垫。

认为能够有效防止电线脱落的例子如下：

a) 将电线保持在邻近接线端子的软线固定架内；

b) 导体用弹簧式无螺纹接线端子夹紧；

c) 焊接前先使电线的导体固定在接片上，除非在焊接处附近可能因振动而损坏；

d) 电线以可靠的方式绞接在一起；

e) 电线用绝缘带、套管或类似物系在一起；

f) 电线的导体插入印刷线路板的孔中、弯曲并焊接，孔的直径略大于导体的直径；

g) 用特殊工具使电线的导体牢固的缠绕在接线端子上(见图 19)；

h) 用特殊工具使电线的导体卷接在接线端子上(见图 19)。

方法 a)～方法 h)适用于内部接线，方法 a)和方法 b)适用于可重新接线的外部软线。

合格性用目视检验，并假设同一时间内只有一股导体会脱落。

4.7.2 电源接线端子应采取定位或防护措施，如果接线后的绞合导体中有一股导体从接线端子中脱出，带电部件与金属部件无接触的危险，该金属部件是指灯具完全装配后使用时或打开灯具更换光源或启动器时用标准试验指可触及的金属部件。

合格性由目视和下述试验检验：

将按第 5 章所规定的最大截面积的软导体的末端剥去 8 mm 长的绝缘层，留出绞合导体中的一股，将其余的全部插入接线端子并夹紧。将此游离导体向每个可能的方向弯曲，不至撕裂绝缘层且不绕隔板锐弯。

连接到带电接线端子的导体，其游离的一股应不能接触到任何可触及的金属部件，或不能接触到任何连接到易触及金属件的金属部件。连接到接地接线端子的导体，其游离的一股应不能碰到任何带电部件。

本试验不适用于由国家标准或IEC标准单独认证过的灯座,也不适用于其结构能保证游离电线长度较短的部件接线端子。

4.7.3 电源导体用接线端子,包括那些用于不可拆卸的软缆和软线的电源导体用接线端子,应适合于用螺钉、螺母或同等有效的装置进行连接。

连接引线应符合第5章的要求。

注1:设计用硬导体(实心或绞合)连接的灯具,弹簧型无螺纹接线端子是有效的装置,包括接地连接在内。对于用这种接线端子连接不可拆卸软缆和软线,目前尚未规定要求。

注2:设计用不可拆卸的软缆或软线连接的,且额定电流不超过3A的灯具,锡焊、熔焊、卷接和类似的连接,包括快速连接器是有效的装置,包括接地连接在内。

注3:额定电流超过3A的灯具,如果没有插孔也能完成连接的话,快速连接器是适用的,例如,用一个在插片内提供螺孔的螺纹连接件。

4.7.3.1 焊接方法和材料

导体应是铜质的绞合线或实心线。对于细的电线,可以用连接管。

焊接只可以用点焊。

注:其他焊接方法正在考虑中。

电线与平板焊接是可以接受的,但将电线焊在一起是不允许的。

焊接只适用于Z型连接。

焊接应能承受正常条件下机械、电气和热的试验。

合格性用下述试验检验。

a) 机械试验

应用15.8.2的试验。

如果电线用软线固定架固定,机械试验不适用。

b) 电气试验

应用15.9的试验。

c) 热试验

应用15.9.2.3和15.9.2.4的试验。

4.7.4 非用于电源连接的、有关部件单独标准又不包括的接线端子应符合第14章或第15章的要求。

用于内部接线的多个接头连接的灯座、开关和类似部件的接线端子应有足够的尺寸,并且不得用于与外部接线连接。

合格性有目视和第14章、第15章的试验检验。

4.7.5 若外部接线或电源电缆不能适应灯具内部达到的温度,那么必须在外部接线入口处提供一个连接点,并且在此点后使用耐热接线,或者灯具必须提供一个耐热部件盖在灯具内部超过接线极限温度的那部分接线上。

合格性由目视检验。

4.7.6 若电气连接用多极插头和插座,在灯具安装或维护保养时应预防不安全的连接。

合格性由目视检验和用如改变插头位置等的方法试图造成不安全连接来检验。在合格性试验时,应考虑在各个方向对插头加载不超过30 N的力。

4.8 开关

开关应有足够的额定值,并应安装牢固以防转动,并且不能徒手移动其位置。

除普通灯具以外,灯具不应使用软缆或软线上的开关和开关式灯座,除非开关的防尘、防固体异物或防水与灯具的防护等级相同。

用于极性电源的灯具和带单极(通/断)开关的灯具,其开关应与电源带电端相连或与被认为中性以外的那端相连。

灯具带有或提供的电子开关应符合 GB 15092.1—2003 的规定。

合格性由目视检验。

4.9 绝缘衬垫和套管

4.9.1 绝缘衬垫和套管的设计应使开关、灯座、接线端子、电线或类似部件装上后，它们仍能可靠地保持在原来的位置上。

注：自硬化树脂，例如环氧树脂，可以用来固定衬垫。

合格性由目视和手工试验来检验。

4.9.2 绝缘衬垫、套管和类似部件应有足够的机械强度、电气强度和热强度。

合格性通过目视、手工试验和第 10 章规定的电气强度试验检验。电线和套管的热性能由第 12 章规定的试验检验。在考虑了对有疑问导线上测得的温度后，套在温度超过第 12 章的表 12.2 规定限值的电线上的耐热套管应符合 IEC 60684 的要求。套管的耐热温度应比在电线上测得的温度高 20℃，或进行如下试验：

a) 大约 15 cm 长的 3 个套管试样进行 9.3 的潮湿试验，然后进行第 10 章规定的绝缘电阻和电气强度试验。把一段没有绝缘层的铜导体或金属棒穿过试样，外面用金属箔包住使试样末端不会产生闪络现象。然后在铜导体/金属棒和金属箔之间测量绝缘电阻和电气强度试验。

b) 拿掉铜导体/金属棒和金属箔，把试样放在温度为 T+20℃ 的烘箱内 240 h，T 是在电线上测得的温度。

c) 允许将试样冷却到室温，然后按上述 a)处置试样。

然后在铜导体/金属棒和金属箔之间测量绝缘电阻和进行电气强度试验。

合格性用第 10 章的表 10.1 和表 10.2 规定的绝缘电阻值和试验电压进行检验。

4.10 双重绝缘和加强绝缘

4.10.1 Ⅱ类金属外壳灯具，应有效防止发生在下列部件之间的接触：

——安装表面与仅有基本绝缘的部件之间；

——易触及金属部件与基本绝缘之间。

注：这个要求并不是排除使用提供足够保护的裸导体。

这个接线包括灯具的内部和外部接线，以及设施的固定布线。

Ⅱ类固定式灯具的设计，不会因灯具的安装而降低所要求的防触电保护等级，例如碰到电缆的金属导管或金属护套。

带电部件和Ⅱ类灯具的金属外壳之间不能接电容器，抑制干扰的电容器和符合 4.8 规定的开关除外。

抑制干扰电容器应符合 GB/T 14472 的规定，并且其连接方式应符合 IEC 60065:2001 中 8.6 的要求。

注：可采用套管或符合附加绝缘要求的类似部件来防止易触及金属部件与内部接线的基本绝缘层之间的接触。

合格性由目视检验。

4.10.2 附加绝缘宽度大于 0.3 mm 的装配缝隙不能与任何基本绝缘的此类缝隙重合，加强绝缘的类似缝隙不能直通带电部件。

双重绝缘或加强绝缘的开口不能直接通到带电部件而使 IEC 61032:1997 图 9 所示 13 号试验探针的圆锥形销触及带电部件。

另外，应保证符合灯具 IP 分类要求的防触电保护等级。

合格性通过目视和根据要求的防触电等级用相应的试具测量来检验。

4.10.3 Ⅱ类灯具中的附加绝缘和加强绝缘部件：

——被固定后，不受严重损坏不会移动；

——或者不可能被放回不正确的位置。

当套管用作内部接线上的附加绝缘、绝缘衬垫在灯座内用作外部或内部接线的附加绝缘时，应采用切实可靠的方法将套管或衬垫固定在其位置上。

合格性由目视和手工试验来检验。

注：带有漆膜或其他材料涂层的镀覆金属外壳，涂层很容易受摩擦而刮落，所以不符合本要求。下述的套管固定方法是切实可靠的：惟有破裂或割断才能使其移动，或将其两头夹住，或其在内部接线上的移动受到邻近部件限制。下述衬垫固定方法是切实可靠的：惟有破裂、割断或拆开灯座才能使其移动。

如果只有拆开灯座才能移动绝缘部件时，便认为该部件在内部或外部接线上提供了附加绝缘，例如，带有突肩的绝缘材料管作为灯座螺纹接管内衬垫。

4.11 电气连接件和载流部件

4.11.1 电气连接件应设计成不采用除陶瓷、纯云母或其他至少有相同特性的材料以外的绝缘材料来传递接触压力，除非在金属部件内有足够的弹性以补偿绝缘材料可能的收缩。

合格性由目视检验。

4.11.2 自攻螺钉不能用来连接载流部件，除非自攻螺钉将这些零件互相接触地直接夹紧，并且装有适当的锁紧装置。

自切螺钉不能用于软的或易于蠕变的载流金属部件之间的互相连接，如锌或铝。

如果在正常使用中自攻螺钉所提供的连接不会受到妨碍，并且每个连接处至少用两个螺钉，自攻螺钉可以用于提供接地连续性。

合格性由目视检验。

注：见图22螺钉的一些举例。

4.11.3 除了作电气连接还作机械连接的螺钉和铆钉应锁紧，防止松动。弹簧垫圈可以有良好的锁紧作用。对铆钉来说，非圆形的铆钉体或有适当的凹槽，足可以锁紧了。

受热后软化的密封剂只能对正常使用中不承受扭矩的螺纹连接提供良好的锁紧。

合格性由目视和手工试验检验。

4.11.4 载流部件必须由铜和含铜至少50%的合金或至少具有相同性能的材料制成。

注：在个别情况下进行适宜性评估时，铝导体可以作为具有至少相同性能的材料。

此要求不适用于实际上不载流的螺钉，如接线端子螺钉。

载流部件应耐腐蚀，或者有足够的防腐蚀措施。

注：铜和含铜至少50%的合金被认为是满足本要求。

合格性由目视检验，若有必要，用化学分析来检验。

4.11.5 载流部件不得与木材直接接触。

合格性由目视检验。

4.11.6 电气—机械接触系统应能承受正常使用下产生的电应力。

合格性由以下试验检验：电气—机械接触系统按相当于实际使用速度操作100次（一次操作是指触点接通一次或断开一次）。试验采用交流额定电压，试验电流应是电气接触系统额定电流的1.25倍。负载的功率因数约为0.6，标明了不同的额定电流值的阻性负载除外，此种情况下负载的功率因数应为1。

对标明适于电阻性和电感型两种负载的灯具，则应分别在功率因数为1和0.6的两种负载下进行试验。

试验前和试验后，电气—机械接触系统应接上1.5倍的额定电流，通过每个触点的电压降应不超过50 mV。

在完成这些试验后，电气—机械接触系统应能承受10.2规定的电气强度试验。

试验后的样品应表明：

——没有危害其继续使用的磨损；

——外壳或挡板没有退化；

——电气或机械连接没有松脱。

对于电气—机械接触系统，4.14.3 的机械试验与本电气试验一起进行。

4.12 螺钉、连接件(机械)和密封压盖

4.12.1 失灵后将造成灯具不安全的螺钉和机械接触件应能承受正常使用时可能出现的机械应力。

螺钉不应是软的或易于蠕变的材料。

注：例如锌、某些等级的铝和几种热塑性塑料。

在维护时旋动的螺钉，如果更换成金属螺钉会削弱附加绝缘或加强绝缘的，则不能用绝缘材料制成。

提供接地连续性的螺钉，例如镇流器和其他部件的固定螺钉应符合本条款第 1 段的要求，涉及的镇流器应至少用一个具有机械和电气作用的螺钉固定。

更换固定镇流器的螺钉不作为是维护。

用于软线固定架上的绝缘材料螺钉可以直接作用在软缆或软线上，替换这种螺钉不作为是维护。

合格性由目视检验，传递接触压力的或使用者要拧紧的螺钉和螺母要做 5 次拧紧和拧松。每次拧松时，绝缘材料螺钉和螺母应完全取下。试验期间，不应发生危害固定或螺纹连接继续使用的损坏。试验后，绝缘材料螺钉或螺母应仍能以预期的方式导入螺钉或螺母。

试验时，用适合的试验旋凿或扳手施加表 4.1 所示的扭矩，但用于软线固定架且直接作用在软缆或软线上的绝缘材料螺钉的扭矩为 0.5 Nm。

表 4.1 螺钉上的扭矩试验

螺钉的标称直径/mm	扭矩		
	1 Nm	2 Nm	3 Nm
小于或等于 2.8	0.20	0.40	0.40
大于 2.8 且小于或等于 3.0	0.25	0.50	0.50
大于 3.0 且小于或等于 3.2	0.30	0.60	0.50
大于 3.2 且小于或等于 3.6	0.40	0.80	0.60
大于 3.6 且小于或等于 4.1	0.70	1.20	0.60
大于 4.1 且小于或等于 4.7	0.80	1.80	0.90
大于 4.7 且小于或等于 5.3	0.80	2.00	1.00
大于 5.3 且小于或等于 6.0	—	2.50	1.25
大于 6.0 且小于或等于 8.0	—	8.00	4.00
大于 8.0 且小于或等于 10.0	—	17.00	8.50
大于 10.0 且小于或等于 12.0	—	29.00	14.50
大于 12.0 且小于或等于 14.0	—	48.00	24.00
大于 14.0 且小于或等于 16.0	—	114.00	57.00

旋凿刃口的形状应与受试的螺钉头部相配，螺钉不可猛拧上紧。盖子破损可以忽略。

表 4.1 第 1 列适用于旋紧后螺钉不从孔中凸出的无头金属螺钉；

表 4.1 第 2 列适用于：

——其他金属螺钉和螺母；

——绝缘材料螺钉：

——六角螺钉，对边尺寸大于螺钉标称直径；

——圆头螺钉，带有钥匙孔、对角尺寸大于螺钉标称直径；

——一字或十字头螺钉，长度超过 1.5 倍螺钉标称直径。

表 4.1 第 3 列适用于其他绝缘材料螺钉。

表 4.1 中对直径超过 6.0 mm 的螺钉给出的扭矩值适用于钢螺钉和类似材料制的螺钉，主要用于灯具的安装。

表 4.1 中对直径超过 6.0 mm 的螺钉给出的扭矩值不适用于灯座的螺纹接管，相关的要求在 IEC 60238:1998 第 15章做出规定。

本条要求不适于用作固定按钮式开关的金属螺母。

4.12.2 传递接触压力的螺钉、在安装或连接灯具时要操作而且标称直径小于 3 mm 的螺钉应旋入金属内。

安装灯具或更换光源时需操作的螺钉或螺母，包括固定罩盖等部件的螺钉或螺母。螺纹导管、将灯具装到安装表面的螺钉、玻璃罩和螺纹盖的手动固定螺钉或螺母除外。

合格性由目视检验，安装灯具或更换光源时操作的螺钉用 4.12.1 的试验检验。

4.12.3 不使用。

4.12.4 灯具不同部件之间的螺纹和其他固定连接件应以这样一种方式制造，在正常使用中可能发生的扭矩、弯曲应力、振动等作用下不会松动。固定臂和悬吊管应安全可靠地固定。

注：防止连接松动的方法有：锡焊、熔焊、锁紧螺母和止动螺钉。

合格性用目视和施加不超过以下扭矩试图使锁定的连接松动来检验。

——螺纹尺寸小于或等于 M10 或相当的直径　　2.5 Nm

——螺纹尺寸大于 M10 或相当的直径　　5.0 Nm

在更换光源过程中要受到旋转作用的灯座，合格性用目视和施加不超过以下历时 1 min 的扭矩试图使锁定的螺纹机械连接松动来检验：

——E40 灯座　　4.0 Nm

——E26、E27 和 B22 灯座　　2.0 Nm

——E14 和 B15 灯座(烛型除外)　　1.2 Nm

——E14 和 B15 烛型灯座　　0.5 Nm

——E10 灯座　　0.5 Nm

对于按钮开关，固定的装置要承受不超过 0.8 Nm 的扭矩。

试验期间，螺纹连接件不应松动。

4.12.5 螺纹密封压盖应符合下列试验的要求：

将螺纹密封压盖装在圆柱形金属棒上，金属棒的直径为比密封件内径略小的整毫米数，然后用合适的扳手将其拧紧，在扳手上距密封压盖轴线 250 mm 处施加表 4.2 所示的力，时间 1 min。

表 4.2 密封压盖试验扭矩

试验棒直径/mm	力/N	
	金属密封压盖	模压材料密封压盖
小于或等于 14	25	15
大于 14 小于或等于 20	30	20
大于 20	40	30

试验后，灯具和密封压盖不应损坏。

4.13 机械强度

4.13.1 灯具应有足够的机械强度，其结构应使灯具正常使用时可以预料的粗糙搬运后仍然安全。

使用 IEC 60068-2-75 规定的弹簧冲击试验装置，或用能得到相同结果的其他适当的装置，对试样实施冲击来检验其合格性。

注：由不同试验方法得到的相同冲击能量未必得出同样的试验结果。

弹簧冲击锤应是这样的，压缩量(单位:mm)与施加的力(单位:N)的乘积是 1 000，弹簧压缩量约为

20 mm。调整弹簧使冲击锤产生表 4.3 所示的冲击能量和压缩量进行冲击。

表 4.3 冲击能量和弹簧压缩量

灯具类型	冲击能量/Nm		压缩量/mm	
	易碎部件	其他部件	易碎部件	其他部件
嵌入式灯具、固定式通用灯具和墙壁安装可移式灯具	0.20	0.35	13	17
可移式落地灯和台灯、照相和电影灯具	0.35	0.50	17	20
投光灯具、道路和街路照明灯具、游泳池灯具、庭院用的可移式灯具和儿童用可移式灯具	0.50	0.70	20	24
恶劣环境用灯具、手提灯和灯串	其他试验方法			

注：灯座和其他部件，只有当它们凸出到灯具外形投影以外时才进行试验。灯座的前端不必重新试验，因为灯具正常工作时该部分被光源遮挡。

易碎部件是指仅提供防尘防固体异物和防水的玻璃和半透明罩，以及凸出外壳 26 mm 以内或表面积不超过 4 cm^2 的陶瓷和小部件。

根据 4.21 要求设的防护罩被视为易碎部件。

既不提供防触电和(或)紫外线防护，也不提供防尘、防固体异物和防水保护的半透明罩不必做试验。

样品如正常使用安装或支承在一块硬木板上，电缆入口处敞开，敲落孔也敞开，罩盖固定螺钉和类似螺钉用表 4.1 规定扭矩的三分之二拧紧。

在可能的最薄弱处冲击三次，特别注意包围带电部件的绝缘材料以及绝缘材料的衬套，如有的话。为了找到最薄弱的点，可能需要附加的样品，如有疑问的话，要用新样品重新试验，对新样品只冲击三次。

试验后，样品应无损坏，特别是：

a) 带电部件不应变为可触及；

b) 绝缘衬垫和挡板的作用不能减弱；

c) 样品应能继续保持与其分类相一致的防尘防固体异物和防水的等级；

d) 应能拆下和更换外部罩盖，期间罩盖或其绝缘衬垫不被损坏。

如果拆下外壳不危及安全，则外壳允许损坏。

如果有疑问的话，附加绝缘或加强绝缘应进行第 10 章规定的电气强度试验。

涂层损坏、不会使爬电距离和电气间隙变小而低于第 11 章规定值的小凹痕、对防触电保护以及防尘或者防潮无有害影响的小缺口可忽略不计。

4.13.2 罩住带电部件的金属部件应有足够的机械强度。

合格性由 4.13.3～4.13.5 适宜的试验来检验。

4.13.3 使用笔直无接头的试验指，其尺寸与 GB 4208 规定的标准试验指尺寸相同。试验指对表面施加 30 N 的力。

试验期间，金属部件不应触及带电部件。

试验后，外壳应无过度变形，并且灯具应继续符合第 11 章的要求。

4.13.4 恶劣条件使用的灯具

恶劣条件下使用的灯具，其防尘、防固体异物和防水等级应至少达到 IP54。

合格性由目视和 9.2.0 适宜的试验检验。

恶劣条件下使用的灯具应有足够的机械强度，并且正常使用时可能预期的情况下不能倾倒。此外，连接灯具的支架的固定装置应有足够的机械强度。

合格性由下述 a)～d)的试验检验。

a) 恶劣条件使用的固定式灯具和恶劣条件使用的可移式灯具(非手提灯)

三个灯具样品的每一个应承受3次单独的冲击,冲击点在通常是暴露表面的最薄弱处。样品不装光源按正常使用安装在坚固的支承表面上。

一个直径50 mm质量0.51 kg的钢球从高度H(1.3 m)处落下来产生冲击,如图21所示,产生6.5 Nm的冲击能量。

室外使用的灯具,三个样品中的每一个还要冷却到−5℃±2℃,并在此温度保持3 h。

在此温度下三个灯具样品承受上述规定的冲击试验。

b) 手提灯

使灯具从1 m高度落到混凝土地面上。跌落从四个不同的水平起始位置进行,每次跌落之间灯具绕其轴转90°。试验时卸下光源,但保护玻璃(如果有的话)不卸下。

在4.13.4a)或4.13.4b)试验后,灯具应无危及安全和继续使用的损坏。保护光源防止损坏的部件应无松动。

注:这些部件可能变形。如果玻璃或半透明罩不是保护光源防止损坏的唯一措施的话,保护玻璃或半透明罩碎裂可忽略。

c) 交货时带支架的灯具

试验前卸下所有光源。

与垂线成6°时,灯具和支架不应倾倒。

灯具应能承受4次与垂线最大成15°倾倒所产生的冲击。

灯具支架的固定装置应能在最不利的方向承受4倍灯具重量的力。

试验期间,如果灯具在与垂线成15°的平面上倾倒的话,进行12.5.1试验时应将灯具放在水平面上试验,灯具应置于可预期的最不利的倾倒位置。

d) 临时安装而且适合于安装在支架上的灯具

灯具应能承受下述试验产生的四次冲击。

试验前卸下所有光源。

灯具沿混凝土墙或砖墙悬挂在一根铝棒上。铝棒长度应为在安装说明上规定可能的支架的长度。

将灯具提起,直到铝棒达到水平面的位置,然后朝墙自由落下。

试验后,应无有害于安全的损坏。

4.13.5 不使用。

4.13.6 插头式镇流器/变压器和电源插座安装的灯具应有足够的机械强度。

合格性由下述试验检验,试验在如图25所示的滚桶内进行。

滚桶以每分钟5圈的速度转动,每分钟跌落10次。

样品从高度50 cm处落到一块3 mm厚的钢板上,落下的次数为:

——样品质量不超过250 g　　50次

——样品质量超过250 g　　25次

试验后样品应无本部分意义上的损坏,但它不必工作,而且玻璃泡壳的损坏可以忽略。只要防触电保护没有受到影响,从样品上折断的小件可以忽略。

插销的变形、涂层损坏和不会使爬电距离和电气间隙低于第11章规定值的小凹痕可以忽略不计。

4.14 悬挂和调节装置

4.14.1 机械悬挂装置应有足够的安全系数。

合格性由以下适宜的试验检验。

试验A,对所有的悬挂灯具:将等于4倍灯具重量的恒定均布载荷以灯具正常的受载方向加在灯具上,历时1 h。试验终了时,悬挂系统的部件应无明显变形。提供可选的固定或悬挂装置的,应分别进行试验。

对可调节的悬挂装置，应在支承电缆完全伸展时施加负载。

试验B，对刚性悬挂灯具：向灯具施加一个2.5 Nm的扭矩，历时1 min，先以顺时针方向，随后以逆时针方向。在此试验中，灯具在两个方向相对于固定部件的扭转都不能超过一转。

试验C，对刚性悬挂支架：刚性悬挂支架试验的详细说明如下：

a) 对重负载支架(例如车间用的支架)，将支架臂按正常使用固定，在悬臂的自由端以各种方向施力40 N，历时1 min，试验产生的弯矩应不小于2.5 Nm。当卸去试验力时，支架臂不应有危及安全的永久性位移或变形。

b) 对于轻负载支架(例如家庭用支架)，应进行与a)相似的试验1 min，但施加10 N力，试验产生的弯矩应不小于1.0 Nm。

试验D，对导轨安装灯具：灯具质量不应超过导轨制造商推荐的灯具悬挂装置适合的最大负载。

试验E，对弹簧夹紧安装的灯具：按正常使用时最不利的方向对电缆施加拉力，不要猛拉，历时1 min。试验时，将弹簧夹子安装在普通窗玻璃制成的标准试验"搁板"上，一块玻璃的标称厚度为10 mm，另一块玻璃的厚度是弹簧夹子能安装在上面的最大厚度。对于这个试验，试验搁板的厚度以10 mm的倍数增加。在20 N的拉力下，弹簧夹子不应在玻璃上开始移动。

此外，弹簧夹紧安装的灯具还应在一根表面抛光镀铬、标称直径为20 mm的金属棒上做试验。在其本身重量的作用下灯具不能转动，并且当在电缆上施力20 N时灯具不应从金属棒上落下。在抛光金属棒上的试验不适用于标有"不适于安装在管材上"的灯具。

注1：以10 mm为间隔增加试验搁板的厚度达到最大厚度，限制了夹子被迫夹在试验搁板上的可能性。

注2：如灯具弹簧夹子夹住的表面是玻璃的话，最大厚度试验的试验搁板可以含有数层玻璃和木材。

对没有固定装置(孔、架子等)(见3.3)的固定式灯具和独立式控制装置，如制造商在说明书内提供了安全安装指南和(或)方法，可认为该设备符合本部分的要求。

4.14.2 用软缆或软线悬挂的灯具质量不能超过5 kg。悬吊的软缆或软线的导体总标称截面积应使导体内产生的应力不超过15 N/mm²。

计算应力时，仅考虑导体。

质量大于5 kg的灯具打算悬挂时，灯具或者软缆或软线的设计应使导体不承受任何拉力。

注：使用含有适合承重的芯线的电缆可以满足此要求。

打算与螺口或卡口灯座连接的半灯具，其质量和有效弯矩不应超过表4.4给出的最大值。弯矩是在完全插入位置，相对于半灯具与螺口灯座中心触点或与卡口灯座柱销的接触点来说的。

表4.4 半灯具试验

灯座	灯具	
	最大质量	最大弯矩
E14和B15	1.8 kg	0.9 Nm
E27和B22	2.0 kg	1.8 Nm

注：这些数值低于灯座常规试验所提供的安全余量。

合格性由目视、测量和计算来检验。

4.14.3 可调节的装置，例如活动接头、提升装置、调节支架或伸缩管的结构应使操作期间软缆或软线不会受压、受夹、受损或沿纵轴绞扭超过360°。

注：如果灯具有一个以上的活动接头，且又不紧靠在一起，则360°的限制适用于每一个活动接头。每一个活动接头的情况需按自身的实际来判断。

合格性由下列试验来检验：

装有合适软缆或软线的调节装置应按表4.5的规定操作。一个操作周期是指从调节范围内的一个末端到另一端再回到起始位置。移动速度应不使装置明显发热，并且不超过每小时600周期。

对电气一机械接触系统,这个试验与 4.11.6 的电气连接试验同时进行。

合格性由目视检验。

试验后,导体断裂的股数不能超过 50%,并且软线的绝缘层也不能有任何严重的损坏,如果有的话。软缆或软线应满足第 10 章规定的绝缘电阻和电气强度试验。

对可以调节的夹紧装置的球形活动接头和类似接头,试验时仅将活动接头轻轻夹住以避免产生过多的磨擦力。如有必要试验期间重新调整夹紧面积。

由软管构成的调节装置,本试验的调节范围一般是垂直方向两侧各 135°。但如果调节装置只有用过度的力才能达到这个范围时,软管只要弯曲到它能弯曲的位置。

表 4.5 调节装置试验

灯 具 类 型	操作的周期数
要经常调节的灯具,例如绘图板用灯具	1 500
偶尔调节的灯具,例如橱窗聚光灯	150
仅在安装时调节的灯具,例如投光灯具	45

4.14.4 穿过伸缩管的软缆或软线不能固定在管子的外部。应提供措施避免接线端子上的导体受应力。

合格性由目视检验。

4.14.5 软线的导向滑轮应有足够的尺寸以防止软线过度弯曲而损坏。滑轮上的凹槽应成充分的圆形,滑轮槽底部的直径应至少为软线直径的 3 倍。易触及的金属滑轮应接地。

合格性由目视检验。

4.14.6 插头式镇流器/变压器和电源插座安装的灯具不应在插座上强加过大的力。

合格性由下述试验检验。按正常使用条件,将插头式镇流器/变压器或电源插座安装的灯具插入固定的电源插座的接合面内 8 mm,插座的旋转中心通过几个插套的中心线。

施加于插座上,使接合面保持垂直的附加扭矩应不超过 0.25 Nm。

对可调节的电源插座安装的灯具,在调节过程中传到插座上的总扭矩不能超过 0.5 Nm。

试验用插座的接地触头(如有的话)应拆除,具有插入接地插销才能打开保护门的插座除外。

4.15 可燃材料

4.15.1 不起绝缘作用的罩盖、灯罩和类似部件,不能经受 13.3.2 条 650℃灼热丝试验的,均应与灯具内可能使该材料达到引燃温度的发热部件保持足够的间距。这些由可燃材料制成的部件应有合适的固定或支承装置来确保这一间距。

离上述发热部件的间距应至少为 30 mm,除非该材料有隔板保护,而且隔板与发热部件至少有 3 mm 的距离。隔板应符合 13.3.1 的针焰试验,应无孔洞,高度和长度应至少等于发热部件相应的尺寸。对燃烧的滴落物具有有效防护措施的灯具,不需设置隔板。

注:本条要求在图 4 中有说明。

不得使用剧烈燃烧的材料,如赛璐珞。

本条要求不适用于灯具中的小型部件,如线夹和树脂粘结的纸制部件。

如果在异常条件下工作电流未超过正常条件时电流的 10%,则电子线路没有间距的要求。

灯具安装温度传感器防止外壳、灯罩和类似部件过热的,则发热部件与罩、盖和类似部件之间无间距要求。

本条要求不适用于有单独外壳的,即分类为 IP20 或以上符合 IEC 61558-2 或 IEC 60989 的变压器。

合格性由目视、测量和试验来检验，灯具在异常状态下工作，缓慢而平稳地增加镇流器或变压器绕组的电流，直到温度传感控制器动作。试验期间和试验后，外壳、灯罩和类似部件不应着火，易触及部件不应带电。

为确定易触及部件是否变为带电，应按照附录 A 进行试验。

4.15.2 热塑性材料制成的灯具应能经受住镇流器/变压器和电子装置故障条件引起的温度升高，在按正常使用安装时不会发生危险。

应采取下述之一的措施来满足要求：

a) 结构措施保证：

——故障条件期间元件保持在原来位置上，例如通过使用不受温度影响的支承件；

——灯具部件不会过热使带电部件变成易触及。

合格性由目视和(或)12.7.1 的试验检验。

b) 使用温度传感控制器限制镇流器/变压器和电子装置固定点和灯具暴露部件的温度在安全值范围内。温度传感控制器可以是自动复位热断流器、手动复位热断流器，或是一次性热断流器。

合格性由 12.7.2 的试验检验。

c) 灯具使用的热塑性材料应适宜于所用的符合相关附件标准的热保护镇流器允许的最高表面温度。

合格性由 12.7.2 的试验检验。

4.16 标有▽F符号或▽▽F符号的灯具

标有▽F符号或▽▽F符号的灯具，由于元件故障造成的过高温度不应使安装表面过热。

本条要求不适用于自带外壳的变压器，例如 IP20 或以上符合 IEC 61558-2-4、IEC 61558-2-6 或 IEC 60989 的变压器。对装在灯具内并且符合 IEC 61558-2-4 和 IEC 61558-2-6 的电动剃刀变压器或剃刀电源装置，4.16.1 要求适用。电子式灯的控制装置和这些元件内可能装有的小绕线装置不在本条款所要求的范围内。

注：小绕线装置的例子是，铁氧体磁芯绕组或非叠片铁心绕组，这些通常安装在印刷线路板上。

装有灯的控制装置的灯具，应符合 4.16.1，使灯的控制装置与安装表面保持间距，或者符合 4.16.2 使用热保护器，或者符合 4.16.3。

不含有灯的控制装置的灯具，合格性由第 12 章检验。

4.16.1 灯的控制装置与安装表面应保持的最小间距：

a) 10 mm，包括灯具外壳材料的厚度，这间距包括：灯具壳体的外表面与灯的控制装置区域内的灯具安装表面之间最小有 3 mm 的空气间距，灯的控制装置外壳和灯具壳体内表面之间最小有 3 mm 的空气间距。如果控制装置没有外壳，10 mm 距离应从灯的控制装置有效部位起提供，例如灯的控制装置的绕组。

注：灯具外壳在灯的控制装置的投影面内应是连续成块的，以防止灯的控制装置的有效部位与安装表面之间有不到 35 mm 的直接通路；否则应符合 b)的要求。

或

b) 35mm

注：35mm 间距主要考虑 U 形安装的灯具，其灯的控制装置到安装表面的距离常常比 10 mm 大得多。

以上两种情况中，灯具的设计应使其按正常使用安装时，所要求的空气间距能自动地得到。

合格性由目视和测量来检验。

4.16.2 灯具应装有温度传感控制器，将灯具安装表面的温度控制在安全值范围内。这种温度传感器既可以在灯的控制装置的外部，也可以是一个符合有关附件标准的热保护的灯的控制装置中的一部分。

温度传感控制装置可以是自动复位热断流器、手动复位热断流器，也可以是一次性热断流器(只能动作一次，然后需要更换的热断流器)。

位于灯的控制装置外面的温度传感控制器不应是插入式或其他容易更换的类型。它应与镇流器/变压器保持固定位置。

注：不允许采用粘结或类似方式将温度传感器附着在镇流器/变压器上。

合格性用目视和 12.6.2 的试验检验。

装有符合有关附件标准标 ▽P 符号的“P 级”热保护镇流器/变压器的灯具，以及装有标 ▽ 符号，所标数值不高于 130℃的注明温度的热保护镇流器/变压器的灯具，被认为是符合本条要求的，不必进一步试验。

装不标热保护镇流器符号或所标温度超过 130℃镇流器/变压器的灯具应符合 4.16.1 或 4.16.3 的要求。

4.16.3　如果灯具不符合 4.16.1 的间距规定，而且也不装有符合 4.16.2 规定的热断流器，那么其设计应满足 12.6 的试验要求。

注：本要求及其试验的基础是：假如由于绕组短路或与外壳的短路引起镇流器/变压器故障时，镇流器/变压器绕组温度 15 min 后不超过 350℃，因此安装表面的温度 15 min 后不会超过 180℃。

——▽F 标记灯具的解释见附录 N。

4.17　排水孔

防滴、防淋、防溅和防喷的灯具应设计成能够将灯具内的积水有效地排出，比如开一个或多个排水孔。水密灯具应无排水措施。

合格性用目视和第 9 章的试验来检验。

注：只有当设计能确保灯具背面与安装表面间有至少 5 mm 的间隙，例如背面采用凸台的方法，设置在表面安装式灯具背面的排水孔才是有效的。

4.18　防腐蚀性

注：因为 4.18 和附录 F 的试验可能是破坏性的，按 0.4.2 的规定，试验可以在单独的样品上进行。

4.18.1　防滴、防淋、防溅、防喷、水密和加压水密灯具的铁制部件，其锈蚀可能导致灯具不安全，应有足够的防锈保护。

合格性有下述试验检验：

先将受试部件去油。然后将部件放入 20℃±5℃的 10%氯化铵水溶液中浸 10 min。不需晾干，但甩去水滴后立即放入 20℃±5℃含有湿度饱和空气的箱内 10 min。

在 100℃±5℃的烘箱内干燥 10 min 后，部件表面不得有锈蚀现象。

注：锐边的锈蚀和可擦去的黄斑可忽略不计。

对于小的螺旋弹簧和类似零件，以及遭受摩擦的不可触及部件，只需涂一层黄油可以提供足够保护防止锈蚀。只有当对黄油层的有效性有怀疑时，才对这类部件进行上述试验，试验时不必预先去油。

4.18.2　轧制铜材或铜合金片制成的接触件和其他部件，其失效会使灯具变得不安全，应无应力引起的腐蚀。

合格性由未做过任何其他试验的样品按附录 F 给出的试验检验。

4.18.3　防滴、防淋、防溅、防喷、水密和加压水密灯具的铝或铝合金部件，它们的锈蚀会使灯具变得不安全，因此应具有足够的防锈蚀保护。

注：防腐蚀指南见附录 L。

4.19　触发器

灯具中用的触发器与相连的灯具中的镇流器在电气上应是匹配的。

合格性由目视检验。

4.20 恶劣条件下使用的灯具——振动要求

恶劣条件下使用的灯具应充分防振。

合格性由下述振动试验检验。

灯具以其最不利的正常安装位置在振动发生器上扣紧。

振动的方向是最不利的方向，振动的强度是：

持续时间：30 min。

振幅：0.35 mm。

频率范围：10 Hz，55 Hz，10 Hz。

扫频速率：每分钟约一次倍频。

试验后，不应有损害灯具安全的部件发生松动。

4.21 （卤钨灯）防护罩

4.21.1 使用没有整体外壳的卤钨灯的灯具应装有防护罩，除非光源是：

——电源电压下（普通照明光源）更换的光源；[2)] 或

——IEC 60432-3 规定的低气压卤钨灯。

4.21.2 光源腔部件应设计成从碎裂光源溅射的碎粒不会危及安全。

4.21.3 灯具的所有开口不应使碎裂光源的碎粒沿直接通道离开灯具，包括嵌入式灯具的背面。

4.21.4 从 4.21.1 到 4.21.3 的合格性由目视和下列试验检验：

——防护罩应符合 4.13.1 表 4.3 对易碎部件的冲击试验。

——如光源腔部件是由绝缘材料制成，绝缘材料应符合 13.3.2 耐燃烧和防引燃试验的要求。

注 1：这条要求是通过消除光源偶然的故障或不正确使用产生的危险来提高安全性。目前的敞开式不装防护罩的灯具不一定存在危险。

注 2：从外面对玻璃进行的 4.13.1 冲击试验被认为比光源碎裂对玻璃的冲击更严酷，因此模拟后者的专门试验不必做了。当玻璃防护罩的安装方式是完全设计成只承受来自内部的冲击，应从那个方向进行 4.13.1 的试验。

4.22 光源的附件

灯具不应装可能引起光源、灯头或灯座、灯具或附件过热或损坏的光源附件。

只有当光源附件由灯具制造商提供或认可时，荧光灯才允许装附件。灯管和附件的总质量不应超过：

——G5 灯头的灯管　　100 g

——G13 灯头的灯管　　500 g

合格性由目视、称重和热试验（如果合适的话）来检验。

注：可能不符合这些要求的白炽灯附件的例子是：碗状镜面反射器、包围光源的反射器等。允许的例子是将轻型灯罩附着到光源上的弹簧和类似装置。

4.23 半灯具

半灯具应符合Ⅱ类灯具的所有有关要求。

注：为了避免误将半灯具上的Ⅱ类符号看作是完整灯具的符号，半灯具上不应标Ⅱ类符号。

4.24 紫外线辐射

灯具不能发射出过多的辐射。

注：提供有效辐射防护的计算方法用附录 P 的程序 A 或程序 B。

4.25 机械危害

灯具应没有尖端或锐边，在安装、正常使用或维护时对使用者造成危害。

合格性由目视检验。

2）光源应符合 GB 14196.2 的规定。

4.26 短路保护

4.26.1 应采取适当的措施来避免未绝缘、可触及而且极性相反的SELV部件的意外短路对安全的损害。

注：由未指定的SELV电源单独供电的Ⅲ类灯具应有一绝缘导体。如果没有提供绝缘，灯具制造商应声明最大VA输出值以及SELV电源的型号，而且这个变压器/转换器应进行4.26.2的试验。

4.26.2 型式试验样品在0.9～1.1倍额定电压带标称负载下工作。4.26.3规定的试验链挂在可触及未绝缘的SELV部件上。应在SELV部件两端加载使试验链有最短的通路，配重最大为250 g，质量应等于：

$$(15‘X’)\text{g}$$

其中‘X’为未配重状态时导体间的距离，单位cm。

试验链既不能融化掉，型式试验样品的所有部件的温度也不应超过表12.1和表12.2规定的限值。

4.26.3 试验链：具有符合图29规定的链环，未涂覆且长度足够的金属链由63%铜37%锌制成。当以200 g/m的负载拉伸时，该链的阻值应为2.5 Ω/m(1±20%)。

注：每次测量前应校核试验链的阻值。

5 外部接线和内部接线

5.1 概要

本章规定了灯具到电源的电气连接件和灯具内部接线的一般要求。

5.2 电源连接和其他外部接线

5.2.1 灯具与电源连接应提供下列方法中的一种：

固定式灯具	接线端子； 与插座配合的插头； 连接引线； 不可拆卸的软缆或软线； 与电源导轨连接的接合器； 器具插座
可移式灯具	不可拆卸的软缆或软线；带插头；器具插座
导轨安装灯具	接合器或连接器
半灯具	螺口或卡口灯头

打算安装在墙上，并带接线盒和软线固定架的可移式灯具，如果灯具含有安装说明书时，在交货时可以不带不可拆卸的软缆或软线。

灯具制造商声称灯具适合在室外使用时，不应使用聚氯乙烯绝缘的外部接线。

注1：在澳大利亚、奥地利和日本，在室外使用聚氯乙烯绝缘电缆是允许的。

注2：如果墙安装灯具用蝶形螺钉、钢夹、挂钩支撑，则墙安装灯具可以为可移式(见1.2.9)。

5.2.2 如果由灯具制造商提供的软缆或软线作为与电源的连接方式，它们的机械和电气性能至少应符合GB 5023和GB 5013的规定，如表5.1所示，并且应能承受正常使用条件下暴露的最高温度而不变质。

如果满足上述条件，聚氯乙烯和橡皮以外的材料也可采用，但这样的话，GB 5013.2和GB 5023.2不适用。

表 5.1 不可拆卸的软缆或软线

	橡 皮	聚氯乙烯
Ⅰ类普通灯具	60245IEC51S	60227IEC52
Ⅱ类普通灯具	60245IEC53	60227IEC52
非普通灯具	60245IEC57	—
恶劣条件下使用的可移式灯具	60245IEC66	—

注 1：电源电压大于 250V 时，可能要使用电压等级高于表 5.1 规定的软线和软缆。

为提供足够的机械强度，导体的标称截面积应不小于：

——普通灯具 0.75 mm^2

——其他灯具 1.0 mm^2

如果灯具提供一个 10/16A 的插座，软导体的标称截面积应不小于 1.5 mm^2。

5.2.3 如果灯具提供不可拆卸的软缆或软线，应用下述方式之一与灯具连接：

——X 型连接

——Y 型连接

——Z 型连接

不可拆卸的软缆或软线是仅用工具才能拆卸的普通的软电源电缆。可拆卸的软缆或软线是在灯具常规使用时可以简单地拆卸的。

5.2.4 从 5.2.1 到 5.2.3 的合格性用目视检验，必要时要装适合的软缆或软线来检验。

5.2.5 Z 型连接的灯具内的端头不应采用螺纹连接件。

5.2.6 电缆入口应适合于导线管或者电缆或软线的保护套的引入，使芯线完全得到保护，并且当导线管、电缆或软线安装完成后，电缆入口的防尘或防水保护应与灯具的防护等级相同。

5.2.7 外部软缆和软线通过硬质材料电缆入口的，电缆入口应有光滑的圆边，圆边的最小半径为0.5 mm。

5.2.5～5.2.7 要求的合格性由目视和手工试验检验。

5.2.8 Ⅱ类灯具、可调式灯具或除墙面安装以外的可移式灯具，若软缆或软线进入或离开灯具要经过可触及金属部件或经过与可触及金属部件接触的金属部件，则开口处应提供一个具有光滑圆角的坚固的绝缘材料衬套，衬套应固定不易取下。有锐边的开口处不能使用易随时间老化变质材料的衬套。

注 1：术语"易取下的衬套"用于描述在灯具的寿命期间的移动或在灯具的非故意操作时可以从其安装位置拉出的衬套。可接受的固定方式的例子包括使用锁紧螺母、自固化树脂等适合的粘结剂或者大小适当的推入式装配。

注 2：随时间老化变质材料的例子有天然橡胶。

在灯具的电缆入口处保护软缆或软线的管子或其他防护物应采用绝缘材料。

金属螺旋弹簧和类似部件，即使采用绝缘材料保护层，也不属于防护物。

合格性用目视检验。

5.2.9 旋入灯具的衬套应固定在其位置上，若衬套用粘结剂固定，则粘结剂应是自固化树脂型。

合格性用目视检验。

5.2.10 灯具提供不可拆卸的软缆或软线，或设计成使用不可拆卸软缆或软线的，应配有软线固定架，使连接到接线端子的导体免受应力，包括绞扭，并防止其保护层被磨损。应力消除和防止绞扭的效果应明显。灯具不提供软缆或软线的，应该使用灯具制造商推荐的最大和最小尺寸的适宜的试验软缆或软线。

应不可能将软缆或软线推入灯具而承受过度的机械应力或热应力。不能采用如将软缆或软线打成结头或端部用线捆起来的方法。

如果软缆或软线绝缘失效能使可触及金属部件带电的，应采用绝缘材料制成的软线固定架或提供固定的绝缘衬垫。

5.2.10.1 X型连接的软线和灯具设计成使用不可拆卸软缆或软线的，软线固定架应：

a) 至少有一部分固定在灯具上，或是灯具的一个组成部分；

注：软线固定架固定在灯具上或由灯具卡住，当插入接线时，灯具就完全组装好了。

b) 适合于不同型号的与灯具连接的软缆或软线，但如果灯具只允许装一种软缆或软线时除外；

c) 在正常使用中拧紧或旋松时，它们不应损坏软缆或软线，软线固定架也不应损坏；

d) 如有的话，全部软缆或软线及其护套都能装入软线固定架内；

e) 如果螺钉是金属制成的而且能触及，或与可触及金属部件电气连接的话，软缆或软线不能接触软线固定架的夹紧螺钉；

f) 软缆或软线不能由金属螺钉直接压紧。

g) 更换软缆或软线不需要使用专门设计的工具。

可移式灯具或可调式灯具不能将密封压盖用作软线固定架，除非它们对于用作电源连接的各种型号和尺寸的软缆或软线有夹紧装置。如果从其设计或通过适当标记可明显看出软缆或软线是如何安装的话，可以使用迷宫式软线固定架。

合格性由5.2.10.3的试验检验。

5.2.10.2 对于Y型和Z型连接，应采用适当的软线固定架。

合格性由5.2.10.3的试验检验。

注：试验在灯具提供的软缆或软线上进行。

5.2.10.3 合格性由目视检验和提交的装有软缆或软线灯具进行下述试验来检验。

导体引入接线端子和接线端子螺钉，拧紧接线端子螺钉(如有的话)，刚好使导体不会随便变动其位置。

按常规方式使用软线固定架，以表4.1中规定扭矩的三分之二拧紧夹持螺钉(如有的话)。

准备工作完成后，应不可能将软缆或软线推入灯具，引起接线端子处的软缆或软线位移，也不应引起软缆或软线与活动部件接触，或与工作温度高于导体绝缘层允许温度的部件接触。

然后软缆或软线承受25次拉力，拉力值如表5.2所示。

拉时不能猛拉，每次历时1 s。试验期间测量软缆或软线的纵向位移。第一次承受拉力时，在离软线固定架约20 mm处的软缆或软线上作标记，25次拉力期间，标记的位移不能超过2 mm。

然后软缆或软线承受扭力，扭矩值如表5.2所示。

试验中和试验后，导体在接线端子内不能有明显移动，且软缆或软线不应损坏。

表5.2 软线固定架试验

所有导体的总标称截面积/mm^2	拉力/N	扭矩/Nm
$S \leqslant 1.5$	60	0.15
$1.5 < S \leqslant 3$	60	0.25
$3 < S \leqslant 5$	80	0.35
$5 < S \leqslant 8$	120	0.35

5.2.11 若外部接线进入灯具内部，则它应符合内部接线的有关要求。

合格性由5.3的试验检验。

5.2.12 环路安装的固定式灯具应配有接线端子，该接线端子用来保持给灯具供电的电源电缆的电气连续性，而不是在灯具内终止。

合格性用目视检验。

5.2.13 绞合软导体的末端可以镀锡，但不能有附加焊料，否则要有措施保证夹紧连接不会因焊料冷变形而发生松动(见图 28)。

注：采用弹簧接线端子可满足这一要求。拧紧夹持螺钉不是防止焊料冷变形引起的镀锡绞合线连接松动的充分的措施。

5.2.14 如果灯具带有制造商提供的插头，插头应具有与灯具相同的防触电保护型式和防尘、防固体异物和防水等级。

Ⅲ类灯具不应带有允许与符合 GB 1002 和 GB 1003 规定的插座连接的插头。

5.2.15 空缺。

5.2.16 灯具内含有与电源连接用的器具插座应符合 IEC 60320 的规定。灯具的环路安装应通过使用器具耦合器完成，如果是Ⅱ类灯具，则不应使用Ⅰ类插头，或者应通过使用螺纹或无螺纹接线端子来完成环路安装。

5.2.13～5.2.16 的合格性由目视检验。

注：IEC 60320 允许不符合该标准数据单的其他结构。

5.2.17 互联电缆，如果不是由标准的绝缘和护套电缆制成，应由灯具制造商生产的在套管、管子或等效结构内布线的规定组件构成。

5.2.18 打算通过插座与电源连接的所有可移式灯具和固定式灯具或其他灯具，应配有与灯具分类相适宜的符合 GB 1002 和 GB 1003 的插头。

合格性用目视检验。

5.3 内部接线

5.3.1 内部接线的导体规格和型式应与正常使用时的功率相适应。接线的绝缘材料应能承受其受到的电压和最高温度，在正确安装并与电源连接时不会影响安全。

普通绝缘类型(聚氯乙烯或橡皮)的电缆用作通过式布线时，如果安装方式在制造商的说明书上有明确的说明，它们不必随灯具提供。但是，如果由于高温而必须使用特殊的电缆或套管的话，通过式布线必须由工厂装配，这种情况下，应考虑 3.3.3c)的要求。

黄绿线只能用作接地连接。

注 1：绝缘层的温度限值在第 12 章的表中给出。

注 2：符合 4.9.2 的套管适合于热点的防护。

合格性在第 12 章的温度和热试验后，用目视和下述试验检验。

对插座(如有的话)加载应根据制造商的声明值，如果没有声明，根据其额定电压下的额定电流对插座加载。

当达到稳定状态时，增加电压到 5%过功率，或增加电压到 6%过电压(由光源类型决定)。

达到新的稳定状态后，所有会受到导体本身发热影响的元件、电缆等部件上的温度应根据 12.4 的规定检验。

5.3.1.1 与固定布线直接连接的接线，例如，通过接线端子座，而且依靠外部的保护装置断开与电源的连接，下列方式是适当的：

正常工作电流高于 2 A：

——标称截面积：最小 0.5 mm^2；

——固定式灯具的通过式布线：最小 1.5 mm^2；

——绝缘层标称厚度：最小 0.6 mm(聚氯乙烯或橡皮)。

正常工作电流低于 2A 有机械保护的接线：

——标称截面积：最小 0.4 mm^2；

——绝缘层标称厚度：最小 0.5 mm(聚氯乙烯或橡皮)。

当在下述电线绝缘层可能受到损坏的地方增加额外绝缘，认为是提供了所要求的足够的机械保护。

——生产时电线经此拉过的管子小的开口；

——弯曲的电线紧靠在未经专门光滑边缘处理的金属周围。

5.3.1.2 通过一个内部的限流装置与固定布线连接的接线，例如灯电流控制装置、电路断流器、熔断器、保护阻抗或隔离变压器，并将最大电流限制在 2A 以内，下列方式是适当的：

——最小截面积可能小于 0.4 mm^2 的选择应根据正常工作条件下的最大电流以及故障条件下流过电流的时间和强度，以避免在任何条件下电线绝缘层的过热。

——最小绝缘层厚度可能小于 0.5mm(聚氯乙烯或橡皮)的选择，应根据产生的电压选择绝缘层厚度。

5.3.1.3 Ⅱ类灯具的内部接线有带电导体，并在正常工作条件下接触到可触及金属部件时，接触处的绝缘至少应符合与电压有关的双重绝缘或加强绝缘的要求，例如，使用护套电缆或套管。

5.3.1.4 当采取了足够的预防措施以保证符合第 11 章规定的爬电距离和电气间隙要求，并根据第 2 章防护等级分类的，可以使用没有绝缘的导体。

5.3.1.5 SELV 载流部件不必绝缘。但是，如果采用了绝缘，就应根据第 10 章的规定进行试验。

5.3.1.6 如果采用了绝缘或机械性能比聚氯乙烯或橡皮好的绝缘材料，选择的绝缘厚度应具有同样的防护等级。

5.3.2 内部接线应适当安置或保护，使之不会受到锐边、铆钉、螺钉及类似部件损坏，或者被开关、接合关节、升降装置、伸缩管和类似部件的活动件损坏，接线不得沿电缆纵轴绞拧 360°以上。

合格性由目视(还见 4.14.4 和 4.14.5)和 4.14.3 的试验检验。

5.3.3 Ⅱ类灯具、可调式灯具或除墙面安装以外的可移式灯具中，若内部接线要穿过可触及金属部件或与可触及金属部件相接触的金属件，则开口处应该提供具有光滑圆边的坚固的绝缘材料衬套，衬套应固定不易取下。有锐边的开口处不能使用易随时间老化变质材料的衬套。

注 1：术语“易取下的衬套”用于描述在灯具的寿命期间的移动或在灯具的非故意操作时可以从其安装位置拉出的衬套。可接受的固定方式的例子包括使用锁紧螺母、自固化树脂等适合的粘结剂或者大小适当的推入式配合。

注 2：随时间老化变质材料的例子有天然橡胶。

若电缆引入孔倒边光滑，且内部接线在使用中不需要移动，则可以在不带特殊保护套的电缆上单独加一保护套或采用带保护套的电缆来满足本要求。

5.3.4 除了部件上的端头以外，内部接线的连接点和接合处应提供绝缘覆盖层，绝缘覆盖层的绝缘性能应不低于接线的绝缘性能。

5.3.3 和 5.3.4 的合格性由目视检验。

5.3.5 若内部接线伸至灯具外，而且设计成接线可能受到应力，则接线应符合外部接线的要求。外部接线的要求不适用于伸出灯具长度小于 80 mm 的普通灯具的内部接线。对于非普通灯具，伸出外壳的接线均应符合外部接线的要求。

合格性由目视、测量以及 5.2.10.1 的试验(如有必要)检验。

5.3.6 可调式灯具，凡在灯具正常动作过程中与金属部件摩擦可能损坏绝缘的接线处均应采用绝缘材料的电线支架、线夹或类似部件固定。

5.3.7 软绞合线的端部可镀锡，但不能有附加焊料，否则要有措施保证焊料冷变形时夹紧连接件不会松动(见图 28)。

注：采用弹簧接线端子可满足这一要求。拧紧夹持螺钉不是防止焊料冷变形引起的镀锡股线连接松动的充分的措施。

5.3.6 和 5.3.7 要求的合格性由目视检验。

6 （不使用）

7 接地规定

7.1 概要

本章规定了灯具的接地要求，如适用的话。

7.2 接地规定

7.2.1 Ⅰ类灯具，在完成安装，或者为更换光源或可替换的启动器或清洁而打开时可触及的金属部件，并且绝缘失效时可能变为带电的金属部件，它们应永久地、可靠地与接地端子或接地触点连接。

注1：对于本要求来说，金属部件与带电部件之间隔着一个与接地端子或接地触点连接的金属件的，以及金属部件与带电部件之间隔有双重绝缘或加强绝缘的，这些金属件不作为绝缘失效时可能变为带电的金属部件。

注2：在调换光源操作时，如果光源发生破碎，破碎不被认为是绝缘失效，根据本条款光源不被认为是灯具的一部分（见0.4.2和8.2.3第4段的说明）。

绝缘失效时可能变为带电的灯具金属部件，在灯具完成安装时，虽然是不可触及的，但易与支承表面接触的灯具金属部件，它们应永久地、可靠地与接地端子连接。

注3：启动器和灯头并不要求接地，但灯头的接地可以帮助启动。

接地连接件应是低电阻的。

自攻螺钉可用来保证接地的连续性，只要在正常使用时不会妨碍这种连接，并且每一连接处至少用两只螺钉。

螺纹成形螺钉若符合螺纹接线端子的要求（见第14章），则可用来提供接地的连续性。

用于金属材料凹槽内的螺纹成形螺钉可以提供灯具的接地连续性，只要本部分内有关接地连接件所要求的所有试验都能通过。见图30。

Ⅰ类灯具，带有连接器或类似的连接装置的可分离部件的，在载流触点接通之前，接地连接件应先接通，在接地连接件断开之前，载流触点应先断开。

7.2.2 提供接地连续性的活动接头、伸缩管等的表面应确保有良好的电接触。

7.2.3 7.2.1和7.2.2的合格性由目视和以下试验检验：

将从空载电压不超过12 V产生的至少为10 A的电流分别接在接地端子或接地触点与各可触及金属部件之间。

测量接地端子或接地触点与可触及金属部件之间的电压降，并由电流和电压降算出电阻，该电阻不得超过0.5 Ω。型式试验时，应通入电流至少1 min。

注：关于用不可拆卸软缆连接电源的灯具，接地触点是在插头上或者在软缆或软线的电源端的。

7.2.4 接地端子应符合4.7.3的要求。其连接应充分锁定以防意外的松动。

螺纹接线端子夹紧装置应不能徒手松开。

无螺纹接线端子夹紧装置在无意识的情况下应不可能松开。

合格性由目视、手工试验和4.7.3的试验检验。

注：通常，用于载流的接线端子的设计提供了足够的弹性，能符合本要求。对于其他设计，则需要提出特殊规定，例如采用一个有足够弹性的部件，它不可能无意被取下。

7.2.5 对于配有电源连接插座的灯具，接地触点应为插座的一个完整的部分。

7.2.6 对于与电源电缆或不可拆卸的软缆或软线连接的灯具，接地端子应邻近电源接线端子。

注：灯具可能有X型连接或Y型连接。

7.2.7 除普通灯具以外的其他灯具，接地端子的所有部件都应尽量减小由于与接地导体接触或与其接触的任一其他金属产生电解腐蚀的危险。

7.2.8 接地端子的螺钉或其他部件都应该用紫铜或其他不锈金属或带有不锈表面的材料制成，而且接触面应为裸露金属面。

7.2.9 第7.2.5到7.2.8要求的合格性由目视和手工试验来检验。

7.2.10 若设计用于环路安装的Ⅱ类固定式灯具配有内部接线端子来保持接地导体的电气连续性，使接地不会在灯具内终止，则该接线端子应采用双重绝缘或加强绝缘与可触及金属部件隔开。

若固定连接的Ⅱ类灯具有功能用途的接地连接，例如环路安装，以帮助光源启动或者避免无线电干扰，则该功能接地线路应采用双重绝缘或加强绝缘与可触及金属部件隔开。

合格性由目视检验。

7.2.11 当Ⅰ类灯具配有附着的软线时，该软线应有一根黄绿双色的接地芯线。

软线或软缆的黄绿芯线应与灯具的接地端子和插头的接地触点(若灯具带插头的话)相连接。

用黄绿双色作标识的导体，无论是内部接线还是外部接线，应仅与接地端子连接。

对于用不可拆卸的软缆或软线的灯具，接线端子的安置或在软线固定架与接线端子之间导体的长度应使得万一软缆或软线从软线固定架中脱开，载流导体先于接地导体拉紧。

合格性由目视检验。

8 防触电保护

8.1 概要

本章规定了灯具防触电保护的要求。附录A规定了确定导电部件是否会引起触电的带电部件的试验。

8.2 防触电保护

8.2.1 灯具应制造成当灯具按正常使用安装和接线后以及为更换光源或可替换的启动器而必须打开灯具时，即使不是徒手操作，其带电部件是不可触及的。基本绝缘部件不能用在没有防意外接触措施的灯具的外表面上。

注：基本绝缘部件的例子有打算内部接线的电缆、内装式控制装置等。

在正常使用中考虑制造商安装说明书中指出限制的所有方法和安装位置，以及可调节灯具的所有调节位置，灯具的防触电保护应维持不变。除了光源和灯座的下列部件，可徒手取下的所有部件取下后，防触电保护应保持不变：

a) 卡口灯座

  1) 圆顶盖(接线端子盖)；

  2) 裙形外壳。

b) 螺口灯座

  1) 仅悬吊式灯座的圆顶盖(接线端子盖)；

  2) 外壳。

不能用一只手通过简单动作取下的固定式灯具的罩盖，不予取下。然而，更换光源或启动器不得不取下的罩盖，进行本试验时取下。

注：滚花头螺钉或灯罩固定圈通常可用一只手通过简单动作取下。

无螺纹接线端子的按钮释放装置夹持的电源导体，进行本试验时不应取下。

本要求不排除使用没有罩子的按钮型接线端子座。为了从这些端子座上松开接线，可能要求一些特殊的动作。

Ⅰ类和Ⅱ类灯具使用管形钨丝灯的，由于其每一端有灯头，在更换光源时应采取双极自动断电的装置。如果有关标准包含了可能引起触电的带电部件的可触及性的特殊要求，且覆盖了相关的灯头和灯座组件，则本要求不适用。

不应依靠漆层、搪瓷、纸和类似材料的绝缘特性来提供所要求的防触电保护和防短路保护。

带有与双端高压气体放电灯一起使用的触发器的灯具应按照图26试验。

如果按照图 26 测出的电压超过 34 V(峰值),触发器应只有当光源完全插入时才能动作,或根据 3.2.18 a)或 b),应在灯具上给出警告。

Fa8 双端灯头管形灯管的灯具应符合 3.2.18 的标记要求。

8.2.2 对于可移式灯具,灯具上可以徒手移动的部件位于最不利的位置后,防触电保护仍应保持不变。

8.2.3 对于本章来说,Ⅱ类灯具中仅靠基本绝缘与带电部件隔开的金属部件,都作为带电部件。

这同样适用于启动器和灯头的非载流部件,但不包括为更换光源或启动器而打开灯具时的可触及。

本条不适用于符合 IEC 60901 的单端紧凑型荧光灯的灯头。

Ⅱ类灯具,光源的玻壳不要求有进一步的防触电保护。对玻璃碗和其他防护玻璃,如果在更换光源时必须取下或不能经受住 4.13 的试验,则不能用作附加绝缘。

注:8.2.1 和 8.2.3 的要求合起来的意思是:在Ⅱ类灯具中,当为更换光源或启动器而打开灯具时,除了启动器的金属部件和灯头的非载流部件以外,基本绝缘的金属部件是不允许被触及的,但可以触及基本绝缘。

装有卡口灯座的Ⅰ类灯具必须符合以下两者之一:

——灯具应设计成按正常使用装配后,用标准试验指不能触及灯头;

——提供接地的金属灯座。

正常使用时,双端卤素灯不可能以暴露灯丝的方式发生故障的,Ⅱ类灯具中的光源与金属反射器之间不要求有绝缘挡板。

8.2.4 可移式灯具用不可拆卸的软线和插头的方式与电源连接的,其防触电保护应与支承表面无关。

可移式灯具的接线端子座应完全遮盖。

8.2.5 8.2.1 到 8.2.4 的合格性由目视检验,如果必要的话,用 GB 4208 规定的标准试验指或者用该构件相关的试具来检验。

试验指应去接触每一个可能触及的位置,如必要时施加 10 N 的力,用一个电指示器显示与带电部件的接触情况。可移动部件,包括灯罩,应徒手置于最不利的位置,如果可移动部件是金属部件,它们不应触及灯具或光源的带电部件。

注:建议用指示灯来显示接触的情况,而且它的电压不应低于 40 V。

8.2.6 提供防触电保护的外罩和其他部件应具有足够的机械强度,并应可靠地固定,在正常操作时不会松动。

合格性有目视、手工试验和第 4 章的试验检验。

8.2.7 装有电容量大于 0.5 μF 电容器的灯具(以下提到的除外),应装有放电装置,使灯具与额定电压的电源断开后 1 min,电容器两端的电压应不超过 50 V。

用插头与电源连接的可移式灯具、导轨接合器连接的灯具或带有电源连接器的灯具,用标准试验指可触及的触点,并含有一个电容量超过 0.1 μF(或 0.25 μF 额定电压小于 150 V 的灯具)电容器,应装有放电装置,使断开电源后 1 s,插头两插销间或接合器/连接器触点间的电压应不超过 34 V。

用插头与电源连接的,并且含有一个电容量超过 0.1 μF(或 0.25 μF 额定电压小于 150 V 的灯具)电容器的其他灯具和导轨接合器安装式灯具,应装有放电装置,使断开电源后 5 s,插头两插销间的电压应不超过 60 V 有效值。

0.4.2 要求,除有另外规定外,本部分第 8 章的试验应将光源装在线路中进行。如果装上补偿电容会引起更坏的结果时,应将光源装在线路中测量补偿电容器的电压。

本条要求的剩余电压仅应在单个灯具上测量,即使单个灯具可能被安装在多个灯具的系统中。

合格性由测量检验。

注:(各种型式灯具用的)放电装置可以装在电容器上或电容器内,或者单独装在灯具内。

9 防尘、防固体异物和防水

9.1 概述

本章规定了根据第 2 章分类为防尘、防固体异物和防水的灯具(包括普通灯具在内)的要求和试验。

9.2 防止粉尘、固体异物和水的侵入试验

根据灯具的分类和标在灯具上的 IP 数字,灯具外壳应提供相应的防止粉尘、固体异物和水侵入的防护等级。

注:由于灯具的技术特性,本部分规定的粉尘、固体异物和水侵入试验不完全等同于 GB 4208 中规定的试验。附录 J 给出 IP 数字的解释。

合格性用 9.2.0～9.2.9 规定的相关试验来检验,其他 IP 等级用 GB 4208 规定的相关试验来检验。

除了 IPX8 以外,进行第 2 位特征数值试验前,包括光源在内的整套灯具应在额定电压下点燃直至达到稳定的工作温度。

试验用水的温度应为 15℃±10℃。

进行 9.2.0 到 9.2.9 的试验时,灯具应按正常使用安装和接线,并置于最不利位置,装好防护半透明罩(如有的话)。

用插头或类似装置连接的灯具,插头或类似装置应作为完整灯具的一部分进行试验,这个要求也适用于独立的控制装置。

安装时灯体与安装表面接触的固定式灯具,在进行 9.2.3 到 9.2.9 的试验时,应将金属网隔板插在灯具和安装表面之间。隔板的外形尺寸应至少等于灯具的投影面积,隔板的各个尺寸如下:

网眼纵长	10 mm～20 mm
网眼横宽	4 mm～ 7 mm
网线宽度	1.5 mm～ 2 mm
网线厚度	0.3 mm～ 0.5 mm
总的厚度	1.8 mm～ 3 mm

凡由排水孔排水的灯具,安装时应使最低的排水孔敞开,制造商安装说明书另有其他规定的除外。

安装说明书中规定防滴水灯具是安装于顶棚或天棚下面的,灯具应固定在一块平板的下侧,平板的尺寸应比灯具与安装表面相接触部分的周边宽 10 mm。

嵌入式灯具,凹槽内的部件和凸出凹槽的部件,应根据制造商安装说明书中对 IP 分类的规定各自试验。

注:在进行 9.2.4～9.2.9 的试验时,可能有必要将凹槽内的部件封闭在一个盒子里。

IP2X 灯具,外壳是指容纳主要部件(光源和光学控制装置除外)的灯具部分。

注:因为灯具没有危险的运动部件,达到了 GB 4208 中规定的安全等级。

可移式灯具,按正常使用接线后,应置于正常使用中最不利的位置。

若有密封压盖,应该用 4.12.5 试验中施加于密封压盖的扭矩的三分之二拧紧。

除玻璃罩的手动固定螺钉以外,外罩的固定螺钉应该用表 4.1 规定扭矩的三分之二拧紧。

螺纹盖应该用下述扭矩拧紧,该扭矩以牛顿米为单位,数字等于以毫米为单位的标称螺纹直径的十分之一。固定其他盖的螺钉应该用表 4.1 规定扭矩的三分之二拧紧。

试验完成后,灯具应承受第 10 章规定的电气强度试验,并且目视检验应表明:

a) 防尘灯具内无滑石粉沉积,如果粉尘导电的话,灯具的绝缘就不符合本部分的要求。

b) 尘密灯具外壳内部无滑石粉沉积。

c) 在载流部件上或安全特低电压部件上或可能对使用者或周围环境造成危害的绝缘体上应无水的痕迹,例如,可能会使爬电距离降至第 11 章规定的数值以下。

d) i) 没有排水孔的灯具,应该没有水进入。

注：应注意不要将凝露误认为进水。

ⅱ） 有排水孔的灯具，如果水可以有效地排出，而且不会使爬电距离和电气间隙降至本部分规定的数值以下时，试验时水的进入包括凝露水是允许的。

e） 水密或压力水密灯具内，任何部件内均无水进入的痕迹。

f） 第1位IP特征数字为2的灯具，相关的试验指不能触及带电部件；

第1位IP特征数字为3和4的灯具，相关的试具不能进入灯具外壳。

带有符合4.17规定排水孔和带有通风狭孔强制冷却的灯具，相关的试具通过排水孔和通风狭孔触及第1位IP特征数字为3和4的灯具的带电部件是不允许的。

9.2.0 试验

防固体异物灯具（IP第1位特征数字为2），应用GB 4208规定的标准试验指按照本部分第8章和第11章的要求进行试验。

注：IP第1位特征数字为2的灯具不要求用GB 4208规定的钢球进行试验。

防固体异物灯具（IP第1位特征数字为3和4），用IEC 61032规定的C型或D型试具在每一个可能的部位（不包括密封圈）进行试验，并施加下述的力：

表9.1 防固体异物灯具试验

	IEC 61032的试具	试具直径	施加的力
IP第1位特征数字为3	C	$2.5^{+0.05}_{-0.00}$ mm	3 N(1±10%)
IP第1位特征数字为4	D	$1^{+0.05}_{-0.00}$ mm	1 N(1±10%)

试具的端部应与其长度方向切成直角，而且没有毛刺。

9.2.1 防尘灯具（IP第1位特征数字为5），应在与图6相似的粉尘试验箱内试验，箱内气流使滑石粉保持悬浮状态。箱内每立方米应含滑石粉2 kg。所用的滑石粉要经筛子筛过，筛网的标称线径为50 μm，网丝间标称自由距离为75 μm。使用过20次以上的滑石粉不得用来试验。

试验程序如下：

a） 灯具挂在粉尘箱外面，在额定电源电压下工作直至达到工作温度。

b） 将正在工作的灯具以最小的扰动放入粉尘箱内。

c） 关上粉尘箱的门。

d） 开启风扇或风机，使滑石粉悬浮。

e） 1 min后关掉灯具电源，并使之在滑石粉保持悬浮的状态下灯具冷却3 h。

注：在开启风扇或风机与关掉灯具电源之间有1 min的时间间隔，是为了保证在灯具开始冷却时，在灯具周围的滑石粉真正地处于悬浮状态，这对较小的灯具最为重要。开始试验时，灯具按a）操作，是保证试验箱不会过热。

9.2.2 尘密灯具（IP第1位特征数字为6），应按9.2.1的规定试验。

9.2.3 防滴灯具（IP第2位特征数字为1），应承受10 min的3 mm/min的人工降雨试验，人工降雨由灯具顶部上方200 mm高处垂直落下。

9.2.4 防淋灯具（IP第2位特征数字为3），用图7所示淋水装置淋水10 min。半圆形管的半径要尽可能小，并与灯具的尺寸和位置相适应。

管子上的孔应使水喷向圆的中心，装置入口处的水压应约为80 kN/m²。

管子应摆动120°，垂线两侧各60°，完整摆动一次（2×120°）的时间约4 s。

灯具应安装在管子的旋转中心以上，使灯具两端都能充分的喷到水。试验时灯具应绕其垂直轴旋转，转速为1 r/min。

10 min后，关掉灯具电源开关使灯具自然冷却，同时继续喷水10 min。

9.2.5 防溅灯具（IP第2位特征数字为4），用图7所示的溅水装置，按9.2.4所述的方法从各个方向喷水 10 min,灯具应安装在管子的旋转中心以下,使灯具两端都能充分地喷到水。

管子应摆动约 360°,垂线两侧各 180°,完整摆动一次(2×360°)的时间约 12 s。试验时灯具应绕其垂直轴旋转,转速为 1 r/min。

受试设备的支承件应呈格栅状,以避免起档板的作用。10 min 后,关掉灯具电源,使灯具继续冷却,同时继续喷水 10 min。

9.2.6 防喷灯具(IP 第 2 位特征数字为 5),关掉灯具电源开关,立即经受用带喷嘴的软管从各方向喷水15 min,喷嘴的形状和尺寸如图 8 所示。喷嘴离样品距离应保持 3 m。

应调节喷嘴处的水压,使出水速率达到 12.5(1±5%)L/min(约 30 kN/m²)。

9.2.7 防强喷灯具(IP 第 2 位特征数字为 6),关掉灯具电源开关,立即经受用带喷嘴的软管从各方向喷水 3 min,喷嘴的形状和尺寸如图 8 所示。喷嘴离样品距离应保持 3 m。

应调节喷嘴处的水压,使出水速率达到 100(1±5%)L/min(约 100 kN/m²)。

9.2.8 水密灯具(IP 第 2 位特征数字为 7),关掉灯具电源开关,立即将整个灯具浸入水中 30 min,灯具的顶部水深至少 150 mm,最下面部位上至少有 1 m 高的水。灯具应以正常安装方式保持在适当的位置上。使用管形荧光灯的灯具应使漫射器朝上,水平放置于水面下 1 m。

注:这种处理方法对于水下工作的灯具来说并非很严酷。

9.2.9 压力水密灯具(IP 第 2 位特征数字为 8),用点灯或其他适当的方法加热灯具,使灯具外壳的温度超过试验桶内的水温 5℃～10℃。

然后,关掉灯具电源开关,灯具承受相当于其额定最大浸入深度所产生压力的 1.3 倍水压,时间为 30 min。

9.3 潮湿试验

所有灯具都应防护正常使用中可能出现的潮湿条件。

合格性由 9.3.1 的潮湿处理完成后立即进行第 10 章的试验来检验。

若有电缆引入口的话,应使之敞开;如果带有敲落孔,应使其中一个打开。

徒手可以取下的部件,例如电气部件、罩盖、防护玻璃等,应该取下,如有必要的话,与主要部件一起承受潮湿处理。

9.3.1 灯具在潮湿箱内,置于正常使用中最不利的位置。潮湿箱内空气的相对湿度保持在 91%～95%。空气温度 t 为 20℃～30℃之间任一适宜值,所有能放置样品的地方空气温度的误差应保持在 1℃之内。

样品放入潮湿箱之前,样品的温度应达到 t～(t+4)℃之间,样品应在潮湿箱内放置 48 h。

注:在大多数情况下,样品在潮湿试验前,在 t～(t+4)℃的房间内至少放置 4 h,可以达到规定的温度。

为使潮湿箱内达到规定的条件,必须保证潮湿箱内空气的不断循环,并且一般采用隔热的试验箱。

潮湿试验后,应无影响符合本部分要求的损坏。

10 绝缘电阻和电气强度

10.1 概述

本章规定了灯具的绝缘电阻和电气强度的要求和试验。

10.2 绝缘电阻和电气强度

灯具应有足够的绝缘电阻和电气强度。

合格性用 10.2.1 和 10.2.2 试验检验,将已取下那些部件重新装配好后,在潮湿箱或在使样品达到规定温度房间内试验。

若有开关的话，除了带电部件之间只有通过开关动作才能断开的以外，所有试验，开关都应处于接通的位置。

进行这些试验时，下述部件应断开，使试验电压加到部件的绝缘上，而不是加到这些部件的电容或电感功能元件上：

a) 旁路连接的电容器；

b) 带电部件和灯具壳体之间的电容器；

c) 连接在带电部件之间的扼流圈和变压器。

若不可能将金属箔置于衬垫或挡板上，则要对三片衬垫或挡板进行试验，将它们取出放在两个直径为 20 mm 的金属球之间，并用 2 N±0.5 N 的力将其压在一起进行试验。

晶体管镇流器的试验条件应按 GB 19510 的规定。

注 1：带电部件与壳体之间，以及可触及金属部件与绝缘衬垫和绝缘挡板上的金属箔之间的绝缘，根据要求的绝缘类型进行试验。术语"壳体"包括可触及金属部件、可触及固定螺钉和与可触及绝缘材料部件接触的金属箔。

在含有电子控制装置的灯具上进行电气强度试验时，可能存在灯电路额定电压大于灯具额定电源电压的情况。这由灯的控制装置上标记的额定值 U_{out} 所指示。在这些例子中，施加于灯电路部件的试验电压应用标记在灯的控制装置上的额定值 U_{out} 代替 U 加以计算得到。

注 2：U＝工作电压。

10.2.1 试验-绝缘电阻

绝缘电阻应在施加约 500 V 直流电压后 1 min 测定。

对于灯具的安全特低电压(SELV)部件的绝缘，用于测量的直流电压为 100 V。

绝缘电阻不应低于表 10.1 规定的数值。

Ⅱ类灯具，如果基本绝缘和附加绝缘能单独试验的话，则不应对灯具的带电部件和壳体之间的绝缘进行试验。

表 10.1 最小绝缘电阻

部件的绝缘	最小绝缘电阻/MΩ		
	Ⅰ类灯具	Ⅱ类灯具	Ⅲ类灯具
安全特低电压(SELV)：			
不同极性的载流部件之间	a	a	a
载流部件和安装表面[a]之间	a	a	a
载流部件和灯具的金属部件之间	a	a	a
非安全特低电压(非 SELV)：			
不同极性的带电部件之间	b	b	—
带电部件和安装表面[a]之间	b	b 和 c，或 d	—
带电部件和灯具的金属部件之间	b	b 和 c，或 d	—
通过开关的动作可以成为不同极性的带电部件之间	b	b 和 c，或 d	—
对 SELV 电压的基本绝缘(a)	1		
对非 SELV 电压的基本绝缘(b)	2		
附加绝缘(c)	2		
双重绝缘或加强绝缘(d)	4		
[a] 进行本试验时，安装表面用金属箔覆盖。			

只有当带电部件和可触及金属部件之间的距离(在衬垫或绝缘挡板不在其位时)小于第11章的规定时,才对绝缘衬垫和绝缘挡板进行试验。

必须按表10.1对衬套、软线固定架、电线支架或线夹的绝缘进行试验,试验时软缆或软线应该用金属箔包覆或用相同直径的金属棒代替。

这些要求不适用于特意接在电源上又不是带电部件的启动辅助件。

注:带电部件的试验见附录A。

10.2.2 试验——电气强度

应将基本为正弦波、频率为50 Hz或60 Hz、表10.2中规定的电压施加于表中所列举的绝缘两端,时间为1 min。

开始施加的电压不应超过规定值的一半,然后逐渐增至规定值。

试验用的高压变压器,当输出电压调到相应的试验电压后,输出端短路时,其输出电流至少应为200 mA。

当输出电流小于100 mA时,过电流继电器不应该断开。

应当注意施加的试验电压的有效值经测试在±3%之间。

还应注意放置金属箔时使绝缘体的边缘不发生闪络。

对于既有加强绝缘又有双重绝缘的Ⅱ类灯具,应注意施加于加强绝缘的电压不应使基本绝缘或附加绝缘受到过高的电压。

不引起电压下降的辉光放电可忽略不计。

试验期间不得发生闪络或击穿现象。

这些要求不适用于特意接在电源上又不是带电部件的启动辅助件。

对于带触发器的灯具,为了保证灯具的绝缘、接线和类似部件满足要求,应在触发器工作时对那些受脉冲电压影响的灯具部件进行电气强度试验。

对于带触发器的灯具,根据灯座制造商说明书规定,只有插入光源时灯座才能得到其最大脉冲电压的保护的,试验时应插入一个模拟灯。

注1:模拟灯应随着型式试验样品一起提供。

注2:要允许脉冲电压上升到保证放电灯能热启动(例如演播室场所)时,本条要求能使灯头/灯座保持一个合理尺寸的设计。

带有触发器的灯具接到100%额定电压的电源上,历时24 h,这期间有损坏的触发器立即更换。然后按表10.2规定的值对灯具进行电气强度试验,试验时触发器的所有接线端子(接地端子除外)连接在一起。

带有手动触发器(如按钮)的灯具,灯具接到100%额定电压的电源上并承受"3 s通/10 s断"转换循环,时间共1 h。本试验只用一个触发器。

当符合GB/T 19510.10的镇流器上标记只能配用带限时装置的触发器时,带有这种触发器的灯具应承受同样的试验,但在250次通/断循环时,使断开的时间保持2 min。

电气强度试验中不应发生闪络或击穿现象。

在含有电子控制装置的灯具上进行电气强度试验时,可能存在灯电路额定电压大于灯具额定电源电压的情况。这由灯的控制装置上标记的额定值U_{out}所指示。在这些例子中,施加于灯电路部件的试验电压应用标记在灯的控制装置上的额定值U_{out}代替U加以计算得到。

注:U=工作电压。

表 10.2 电气强度

部件的绝缘	试验电压/V		
	Ⅰ类灯具	Ⅱ类灯具	Ⅲ类灯具
安全特低电压(SELV):			
不同极性的载流部件之间	a	a	a
载流部件和安装表面[a]之间	a	a	a
载流部件和灯具的金属部件之间	a	a	a
非安全特低电压(非 SELV):			
不同极性的带电部件之间	b	b	—
带电部件和安装表面[a]之间	b	b 和 c,或 d	—
带电部件和灯具的金属部件之间	b	b 和 c,或 d	—
通过开关的动作可以成为不同极性的带电部件之间	b	b 和 c,或 d	—
对 SELV 的电压的基本绝缘(a)	500		
对非 SELV 电压的基本绝缘(b)	$2U+1\ 000$		
附加绝缘(c)	$2U+1\ 750$		
双重绝缘或加强绝缘(d)	$4U+2\ 750$		

a 进行本试验时,安装表面用金属箔覆盖。

U=工作电压

10.3 泄漏电流

灯具正常工作时在电源各极与其壳体(见表 10.2)之间可能产生的泄漏电流不应超过表 10.3 的数值。

合格性根据 IEC 60990:1999 的第 7 章检验。

注:对于用交流供电的电子镇流器的灯具,由于光源的高频工作,泄漏电流可能主要取决于光源和接地启动装置之间的间距。

表 10.3 泄漏电流

灯 具 类 型	泄漏电流最大有效值[c]/mA
Ⅱ类[a]	0.5
Ⅰ类可移式[b]	1.0
额定输入不超过 1 kVA 的Ⅰ类固定式	1.0
以 1.0 mA/kVA 增加,最大值 5.0 mA[a]	

a 根据 IEC 60990 的 5.1.1 测量加权感知、反应电流(a.c.)。

b 根据 IEC 60990 的 5.1.2 测量加权摆脱电流(a.c.)。

c 当使用 IEC 60990 图 4 和图 5 网络时,应分别测量峰值电压 $U2$ 和 $U3$,且转换到有效值。

11 爬电距离和电气间隙

11.1 概要

本章规定了灯具内的爬电距离和电气间隙的最低要求。

11.2 爬电距离和电气间隙

附录 M 表中列举的部件应有足够的间距。灯具的安全特低电压部件(SELV)也应有足够的间距。普通灯具的爬电距离和电气间隙应不小于表 11.1 和表 11.3 给出的数值,分类为 IPX1 或分类更高的灯具的爬电距离和电气间隙应不小于表 11.2 和表 11.3 规定的数值。

极性相反的载流部件之间的距离应符合基本绝缘的要求。

注：污染等级或过电压类别参考 GB/T 16935.1。

对于普通灯具，表 11.1 和表 11.3 规定的最小距离基于以下原则：

——污染等级 2：一般仅发生非导电污染，但预料到凝露偶尔造成的暂时导电；

——对基本绝缘，用过电压类别Ⅰ；

——对附加绝缘和加强绝缘，用过电压类别Ⅱ；

对于分类为 IPX1 或分类更高的灯具，表 11.2 和表 11.3 规定的最小距离基于以下原则：

——污染等级 3：发生干燥的非导电污染，但预料到凝露造成的导电；

——对所有绝缘，用过电压类别Ⅱ。

表 11.1 普通灯具交流(50/60 Hz)正弦电压的最小距离(转换指南见附录 M)

距离/mm		工作电压有效值/V 不超过					
		50	150	250	500	750	1 000
爬电距离							
——基本绝缘 PTI[a]	≥600	0.6	1.4	1.7	3	4	5.5
	<600	1.2	1.6	2.5	5	8	10
——附加绝缘 PTI[a]	≥600	—	3.2	3.6	4.8	6	8
	<600	—	3.2	3.6	5	8	10
——加强绝缘		—	5.5	6.5	9	12	14
电气间隙							
——基本绝缘		0.2	1.4	1.7	3	4	5.5
——附加绝缘		—	3.2	3.6	4.8	6	8
——加强绝缘		—	5.5	6.5	9	12	14

[a] PTI(耐起痕指数)按照 IEC 60112。

表 11.2 IPX1 或以上灯具交流(50/60 Hz)正弦电压的最小距离(转换指南见附录 M)

距离/mm		工作电压有效值/V 不超过					
		50	150	250	500	750	1 000
爬电距离							
——基本绝缘	PTI[a]≥600	1.5	2	3.2	6.3	10	12.5
	175≤PTI[a]<600	1.9	2.5	4	8	12.5	16
——附加绝缘		—	3.2	4	8	12.5	16
——加强绝缘		—	5.5	6.5	9	12.5	16
电气间隙							
——基本绝缘		0.8	1.5	3	4	5.5	8
——附加绝缘		—	3.2	3.6	4.8	6	8
——加强绝缘		—	5.5	6.5	9	12	14

[a] PTI(耐起痕指数)按照 IEC 60112。

表 11.3 正弦或非正弦脉冲电压的最小距离

额定脉冲电压峰值/kV	2.0	2.5	3.0	4.0	5.0	6.0	8.0	10	12
最小电气间隙/mm	1	1.5	2	3	4	5.5	8	11	14
额定脉冲电压峰值/kV	15	20	25	30	40	50	60	80	100
最小电气间隙/mm	18	25	33	40	60	75	90	130	170

11.2.1 合格性检验通过在灯具的接线端子不接导体和接上最大截面积的导体进行测量来检验。

小于 1 mm 宽的槽口，爬电距离仅计算其槽口的宽度。

小于 1 mm 宽的空气间隙，在计算总电气间隙时忽略不计，要求的距离是 1 mm 或更小的除外。

对于带器具插座的灯具，用适当的连接器插入后进行测量。

测量绝缘材料外部部件内的槽或开口的距离，要用金属箔与可触及表面相接触。GB 4208 规定的标准试验指将金属箔推进角落和类似位置，但不要将其压入开口内。

永久性密封件内部的爬电距离不必测量。永久性密封件的例子是封闭件或填充化合物的部件。

表中数值不适用于有单独 IEC 标准的部件，但适用于灯具中部件的安装和可触及距离。

电源接线端子的爬电距离应该从接线端子内带电部件测量至任何可触及金属部件，电气间隙应从输入电源线量至可触及金属部件，例如，从最大截面积的裸导体至可触及金属部件。在接线端子内部接线一侧，电气间隙应在接线端子的带电部件量至可触及金属部件(见图 24)。

注：在电源线一侧和内部线一侧电气间隙的测量是不同的，因为灯具制造商不能控制安装者电源线绝缘层剥去的长度。

在确定衬套、软线固定架、电线支架或线夹的爬电距离和电气间隙时，测量时应装配有电缆。

对于表中列出的数值之间的工作电压，可以采用线性插入法算出爬电距离和电气间隙的数值。工作电压在 25 V 以下的没有限值，因为表 10.2 的电压试验足够了。

当起痕不会发生时，对 PTI≥600 材料规定的爬电距离数值应适用于与不通电部件，或不打算接地部件之间的距离(不管实际的 PTI 是多少)。

对于承受工作电压时间小于 60 s 的，关于 PTI≥600 材料规定的爬电距离数值应适用于所有材料。

对于不易受粉尘或湿气污染的，PTI≥600 材料规定的爬电距离数值应适用于所有材料(不管实际的 PTI 是多少)。

爬电距离应不小于所要求的最小电气间隙。

既承受正弦电压又承受非正弦脉冲电压的，要求的最小距离应不小于适用的两个表规定的任一最大值。

12 耐久性试验和热试验

12.1 概要

本章规定了与灯具的耐久性试验和热试验有关的要求。

12.2 光源和镇流器的选择

本章试验用的光源应根据附录 B 来选择。

用于耐久性试验光源在超过其额定功率的条件下连续工作了较长时间，不得再用于热试验。然而通常在正常工作条件工作的热试验中用过的光源却可以留作异常条件工作的热试验用。

若灯具需要一只单独的镇流器，而灯具本身又不配有镇流器，则要为试验选择一只符合有关镇流器标准的正规产品。镇流器在基准条件下为基准灯提供的功率应在额定光源功率的±3%范围内。

注 1：关于基准条件，参阅相关 IEC 附件标准。

注 2：在有关光源的性能标准中，额定功率可能还称作“目标”功率。这个措辞将在这些标准的将来版本里更正。

12.3 耐久性试验

在模拟工作中周期性的发热和冷却条件下，灯具不能变得不安全或过早的损坏。

用 12.3.1 的试验检验其合格性。

12.3.1 试验

a) 灯具应安装在有控制箱内环境温度装置的热箱中。

灯具应置于与正常工作热试验(见 12.4.1)中相似的支承面上(并且工作位置也相同)。

b) 试验期间，箱内环境温度应保持在(t_a+10)℃±2℃。除了灯具上另有标明者外，t_a=25℃。

箱内的环境温度应按附录 K 测定。与灯具分开工作的镇流器应放在自由空间中,不必安装在热试验箱内,但应工作在 25℃±5℃的环境温度内。

c) 灯具应在箱内共试验 168 h,分成 7 个连续的 24 h 周期。在每周期中,前 21 h,按下面 d)条规定的电源电压施加于灯具上,剩余的 3 h 断开电源。灯具的初始加热期属于第一个试验周期的一部分。

前 6 个周期电路条件应处于正常工作,而第 7 个周期电路条件应处于异常工作(见附录 C)。对装有电机(例如,风扇)的灯具,应选择会产生最不利试验结果的异常条件。

对于无 12.5.1a)规定的异常条件的灯具,其全部试验时间应为 240 h(即正常工作 10×24 周期)。

d) 在试验期间,钨丝灯灯具的电源电压应为光源达到额定功率时电压的(1.05±0.015)倍,管形荧光灯和其他气体放电灯灯具的电源电压应为额定电压或额定电压范围最大值的(1.10±0.015)倍。

e) 如果因损坏而使灯具停止工作时,则应按下述规定处理:

——灯具上的某一部分(包括光源)偶然损坏时,应按 12.4.1g)的规定处理。

——如果热保护装置在前 6 个周期动作,试验应作如下变更:

(1) 对带有循环型热保护装置的,灯具应允许冷却至该装置复原。对带有一次性热保护装置(一次性热断流器)的灯具,应更换该装置。

(2) 对各类灯具应继续用该电路进行试验,时间持续至 240 h。调节温度使保护装置正好不动作。如果必须调节到灯具额定特性值以下才能防止保护装置工作,则认为该灯具本试验不合格。

——如果在第 7 周期(异常条件)期间,热保护装置动作的话,也应允许冷却,如果是一次性热保护装置,应予更换,应继续用该电路进行试验,调节温度使保护装置正好不动作。

注:如果断流装置在第 7 周期(异常条件)动作,就认为检验了预期的保护功能。

应设有工作中断的指示信号装置。有效的试验时间不应由于这类中断而缩短。

12.3.2 合格性

经过 12.3.1 的试验后,用目视检验灯具,对于导轨安装的灯具,还要检验导轨系统的导轨和零部件。灯具的任何部分不得变成不能工作(12.3.1e)中叙述的偶然损坏除外),而且塑料螺口灯座不能变形。灯具不得变成不安全,亦不能造成导轨系统的损坏。灯具上的标记应清晰可见。

注:可能的不安全状态的迹象包括开裂、烧焦和变形。

12.4 热试验(正常工作)

在模拟正常使用的条件下,灯具(包括光源)的任何部件、灯具内的电源接线或者安装表面都不得达到有损安全的温度。

另外,灯具处于工作温度时,灯具上徒手可触及的、操作的、调节的或夹持的部件,都不得过热,以至无法触及、操作、调节和夹持。

灯具不应使被照射物体过分受热。

导轨安装的灯具不应使安装灯具的导轨过分受热。

合格性用 12.4.1 规定的试验来检验。测量导轨温度的试验条件应按 IEC 60570:2003 的 12.1 的规定。

对于装有电动马达的灯具,马达在试验期间应按所预期的工作。

12.4.1 试验

应按下述条件进行 12.4.2 指出的温度测量:

a) 灯具应在防风罩内试验,设计这个防风罩是要避免环境温度的剧烈变化。适宜于表面安装的灯具应安装在附录 D 中所描述的表面上。附录 D 举了一个防风罩的例子,也可采用其他形式的罩子,但其得到的效果应与用附录 D 中所述的罩子时得到的结果相一致(对于与灯具分开的镇流器,见本条中 h)项)。

灯具应用其所带的接线和材料(如绝缘套管)与电源连接。

通常,应按灯具随带的说明书或灯具上的标记连接。此外,灯具不附带有将受试灯具连接到电源所需的接线的,则这种接线应为普通常用的型号。不是灯具本身附带的接线,以下称为试验线。

温度测量应按附录 E 和附录 K 的要求进行。

b) 灯具的工作位置应是在工作中合理采用的受热最多的工作位置。对于固定式不可调节的灯具,不要选择使用说明书中或灯具的标记上不允许的位置。对于可调节的灯具,应考虑灯具上标出的要求离被照物体的距离,但没有提供某个位置的机械锁定装置的灯具,反射器的前面边缘(如果有的话)距离安装表面应为 100 mm,否则光源距离安装表面应为 100 mm。

c) 防通风罩内环境温度应为 10℃～30℃,最好为 25℃。在测量期间环境温度的变化不应大于 ±1℃,并且为了避免影响结果,应有一个足够长的预处理时间。

若光源具有对温度敏感的电气性能(如荧光灯),或者若灯具的 t_a 额定值超过 30℃,则防风罩内的环境温度应在 t_a 额定值 5℃范围以内,最好与 t_a 的额定值相同。

d) 灯具的试验电压应为:

——钨丝灯灯具:用产生试验灯泡(见附录 B)1.05 倍额定功率时的电压进行试验,但热试验源(HTS)灯泡应始终工作在灯泡所标的电压。

——管形荧光灯和其他气体放电灯的灯具:额定电压或额定电压范围最大值的 1.06 倍。

——装有马达的灯具:额定电压(或灯具额定电压范围的最大值)的 1.06 倍。

例外情况:

在测定带 t_w 标记部件的绕组平均温度,以及测定除电容器以外的带 t_c 标记部件的外壳温度时,试验电压应是额定电压的 1.00 倍。这种例外情况只适用于测量绕组或外壳温度,不适用于如测量同一部件上的接线端子座的温度。

无论是否带 t_c 标记,电容器在荧光灯和其他放电灯灯具内工作时,以额定电压的 1.06 倍进行试验。

注 1:若灯具既装有钨丝灯,又装有管形荧光灯或其他气体放电灯或马达,可临时采用两个分开的电源供电。

e) 在测量期间和紧接着测量前,电源电压应控制在试验电压的±1%以内,最好控制在试验电压的±0.5%以内。在会影响测量之前的一段时间内,电源电压应控制在试验电压的±1%内,该段时间应不少于 10 min。

f) 测量应待灯具达到热稳定后才进行。热稳定即温度变化率小于 1℃/h。

g) 若因灯具的某一部分(包括光源)发生故障而停止工作,则应更换该部分,然后继续进行试验。已经进行过的测量可不必再重复,但在继续测量之前,灯具应达到稳定。若出现危险情况,或者因某一部件的典型损坏而停止工作时,则认为该灯具本试验不合格。若灯具的保护性装置动作,便认为该灯具本试验不合格。

h) 如果提供了作为灯具部件的远距离控制装置/元件,它们应按照制造商说明书的规定进行安装和工作。所有部件的温度都应符合第 12 章规定的限值。

如果没有作为灯具部件提供远距离控制装置/元件,制造商应提供正常使用时常用的控制装置。控制装置应在自由通风且环境温度为 25℃±5℃下工作。控制装置的温度不必测量。

i) 若对钨丝灯灯具的试验有所怀疑,适用的话,用热试验源(HTS)灯泡重新进行试验。对于温度主要是由灯泡的灯头温度决定的,则用 HTS 灯泡得到的数值来判断;对于温度主要是由辐射决定的,则用透明玻壳的正规产品的灯得到的数值来判断。

j) 3.2.13 所涉及的灯具射出的光束射向类似于附录 D 中所述的涂无光泽的黑漆的木质垂直表面。以灯具上标记的离照射面的距离安装灯具。

试验期间，应按第 13 章试验的要求测量某些绝缘部件的温度。

k) 测量双端荧光灯灯座温度时，热电偶的热接合点的固定应与灯头附近的灯座表面平齐。如果不能做到这点，应尽可能靠近地置于此点，但不要碰到灯头。

注 2：推荐灯具制造商提供将热电偶固定于灯座的型式试验样品。通常，只需要准备一个这样布置的灯座。

l) 合格性试验期间，通过式布线和环路布线应加载到导线规格允许的最大值，或者加载到制造商安装说明书规定的值。

注 3：在加拿大和美国，热试验期间，通过式布线和环路布线均要求加载到导线规格允许的最大值。

12.4.2 合格性

在 12.4.1 的试验中，当灯具在额定环境温度 t_a 下工作时，所有温度都不得超过表 12.1 和表 12.2 给出的相应数值(仅作本条的 a)项放宽)。

若试验罩内的温度不是 t_a，则在使用表中的极限值时，应考虑到这个温度差(还见 12.4.1 中的 c)项)。

a) 温度不得超过表 12.1 和表 12.2 所示数值 5℃以上。

注：5℃的允许量，是考虑到灯具温度测量中不可避免的变化。

b) 灯具的任何部件，由于使用中易发生热性能的下降，其温度不应超过某个值，此值相当于特殊类型灯具使用一定时间后的温度。表 12.1 给出的数值为灯具的主要部件的允许值，表 12.2 数值为用于灯具的普通材料允许值。列出这些值是为了能得到一致的评估，从别处可能引用略为不同的数值，这是基于其他形式的材料试验或其他用途。

若声称使用的材料能承受比表 12.2 中所示数值更高的温度，或者采用其他材料时，这些材料不应超过被证实是允许的材料温度。

c) 试验线(见 12.4.1a)项)若为 PVC 绝缘层，则温度不得超过 90℃(受力处，如夹持部分为 75℃)，或者可能标在灯具上的更高温度，或者按第 3 章要求灯具附带的制造商说明书中所示的更高温度。对于任何 PVC 绝缘层电线(内部或外部接线)，即使另外由灯具提供的耐热套管来保护时，其极限温度应为 120℃。套管应符合 4.9.2 的要求。

表 12.1 主要部件在 12.4.2 的试验条件下的最高温度

部　件	最高温度/℃
灯头	见相关的光源标准规定[a]
标有 t_w 的镇流器或变压器绕组	t_w
外壳(电容器的、启动装置的、镇流器的或者转换器等的)	
标有 t_c	t_c[b]
不标有 t_c	50
变压器、马达等的绕组，如果按照 IEC 60085 绕组的绝缘系统是：	
——A 级材料[c]	100
——E 级材料[c]	115
——B 级材料[c]	120
——F 级材料[c]	140
——H 级材料[c]	165
接线绝缘层	见表 12.2 和 12.4.2b)和 12.4.2c)
陶瓷灯座和绝缘材料灯座以及启动器座的触点：	
标有 T_1 或 T_2(B15 和 B22)[d](GB 17936)	T_1:165，T_2:210
标有 T 的其他形式 (IEC 60238，GB 1312，IEC 60838[e] 和 GB 17936)	标记的 T
未标 T 的其他形式 (E14、B15)(IEC 60238 和 GB 17936)	135

表 12.1(续)

部　　件	最高温度/℃
(E27、B22)(IEC 60238 和 GB 17936)(E26)	165
(E40)(IEC 60238)(E39)	225
未标有 T 的荧光灯灯座/启动器座和杂类灯座(GB 1312 和 IEC 60838[e])	80
标有单独额定值的开关:	
标有 T	标记的 T
未标 T	55
灯具的其他部件(按材料及用途)	见表 12.2 及 12.4.2b)
安装表面:	
普通可燃材料表面	90
非可燃材料表面	不作测量
打算频繁操作或接触的部件[f]:	
金属部件	70
非金属部件	85
打算徒手握住的部件:	
金属部件	60
非金属部件	75
被聚光照射的物体(见 12.4.1j))	90(试验表面)
导轨(对于导轨安装的灯具)	按导轨制造商的申明[g]
电源插座安装的灯具和插头式镇流器/变压器:	
——打算徒手握住的外壳部件;	75
——插头/插座接合面;	70
——所有其他部件	85
可替换的辉光启动装置	80[h]

[a] 对于标有使用特殊光源,或明显应使用特殊光源的灯具,允许按光源制造商规定的高于此值的温度。IEC 60357和 IEC 60682 提供了测量卤钨灯封接部位温度的信息。这些测量是光源性能标准,而非灯具的安全标准(正常工作试验条件下的测量不包含单端荧光灯,见表 12.3)。

[b] 它不适用于 GB 14196.2 范围内所涉及的光源。本部分中用于灯具设计的有关信息应予以关注。在装置制造商标出的给定参考点上测量。

[c] 材料分级按照 IEC 60085 和 IEC 60216。

[d] 温度在相应灯头的边缘上测量。

[e] 双触点灯座,如果有怀疑的话,应采用触点温度测量的平均值。

[f] 不适用于仅在调节时偶尔接触的部件。例如聚光灯的部件。

[g] 导轨温度的测量条件,见 IEC 60570 中的 12.1。

[h] 该温度限值是性能推荐,不是出自于安全。

表 12.2　用于灯具的普通材料在 12.4.2 的试验条件下的最高温度

部　　件	最高温度/℃
随灯具提供的接线(内部和外部)的绝缘层[b]:	
用硅酮清漆浸渍的玻璃纤维	200[a]
聚四氟乙烯(PTFE)	250
硅酮橡胶(不受压力)	200
硅酮橡胶(受压力)	170
普通聚氯乙烯(PVC)	90[a]

表 12.2(续)

部　　件	最高温度/℃
耐热聚氯乙烯(PVC)	105[a]
硅酸乙烯氯乙烯(EVA)	140[a]
固定布线的绝缘层(不随灯具提供的,是设施的固定部件)[a]:	
未加套管	90[c]
随灯具提供的合适的套管	120
热塑性塑料:	
丙烯腈丁二烯-苯乙烯共聚物(ABS)	95
醋酸-丁酸纤维素(CAB)	95
聚甲基丙烯酸甲脂(acrylic)	90
聚苯乙烯(PS)	75
聚丙二醇脂	100
聚碳酸脂(PC)	130
聚氯乙烯(PVC)(不用作电气绝缘)	100
聚酰胺(尼龙)	120
热固塑料:	
充填无机物的苯酚甲醛树脂(PF)	165
充填纤维的苯酚甲醛树脂(PF)	140
尿醛树脂(UF)	90
嘧胺(三聚氰胺)	100
玻璃纤维加强的聚脂(GRP)	130
其他材料:	
用树脂粘结的纸/纤维品	125
硅酮橡胶(不用作电气绝缘)	230
橡胶(不用作电气绝缘)	70
木、纸、纺织品和类似物品	90

a 绝缘层的受力处,如受夹或受弯时,此值降低 15℃。

b 各种规格的电缆通常有不同的最高温度,但这些最高温度在连续工作温度基础上得到的,而不是在本部分的试验条件下的最高温度。

c 这些温度是在本部分规定的人工试验条件下的最高允许值,例如灯具在防风罩内和试验电源电压高于灯具额定值的条件下试验。应注意的是,在有些国家,欧洲设备标准和欧洲电缆标准规定,70℃是正常连续工作时PVC固定布线可以承受的最高温度。

12.5 热试验(异常工作)

在模拟异常使用的条件下(不代表灯具有故障或使用不当),灯具的所有部件、安装表面都不能超过表 12.3 规定的温度,而且灯具内的接线不能变得不安全。

注:可能的不安全状态的迹象包括开裂、烧焦和变形。

导轨安装的灯具不应使导轨过分受热。

合格性用 12.5.1 所述的试验来检验。

12.5.1 试验

表 12.3 中所列各部件的温度应按下述条件测量。

a) 若工作中,灯具可能处于下列 1) 2) 3)或 4)的异常条件,并且若这种异常条件会使部件的温度高于正常工作时的温度(这种情况可能需要进行初步试验),则应进行试验。

若可能出现一种以上异常条件,则要选择对试验结果产生最不利的条件。

该试验不适用于不可调节的固定式钨丝灯灯具,下列第 3)项的情况除外。

1) 并非因使用不当而引起的可能不安全工作位置。例如,不小心使用最小 30 N 的力,在短的时间内将可调节的灯具朝着安装表面的方向弯曲且在灯具最不利的点上。

2) 并非因不合格产品或使用不当而引起的可能的不安全线路条件。例如,在光源或启动器寿命终了时出现的线路条件(见附录 C)。

3) 在打算使用特殊光源的钨丝灯灯具中使用了普通照明源(GLS)灯泡,而可能引起的不安全的工作条件,例如,临时地用相同功率的普通照明源(GLS)灯泡代替特殊光源。

4) 装在灯具内给光源供电的变压器次级线路(包括变压器本身)短路可能引起的不安全线路条件。

试验 2)只适用于管形荧光灯灯具和其他气体放电灯灯具。

试验 4)应使灯座短路。试验 4)期间,由于光源发热引起的安装表面温度的升高应用试验 1)检验,由于变压器发热引起的温度升高应使灯座触点短路进行测量。

装有电动马达的灯具在工作时堵住马达阻止其转动。

注:如果有一个或多个马达,试验应按其最严酷的条件(见附录 C)进行。

灯具应在 12.4.1 中的 a)、c)、e)、f)、h)和 l)项规定的条件下试验,另外,还要遵循下列各条。

b) 试验电压应为:

钨丝灯灯具:按 12.4.1 中 d)项的规定。

管形荧光灯和其他气体放电灯灯具:额定电压或额定电压范围内最大值的 1.1 倍。

灯具内的马达:额定电压(或灯具额定电压范围内最大值)的 1.1 倍。

按照试验 4)进行短路试验时,额定电源电压的 0.9 倍和 1.1 倍之间。

注:若一个灯具同时包含一个钨丝灯及一个管荧光灯或其他气体放电灯,或一个马达,可临时用两个独立的电源供电。

c) 若因灯具的某一部分(包括光源)发生故障而停止工作,则应更换该部分,然后继续进行试验。已经进行过的测量可不必再重复,但在继续测量之前,灯具应达到稳定。若出现危险情况,或者因某一部件的典型损坏而停止工作时,则认为该灯具本试验不合格。

若在试验过程中,灯具的保护装置(如一次性或循环型的热断流器或者电流断路器)动作,所达到的最高温度被作为最终温度。

d) 若灯具内装有电容器(直接与电源并联的电容器除外),尽管附录 C 中有要求,但在试验条件下,如果自愈型电容器两端的电压超过其额定电压的 1.25 倍,或非自愈型电容器超过其额定电压的 1.3 倍时,这个电容器应该短路。

e) 对于某些金属卤化物灯和某些高压钠灯灯具,按照光源的技术参数可能导致镇流器、变压器或启动装置过热的,按附录 C 中 b) 2)加以试验。

不应超过表 12.3 中给出的数值。

12.5.2 合格性

在 12.5.1 的试验中,灯具在额定环境温度 t_a 下工作时,所有温度都不得超过表 12.3 给出的相应值(仅作下述的 a)项放宽)。当试验罩的温度不等于 t_a 时,在应用表中的极限值时应考虑到这个温度差。

a) 温度均不得超过表 12.3 所示数值的 5℃以上。

注:5℃的允许量是考虑到灯具温度测量时不可避免的变化。

表 12.3 在 12.5.2 试验条件下的最高温度

部 件	最高温度/℃
单端荧光灯灯头	按有关光源国家标准[c] 的规定
带 t_w 标记[a] 的镇流器或变压器绕组	见表 12.4 和 12.5
变压器、马达等绕组,如果按 IEC 60085 绕组绝缘系统是:	
——A 级材料[b]	150

表 12.3(续)

部　　件	最高温度/℃
——E级材料[b] ——B级材料[b] ——F级材料[b] ——H级材料[b]	165 175 190 210
电容器外壳： ——未标 t_c ——标有 t_c	 60 t_c+10
安装表面： ——受光源照射表面(可调节灯具按 12.5.1a)1)) ——受光源加热表面(可移式灯具按 GB 7000.11 中 12 的规定) ——普通可燃材料表面(有 F 或 F 标志的灯具) ——非可燃材料表面(未标有 F 或 F 标志或标有 F 标志的灯具)	 175 175 130 不作测量
导轨(导轨安装的灯具)	按导轨制造商的申明
电源插座安装的灯具和插头式镇流器/变压器打算徒手握住的外壳部件	75
a 除非镇流器上另有标记以外，采用表 12.4 或表 12.5 中 S4.5 这一列所规定的最高温度。 b 材料按 IEC 60085 和 IEC 60216 系列分级。 c 关于测量点和温度限值的有关信息见 IEC 61199:1999 的附录 C。	

表 12.4　灯的控制装置在 110%额定电压时在异常工作条件下绕组的最高温度

常数 S	最高温度/℃					
	S4.5	S5	S6	S8	S11	S16
对 $t_w=90$	171	161	147	131	119	110
95	178	168	154	138	125	115
100	186	176	161	144	131	121
105	194	183	168	150	137	126
110	201	190	175	156	143	132
115	209	198	181	163	149	137
120	217	205	188	169	154	143
125	224	212	195	175	160	149
130	232	220	202	182	166	154
135	240	227	209	188	172	160
140	248	235	216	195	178	166
145	256	242	223	201	184	171
150	264	250	230	207	190	177

表 12.5　标有"D6"的灯的控制装置在 110%额定电压时
在异常工作条件下绕组的最高温度

常数 S	最高温度/℃					
	S4.5	S5	S6	S8	S11	S16
对 $t_w=90$	158	150	139	125	115	107
95	165	157	145	131	121	112
100	172	164	152	137	127	118

表 12.5(续)

常数 S	最高温度/℃					
	S4.5	S5	S6	S8	S11	S16
105	179	171	158	144	132	123
110	187	178	165	150	138	129
115	194	185	171	156	144	134
120	201	192	178	162	150	140
125	208	199	184	168	155	145
130	216	206	191	174	161	151
135	223	213	198	180	167	156
140	231	220	204	186	173	162
145	238	227	211	193	179	168
150	246	234	218	199	184	173

注：对于灯的控制装置，耐久性试验不是 30 天或 60 天的，应采用相关的 IEC 附件标准中规定的公式(2)计算最高温度，这个温度应是 2/3 理论上的耐久性试验的天数的相应数值。

常数 S 及其用途的解释在相关的 IEC 附件标准中给出。

12.6 热试验(灯的控制装置故障条件)

这些试验仅适用于标有 F 或 F 符号和内装有灯的控制装置的灯具，而且它既不满足 4.16.1 规定的间距的要求，也未装有符合 4.16.2 的热保护装置。

12.6.1 未装有热断流器的灯具试验

灯具应按 12.4.1 的 a)、c)、e)、f)、h)和 l)项规定的条件进行试验。还要遵循下列各条。

灯具中 20%的灯的线路，并且至少有一只灯的线路，应处于异常条件下(见 12.5.1a)项)。

应选出对安装表面热影响最大的线路，其他灯的线路以额定电压或额定电压范围的最大值在正常条件下工作。

然后异常条件电路应承受 1.1 倍额定电压，或 1.1 倍额定电压范围的最大值。

对装有带滤波绕组的交流供电的电子灯的控制装置的荧光灯灯具，滤波线圈单独进行试验，在线圈两端施加一个试验电压，并调节给出标称工作电流。灯的控制装置的其他各部件和灯管在本试验中应不起作用。

注：为了本试验，需要专门准备的灯的控制装置。

合格性由下述内容来检验：

a) 当灯线路处于异常条件下，在额定电压的 1.1 倍下工作时，安装表面的温度不得超过 130℃。

b) 将环境温度和在 1.1 倍额定电压(或额定电压范围内的最大值)下测得的温度值标绘在曲线图(图 9)中，通过这些点应用线性回归得到最佳的直线，将此直线外推，不应达到代表镇流器或变压器的绕组温度小于 350℃时的安装表面的温度为 180℃的点上。

c) 对于导轨安装的灯具，导轨的任何部件不应有不安全的损坏迹象，例如裂开、烧焦或变形。

12.6.2 对于在镇流器或变压器外装有温度传感控制器的灯具和装标有 ▽ 符号的热保护镇流器，其申明的温度在 130℃以上的灯具的试验。

本试验的灯具应按 12.6.1 的规定进行准备。

处于上述条件下，线路应以通过绕组的电流缓慢和稳定的增大进行工作，直至热断流器工作。时间的间隔和电流的增量应使绕组温度和安装表面温度之间尽可能地达到热平衡。

试验中，灯具安装表面的任何部位的最高温度应连续测量，这使带一次性热断流器灯具的试验趋于完善。

对于装有手动复位的热断流器的灯具，试验应重复 3 次，试验间的间隔允许为 30 min。每 30 min

间隔的末了,热断流器应复位。

对于装有自动复位的热断流器的灯具,试验应持续进行,直至安装表面的温度达到稳定。自动复位热断流器应在给定条件下动作 3 次,使镇流器断开和接通。

注:带外壳后未试验过的配套式变压器应承受本试验,因为这些特性没有经过零部件标准的验证。

合格性由以下内容检验:

在试验期间,灯具安装表面的任何部位的最高温度不得超过 135℃,带有复位式保护器的,保护器再次接通线路时,不得超过 110℃,下列情况除外:

在试验中,保护器的任何一个工作周期中,表面温度可以高于 135℃,只要在表面温度第一次超过极限值的瞬间和达到表 12.6 中指出的最高温度的瞬间之间的时间不超过此表中给出的相应时间。

试验后,应符合下述要求:

灯具用一次性热断流器和手动复位式热断流器的,试验过程中的任何时候,安装表面任何部件的最高温度不能超过 180℃,或者用自动复位式热断流器的,最高温度不能超过 130℃。

对于导轨安装灯具,试验后,导轨的所有部件都不应有不安全的损坏迹象,例如裂开、烧焦或变形。

表 12.6 温度超量时间极限值

安装表面的最高温度 ℃	从 135℃升到最高温度的最长时间 min
180 以上	0
175～180	15
170～175	20
165～170	25
160～165	30
155～160	40
150～155	50
145～150	60
140～145	90
135～140	120

12.7 关于塑料灯具内灯的控制装置或电子装置故障条件的热试验

这个试验只适用于热塑性塑料外壳的灯具,而且灯具未装有 4.15.2 外加的机械式温度独立装置。

12.7.1 没有温度传感控制器灯具的试验

灯具应按 12.4.1 的 a)、c)、e)、f)、h)和 l)的规定试验。另外,还要按下述规定。

灯具中 20%的灯线路,而且不少于一个灯线路应承受异常条件(见 12.5.1 的 a)条)。

应选择对固定点和暴露部件有最大热影响的电路,并且其他光源电路应在额定电压下处于正常条件工作。

经受异常条件的电路应在 1.1 倍(额定电压或额定电压范围的最大值)下工作。达到稳定条件后,测量最高绕组温度、固定点和受最大热影响的暴露部件最高温度。不必测量电子线路中小绕线装置的温度。

合格性:

将环境温度值和在 1.1 倍(额定电压或额定电压范围内的最大值)测得的温度值以线性回归法计算出与镇流器/变压器的绕组温度 350℃有关的固定点和其他暴露点的温度,算得的数值应不超过 ISO 75-2方法 A 规定的材料承载时变形的温度。

12.7.2 镇流器或变压器的内部或外部装有温度传感控制器的灯具的试验

本试验的灯具应按 12.7.1 前 3 段准备。

应缓慢和稳定的增大通过绕组的电流使异常条件的线路进行工作,直至温度传感控制器工作。

时间的间隔和电流的增量应使绕组温度、固定点和受最大热影响的暴露部件的温度之间尽量可行地达到热平衡。试验期间,被测点的最高温度应连续测量。

对于装有手动复位热断流器的灯具,试验应重复 6 次,试验间的间隔时间允许为 30 min。每30 min间隔的末了,热断流器应复位。

对于装有自动复位热断流器的灯具,试验应持续进行,直至达到稳定的温度。

合格性:

对于一次性热断流器、手动复位热断流器和自动复位热断流器,试验期间任何时刻固定点和受最大热影响的暴露部件的最高温度不应超过 ISO 75-2:1993 方法 A 规定的材料承载时变形的温度。

在应用 4.15 和 12.7 要求时涉及下列注释:

注 1:(在 12.7 中)固定点指部件的固定点以及灯具与安装表面的固定点。

注 2:(在 12.7 中)暴露部件指灯具壳体的外表面。

注 3:根据 12.7 要求,暴露部件的测量限于那些提供灯具/部件固定的部件或者提供本部分第 8 章要求的防止与带电部件意外接触的防护挡板的部件。

注 4:热塑材料的最热部分需要试验来加以测量。这通常是在灯具壳体的内表面,不在其外表面。

注 5:12.7 规定的材料温度限值是根据材料在机械加载和无机械加载时而定的。

注 6:应用 12.7 要求时,必须与 4.15 的要求一起阅读。

13 耐热、耐火和耐起痕

13.1 概要

本章规定了灯具某些用绝缘材料制成的部件的耐热、耐火和耐起痕的要求和试验。

印刷线路板应参照 IEC 60249 的要求。

13.2 耐热

提供防触电保护的外部绝缘材料部件,以及固定载流部件或安全特低电压部件就位的绝缘材料部件,都应足够的耐热。

对灯具中提供附加绝缘的塑料部件,球压试验不是必须的。

13.2.1 合格性用下述试验来检验:

陶瓷件或接线的绝缘层不做本试验。

试验在加热箱内进行,箱内的温度比第 12 章温度试验(正常工作)中测得的相关部件的工作温度高 25℃±5℃。固定载流部件或安全特低电压部件就位的部件,试验最低温度为 125℃,其他部件为 75℃。

被试部件的表面应水平放置,用直径为 5 mm 的钢球以 20 N 的压力压迫该面。图 10 表明了试验用的适宜的装置。若受试表面弯曲时,则应对承受球压的部件加以支撑。

1 h 后将球从样品上取下。样品在冷水中浸 10 s 使其冷却,测量压痕的直径,不得超过 2 mm。

13.3 耐燃烧、防引燃

固定载流部件或安全特低电压部件在其位的绝缘材料部件,以及提供防触电保护的绝缘材料制成的外部部件应耐燃烧、防引燃。

合格性用 13.3.1 或 13.3.2 的试验检验,陶瓷材料除外。

13.3.1 固定载流部件就位的绝缘材料部件应经受下述试验:

受试部件经受 GB 5169.5 中的针焰试验,试验火焰施加于样品上可能出现最高温度的点,时间 10 s,有必要的话可在第 12 章热试验过程中找到该点。

在试验火焰离开后,自燃时间应不超过 30 s,由样品中落下的任何燃烧物应不引燃下面的部件或水平铺置在样品下 200 mm±5 mm 的 ISO 4046-4 的 4.187 规定的薄纸。

灯具提供有效措施能挡住落下燃烧物时,本条要求不适用。

13.3.2 不固定带电部件就位的、但提供防触电保护的绝缘材料的部件,以及固定安全特低电压部件就位的绝缘材料部件应经受下述试验:

用加热到650℃的镍铬灼热丝对部件进行试验。试验的仪器和程序应按照 IEC 60695-2-10 的规定。

样品的任何火焰或燃烧物应在移开灼热丝 30 s 内熄灭。落下的燃烧物或融化物不应使水平铺置在样品下 200 mm±5 mm 的 ISO 4046-4:2002 的 4.187 条规定的单层薄纸着火。

灯具提供有效措施挡住落下燃烧物时,或绝缘材料是陶瓷时,本条要求不适用。

13.4 耐起痕

固定载流部件或安全特低电压部件就位或者与这些部件接触的非普通灯具的绝缘部件,应采用耐起痕的材料,有防尘和防水保护的部件除外。

13.4.1 在试验样品的 3 个部位进行下述试验作合格性检验。

以下述根据 IEC 60112 的耐起痕试验来检验材料的合格性,陶瓷材料除外。

——如果试样没有至少 15 mm×15 mm 的平面,试验可以在一个尺寸减小的,但试验期间液滴不会流出试样的平面上进行。但不要使用人为的方法使液体留在此表面上。如有疑问的话,可以在相同材料、具有规定尺寸并由同样工艺制造的一块单独的板上进行试验。

——如果试样的厚度小于 3 mm,应将两件试样(有必要的话将更多试样)叠起来达到至少为 3 mm 的厚度。

——试验应在试样的 3 个位置上进行,或者在 3 个试样上进行。

——电极应是铂,而且应采用 IEC 60112:2003 的 7.3 中规定的试验溶液 A。

13.4.2 在 PTI175 试验电压下,试样应能承受住 50 滴而不失效。

如果流过试样表面电极间导电通路的电流不小于 0.5 A,时间至少 2 s,使过电流继电器断开,或者虽然没有使过电流继电器断开,但试样有燃烧现象,就认为失效。

关于确定腐蚀的 IEC 60112:2003 的第 9 条不适用。

关于表面处理的 IEC 60112:2003 第 5 条的注 3 不适用。

14 螺纹接线端子

14.1 概要

本章规定了灯具中使用的所有型式的螺纹接线端子的要求。

螺纹接线端子的例子如图 12～图 16 所示。

14.2 定义

14.2.1 柱形接线端子 pillar terminal

一种将插入孔或空穴内的导体在螺钉的螺杆下夹紧的接线端子。夹持压力可直接由螺杆施加或由螺杆通过中间夹持件施加。

柱形接线端子的例子如图 12 所示。

14.2.2 螺钉接线端子 screw terminal

一种将导体夹紧在螺钉头下的接线端子。夹持压力由螺钉头直接施加,或者通过如垫圈、夹片或防散开的夹件等中间夹持件施加。

螺钉接线端子的例子如图 13 所示。

14.2.3 螺栓接线端子 stud terminal

一种将导体夹紧在螺母下的接线端子。夹持压力由适当成型的螺母直接施加,或者通过如垫圈、夹片或防散开的夹件等中间夹持件施加。

螺栓接线端子的例子如图 13 所示。

14.2.4 鞍式接线端子 saddle terminal

一种由 2 个或多个螺钉或螺母将导体夹紧在鞍式下的接线端子。

鞍式接线端子的例子如图 14 所示。

14.2.5 接片接线端子 lug terminal

一种用螺钉或螺母夹紧电缆接线片或接线条的螺钉或螺栓接线端子。

接片接线端子的例子如图 15 所示。

14.2.6 罩式接线端子 mantle terminal

可通过置于螺母下的具有适当形状的垫圈、中间芯柱(如果螺母是盖形螺母),或通过等效件将压力从螺母传递到槽内导体上,将导体压紧在槽底。

罩式接线端子的例子如图 16 所示。

14.3 一般要求和基本原则

14.3.1 这些要求适用于载流不超过 63A、用螺钉夹持的接线端子,仅通过夹紧来连接电缆和软线的铜导体。

这些要求并不排除图 12～图 16 所示的接线端子以外的其他形式的接线端子。

14.3.2 接线端子有不同设计和不同形状:它们包括(但不限于)导体直接或间接地夹在螺杆之下的接线端子,导体直接或间接地夹在螺钉头之下的接线端子,导体直接或间接地夹在螺母之下的接线端子以及只适用于使用电缆接线片或接线条的接线端子。

这些要求的基本原则由 14.3.2.1～14.3.2.3 规定。

14.3.2.1 接线端子主要是连接一根导体,虽然由于要求每一种接线端子能夹持各式各样的导体,有时可能要求适宜于夹持相同标称截面积的 2 根导体,但它们的截面积要比接线端子设计的最大截面积小。

某些类型的接线端子,特别是柱形接线端子和罩式接线端子,必须连接相同或不同标称截面积或合成的 2 根或多根导体时,可以用作环路连接。在这种情况下,本部分规定的接线端子规格可能不适用。

14.3.2.2 在一般情况下,接线端子应适宜连接软缆或软线,导体不必特殊处理。在某些情况下,用电缆接线片连接或与接线条连接时,则要采取措施。

14.3.2.3 根据接线端子适用的导体的标称截面积,对接线端子采用数字分类法进行分类。按此分类法,每一种接线端子适用 GB 5023 或 GB 5013 中规定的标称截面积范围内 3 种连续尺寸导体中的任意一种。

一个例外是,即接线端子的规格每提高一级,每一范围内的导体的尺寸就可提高一级。

每种接线端子指定的导体的标称截面积见表 14.1,其中还给出了每种接线端子可用的最粗导体直径。

如果提供足够的压力保证有充分的电气和机械连接来夹紧导体,则接线端子可使用小于所给出的标称范围的导体。

表 14.1 按接线端子规格分类的导体标称截面积

接线端子规格	软导体				实心或绞合硬导体			
	标称截面积/mm^2			最粗导体直径/mm	标称截面积/mm^2			最粗导体直径/mm
0[a]	0.5	0.75	1	1.45	—	—	—	—
1[b]	0.75	1	1.5	1.73	0.75	1	1.5	1.45
2	1	1.5	2.5	2.21	1	1.5	2.5	2.13
3	1.5	2.5	4	2.84	1.5	2.5	4	2.72
4[c]	2.5	4	6	3.87	2.5	4	6	3.34
5	2.5	4	6	4.19	4	6	10	4.32
6	4	6	10	5.31	6	10	16	5.46
7	6	10	16	6.81	10	16	25	6.83

a 不适用硬导体,适用于标称截面积 0.4 mm^2 软导体(见 5.3.1)。

b 若将导体末端折叠过来,也可适用于标称截面积为 0.5 mm^2 的软导体。

c 不适用于某些特殊结构的 6 mm^2 的软导体。

14.3.3 接线端子应能使具有表 14.2 给出的标称截面积的铜导体得到适当的连接。留出的导体空间应至少为图12、图13、图14或图16中给出的值。

这些要求不适用于接片接线端子。

合格性用目视、测量及配装规定的最小和最大截面积的导体来检验。

14.3.4 接线端子应为导体提供足够的连接。

合格性由14.4的全部试验来检验。

表14.2 按最大电流分的导体标称截面积

接线端子的最大载流值 A	软导体		实心或绞合硬导体	
	标称截面积[a]/ mm^2	接线端子规格	标称截面积[a]/ mm^2	接线端子规格
2	0.4	0	—	—
6	0.5～1	0	0.75～1.5	1
10	0.75～1.5	1	1～2.5	2
16	1～2.5	2	1.5～4	3
20	1.5～4	3	1.5～4	3
25	1.5～4	3	2.5～6	4
32	2.5～6	4或5[b]	4～10	5
40	4～10	6	6～16	6
63	6～16	7	10～25	7

[a] 如果符合本部分其他要求，这些要求不适用于使用不符合GB 5023或GB 5013的软缆或软线作灯具内不同部件内部连接的接线端子。

[b] 4号接线端子不适用于某些特殊结构的截面积为6 mm^2的软导体，在此情况下应采用5号接线端子。

14.4 机械试验

14.4.1 对柱形接线端子，导体完全插入后，夹紧螺钉和导体端部之间的距离应至少为图12给出的值。

夹紧螺钉和导体端部之间的最小距离仅适用于导体不能通过的柱形接线端子。

对罩式接线端子，导体完全插入后，固定部分与导体端部之间的距离应至少为图16给出的值。

合格性用表14.2中所示的最大截面积的实心导体完全插入和完全夹紧后的测量来检验。

14.4.2 接线端子的设计或定位应使得当拧紧夹持螺钉或螺母时，无论是实心导体还是绞合导体中的一股都不能滑出。

该要求不适用于接片接线端子。

对于专门与固定(外部)接线作永久连接的固定式灯具，这个要求仅适用于使用实心或绞合硬导体。试验用硬绞合导体来做。

合格性用下列试验检验。

接线端子配用表14.3中给出的合成导体。

表14.3 导体的合成

接线端子规格	线束的股数及标称直径(n×mm)	
	软导体	绞合硬导体
0	32×0.20	—
1	30×0.25	7×0.50
2	50×0.25	7×0.67
3	56×0.30	7×0.85
4	84×0.30	7×1.04
5	84×0.30	7×1.35
6	80×0.40	7×1.70
7	126×0.40	7×2.14

在插入接线端子之前，绞合硬导体应整直，软导体应以一个方向绞合，均匀绞合一转的长度约20 mm。

导体按规定的最小距离插入接线端子内，若没有规定插入距离，则导体应插至刚好伸到接线端子另一侧，并且处于最容易使导体滑脱的位置。然后用表 14.4 中有关栏目给出的扭矩值的三分之二将夹持螺钉拧紧。

对于软导体，还要用另一根新导体按上述相反的方向绞合后，重复该试验。

试验后，导体不应从夹紧件和定位装置之间的空隙中滑脱。

14.4.3 0～5 号(含 5 号)接线端子应能连接未经特殊处理的导体。

合格性由目视检验。

注："特殊处理"指绞合导体用附加焊料、使用电缆接线片、电缆环结构等线端加工，不是指为引入接线端子而将导体再形成或将绞合导体绞合加固其端部。

用加热焊锡将软多股导体焊接在一起而没有附加的焊料，不属于"特殊处理"。

14.4.4 接线端子应具有足够的机械强度。

夹持导体的螺钉和螺母应采用 ISO 计量单位制螺纹。外部接线用的接线端子不能用于固定其他元件，除非当接外部导体时内部导体不会发生移动，外部接线用的接线端子也可夹持内部导体。

螺钉不能用例如锌或铅等质地软或易蠕变的金属制作。

合格性用目视和 14.3.3、14.4.6、14.4.7 和 14.4.8 的试验来检验。

14.4.5 接线端子应能防腐蚀。

合格性由第 4 章规定的腐蚀试验来检验。

14.4.6 接线端子应固定在灯具或接线端子座上，或者用其他方法固定在位。当拧紧或松开夹持螺钉或螺母时，接线端子不得松动，内部接线不应承受应力，爬电距离和电气间隙不应低于第 11 章中规定的值。

这些要求并非意味着接线端子设计时应防止转动或位移。但为确保符合本部分，应尽量限制移动。

覆盖密封混合物或树脂足以防止接线端子松动，正常使用中密封混合物或树脂不承受应力，并且在第 12 章规定的最不利条件下接线端子的温度不削弱密封混合物或树脂的有效性。

合格性用目视、测量和下述试验来检验。

将表 14.2 中给出的最大截面积的铜硬导体放入接线端子内。用合适的试验用旋凿或扳手将螺钉和螺母拧紧，然后松开，重复 5 次。拧紧时所用的扭矩等于表 14.4 中相应栏目或图 12、图 13、图 14、图 15、图 16 中相应的表所给出的值中取较高的一个值。

表 14.4 施加于螺钉和螺母上的扭矩

螺纹的标称直径 D/mm	扭矩/Nm				
	Ⅰ	Ⅱ	Ⅲ	Ⅳ	Ⅴ
$D\leqslant 2.8$	0.2	—	0.4	0.4	—
$2.8<D\leqslant 3.0$	0.25	—	0.5	0.5	—
$3.0<D\leqslant 3.2$	0.3	—	0.6	0.6	—
$3.2<D\leqslant 3.6$	0.4	—	0.8	0.8	—
$3.6<D\leqslant 4.1$	0.7	1.2	1.2	1.2	1.2
$4.1<D\leqslant 4.7$	0.8	1.2	1.8	1.8	1.8
$4.7<D\leqslant 5.3$	0.8	1.4	2.0	2.0	2.0
$5.3<D\leqslant 6.0$	—	1.8	2.5	3.0	3.0
$6.0<D\leqslant 8.0$	—	2.5	3.5	6.0	4.0

表 14.4(续)

螺纹的标称直径 D/mm	扭矩/Nm				
	Ⅰ	Ⅱ	Ⅲ	Ⅳ	Ⅴ
8.0<D≤10.0	—	3.5	4.0	10.0	6.0
10.0<D≤12.0	—	4.0	—	—	8.0
12.0<D≤15.0	—	5.0	—	—	10.0

每次松开螺钉或螺母时应将导体取下。

第Ⅰ栏应用于拧紧后螺钉不突出于孔外的无头螺钉，也适用于刃口宽度大于螺钉直径的旋凿不能拧紧的其他螺钉。

第Ⅱ栏应用于采用旋凿拧紧盖螺母的罩式接线端子的螺母。

第Ⅲ栏应用于采用旋凿拧紧的其他螺钉。

第Ⅳ栏应用于不采用旋凿拧紧的螺钉和螺母，罩式接线端子螺母除外。

第Ⅴ栏应用于不采用旋凿拧紧的罩式接线端子螺母。

可用旋凿拧紧的带六角形头的螺钉，并且第Ⅲ栏和第Ⅳ栏中的数值不同时，试验要进行 2 次，先用第Ⅳ栏中的扭矩施加于六角形头，然后再在另一组样品上用旋凿施加第Ⅲ栏中的扭矩。如果第Ⅲ栏和第Ⅳ栏的数值相同，仅用旋凿做试验。

试验期间，接线端子不应松动和损坏，例如螺钉断裂或螺钉头的槽、螺纹、垫圈或夹头的损坏妨碍接线端子的继续使用。

注：罩式接线端子，特定的标称直径是指带开口槽的螺栓的直径。试验用旋凿的刃口应与被测试的螺钉头相适合。螺钉和螺母不应猛拧。

14.4.7 接线端子应将导体可靠地夹紧在两个金属面之间。

接片接线端子应有弹簧垫圈或同等有效的锁紧装置，且夹持面应光滑。

罩式接线端子导体空间的底部应略成圆形，使其连接可靠。

合格性用目视和下列试验检验。

接线端子装上表 14.2 中给出的最小和最大的截面积的硬导体，用表 14.4 中相应栏目内给出的数值的三分之二的扭矩值拧紧接线端子的螺钉。

若接线端子为带槽的六角形头的螺钉，则所施加的扭矩等于表 14.4 中第Ⅲ栏给出数值的三分之二。

然后，用表 14.5 中给出的拉力(单位:N)拉每根导体，拉力不应猛地施加，施力时间为 1 min，方向为导体空间的轴线方向。

表 14.5 施加于导体的拉力

接线端子规格	0	1	2	3	4	5	6	7
拉力/N	30	40	50	50	60	80	90	100

试验期间，导体在接线端子内不得有明显的移动。

14.4.8 接线端子应以导体不会被过度损坏的方式夹紧导体。

进行合格性检验时，将表 14.2 中给出的最小和最大截面积的导体以表 14.4 给出的扭矩值的三分之二夹紧和松开一次，然后目视检查试验后的导体。

若是带槽六角形头的螺钉，施加的扭矩等于表 14.4 中第Ⅳ栏给出的数值的三分之二。

注：若导体的压痕很深或很明显，导体为过分损坏。

15 无螺纹接线端子和电气连接件

15.1 概要

本章规定了各种型式不带螺纹的接线端子和电气连接件的要求，它们用于灯具内部接线以及连接灯具外部接线的截面积不超过 2.5 mm^2 的实心或绞合铜导体。

无螺纹接线端子和电气连接件的例子如图 17、图 18 和图 19。IEC 61210 提供了更多无螺纹接线端子和电气连接件的例子。

15.2 定义

15.2.1 **无螺纹接线端子 screwless terminals**

在电气线路中，采用无螺纹的机械方式进行连接的部件。

15.2.2 **永久性连接件 permanent connections**

设计成与同一导体只作一次连接的连接件（例如接线的缠绕或卷曲）。

15.2.3 **非永久性连接件 non-permanent connections**

可允许引线组合件或导体作多次连接或拆下的连接件（例如：插销或插片和插孔连接件，或者一些弹性接线端子）。

15.2.4 **引线组合件 lead assemblies**

导体配备的通常用作永久性连接的附件。

15.2.5 **不经特殊处理的导体 non-prepared conductors**

未经特殊处理的或不带附件的导体。然而，可剥去绝缘层露出导体。

注："特殊处理"指绞合导体用附加焊料、使用电缆接线片、电缆环结构等线端加工，不是指为引入接线端子而将导体再形成或将绞合导体绞合加固其端部。

用加热焊锡将软导体焊接在一起而没有附加的焊料，不属于"特殊处理"。

15.2.6 **试验电流 test current**

由制造商规定的接线端子或连接件的电流。当接线端子为某部件的一个组成部分，则试验电流应为该部件的额定电流。

15.3 一般要求

15.3.1 接线端子或连接件的载流部件应由下列材料之一制成：

——铜；

——对冷作部件，至少含 58% 铜的合金，或其他部件，至少含 50% 铜的合金；

——防腐蚀性能不低于铜而且机械性能不低于适合的其他金属。

15.3.2 接线端子和连接件应有足够的压力夹紧导体，并且不应过分损坏导体。

导体应夹在两金属面之间。然而，线路的额定电流不超过 2A 的接线端子可以有一个非金属面，但必须符合 15.3.5 的要求。

只有当用于灯具的安全特低电压线路中或在其他灯具内作为永久性不可重新接线的连接件，穿透绝缘的接线端子才是可以接受的。

注：若导体的压痕很深或很明显，导体为过分损坏。

15.3.3 接线端子的设计应使得当导体已充分地插入接线端子时，有一挡块防止导体端部继续插入。

15.3.4 除引线组合件用的接线端子外，其他接线端子应能适合于"不经特殊处理的导体"（见 15.2.5）。

15.3.2、15.3.3 和 15.3.4 要求的合格性，在以适合的导体装好后，并在 15.6.2 或 15.9.2 加热试验后，用目视接线端子或连接件来检验。

15.3.5 电气连接件的设计应保证良好导电必要的压力，不通过除陶瓷、纯云母或其他性能不低于适用的材料以外的绝缘材料传递压力，除非金属部件有足够的弹性补偿绝缘材料可能有的收缩（见图 17 和图 18）。

15.3.6 弹簧式非永久性的无螺纹接线端子，连上和拆下导体的方式应明晰。

拆下导体应需要一个拉导体以外的动作，并且应该可以徒手或借助于简单的常用装置来做。

15.3.7 用弹簧夹连接几根导体的接线端子应该独立地夹紧每根导体。

为非永久连接设计的接线端子应能一起或分别拆下导体。

15.3.8 接线端子应适当地在设备上或接线端子座上或者其他位置上固定在位。导体插入或拆下时，接线端子不得松动。

合格性用目视检验，若有怀疑，再用15.5或15.8给出的机械试验来检验。试验期间，接线端子不得松动，并不得有影响继续使用的损坏。

上述条件不仅适用于固定在设备上的接线端子，也适用于单独交付的接线端子。没有其他固定措施而只有密封混合物覆盖接线端子不足以满足要求。然而自固化树脂可用来固定在正常使用中不受扭力作用的接线端子。

15.3.9 接线端子和连接件应能承受在正常使用中可能出现的机械、电和热的应力。

合格性用15.5、15.6、15.8或15.9中合适的试验来检验。

15.3.10 制造商应说明该器件适用的导体规格和导体型式，例如实心或绞合。

15.4 试验的一般说明

15.4.1 样品的准备

如适用的话，第9章规定的"防尘和防水试验"应在灯具内含有的接线端子或连接件试验之前进行。

15.4.2 试验导体

应采用制造商推荐的型式和尺寸的铜导体进行试验。如果规定一个导体的范围，则应选择其中最细和最粗的导体进行试验。

15.4.3 多导体接线端子

同时供多根导体连接的无螺纹接线端子应按制造商提供的数据中规定的导体数量进行试验。

15.4.4 多路接线端子

一组或一条接线端子中的每一个接线端子，例如镇流器上的接线端子座，都可以作为一个单独的样品。

15.4.5 试验数量

15.5～15.8所述的试验在4个接线端子(或连接件)上进行。至少3个接线端子应满足要求。如果一个接线端子不合格，再用4个接线端子进行试验，并应全部满足要求。

15.9所述的试验在10个接线端子上进行。

内部接线用的接线端子和连接件

15.5 机械试验

接线端子和连接件应有足够的机械强度。

合格性由15.5.1和15.5.2的试验来检验。

15.5.1 非永久性连接件

接线端子(或连接件)的机械强度用4个接线端子为一组来检验。若灯具内含有的所有接线端子不是同一设计，则每种设计的4个接线端子为一组进行试验。

本试验仅适用于在灯具投入使用前可能由用户完成装配的装置。

15.5.1.1 弹簧式接线端子(见图18)，试验采用制造商规定规格的实心铜导体。若规定的是一个范围的导体，则选择最细和最粗的导体来试验。

4个接线端子中，2个用最小截面积的导体，另外2个用最大截面积的导体做试验。每个接线端子接上和拆下导体5次。

前4次连上导体时，每次都用新导体。第5次连接时，用第4次用过的相同导体，并夹在同一位置，每次连接，导体插入接线端子尽量插至挡块处。

如果接线端子适用于绞合导体，还需用硬绞合铜导体进行附加试验。若规定一个范围的导体，则选择最小和最大截面积的导体来试验。在用于实心导体试验的相关接线端子上，每根导体连上和拆下仅一次。

最后一次接上后，每根导体要经受4 N的拉力试验。

15.5.1.2 插销或插片和插孔式连接件也需经受 4 N 的拉力试验。

拉力不能猛地施加，时间为 1 min，力的方向与施加或插入导体或引线组合件的方向相反。

试验期间，导体或引线组合件不得离开接线端子，并且接线端子和导体或引线组合件都不得有任何影响继续使用的改变。

施加或插入导体或引线组合件的最大力不应超过 50 N，插销或插片和插孔式连接件，拆下的力也不应超过此值。

15.5.2 永久性连接件

在施加或插入导体的相反方向上，施加 20 N 拉力 1 min，连接应保持完全有效。

在某些情况下，可采用特殊工具正确地施加拉力（如绕线的接线端子）。

多导体接线端子用上述的力逐个地施加于每根导体来试验。

15.6 电气试验

接线端子和连接件应有足够的电气性能。

合格性由 15.6.1 和 15.6.2 的试验来检验。

15.6.1 接触电阻试验

接线端子（或连接件）的电气性能用 4 个接线端子为一组来检验。若灯具内含有的所有接线端子不是同一设计，则每种设计的 4 个接线端子为一组进行试验。

15.6.1.1 弹簧式接线端子，15.6.1.3 的试验用 4 根无绝缘的实心铜导体进行试验。

若规定一个范围的导体，则其中 2 个接线端子用最小截面积的导体来试验。另外 2 个接线端子用最大截面积的导体来试验。

15.6.1.2 插销或插片和插孔式接线端子，15.6.1.3 试验用引线组合件进行试验。

15.6.1.3 在带导体的每一个接线端子上加载，通试验电流（交流或直流）1 h 以后，仍在试验电流下测量接线端子两端的电压降。测量电压降的测量点应尽可能靠近触点。测得电压降应不超过 15 mV。

每一连接或接触的电压降应分别考虑，例如：导体到插孔的接点与插孔到插销的接点应分别考虑。

两个不可分开的接点，当合起来测量时，总电压降不应超过本条中给出数值的 2 倍。

15.6.2 加热试验

15.6.2.1 额定电流不超过 6 A 的接线端子（或连接件）经受 25 周期不通电流的老化试验，每一周期先在 T±5℃或 100℃±5℃两者中高的温度下保持 30 min，然后冷却一段时间，使温度降到 15℃～30℃之间。额定电流超过 6 A 的接线端子（或连接件）经受 100 周期的这种老化试验。

注：温度 T 是有 T 标记的部件（如灯座）上标出的最大额定温度。

15.6.2.2 再次测量每个接线端子上的电压降：

a) 额定电流不超过 6 A 的接线端子，在第 10 周期后和第 25 周期后测量；

b) 额定电流超过 6 A 的接线端子，在第 50 周期后和第 100 周期后测量。

以上两种情况下，所有的接线端子，如果电压降的增加均不超过在 15.6.1 试验时同一接线端子上测得的电压降的 50%，或者如果电压降的增加小于 2 mV，则这些接线端子符合本要求。

如果其中任一个接线端子的电压降超过了 22.5 mV，则这些接线端子为不合格。

如果其中一个接线端子在 a）或 b）条件下测得的电压降超过 15.6.1 试验时同一接线端子上测得电压降的 50%，最小值 2 mV，但电压降不超过 22.5 mV，根据其额定电流这 4 个接线端子要再次做 25 个周期或 100 个周期不通电流的新的老化试验。

在第 10 周期后和第 25 周期后或者第 50 周期后和 100 周期后（根据额定电流）再次测量每个接线端子的电压降，任一接线端子的电压降不得超过 22.5 mV。

两个不可分开的接点，合起来测量时，总电压降不应超过本条给出的数值的 2 倍。

15.6.2.3 若接线端子设计为将导体夹紧于绝缘材料表面，则加热试验期间，该绝缘材料表面不得变形。

合格性由目视检验。

外部接线用的接线端子和连接件

15.7 导体

弹簧式接线端子应适合连接表15.1内给出的标称截面积的实芯或绞合的硬导体。

表15.1 导体的额定值

接线端子的最大额定电流 A	导体的标称截面积 mm^2
6	0.5～1
10	1～1.5
16	1.5～2.5

注：接线端子通常用符号来表示，例如0号一般指6 A额定值。若部件的额定值低于接线端子的技术容量，则采用部件的额定值。

合格性由目视、测量和安装规定的最小和最大截面积的导体来检验。

15.8 机械试验

接线端子和连接件应有足够的机械强度。

合格性用每4个样品中选1个接线端子进行15.8.1和15.8.2的试验来检验。

15.8.1 对于弹簧式接线端子，先用15.7规定的最大截面积实心铜导体做试验，然后用最小截面积的实心铜导体做试验。这些导体在每个接线端子接上和拆下5次。若灯具内含有的所有接线端子不是同一设计，则每种设计要选一个接线端子经受本试验。

前4次连上导体时，每次都用新导体。第5次连接时，用第4次用过的相同导体，并夹在同一位置，每次连接，导体插入接线端子尽量插至挡块处。

若制造商说明接线端子适用绞合导体(见15.3.10)，还需用两种绞合硬铜导体进行附加试验，先用15.7规定的最大截面积的导体，再用15.7规定的最小截面积的导体。这些导体只接上和拆下一次。

最后一次接上后，每根导体要经受按表15.2的拉力试验。

15.8.2 插销或插片和插孔连接件也需经受按表15.2的拉力试验。

表15.2 导体拉力

接线端子的最大额定电流 A	拉力/N	
	弹簧式和焊接的连接件	插销或插片和插孔式
6	20	8
10	30	15
16	30	15

注：若部件的额定值小于接线端子的容量，则采用部件的额定值。

拉力不能猛地施加，时间为1 min，力的方向与施加或插入导体或引线组合件方向相反。

试验期间，导体或引线组合件不得离开接线端子，并且接线端子和导体或引线组合件都不得有任何影响继续使用的改变。

15.9 电气试验

接线端子和连接件应有足够的电气性能。

合格性由15.9.1和15.9.2的试验来检验。

15.9.1 接触电阻试验

接线端子(或连接件)的电气性能用10个接线端子为一组来检验。若灯具内含有的所有接线端子不是同一设计，则每种设计的10个接线端子为一组进行试验。

15.9.1.1 弹簧式接线端子，按照15.9.1.3的试验用10根无绝缘的实芯铜导体进行试验。

5 根 15.7 规定的最大截面积的导体,按正常使用来连接,每根接一个接线端子。

5 根 15.7 规定的最小截面积的导体,按正常使用来连接,每根接其余 5 个接线端子中的一个。

15.9.1.2　插销或插片和插孔式接线端子,按照 15.9.1.3 的试验用引线组合件进行试验。

15.9.1.3　在带导体的每个接线端子上加载,通试验电流(交流或直流)1 h 以后,仍在试验电流下测量接线端子两端的电压降。测量电压降的测量点应尽可能靠近触点。

测得的电压降应不超过 15 mV。

两个不可分开的接点,当合起来测量时,总电压降不应超过本条中给出的数值的 2 倍。

15.9.2　加热试验

接线端子(或连接件)的热性能应在经过 15.9.1 试验的接线端子上检验。

15.9.2.1　接线端子冷却到环境温度后,每根导体都用 15.7 规定的最大截面积的新的无绝缘实心铜导体来替换,每根引线组合件都用新的适当的引线组合件来替换,在接线端子或连接件的相应部件上再连上和拆下 5 次。

然后,再用新的无绝缘导体替换这些导体。

15.9.2.2　带导体的接线端子加载通以试验电流(交流或直流),通电时间只需能测量电压降就够了。这些测量值和 15.9.2.4 的测量应采用 15.9.1 的要求。

15.9.2.3　额定电流不超过 6 A 的接线端子(或连接件)经受 25 周期不通电流的老化试验,每一周期先在 $T\pm5$℃或 100℃±5℃两者中高的温度下保持 30 min,然后冷却一段时间,使温度降到 15℃～30℃之间。额定电流超过 6 A 的接线端子(或连接件)经受 100 个这样周期的老化试验。

注:温度 T 是有 T 标记的部件(如灯座)上标出的最高额定温度。

15.9.2.4　再次测量每个接线端子上的电压降:

a)　额定电流不超过 6 A 的接线端子,在第 10 周期后和第 25 周期后测量;

b)　额定电流超过 6 A 的接线端子,在第 50 周期后和第 100 周期后测量。

以上两种情况下,所有的接线端子,如果电压降的增加均不超过在 15.9.2.2 试验时同一接线端子上测得的电压降的 50%,或者如果电压降的增加小于 2 mV,则这些接线端子符合本要求。

如果其中任一个接线端子的电压降超过了 22.5 mV,则这些接线端子为不合格。

如果其中一个接线端子在 a)或 b)下测得的电压降超过 15.9.2.2 试验时同一接线端子上测得的电压降的 50%,最小值 2 mV,但电压降不超过 22.5 mV,根据其额定电流这 10 个接线端子要再一次做 25 个周期或 100 个周期不通电流的新的老化试验。

在第 10 周期后和第 25 周期后或者第 50 周期后和 100 周期后(根据额定电流)再次测量每个接线端子的电压降,任一接线端子的电压降不得超过 22.5 mV。

两个不可分开的接点,合起来测量时,总电压降不应超过本条给出的数值的 2 倍。

15.9.2.5　若接线端子设计为将导体固定于绝缘材料的表面,则加热试验期间,该绝缘材料表面不得变形。

合格性由目视检验。

安培……………………………………………………………A

赫兹(频率)……………………………………………………Hz

伏特……………………………………………………………V

瓦特……………………………………………………………W

交流电源………………………………………………………(IEC 60417-5032(DB:2002-10))

直流电源………………………………………………………(IEC 60417-5031(DB:2002-10))

直流和交流电源………………………………………………(IEC 60417-5033(DB:2002-10))

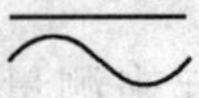

Ⅱ类……………………………………………………………

Ⅲ类……………………………………………………………

额定最高环境温度……………………………………………t_a . . . ℃

不能使用冷光束灯的警告……………………………………

离被照物最短距离(米)………………………………………

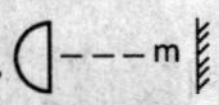

适宜于直接安装在普通可燃材料表面的灯具………………

仅适宜于直接安装在非可燃材料表面的灯具………………

当隔热材料可能盖住灯具时适宜于直接安装在普通可燃材料表面上(内)的灯具……

注:相应的 IP 数字的符号的标记是非强制性的。

普通……………………………………………………………IP20 无符号

防滴……………………………………………………………IPX1 (一滴)

防淋……………………………………………………………IPX3  (正方形内一滴)

防溅……………………………………………………………IPX4  (三角形内一滴)

防喷……………………………………………………………IPX5  (两个三角形内各一滴)

防强喷…………………………………………………………IPX6 无符号

水密(浸没)……………………………………………………IPX7  (两滴)

加压水密(潜水)………………………………………………IPX8  ——m

(两滴后跟以米为单位的最大潜水深度)

防直径大于 2.5 mm 固体异物………………………………IP3X 无符号

防直径大于 1 mm 固体异物…………………………………IP4X 无符号

防尘……………………………………………………………IP5X  (无框网格)

尘密……………………………………………………………IP6X  (有框网格)

使用耐热电源电缆、连接电缆或外部接线……………………(所示的电缆芯数是非强制性的)

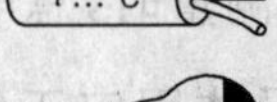

设计使用碗形镜面反射灯泡的灯具…………………………

图 1 符号

恶劣条件下使用的灯具……………………………………

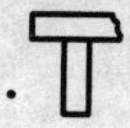

使用需要带外触发器(连到光源)的高压钠灯的灯具……

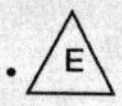

使用带内启动装置的高压钠灯的灯具…………………

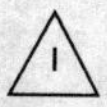

替换所有碎裂防护罩……………………………………

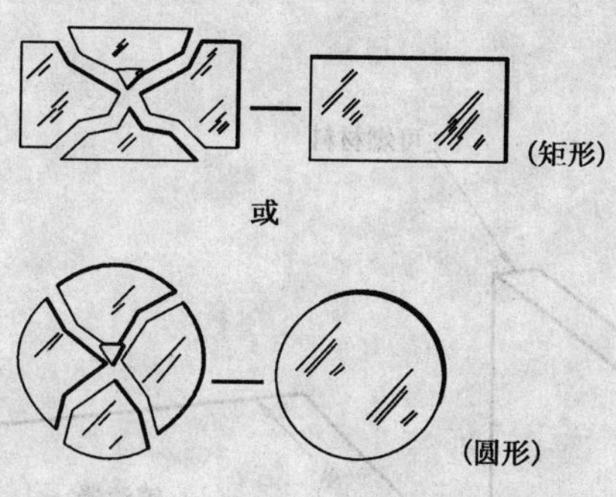

设计成只能使用自带防护罩卤钨灯的灯具……………

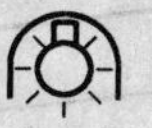

注:在“弧”内的光源符号见 IEC 60417 中,IEC 60417-5012 数据页。

所有符号应符合 IEC 80416-1 内的相应要求。

图 1(续)

每路宽10mm

单位为毫米

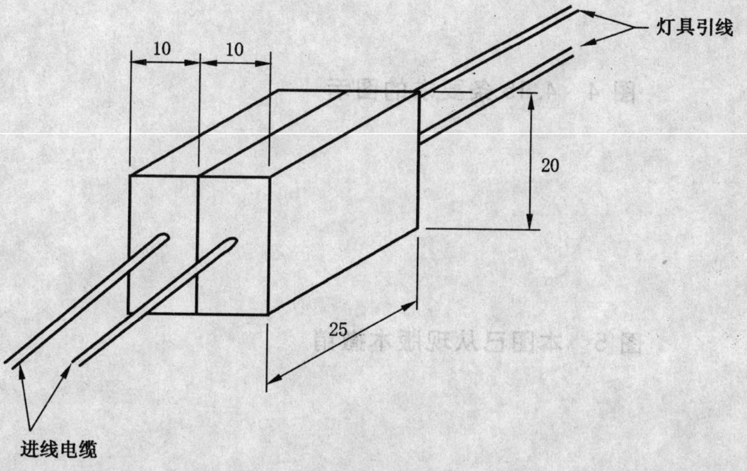

灯具引线

10 10

20

25

进线电缆

图 2　带连接引线的灯具用接线端子座的安装试验布局

图 3　本图已从现版本撤销

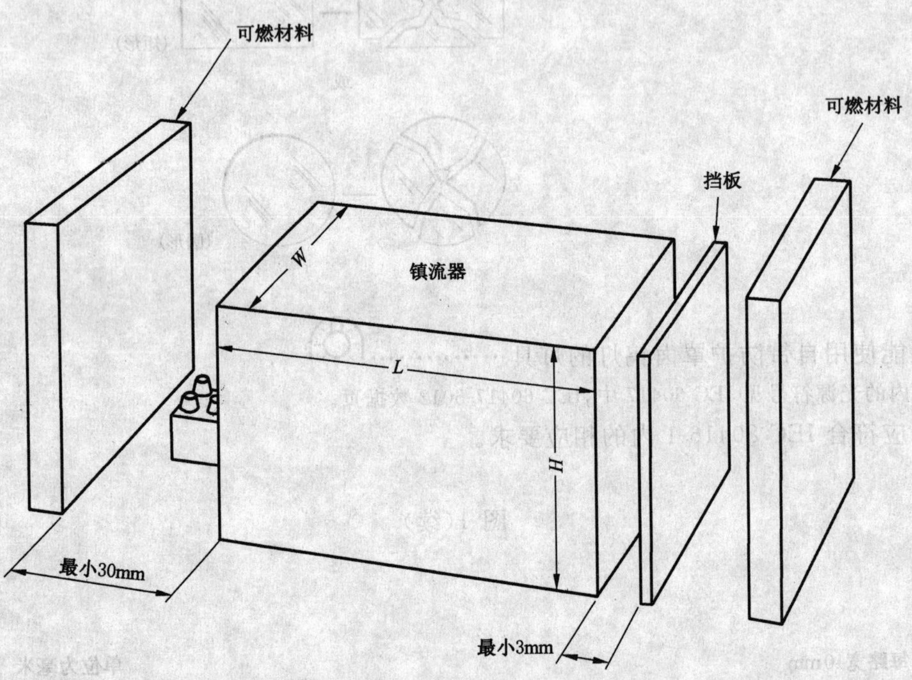

图4　4.15条要求的图示

图5　本图已从现版本撤销

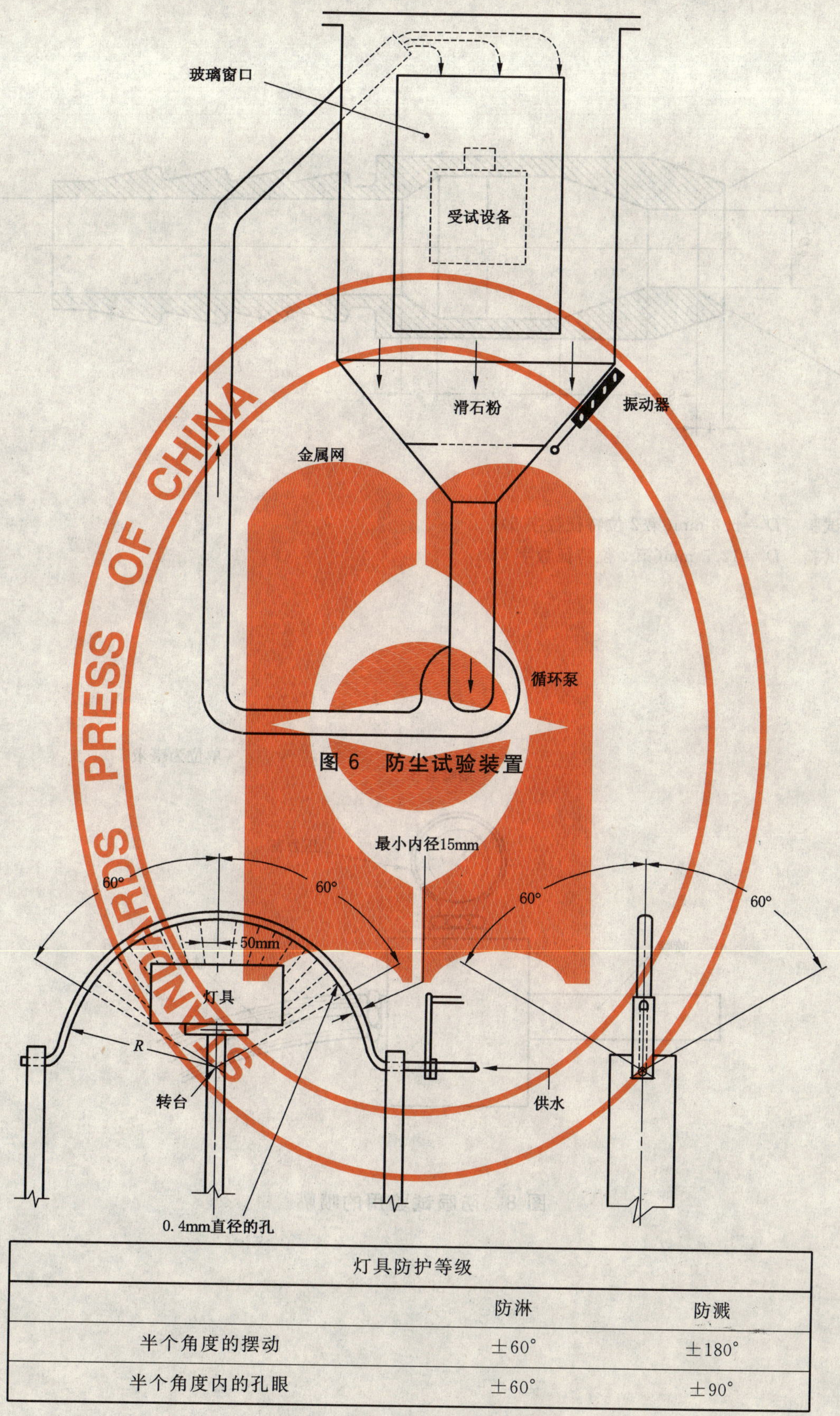

图 6 防尘试验装置

灯具防护等级		
	防淋	防溅
半个角度的摆动	±60°	±180°
半个角度内的孔眼	±60°	±90°

图 7 防淋和防溅试验装置

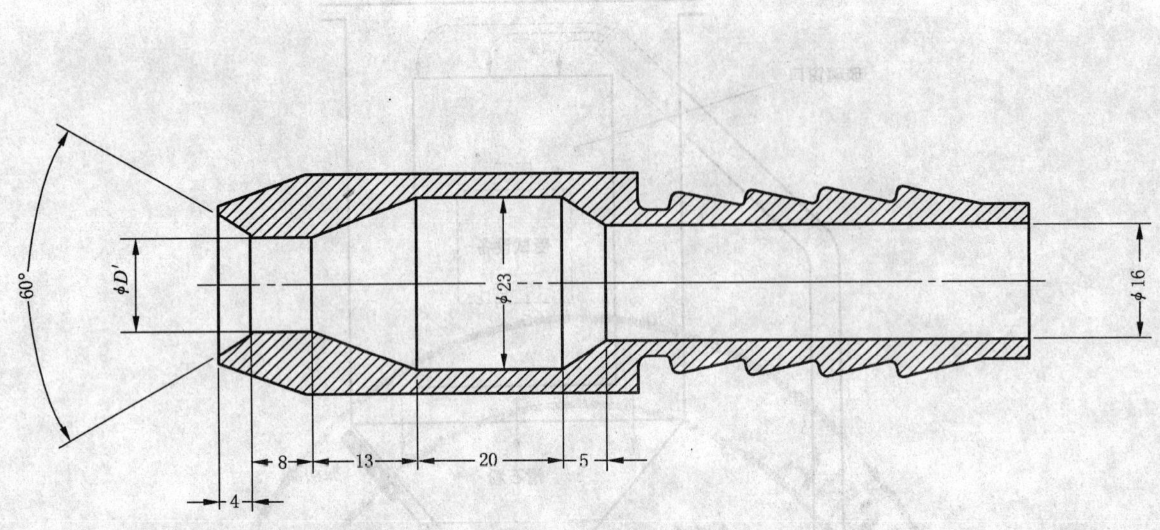

9.2.6 试验　D'=6.3 mm(第 2 位特征数字 5)

9.2.7 试验　D'=12.5 mm(第 2 位特征数字 6)

单位为毫米

喷嘴细节

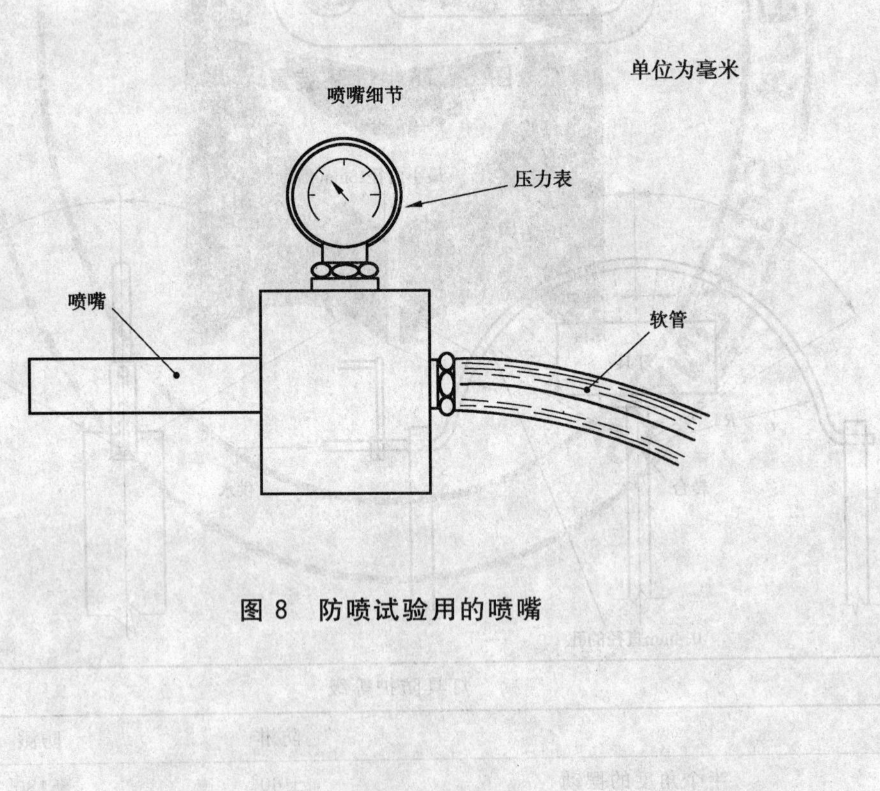

图 8　防喷试验用的喷嘴

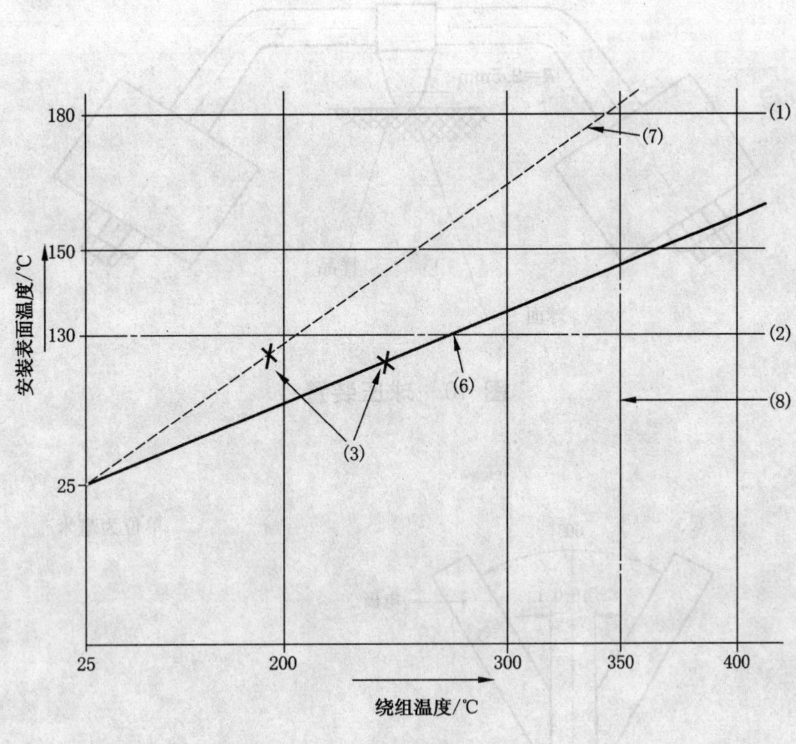

(1) 绕组故障时安装表面温度的极限值。

(2) 在 1.1 倍额定电压(见 12.6.1a))下异常工作时安装表面温度的极限值。

(3) 在 1.1 倍额定电压(见 12.6.1b))下的测定点。

(6) 通过单个测试点与 25℃点连成的直线,外推至绕组温度 350℃时,安装表面温度低于 180℃,表示该灯具本试验合格。

(7) 通过这 2 个测试点所连成的虚线,由于外推时,在达到绕组温度 350℃之前,安装表面温度就超过了 180℃,表示该灯具本试验不合格。

(8) 假设的故障绕组的最高温度值。

图 9 绕组温度和安装表面温度的关系

R=2.5mm
样品
球面

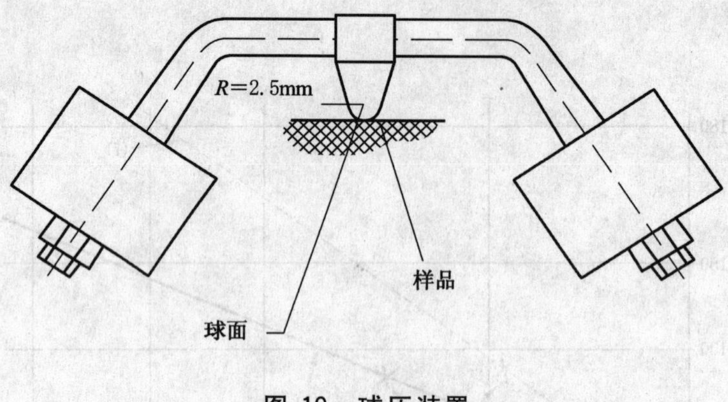

图 10　球压装置

单位为毫米

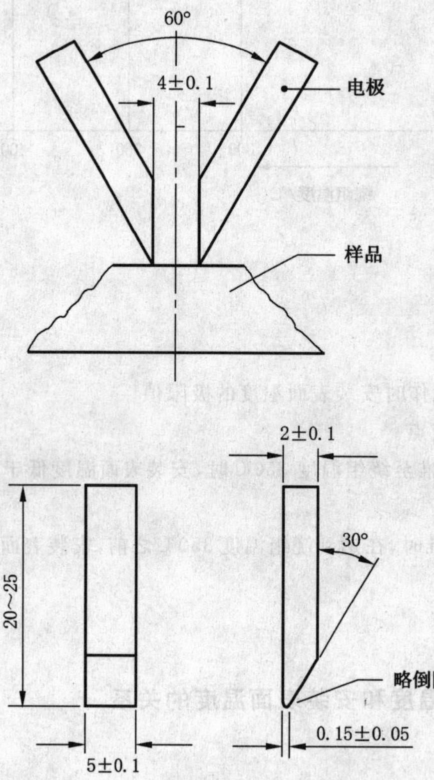

60°
4±0.1
电极
样品
2±0.1
30°
20～25
略倒圆角
0.15±0.05
5±0.1

图 11　耐起痕试验用电极的尺寸和安装布局

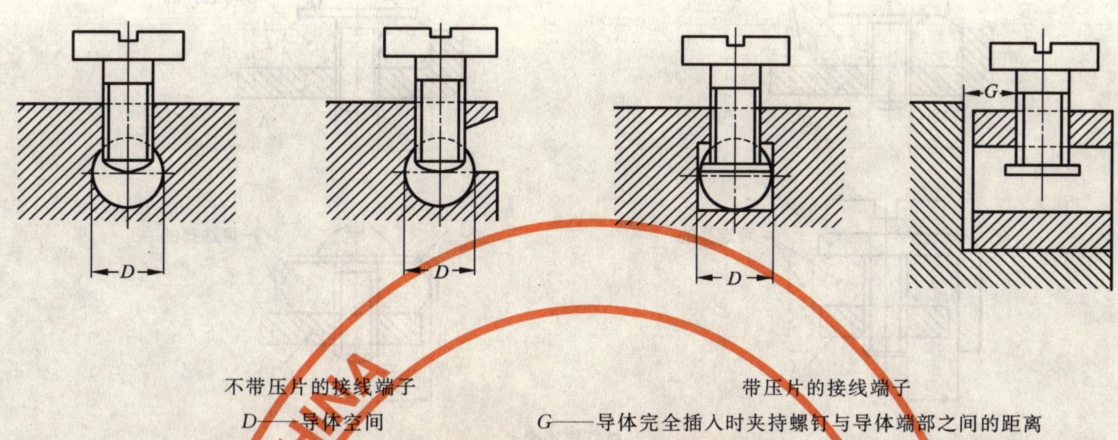

不带压片的接线端子

D——导体空间

带压片的接线端子

G——导体完全插入时夹持螺钉与导体端部之间的距离

注：接线端子带螺纹孔的部分与夹持导体的螺钉部分可分为两个分开的部分，与带 U 形夹具的接线端子一样。导体空间的形状可能与图中所示的不同，但要求其内切圆的直径等于规定的 *D* 的最小值。

接线端子规格	导体空间的最小直径 *D*/mm	导体完全插入后夹持螺钉与导体端部之间的距离 *G*/mm		扭矩/Nm					
				Ⅰ[a]		Ⅲ[a]		Ⅳ[a]	
		一只螺钉	两只螺钉	一只螺钉	两只螺钉	一只螺钉	两只螺钉	一只螺钉	两只螺钉
1	2.5	1.5	1.5	0.2	0.2	0.4	0.4	0.4	0.4
2	3.0	1.5	1.5	0.25	0.2	0.5	0.4	0.5	0.4
3	3.6	1.8	1.5	0.4	0.2	0.8	0.4	0.8	0.4
4	4.0	1.8	1.5	0.4	0.25	0.8	0.5	0.8	0.5
5	4.5	2.0	1.5	0.7	0.25	1.2	0.5	1.2	0.5
6	5.5	2.5	2.0	0.8	0.7	2.0	1.2	2.0	1.2
7	7.0	3.0	2.0	1.2	0.7	2.5	1.2	3.0	1.2

[a] 规定的数值适用于表 14.4 中有关列栏目中所涉及的螺钉。

图 12　柱形接线端子

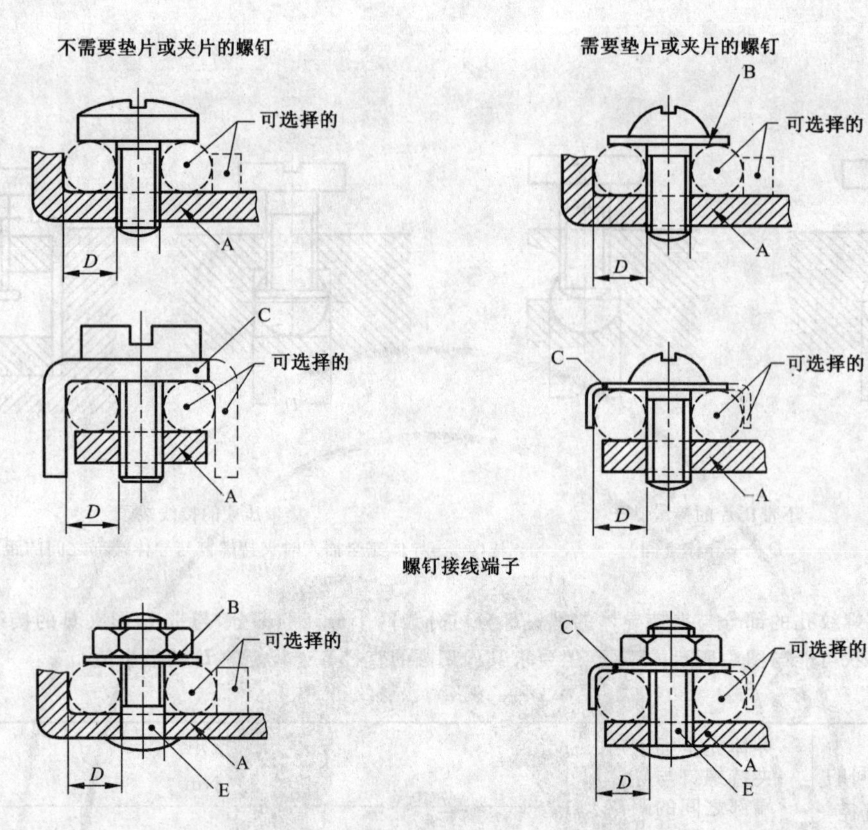

A——固定部件；

B——垫片或夹片；

C——防散开装置；

D——导体空间；

E——螺栓。

注：使导体固定在位的部件可用绝缘材料制造，但夹持导体所需要的压力不是通过绝缘材料来传递。

接线端子规格	导体空间最小直径 D/mm	扭矩/Nm			
		Ⅲ[a]		Ⅳ[a]	
		一只螺钉	二只螺钉	一只螺钉或螺栓	二只螺钉或螺栓
0	1.4	0.4	—	0.4	—
1	1.7	0.5	—	0.5	—
2	2.0	0.8	—	0.8	—
3	2.7	1.2	0.5	1.2	0.5
4	3.6	2.0	1.2	2.0	1.2
5	4.3	2.0	1.2	2.0	1.2
6	5.5	2.0	1.2	2.0	1.2
7	7.0	2.5	2.0	3.0	2.0

[a] 规定的数值适用于表 14.4 相应列栏目中的螺钉或螺栓。

图 13　螺钉接线端子和螺栓接线端子

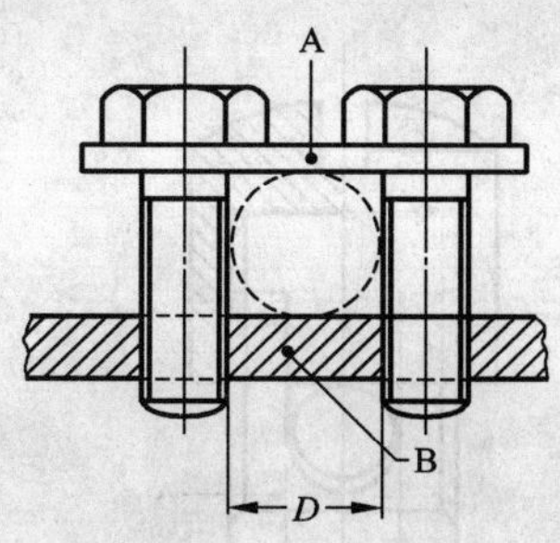

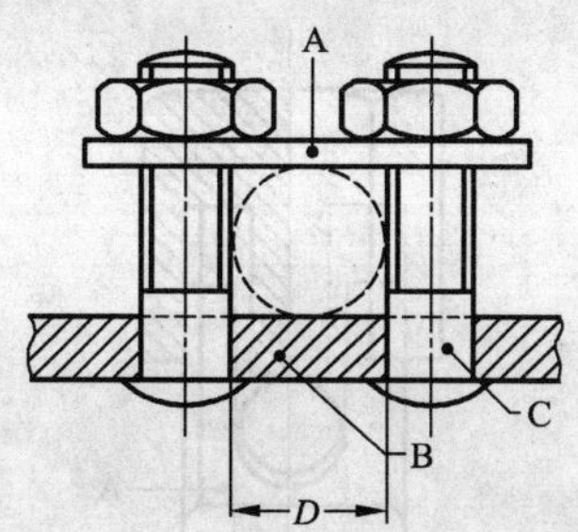

A——鞍形架；

B——固定部件；

C——螺栓；

D——导体空间。

注：导体空间的截面形状可不同于图中所示形状，但要求的内切圆的直径等于规定的 *D* 的最小值。鞍形座架上下面的形状可以不同，将座架倒过来就可适用于截面积大的或小的导体。

接线端子可以有两个以上的夹持螺钉或螺栓。

接线端子规格	导体空间最小直径 *D*/ mm	扭矩/ Nm
3	3.0	0.5
4	4.0	0.8
5	4.5	1.2
6	5.5	1.2
7	7.0	2.0

图 14　鞍式接线端子

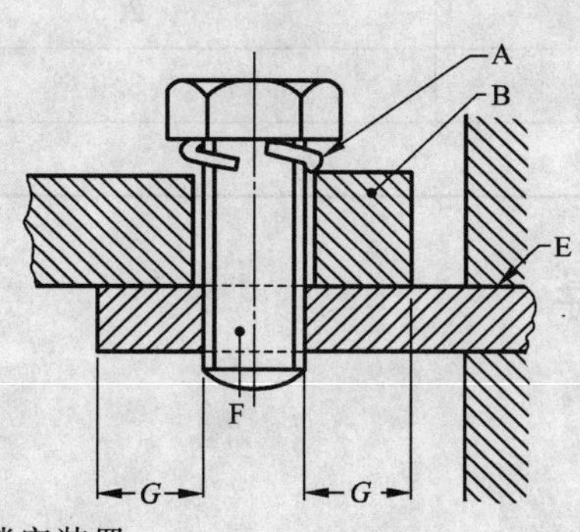

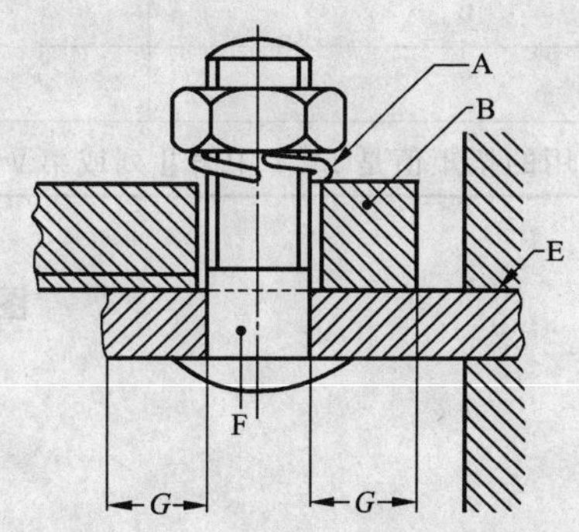

A——锁定装置；

B——电缆接线片或条；

E——固定部件；

F——螺栓；

G——孔的边缘至夹持面侧边的距离。

注：对于某些型号的设备，可采用比规定接线端子小的接片接线端子。

接线端子规格	孔的边缘至夹持面侧边的最小距离 *G*/ mm	扭矩/Nm	
		Ⅲ[a]	Ⅳ[a]
6	7.5	2.0	2.0
7	9.0	2.5	3.0

[a] 规定的值适用于表 14.4 中相应列栏目内的螺栓。

图 15　接片接线端子

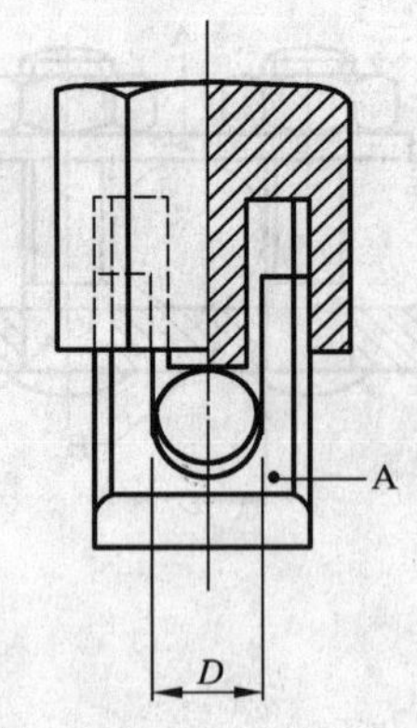

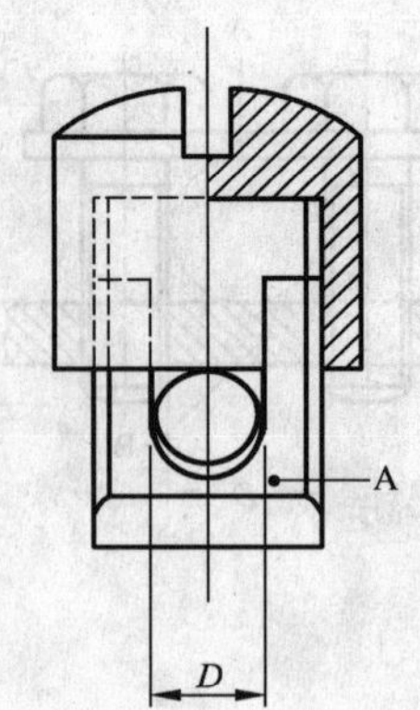

A——固定部件；

D——导体空间。

接线端子规格	导体空间最小直径 D^a/mm	导体完全插入后，固定部分至导体端部的最小距离/mm
0	1.4	1.5
1	1.7	1.5
2	2.0	1.5
3	2.7	1.8
4	3.6	1.8
5	4.3	2.0
6	5.5	2.5
7	7.0	3.0

[a] 所采用的扭矩值是14.4中第Ⅱ列或第Ⅴ列规定的扭矩值。

图 16　罩式接线端子

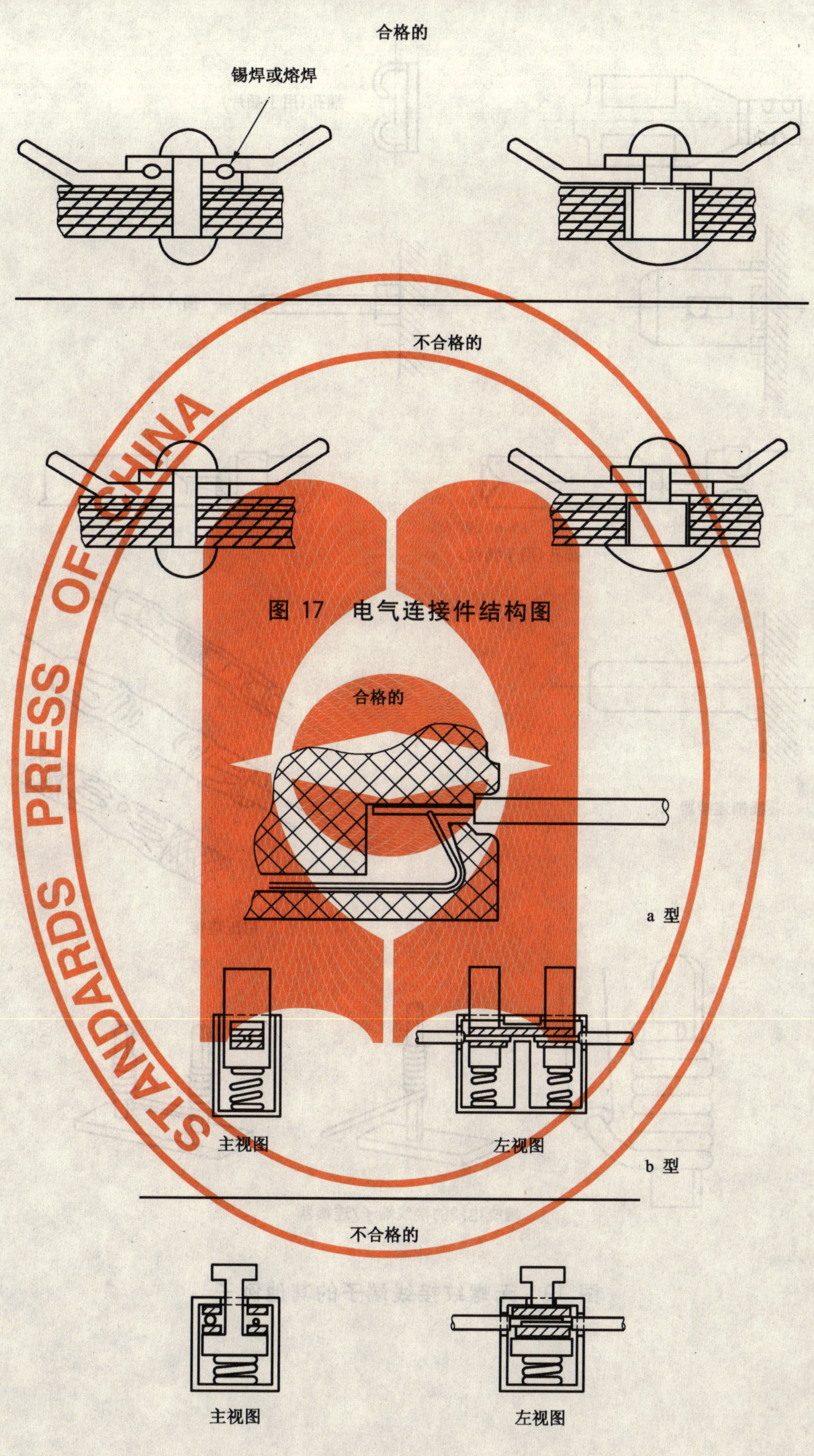

图 17 电气连接件结构图

图 18 弹簧式无螺纹接线端子的例子

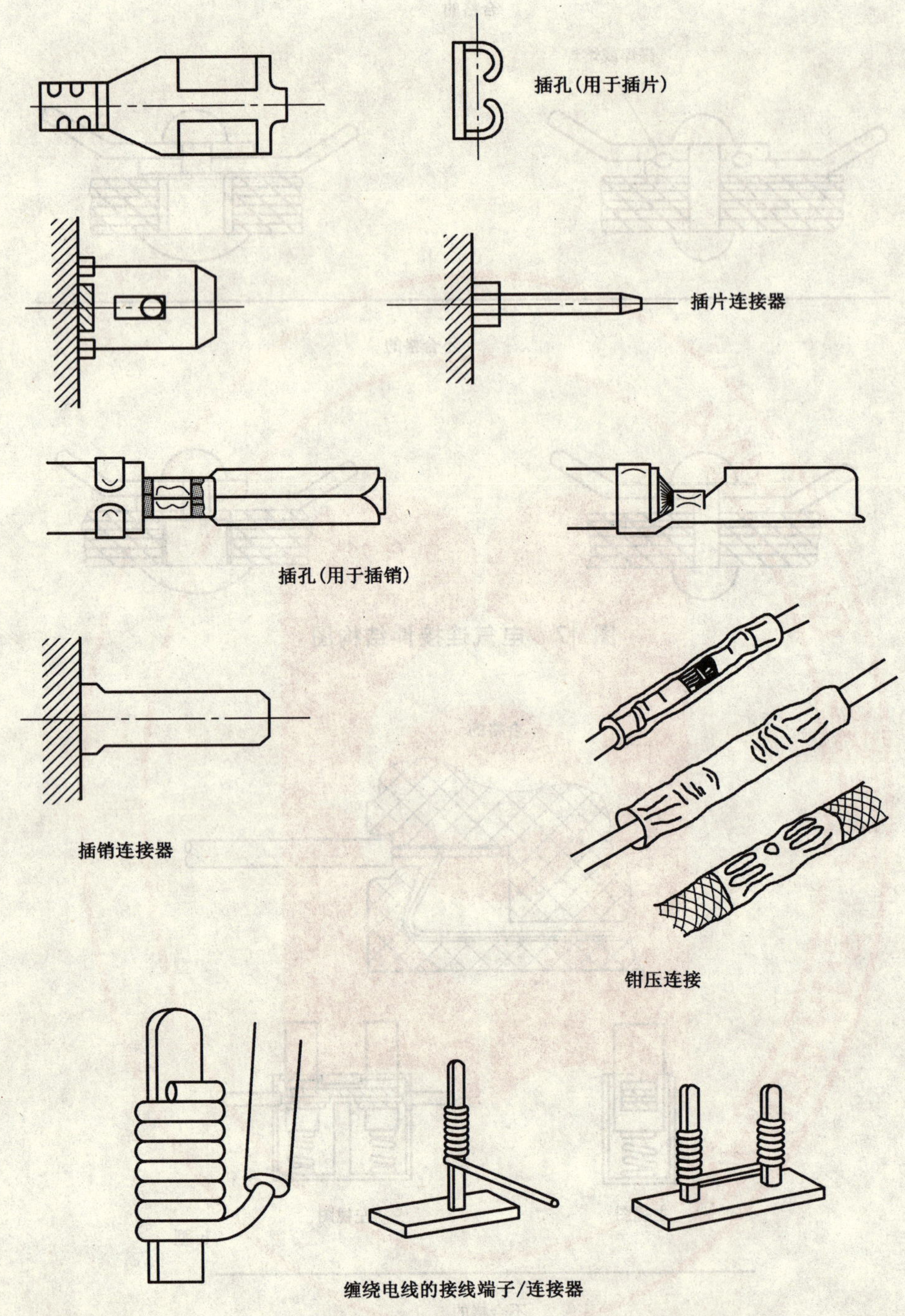

图 19 无螺纹接线端子的其他例子

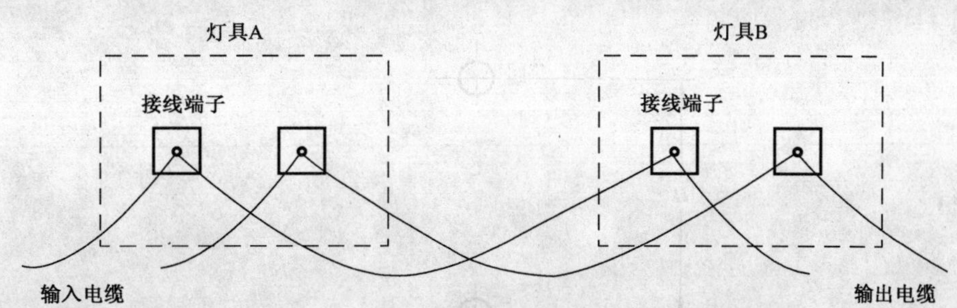

图 20A　术语"环路安装"(转接供电)的图例

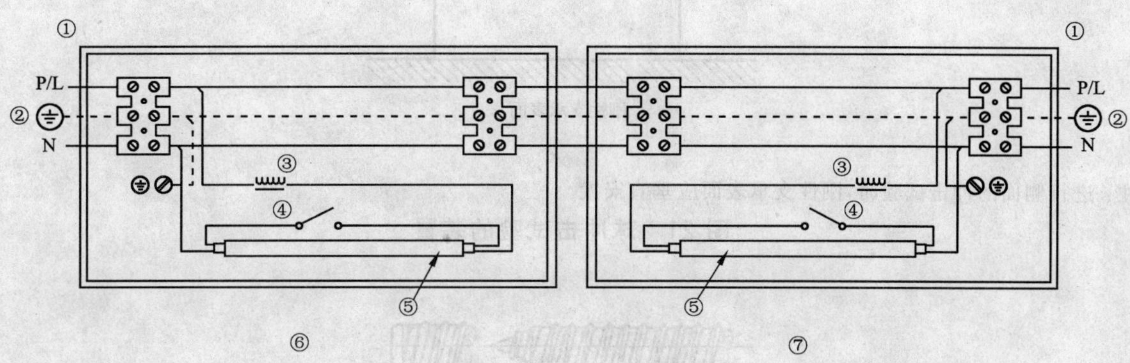

1——接线端子；
2——电源；
3——镇流器；
4——启动器；
5——灯管；
6——灯具 A；
7——灯具 B。

图 20B　术语"通过式布线"在灯具内端接的图例
(灯具被依次连接在 L1、L2、L3 与中线之间时，可用三相通过式布线)

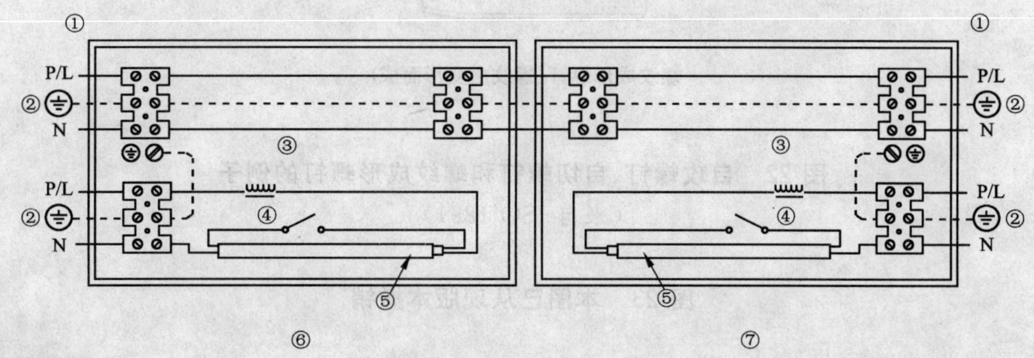

1——接线端子；
2——电源；
3——镇流器；
4——启动器；
5——灯管；
6——灯具 A；
7——灯具 B。

图 20C　术语"通过式布线"不在灯具内端接的图例

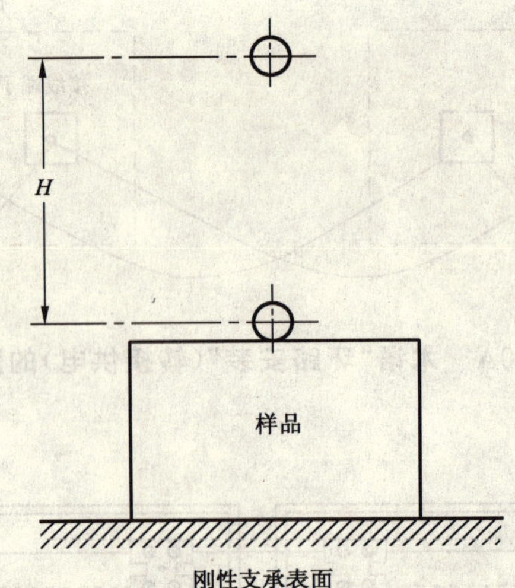

注：进行侧面的冲击试验时，刚性支承表面应垂直安置。

图 21 球冲击试验的装置

自攻螺钉；锥端或平端

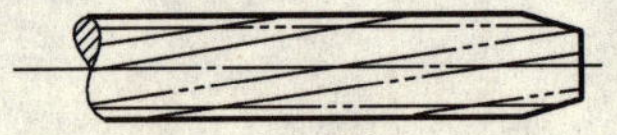

自切螺钉

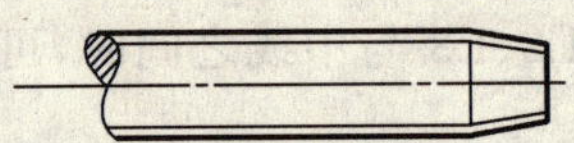

螺纹成形螺钉(螺纹由变形而成)

图 22 自攻螺钉、自切螺钉和螺纹成形螺钉的例子
(来自 ISO 1891)

图 23 本图已从现版本撤销

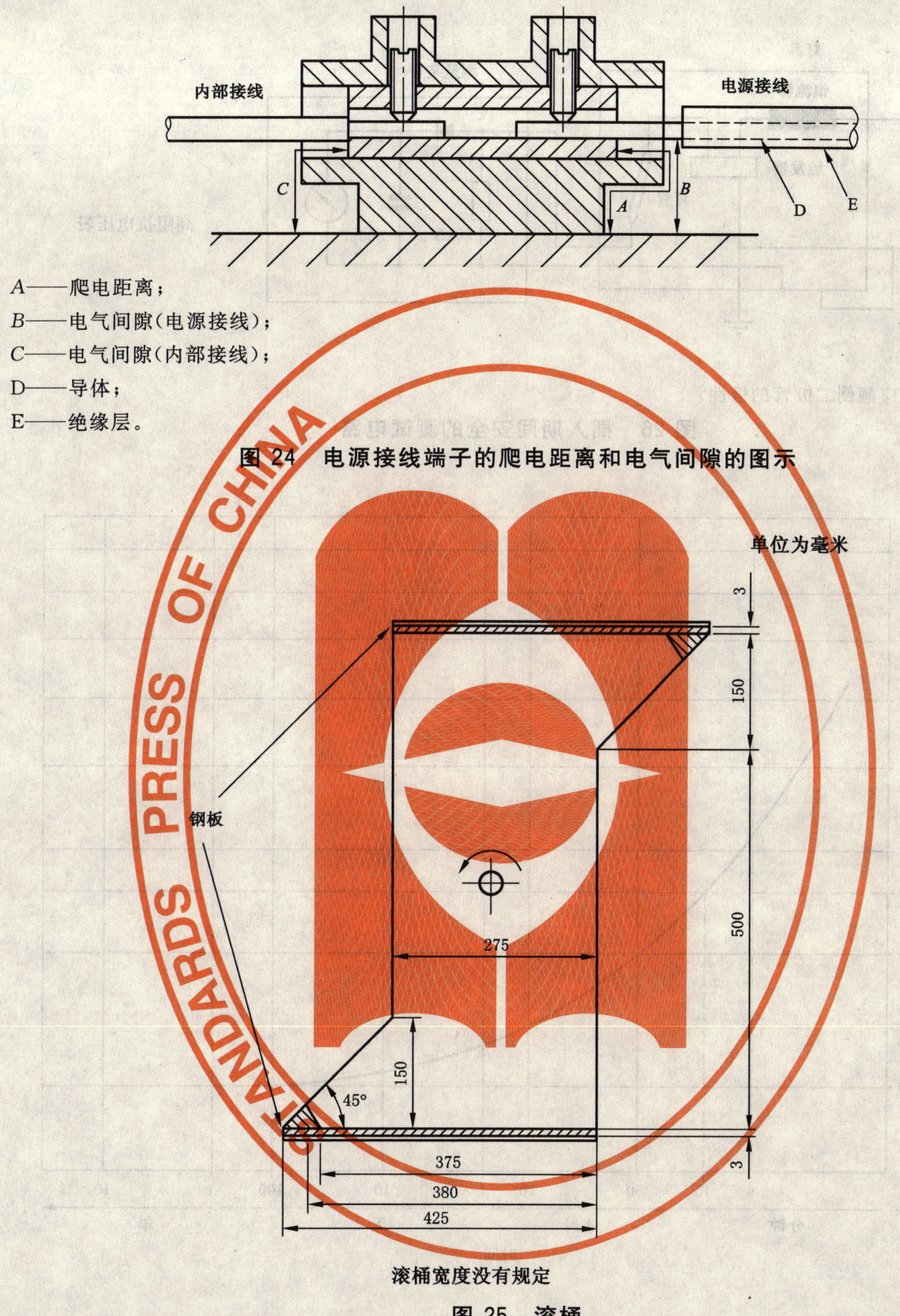

A——爬电距离；
B——电气间隙(电源接线)；
C——电气间隙(内部接线)；
D——导体；
E——绝缘层。

图 24　电源接线端子的爬电距离和电气间隙的图示

图 25　滚桶

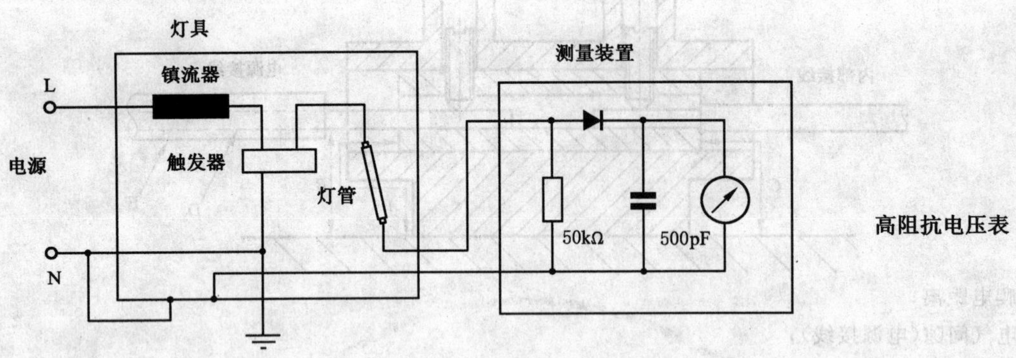

注：如果需要应颠倒二极管的极性。

图 26　插入期间安全的测试电路

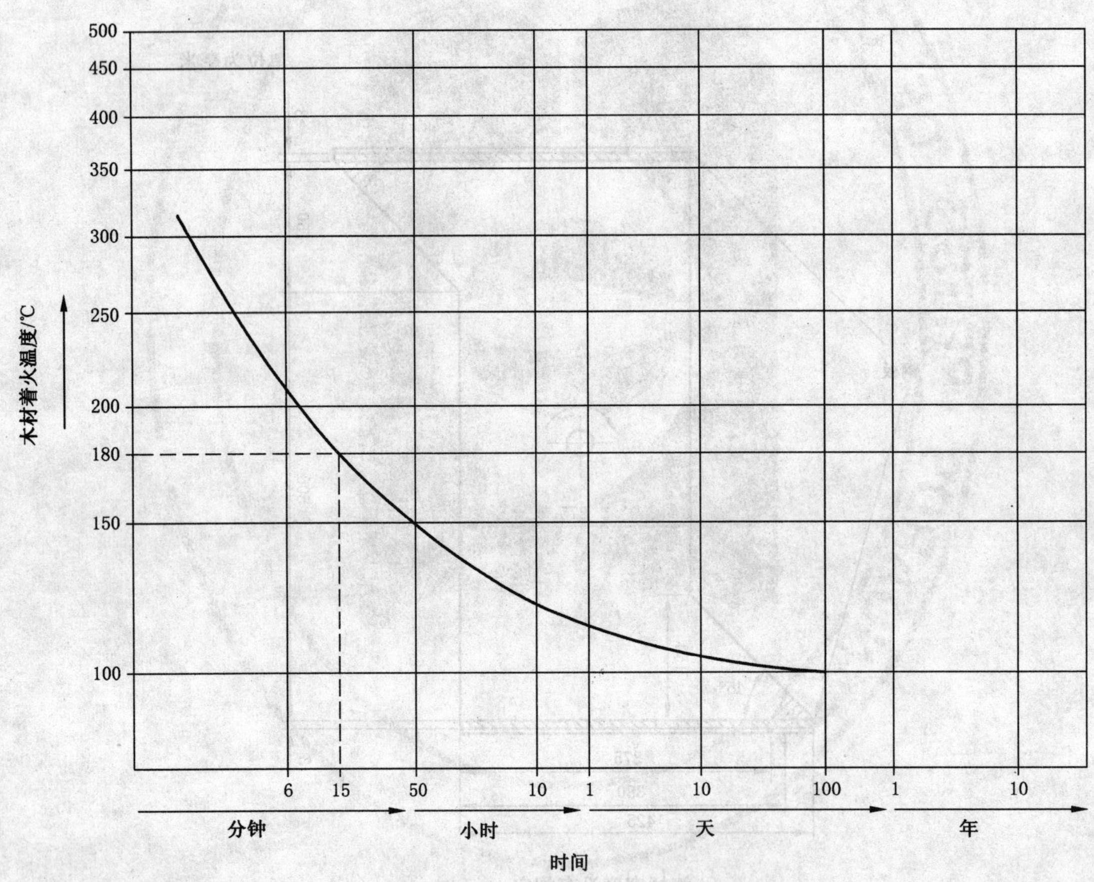

图 27　木材着火温度随时间的函数

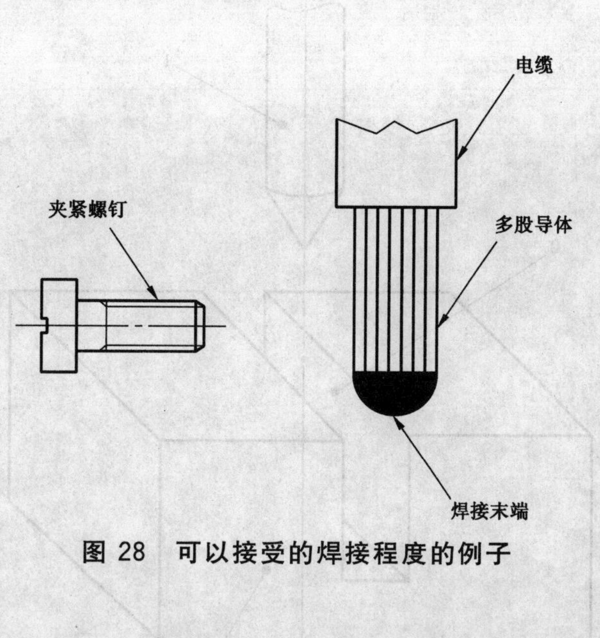

图 28 可以接受的焊接程度的例子

单位为毫米

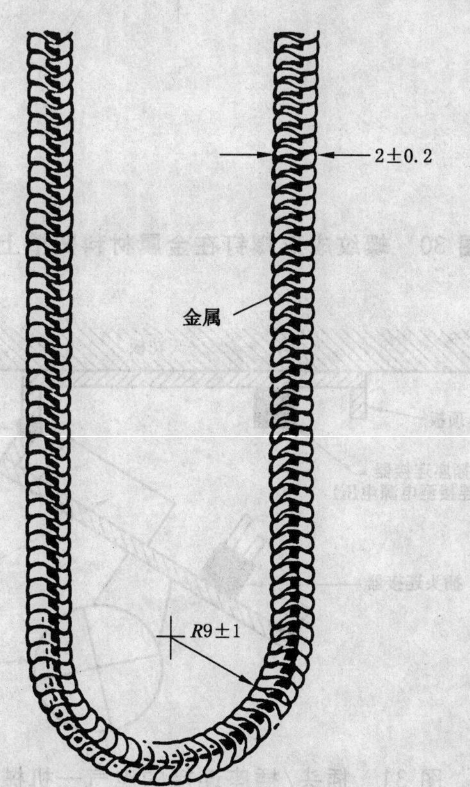

图 29 试验链

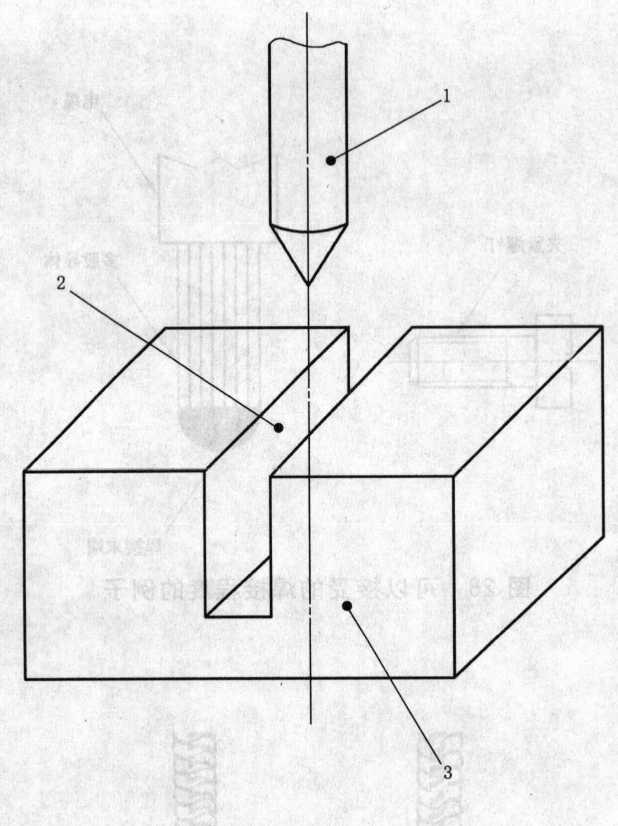

1——螺纹成形螺钉；

2——凹槽；

3——金属材料。

图 30 螺纹成形螺钉在金属材料凹槽上使用的例子

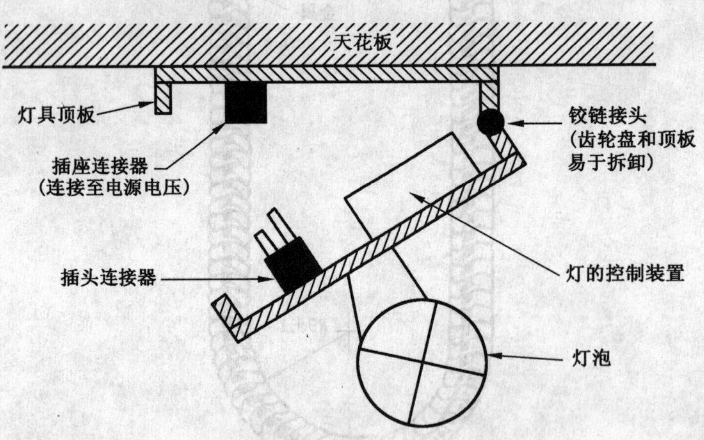

图 31 插头/插座连接的电气—机械接触系统

附 录 A
（规范性附录）
确定导电部件是否会引起触电的试验

为了确定某一导电部件是否是可能引起触电的带电部件，灯具要在额定电源电压和标称频率下进行下述试验：

a) 测量被测件与地线之间的电流，测量线路的无感电阻为 2 000 Ω±50 Ω。如果测得的交流电流大于 0.7 mA(峰值)或直流电流大于 2 mA，则该部件为带电部件。

当频率超过 1 kHz 时，极限值应为 0.7 mA 乘以以 kHz 为单位的频率值，但不应超过 70 mA(峰值)。泄漏电流极限值的组成是累积的。

b) 测量被测件与可触及件之间的电压，测量线路的无感电阻为 50 000 Ω。如果测得的电压大于 34 V(峰值)，则该部件为带电部件。

以上试验，试验电源的一个极应处于地电位。

注：一种简化的测量方法正在考虑中。

附 录 B
（规范性附录）
试 验 光 源

对于第12章的试验，储存一批常用型式的光源就比较方便。这些光源应从通常生产的光源中挑选出来，其特性应尽量接近有关标准中列出的目标特性。选出来的光源应经老化（钨丝灯至少老化24 h，管形荧光灯和其他气体放电灯至少老化100 h，其中可偶尔关掉几次），然后再进行检查，其特性仍能符合要求和稳定。试验光源的使用时间不应超过其正常使用的典型工作时间的四分之三。每次试验前应检查一下光源是否有损坏或者接近不能使用的迹象。气体放电灯应定期检查，以保证影响灯具内温度的电气特性没有明显的改变。

如果光源在线路中有一处以上的插入位置（如荧光灯），则应作记号，以保证插入的位置始终不变。拿试验光源时应非常小心，特别是钠灯、汞-卤化物气体放电灯和汞齐荧光灯在冷却前不应移动。

选作特殊试验用的光源，它的额定值和类型应与灯具的声称相适应。如果制造商给出了供选择的光源形状、结构或表面处理，则应选择最热的一种。没有说明的，应采用最常用的型式。

以下要求涉及试验光源的选择和灯具特殊试验光源的选择。

钨丝灯泡

为了测试到灯泡在灯具内的最严酷的条件，需要从传导和辐射两种传热模式的原理去考虑：

a) 辐射：灯具的材料被灯丝的辐射加热，对于灯泡的周围区域，尤其是灯泡的上部，还受到泡壳表面来的对流热。一般来说，在试验这样的条件时采用透明的灯泡。在大部分高电压的灯泡中，灯丝的形状能产生一种略微不规则的辐射分布，但是不大可能具有高的方向性的特性。低电压（100 V～130 V）灯泡的设计有较大的变化，例如带横向或纵向灯丝的灯泡可能产生不同的热分布，这在某些设计中可能很重要。特别是涉及反射型的灯泡时，要注意颈部区域的透明部分。如果拟使用带有传热反射器的灯泡，试验时要用这样的灯泡。光中心的长度也起作用。

b) 传导：灯座及其连接线受到来自灯头传导的热，如果灯具能使灯泡以灯头在上的位置工作，灯座及其连接线还受到来自灯泡外表面的对流热。试验这些条件时，要求使用按照IEC 60634生产的热试验源（HTS）灯泡。

在没有热试验源（HTS）灯泡的情况下，可用替代的热试验源（AHTS）灯泡。这种光源定义如下：

替代的热试验源（AHTS）灯泡代表相同类型的商业灯泡，该灯泡在IEC 60360规定的条件下测量时，其Δts值比GB 14196.1—2002表2规定的值低5℃。

下面是有助于选择合适灯泡的导则：

与透明灯泡或磨沙灯泡相比，下列各种灯泡的灯头温度大体上较高：

1) 涂有白色或深色的玻壳；

2) 较小的玻壳；

3) 较短的光中心长度。

与GB 14196.1—2002表2中规定的Δts值的细小差别，用IEC 60634中通过试验电压的调节来修正HTS灯泡，但是这种调节不应使功率超过额定功率的105%（相当于电压的103.2%）。

另外，在进行只有传导的热试验时，灯泡的外表面可手工涂一层合适的高温涂料，开始时涂灯头区域，如有必要，可延伸至整个灯泡的表面。

对反射器和镜面反射灯泡，只需用试验电压调节温度。

对于耐久性试验，不能采用已提高了灯头温度的改进热试验源灯泡。

如果灯具上有特殊灯泡的标记，或者如果灯具是明显地要使用特殊灯泡时，试验时应该用这种特殊灯泡。

应按照灯具上标明的最大功率来选择灯泡。如果对标出最大功率 60 W、E27 或 B22 灯头的灯具疑惑时，还应该用 40 W 的球形灯泡做试验。

试验灯泡的电压额定值应是灯具规定用的、商业灯泡的典型电压额定值。如果灯具规定用两组或两组以上不同的电源电压，例如：200 V～250 V 和 100 V～130 V，则试验应至少应用电压范围低的（即较大的电流）灯泡进行，但应考虑到上述 a)条的说明。

选择试验灯泡的范围时，应考虑 3.2.8 的要求。

如果灯泡是通过灯具内部或外部的变压器或类似装置工作时，则试验灯泡的额定值应与灯具、变压器或类似装置上的标记相一致。

管形荧光灯和其他气体放电灯

当光源在基准条件（根据相关的 IEC 光源标准）下工作时，光源的电压、电流和功率应尽可能与光源的额定值接近，并应在这些值的 2.5%之内。

如果没有基准镇流器，选择光源时可采用普通产品的镇流器，该镇流器在校准电流下的阻抗值在基准镇流器的±1%之内。

注 1：在第 12 章，自镇流灯被认为是荧光灯或其他气体放电灯。如果灯具中钨丝灯和自镇流灯或装有串联钨丝的其他气体放电灯一起使用时，灯具应使用发热最多的光源（通常是用钨丝灯）进行试验。

注 2：如果灯具中使用各种型式的光源组合（例如一只钨丝灯加一只气体放电灯），灯具应用发热最多的一组光源进行试验。

如果灯具中既可用钨丝灯，又可用气体放电灯，灯具应用发热较多的光源进行试验（若不能确定，则逐个试验）。

对一给定的光源功率，通常发现半透明材料用于气体放电灯或装有串联钨丝的气体放电灯时要比用于钨丝灯时达到的温度高。

注 3：如果灯具设计所采用的某种尚无技术标准的光源，则应与光源制造商协商后选择试验光源。

附　录　C
（规范性附录）
异常电路条件

下面列出的异常电路条件适宜于管形荧光灯或其他气体放电灯灯具，从中选用对热来说最严酷的条件（见 12.5.1 条）。若灯具内装有一个以上的灯，则只对会导致最不利结果的一个灯施加异常条件，异常条件应在试验开始前建立。第 d）和第 e）条的条件仅指带两个预热电极的灯（例如荧光灯）。叙述中包括试验布置的说明。为方便起见，可用远距离开关产生或模拟异常电路条件，这样可以不必变动刚做完正常工作试验的灯具。

a）　启动器触点短路

本条件适用于触点可动的启动器，包括装在光源内的启动器。

b）　光源整流

1）　荧光灯灯具（图 C.1 和图 C.2）

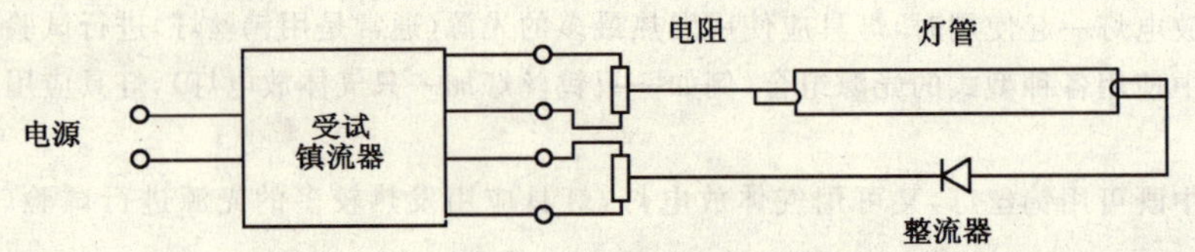

图 C.1　整流效应的试验线路（仅对一些容抗型无启动器的镇流器）

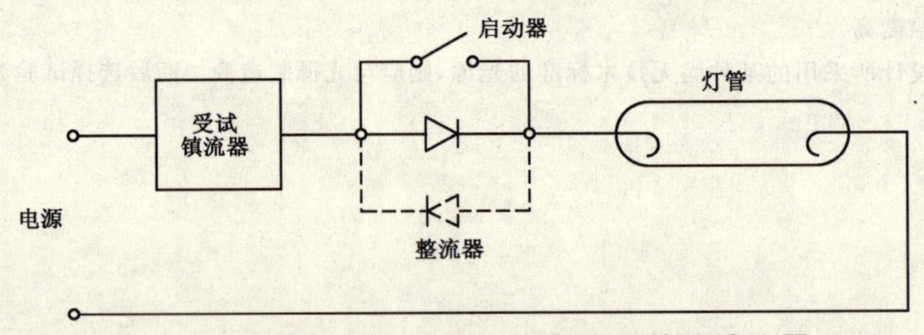

图 C.2　整流效应的试验线路（单脚灯管的镇流器）

这是一种采用容抗型无启动器的镇流器的灯具在使用后期可能出现的故障条件。在试验灯具的整流效应时，应采用图 C.1 所示的线路。灯管与合适的等效电阻的中点连接。选择整流器的极性以得出最不利的工作条件。如有必要，可用合适的启动装置启动灯管。

整流器的特性应是：

——反向峰值电压　　　≥800 V

——反向泄漏电流　　　≤10 μA

——正向电流　　　　　>3 倍标称光源工作电流

——转换时间　　　　　≤50 μs

然而具有 Fa6 灯头的管形荧光灯的灯具，应如下进行试验：

开始时，在正常条件下，灯管与短路的整流管串联在一起工作。然后，断开整流管的桥路。整流管两极均应插入。如果灯管熄灭，则试验完成。如果灯管未熄灭，再继续下述试验：

灯管以图 C.2 所示的线路工作。选择整流管的极性以得出最不利的工作条件。如有必要，可用合适的启动装置启动灯管。

2）　根据 IEC 62035 光源的安全标准，可能导致镇流器、变压器或者启动装置过载的某些金属卤化物灯和某些高压钠灯灯具（图 C.3）。

灯具内的光源用图 C.3 所示的试验电路代替。试验以该试验电路开始，灯具和控制装置稳定在防风罩的环境温度下。改变电阻 R，将灯电流调节到标称灯电流的 2 倍。不进一步调节 R。

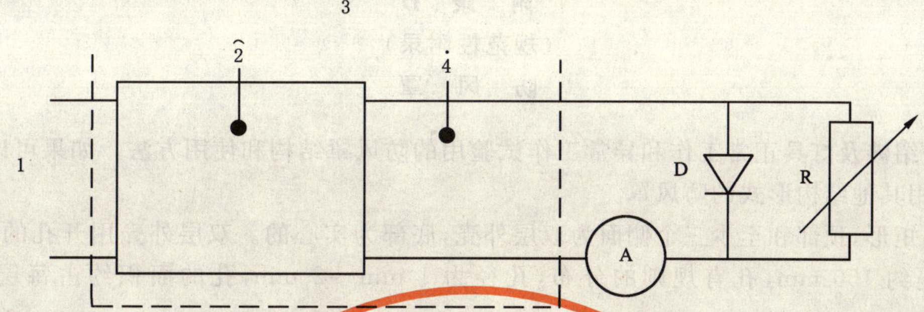

1——电源；

2——镇流器、变压器、启动装置；

3——灯具；

4——光源连接器；

D——100 A，600 V；

R——0…200 Ω（电阻的额定功率至少是光源功率的 1/2）

图 C.3 某些高压钠灯和某些金属卤化物灯整流效应的试验线路

如果在超过 12.5.2 温度限值前已达到稳定状态，热保护控制装置的保护装置没有动作，则需要调节 R，以适当间隔，如 10%增量，增加电流。无论如何，电流调节到不高于标称灯电流的 3 倍。

注 1：对于自动复位保护装置的保护线路，在达到最高温度前，可能会发生许多次的"通/断"循环。

注 2：灯具装有下列特殊种类的金属卤化物灯和高压钠灯时，上述整流效应试验要求是可以免除的：

——额定功率不小于 1 000 W 的高压钠灯；

——设计成直接代替汞灯的高压钠灯；

——由 IEC 62035 识别的寿命终了不易发生整流效应的高压钠灯和金属卤化物灯；

——由光源制造商识别的寿命终了无整流效应危险的其他的高压钠灯和金属卤化物灯。（这种灯具可能仅限适宜于特殊的光源制造者）。

c) 灯管取下，并且不更换

d) 灯管的一个电极开路

这种条件可用开关来建立（或者用经适当改变的试验灯管）。

所选择的电极应是对结果有较不利影响的。

e) 灯管不启动，但两个电极是完整的。对于这种条件，可用不能工作的灯管或经改变的试验灯管。

f) 灯具内马达堵转。

附 录 D
（规范性附录）
防 风 罩

下面的介绍涉及灯具正常工作和异常工作试验用的防风罩结构和使用方法。如果可以得到类似的结果，也可采用其他结构形式的防风罩。

防风罩呈矩形，顶部和至少三个侧面为双层外壳，底部为实心的。双层外壳用开孔的金属制成，两层之间的间隔约 150 mm，孔有规则的分布，孔径为 1 mm～2 mm，孔的面积约占每层壳体总面积的 40％。

内表面涂无光泽的涂料。三个基本内部尺寸，每个至少为 900 mm。防风罩内表面与最大灯具的任何部位之间的间隙至少应 200 mm。

注：若要在一个大的防风罩内同时试验两只或更多的灯具时，应注意一个灯具的热辐射不能影响任何其他灯具。

防风罩顶部的上方和打孔侧面的周围至少有 300 mm 的间隙。防风罩所处的位置应尽量远离气流并防止空气温度的突然变化，还应防止来自光源的辐射热。

放置受试灯具时，灯具离防风罩六个内表面应尽可能的远。灯具按使用条件安装（符合 12.4.1 和 12.5.1 的要求）。

直接固定在顶棚或墙上的灯具，应固定在木板或木质纤维板的安装表面上。若灯具为不适宜安装在可燃表面的，则要求使用非可燃绝缘材料的安装板。板厚 15 mm～20 mm，尺寸至少比灯具外廓的垂直投影大 100 mm（但最好不大于 200 mm）。板与防风罩内表面之间的间隙至少有 100 mm。板用无光泽非金属涂料涂成黑色。

壁角固定的灯具，应在两块符合上述要求的板组成的内角处。

如果灯具要固定在紧靠模拟顶棚下的垂直壁角，则需要第三块板。

灯具不应使凹槽达到有害或有着火危险的温度，合格性由下述试验检验。

嵌入式灯具安装在一个试验凹槽内，凹槽包括一个吊顶及吊顶上一个由垂直侧板和水平顶板组成的矩形箱。

吊顶是一块 12 mm 厚、有渗透性的木制纤维板，在板上为灯具留出一个合适的开口。这块木制纤维板应比固定在此板上的灯具的投影宽至少 100 mm。矩形箱由 19 mm 厚的木质胶合板构成侧壁和紧封住侧壁、有渗透性的 12 mm 厚木质纤维顶板构成。

试验箱内嵌入式灯具的位置如下：

a) F 标记隔热顶棚——[F 标记符号]——嵌入吊顶的灯具带有盖住灯具隔热垫

封闭的箱子与灯具周围接触，箱子的外面紧裹着隔热材料。隔热层应等同于 2 片热传导系数为 0.04 W/(mk)、厚 10 cm 的玻璃棉。有较高热传导时可以用更薄的厚度。无论如何试验箱的热电阻应为 5 m^2K/W。

b) F 标记——[F 标记符号]

试验期间，安装在悬吊天棚上的嵌入式灯具离试验箱侧面的距离应为 50 mm 到 75 mm。

注：50 mm 到 75 mm 的距离已将矩形箱内的圆形灯具考虑在内。

灯具顶部应与试验凹槽内部顶面接触。

c) F 标记打叉，[打叉 F 标记符号]或警告——灯具仅适合于直接安装在非可燃材料表面

对这种嵌入式灯具，试验凹槽应采用相同材料。应采用那些 F 标记灯具使用的相同的尺寸，但灯具顶部与箱子的距离为 25 mm，但制造商的说明书上对这些尺寸有另外规定的除外。试验凹槽结构只能用非可燃绝缘材料。

试验箱顶面与灯具实体平顶表面之间的距离约 25 mm。25 mm 尺寸应该从试验箱的内部顶面量

到灯具顶部实体平面。如果灯具顶部有一些隔离物或灯具顶部的连接盒凸出灯具顶面 25 mm 以上，那么这些隔离物或连接盒与试验箱顶面直接接触。

如果灯具有单独嵌入安装的部件(例如，有单独的灯腔和控制装置外壳)，应根据制造商推荐的部件之间的最小距离(见图 D.1)来构筑单独试验凹槽。如果没有提供间距信息，每个部件应该用单独的试验凹槽。

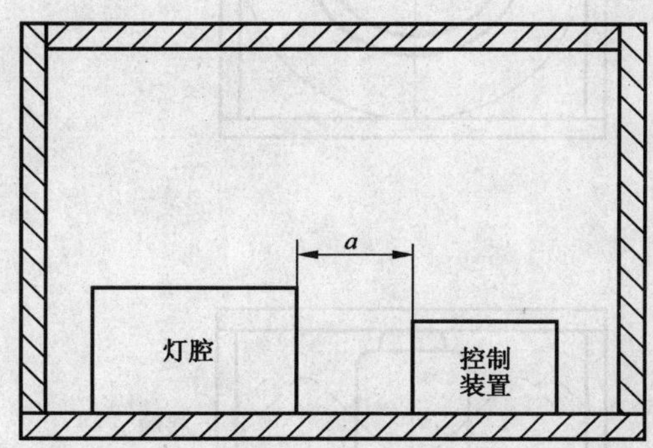

a＝制造商规定的最小间距。

其他距离根据附录 D。

图 D.1 含有单独部件的灯具试验凹槽举例

对 F-标记和 F-标记隔热顶棚，如果在灯具顶部或侧面有凸出的隔离物或连接盒，那么这些隔离物或连接盒应分别与试验箱或隔热材料直接接触。

悬吊顶棚和试验箱内部用无光泽的非金属涂料涂成黑色，组合件与防风罩内壁、顶板和底板间的距离应不小于 100 mm。

若灯具是嵌入墙内的，则用与上述描述相类似的试验凹槽进行试验，但安装灯具的板垂直放置。

试验凹槽的温度，正常工作热试验时不应超过 90℃，异常工作热试验时不应超过 130℃。标有 F 符号的灯具，试验凹槽的温度不应超过表 12.1 规定的安装表面允许达到的温度。

导轨安装的灯具，应连接到适合于灯具的导轨系统上。导轨按照制造商说明书正常使用来安装。将灯具以安装说明或标记所允许的、正常使用中最严酷的热位置连接到导轨上。灯具在 12.4.1 和 12.5.1规定的条件下工作。

当灯具完整安装，而且正常使用过程中在总体尺寸或位置在两根轴的任意一根轴上是可调节的话，所有间距应该从可调节灯具移动到最远处时的位置量起(见图 D.2)。

图 D.2 图示了灯具在两根轴上均可调节时，正确的试验箱尺寸，以及为了便于调节，顶棚内需要的间距。

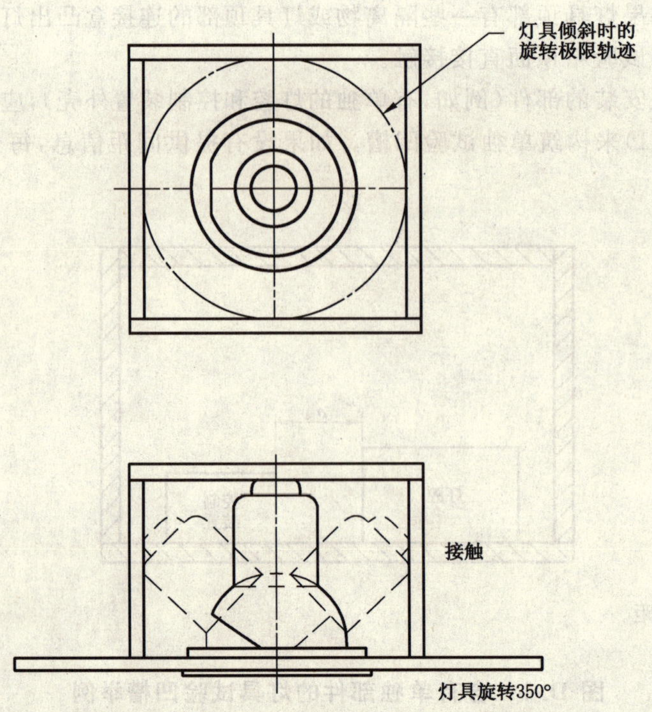

图 D.2 F 标记 和 F 标记(隔热顶棚) 的可调式灯具正确的试验箱尺寸

附 录 E
（规范性附录）
用电阻法确定的绕组温升

注：本试验方法适用于镇流器，也适用于类似部件，例如变压器。

开始试验前，要做好以下准备工作，即在灯具切断电源后，镇流器能够以可忽略不计电阻的适当方式迅速地与惠斯登电桥或其他适宜的测量仪器连接。

还必须用一台易读秒的精密计时器。

试验程序如下：

灯具在较长的一段时间内不通电，以保证整个灯具，包括镇流器的绕组，在一个基本不变的环境温度(t_1)下处于热稳定，在这段时间内环境温度(t_1)变化不应超过3℃。

测量镇流器绕组的冷态电阻(R_1)，并记录下环境温度(t_1)。灯具工作达到热稳定，这由附着在镇流器壳体上适宜的温度测量装置来指示。记录防风罩内的环境空气温度(t_3)。

然后，切断灯具电源，记录下该时刻，立刻将镇流器与惠斯登电桥相连接。尽快测量电阻，并记录相应的时刻。

必要时，可在镇流器冷却过程中按适当的时间间隔继续测量电阻，记录下每次测量的时刻。这些测量数据可绘出一根时间/电阻的曲线，用外推法推回至对应于切断电源的时刻，读出镇流器绕组的热态电阻(R_2)。

由于铜的电阻正比于温度，此温度以−234.5℃作参考点测量的，热态温度 t_2 可用下列公式，从热态电阻 R_2 与冷态电阻 R_1 之比计算出来：

$$\frac{R_2}{R_1}=\frac{t_2+234.5}{t_1+234.5}$$

与铜绕组有关的常数是234.5；铝的常数是229。因此，对于铜绕组来说：

$t_2=R_2/R_1\quad(t_1+234.5)-234.5$

温升就是计算得到的温度 t_2 与试验结束时的环境空气温度 t_3 之差，即：

温升$=(t_2-t_3)$K

附　录　F
（规范性附录）
铜和铜合金耐超应力腐蚀试验

F.1　试验箱

这个试验要用可盖上的玻璃容器。它们可以是防潮容器，或者带磨沙边缘和盖子的简单玻璃槽。容器的容积应至少为 10 L。试验空间与试验溶液容量应保持在一个比例(20∶1 到 10∶1)。

F.2　试验溶液

准备 1.0 L 溶液：

在 22℃下，按要达到的 pH10 的要求，将 107 g 氯化铵(试剂等级 NH_4CL)溶解在约 0.75 L 蒸馏水或完全去矿化的水中，并加上 30%的氢氧化钠(用 NaOH 试剂和蒸馏或完全去矿化的水配制)。在其他温度下，按表 F.1 的规定，调节溶液。

调节 pH 值后，加蒸馏水或完全去矿化的水到 1.0 L。

这不会使 pH 值发生任何改变。

在任何情况下，调节 pH 值期间应使温度保持在±1℃，用一台可以在±0.02 范围内调节 pH 值的仪器测量 pH 值。

表 F.1　试验溶液的 pH 值

温　　度/ ℃	试验溶液 pH
22±1	10.0±0.1
25±1	9.9±0.1
27±1	9.8±0.1
30±1	9.7±0.1

试液可以在延长期内使用，但是代表蒸气中氨浓度的 pH 值应至少每 3 个星期检查一次，如有必要应进行调整。

F.3　试件

试验在从灯具上取下的试件上进行。

F.4　试验程序

仔细清洗试件表面，用丙酮油脂去掉油漆，再用汽油或类似物质去除油脂和手印。

装有试液的试验箱应达到温度 30℃±1℃。预热到 30℃的试件应尽快放进试验箱内，这样氨蒸气可以没有阻碍的起作用。试件应较好地悬挂，使之不掉进试液，也不会互相接触。支承装置或悬挂装置应由不受氨蒸气腐蚀影响的材料制成，例如玻璃或陶瓷。

试验应在恒定的温度(30℃±1℃)下进行，以排除由于温度波动产生可见的冷凝水，这样会严重歪曲试验结果。试验箱关闭时试验过程开始，并应持续 24 h。这样处理后，试件用流动水冲洗，24 h 后，在 8X 光学放大镜下检查应没有断裂。

注：为了不影响试验结果，应仔细处理试件。

附录 G：已经删除

附录 H：已经删除

附录 I：空缺

附 录 J
(资料性附录)
防护等级IP数字的说明

详细材料参阅GB 4208,下面是该标准的摘录。

该分类系统所包括的防护型式有:

a) 防止人触及或接近外壳内部的带电部件和触及运动部件(光滑的旋转轴和类似部件除外),防止固体异物进入外壳内部。

b) 防止水进入外壳内部达到有害程度。

表示防护等级的代号通常由特征字母IP跟着二个数字("特征数字")组成,特征数字的含义分别见表J.1和表J.2。第一位特征数字指上述a)中所述防护等级,第二位数字指上述b)中所述防护等级。

表J.1 第一位特征数字所代表的防护等级

第一位特征数字	防护等级	
	简要描述	不能进入外壳的物体的简要说明
0	无防护	没有专门的防护
1	防大于50 mm的固体异物	人体的某一大面积部分,如手(但不能防止故意地接近)。直径大于50 mm的固体
2	防大于12 mm的固体异物	手指或长度不超过80 mm的类似物体。直径大于12 mm的固体异物
3	防大于2.5 mm的固体异物	直径或厚度大于2.5 mm的工具、金属丝等。 直径大于2.5 mm的固体异物
4	防大于1 mm的固体异物	厚度大于1.0 mm的金属丝或细带。 直径大于1.0 mm的固体异物
5	防尘	不能完全防止尘埃进入,但进入量不能达到妨碍设备正常工作的程度
6	尘密	无尘埃进入

表J.2 第二位特征数字所代表的防护等级

第二位特征数字	防护等级	
	简要描述	外壳提供的防护类型的说明
0	无防护	没有专门防护
1	防滴水	滴水(垂直滴水)应无有害影响
2	向上倾斜15°防滴水	当外壳从正常位置向上倾斜15°时,垂直滴水应无有害影响
3	防淋水	与垂直成60°范围以内的淋水应无有害影响
4	防溅水	从任何方向朝外壳溅水应无有害影响
5	防喷水	用喷嘴以任何方向朝外壳喷水应无有害影响
6	防猛烈海浪	猛烈海浪或强烈喷水时,进入外壳的水不应达到有害的量
7	水密型	以规定压力和时间将外壳浸入水中时,进入的水不应达到有害的量
8	防潜水	设备应适于按制造商规定的条件下长期潜水 注:通常指水密型,但对某些类型设备也可允许水进入,但不应达到有害程度

IP额定值不包括特别的清洁技术。必要时,建议制造商提供适当的关于清洁技术的信息。这与GB 4208内推荐的专门清洁技术相一致。

附 录 K
（资料性附录）
温 度 测 量

K.1 下面推荐的是按 12.4.1 要求在防风罩内测量灯具温度的方法。这些经过试验研究得出的测量方法特别适合于灯具。也可采用其他方法测量，但必须证实至少具有同等的准确性和精度。

固体材料的温度通常用热电偶测量。用电位计一类的高阻抗装置读取输出电压。采用直读式仪表重要的是要检查其输入阻抗是否与热电偶的阻抗相匹配。目前化学型温度指示器只适用于测量的粗略校核。

热电偶丝应该是低热导率的。适宜的热电偶是由 80/20 镍铬与 40/60 镍铜（或 40/60 镍铝）合金丝配对组成。两根丝（通常为条状或圆的截面）中每一根都应能顺利的穿过 0.3 mm 的孔。所有易暴露于辐射中的金属丝端部，要涂有高反射率的金属涂层。每根丝的绝缘层应具有适当的温度和额定电压，绝缘层还应薄而坚固。

热电偶以对热条件最小的干扰和低电阻的热接触方式贴在测量点上。若没有规定部件专门的测量点，要先进行试探找出温度最高的点（为此，可将热电偶装于由低热导率材料制成的座上；采用热敏电阻的仪表来测量也很方便）。对玻璃等一类材料进行试探是很重要的，因为温度随位置的变化很快。装在灯具内或靠近灯具的热电偶应尽可能少的暴露在传导热或辐射热中。应该小心的避免来自载流部件的电压。

为了将热电偶接合处固定于测量点上，下列方法是有用的：

a) 机械夹紧，如在固定装置下面（应避免在载流部件下夹紧）。

b) 焊接在金属表面上（用最少量的焊锡）。

c) 采用胶粘剂（所需的最小量）。胶粘剂不应使热电偶与测量点隔开。与半透明材料一起使用胶粘剂应尽可能呈半透明状。适用于玻璃的粘结剂，用一份硅酸钠与两份硫酸钙加适量的水合成。

热电偶末端以至少 20 mm 粘贴在非金属部件的表面以补偿从被测点流走的热。

d) 电缆，将绝缘层切开一条缝嵌入热电偶（不能接触导体），然后将绝缘层束紧。

e) 安装表面（见附录 D），将热电偶固定在一个圆铜片上（直径约 15 mm、厚 1 mm，表面为无光泽黑色），在最热点嵌入，与表面齐平。

取防风罩穿孔壁附近，与灯具中心等高的某一位置的空气温度作为防风罩内的平均环境温度。通常用玻璃水银温度计测量温度，水银柱球用双层壁的抛光金属圆柱体保护，以防辐射。

整个绕组的平均温度用电阻法测量。其测量程序遵照附录 E 所述。

注：误差常常是在估算中造成的。应进行一次单独的粗略核查，测量部件的外壳温度，再加上与结构适应的绕组与外壳的温度差。

定期检查所有温度测量仪是重要的。并推荐各测量机构应互换灯具以增进在不同温度下不同材料测量的一致性。

K.2 灯座绝缘部件的温度测量

热电偶应布在下述测量点上，如图 K.1 所示：

a) 灯座口圈（金属或陶瓷灯座上不布点）；

b) 灯头和灯座之间的接触点（适于陶瓷以外的绝缘材料）

应该注意，测量在灯座上进行，应尽可能靠近灯头和灯座的接触点，但不能接触灯头；

c) 离灯座接线端子最远 10 mm 的电缆分叉处（由于接线可能触及这个测量点，因此这个测量点是很重要）。

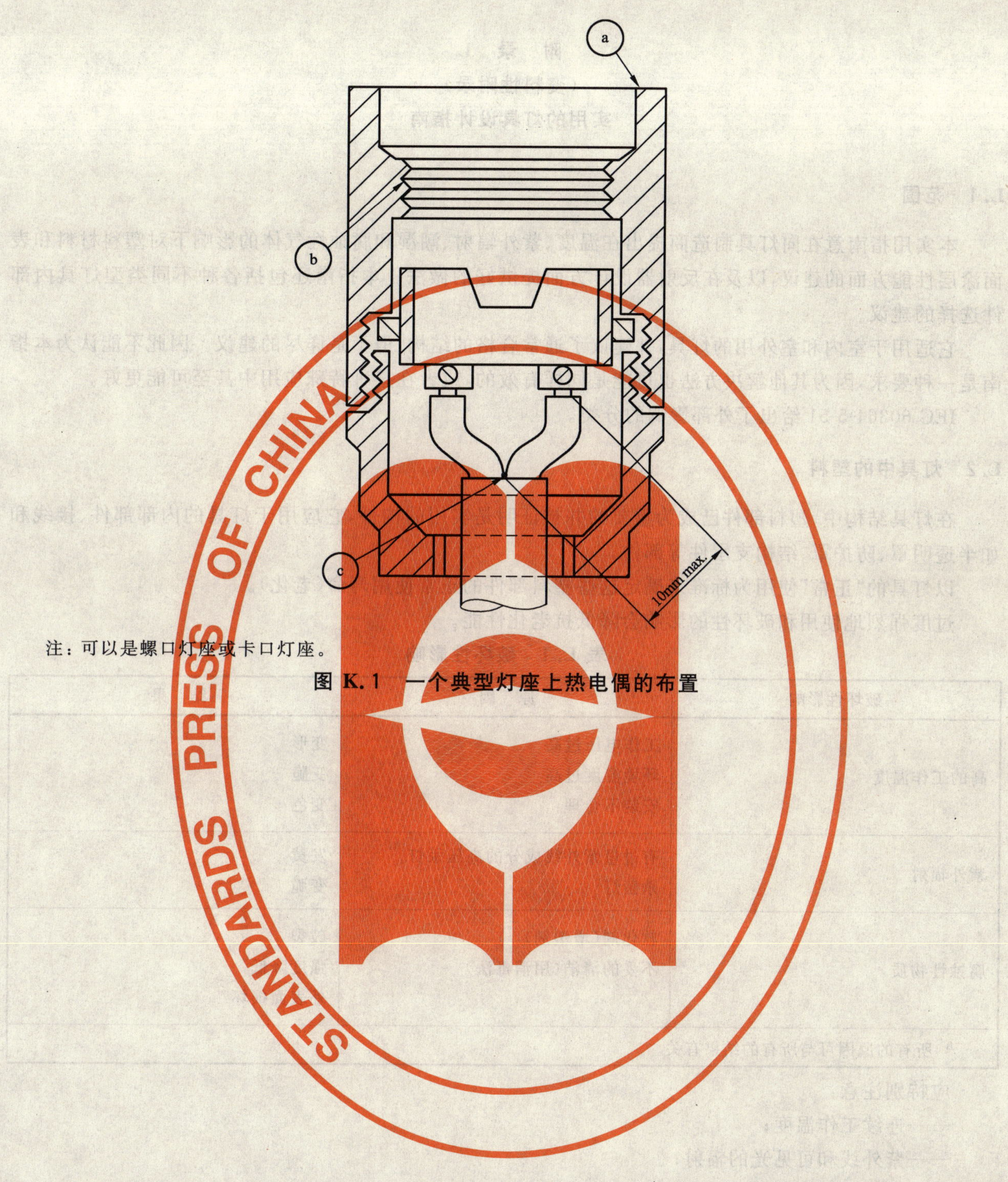

注：可以是螺口灯座或卡口灯座。

图 K.1 一个典型灯座上热电偶的布置

附 录 L
（资料性附录）
实用的灯具设计指南

L.1 范围

本实用指南意在向灯具制造商提出在温度、紫外辐射、潮湿和腐蚀性气体的影响下对塑料材料和表面涂层性能方面的建议，以及在反射器设计方面提供好的做法。本指南还包括各种不同类型灯具内部件选择的建议。

它适用于室内和室外用的灯具，并建议了通常合格的结构，但不是详尽的建议。因此不能认为本指南是一种要求，因为其他解决方法也可能是同样有效的，或者在某种特殊应用中甚至可能更好。

IEC 60364-5-51 给出了外部影响的分类。

L.2 灯具中的塑料

在灯具结构中，塑料部件已成为重要的并被证明是实用的构件，它应用于灯具的内部部件、接线和如半透明罩、防护罩、结构支承件等部件。

以灯具的“正常”使用为标准来确定这些塑料部件的正常使用寿命(老化)。

过度强烈地使用和破坏性的影响会降低抗老化性能。

表 L.1 破坏性影响

破坏性影响	原 因	结 果[a]
高的工作温度	工作电压过高 环境温度过高 安装不合理	变形 变脆 变色
紫外辐射	有过量紫外线成分的高压汞灯 杀菌灯	发黄 变脆
腐蚀性物质	软化剂(增塑剂) 不妥的清洁(用消毒法)	破裂 强度降低 外表面损坏
[a] 所有的原因可与所有的结果有关。		

应特别注意：

——连续工作温度；

——紫外线和可见光的辐射；

——静态和动态的机械冲击；

——空气的氧化作用。

这些影响的某种组合特别重要，并能使材料变得不适宜于原来打算的用途。例如，紫外辐射再加上热，可以使 PVC 电缆的绝缘层产生绿色物质，这说明绝缘下降。关于以一般名词命名的特种材料所公布的特性可能由于所用的填充剂或防腐蚀剂及制造工艺和设计而不同。

L.3 防锈

在正常室内空气中使用的灯具可以用各种材料制成。

灯具的金属板材部件应进行适当的预处理和表面抛光，如烘漆。

没有涂层的铝质反射器和格栅，应该用带阳极氧化层的铝合金。

灯具的辅助部件，如夹子、铰链等，用适当的材料电镀，就可在正常室内空气中满意的使用。适宜的涂层是锌、镍/铬和锡。

注：在潮湿条件下室内用灯具的电气安全应用本部分第9章的试验来检验。

L.4 防腐蚀

室外使用或室内高湿空气中使用的灯具，应有足够的防腐蚀性能，尽管灯具不被要求在有化学气体的条件下工作，但要记住所有环境中均含有少量比例的腐蚀性气体，如二氧化硫，并且当长时间在潮气中时可能引起严重的腐蚀。

在评价灯具的抗腐蚀性能时，应牢记封闭灯具的内部(即使灯具有一个或几个排水孔)受的腐蚀比灯具的外部少。

下述金属或组件具有足够的防腐蚀性能：

a) 紫铜和青铜，或含铜量不低于80%的紫铜；

b) 不锈钢；

c) 铝(板、挤压或压铸)和压铸锌都能防止大气中的腐蚀；

d) 至少3.2 mm厚的铸铁或可锻铸铁，外表面至少镀0.05 mm厚的锌，内表面有这种材料的可见镀层；

e) 镀锌钢板，镀层平均厚度0.02 mm；

f) 聚合材料，见L.1下的条文。

彼此接触的金属部件应该用电化序列上彼此接近的金属做成，以免电解腐蚀。例如，紫铜或其他合金铜不能与铝或铝合金接触；它们之中的任一种材料与不锈钢接触是可取得多。

室外使用的塑料通常应选择在很长的工作时间内它的特性没有明显变化，如聚丙稀。

纤维素材料一般不适用于高湿条件，不管是室内还是室外。其他材料包括聚苯乙烯在内，在室内使用是适合的，若用到室外，由于潮气和太阳辐射就容易严重损坏。

打算在高湿条件(室内或室外)下使用的塑料灯具的结构，包括粘接的接头，最重要的是长时间暴露在湿气中的粘结剂不变质。

注：在潮湿条件下室外使用的灯具的电气安全应用本部分第9章的试验来检验。

L.5 化学腐蚀性空气

在有相当浓度的化学腐蚀性蒸气或气体的地方，特别是出现凝露的地方，所用的灯具除按上述室外灯具要求的预防措施外，还要采取下述额外预防措施：

a) 一般讲，与金属板材灯具相比，用防腐蚀金属铸造的壳体的灯具能较好的工作。

b) 由于大多数金属都受到某些腐蚀性物质的破坏作用，使用金属的地方应尽可能选用现有的防特殊腐蚀物质的金属。压铸铝对大多数用途是令人满意的。

c) 同样，在选用涂料或其他防护方法时，应按照特定的腐蚀物质或一组腐蚀物质来选择。例如，高的防酸涂料却不能承受某些强碱的侵蚀。

d) 如聚丙稀、PVC和聚苯乙烯等类似的塑料，能很好地抵抗大多数无机酸和碱的侵蚀。但它们易受到许多有机液体和蒸气的侵蚀。由于这种作用取决于塑料的类型和特定的化学成分，所以选择的材料要适合特定的环境条件。

e) 搪瓷涂层可以防止许多化学物质。但重要的是，如要在腐蚀性很强的空气中满意的工作，搪瓷涂层应没有破裂区域或裂纹。

L.6 反射器设计

用于反射光线的材料同样以非常相似的方式反射红外线光谱。这样,起光学作用的反射器也将从灯具反射大多数红外线,这就降低了过热作用。

重要的是热的聚光灯不是聚光在灯具的部件上和光源上的,部件被聚光的话,其性能会受影响或材料的耐久性会缩短。特别要推荐的是,反射光(与红外线)不能反射到光源壁、光源钨丝或电弧放电管上。这会影响到光源的寿命,更严重的会使泡壳或电弧管损坏。

不能超过光源标准中所给出的最高工作温度(见 0.2 中的引用标准)。

L.7 不同类型灯具的部件

在部件标准内,爬电距离和电气间隙通常与某个条件相关,例如污染等级 2,过压类别Ⅰ,在选择灯具部件时应考虑这些条件。其他参数,例如耐火和(或)耐起痕,也会影响灯具内部件的选择。这同样意味着,当相关条件占有优势时,考虑中的部件可以在大部分灯具内使用。某些灯具就要应用更苛刻的条件,例如道路和街路照明灯具,应急照明灯具等等。这就意味着,不符合这些更严酷条件的"普通"部件不能使用。因此,灯具制造商将不得不致力于使部件符合不同类别灯具的不同条件。

将来,选择灯具部件时应考虑下述因素:

A. 部件的微观环境

A1. 起痕(IEC 60112)

——不要求进行起痕试验的普通环境。

——要求在 175 V(例如 CTI 175)时进行起痕试验的环境。

A2. 污染等级(GB/T 16935.1)

——污染等级 1

——污染等级 2

——污染等级 3

——污染等级 4

B. 过电压类别(GB/T 16935.1)

—— 过电压类别Ⅰ

——过电压类别Ⅱ

——过电压类别Ⅲ

——过电压类别Ⅳ

C. 防火(IEC 60695-2 系列)

——650℃灼热丝试验

——850℃灼热丝试验

附　录　M
（规范性附录）
GB 7000—1986 表 14 与本部分表 11.1 的转换指南
爬电距离和电气间隙的确定

爬电距离和电气间隙/mm	Ⅰ类灯具	Ⅱ类灯具	Ⅲ类灯具
最大工作电压/V(不超过)	24　250　500　1 000	24　250　500	50
(1) 不同极性的带电部件之间	基本绝缘 爬电距离或电气间隙 PTI≥600 或 PTI<600	基本绝缘 爬电距离或电气间隙 PTI≥600 或 PTI<600	基本绝缘 爬电距离或电气间隙 PTI≥600 或 PTI<600
(2) 带电部件和可触及金属部件之间，以及带电部件和绝缘部件的外部可触及表面之间	基本绝缘 爬电距离或电气间隙 PTI≥600 或 PTI<600	加强绝缘 爬电距离或电气间隙 PTI≥600 或 PTI<600	基本绝缘 爬电距离或电气间隙 PTI≥600 或 PTI<600
(3) Ⅱ类灯具中由于功能绝缘[a]损坏而成为带电的部件和易触及金属部件之间		附加绝缘 爬电距离或电气间隙 PTI≥600 或 PTI<600	
(4) 软缆或软线的外表面和可触及金属部件之间，该软缆或软线用绝缘材料的软线固定架、电线支架和线夹固定		附加绝缘 爬电距离或电气间隙 PTI≥600 或 PTI<600	
(5) 不使用			
(6) 带电部件和其他金属部件之间，它们和支承面（天花板、墙、桌子等等）之间，或带电部件和中间无金属隔板的支承面之间	附加绝缘	加强绝缘	基本绝缘

[a] 在本文中功能绝缘被理解为基本绝缘。

附 录 N
(资料性附录)
F 标记灯具的解释

当提供的灯具带有F符号时，表示它适合于直接安装在普通可燃材料表面，无论是否有隔热材料覆盖。普通可燃材料被定义为包括建筑材料在内的诸如木材以及以木为基底、厚度大于2 mm的材料。

最初相应灯具的要求只适用于有镇流器或变压器的灯具。由于F符号的使用已经延续10年以上并被广泛接受，这个符号的使用已经扩大到了所有灯具，包括白炽灯灯具。

起初的F标记要求建立在两个不同特性的基础上：

a) 防止在镇流器寿命终了时可能的火焰(见4.16.1)；

b) 防止在异常工作期间(启动器短路)以及由于意外的故障(见4.16.2)时镇流器产生的热。

N.1 防火

关于镇流器寿命终了时从镇流器绕组射出火焰，持续十年以上的实践没有资料来表明这个假设。

其他元件，例如电容，要经受破坏性试验以证明其不安全。

还要记住的是，灯具可燃材料的熄灭特性根据4.15的要求试验，没有证据表明保留绕组和安装表面之间插入材料的要求是正确的。因此这条要求从GB 7000—1986中删去了。

N.2 防热

为防止安装表面过度受热，本标准给出了可供选择的三个等效的防护方法，由制造商选择：

——间距；

——测定温度；

——热保护器。

N.2.1 间距

镇流器或变压器离安装表面的最小距离是：

a) 10 mm，包括灯具壳体外表面与灯具安装表面之间最小3 mm的空气间距和镇流器或变压器与灯具壳体内表面之间最小3 mm的空气间距。

如果没有镇流器外壳或变压器外壳，10 mm间距应从有效部位(如镇流器绕组)开始算起。

镇流器/变压器有效部位与安装表面之间距离允许小于35 mm时，镇流器/变压器保护区域的灯具壳体应是坚固连续的，否则要应用b)条的规定。对灯具壳体的材质没有要求，它们可以是符合4.15的绝缘材料。

如果镇流器或变压器与灯具安装表面之间没有灯具壳体，那么两者之间的距离应至少是35 mm。

b) 35 mm，间距35 mm起先是考虑到U形安装的灯具，其镇流器/变压器到安装表面的距离常大于10 mm。

N.2.2 异常条件或故障镇流器条件下安装表面的温度测量

温度测量可以证明在异常条件或故障镇流器条件下，灯具的安装表面不会达到过高的温度。

这些要求和试验是基于这样一种假设，即镇流器或变压器故障期间，如由于绕组短路，在15 min后镇流器绕组的温度不超过350℃，在15 min后，相应的安装表面温度不会超过180℃。

同样，在镇流器异常条件下安装表面温度应不超过130℃。在环境温度和1.1倍电源电压下，测量绕组和安装表面的温度并标绘在图上，然后通过这些点连一条直线。这条直线的延长线在350℃绕组温度时不应达到代表180℃安装表面温度的这一点(见图9)。

对普通可燃材料表面，安装表面的极限温度与随时间而变的木材的引燃温度有关(见图 27)。

N.3 热保护器

热保护器可以是镇流器的部分或在镇流器外面。

——热保护镇流器的要求由有关的镇流器标准所涉及。

热保护镇流器标有符号 P 或 ∵。这些点由保护器断开电路时的额定最高壳体温度代替，温度以℃为单位。

标有 P 或 ∵ 符号，限值小于等于 130℃的热保护镇流器提供灯具安装表面完全的保护，而不需要在灯具内附加任何措施。它意味着以有关的时间为基础，符合在异常条件下允许的最高外壳温度，如 130℃，以及在故障镇流器条件下安装表面温度不超过 180℃。

带 ∵ 符号数值大于 130℃的热保护镇流器，必须结合带有外装热保护器的镇流器的灯具的一起进行检验。

带有外装热保护器镇流器的灯具，以及装有标有的热保护温度高于 130℃镇流器的灯具，通过测量热保护器断开电路时灯具安装表面的温度进行检验。试验期间，记录灯具安装表面的温度，异常条件下，不能超过允许的最高温度，如 130℃；镇流器故障条件下，以有关的时间为基础，不能超过的最高温度(见表 N.1)。

表 N.1 热保护工作

安装表面最高温度/℃	从 135℃升到最高温度的最长时间/min
180 以上	0
175 和 180 之间	15
170 和 175 之间	20
165 和 170 之间	25
160 和 165 之间	30
155 和 160 之间	40
150 和 155 之间	50
145 和 150 之间	60
140 和 145 之间	90
135 和 140 之间	120

附 录 O：空缺

附 录 P
（规范性附录）
安装于使用金属卤化物灯灯具上作为抗紫外线辐射保护措施的防护罩的要求

P.1 引言

用金属卤化物灯的灯具，其发射出的紫外线辐射需要有防护措施的，应该装一个适当的防护罩。应使用下述程序选择防护罩：

P.2 程序 A

a) 从光源制造商处得到的信息来规定光源的最大 P_{eff^*} 值。

注1：P_{eff^*} 代表一个无防护罩灯泡特别的有效功率，并被定义为与光通量有关的紫外线辐射的有效功率 P_{eff^*}。为了实用起见，它的单位是：mW/klm。

注2：P_{eff^*} 是由 ACGIH（参见：临界限值和生物学曝光指数，AGGIH，Cincinnati，Ohio）出版并由 WHO（国际卫生组织）签署的光源在有效光谱系列中光谱能量分布加权后得到的。

注3：有效的光谱范围将从 200 nm～315 nm 扩展到 200 nm～400 nm，然而，为了做出评价，200 nm～315 nm 之间的加权应该能满足正常照明用白光光源的需要。

b) 根据实际情况下透射特性 T 评价紫外线辐射防护罩的要求如下，考虑到灯具的预期使用：

$$T \leqslant \frac{\mathrm{DEL}}{3.6 \cdot P_{eff^*} \cdot t_s} \times \frac{1\,000}{E_a}$$

其中

T：工作温度下 200 nm～315 nm 内任一波长的最大透射；

DEL：日常曝辐限值（$=30\ \mathrm{J/m^2}$）；

t_s：预期每天最长的受照时间，单位：h；

E_a：预期的最大照度，单位：lx。

等式可以简化为：

$$T < \frac{8.3 \cdot 10^3}{P_{eff^*} \cdot t_s \cdot E_a}$$

注：假设反射器为普通材料时，公式有效，例如阳极氧化铝对作为紫外辐射和可见光辐射具有相同的反射率，在这种情况下已经在必要的精度内了。

c) 根据计算值 T，选择一个在 200 nm～315 nm 范围内透射的防护罩。

例如

$P_{eff^*} = 50\ \mathrm{mW/klm}$

$t_s = 8\ \mathrm{h}$（每天）

$E_a = 2\,000\ \mathrm{lx}$

$T < 0.01$，在整个光谱光化区域内防护罩的透射率应低于 1%。

a)、b)和 c)规定的程序将保证金卤灯的互换性并且对于不同的金属卤化物添加剂，也遵守提供光源的最大 P_{eff^*} 值。

P.3 程序 B

如果有疑问，为检查防护罩的适宜性以及与紫外线和可见辐射的反射系数有明显差异的反射器材料的影响，应完成对来自灯具的紫外线辐射的直接测量，例如当采用非金属涂层时。

直接测得的灯具的 E_{eff^*} 的结果应符合下述要求：

$$E_{\mathrm{eff}^{*}} \leqslant \frac{8.3 \cdot 10^{3}}{t_{\mathrm{s}} \cdot E_{\mathrm{a}}}$$

其中

$E_{\mathrm{eff}^{*}}$:测得的特定的有效辐照度,E_{eff}被定义为与照度有关的紫外线辐射的有效辐照度。

$$E_{\mathrm{eff}^{*}} \text{的量纲是:} \frac{\mathrm{mW}}{\mathrm{m}^{2}}/\mathrm{klx}$$

附　录　Q
（资料性附录）
制造期间的合格试验

Q.1　概述

本附录规定的试验应由制造商在生产后对每一个灯具进行，就安全而言，意在展现材料和制造的不可接受的变化。这些试验不削弱灯具的特性和可靠性，它们不同于本部分中某些型式试验，使用较低电压。

为确保每一个灯具与符合本部分的型式试验认可样品的一致性，必须进行较多的试验。制造商应根据其经验确定这些试验。

在质量手册的框架内，制造商可改变本试验程序和数值使其更适合于生产安排，在制造的适当的阶段可进行某些试验，提供确保本附录规定的安全等级至少相等的证明。

Q.2　试验

表 Q.1 列出的所有电气试验应在所生产的所有灯具上 100%进行。应确保将不合格的产品扔弃或返工。

应用目视检验，确保：

a)　所有规定的标贴牢固地固定在位；

b)　制造商的说明书放入灯具内，如果必要的话；

c)　灯具是完整的，与产品的核查单对照，完成机械检查。

通过这些试验的所有产品应适当的予以识别。

表 Q.1　电气试验的最小值

试验	灯具的分类和合格性			
	Ⅰ类灯具	金属外壳的 Ⅱ类灯具	电源 25 V 以上 金属外壳的Ⅲ类灯具	绝缘外壳的 Ⅱ类和Ⅲ类灯具
功能测试/电路连续性 (带灯泡或模拟灯)	一般在正常工作电压下			
接地连续性 测试灯具上的接地端子与可能变成带电的最易触及部件之间。 可调节的灯具位于最不利的位置。	最大电阻 0.50 Ω。 测量时通过的最小电流为 10 A，电压在 6 V 和 12 V 之间，至少 1 s。	不适用		
a)　电气强度 或	最大断开电流 5 mA。 测量时施加最小电压 1.5 kV a.c.，时间至少 1 s，或 $1.5\sqrt{2}$kV d.c. 或	最大断开电流 5 mA。 测量时施加最小电压 1.5 kV a.c.，时间至少 1 s，或 $1.5\sqrt{2}$kV d.c. 或	最大断开电流 5 mA。 测量时施加最小电压 400 V a.c.，时间至少 1 s，或 $400\sqrt{2}$V d.c. 或	不适用

表 Q.1(续)

试验	灯具的分类和合格性			
	Ⅰ类灯具	金属外壳的 Ⅱ类灯具	电源 25 V 以上 金属外壳的 Ⅲ类灯具	绝缘外壳的 Ⅱ类和 Ⅲ类灯具
b) 绝缘电阻 在带电和中性端子连接在一起作为一个电极与接地端子之间或Ⅱ类和Ⅲ类灯具的导体与金属外壳之间测量	最小绝缘电阻 2 MΩ。测量时施加 500 V d.c.,时间为 1 s。	最小绝缘电阻 2 MΩ。测量时施加 500 V d.c.,时间为 1 s。	最小绝缘电阻 2 MΩ。测量时施加 100 V d.c.,时间为 1 s。	
极性 在进线端子处试验	灯具的正确工作需要时	不适用		

附　录　R
（资料性附录）
文　献　目　录

下述资料性文献是有关信息或导则的出版物，不在本部分的文本中引用，也不在本部分的第二部分中引用。鼓励读者探讨使用最新版本的可能性。

GB/T 2951.6　电缆绝缘和护套材料通用试验方法　第3部分：聚氯乙烯混合料专用试验方法　第1章：高温压力试验　抗开裂试验(idt IEC 60811-3-1)

IEC 60081　双端荧光灯　性能要求

IEC 60216(所有部分)　电气绝缘材料　耐热特性[3)]

IEC 60249(所有部分)　印刷线路板的基底材料

IEC 60364(所有部分)　建筑物电气设备

IEC 60364-5-51　建筑物电气设备　第5-51部分：电气设备的选择和安装　通则

IEC 60364-7-702　建筑物电气设备　第7部分：特殊设施或场所的要求　第702章：游泳池和其他水池

IEC 60432-3　白炽灯　安全要求　第3部分：卤钨灯(非车辆用)

GB 7000.6　内装变压器的钨丝灯具安全要求(idt IEC 60598-2-6)

IEC 60682　石英卤钨灯封接部位温度的标准测量方法

IEC 60695-2-11　着火危险试验　第2-11部分：灼热/热丝基本试验方法　成品灼热丝可燃性试验方法

IEC 60921　管形荧光灯镇流器　性能要求

IEC 60923　灯的附件　气体放电灯(管形荧光灯除外)镇流器　性能要求

IEC 60925　管形荧光灯用直流供电电子镇流器　性能要求

IEC 60972　新照明产品的分类和解释

IEC 61210　连接装置　平的电气铜导体快速接线端头　安全要求

IEC 61346-1　工业系统、安装和设备以及工业产品　结构原理和参考名称　第1部分：基本规则

ISO 1891　螺栓、螺钉、螺母及附件　名词术语

---

3) IEC 60216以前的名称是：确定电气绝缘材料耐热性能的导则。

附 录 S
（规范性附录）
产品重新试验时所需的更严酷/关键要求的修改条款一览表

分条款 4.4.9
分条款 12.4
分条款 12.5
分条款 12.6
分条款 12.7
附录 C

附　录　T
（规范性附录）
对进行型式试验的灯具的系列或族的识别要求

T.1　总则

从具有类似结构的一个系列灯具中选择型式试验样品进行型式认可试验时，选择的灯具应是那些代表最不利部件和外壳的组合。

T.2　灯具系列或族

一个具有类似结构的系列或族灯具应考虑到：

a)　符合同样的 GB 7000 其他适用的部分。

b)　装有具有如下相同特性的光源：

　　1)　钨丝灯，包括卤钨灯；

　　2)　荧光灯；

　　3)　气体放电灯。

c)　相同的防触电保护类别。

d)　相同的 IP 等级。

　　应根据 T.2 来确定其符合性。

注：要对每个系列灯具进行逐个考虑。系列灯具必须由同一制造商在相同的质量保证体系下制造，系列中型号的派生应重点鉴别所用的材料、部件和所用的工艺。型式试验样品应由制造商和试验机构协商选择。

附 录 U
（资料性附录）
关于0类灯具

U.1 引言

多年来，0类灯具已经不生产了。根据ACOS（安全咨询委员会ADVISORY COMMITTEE ON SAFETY的英文缩写）强烈的建议，而且为了一般的安全习惯，0类灯具被国际标准排除了。然而，在一些国家里，这类设备还保留着，特别是在一些旧的设施内。所以本附录保留关于0类灯具的试验要求是必要的。

U.2 定义

见1.2.21。

U.3 要求和试验

下面是对IEC 60598-1第5版的修订，目的是在第6版的主体中删除关于0类的内容。

1.2.22 删去注2，注3成为注2。

2.2 用下文替代第1段的第1句：

按防触电保护型式，灯具应分类为Ⅰ类、Ⅱ类或Ⅲ类（见第1章的定义）。

删除第1段的第2句。

删除第2段。

删除最后一段和最后的注。

4.7.1 第1段作如下修订：

Ⅰ类和Ⅱ类可移式灯具以及经常调节的Ⅰ类和Ⅱ类固定式灯具内，……

4.13.4 删除第2段

表5.1删除第一行。

8.2.1 将第6段的的开头作如下修改：

Ⅰ类和Ⅱ类灯具……

删除表10.2和10.3第2栏开头的“0类和”。

将表10.3第一行改成：

Ⅱ类1)

附录M，将表的第一行第2个框改成：

Ⅰ类灯具

ICS 29.140.40,97.200.50
K 72

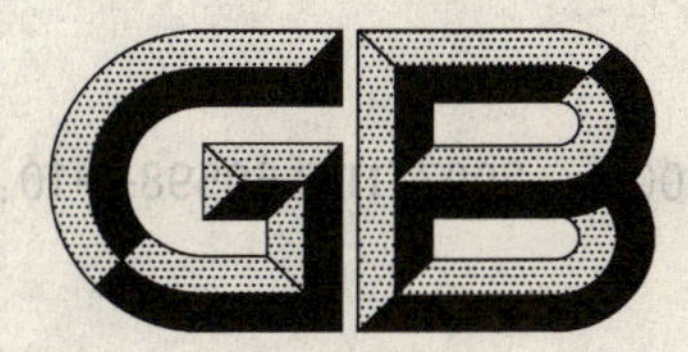

中华人民共和国国家标准

GB 7000.4—2007/IEC 60598-2-10:2003
代替 GB 7000.4—1996

灯具　第2-10部分：特殊要求 儿童用可移式灯具

Luminaires—Part 2-10: Particular requirements—Portable luminaires for children

(IEC 60598-2-10:2003,IDT)

2007-11-12 发布　　2009-01-01 实施

中华人民共和国国家质量监督检验检疫总局
中国国家标准化管理委员会　发布

前 言

本部分的全部技术内容为强制性。

本部分为 GB 7000 的一个部分，GB 7000 现有 19 个部分，到本部分出版之日，已出版的 GB 7000 如下：

——GB 7000.1—2007 灯具 第 1 部分：一般要求与试验
——GB 7000.2—1996 应急照明灯具安全要求
——GB 7000.3—1996 庭园用的可移式灯具安全要求
——GB 7000.4—2007 灯具 第 2-10 部分：特殊要求 儿童用可移式灯具
——GB 7000.5—2005 道路与街路照明灯具安全要求
——GB 7000.6—1996 内装变压器的钨丝灯灯具的安全要求
——GB 7000.7—2005 投光灯具安全要求
——GB 7000.8—1997 游泳池和类似场所用灯具安全要求
——GB 7000.9—1998 灯串安全要求
——GB 7000.10—1999 固定式通用灯具安全要求
——GB 7000.11—1999 可移式通用灯具安全要求
——GB 7000.12—1999 嵌入式灯具安全要求
——GB 7000.13—1999 手提灯安全要求
——GB 7000.14—2000 通风式灯具安全要求
——GB 7000.15—2000 舞台灯光、电视、电影及摄影场所（室内外）用灯具安全要求
——GB 7000.16—2000 医院和康复大楼诊所用灯具安全要求
——GB 7000.17—2003 限制表面温度灯具安全要求
——GB 7000.18—2003 钨丝灯用特低电压照明系统安全要求
——GB 7000.19—2005 照相和电影用灯具（非专业用）安全要求

本部分应与 GB 7000.1—2007《灯具 第 1 部分：一般要求与试验》一起使用。

本部分代替 GB 7000.4—1996《儿童感兴趣的可移式灯具安全要求》。

与 GB 7000.4—1996 比较，本部分的主要变化如下：

——标准名称和适用范围变化，本版列出了 6 种不适用的情况（见 1.1 条）。
——1996 版儿童灯的防触电保护分类为Ⅲ类，本版分类为Ⅱ类和Ⅲ类（见 4.1 条）。
——标记内增加关于适用的变压器的说明，增加警告，限制某些灯具适用的儿童年龄范围（5.1，5.3）。
——灯具跌落试验的高度从 1 000 mm 降低到 850 mm，而且提出了对钢板的规定（6.3.2）。
——规定了软缆或软线的长度（6.5）。
——对灯具上的开关做出了规定（6.6）。
——规定了灯具上易触及部件的最高温度限值（12）。
——规定了灯具上纺织品的耐火试验要求（15.2）。

本部分等同采用 IEC 60598-2-10：2003《灯具 第 2-10 部分：特殊要求 儿童用可移式灯具》（第 2 版）。

本部分由中国轻工业联合会提出。

本部分由全国照明电器标准化技术委员会灯具标准化分技术委员会归口。

本部分负责起草单位：飞利浦电子贸易服务（上海）有限公司，上海时代之光照明电器检测有限公司，上海市照明灯具研究所。

本部分起草人：陈超中、施晓红、金鑫、姚梦明。

本部分第 1 版于 1996 年发布，本版是第 1 次修订。

IEC 前言

1) IEC(国际电工委员会)是一个所有国家电工委员会(IEC 国家委员会)组成的世界性国际标准化组织。IEC 的宗旨是促进有关在电器和电子领域内的所有标准化问题的国际合作。为此,IEC 除组织其他活动外,还出版国际标准。把国际标准委托给技术委员会制定,任何对所讨论的问题感兴趣的 IEC 国家委员会都可以参加这个制定工作。与 IEC 建立联系的国际组织、政府组织和非政府组织也可以参加这一制定工作。IEC 按照与国际标准化组织(ISO)达成的协议规定与其保持密切的合作。

2) IEC 关于技术问题的正式决议或协议,是由对该问题感兴趣的国际委员会的代表参加的技术委员会制定的,表达了国际上尽可能接近的一致意见。

3) 这些决议和协议以标准、技术报告或指南的形式出版,以推荐的方式供各国使用,在这个意义上已为各国委员会所接受。

4) 为了促进国际的统一,IEC 国家委员会同意在其国家和地区最大程度地采用 IEC 标准作为其国家标准或地区标准。IEC 标准和相应国家标准或地区标准的任何差异应在后者标明。

5) IEC 不提供表示对某一产品认可的标识,对任何声称符合 IEC 某一标准的产品不承担责任。

6) 要注意这种可能性,即本标准的某些部分涉及到专利内容。IEC 不负责验明这样的专利。

IEC 60598-2-10 是由 IEC 34 灯泡和相关产品的技术委员会的 34D 灯具分技术委员会制定的。

第 2 版取消并代替 1987 年出版的第 1 版,及其 1990 年第 1 号修订件和 1995 年第 2 号修订件。它形成的是一个技术修订版。

本版标准以下述文件为基础:

FDIS	表决报告
34D/776/FDIS	34D/779/RVD

批准本标准的表决的完整信息可以在上表指明的表决报告中找到。

本出版物根据 ISO/IEC 指令第 2 部分的规定起草。

本出版物与 IEC 60598-1《灯具　第 1 部分:一般要求与试验》一起使用,并以该标准的第 5 版为基础。

委员会决定本版内容在 2006 年 5 月前保持不变。此后,出版物将:

——重新确认;

——取消;

——被修订版替代,或

——被修订。

灯具　第 2-10 部分:特殊要求
儿童用可移式灯具

1　概要

1.1　范围

本部分规定了儿童用可移式灯具的安全要求,使用的光源是电源电压不超过 250V 的钨丝灯或单端荧光灯。本部分要与 GB 7000.1 的有关章一起使用。

下述情况下,本部分不适用:

——因节日或庆祝活动的需要,作为附加的装饰性要素特别放置在临时装饰结构中的可移式灯具;

——结合了一个插头的低照度背景灯具,例如,一个插入装置的组成部分;

——用电池的灯具或不与主电源直接连接的灯具;

——玩具;

——为成人设计或明显是成人使用的灯具;

——在可移动罩子上带有人物或动物(造型或图形)的二维图形的灯具。

1.2　规范性引用文件

下列文件中的条款通过 GB 7000 的本部分的引用而成为本部分的条款。凡是注日期的引用文件,其随后所有的修改单(不包括勘误的内容)或修订版均不适用于本部分,然而,鼓励根据本部分达成协议的各方研究是否可使用这些文件的最新版本。凡是不注日期的引用文件,其最新版本适用于本部分。

GB 7000.1—2007　灯具　第 1 部分:一般要求与试验(IEC 60598-1:2003,IDT)

GB 7000.11　可移式通用灯具安全要求(GB 7000.11—1999,idt IEC 60598-2-4:1997)

GB 19510.3—2004　灯的控制装置　第 3 部分:钨丝灯用直流/交流电子降压转换器的特殊要求(IEC 61347-2-2:2000,IDT)

ISO 6941:1984　纺织品　燃烧性能　垂直方向试验火焰蔓延性的测定

ISO 8124-1:2000　玩具安全　第 1 部分:与机械和物理特性相关的安全

ISO 8124-2:1994　玩具安全　第 2 部分:可燃性

ISO 8124-3:1997　玩具安全　第 3 部分:某些元素的移动

IEC 61032:1997　对人和设备的外壳防护　检验试具

IEC 61558-2-6　电力变压器、电力电源部件及类似部件　第 2-6 部分:通用安全隔离变压器的特殊要求

IEC 61558-2-7　电力变压器、电力电源部件及类似部件　第 2-7 部分:玩具用变压器的特殊要求

2　一般试验要求

应用 GB 7000.1—2007 第 0 章。GB 7000.1—2007 规定试验的顺序应按本部分的规定进行。

3　定义

应用 GB 7000.1—2007 第 1 章确立的和以下定义。

3.1

儿童用可移式灯具　portable luminaire for children

在正常使用情况下,连接着电源可从一处移至另一处的灯具,而且灯具设计所提供的安全程度超过

符合 GB 7000.11 的可移式通用灯具。

注：儿童用可移式灯具是为使用时可能没有适合的人监护的儿童设计的。

3.2

儿童 children

年龄不到 14 岁的人。

3.3

可拆卸部件 removable parts

不用工具可以从灯具上拆卸的部件。

4 分类

儿童用可移式灯具应根据 GB 7000.1—2007 第 2 章和本部分 4.1 的要求进行分类。

4.1 按防触电保护类型，儿童用可移式灯具应分类为Ⅱ类或Ⅲ类，此外，还应分类为适宜于直接安装在或竖立在普通可燃材料表面。

对于Ⅲ类灯具，额定电压不应超过 24 V(安全特低电压)。

用钨丝灯的Ⅱ类灯具的工作电源应来自一个变压器/转换器，它提供不超过 24 V 安全特低电压，永久性地连接到带有Ⅲ类绝缘部件的灯具。

使用单端荧光灯的Ⅱ类灯具应只限于这样的使用。

5 标记

GB 7000.1—2007 第 3 章和以下 5.1～5.3 的要求一起使用。

5.1 要使用钨丝灯的所有儿童用Ⅲ类灯具应标记：

“只能使用符合 IEC 61558-2-6 有短路保护安全隔离变压器或符合 IEC 61558-2-7 的玩具变压器”，或者适宜的话“只能使用符合 GB 19510.3—2004 附录 I 规定的钨丝灯用交流电子降压转换器”。

变压器或转换器的最大输出(单位 VA)应在灯具上或灯具提供的说明书上标出。

5.2 指示适宜于安装在普通可燃材料表面的符号无要求。

5.3 对于含有不符合 6.4 要求的部件而不打算给 36 个月以下的儿童使用的灯具，应在包装和所有说明书上提供警告：**“由于存在小的可拆卸部件，36 个月以下儿童不宜”**。

6 结构

GB 7000.1—2007 第 4 章和以下 6.1～6.8 的要求一起使用。

6.1 使用钨丝灯的儿童用可移式灯具应与给出安全特低电压的变压器/转换器一起提供。

6.2 儿童用的可移式灯具应有足够的平稳性。

用下述方法进行检验，灯具以正常使用最不利的位置放置在一个和水平面成 15°夹角的平面上，平面的表面不使灯具滑动。灯具不应翻倒。

6.3 儿童用的可移式灯具应有足够的机械强度，并且结构应能承受粗糙的操作。

合格性通过对已经符合 6.7 要求的灯具进行 6.3.1 和 6.3.2 试验来检验。

6.3.1 构成防过热保护或防止接触灯具的发热部件的罩壳或类似部件，以及灯具结构上使用的玻璃(光源除外)在进行 GB 7000.1—2007 第 4 章 4.13 试验期间应使用 0.7 Nm 冲击能量。

6.3.2 除了变压器或转换器以外，儿童用可移式灯具应允许以最不利的位置从 850 mm±50 mm 的高度跌落到钢板上一次，钢板覆有厚 2 mm、肖氏 A 硬度为 75±5 的橡皮。

6.4 除非按 5.3 标记，儿童用可移式灯具不应含有任何可以完全进入 ISO 8124-1:2000 图 13 规定圆筒的小的可拆卸部件或元件。

试着以任一方向将未压缩的部件或元件放进圆筒内。

确定部件或元件是否完全不能进入圆筒来判断合格性。

6.5 不可拆卸的软缆或软线的全部长度应限制在 2 m 以内。

用测量来检验合格性。

6.6 儿童用可移式灯具不能使用带开关的灯座。如带有一个开关，它必须是穿线型开关或组合在灯体上，使儿童易接近并操作。

合格性用目视检验。

6.7 儿童用可移式灯具应含有防止直接接触烫的部件的措施。

合格性用测量、目视和使用 IEC 61032:1997 图 13 的小试验指确定热的部件的易触及来检验。

6.8 灯具结构中含有的玩具部件应完全符合 ISO 8124 的相关要求。

7 爬电距离和电气间隙

应用 GB 7000.1—2007 第 11 章的要求。

8 接地规定

儿童用可移式灯具不应提供保护接地或功能接地装置。

9 接线端子

应用 GB 7000.1—2007 第 14 章和第 15 章的要求。

10 外部和内部接线

应用 GB 7000.1—2007 第 5 章的要求。

11 防触电保护

应用 GB 7000.1—2007 第 8 章的要求。

12 耐久性试验和热试验

GB 7000.1—2007 第 12 章和本部分 12.1 一起使用。

IP 分类数字高于 IP20 的灯具，应根据本部分第 13 章的规定，在 GB 7000.1—2007 的 9.2 试验后、9.3 试验前进行 GB 7000.1—2007 12.4 和 12.6 的相关试验以及本部分 12.1 的试验。

在正常工作状态下，测得的易触及金属部件的最高温度应不超过 60℃，其他易触及部件应不超过 75℃，如果光源可触及的话，易触及部件包括光源。

12.1 GB 7000.1—2007 的 12.5 试验应将灯具放在一块厚 15 mm～20 mm，漆成黑色的无光泽层压板上进行。在试验中，灯具被一层棉布和一层毯子组成的薄层整个或部分(按较不利情况)地盖住，毯子放在最上面。用作试验的毯子应为(25±5)mm 厚、面质量为(4±0.4)kg/m^2，而棉布的干面质量应介于 140 g/m^2 和 175 g/m^2 之间。试验结束后，灯具应符合 GB 7000.1—2007 中 12.5 的要求，另外，灯具应不变形且棉布应没有烧焦或被点燃。

13 防尘和防潮

应用 GB 7000.1—2007 第 9 章的规定。

IP 分类数字大于 IP20 的儿童用可移式灯具，GB 7000.1—2007 第 9 章中规定的试验的顺序应用本部分第 12 章规定的试验顺序取代。

14 绝缘电阻和电气强度

应用 GB 7000.1—2007 第 10 章的规定。

15 耐热、耐火和耐电痕

GB 7000.1—2007 第 13 章以及本部分 15.1 和 15.2 的规定一起使用。

15.1 不应使用火焰靠近时容易产生闪烁效应的材料。

15.2 如果灯具使用绒面(例如:丝绒、长毛绒、仿制毛)或其他纺织物面料的部件,应对该面料样品进行 15.2.1 规定的试验。火焰在该表面的蔓延速度不应超过 30 mm/s。

15.2.1 受试部件应承受 ISO 6941 规定的燃烧性能试验,试验火焰以 45°角度施加 3 s,并使燃烧器管口边缘与样品间的距离约 5 mm,用至少 20 mm 高的火焰接触样品下部边缘。为了确定蔓延的速度,应在移开火焰后测量火焰从施加点到达样品的上部边缘所需的时间。由于火焰具有自熄性,火焰没有达到上部边缘,就认为这个部件符合本要求。

ICS 83.160.10
G 41

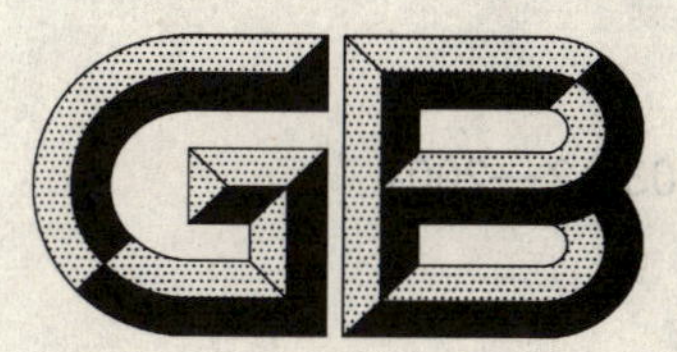

中华人民共和国国家标准

GB 7036.2—2007
代替 GB 7036.2—1997

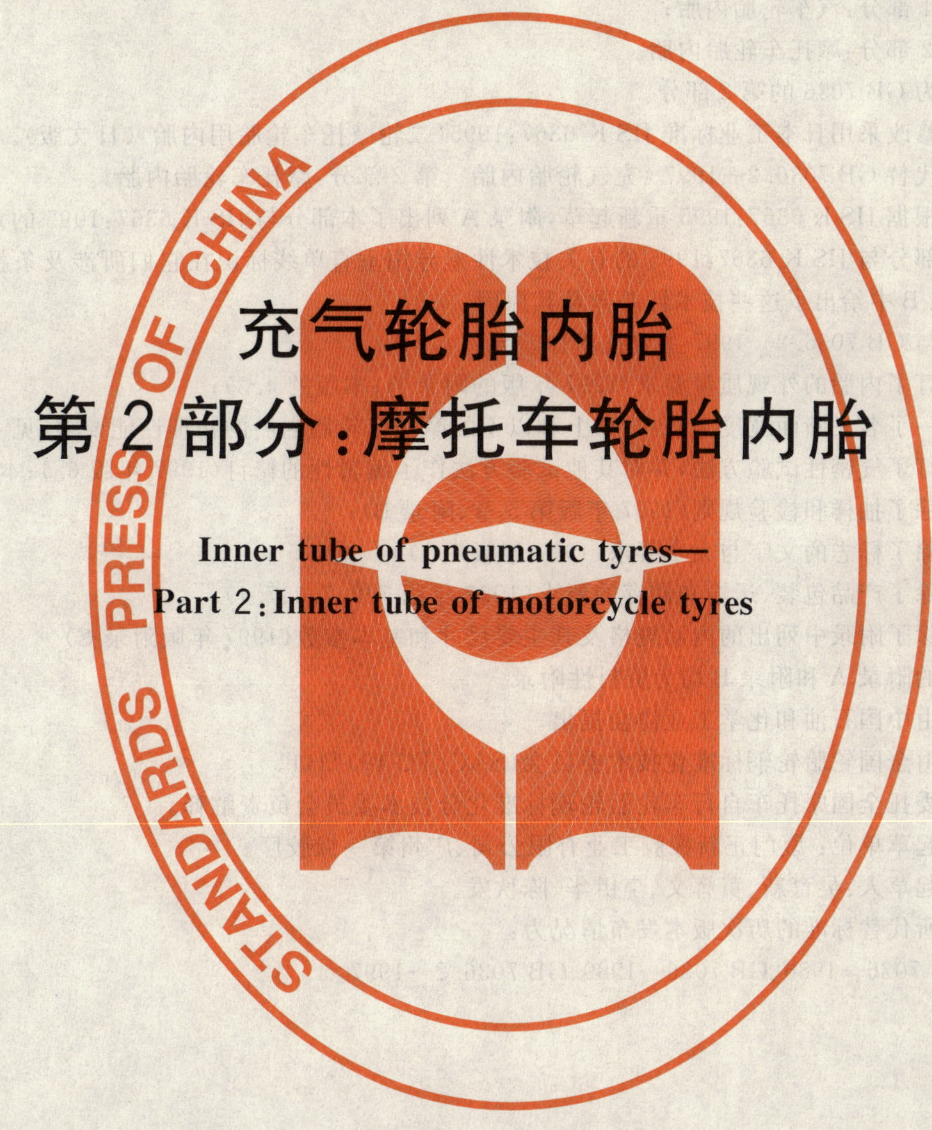

充气轮胎内胎
第2部分:摩托车轮胎内胎

Inner tube of pneumatic tyres—
Part 2:Inner tube of motorcycle tyres

2007-11-01 发布 2008-04-01 实施

中华人民共和国国家质量监督检验检疫总局
中国国家标准化管理委员会 发布

前　言

本部分的第4章、第6章为强制性的，其余为推荐性的。

GB 7036《充气轮胎内胎》分为两个部分：

——第1部分：汽车轮胎内胎；

——第2部分：摩托车轮胎内胎。

本部分为GB 7036的第2部分。

本部分修改采用日本工业标准JIS K 6367:1995《二轮摩托车轮胎用内胎》（日文版）。

本部分代替GB 7036.2—1997《充气轮胎内胎　第2部分：摩托车轮胎内胎》。

本部分根据JIS K 6367:1995重新起草，附录A列出了本部分与JIS K 6367:1995的章条编号对照一览表。本部分与JIS K 6367:1995的有关技术性差异用垂直单线标识在它们所涉及条款的页边空白处，并在附录B中给出了这些技术性差异及其原因。

本部分与GB 7036.2—1997主要技术性差异：

——修订了内胎的外观质量要求（1997年版的附录A；本版的4.3）；

——统一了名义断面宽度为3.00以上和以下的摩托车轮胎内胎的物理性能要求（见4.5）；

——修订了气密性试验方法，并对其他试验方法作了编辑性的修订（1997年版6.1；本版的5.1）；

——删除了抽样和检验规则（1997年版第5章、附录B）；

——删除了标志的文字与大小要求（1997年版7.1）；

——删除了产品包装、运输和储存的要求（1997年版7.2、7.3、7.4）；

——删除了附录中列出的内胎规格及其主要尺寸和基本参数（1997年版附录C）。

本部分的附录A和附录B均为资料性附录。

本部分由中国石油和化学工业协会提出。

本部分由全国轮胎轮辋标准化技术委员会（SAC/TC 19）归口。

本部分委托全国摩托车自行车轮胎轮辋标准化分技术委员会负责解释。

本部分起草单位：厦门正新橡胶工业有限公司、广州第一橡胶厂。

本部分起草人：吴育新、黄辉文、李伊华、陈秋发。

本部分所代替标准的历次版本发布情况为：

——GB 7036—1986、GB 7036—1989、GB 7036.2—1997。

充气轮胎内胎
第2部分:摩托车轮胎内胎

1 范围

GB 7036 的本部分规定了摩托车轮胎的内胎种类、要求、试验方法和标志。

本部分适用于新的摩托车轮胎内胎。

2 规范性引用文件

下列文件中的条款通过 GB 7036 的本部分的引用而成为本部分的条款。凡是注日期的引用文件,其随后所有的修改单(不包括勘误的内容)或修订版均不适用于本部分,然而,鼓励根据本部分达成协议的各方研究是否可使用这些文件的最新版本。凡是不注日期的引用文件,其最新版本适用于本部分。

GB/T 528 硫化橡胶或热塑性橡胶 拉伸应力应变性能的测定(GB/T 528—1998, eqv ISO 37:1994)

GB/T 532 硫化橡胶或热塑性橡胶与织物粘合强度的测定(GB/T 532—1997, idt ISO 36:1993)

GB 1796 轮胎气门嘴

GB 12835 胶座气门嘴

3 内胎种类

根据内胎制造所用的材料分为两类:天然橡胶及天然橡胶并用胶内胎为A类,丁基橡胶及丁基橡胶并用胶内胎为B类。

4 要求

4.1 规格尺寸

内胎规格尺寸应符合相应外胎的配套要求。

4.2 气门嘴

气门嘴的性能、尺寸、要求应符合 GB 1796 或 GB 12835 的规定。

4.3 外观质量

内胎不应存在伤痕、裂口、气泡、海绵状、杂质等影响使用性能的外观缺陷。

4.4 气密性能

内胎应具有良好的气密性,应通过本部分 5.1 规定的试验。

4.5 物理性能

内胎的物理性能应符合表1的规定。

表 1　摩托车轮胎内胎的物理性能及指标

<table>
<tr><th rowspan="2">序号</th><th colspan="3" rowspan="2">试　验　项　目</th><th colspan="2">指标要求</th></tr>
<tr><th>A 类</th><th>B 类</th></tr>
<tr><td>1</td><td colspan="2">拉断伸长率/%</td><td>≥</td><td>500</td><td>450</td></tr>
<tr><td>2</td><td colspan="2">接头拉伸强度/ MPa</td><td>≥</td><td>8.3</td><td>3.4</td></tr>
<tr><td>3</td><td colspan="2">热拉伸变形率/%</td><td>≤</td><td>25</td><td>35</td></tr>
<tr><td rowspan="2">4</td><td rowspan="2">胶座气门嘴胶座与胎身粘合试验</td><td>强度/(kN/m)</td><td>≥</td><td>3.5</td><td>3.5</td></tr>
<tr><td>强力[a]/N</td><td>≥</td><td>150</td><td>150</td></tr>
<tr><td>5</td><td colspan="2">老化后拉伸强度变化率绝对值/%</td><td>≤</td><td>10</td><td>—</td></tr>
<tr><td colspan="6">a　仅适用于无法按照本部分 5.5.1 方法制作试样进行剥离试验的小型胶座气门嘴内胎。</td></tr>
</table>

5　试验方法

5.1　气密性

5.1.1　将 A 类内胎充气，待同一位置内胎断面周长约为内胎双倍平叠断面宽度的 120%后，在室温下放置 12 h；将 B 类内胎充气，待同一位置内胎断面周长约为内胎双倍平叠断面宽度的 130%后，在室温下放置 8 h。

5.1.2　检查是否有泄漏气现象，无明显泄漏气现象的为合格品。

5.1.3　如有明显泄漏气现象，应按上述相同条件重新充气，并浸入水中 1 min，如有 1 个以上气泡冒出，即为不合格。如果在气门芯处漏气，可更换气门芯后再次按上述条件重新进行试验。

5.2　拉伸试验

拉伸试验按 GB/T 528 进行。采用 1 型裁刀，测定拉伸强度、伸长率时，在内胎非接头处同一段的冠部中心、基部中心、上模中心、下模中心处，沿胎体圆周方向各取试样 1 个(如图 1 所示)。测定伸长率时，同时测定拉伸强度，以作为老化试验前的拉伸强度。

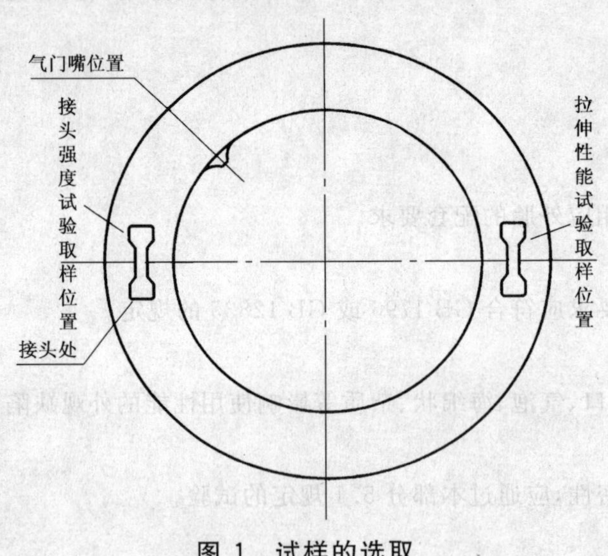

图 1　试样的选取

5.3　接头拉伸强度

试样：在内胎接头处的冠部中心、基部中心、上模中心、下模中心，用 1 型裁刀沿胎体圆周方向各取试样 1 个(按图 1 所示)。试验方法按 GB/T 528 的要求，试验结果采取去掉最大值和最小值的方法按式(1)计算：

$$TB = \frac{S_2 + S_3}{2} \quad \cdots\cdots(1)$$

式中：

TB——接头拉伸强度，单位为兆帕（MPa）；

S_1、S_2、S_3、S_4——试样的测定值（$S_1 > S_2 > S_3 > S_4$），单位为兆帕（MPa）。

5.4 热拉伸变形

在内胎非接头处同一段的上模中心、下模中心，沿胎体圆周方向各取试样1个（如图1所示）。在试样的中部标出25 mm±0.5 mm的间隔标线，用夹持器夹住试样一端，以均匀拉力拉伸试样另一端，使标示线间的距离达到37.5 mm±0.5 mm，并用夹持器夹住，放置于热空气老化箱内，在105℃±2℃条件下老化5 h后，取出试样和夹持器，在室温下冷却2 h，然后迅速去掉张力使试样自然收缩，再在室温下放置不少于8 h，测量两标线间距离，按式(2)求出2个试样的热拉伸变形率，并求出其平均值。

$$PS = \frac{L_1 - L_0}{L_0} \times 100\% \quad \cdots\cdots(2)$$

式中：

PS——热拉伸变形率；

L_0——试验前标线间距离，单位为毫米（mm）；

L_1——试验后标线间距离，单位为毫米（mm）。

5.5 胶座气门嘴胶座与胎身粘合强度或粘合强力

5.5.1 胶座气门嘴胶座与胎身粘合强度

从内胎切取气门嘴胶座样品，在胶座两侧对称地制备宽10.0 mm±0.5 mm的试样各1个，在试样的胶座与胎身胶的结合处割开20 mm～30 mm的口，将胶座与胎身分别夹于上、下夹持器，按GB/T 532进行试验，取2个试样所得结果的平均值。剥离中如胶层被拉断，此时粘合强度大于胶的拉伸强度，视为合格，但表示结果时应加以说明。

5.5.2 胶座气门嘴胶座与胎身的粘合强力

在内胎气门嘴两侧，从胎身圆周方向一端距气门嘴胶座10 mm，另一端距胶座100 mm处裁取试样。用拉力试验机一夹具夹住试样的气门嘴嘴体，另一夹具夹住试样的胎身长端，以500 mm/min±25 mm/min的拉伸速度进行粘合强力试验，如出现气门嘴主体和橡胶胶座间拉开或胎体扯断，或者在胶座底座上的胎身胶粘合面积达50%以上者，均视为合格。

5.6 A类内胎老化后拉伸强度变化率的绝对值

试验条件：老化温度：90℃±1℃，老化时间：24 h。

试验结果按式(3)计算：

$$A_c(TB) = \frac{|X_0 - X_1|}{X_0} \times 100\% \quad \cdots\cdots(3)$$

式中：

$A_c(TB)$——相对于老化前的拉伸强度变化率；

X_0——老化前拉伸强度中值，单位为兆帕（MPa）；

X_1——老化后拉伸强度中值，单位为兆帕（MPa）。

S_5、S_6、S_7、S_8为4个试样强度测定值（$S_5 > S_6 > S_7 > S_8$），删除S_5和S_8后，$(S_6 + S_7)/2$所得的结果为S_5、S_6、S_7、S_8的中值。

6 标志

6.1 每条内胎应有下列标志，其中a)～c)项为永久性标志，d)项为水洗不掉的印痕。

a) 规格；

b) 商标；

c) 制造日期或代号；

d) 检验标记。

6.2 B类内胎，应在内胎圆周上标有不小于2 mm宽的色别线：

丁基胶内胎，其色别线为蓝色；

丁基胶并用卤化丁基胶内胎，其色别线为绿色；

丁基胶并用三元乙丙胶内胎，其色别线为红色。

附　录　A
（资料性附录）
本部分章条编号与 JIS K6367:1995 章条编号对照

表 A.1 给出了本部分章条编号与 JIS K6367:1995 章条编号对照一览表。

表 A.1　本部分章条编号与 JIS K6367:1995 章条编号对照

本部分章条编号	对应的 JIS K6367:1995 章条编号
1	1
2	1
3	2
4.1	4
4.2	—
4.3	3.1
4.4	—
4.5	3.2
5.1	—
5.2	6.1
5.3	6.1
5.4	6.2
5.5	—
5.6	6.3
6.1	8
6.2	—
—	5
—	7

附　录　B
（资料性附录）
本部分与 JIS K6367:1995 技术性差异及其原因

表 B.1 给出了本部分与 JIS K6367:1995 技术性差异及其原因的一览表。

表 B.1　本部分与 JIS K6367:1995 技术性差异及其原因

本部分章条编号	技术性差异	原　因
4.4 5.1	增加了内胎气密性的具体要求及其试验方法	针对我国内胎行业的生产现状，有必要制定
4.5 5.5	增加胶座气门嘴胶座与胎身粘合强度/强力的要求及其试验方法	针对我国轮胎行业所生产内胎质量现状及国内胶座气门嘴的生产现状，增加该指标
4.5	将 JIS K6367:1995 中"抗拉强度下降率"明确为"老化后拉伸强度变化率绝对值"	使表述更加明确，便于理解
5.2 5.3 5.4 5.6	裁刀的型号有所差异，本部分使用GB/T 528 中所规定的 1 型裁刀，JIS K6367:1995 使用 3 型裁刀	鉴于 GB/T 528 中规定的裁刀尺寸系国内长期使用的形式，本部分将继续沿用 GB/T 528 中所规定的尺寸
6.2	增加 B 类内胎色别线的管理办法	针对我国天然内胎市场现在还很大，为区别于 A 类内胎，有必要划色别线，并针对不同种 B 类内胎规定使用相应的色别线
	删除了 JIS K6367:1995 中的第 5 章	产品的材料在本部分的第 3 章已经陈述，而加工方法不适合编入本部分中，故删除
	删除了 JIS K6367:1995 中的第 7 章	内胎的规格要求在本部分中的 4.1 已经陈述，用4.1 的要求代替 JIS K6367:1995 中的第 7 章，故删除

ICS 83.160.10
G 41

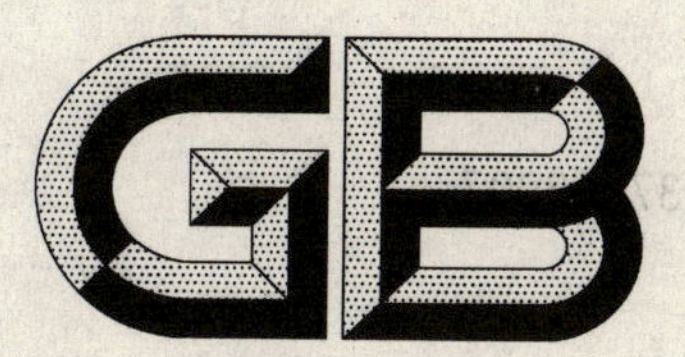

中华人民共和国国家标准

GB 7037—2007
代替 GB 7037—1992

载重汽车翻新轮胎

Retreaded tyre for truck

2007-11-01 发布　　　　2008-04-01 实施

中华人民共和国国家质量监督检验检疫总局
中国国家标准化管理委员会　发布

前　言

本标准第4章、第6章为强制性的，其余为推荐性的。

本标准代替GB 7037—1992《翻新和修补轮胎(斜交)》。

本标准与GB 7037—1992主要技术性差异：

——对标准名称进行了调整；

——调整了标准的适用范围，本标准仅适用于载重汽车轮胎及其拖挂车用充气轮胎(见第1章)；

——取消了轮胎分级(1992年版的第4章)；

——对选胎要求进行了修订(1992年版的第5章；本版的4.1)；

——删除了轿车轮胎、农业、中小型工程机械、工业车辆、畜力车及其挂车用充气轮胎翻新选胎技术要求以及其他相关要求(1992年版的5.1、6.6)；

——取消了考核翻新轮胎成品胎面胶物理性能的要求(1992年版的6.1)；

——调整了翻新轮胎外观质量要求(1992年版的6.3；本版的4.4)；

——调整了翻新轮胎外缘尺寸要求(1992年版的6.4；本版的4.5)；

——删除了翻新轮胎使用与保证行驶里程要求(1992年版的6.6)；

——调整了翻新轮胎试验方法(1992年版的第7章；本版的第5章)；

——删除了翻新轮胎检验规则(1992年版的第8章)；

——取消了翻新轮胎成品分级以及分级标志的要求(1992年版的6.5、9.2)；

——调整了翻新轮胎的标志要求，取消了轮胎成品等级标志，增加了翻新轮胎翻新次数、负荷指数或层级、速度符号、充气压力标志以及磨耗标志要求(1992年版的第9章；本版的第6章)。

——删除了轮胎修补部分(1992年版的第二篇)；

——增加了强度性能要求与检测(本版的4.6.1、5.1)。

本标准由中国石油和化学工业协会提出。

本标准由全国轮胎轮辋标准化技术委员会(SAC/TC 19)归口。

本标准委托全国轮胎轮辋标准化技术委员会负责解释。

本标准起草单位：中国轮胎翻修利用协会、东莞市石排镇中坑鸿运轮胎厂、重庆超科实业有限公司、成都市簇桥轮胎翻修厂、本溪钢铁公司南芬轮胎翻新厂。

本标准主要起草人：高孝恒、黄品琴、王带兴、江瑞荣、朱金林。

本标准所代替标准的历次版本发布情况为：

——GB 7037—1986，GB 7037—1992。

载重汽车翻新轮胎

1 范围

本标准规定了载重汽车翻新轮胎用术语及其定义、要求、试验方法和标志。

本标准适用于载重汽车及其挂车用充气轮胎的翻新。

2 规范性引用文件

下列文件中的条款通过本标准的引用而成为本标准的条款。凡是注日期的引用文件，其随后的修改单(不包括勘误的内容)或修订版均不适用于本标准，然而，鼓励根据本标准达成协议的各方研究是否可使用这些文件的最新版本。凡是不注日期的引用文件，其最新版本适用于本标准。

GB/T 521 轮胎外缘尺寸测量方法

GB/T 2977 载重汽车轮胎系列

GB/T 4501 载重汽车轮胎耐久性试验方法 转鼓法(GB/T 4501—1998,eqv ISO 10454:1993)

GB/T 6326 轮胎术语及其定义(GB/T 6326—2005,ISO 4223-1:2002,NEQ)

GB/T 6327 载重汽车轮胎强度试验方法

GB/T 7035 轻型载重汽车轮胎高速性能试验方法 转鼓法

HG/T 2177 轮胎外观质量

3 术语及其定义

GB/T 6326 确立的术语及其定义适用于本标准。

4 要求

4.1 胎体选择

4.1.1 用于翻新的胎体，其胎侧标识应有以下内容：

——速度符号(或最高行驶速度)；

——负荷指数(或最大负荷能力或层级)。

4.1.2 凡有下列情况之一的胎体不应用于翻新：

——由于超负荷和缺气造成明显损坏；

——胎体破裂或胎体异常变形；

——胎圈断裂或损坏；

——明显的油或化学物质或水侵蚀；

——胎面磨光且帘线暴露；

——胎侧磨损且帘线暴露；

——任何部位的脱层或脱空；

——胎侧区域结构性损坏；

——内衬层老化或损坏且不能修理；

——无内胎轮胎气密层老化或损坏且不能修理；

——带束层翘边、松弛；

——胎体碾线或跳线；

——胎面虽有剩余花纹，但局部磨损不均匀且伤及缓冲层或带束层；

——采用预硫化胎面翻新法翻新时，胎侧及胎肩有老化裂痕。用模型法翻新时，胎肩有轻微的老化裂痕和切口，且深及骨架层或伤及帘布层。

4.1.3 用于翻新的轮胎胎体可有穿洞性损伤，其最多的穿洞性损伤数量与尺寸及部位，子午线轮胎应符合表1的规定；斜交轮胎应符合表2的规定。

表1 载重汽车子午线轮胎穿洞性损伤极限（处理后测量骨架损伤最大部位）

名义断面宽度	胎体损伤最大尺寸/mm			最多修补处	损伤部位近边缘至胎趾禁翻区最小距离/mm
	胎侧部位		胎冠带束层		
	垂直于帘线方向	沿帘线方向			
7.00及其以下/205～235	20	50	25	2	60
	10	90			
7.00以上到10.00（包含9,10,11）/245～285	25	50	40	4	65
	20	75			
	10	100			
11.00及其以上到13.00/295～365	40	50	40	4	70
	20	100			
	10	110			
14.00及其以上/385及其以上	40	75	40	4	90
	20	100			
	10	127			

表2 载重汽车斜交轮胎穿洞性损伤极限（处理后测量骨架损伤最大部位）

轮胎负荷指数/最大负荷能力	胎体穿洞最大尺寸（不超过同规格轮胎名义断面宽度的百分比）		
	胎冠	胎肩	胎侧
121及其以下/1 450 kg及其以下	30%	20%	20%
121以上/1 450 kg以上	40%	30%	30%

4.2 翻新前

4.2.1 翻新前应进行胎体清洁干燥。

4.2.2 子午线轮胎胎体应逐条进行充气检验，充气压力至少为150 kPa（如有破损时可先贴补后再进行充气检验）。

4.2.3 除采取人工检查胎体外，应配有机械或无损检验设备用以检查胎体内伤。

4.2.4 胎体的打磨尺寸与弧度应符合模具要求。

4.2.5 使用的各种原材料、配件（如预硫化胎面、包封套、硫化内胎等）、修补材料均应有质量保证、使用说明和保存条件等。

4.3 翻新后

4.3.1 轮胎翻新后，首先应在验胎机上逐条充以150 kPa的气压进行人工检验，胎体完好，再充以700 kPa的压缩空气进行检验，以检验翻新轮胎有无缺陷。

4.3.2 应根据胎体及翻新轮胎的质量及检验检测情况确定翻新轮胎的速度等级和负荷能力。如不能达到原胎体的性能要求，应重新标记速度符号和最大负荷能力。任何情况下都不应高于原新胎速度等级及负荷能力。

4.3.3 翻新轮胎不应装于机动车导向轮。

4.3.4 轮胎使用至胎面磨耗标志，不应继续使用。

4.4 外观质量

翻新轮胎应逐条进行外观检查。

表面凹坑或凸起的深度或高度不大于3.0 mm，合模错位量不大于2.0 mm，修补衬垫无翘边，其他按照HG/T 2177的规定检查每条翻新轮胎有无外观缺陷。

4.5 外缘尺寸

翻新轮胎成品的最大断面宽度和最大外直径不超过GB/T 2977中规定的相同规格轮胎的最大使用尺寸。

4.6 安全性能

4.6.1 最高速度能力大于或等于70 km/h的载重汽车子午线翻新轮胎，应进行强度试验，其最小破坏能应符合GB/T 6327的规定。

4.6.2 载重汽车翻新轮胎应进行耐久性试验，轮胎经过耐久性试验以后，轮胎的气压不应低于规定的初始气压，轮胎不应出现（胎面、胎侧、帘布层、气密层、带束层或缓冲层、胎圈）脱层、帘布层裂缝、帘线剥离、帘线断裂、崩花、接头裂开、龟裂、修补衬垫翘边等缺陷。

4.6.3 轻型载重汽车翻新轮胎应进行高速性能试验，轮胎经过高速性能试验以后，轮胎的气压不应低于规定的初始气压，轮胎不应出现（胎面、胎侧、帘布层、气密层、带束层或缓冲层、胎圈）脱层、帘布层裂缝、帘线剥离、帘线断裂、崩花、接头裂开、龟裂、修补衬垫翘边等缺陷。

5 试验方法

5.1 载重汽车翻新轮胎的强度试验按GB/T 6327的规定进行。

5.2 载重汽车翻新轮胎的耐久性试验按GB/T 4501的规定进行。

5.3 轻型载重汽车翻新轮胎的高速性能试验按GB/T 7035的规定进行。

5.4 载重汽车翻新轮胎的外缘尺寸测量按GB/T 521的规定进行。

5.5 载重汽车翻新轮胎的外观质量按HG/T 2177的规定进行。

6 标志

6.1 每条翻新轮胎应沿轮胎周向等距离地设置不少于4个并能清楚观察到的胎面磨耗标志。载重汽车轮胎其磨耗标志的高度应不小于2.0 mm，轻型载重汽车轮胎其磨耗标志的高度应不小于1.6 mm。轮胎两侧肩部应模刻指示胎面磨耗标志位置的标记。

6.2 每条轮胎上应有以下标志，其中a)～d)项为模刻标志，e)项为永久性的标志，f)项可为水洗不掉的标志：

a) 轮胎规格；

b) 轮胎翻新厂商标、厂名或地名；

c) 翻新轮胎应标志“RETREAD”或“翻新”；

d) 负荷指数、层级、最大负荷能力、速度符号、充气压力；

e) 翻新次数、翻新批号或胎号；

f) 出厂检验印记。

ICS 13.100
C 68

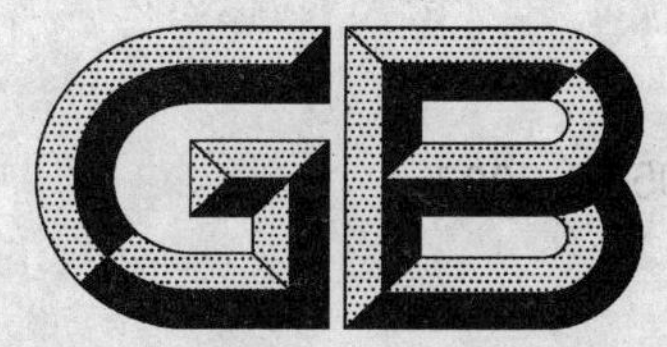

中华人民共和国国家标准

GB 7059—2007
代替 GB 7059.1—1986,GB 7059.2—1986

便携式木梯安全要求

Safety requirements for portable wood ladders

2007-06-26 发布　　2008-02-01 实施

中华人民共和国国家质量监督检验检疫总局
中国国家标准化管理委员会　发布

前　言

本标准除第1章、第2章、第3章外，其余为强制性条款。

本标准是对GB 7059.1—1986《移动式木直梯安全标准》和GB 7059.2—1986《移动式木折梯安全标准》的修订，修订后两个标准合并为一个标准。

本标准代替GB 7059.1—1986《移动式木直梯安全标准》和GB 7059.2—1986《移动式木折梯安全标准》。

本标准与GB 7059.1—1986《移动式木直梯安全标准》和GB 7059.2—1986《移动式木折梯安全标准》相比主要技术变化如下：

——增加了梯子的额定载荷分级以及与额定载荷相对应的结构性能要求；

——增加了单梯倾斜载荷试验、梯框悬臂落下试验、折梯后向稳定性试验、扭转稳定性试验、横拉试验、前后梯框悬臂落下试验、梯框扭转及撑杆试验；

——取消了单梯水平弯曲检验、折梯踏板强度性能试验；

——修改了单梯梯脚滑移试验、梯子扭转试验、折梯侧向、前向稳定性试验、压力试验、滑移试验；

——对结构要求、使用要求、试验要求的其他内容进行了全面地修改。

本标准由国家安全生产监督管理总局提出。

本标准由全国安全生产标准化技术委员会归口。

本标准负责起草单位：吉林省安全科学技术研究院、长春工业大学、苏州宝富轻工制品有限公司。

本标准主要起草人：肖建民、郑凡颖、曲生、韩连英、卢杏荣。

本标准所代替标准的历次版本发布情况为：

——GB 7059.1—1986；

——GB 7059.2—1986。

便携式木梯安全要求

1 范围

本标准规定了便携式木梯设计、制造的安全要求、试验要求及安全使用等方面的要求。

本标准适用于各种生产活动中使用的便携式木单梯及便携式木折梯。

2 规范性引用文件

下列文件中的条款通过本标准的引用而成为本标准的条款。凡是注日期的引用文件，其随后所有的修改单(不包括勘误的内容)或修订版均不适用于本标准。然而，鼓励根据本标准达成协议的各方研究是否可使用这些文件的最新版本。凡是不注日期的引用文件，其最新版本适用于本标准。

GB/T 4823 锯材缺陷

GB/T 17889.1 梯子 第1部分：术语、型式和功能尺寸

GB 50005—2003 木结构设计规范

3 术语和定义

本标准采用GB/T 4823、GB/T 17889.1中的术语及以下术语和定义。

3.1

便携式木单梯(直梯) portable wood single ladder(straight ladder)

只有一个梯段构成长度不可调节的，主要构件(梯框及踏板或踏棍)为木材制造的便携依靠式梯子。

3.2

便携式木折梯 portable wood step ladder

由前后两部分铰接而成，长度不可调节，主要构件(梯框及踏板或踏棍)为木材制造的便携自立式梯子，其结构可以是由单侧(前面)攀登(如：踏板折梯)，也可以是双侧攀登(如双面折梯、支架梯)。

3.3

便携式木支架梯 portable wood trestle ladder

由两个相同梯段在顶部由铰链连接形成与支撑面相同的角度，长度不可调节，主要构件(梯框及踏板或踏棍)为木材制造的便携自立式梯子。

3.4

梯框(梯梁) stile (rail)

支撑踏板(或踏棍)或其他横向承载件的梯子侧边构件。

3.5

踏板(踏棍，踏杆) step (rung)

供使用者攀登时脚踩踏的梯子构件。其前后深度大于20 mm且小于80 mm时称为踏棍(踏杆)，前后深度等于或大于80 mm时称为踏板。

3.6

梯脚 ladder foot (ladder shoe)

梯子底部与支撑表面接触的部件。

3.7

顶帽 top cap

便携式木折梯的最上部的水平部件。

3.8

顶部踏板(踏棍)　top step(top rung)

在便携式木折梯顶部表面或顶帽之下的第一级踏板(或踏棍)。当梯子结构上没有顶帽时,顶部踏板(或踏棍)是梯框顶端之下的第一级踏板(或踏棍)。

3.9

撑杆　spreader

在折梯张开时保持其工作角度并防止两部分梯段向外滑移或向内合拢的部件。

3.10

倾角　angle of inclination

两梯框所在平面与水平面之间的夹角。

3.11

最高站立平面　highest standing level

在预定使用状态时,从允许攀登者使用的最高踏板(或踏棍)到梯子底部支撑水平面的垂直距离。

3.12

内侧净宽度　inside clear width

梯子的两梯框内侧突缘间平行于踏板或踏棍测量的距离。

3.13

额定载荷　normal load

梯子在预定使用中应能承受的最大载荷,包括攀登者、其携带的材料和工具的质量。

3.14

试验破坏　test failure

由试验导致的梯子结构或其部件可见的损坏,包括皱折、扭曲、剪切、撕裂或断裂等。

3.15

极限破坏　ultimate failure

由试验导致的梯子结构或其部件无法正常使用的严重毁坏。

3.16

可见损坏　visible damage

由目测可清楚辨别确定的损坏。

3.17

低密度木材　low-density wood

质量特别轻,强度不高的木材。

4　一般要求

4.1　木材强度要求

4.1.1　单梯梯框应按 GB 50005—2003 规定,按表 2 的要求选择相应强度等级的木材制作。

4.1.2　梯子的踏板(或踏棍)和木折梯后部支撑横杆应按 GB 50005—2003 规定,选择强度等级不低于 TB17 的木材制作。

4.1.3　折梯梯框及折梯后部支撑边框应按 GB 50005—2003 规定,选择强度等级不低于 TC11A 的木材制作。

4.1.4　其余木构件,应按 GB 50005—2003 规定,选择强度等级不低于 TC11B 的木材制作。

4.1.5　不应使用低密度木材。

4.2　木材含水率

选用的木材应干燥良好,含水率不大于 15%。

4.3 木构件缺陷

4.3.1 斜纹

4.3.1.1 长度 3 m 以下的折梯梯框及除踏板(或踏棍)以外的其他构件,木纹斜度不应大于 1∶10;木单梯和长度 3 m 以上的折梯梯框及除踏板(或踏棍)以外的其他构件,木纹斜度不应大于 1∶12。

4.3.1.2 踏板(或踏棍)的木纹斜度不应大于 1∶15。

4.3.2 节子

梯框的窄面不应有节子,宽面上允许有实心或不透的、直径小于 13 mm 的节子,节子外缘距梯框边缘应大于 13 mm,两相邻节子外缘距离不应小于 0.9 m。

踏板窄面上不应有节子,踏板宽面上节子的直径不应大于 6 mm,踏棍上不应有直径大于 3 mm 的节子。

4.3.3 树脂囊和夹皮

构件上的树脂囊和夹皮的尺寸应符合宽不大于 3 mm、长不大于 50 mm、深不大于 10 mm 的要求,两相邻缺陷外缘距离不应小于 0.9 m。

4.3.4 裂纹

干燥细裂纹长不应大于 150 mm,深不应大于 10 mm。

4.3.5 裂缝

梯框和踏板(或踏棍)连接的受剪切面及其附近不应有裂缝,其他部位的裂缝长不应大于 50 mm。

4.3.6 应压木

梯子使用时承受弯曲或扭转载荷的构件不应使用应压木。

4.3.7 髓心

梯框和踏板(或踏棍)上均不应含有髓心。

4.4 木材加工要求

4.4.1 选用的木材应加工平整,去除棱角和毛刺,所有的棱边均应磨成圆角。

4.4.2 除了符合 4.3 的规定以外,合理地去除明显的缺陷(如裂纹、缺损、断裂、腐烂等)。

4.5 额定载荷

便携式木梯的额定载荷应不小于 90 kg,并按额定载荷进行标识。按承载能力,梯子的额定载荷可分为 90 kg、100 kg、110 kg、135 kg 四个级别。

4.6 构件尺寸

本标准中规定的尺寸,是在木材含水率 15%时的最小净横截面尺寸。

4.7 暴露金属表面

梯子暴露的金属表面应避免有锐边、毛刺及其他结构缺陷。

4.8 金属配件和紧固件

4.8.1 金属配件应选用耐腐蚀材料制造,否则应进行防腐蚀处理。

4.8.2 紧固用的铆钉应钉入或置于金属配件或垫圈之上。垫圈应为标准的铆钉垫圈。当钉入木材时,应采用大扁圆头或类似形式钉头的铆钉。为安装紧固件在构件上的钻孔内径与紧固件外径之差不应大于 0.8 mm。

4.8.3 紧固用的钉子应为钢制,或采用经试验证明具有同等强度的材料制作的紧固件。

4.9 踏板(或踏棍)间距

4.9.1 相邻踏板(或踏棍)的中心间距不应大于 350 mm。

4.9.2 对于折梯,当采用限制无意踏入开口措施时或顶部踏板踩踏表面向内延伸,并与顶帽的前下边缘垂线相交时,顶部踏板可位于顶帽之下 450 mm。

4.10 踏棍连接

踏棍应水平设置,各踏棍应相互平行且间隔相等。安装踏棍时,钻孔宜穿透梯框,当采用盲孔时,孔深至少应能容纳 25 mm 长的榫头。在采用通孔时，踏棍端面应至少与梯框外表面平齐。所有的孔应位于梯框宽面的中心线上，尺寸应能供踏棍紧密安装，踏棍的榫肩与梯框应靠紧，榫头用直径 2 mm 的钉子固定，钉子的最小长度应足以穿透榫的直径且进入梯框至少 3 mm，或采用经确认为等效的方式固定，以防止踏棍转动。

4.11 踏棍截面

允许使用圆形以外的其他截面(如椭圆、矩形等)的踏棍，要求在两端用钉子固定，且与同样长度的圆形踏棍有相等的强度和承重能力。

4.12 梯脚及防滑装置

当使用梯脚和其他防滑装置时，应以螺钉、钉子或经确认具有等效的结构将其固定于梯框上。梯脚固定件应能使防滑件自由转动，以便当梯子在预定使用中倾斜时，防滑件能重新对正地面。扣紧安装的橡胶靴式梯脚可不必采用其他连接措施。

5 单梯结构要求

5.1 单梯长度

5.1.1 与额定载荷对应的单梯长度应符合表 1 的要求。

5.1.2 梯长测量应沿着梯框进行，测量的实际长度不应小于其标称长度 75 mm(不包括梯脚)。

表 1 单梯长度

额定载荷/kg	长度/m
90	2.5～4.2
100	2.5～6.0
110	2.5～9.0
135	2.5～9.0

5.2 单梯梯宽

长度 3 m 及以下的梯子，两梯框间的内侧净宽度不应小于 280 mm。长度大于 3 m 的单梯梯框间最小净宽度应随着长度每增加 0.6 m 而加宽 6 mm。

5.3 梯框尺寸

木单梯的最小梯框尺寸应符合表 2 的规定：

5.4 踏棍直径

5.4.1 圆踏棍直径应符合以下要求：

a) 两梯框间踏棍长小于 610 mm 时，直径不应小于 28 mm；

b) 两梯框间踏棍长为 610 mm～710 mm 时，直径不应小于 30 mm；

c) 两梯框间踏棍长大于 710 mm 时，直径不应小于 32 mm。

5.4.2 踏棍的榫头直径不应小于 22 mm。

5.5 梯框的加强

当采用钢丝、钢筋或钢板固定在梯框上对整个梯子进行加强时，允许减小梯框尺寸，但应经试验确定与表 2 规定的梯框具有同等的强度。梯子在加强后成为导电体，应在梯框上按 10.3.4 的规定进行标识。

5.6 踏棍的加强

两梯框间的踏棍长度大于 710 mm 时，应采用直径 4 mm 以上钢筋或经确认与之等效的支撑件进行加强。

5.7 挂钩

5.7.1 可在梯子顶端或靠近顶端处安装挂钩，以增加安全性。

5.7.2 当使用挂钩时，挂钩应用螺栓、铆钉固定于梯框上，其尺寸应能承受相应的额定载荷。

表 2 单梯最小梯框尺寸

额定载荷/kg	木材强度	长度/m	厚度/mm	深度/mm
135	≥TC17B	L≤4.8	27	64
		4.8<L≤6.0	27	70
		6.0<L≤9.0	33	75
	≥TC15A	L≤4.8	27	67
		4.8<L≤6.0	30	70
		6.0<L≤9.0	35	83
	≥TC11A	L≤4.8	27	70
		4.8<L≤6.0	33	70
		6.0<L≤9.0	35	83
110	≥TC17B	L≤4.8	27	57
		4.8<L≤6.0	27	64
		6.0<L≤9.0	32	70
	≥TC15A	L≤4.8	27	57
		4.8<L≤6.0	30	64
		6.0<L≤9.0	32	73
	≥TC11A	L≤4.2	27	57
		4.2<L≤5.4	30	64
		5.4<L≤6.6	30	70
		6.6<L≤9.0	33	76
100	≥TC17B	L≤5.4	27	57
		5.4<L≤6.0	27	60
	≥TC15A	L≤4.8	27	57
		4.8<L≤6.0	27	64
	≥TC11A	L≤4.2	27	57
		4.2<L≤6.0	30	64
90	≥TC11A	L≤4.2	27	57
注：木材强度为 GB 50005—2003 规定的等级。				

6 折梯结构要求

6.1 折梯长度

6.1.1 与额定载荷对应的折梯的长度应符合表 3 的要求。

表 3 折梯长度

额定载荷/kg	长度/m	
	踏板折梯	双面折梯
90	0.9～2.0	—
100	0.9～3.6	—
110	0.9～6.0	0.9～6.0
135	0.9～6.0	0.9～6.0

6.1.2 梯长沿着梯框测量，不包括顶帽和梯脚防滑装置，测量的实际长度不应小于其标称长度 50 mm。

6.2 折梯梯宽

折梯在顶部踏板（或踏棍）处两梯框间的最小净宽度不应小于 280 mm。梯框与踏板（或踏棍）的水平夹角不应大于87°。

6.3 **折梯倾角**

6.3.1 踏板折梯(单面梯)张开到工作位置时前梯段倾角不应大于73°,后部倾角不应大于80°。

6.3.2 双面折梯张开到工作位置时,两梯段的倾角均不应大于77°。

6.4 **构件尺寸**

6.4.1 折梯构件的最小尺寸应符合表4～表8的规定。

表4 135 kg额定载荷踏板折梯构件的最小尺寸

构件	长度/m					
	L≤3.6		3.6<L≤4.8		4.8<L≤6.0	
	厚度/mm	深度/mm	厚度/mm	深度/mm	厚度/mm	深度/mm
梯框	25	83	25	89	27	89
后边框	27	57	27	60	35	60
踏板	19	95	19	108	19	108
顶帽	19	140	19	140	19	140

表5 110 kg额定载荷踏板折梯构件的最小尺寸

构件	长度/m					
	L≤3.6		3.6<L≤4.8		4.8<L≤6.0	
	厚度/mm	深度/mm	厚度/mm	深度/mm	厚度/mm	深度/mm
梯框	19	83	19	89	27	89
后边框	19	57	19	57	27	57
踏板	19	92	19	102	19	102
顶帽	19	140	19	140	19	140

表6 100 kg额定载荷踏板折梯构件的最小尺寸

构件	长度/m					
	0.9<L≤2.4		2.4<L≤3.0		3.0<L≤3.6	
	厚度/mm	深度/mm	厚度/mm	深度/mm	厚度/mm	深度/mm
梯框	19	67	19	67	19	76
后边框	19	41	19	44	19	51
踏板	19	89	19	89	19	92
顶帽	19	127	19	127	19	127

表7 90 kg额定载荷踏板折梯构件的最小尺寸

构件	厚度/mm	深度/mm
梯框	19	64
后边框	19	33
踏板	19	76
顶帽	19	127

6.4.2 最小厚度的梯框允许切割3 mm±0.8 mm深的踏板安装槽。当需切割更深的槽时,梯框厚度也应相应增大。

6.4.3 最小厚度的踏板允许在其顶部表面上刻出深不大于1.5 mm,宽不大于3 mm的防滑纹及在踏板下面切割宽不大于7 mm,深不大于7 mm的钢筋固定槽。当需切割更大的槽时,踏板厚度应相应增大。

表 8 支架梯最小梯框尺寸

梯子长度/m	厚度/mm	深度/mm
$L \leqslant 3.6$	33	70
$3.6 < L \leqslant 4.8$	33	70
$4.8 < L \leqslant 6.0$	33	76

6.5 踏板连接及加强

6.5.1 踏板应装入梯框上的安装槽中并牢固地固定在梯框上。

6.5.2 应在每一端至少用 2 个直径不小于 2 mm、长度不小于 50 mm 的钉子将踏板固定到梯框上，或采用其他与之等效的方法固定，以防止踏板前后移动。使用钉子固定时，钉子距梯框边缘不应小于 10 mm。

6.5.3 对额定载荷 110 kg 及以上折梯，长度小于 760 mm 的踏板应用直径不小于 4 mm 的钢筋加强，长度为 760 mm 及以上的踏板应采用直径不小于 4.5 mm 的钢筋加强。使用钢筋时，在梯框外侧应使用垫圈，垫圈应为直径不小于 25 mm，厚度不小于 1 mm 的金属板。

6.5.4 采用钢筋加强时，应采取有效措施防止钢筋转动。

6.5.5 所有级别梯子的底部踏板，均应在每一端带有金属角撑，角撑应用铆钉固定在踏板和梯框上，或采用经确认与之等效的其他方式固定。

6.5.6 对额定载荷 100 kg 以上的折梯，长度 680 mm 及以上的踏板，应在每一端带有金属角撑，角撑应用铆钉固定在踏板和梯框上，或采用经确认与之等效的其他方式固定。

6.6 踏板折梯后部支撑

6.6.1 踏板折梯的后部支撑可按 6.6.2～6.6.4 规定的方法制作，也可采用符合第 9 章试验要求的具有等效强度的其他结构制作。

6.6.2 折梯后部两边框间应采用水平横杆连接，横杆间距不应大于 350 mm。

6.6.3 圆形截面横杆直径不应小于 30 mm，榫头直径不应小于 22 mm，榫头长度不应小于 15 mm。

矩形截面横杆尺寸不应小于 20 mm×65 mm。

采用其他形式截面的横杆应确保其具有与圆形横杆相同的强度与承载能力。

横杆与后边框的连接方式，应确保其不能转动。

6.6.4 对长度 1.2 m 以上的折梯每隔 1.2 m 均应采用金属角撑固定横杆与后边框，1.2 m 的梯子仅需在底部横杆处采用角撑。

6.7 顶帽

折梯顶帽应牢固地固定在梯框顶部或后边框上，或固定于两者之上，应保证后边框在连接点能自由摆动且不过分摇动和磨损。

在额定载荷 100 kg 以上的踏板折梯上，当采用金属架做为梯子后边框顶部绞链时，应至少用 3 个直径 5 mm 或 2 个直径 6.5 mm 的铆钉固定，或采用经确认与之等效的连接件，将金属架连接到折梯的前梯框上。

6.8 撑杆

折梯应有整体的金属撑杆或锁定装置，以使梯子前后部分可靠地保持在张开位置。撑杆距底部支撑面高度应不大于 2 m。当采用两组撑杆时，高度限制适用于较低的一组。

6.9 桶架

桶架作为折梯一部分，应使其在梯子折叠时能向上折起。当梯长为 2.4 m 或更短时，桶架结构应使其在梯子折叠前折叠，或者在梯子折叠时，桶架也折叠。桶架臂不应支出到面向使用者的梯框之外。

6.10 双面折梯

6.10.1 双面攀登的折梯应符合额定载荷 110 kg 以上的踏板折梯的最低要求。

6.10.2 双面攀登折梯的前后两个部分，均应符合踏板折梯前梯段的所有要求。

7 使用要求

7.1 选择

7.1.1 单梯及单面折梯只允许单人单侧使用。双面折梯允许单人每侧(前后面)分别使用。

7.1.2 应根据预定使用中的最大工作载荷选择适当额定载荷的梯子，并确保梯子在使用中不会过载。

7.1.3 在工作现场对梯子的工作长度产生限制，若单梯较长不能在倾角75°架设时，为了防止梯子底部的滑移，应选择较短的梯子。

7.1.4 应根据预定使用中的最大工作高度选择适当尺寸的折梯，最大工作高度为最高站立平面高与使用者的身高之和。

7.2 使用

7.2.1 预定使用

7.2.1.1 梯子应在其设计预定的使用范围内使用。

7.2.1.2 除非专门设计成多人使用，梯子不应同时由一人以上攀登。

7.2.1.3 折梯不应作为单梯(直梯)使用或在合拢状态使用。

7.2.1.4 除非设计成悬臂作业，单梯不应用来攀登到支撑点以上。

7.2.2 攀登和工作位置

7.2.2.1 使用者应在靠近踏板(或踏棍)中部攀登或工作。

7.2.2.2 使用者不应踏在或站立在高于梯子标明的最高站立平面以上的踏板(或踏棍)上。使用者不应踏在或站立在以下位置：

a) 折梯顶帽和折梯或支架梯顶部踏板，或梯子的桶架之上；

b) 单面折梯后部横杆上。

7.2.3 架设倾角

单梯应与水平面倾斜75°架设，以实现最佳的防滑移效果、梯子承载状态和攀登者的平衡。将梯子架设为75°倾角的方法是使梯子底部到墙或顶部支撑面的水平距离等于梯子有效工作长度的1/4(即1/4长度规则)。

7.2.4 梯脚支撑

梯子底部应放置在牢固的水平支撑表面上。在没有适当措施防止滑移时，梯子不应用在冰、雪或光滑的表面上使用。在使用没有安全靴、马刺、道钉状或类似防滑装置的梯子时，可采用梯脚板或类似装置来实现梯脚的防滑。梯子不应放置在不稳定基础上以获得附加高度。

7.2.5 顶部支撑

单梯顶部放置时应使两梯框同时与支撑面靠紧。当梯子顶部支撑是柱、灯杆、建筑墙角或靠在树上作业时，可采用单梯框支撑附件进行固定。

7.2.6 避免侧向承载

便携梯子不允许用来侧向承载，应保持身体靠近梯子工作。

7.2.7 梯子攀登

7.2.7.1 当上下梯子时，使用者应面向梯子并始终保持与梯子三点接触(双手和双脚四点中的三点)状态。使用者不应从侧面攀上梯子，不应从一部梯子攀到另一部梯子，不应从晃动平面攀上梯子。

7.2.7.2 当梯子长度不够时，使用者应下到地面重新调整梯子。使用者在梯子上时，不应有推、拉梯子的动作。

7.2.8 电气危险

7.2.8.1 当梯子靠近电气线路使用时，使用者应采取可靠的安全措施。这些安全措施应能防止使用者与任何带电的、未绝缘的电路或导体可能的接触，避免电击或触电。装有梯框金属加强筋的木梯不应在可能使其与暴露的带电线路接触的场合使用。

7.2.8.2 除专门设计可用于电气线路使用的梯子外，其他梯子均不应在可能与带电线路接触场合使用。在使用者头部上方有带电线路的场合使用梯子时，操作者应与带电线路保持安全距离。

7.2.9 非正常使用

7.2.9.1 梯子不应被用作支撑物、滑道、杠杆、拉杆或中央立柱、跳板、平台、脚手架板、材料起吊器或任何其他非预定的用途。梯子不应架设在脚手架之上以获得附加的高度。

7.2.9.2 不应将单梯连接或固定在一起以加大工作长度。除了专门设计的方法外，不应借助其他方法增加梯子的工作长度。

7.2.10 在上方平面进入或离开梯子

当使用梯子进入高处平面(屋顶或平台)时，梯子应延伸到进入平面上方 1 m。在上方平面进入或离开梯子前，应确保梯子与上方平面可靠固定。使用者在上方平面进入或离开梯子时要避免动作过猛引起梯子侧向倾倒或梯脚滑移。

7.2.11 梯子架设与调整

架设折梯时应确保梯子完全张开，撑杆锁定，各梯脚均与稳固的水平支撑表面相接触。

7.2.12 梯子重新定位

当有人在梯子上时，不应挪动梯子进行重新定位。

7.2.13 强静电区域使用

在强静电场区域应使用专门设计能使静电接地(或消除)的梯子，以防止使用者受到电击。

7.3 维护

7.3.1 检查

在梯子购置接收及投入使用前应进行全面检查，投入使用后应进行定期全面检查及每次使用前检查。当发现结构损坏或其他可能导致危险的缺陷时，应将梯子报废或由具备资质的技术人员维修。

7.3.1.1 翻倒及其他冲击损坏

发生翻倒或受其他冲击后应对梯子进行检查其是否有梯框凹进或弯曲，或踏板(或踏棍)过度弯曲。所有金属配件以及踏板(或踏棍)、梯框连接件及部件应进行全面检查。

7.3.1.2 接触高温

梯子在接触高温(如靠近火焰)后，其强度可能降低，应先目测检查其是否损坏，确认符合安全要求后方可使用。

7.3.1.3 腐蚀性物质

如果梯子接触到某些酸性或碱性物质，可能受到化学腐蚀而降低强度。在使用前咨询制造厂家或有资质的技术人员。

7.3.1.4 油和蜡

梯子的攀登或抓握表面应避免有油、蜡等易打滑材料。

7.3.2 损坏的梯子

损坏或弯曲的梯子应作明显标识后停止使用，并由有资质的技术人员修复或将其报废。

7.3.3 运输

由机动车运输梯子时应对其正确支撑。支撑点最好为木材或橡胶覆盖的铁管，以减少磨损和路面冲击的影响。应确保梯子与每个支撑件良好接触以减少路面冲击引起损坏。

7.3.4 存放

梯子停用时，应存放在专用的放置支架上。支架要有足够的支撑点以避免梯子受重力作用弯曲下垂。梯子存放时，其他材料不应放在其上。未经处理过的木梯不应放置在潮湿的地方以及自然环境中。

7.3.5 日常维护

金属配件、易损件和其他附件应定期检查以保持其正常工作状态。所有可转动连接部位要经常润滑。若连接螺栓或铆钉缺失、踏板(或踏棍)与梯框间的连接松动,应修复正常后方可使用。梯框底部防滑件过度磨损、损坏或缺失时应及时更换。

7.3.6 梯子防腐

梯子的表面应涂刷上透明的、非导电的防腐涂料。除了在梯框的一个面上少量地涂刷标识或警示用涂料外,梯子上不应涂刷任何不透明的涂料。

8 单梯试验要求

8.1 倾斜载荷试验

8.1.1 按 8.1.2 和 8.1.3 规定进行试验,梯子应能承受表 9 规定的载荷而不发生极限破坏。

表 9 倾斜载荷试验的载荷

额定载荷/kg	试验载荷/N
135	4 315
110	4 315
100	3 923
90	3 530

8.1.2 试验梯为整梯,放置位置按图 1 所示,梯子顶部靠垂直平面支撑,梯子底部靠水平面支撑。梯子与水平面之间倾角为 75°。加载方法应使试验载荷均布在梯子攀登面跨距中点以上的第一根踏棍之上,加载部位两端与两梯框内侧均保持 3 mm～6 mm 的相等水平距离。

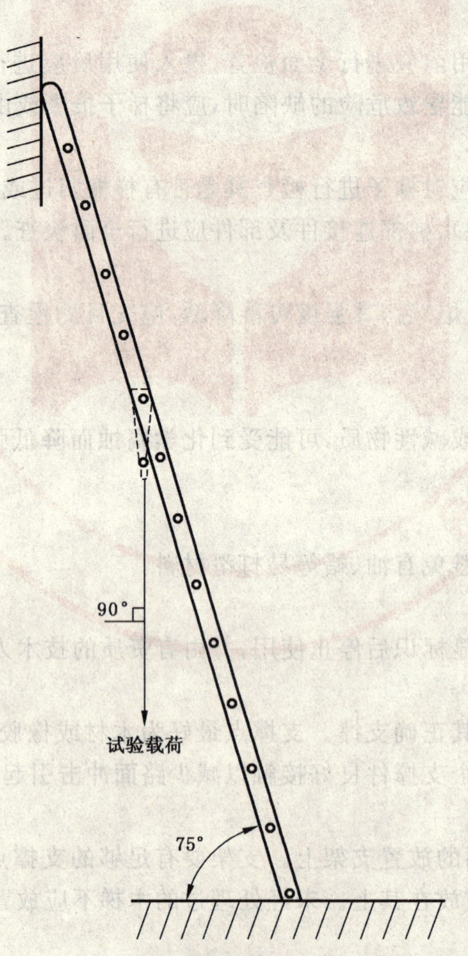

图 1 倾斜载荷试验示意图

8.1.3 按表9规定的试验载荷垂直向下施加到梯子攀登面跨距中点以上的第一根踏棍之上，持续至少1 min卸载，检查是否出现极限破坏。

8.2 梯框悬臂落下试验

8.2.1 在经过8.2.2和8.2.3规定的试验后，梯框不应有试验破坏。

8.2.2 试验梯为整梯，梯脚可保留在梯子上，但要用胶带缠好，并使梯框底部端面与梯框长度方向成90°。试验梯侧立放置，踏棍垂直地面，在距顶部150 mm处进行固定支撑，下梯框保持距混凝土地面600 mm的位置。梯子的两梯框在垂直平面受导向装置控制(见图2)。

8.2.3 让梯子底端在垂直面内自由落在混凝土地面上，检查是否出现试验破坏。

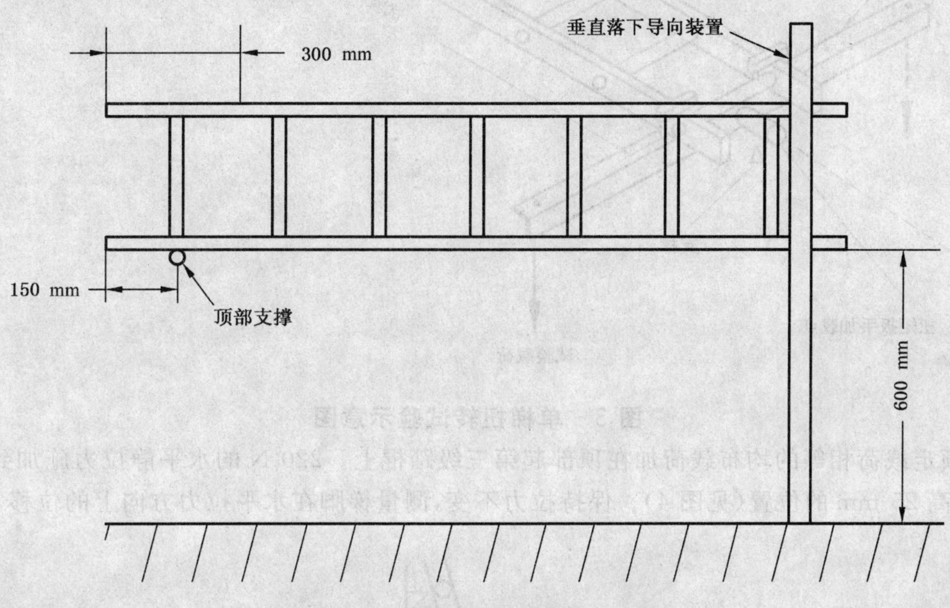

图2 梯框悬臂落下试验示意图

8.3 单梯扭转试验

8.3.1 按8.3.2～8.3.5规定试验时，由梯子的水平位置测量的扭转角不应大于表10的规定。

8.3.2 试验梯至少长2.4 m，水平放置，两端水平支撑中心距为2.1 m，支撑一端固定，另一端可转动(见图3)。

表10 最大允许扭转角

额定载荷/kg	最大允许扭转角/(°)	最大允许扭转角/rad
135	14	0.24
110	18	0.31
100	20	0.35
90	22	0.38

8.3.3 先施加68 N·m顺时针方向的预载荷后卸载，以此时的位置作为测量扭转角的参考点。

8.3.4 施加136 N·m的扭转试验载荷，扭矩先顺时针加载，然后逆时针方向。扭矩可借助扭矩扳手施加，或通过将试验载荷交替施加到可转动安装架的每一端实现。

8.3.5 在梯子加载一端分别测量顺时针加载时及逆时针加载时的扭转角。

8.4 梯脚滑移试验

8.4.1 进行8.4.2～8.4.4规定的试验时，梯子底部在水平拉力方向上的位移不应大于6 mm。

8.4.2 试验梯应为5 m长，当梯子长度小于5 m时，应选用最长的梯子。

8.4.3 试验表面为用320目砂纸打磨过的胶合板(或木板)。胶合板的打磨面与梯子的顶部和底部接触。在梯子上端的垂直板木纹成垂直向下。在梯子底部的水平板木纹与水平拉力方向平行。

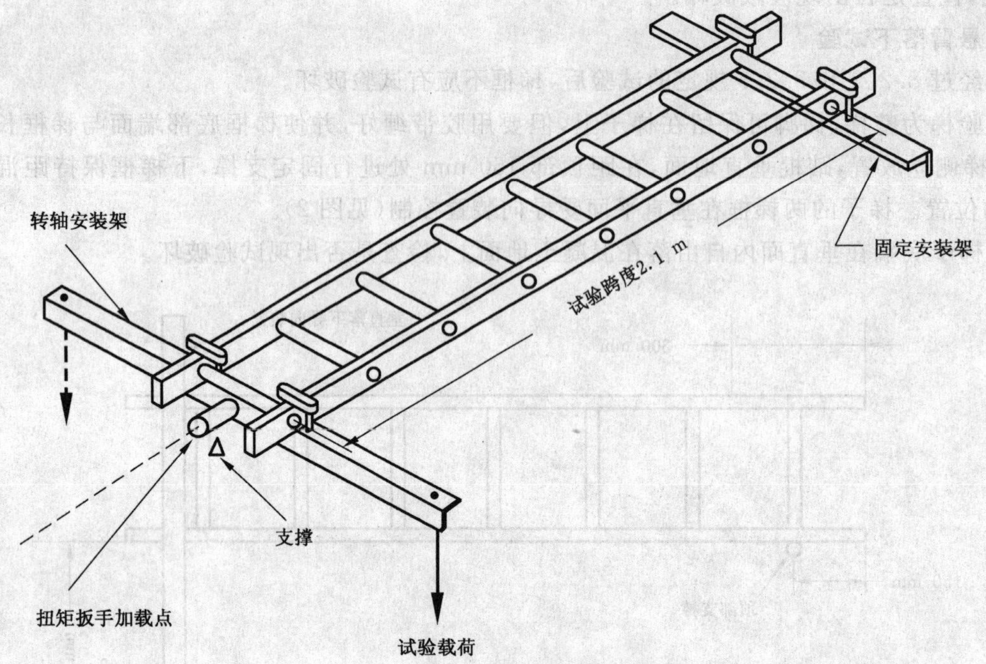

图 3　单梯扭转试验示意图

8.4.4　与额定载荷相等的均布载荷加在顶部起第三级踏棍上。220 N 的水平静拉力施加到梯子底部，距试验表面高 25 mm 的位置(见图 4)。保持拉力不变,测量梯脚在水平拉力方向上的位移。

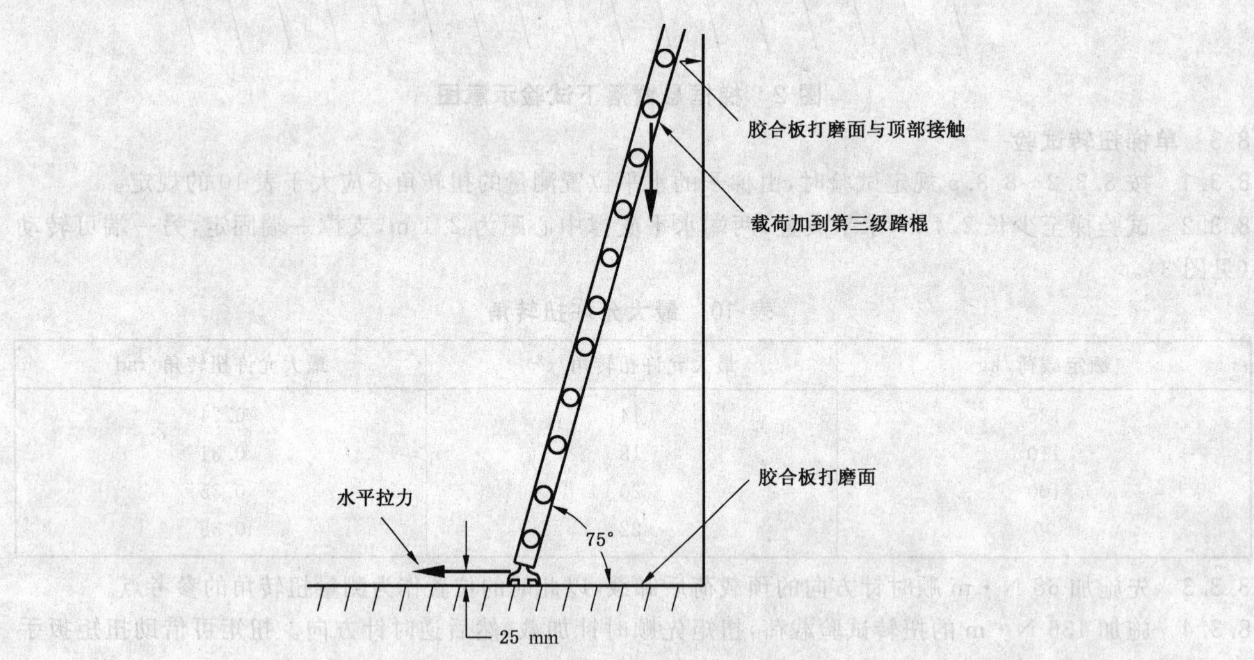

图 4　梯脚滑移试验示意图

9　折梯试验要求

9.1　压力试验

9.1.1　进行 9.1.2～9.1.3 规定的试验后,梯子及部件不应出现试验破坏。

9.1.2 试验梯为整梯，放置在水平地面，张开至正常工作状态，撑杆处于预定位置(见图5)。

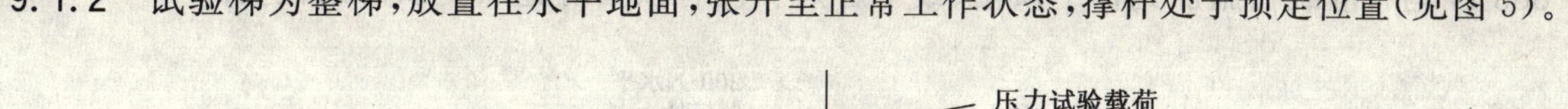

图5 压力试验加载示意图

9.1.3 相当于额定载荷4倍的均布载荷借助40 mm厚的木加载块施加到单面折梯顶帽或最高踏板上。对双面梯在每侧梯段顶帽同时施加相当于额定载荷2倍的均布试验载荷，当没有顶帽时，载荷施加到两侧的最高踏棍上。施加载荷持续至少1 min卸载，检查是否出现试验破坏。

9.2 侧向、前向和后向稳定性试验

9.2.1 进行9.2.2～9.2.6规定的试验，梯子不应翻倒，其部件不应出现试验破坏。

9.2.2 试验梯为整梯，放置在水平地面，张开至正常工作状态，撑杆处于预定位置(见图6)。带有桶架的梯子要让桶架在使用位置。

9.2.3 先将883 N均布静载荷加在梯子平台或顶部起第二级踏板(或踏棍)上。保持静载荷不变，分别施加侧向、前向及后向水平拉力。

9.2.4 将88 N水平拉力施加到顶帽几何中心，顶部表面之上不大于13 mm处，向左和向右分别加载。

9.2.5 将110 N水平拉力施加到顶帽几何中心，顶部表面之上不大于13 mm处，朝向梯子的前方。

9.2.6 将200 N水平拉力施加到顶帽几何中心，顶部表面之上不大于13 mm处，方向向后。

9.2.7 按9.2.2～9.2.6规定进行试验后，检查是否出现试验破坏。

9.3 扭转稳定性试验

9.3.1 进行9.3.2～9.3.5规定的试验，梯子不应出现试验破坏。在施加水平试验力时，梯脚与地面相对位移不应大于25 mm。允许个别梯子部件例如斜支撑或后水平支撑产生小于3 mm的微小永久变形。

9.3.2 将试验梯放置在铺有用320目砂纸打磨过的胶合板(或木板)的水平地面上，梯子完全张开，撑杆处于预定位置，梯脚不固定，带有桶架的梯子要让桶架处于使用位置。

9.3.3 将883 N均布静载荷施加到梯子顶帽(或平台)上,没有顶帽时施加到顶部踏板上。

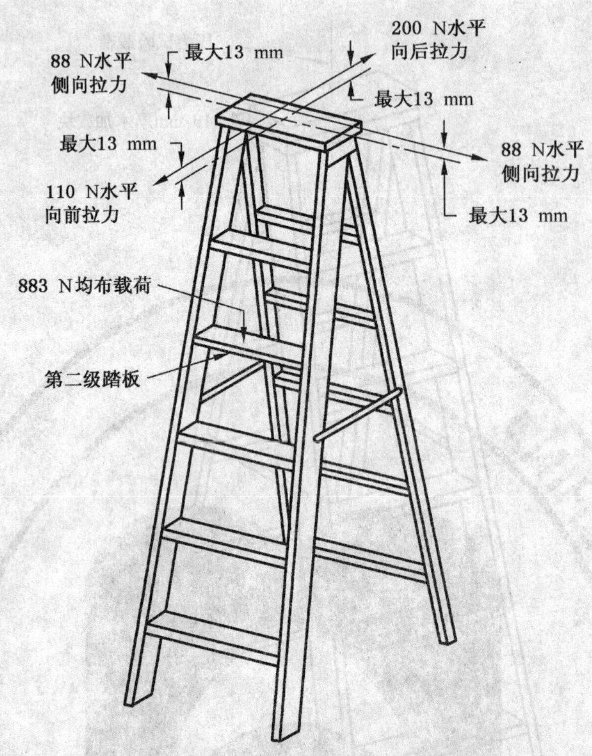

图6 侧向、前向和后向稳定性试验示意图

9.3.4 符合表11规定的指向梯子后部的水平力施加到梯子顶帽上,距梯子垂直中心线450 mm处。该力在试验期间应保持与力臂成90°±10°(见图7)。

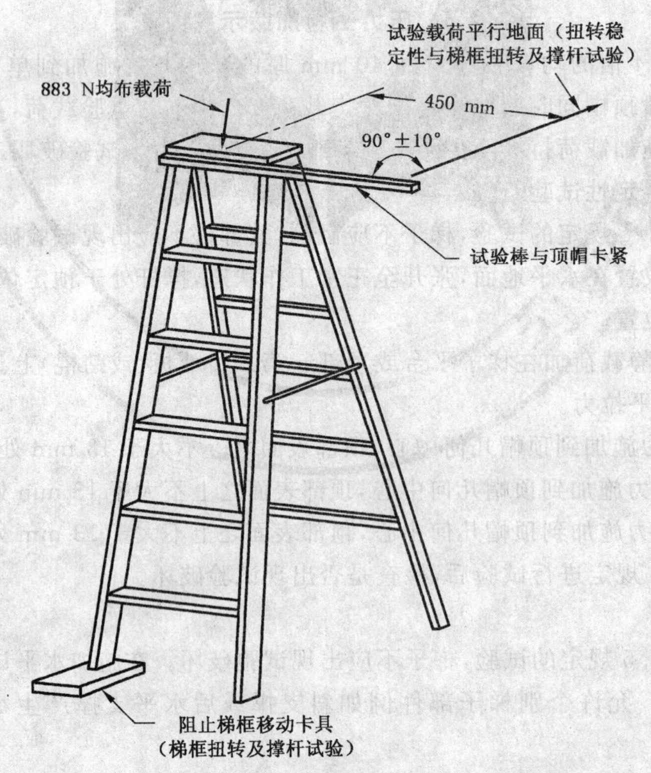

图7 扭转稳定性试验和梯框扭转及撑杆试验示意图

9.3.5 保持水平力不变,测量梯脚在水平力方向的位移。卸载后检查是否出现试验破坏及永久变形。

表 11 扭转稳定性试验载荷

额定载荷/kg	水平力/N
135	130
110	130
100	110
90	90

9.4 横拉试验

9.4.1 进行 9.4.2～9.4.4 规定的试验后,梯子不应出现试验破坏。施加试验载荷时,最大横拉位移不应大于表 12 的规定。

表 12 最大允许横拉位移

折梯长度 L/m	最大允许横拉位移 Y/mm		
	额定载荷 90 kg	额定载荷 100 kg	额定载荷 110 kg 和 135 kg
0.9～2	$Y=112.5L+201$		
0.9～4	—	$Y=112.5L+201$	
0.9～6	—	—	$Y=112.5L+99$

9.4.2 试验梯放置在水平地面上,处于完全张开状态,撑杆在预定的位置。两个梯脚均由卡具分别定位,防止其相对于地面的运动。带有桶架的梯子要让桶架处于使用位置。

9.4.3 将 441 N 均布静载荷施加到最低一级踏板(或踏棍)上,不约束顶帽的垂直拉力施加到梯子顶帽的后部中心,没有顶帽时施加到顶部踏板(或踏棍)的后部中心,要求该拉力拉起两个后梯脚距地面 75 mm(见图 8)。垂直拉力借助直径至少 8 mm、长至少为 0.9 m 的绳索施加,并确保绳索在梯子顶帽之上至少 0.9 m 不发生任何方向的运动。然后将 27 N 的横向拉力施加到一个后梯框的底部。

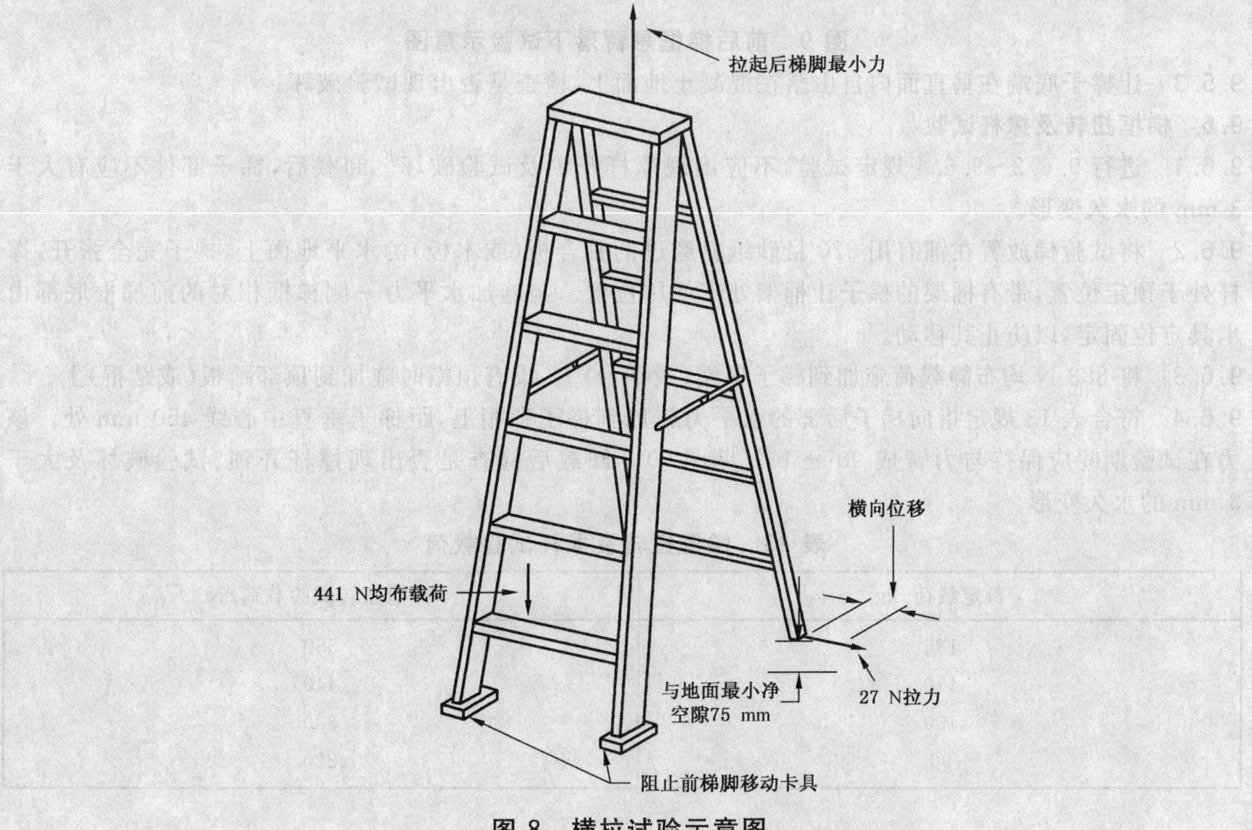

图 8 横拉试验示意图

9.4.4 保持横向拉力不变，在施加横向力平行的方向上，测量该后梯框底端相对于未加载时的横向位移。卸载后检查是否出现试验破坏。

9.5 前后梯框悬臂落下试验

9.5.1 进行9.5.2～9.5.3规定的试验后，梯子部件不应出现试验破坏。

9.5.2 试验梯为整梯，在完全折叠状态侧立放置，踏板(或踏棍)垂直地面。梯脚可保留在梯子上，但要用胶带缠好。在距梯子顶部150 mm处进行固定支撑，使下面梯框底端保持距混凝土地面600 mm的位置。前后梯框在垂直平面内受导向装置控制(见图9)。

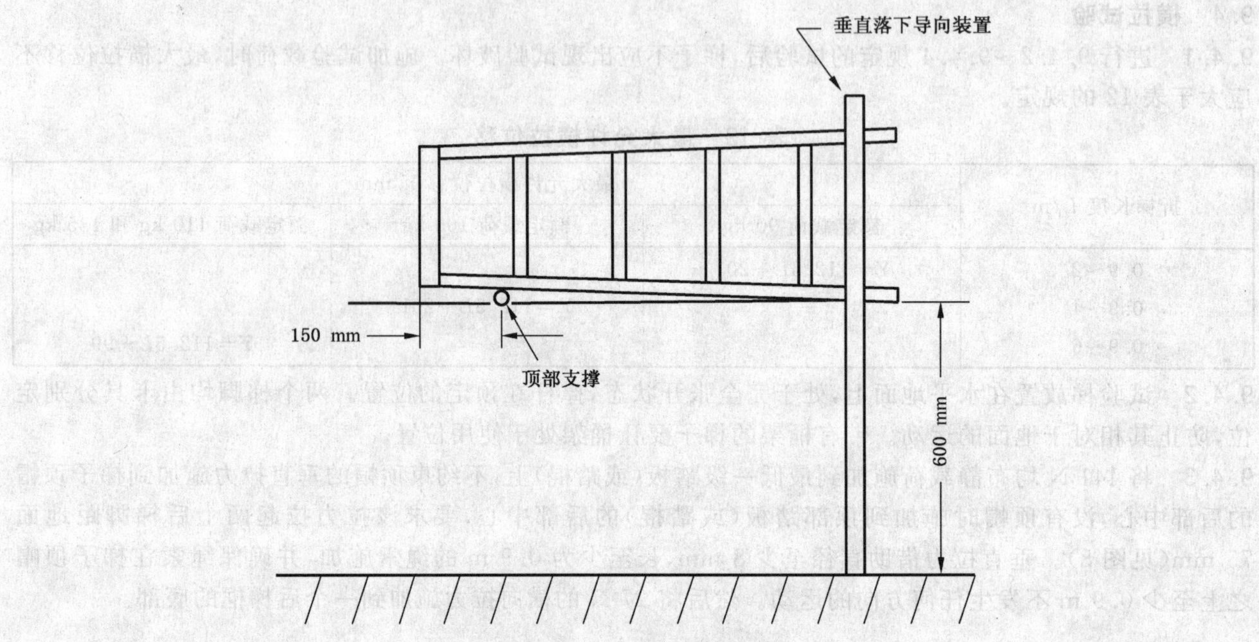

图9 前后梯框悬臂落下试验示意图

9.5.3 让梯子底端在垂直面内自由落在混凝土地面上，检查是否出现试验破坏。

9.6 梯框扭转及撑杆试验

9.6.1 进行9.6.2～9.6.4规定试验，不应出现撑杆开锁及试验破坏。卸载后，梯子部件不应有大于3 mm的永久变形。

9.6.2 将试验梯放置在铺有用320目砂纸打磨过的胶合板(或木板)的水平地面上，梯子完全张开，撑杆处于预定位置，带有桶架的梯子让桶架处于使用位置。与施加水平力一侧梯框相对的前梯框底部由卡具定位固定，以防止其移动。

9.6.3 将883 N均布静载荷施加到梯子顶帽(或平台)上，没有顶帽时施加到顶部踏板(或踏棍)上。

9.6.4 符合表13规定指向梯子后部的水平力施加到梯子顶帽上，距梯子垂直中心线450 mm处。该力在试验期间应保持与力臂成90°±10°(见图7)。卸载后检查是否出现撑杆开锁、试验破坏及大于3 mm的永久变形。

表13 梯框扭转及撑杆试验载荷

额定载荷/kg	梯框扭转试验载荷/N
135	550
110	440
100	330
90	220

9.7 滑移试验

9.7.1 进行 9.7.2～9.7.3 规定的试验后，梯子不应出现试验破坏，施加水平拉力时，梯子底部在拉力方向的位移不应大于 6 mm。

9.7.2 试验梯长 2 m，完全张开，放置在用 320 目砂纸打磨过的胶合板（或木板）上（见图 10）。

9.7.3 将 883 N 的均布载荷施加到顶部起第二级踏板上。156 N 水平拉力施加到一侧梯框底部距地面 25 mm 之上的位置。保持拉力不变，测量梯脚在水平拉力方向上的位移。卸载后检查是否出现试验破坏。

10 标志

10.1 一般要求

10.1.1 应在每部梯子上设置标有“危险”和“注意”字样的基本危险警示标志及产品数据信息的标志。

10.1.2 标志应清晰和明显易见。标志的位置应在梯框外侧距底部 1.4 m～1.8 m 处。

10.1.3 标志的位置设置应确保当折梯张开或折叠过程中不会被其他部件损坏。

10.1.4 当由于梯子的尺寸或结构限制，不可能按 10.1.2 要求的位置设置标志时，标志应设在最易看到的位置。

10.2 产品数据信息标志

10.2.1 在所有梯子上均应标有 10.2.2 规定的产品数据信息标志。

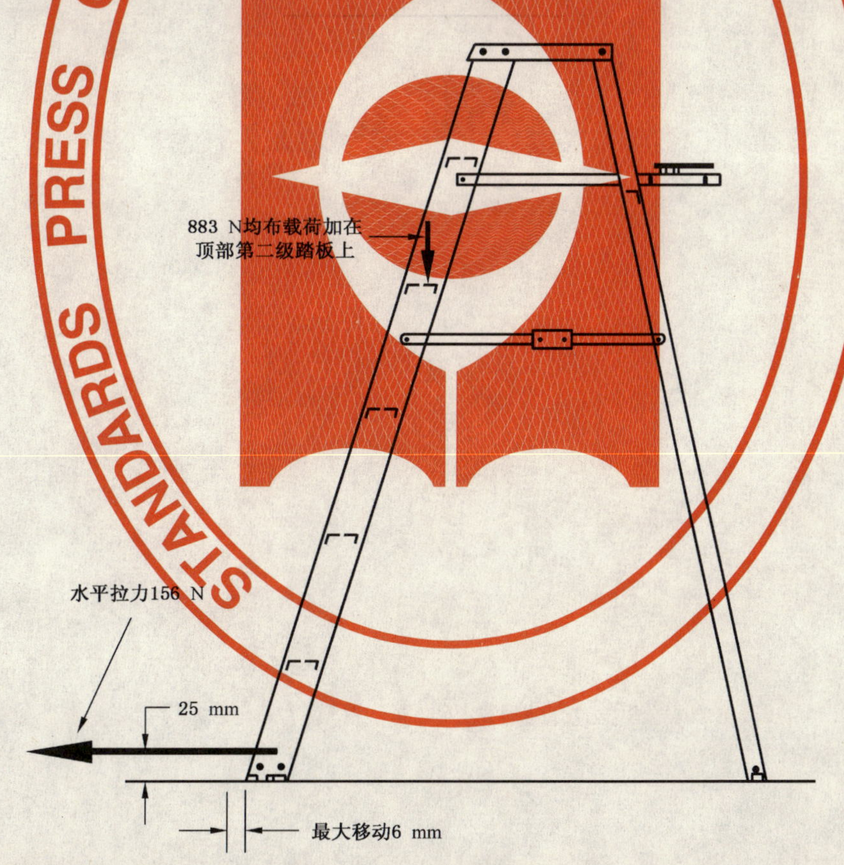

图 10 滑移试验示意图

10.2.2 标志应提供下列信息：

a) 型号或名称及额定载荷；

b) 梯子长度；

c) 最高站立平面高度；

d) 制造者或销售者名称(或标识);

e) 制造年、月;

f) 执行的标准。

10.3 事故预防标志

10.3.1 单梯的最高站立平面处应有永久性危险警示标志或等效图形标志,如:“危险:不要站在此踏棍上及以上位置”,标志应位于右梯框的内侧,当第二高踏棍距顶端为 600 mm 或以上时,靠近并用箭头指向第二高踏棍,当第二高踏棍距顶端不足 600 mm 时,靠近并用箭头指向第三高踏棍。

注:最高站立平面为当单梯成 75°放置时,由梯子底部支撑平面到允许使用者攀登的最高踏棍的垂直距离。

10.3.2 在折梯的顶帽上应有永久性危险警示标志,如:“危险:不可站立或坐在此处”,对于塑料顶帽的折梯标志应模压在顶帽上。该标志的设置应确保其在最易看到位置并与形式、结构特性及材料的表层相适应。

10.3.3 折梯的最高站立平面处应有危险警示标志,如:“危险:不要站在此踏板(或踏棍)上及以上位置”,当顶帽下第一级踏板距顶帽 450 mm 及以下时,标志应在该踏板处右侧梯框内侧,当顶帽下第一级踏板与顶帽距离大于 450 mm 时,该标志可不设。

10.3.4 带有钢筋加强梯框的木梯应有触电危险警示标志或等效图形标志,如:“注意:防止触电—不应在可能与电路接触的场合使用”。该标志应在右梯框外侧,距梯子底端高度 1.4 m~1.8 m 处。

ICS 81.080
Q 40

中华人民共和国国家标准

GB/T 7322—2007
代替 GB/T 7322—1997

耐火材料 耐火度试验方法

Refractory products—Determination of pyrometric cone equivalent (refractoriness)

(ISO 528:1983,MOD)

2007-10-25 发布 2008-04-01 实施

中华人民共和国国家质量监督检验检疫总局
中国国家标准化管理委员会 发布

前言

本标准修改采用ISO 528:1983《耐火制品　标准锥相当值(耐火度)的测定》(英文版)。在附录A中给出了本标准章条编号与ISO 528:1983章条编号的对照一览表。在附录B中给出了本标准与ISO 528:1983技术性差异及其原因一览表,有关技术性差异已在标准所涉及的条款的页边空白处用垂直单线标识。主要修改内容如下:

——简化了范围的叙述,扩展了标准的适用范围;

——引用文件将ISO标准改为相应的我国标准;

——删去了ISO标准的5.2.2,仅保留符合GB/T 13794—1992(cqv ISO 1146:1988)的规定;

——增加了对锥台转速的要求;

——对6.2试验锥的尺寸提出了更高的要求;

——对图3进行了修改,使之更符合实际情况;

——在9.6增加了关于弯倒不正常的注;

——个别条文作了编辑性修改,如,将注或附录的内容写入条文中。

本标准代替GB/T 7322—1997《耐火材料　耐火度试验方法》,与其相比主要变化如下:

——删去了与正文内容重复的附录A;

——删去了部分ISO标准没有规定且与引用文件相异的内容。

本标准的附录A、附录B均为资料性附录。

本标准由全国耐火材料标准化技术委员会提出并归口。

本标准起草单位:中钢集团洛阳耐火材料研究院、山西盂县西小坪耐火材料有限公司、中国建筑材料检验认证中心(国家建筑材料工业耐火材料产品质量监督检验测试中心)。

本标准主要起草人:章艺、王秀芳、李合兴、郝良军、谢金莉、李丽萍、李春燕。

本标准所代替标准的历次版本发布情况为:

——GB 7322—1987,GB/T 7322—1997。

耐火材料　耐火度试验方法

1　范围

本标准规定了耐火材料耐火度的试验方法。

本标准适用于耐火材料原料和制品耐火度的测定。

2　规范性引用文件

下列文件中的条款通过本标准的引用而成为本标准的条款。凡是注日期的引用文件，其随后所有的修改单(不包括勘误的内容)或修订版均不适用于本标准，然而，鼓励根据本标准达成协议的各方研究是否可使用这些文件的最新版本。凡是不注日期的引用文件，其最新版本适用于本标准。

GB/T 6003.1　金属丝编织网试验筛(GB/T 6003.1—1997,eqv ISO 3310-1:1990)

GB/T 7321　定形耐火制品试样制备方法

GB/T 10325　定形耐火制品抽样验收规则

GB/T 13794　实验室用标准测温锥(GB/T 13794—1992,eqv ISO 1146:1988)

GB/T 17617　耐火原料和不定形耐火材料　取样(GB/T 17617—1998,neq ISO 8656-1:1988)

GB/T 18930　耐火材料术语(GB/T 18930—2002,ISO 836:2001,MOD)

3　术语和定义

GB/T 18930 规定的术语和定义适用于本标准。为了方便使用，下面重复列出了 GB/T 18930 中的一些术语：

3.1

耐火度　refractoriness

耐火材料在无荷重的条件下抵抗高温而不熔化的特性。

3.2

标准测温锥　pyrometric reference cone;cone

具有特定的组成和规定形状与尺寸的带边棱的截头斜三角锥。可在规定的条件下安装并加热，当达到设定温度时，其锥体以确定的方式弯倒。

3.3

(标准测温锥)弯倒温度　reference temperature;temperature of collapse

当安插在锥台上的标准测温锥，在规定的条件下，按规定的加热速率加热时，其锥的尖端弯倒至锥台面时的温度。

4　原理

将耐火材料的试验锥与已知耐火度的标准测温锥一起栽在锥台上，在规定的条件下加热并比较试验锥与标准测温锥的弯倒情况来表示试验锥的耐火度。

5　设备

5.1　试验炉

5.1.1　采用立式管状炉或箱式炉。立式管状炉炉管内径最小为 80 mm，安放圆锥台的耐火支柱可回转，并可上下调整。箱式炉，炉膛有效尺寸不小于长 100 mm、宽 100 mm、高 60 mm。

5.1.2 试验时整个锥台所占有的空间中最大温差不应超过10℃(相当于GB/T 13794—1992的半个标准锥号),炉温的均匀性可用热电偶或标准测温锥经常检查。

5.1.3 能按照9.2和9.3规定的升温速率达到所需要的温度。

5.1.4 炉内应保持氧化气氛[1)]。

5.1.5 当使用燃气炉时,标准测温锥和试验锥不能直接受到火焰和热气涡流的冲击。

5.2 标准测温锥

所用的标准测温锥应符合GB/T 13794的规定。

5.3 锥台

5.3.1 锥台是用耐火材料制成的长方体或圆盘,其形状取决于试验炉的形式。锥台的上、下表面应平整且相互平行,并具有锥样起始位置标识。

5.3.2 锥台和固定试验锥及标准测温锥所用的耐火泥,应在试验温度下,不与试验锥和标准测温锥起反应。

5.3.3 为了尽量减小试验锥和标准测温锥受热的不均匀性,锥台在试验期间应相对于试验炉运动。例如,使锥台绕自身竖直轴转动,转速为1 r/min~5 r/min。

5.4 试验锥成型模具

如图3所示,用不会沾污试验锥的材料制作。

6 试样

6.1 抽样

按GB/T 10325、GB/T 17617规定或有关方协议抽取试样。

6.2 尺寸和形状

试验锥应与所用的标准测温锥有相同的几何形状,其高度至少与标准测温锥高度相等,至多不能超过标准测温锥的10%(见图2)。

6.3 试验锥的制备

6.3.1 通则

砖和焙烧过的不定形制品的试验锥应尽可能按6.3.2的规定制备。不能切割的试样(包括粉状试样)应按6.3.3的规定制备。

6.3.2 切取试验锥

6.3.2.1 应从砖或制品上用锯片切取试验锥并用砂轮修磨,再去掉烧成制品的表皮。

6.3.2.2 不定形耐火材料的试样,应先按其使用条件成型和焙烧,焙烧温度应在试验报告中说明。然后按6.3.2.1制取试验锥,用砂轮修磨并去除烧后的表皮。

6.3.2.3 当按照6.3.2.1和6.3.2.2切取试验锥时,首先切割一个合适尺寸的长方条(通常为15 mm×15 mm×40 mm),倘若试样结构是粗糙或松脆的,可用灰分<0.5%的树脂(如用环氧树脂配制成的固化剂)浸渍使长方条试样固化,然后切割,并用砂轮修磨。

6.3.3 模具成型试验锥

6.3.3.1 对耐火原料和不能按6.3.2规定切割的定形耐火材料、不定形耐火材料的试样,按6.3.3.2~6.3.3.6的规定成型试验锥。

6.3.3.2 按6.1抽取有代表性的样品,并粉碎至2 mm以下,混合均匀后,用四分法或多点取样法缩减至15 g~20 g,在研钵中磨碎至通过符合GB/T 6003.1要求的180 μm的试验筛,在磨碎过程中应经常筛样,以免产生过细的颗粒[2)]。

1) 某些炉子(例如用某些碳氢化合物和氧气燃烧的炉子),气氛中有高含量的水蒸气和还原性气体,应使用高性能的耐火管(板)将锥台、标准测温锥、试验锥与火焰和气体隔开。

2) 磨好的试样小于90 μm的细粉要小于50%,但已含有50%以上极细粉末的原料除外。

6.3.3.3 在粉碎和研磨的过程中，不应混入外来杂质。混合过程应非常小心，以使试样具有真实的代表性。

6.3.3.4 加水调合粉状试样。如果试样是瘠性的，则用灰分含量小于0.5%的有机结合剂（通常为糊精）、水调和；若试样会与水反应，则可选用其他合适的液体。

6.3.3.5 在图3所示的模具内成型试验锥。

6.3.3.6 耐火生料应先经约1 000℃预烧，然后成型试验锥，也可按相关方协议执行。

7 标准测温锥的选择

按照下列数量来选择标准测温锥：

	圆形锥台	矩形锥台
a) 估计或预测相当于试样耐火度的标准测温锥（N）的个数	2	2
b) 比a)中低一号的标准测温锥（N－1）个数	1	2
c) 比a)中高一号的标准测温锥（N＋1）个数	1	2

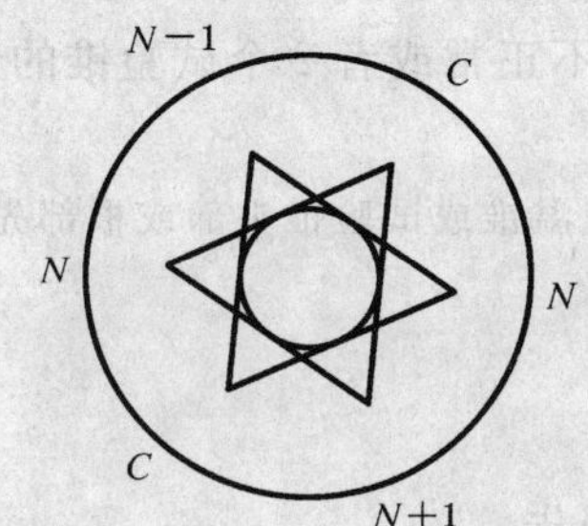

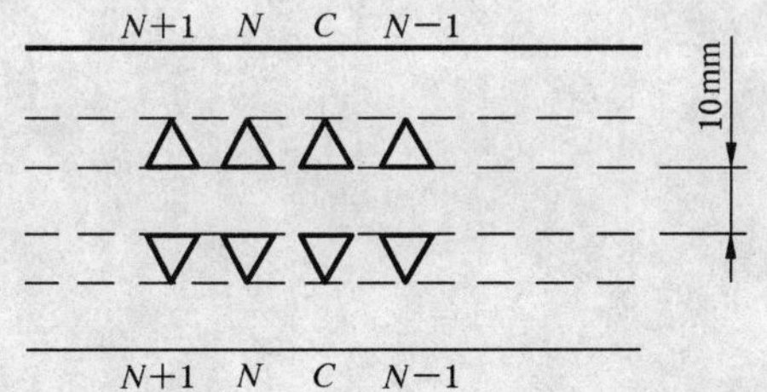

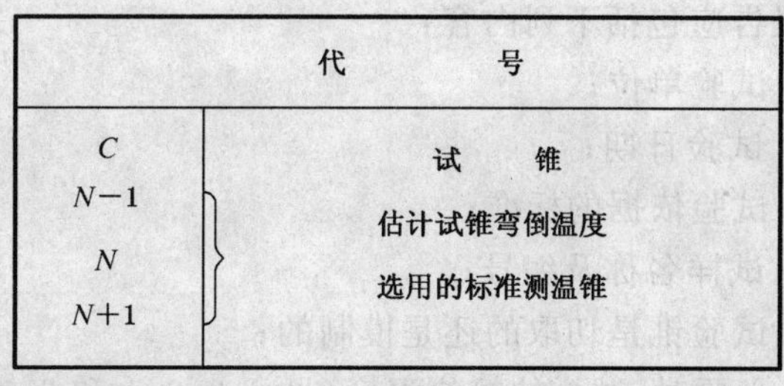

图1 标准测温锥和试验锥在锥台上的排列

8 锥台的配备

8.1 根据锥台是圆形还是矩形的，将2个试验锥和根据7选择的标准测温锥置于锥台上，按图1所示的形式来排列它们的顺序。锥与锥之间应留有足够的空间，以使锥弯倒时不受障碍。试验锥和标准测温锥底部插入锥台上预留的深度约2 mm～3 mm的孔穴中，并用耐火泥固定。

8.2 插锥时，应使标准测温锥的标号面和试验锥的相应面均面向锥台中心排列，且使该面相对的棱向外倾斜，与垂线的夹角成8°±1°（见图2）。

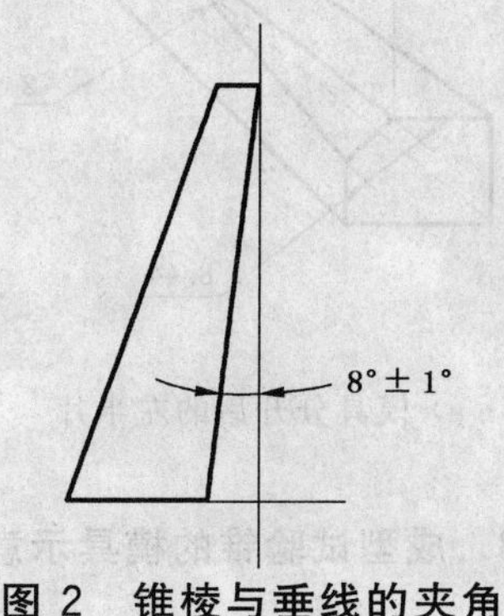

图2 锥棱与垂线的夹角

9 试验程序

9.1 把装有试验锥和标准测温锥的锥台置入炉子均温带。

9.2 在 1.5 h～2 h 内,把炉温升至比估计试样的耐火度低 200℃的温度。

9.3 再按平均 2.5℃/min 匀速升温(相当于 2 个相邻的 CN 标准测温锥大约在 8 min 内先后弯倒),在任何时刻与规定的升温曲线的偏差应小于 10℃,直至试验结束。

9.4 当任一试验锥弯倒至其尖端接触锥台时,应立即观察标准测温锥的弯倒程度,直至最末一个标准测温锥或试验锥弯倒至其尖端接触锥台时,即停止试验。如果在试验过程中没有观测到试验锥在预计的标准锥温度范围内弯倒,可以在试验锥快弯倒时,用光学高温计或热电偶高温计测量试验锥弯倒温度,以决定此试验锥下次试验所用的标准测温锥。

9.5 从炉中取出锥台,并记录每个试验锥与标准测温锥的弯倒情况,以观察试验锥与标准测温锥的尖端同时接触锥台的标准测温锥的锥号表示试验锥的耐火度;当试验锥的弯倒介于两个相邻标准测温锥之间,则用这两个标准测温锥号表示试验锥的耐火度,即顺次记录相邻的两个锥号,如 CN 168～170。

9.6 凡有任一试验锥或标准测温锥弯倒不正常或者 2 个试验锥的弯倒偏差大于半个标准测温锥号时,试验应重做。

注:弯倒不正常指的是升温过程中,标准测温锥或试验锥头部或根部先融化、锥体扭曲变形或锥体偏向一侧弯倒等。

10 试验报告

10.1 试样的耐火度按 9.5 规定的方式报告。

10.2 报告应包括下列内容:

a) 试验单位;

b) 试验日期;

c) 试验依据的标准;

d) 试样名称及编号;

e) 试验锥是切取的还是模制的;

f) 必要时,试样的焙烧温度(见 6.3.3.1 和 6.3.3.6);

g) 试样的耐火度值和所用的标准测温锥种类,如:GB/T 13794—1992 CN 170。

10.3 重做试验时,需报告所有试验结果。

单位为毫米

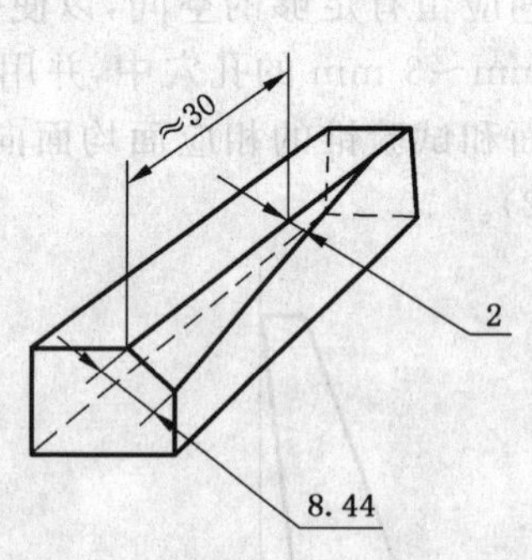

a) 模具分开后的左半片

图 3 成型试验锥的模具示意图

单位为毫米

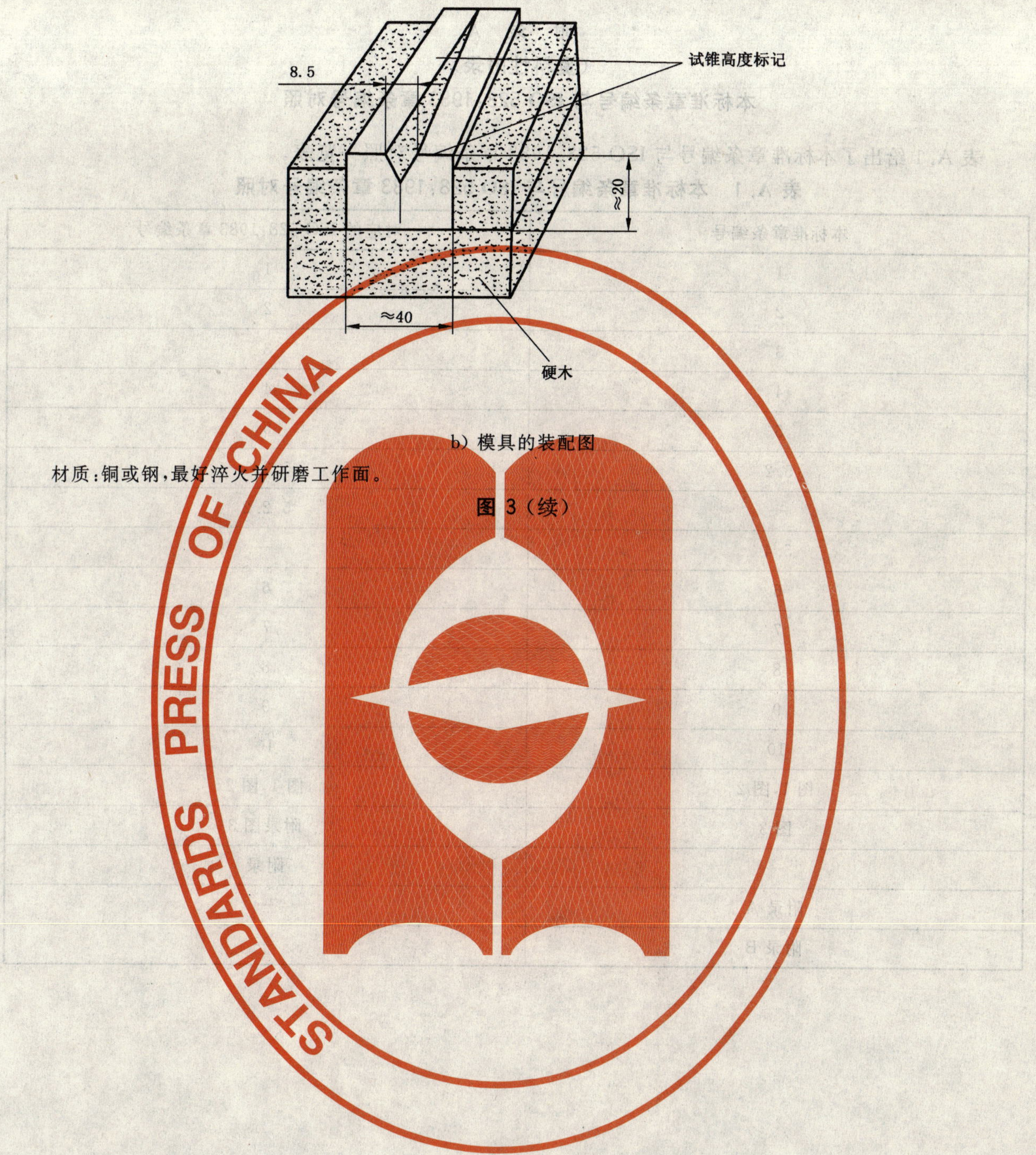

b）模具的装配图

材质：铜或钢，最好淬火并研磨工作面。

图 3（续）

附 录 A
（资料性附录）
本标准章条编号与 ISO 528:1983 章条编号对照

表 A.1 给出了本标准章条编号与 ISO 528:1983 章条编号对照一览表。

表 A.1 本标准章条编号与 ISO 528:1983 章条编号对照

本标准章条编号	对应的 ISO 528:1983 章条编号
1	1
2	2
3	3
4	4
5	5
5.2	5.2.1
—	5.2.2
5.4	—
6	6
7	7
8	8
9	9
10	10
图 1,图 2	图 1,图 2
图 3	附录图 3
—	附录
附录 A	—
附录 B	—

附　录　B
（资料性附录）
本标准与 ISO 528:1983 技术性差异及其原因

表 B.1 给出了本标准与 ISO 528:1983 的技术性差异及其原因的一览表。

表 B.1　本标准与 ISO 528:1983 技术性差异及其原因

本标准的章条号	技术性差异	原　因
1	简化了叙述。	为了扩大标准的适用范围。
2	引用标准改为与 ISO 相对应的我国标准。	方便使用。
5.1.1	将 ISO 标准的注写在该条中。	方便使用，更符合 GB/T 1.1—2000 的编写规定。
5.2	删去了 ISO 标准的 5.2.2 的叙述。	在我国实际上没有这种情况。
5.3.3	增加了锥台绕轴转动的转速为 1 r/min～5 r/min	采用立式管状炉时，明确对锥台转速的要求。
5.4	增加了试验锥成型模具。	与 6.3.3 相照应。
6.2	对试锥的高度要求由至多不超过标准测温锥的 20%改为 10%。	提高了对试锥尺寸的要求，使试验结果更加准确，符合我国实际使用情况。
9.3	将 ISO 标准的注写在该条中。	方便使用，更符合 GB/T 1.1—2000 的编写规定。
9.6	增加了关于弯倒不正常的注。	方便标准使用。
图 3	将 ISO 的附录图 3 改为标准正文的图 3，并进行了修改。	与 5.4 和 6.3.3 相照应且符合我国的实际使用情况。

ICS 71.100.40
G 72

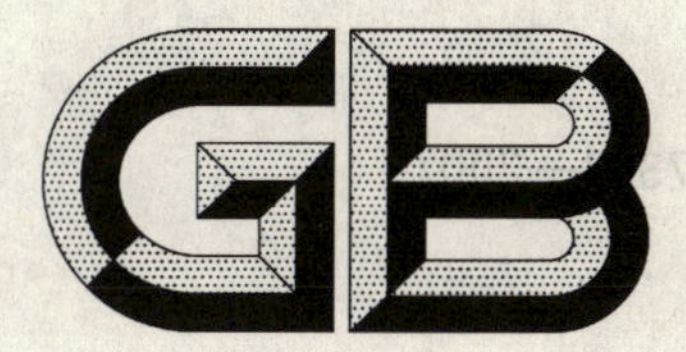

中华人民共和国国家标准

GB/T 7383—2007
代替 GB/T 7384—1996,GB/T 7383—1997

非离子表面活性剂 羟值的测定

Non-ionic surface active agents—Determination of hydroxyl value

(ISO 4326:1980 Non-ionic surface active agents—
Polyethoxylated derivatives—Determination of hydroxyl value—
Acetic anhydride method,MOD)

2007-08-13 发布 2008-02-01 实施

中华人民共和国国家质量监督检验检疫总局
中国国家标准化管理委员会 发布

前　言

本标准修改采用 ISO 4326:1980《非离子表面活性剂　聚乙氧基化衍生物　羟值的测定　乙酐法》。

本标准代替 GB/T 7384—1996《非离子表面活性剂　聚乙氧基化衍生物　羟值的测定　乙酐法》和 GB/T 7383—1997《非离子表面活性剂　聚烷氧基化衍生物　羟值的测定　邻苯二甲酸酐法》。

本标准根据 ISO 4326:1980《非离子表面活性剂　聚乙氧基化衍生物　羟值的测定　乙酐法》重新起草，为了方便比较，在附录 D 中列出本国家标准章条编号与国际标准章条编号的对照表。有关技术性差异已编入正文中并在它们所涉及的条款页边空白处用垂直单线标识。

本标准与 GB/T 7384—1996 和 GB/T 7383—1997 相比较，主要差异如下：

——标准名称规范为《非离子表面活性剂　羟值的测定》。

——合并了两个国家标准的相同内容的章节。

——删除引用标准 GB/T 13173.1—1991《洗涤剂样品的分样方法》。

——原标准为等同采用，经过修改后为修改采用 ISO 4326:1980。

本标准与 ISO 4326:1980 相比较，主要差异如下：

——增加了非离子表面活性剂　聚烷氧基化衍生物　羟值的测定　邻苯二甲酸酐法。

本标准的附录 A、附录 B、附录 C 为规范性附录，附录 D 为资料性附录。

本标准由中国石油和化学工业协会提出。

本标准由化学工业表面活性剂标准化技术委员会归口。

本标准起草单位：上海染料研究所有限公司、浙江皇马化工集团。

本标准起草人：黄伟卿、孟照平、庄永斌、曹丹。

本标准自实施之日起同时代替 GB/T 7384—1996 和 GB/T 7383—1997。

本标准于 1987 年首次发布。1996 年和 1997 年第一次分别修订。

非离子表面活性剂　羟值的测定

1　范围

本标准规定了非离子表面活性剂羟值的测定。

本标准适用于脂肪族和脂环族的聚烷氧基化合物的羟值(特别是伯脂肪醇、烷基酚和脂肪酸的环氧乙烷、环氧丙烷及其混合物的加成物的羟值)的测定，适用于羟值在10～1 000的测定。

邻苯二甲酸酐法特别适用于伯仲脂肪醇、烷基酚和脂肪酸的环氧乙烷、环氧丙烷及其混合加成物的羟值的测定。

乙酐法特别适用于伯仲脂肪醇、烷基酚和脂肪酸的环氧乙烷加成物的羟值的测定，不适用于丙氧基化产品的羟值的测定。

可能产生干扰的物质如下：

——伯和仲胺、酰胺、叔醇、硫醇和环氧化物产生副反应而影响方法的准确度。

——长碳链脂肪族酸和酯会生成比邻苯二甲酸酐乙酐更稳定的酐，而其在测定终了时也不能完全被分解。

——其他的游离酸因与氢氧化钠标准溶液反应而有干扰；碱包括某些叔胺因与生成的邻苯二甲酸、乙酸反应而产生干扰，在这种情况下，需对酸度或碱度作校正(按GB/T 6365)。

环氧化物的存在对测定有干扰，若能用低温真空蒸馏法予以除去，并且不改变羟值，本方法仍适用。上述的处理可以消除浓度(质量分数)高于0.5%产生干扰的游离环氧乙烷。

试样中存在的水分会与邻苯二甲酸酐、乙酐反应，但若遵循测定步骤中所述的措施去预防，本方法仍可使用。

2　规范性引用文件

下列文件中的条款通过本标准的引用而成为本标准的条款。凡是注日期的引用文件，其随后所有的修改单(不包括勘误的内容)或修订版均不适用于本标准，然而，鼓励根据本标准达成协议的各方研究是否可使用这些文件的最新版本。凡是不注日期的引用文件，其最新版本适用于本标准。

GB/T 601　化学试剂　标准滴定溶液的制备

GB/T 2384　染料中间体熔点范围测定通用方法

GB/T 3143　液体化学产品颜色测定法(Hazen单位——铂-钴色号)

GB/T 6365　表面活性剂　游离碱度或游离酸度的测定　滴定法(GB/T 6365—2006，ISO 4314：1977，IDT)

GB/T 6372　表面活性剂和洗涤剂　样品分样法(GB/T 6372—2006，ISO 607：1980，IDT)

GB/T 8170　数值修约规则

GB/T 11275　表面活性剂　含水量的测定(GB/T 11275—2007，ISO 4317:1991，MOD)

3　术语和定义

下列术语和定义适用于本标准。

羟值 I(OH)　hydroxyl value(OH)

为了中和以邻苯二甲酸酐或乙酐酯化1 g试样中的羟基而生成的酸所需的氢氧化钾毫克数或相当于1 g试样中羟基的氢氧化钾的毫克数。

4 原理

4.1 邻苯二甲酸酐法

在吡啶溶液中，以邻苯二甲酸酐来酯化羟基。

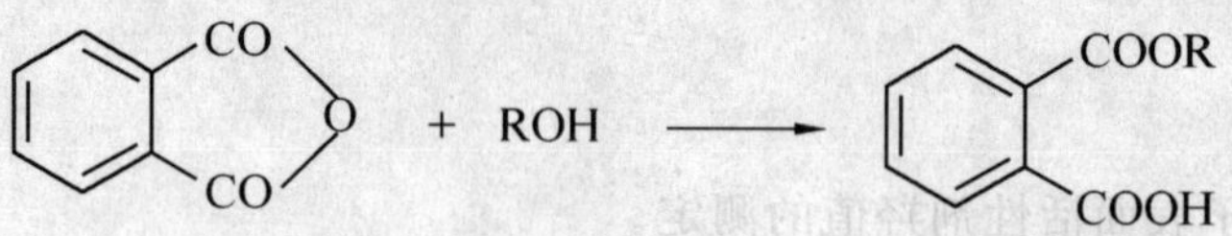

$$\text{(苯环)}\begin{matrix}\text{CO}\\ \quad\text{O}\\ \text{CO}\end{matrix} + \text{ROH} \longrightarrow \text{(苯环)}\begin{matrix}\text{COOR}\\ \text{COOH}\end{matrix}$$

以氢氧化钠标准溶液滴定溶液中所含的水，来水解过量的邻苯二甲酸酐。

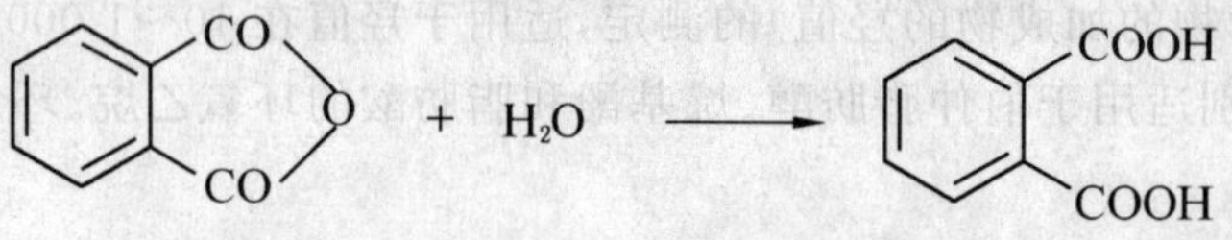

$$\text{(苯环)}\begin{matrix}\text{CO}\\ \quad\text{O}\\ \text{CO}\end{matrix} + H_2O \longrightarrow \text{(苯环)}\begin{matrix}\text{COOH}\\ \text{COOH}\end{matrix}$$

以酚酞为指示剂，用氢氧化钠标准滴定溶液中和酯化反应所生成的酸和水解所产生的邻苯二甲酸。

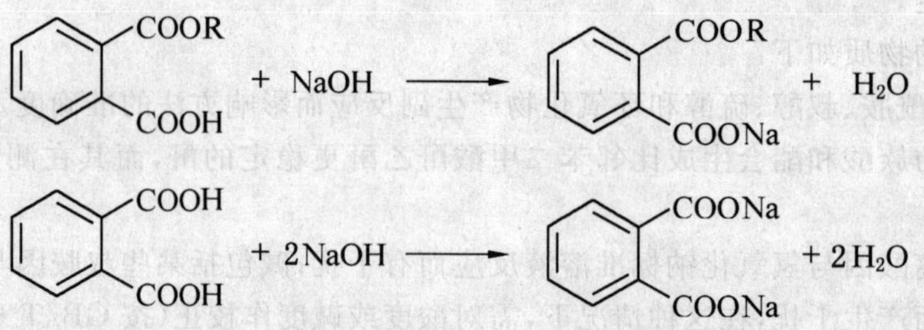

$$\text{(苯环)}\begin{matrix}\text{COOR}\\ \text{COOH}\end{matrix} + \text{NaOH} \longrightarrow \text{(苯环)}\begin{matrix}\text{COOR}\\ \text{COONa}\end{matrix} + H_2O$$

$$\text{(苯环)}\begin{matrix}\text{COOH}\\ \text{COOH}\end{matrix} + 2\text{NaOH} \longrightarrow \text{(苯环)}\begin{matrix}\text{COONa}\\ \text{COONa}\end{matrix} + 2H_2O$$

由滴定试样溶液和空白溶液所耗用的氢氧化钠标准滴定溶液之差来计算羟值。

4.2 乙酐法

在吡啶溶液中以乙酐来酯化羟基。用水水解过量乙酐。

以酚酞为指示剂，用氢氧化钠标准滴定溶液中和在酯化反应和水解反应中生成的乙酸。

根据滴定空白和试样所耗用的氢氧化钠标准滴定溶液体积之差，计算羟值。反应如下：

4.2.1 酯化

$$\begin{matrix}CH_3CO\\ \quad O\\ CH_3CO\end{matrix} + ROH \longrightarrow CH_3COOR + CH_3COOH$$

4.2.2 水解过量乙酐

$$\begin{matrix}CH_3CO\\ \quad O\\ CH_3CO\end{matrix} + H_2O \longrightarrow 2CH_3COOH$$

4.2.3 中和生成的乙酸

$$CH_3COOH + NaOH \longrightarrow CH_3COONa + H_2O$$

5 试剂和材料

5.1 吡啶：沸点在 114℃～116℃；

5.2 邻苯二甲酸酐；

5.3 乙酐；

5.4 乙酐吡啶溶液（酰化试剂）；

5.4.1 配制

小心地混合1体积的乙酐和10体积的吡啶，避免过热，存放于具有磨口塞的棕色玻璃瓶中。以铂-钴色号，按GB/T 3143测定，若溶液色泽超过200 Hazen单位，则不能使用。

5.5 邻苯二甲酸酐吡啶溶液(酰化试剂)：

5.5.1 配制

将140 g±1 g邻苯二甲酸酐(用GB/T 2384方法测定其熔点131℃±1℃或用附录A中规定方法测定其纯度不低于99.5%)，置于2 L棕色玻璃瓶中。加入1 L吡啶，用力摇动直至完全溶解为止。若用GB/T 3143规定方法测定其色度超过200 Hazen单位，则此溶液不能使用。

5.5.2 浓度的验证

用移液管将25.0 mL酰化试剂移入250 mL锥形瓶中，在酚酞指示剂存在下，用氢氧化钠标准滴定溶液滴定，应消耗83 mL～87 mL的氢氧化钠标准滴定溶液。

5.6 氢氧化钠标准滴定溶液：$c(NaOH)=0.5$ mol/L，按GB/T 601规定制备；

5.7 酚酞指示剂：1 g酚酞溶于100 mL吡啶中。

6 仪器和设备

6.1 碱式滴定管：50 mL；

6.2 磨口平底烧瓶：250 mL具有锥形磨口玻璃接头；

6.3 冷凝管：有效长度800 mm的空气冷凝管或有效长度400 mm，带有锥形磨口玻璃接头，能与烧瓶配合，并带有能收集冷凝管外部冷却水珠的收集器；

6.4 单刻度移液管：15 mL，25 mL。

7 测定

按照GB/T 6372的规定制备和贮存样品。并根据GB/T 11275规定测定样品中的含水量，所有的操作均应在通风良好的通风橱内进行。所用的玻璃仪器应清洁和干燥，同时进行两个样品和两个空白试验的测定。需在通风橱外测定羟值的仪器和方法参见附录C。

7.1 邻苯二甲酸酐法

7.1.1 称量

将试样按以下计算量称入预先称量的干燥烧瓶中(精确至0.001 g)。

当含水量(质量分数)低于1%时，试样的质量m_0按式(1)计算：

$$m_0=\frac{365}{I(OH)} \qquad (1)$$

式中：

m_0——试样的质量数值，单位为克(g)；

$I(OH)$——估计羟值，以每克试样耗用氢氧化钾的毫克数计。若最小羟值限制为10，那么最大试样质量为36.5 g。

对于含水量(质量分数)大于1%，小于40%，试样的质量m_0按式(2)或式(3)计算：

$$m_0 \geqslant \frac{31\,000}{\{100-w(H_2O)\}I(OH)+740w(H_2O)} \qquad (2)$$

$$\text{或 } m_0 \leqslant \frac{42\,000}{\{100-w(H_2O)\}I(OH)+1\,040w(H_2O)} \qquad (3)$$

式中：

m_0——试样的质量数值，单位为克(g)；

$w(H_2O)$——试样中水的质量分数，以(%)表示；

$I(OH)$——估计羟值，每克试样所耗用的氢氧化钾毫克数(mg/g)。

附录B给出含水量(质量分数)从(1～40)%和估计的羟值从10～1100，m_0值的范围。

7.1.2 酰化

用移液管吸取25.0 mL邻苯二甲酸酐吡啶溶液，加入含有试样的烧瓶中，将预先用吡啶淋洗过的冷凝管与烧瓶相连，旋转摇动，以混匀瓶中的物料，加热烧瓶，使之缓慢回流1 h，回流温度为115℃±2℃，再冷却至室温。

7.1.3 水解和滴定

用吡啶淋洗冷凝管，取下烧瓶，用水冲洗磨口玻璃接头。在烧瓶中放入搅拌磁子，将烧瓶置于电磁搅拌器上，开动搅拌器。用滴定管准确地加入50.0 mL氢氧化钠标准滴定溶液，加入4滴～5滴的酚酞指示剂，用氢氧化钠标准滴定溶液，滴定至溶液呈粉红色，并维持15 s不褪色即为终点。

7.1.4 空白试验

在测定的同时进行两个空白试验。

空白实验和试样所耗用氢氧化钠标准滴定溶液体积之差应在10 mL～15 mL之间。

若两体积之差大于15 mL，说明试样质量太多(羟值比估计值大)，须减少试样量，若两体积之差小于10 mL，说明试样质量太少(羟值比估计值要小)，须增加试样量。

7.1.5 结果的表述

7.1.5.1 计算

试样的羟值$I(OH)$(mg/g)按式(4)计算：

$$I(OH)=\frac{(V_0-V_1)\cdot c\times 56.10}{m_0}+X \qquad \cdots\cdots(4)$$

式中：

V_0——空白试验耗用氢氧化钠标准滴定溶液的体积，单位为毫升(mL)；

V_1——试样耗用氢氧化钠标准滴定溶液的体积单位为毫升(mL)；

c——氢氧化钠标准滴定溶液的浓度，单位为摩尔每升(mol/L)；

m_0——试样的质量，单位为克(g)；

56.10——氢氧化钾的相对分子质量；

X——试样的酸碱值，按GB/T 6365规定的方法测定。若此值小于或等于0.3，应忽略不计。取两次测定结果的算术平均值为测定结果。

7.1.5.1.1 精确度

7.1.5.1.1.1 重复性

本方法的相对偏差应小于1.5%。测定结果按GB/T 8170处理。

7.1.5.1.1.2 再现性

表1中数值是在21个实验室里取得，每个实验室里由一个分析人员至少给出两个结果。

表1

试样	A	B
平均值$I(OH)$	51.9	172.3
再现性标准偏差σ_R	1.15	3.80

7.2 乙酐法

7.2.1 称量

按表2称取试样(精确至0.001 g)，置于干燥并已称量的烧瓶中。

表 2　试样称量规定

羟值 $I(OH)/(mg/g)$	试样 m/g
40	8～10
40～200	$\frac{380}{I(OH)}\pm0.5$
200 以上	$\frac{380\pm100}{I(OH)}$

注：水分质量分数在 0.25%～1%，试样的质量 m 不应超过：

$$\frac{9.3(V_0+25)}{I(OH)+32w(H_2O)}$$

式中：

V_0——用于空白试验的氢氧化钠标准滴定溶液的体积，单位为毫升(mL)；

$I(OH)$——估计的羟值，以氢氧化钾毫克每克表示(mg/g)；

$w(H_2O)$——试样中水分质量分数，以(%)表示。

7.2.2　酰化

用移液管准确移取 15 mL 酰化试剂于平底烧瓶中，用吡啶润湿冷凝器接头，并将冷凝器与平底烧瓶接上，摇匀瓶中的物料。烧瓶内的物料应低于水浴面，在沸水浴中加热 10 min 后，摇动烧瓶继续加热 50 min。

7.2.3　水解和滴定

将 2 mL 水经冷凝器加入平底烧瓶中，摇匀，在沸水浴中加热烧瓶 5 min，将烧瓶及其物料冷却至 30℃以下。经冷凝器再加入 70 mL 水，移去冷凝管，用水冲洗磨口玻璃接头。

用移液管加入 25 mL 氢氧化钠标准滴定溶液，加入 4 滴～5 滴酚酞指示剂，在剧烈搅拌下用氢氧化钠标准滴定溶液滴定至溶液呈粉红色，并维持 15 s 不褪色即为终点。

7.2.4　空白试验

在测定同时，用相同试剂加 2～3 滴水代替试样进行空白试验。

7.2.5　结果的表述

7.2.5.1　计算

试样的羟值 $I(OH)$ 以 mg/g 表示，按式(5)计算：

$$I(OH)=\frac{(V_0-V_1)\cdot c\times56.10}{m}+X \qquad \cdots\cdots(5)$$

式中：

V_0——空白试验时，耗用氢氧化钠标准滴定溶液的体积，单位为毫升(mL)；

V_1——试样耗用氢氧化钠标准滴定溶液的体积，单位为毫升(mL)；

c——氢氧化钠标准滴定溶液的浓度，单位为摩尔每升(mol/L)；

m——试样的质量，单位为克(g)；

56.10——氢氧化钾的相对分子质量；

X——试样的酸碱值，按 GB/T 6365 规定的方法测定。若此值小于等于 0.3，应忽略不计。取两次测定结果的算术平均值为测定结果。

7.2.5.2　精密度

7.2.5.2.1　重复性

由同一分析者用同一仪器，对相同试样同时或相继测定两次，所得结果之差不应大于平均值的 1.1%。

7.2.5.2.2　再现性

在两个不同实验室中对相同试样的测得结果之差不应大于平均值的 2.8%。

8 试验报告

试验报告应包括以下各项：

a) 鉴别试样所需的全部资料；

b) 采用的方法(包括本标准中的引用标准)；

c) 结果和采用的表示方法；

d) 试验条件；

e) 本标准未规定的任选的任何操作细节，以及可能会影响结果的情况。

附 录 A
（规范性附录）
邻苯二甲酸酐纯度的测定

将邻苯二甲酸酐1.5 g（精确至0.001 g）置于250 mL锥形瓶中，加入100 mL吡啶（体积分数为50%）和水的混合物（该混合物预先用0.1 mol/L氢氧化钠或盐酸溶液在酚酞溶液存在下中和），再用氢氧化钠标准滴定溶液滴定至稳定的粉红色。

邻苯二甲酸酐纯度 w_0，以质量分数（%）表示，按式（A.1）计算。

$$w_0 = \frac{V_2 \cdot c \times 0.074}{m_1} \times 100 \qquad \cdots\cdots(A.1)$$

式中：

V_2——所耗用的氢氧化钠标准滴定溶液的体积，单位为毫升（mL）；

c——氢氧化钠标准滴定溶液的浓度，单位为摩尔每升（mol/L）；

m_1——邻苯二甲酸酐样品的质量，单位为克（g）；

0.074——与1.00 mL氢氧化钠标准滴定溶液［$c(NaOH)=1.000$ mol/L］相当的以克表示的邻苯二甲酸酐的质量。

附　录　B
（规范性附录）
不同含水量和羟值的试样的取样范围

估计 $I(OH)$/(mg/g)	含水量（质量分数）/%															
	1	2	3	4	5	6	7	8	9	10	15	20	25	30	35	40
10	18 21															
20	11.5 14	 10.3														
30	8.0 10.5	7.0 8.3	 6.9													
40	6.6 8.4	5.7 7.0	5.1 6.0	 5.25												
50	5.5 7.0	4.9 6.0	4.4 5.3	4.0 4.7	 4.2											
60	4.6 6.0	4.2 5.3	3.9 4.7	3.6 4.2	3.3 3.9											
100	2.9 3.8	2.8 3.5	2.6 3.3	2.5 3.0	2.4 2.9	 2.7										
200	1.5 2.0	1.5 1.9	1.4 1.9	1.4 1.9	1.4 1.7	1.3 1.7	 1.6									
300	1.0 1.4	1.0 1.3	1.0 1.3	0.98 1.3	0.96 1.2	0.95 1.2	0.94 1.2	 1.2								
400	0.77 1.0	0.76 1.0	0.75 1.0	0.75 0.98	0.74 0.97	0.74 0.96	0.73 0.94	0.73 0.93	 0.92							
500	0.61 0.83	0.61 0.82	0.61 0.81	0.60 0.80	0.60 0.80	0.60 0.79	0.60 0.78	0.60 0.77	0.60 0.76	 0.76						
600	0.51 0.69	0.51 0.69	0.51 0.68	0.51 0.68	0.51 0.68	0.51 0.67	0.51 0.67	0.51 0.66	0.50 0.66	0.50 0.65	 0.63					
700	0.44 0.59	0.44 0.59	0.44 0.59	0.44 0.59	0.44 0.59	0.44 0.58	0.44 0.58	0.44 0.58	0.44 0.57	0.44 0.57	0.44 0.56	 0.55				
800	0.39 0.52	0.39 0.52	0.39 0.52	0.39 0.52	0.39 0.52	0.39 0.52	0.39 0.51	0.39 0.51	0.39 0.51	0.39 0.51	0.39 0.50	0.39 0.49	 0.49			
1 000	0.31 0.42	0.31 0.42	0.31 0.42	0.31 0.42	0.31 0.42	0.31 0.42	0.32 0.42	0.32 0.42	0.32 0.42	0.32 0.42	0.32 0.42	0.33 0.42	0.33 0.42	 0.41	 0.41	 0.41
1 100	0.28 0.38	0.28 0.38	0.28 0.38	0.28 0.38	0.28 0.38	0.29 0.38	0.29 0.38	0.30 0.38	0.29 0.38	0.29 0.38	0.29 0.38	0.30 0.38	0.30 0.39	0.31 0.39	0.32 0.39	0.32 0.39

举例，若某样品，其估计羟值在100～200之间，式样的量取决于含水量：

a) 若含水量是1%，取试样2.9 g～2.0 g；

b) 若含水量是4%，取试样2.5 g～1.9 g；

c) 若含水量是10%，表中查不出试样的取样范围，这时必须除去部分水，使残留水最多为5%，然后取样品量为2.4 g～1.7 g。

附 录 C
（规范性附录）
通风橱外测定羟值的仪器和方法

本附录规定了需在通风橱外进行测定羟值的特殊仪器和方法。

C.1 仪器

普通实验室仪器，以及

C.1.1 滴定管：50 mL。

C.1.2 磨口平底烧瓶：250 mL。

C.1.3 冷凝管：带锥形磨口玻璃接头和能收集外部冷却水珠的收集器，有效长度 400 mm（见图 C.1）。

C.1.4 磨口玻璃塞。

C.1.5 具有中心孔的磨口玻璃塞（见图 C.2 a）。

C.1.6 具有中心孔并带有支管的磨口玻璃塞（见图 C.2 b）。

C.1.7 特殊滴定管，25 mL（见图 C.2 c）。

C.1.8 冲洗试管，200 mL（见图 C.2 d）。

C.2 方法

C.2.1 仪器的准备

所用仪器应洁净和干燥。

用约 10 mL 吡啶冲洗冷凝管，将洗液收集在烧瓶中，并用磨口玻璃塞塞住冷凝管顶部。

取干燥并预先称量的烧瓶，将试样 m_0（m_0 的取值见 8.2）称入该烧瓶（精确至 0.001 g）。

C.2.2 测定

C.2.2.1 酯化

通过具有中心孔的玻璃塞，将 25.0 mL 酞化试剂从特殊滴定管加入烧瓶中。

将烧瓶与冷凝管连接，即替换掉用于收集吡啶的烧瓶，然后用冷凝管顶部的玻璃塞塞住此烧瓶。

将含有试样的烧瓶加热，使之缓慢回流 1 h，再冷却至室温。

C.2.2.2 水解和滴定

用吡啶经冲洗试管冲洗冷凝管。取下烧瓶，用蒸馏水冲洗磨口玻璃接头。再把最初收集吡啶冲洗液的烧瓶与冷凝管相连，用玻璃塞塞住冷凝管顶部。

在含有试样的烧瓶中放入搅拌磁子，将烧瓶置于电搅拌器上，在瓶口塞上带有中心孔和支管的玻璃塞，用橡皮管将支管与通风口相连，然后开动搅拌器。

通过玻璃塞的中心孔用滴定管准确加入 50.0 mL 氢氧化钠标准滴定溶液。再通过玻璃塞中心孔加入 4 滴～5 滴酚酞指示剂。

用氢氧化钠标准滴定溶液继续滴定至溶液呈粉红色，并维持 15 s 不褪色即为终点。

C.2.3 空白试验

按本标准 7.1.4 规定进行。

C.3 测定结果的表示

按本标准 7.1.5 规定进行。

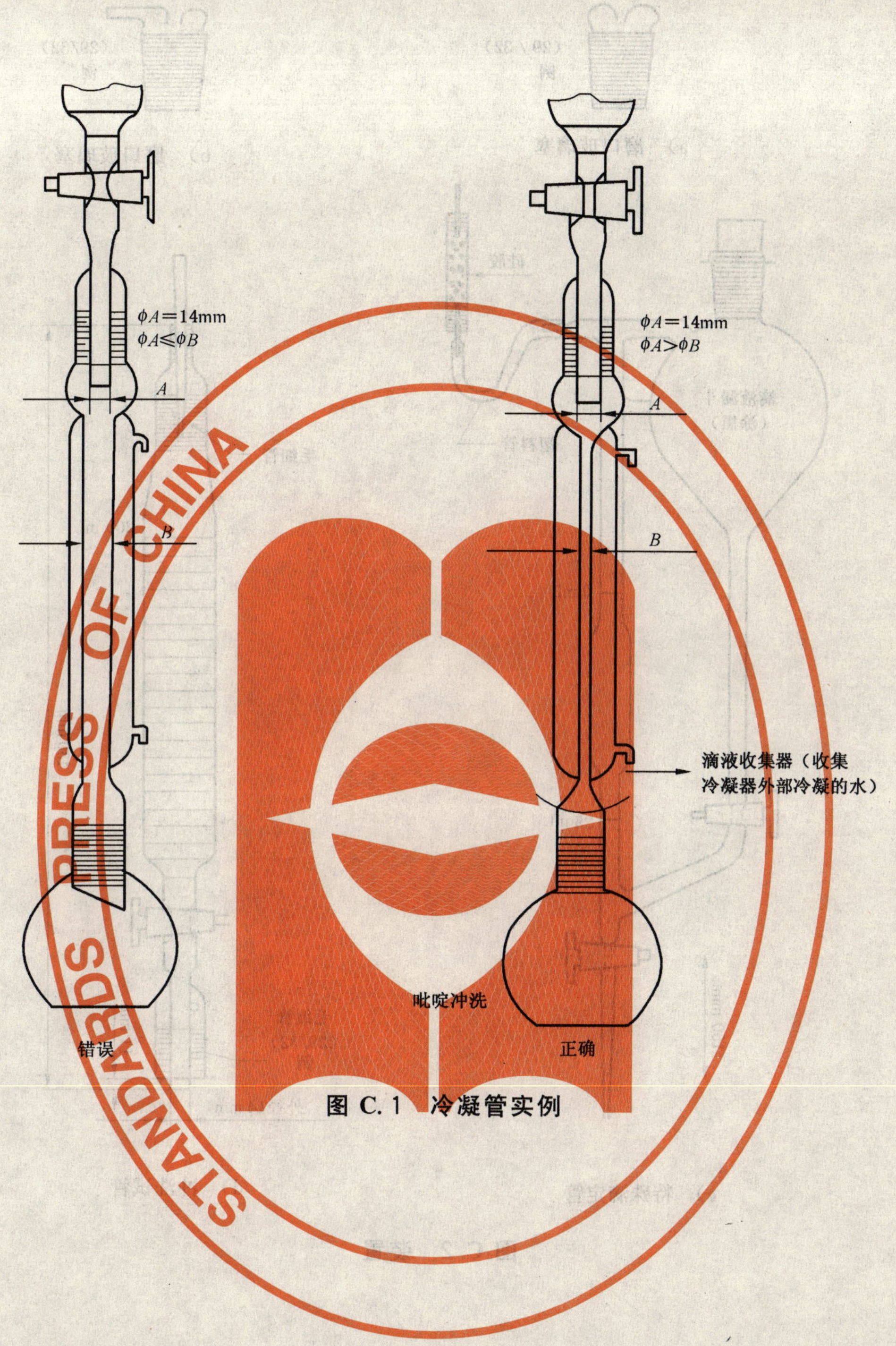

$\phi A=14$mm
$\phi A\leqslant\phi B$
A
B
错误
$\phi A=14$mm
$\phi A>\phi B$
A
B
滴液收集器（收集
冷凝器外部冷凝的水）
吡啶冲洗
正确

图 C.1 冷凝管实例

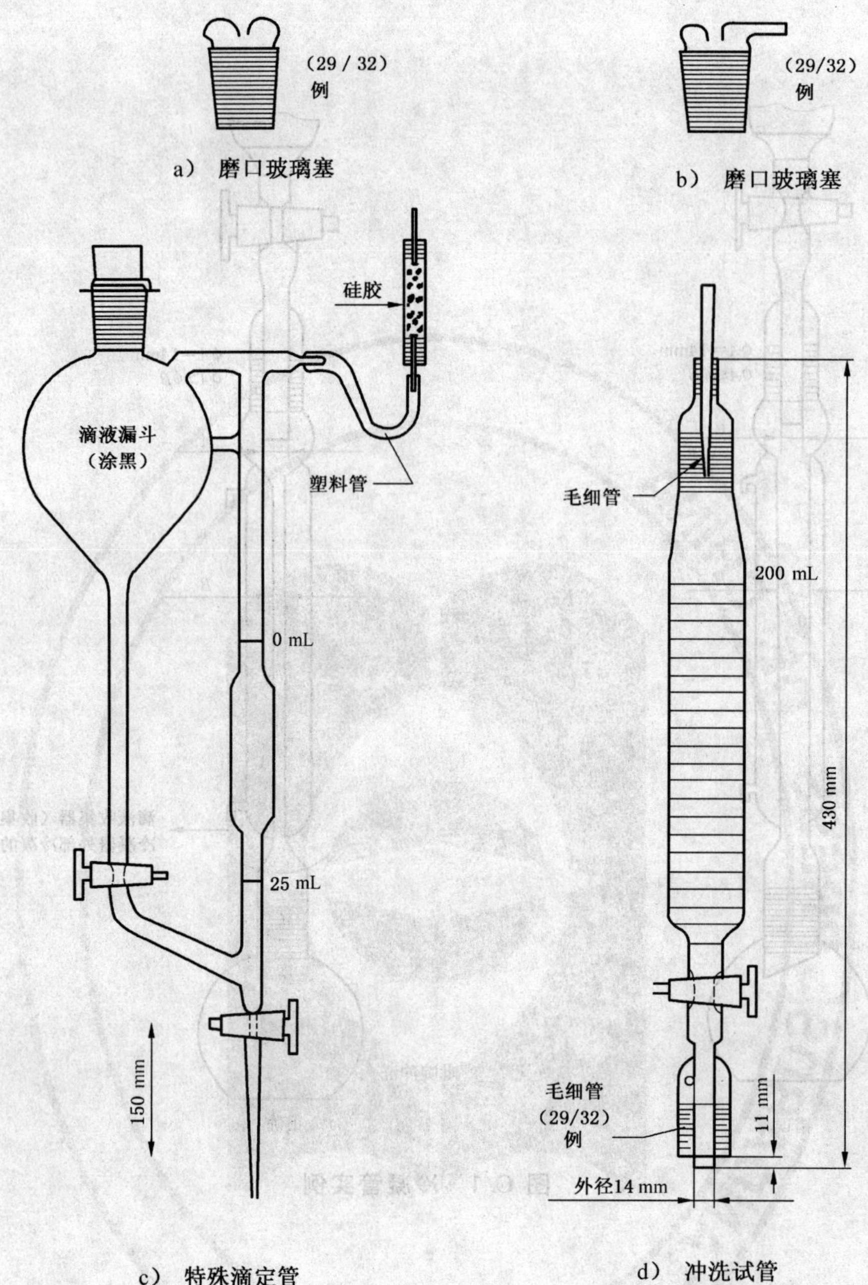

a） 磨口玻璃塞

b） 磨口玻璃塞

c） 特殊滴定管

d） 冲洗试管

图 C.2 装置

附 录 D

本国家标准章条编号与国际标准章条编号的对照表

表 D.1 给出了本标准章条编号与国际标准 ISO 4326:1980 章条编号对照一览表。

表 D.1 本标准章条编号与国际标准 ISO 4326:1980 章条编号对照一览表

本标准章条编号	对应的国际标准章条编号
1	2(其中第五行至第六行系增加部分)
2	3
3	4
4	5
4.1	无(系增加部分)
4.2	5/6
5.2	无(系增加部分)
5.5	无(系增加部分)
5.6	7.3
5.7	7.4
6	8
7.1	无(系增加部分)
7.2	10
7.2.2	10.2.1
7.2.3	10.2.2
7.2.4	10.3
7.2.5	11.1
7.2.5.2	11.2
8	12
附录 A	无(系增加部分)
附录 B	无(系增加部分)
附录 C	无(系增加部分)
附录 D	无(系增加部分)

ICS 29.160.20
K 21

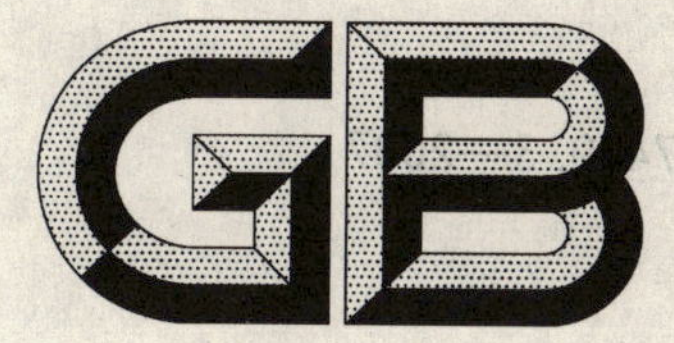

中华人民共和国国家标准

GB/T 7409.3—2007
代替 GB/T 7409.3—1997

同步电机励磁系统
大、中型同步发电机励磁系统技术要求

Excitation system for synchronous electrical machines—Technical requirements of excitation system for large and medium synchronous generators

2007-01-16 发布　　2007-08-01 实施

中华人民共和国国家质量监督检验检疫总局
中国国家标准化管理委员会　发布

前言

本部分是对 GB/T 7409.3—1997 的修订。

本部分与 1997 版比较，在以下几方面有更新：

1） 根据国内励磁的实践，采用了统一的励磁术语；

2） 根据励磁设备及元件的技术发展，更新了技术参数；

3） 根据励磁设备在电网稳定性的重要性，增加了新的技术要求；

4） 删除了过时的技术条款。

本部分用于指导发电机励磁设备的设计、生产和试验。

本部分与相关旋转电机等标准协调一致。

本部分由中国电器工业协会提出。

本部分由全国旋转电机标委会发电机分技术委员会归口。

本部分由哈尔滨大电机研究所负责起草，哈尔滨电机厂有限责任公司、中国电力科学研究院、东方电机股份有限公司、上海汽轮发电机有限公司、浙江省电力试验研究院、华北电力科学研究院、国电自动化研究院/南瑞集团公司、广州电器科学研究院、水电水利规划设计总院、山东济南发电设备厂、北京北重汽轮电机有限责任公司等单位参加起草。

本部分主要起草人：徐福安、赵红光、胡瑜、李国良、汪大卫、马国农、刘明行、竺士章、苏为民、朱晓东、吕宏水、熊巍、刘国阳、叶钟黎、丛海江、张玉华。

本部分于 1987 年第一次制定，1997 年第一次修订，本次为第二次修订。

同步电机励磁系统
大、中型同步发电机励磁系统技术要求

1 范围

1.1 本部分规定了同步发电机及调相机励磁系统的技术要求、试验项目、标志与包装等,本标准适用于与电力系统连接的10 MW及以上的水轮发电机、50 MW及以上透平型同步发电机和调相机的励磁系统。发电电动机励磁系统可参照使用。

1.2 本部分仅适用于下列几种型式的励磁系统。

1.2.1 交流励磁机励磁系统

a) 交流励磁机带静止整流器;

b) 交流励磁机带旋转整流器(无刷励磁系统)。

1.2.2 静止励磁系统

a) 电势源静止励磁系统;

b) 复合源静止励磁系统。

2 规范性引用文件

下列文件中包含的条款通过本部分的引用而成为本部分的条款。凡是注日期的引用文件,其随后所有的修改单(不包括勘误的内容)或修订版均不适用于本部分,然而,鼓励根据本部分达成协议的各方研究是否可使用这些文件的最新版本。凡是不注日期的引用文件,其最新版本适用于本部分。

GB 755 旋转电机 定额和性能(GB 755—2000,idt IEC 60034-1:1996)

GB 1094(所有部分) 电力变压器(GB 1094.1—1996,eqv IEC 60076-1:1993;GB 1094.2—1996,eqv IEC 60072-2:1993;GB 1094.3—2003,IEC 60076-3:2000,MOD;GB 1094.5—2003,IEC 60076-5:2000,MOD)

GB 3797 电控设备 第二部分:装有电子器件的电控设备

GB 6450 干式电力变压器(GB 6450—1986,eqv IEC 60726:1982)

GB/T 7064 透平型同步电机技术条件(GB/T 7064—2002,IEC 60034-3:1988,NEQ)

GB/T 7409.1 同步电机励磁系统 定义(GB/T 7409.1—1997,idt IEC 60034-16-1:1991)

GB/T 7409.2 同步电机励磁系统 电力系统稳定性研究用模型(GB/T 7409.2—1997,idt IEC 60034-16-2:1991)

GB/T 7894 水轮发电机基本技术条件(GB/T 7894—2001,neq IEC 60034-1:1996)

GB/T 14598 量度继电器和保护装置的电气干扰试验(GB/T 14598.1—2002,IEC 60255-23:1994,IDT;GB/T 14598.2—1993,eqv IEC 60255-1-00:1975;GB/T 14598.3—1993,eqv IEC 60255-5:1997;GB/T 14598.4—1993,idt IEC 60255-14:1981;GB/T 14598.5—1993,idt IEC 60255-15:1981;GB/T 14598.6—1993,idt IEC 60255-18:1982;GB/T 14598.7—1995,idt IEC 60255-3:1989;GB/T 14598.8—1995,idt IEC 60255-20:1984;GB/T 14598.9—2002,idt IEC 60255-22-3:2000,IDT;GB/T 14598.10—1996,idt IEC 60255-22-4:1992;GB/T 14598.11—1997,idt IEC 60255-19:1983;GB/T 14598.12—1998,idt IEC 60255-19-1:1983;GB/T 14598.13—1998,eqv IEC 60255-22-1:1988;GB/T 14598.14—1998,idt IEC 60255-22-2:1996;GB/T 14598.15—1998,idt IEC 60255-8:1990;GB/T 14598.16—2002,IEC 60255-25:2000,IDT)

GB/T 18494.1 变流变压器 第1部分：工业用变流器变压器（GB/T 18494.1—2001，idt IEC 61378-1：1997）

GB 50150 电气安装工程 电气设备交接试验标准

JB/T 7784 透平同步发电机用交流励磁机技术条件

3 术语和定义

本标准使用GB/T 7409.1中规定的术语和定义。

4 使用条件

4.1 环境温度

最高环境温度应不超过+40℃，并且在24 h内的平均温度不超过+35℃，不低于-5℃。工作环境的温度变化率，应不大于5℃/h。（整流器采用水冷冷却方式，最低温度+5℃）。

4.2 环境空气相对湿度

运行地点的最湿月月平均最高相对湿度应不超过90%，同时该月月平均最低温度不高于25℃。

4.3 气体污染

运行地点应无导电或爆炸尘埃，无腐蚀金属或破坏绝缘的气体或蒸汽。

4.4 振动

运行地点所允许的振动条件：振动频率范围为10 Hz～150 Hz时，振动加速度应不大于5 m/s^2。

4.5 海拔

运行使用地点的海拔高度不超过1 000 m。

当运行使用地点海拔超过1 000 m时，应考虑海拔升高对励磁系统的影响。

4.6 厂用电条件

发电厂厂用直流与交流电源电压偏差不超过额定值的+10%～-15%，交流电源频率偏差不超过额定值的+4%～-6%。

4.7 安装倾斜度

对于垂直安装的装置，安装倾斜度不得超过5%。

5 基本性能

5.1 励磁系统应满足GB 755的有关要求。

5.2 当同步发电机的励磁电压和电流不超过其额定值的1.1倍时，励磁系统应能保证能长期连续运行。

5.3 励磁顶值电压倍数应根据电网情况及发电机在电网中的地位确定：

a) 100 MW及以上汽轮发电机一般为1.8倍；

b) 50 MW及以上水轮发电机一般为2倍；

c) 其他一般为1.6倍。

对于励磁电源取自发电机端的电势源静止励磁系统，其励磁顶值电压倍数应按80%的发电机额定电压计算。

5.4 励磁系统的顶值电流应不超过2倍额定励磁电流，允许持续时间应不小于10 s。

5.5 励磁系统标称响应规定如下：

a) 50 MW及以上水轮发电机和100 MW及以上的汽轮发电机励磁系统的标称响应应不低于每秒2倍额定励磁电压；

b) 其他不低于每秒1倍额定励磁电压。

5.6 励磁系统的自动电压调节功能应能保证在发电机空载额定电压的70%～110%范围内稳定、平滑地调节。

5.7 励磁系统的手动励磁调节功能应能保证同步发电机励磁电流在空载励磁电流的20%到额定励磁电流110%范围内稳定地平滑调节。

5.8 同步发电机在空载运行状态下，自动电压调节器和手动励磁调节器的给定值变化引起发电机电压变化的速度在每秒0.3%～1%的发电机额定电压之间。

5.9 励磁系统应保证同步发电机无功电流补偿率(无功电流调差率)的整定范围不小于±15%。

5.10 励磁系统应保证同步发电机端电压的静差率不大于±1%。

5.11 励磁系统应保证在发电机空载运行状态下，频率变化为额定值的1%时，端电压变化率不大于额定值的±0.25%。

5.12 在空载额定电压情况下，当发电机电压给定阶跃量为±10%时，发电机电压超调量应不大于阶跃量的50%，振荡次数不超过3次，调节时间不超过10 s。

5.13 当同步发电机100%电压起励时，自动电压调节器应保证其端电压超调量不得超过额定值的15%，电压振荡次数不超过3次，调节时间应不超过10 s。

5.14 在额定功率因数下，当发电机突然甩额定负荷后，发电机电压超调量不大于15%额定值，振荡次数不超过3次，调节时间不大于10 s。

5.15 自动电压调节器按用户要求可以全部或部分装设以下附加功能：

a) 电压互感器断线保护；

b) 无功电流补偿；

c) 过励限制；

d) 欠励限制；

e) V/Hz限制；

f) 电力系统稳定器(PSS)；

g) 过励保护；

h) 定子电流限制；

i) 其他附加功能。

5.16 当励磁电流小于1.1倍额定值时，励磁绕组两端所加的整流电压最大瞬时值不应大于规定的励磁绕组出厂试验电压幅值的30%。

5.17 同步发电机励磁回路应装设转子过电压保护，保护发电机转子和励磁装置本身。

5.18 励磁系统应有灭磁功能，能在正常和下述非正常工况下可靠的灭磁：

a) 发电机运行在系统中，其励磁电流不超过额定值，定子回路外部短路或内部短路；

b) 发电机空载误强励(继电保护动作)。

5.19 励磁系统中的功率整流器，其冗余度可按全部功率整流器的并联支路中有一个支路退出运行后，剩余支路仍能满足发电机的所有运行工况要求，功率整流装置的均流系数应不小于0.85。

5.20 选用励磁变压器时应有以下考虑：

a) 变压器的容量应按照GB/T 18494.1考虑整流器产生的特征及非特征谐波损耗使变压器产生附加发热的影响；

b) 励磁变压器的原、副边绕组间应设有屏蔽层，并可靠接地；

c) 选用干式变压器时，变压器柜体防护等级不宜高于IP21。

5.21 静止励磁系统应能可靠起励，起励电源可采用直流或交流整流电源。

5.22 励磁系统应设有必要的信号及保护，以监视励磁系统运行状态和防止故障。

5.23 对励磁系统及其部件绝缘耐电压试验能力的要求：

a) 与发电机磁场绕组直接联结或经整流器相联结的电气组件(交流励磁机见 JB/T 7784)，当额定励磁电压等于或小于 500 V 时，其出厂试验电压值为 10 倍额定励磁电压，最低不小于 1 500 V。而当额定励磁电压大于 500 V 时，其出厂试验电压为 2 倍额定励磁电压加 4 000 V。

b) 现场交接试验电压为出厂试验电压参照 GB 50150；

c) 试验电压以波形畸变系数不大于 5%的工频交流正弦电压有效值计，耐电压时间为 1 min；

d) 对其余不与励磁绕组直接连接的电气与电子组件的要求按照 GB 3797 的规定执行。

5.24 同步发电机在额定工况下运行时，励磁系统各部位的温升不得超过表 1 所列数据。其余按照 GB 6450、GB 3797、GB 1094 和 GB/T 18494.1 四项标准规定。

表 1 励磁系统各部位温升限值

<table>
<tr><th colspan="3" rowspan="3">各部位名称</th><th colspan="3">温升限值/K</th><th rowspan="3">测试方法</th></tr>
<tr><th colspan="2">干 式</th><th rowspan="2">油浸</th></tr>
<tr><th>F 级绝缘</th><th>H 级绝缘</th></tr>
<tr><td colspan="2">变压器</td><td>线圈</td><td>100</td><td>125</td><td>65</td><td rowspan="13">埋置式检温计法
温度计法
红外线测温法
热像仪法</td></tr>
<tr><td rowspan="4">铜母线及连接处</td><td colspan="2">母线</td><td colspan="3">35</td></tr>
<tr><td rowspan="3">连接处</td><td>无保护层</td><td colspan="3">45</td></tr>
<tr><td>有锡和铜保护层</td><td colspan="3">55</td></tr>
<tr><td>有银保护层</td><td colspan="3">70</td></tr>
<tr><td rowspan="2">铝母线及连接处</td><td colspan="2">母线</td><td colspan="3">25</td></tr>
<tr><td colspan="2">连接处</td><td colspan="3">30</td></tr>
<tr><td rowspan="2">电阻元件</td><td colspan="2">距外表面 30 mm 处的空气</td><td colspan="3">25</td></tr>
<tr><td colspan="2">电路板上的电阻表面</td><td colspan="3">30</td></tr>
<tr><td colspan="3">绝缘导线</td><td colspan="3">20</td></tr>
<tr><td colspan="3">硅整流元件(与散热器接合处)</td><td colspan="3">45</td></tr>
<tr><td colspan="3">晶闸管(与散热器接合处)</td><td colspan="3">40</td></tr>
<tr><td colspan="3">熔断器连接处</td><td colspan="3">45</td></tr>
</table>

5.25 励磁系统屏柜的噪声应不大于 80 dB(A)。

5.26 励磁系统年强迫切除率应不大于 0.2%。

5.27 电力系统稳定器应满足下述要求：

a) 有快速调节机械功率要求的机组应选择具有防止反调功能的电力系统稳定器模型；

b) 应提供试验用信号接口；

c) 具有输出限幅功能；

d) 具有手动和自动投、切功能；

e) 当采用转速信号时应具有衰减轴承扭振信号的滤波措施。

5.28 励磁系统模型符合 GB/T 7409.2。

6 试验

6.1 试验分为型式试验、出厂试验与现场试验。

6.2 试验项目见表 2，在制造厂与用户协商后可增加或略去某些出厂试验和现场试验项目。

表 2 试验项目

序号	试验项目	型式试验	出厂试验	交接试验
1	励磁系统各部件的绝缘耐压试验	√	√	√
2	自动电压调节器各单元及附加单元静态特性试验以及总体静态特性试验	√	√	√
3	操作控制回路动作试验	√	√	√
4	励磁系统各部件温升试验	√		
5	功率整流器均流试验	√	√	√
6	噪声的测定	√		
7	用模拟方法检验保护及监视装置	√	√	√
8	自动电压调节电压整定范围的测定	√	√	√
9	手动励磁调节整定范围的测定	√	√	√
10	静差率的测定	√*		√*
11	无功电流补偿率的测定	√*		√*
12	自动电压调节/手动励磁调节切换试验	√*	√	√*
13	转子过电压保护装置试验	√	√	
14	灭磁试验	√*		√*
15	甩负荷试验	√*		√*
16	发电机空载状态下，电压阶跃响应试验	√*		√*
17	励磁变压器试验	√	√	√
18	交流励磁机和永磁副励磁机试验	√		√
19	带自动电压调节器的同步发电机频率变化 1%时，端电压变化率的测定	√*		√*
20	检测各附加功能整定与动作正确性	√*	√*	√*
21	起励试验	√*		√*
22	励磁系统顶值电压、标称响应与电压响应时间的测定			√**
23	电力系统稳定器试验	√		√**
24	励磁系统模型参数确认试验	√		√**
25	励磁系统环境和电磁兼容试验	√		

* 为交接试验。

** 为特殊试验，有需要时协商进行。

7 标志、包装、运输及贮存

7.1 标志

7.1.1 产品标志

产品铭牌内容应包括：

a) 产品名称；

b) 产品型号；

c) 技术条件编号；

d) 出厂编号；

e) 制造年月；

f) 制造厂名。

7.1.2 包装标志

包装箱外部应注明下列标志：

a) 收货单位名称；

b) 收货单位地址；

c) 产品名称；

d) 出厂编号；

e) 制造厂名称；

f) 制造厂地址；

g) 标注防雨、防震、防撞击位置等标记；

h) 产品净质量、毛质量(kg)；

i) 吊索位置。

7.2 包装

7.2.1 产品包装必须保证产品在贮存、运输过程中不受机械损伤，并有防雨、防尘、防潮能力。产品包装期从出厂发运之日起为1年。

7.2.2 随机技术文件包括：

a) 随机文件清单；

b) 产品合格证；

c) 产品说明书(包括励磁系统主要设备参数表，励磁系统模型和推荐参数，励磁系统使用、原理、维护等项)；

d) 产品装配图(包括安装图)；

e) 产品接线图；

f) 电气原理图；

g) 交货明细表；

h) 产品出厂试验记录。

7.3 运输与贮存

7.3.1 产品运输过程中，不应有激烈振动、撞击和倒置。某些部件对运输温度有特殊要求时应注明，以便运输时采取措施。

7.3.2 产品运到工地后，应按制造厂规定贮存。无制造厂规定的，应贮存在有掩蔽的干燥库房内，库房条件应符合4.1、4.2、4.3、4.4的规定。长期存放时应按产品技术条件进行维护。

8 产品质量保证期

参照GB/T 7894和GB/T 7064执行。

9 用户的特殊要求

若用户对励磁系统有特殊要求时，应由制造厂与用户协商确定。

ICS 25.140.20
K 64

中华人民共和国国家标准

GB/T 7442—2007
代替 GB/T 7442—2001

角向磨光机

Angle grinders

2007-01-30 发布　　2008-02-01 实施

中华人民共和国国家质量监督检验检疫总局
中国国家标准化管理委员会　发布

前　言

本标准代替 GB/T 7442—2001《角向磨光机》。

本标准与 GB/T 7442—2001 相比，技术内容的主要修改如下：

1)　将 GB/T 7442—2001 中的“单相串激”改为“单相串励”，“允许值”改为“限值”，“无线电干扰”、“干扰电压”、“干扰功率”分别改为“无线电骚扰”、“骚扰电压”、“骚扰功率”。

2)　更新了第 2 章的全部引用标准的版本，并增加了下列引用标准：

——GB/T 2900.28—2007　电工术语　电动工具

——GB 3883.1—2005　手持式电动工具的安全　第一部分：通用要求

——GB 1002—1996　家用和类似用途单相插头插座型式、基本参数和尺寸

——GB 11918—2001　工业用插头插座和耦合器　第 1 部分：通用要求

——IEC 61558-2-6：1997　电力变压器、电源供电装置及类似设备的安全　第 2-6 部分：通用安全隔离变压器的特殊要求

3)　第 4 章技术要求增加如下要求：

4.2 的磨光机安全中的 4.2.5 的“除中频及Ⅲ类磨光机外，磨光机的插头应符合 GB 2099 的规定”修改为“磨光机插头的型式、基本参数和尺寸应符合 GB 1002—1996 或 GB 11918—2001 的规定。技术要求应符合 GB 2099.1—1996 的规定”。

增加 4.2.7“Ⅲ类磨光机应采用安全隔离变压器或旋转机组供电。安全隔离变压器应符合 IEC 61558-2-6的规定”。

4.5 电磁兼容中的 4.5.1 无线电和电视骚扰电平中：

——对频率范围为(0.15～30) MHz 的连续骚扰电压限值，在表 3 中增加电动机额定功率大于 700 W小于或等于 1 000 W 和大于 1 000 W 的两档功率的骚扰电压限值；

——对频率范围为(30～300) MHz 的连续骚扰功率限值，在表 4 中增加电动机额定功率大于 700 W小于或等于 1 000 W 和大于 1 000 W 的两档功率的骚扰电压限值。

4.5.2 谐波电流中的 a)磨光机的稳态谐波电流……。修改为：a)磨光机的谐波电流……。将 b)对(2～10)次偶次谐波和(3～19)奇次谐波在任何 2.5 min 观察期内，允许不超过 15 s 的暂态谐波电流值是表 6 规定稳态电流限值的 1.5 倍。修改为“b)表 6 规定的谐波电流限值的应用见 GB 17625.1—2003 的规定”。

删除 4.7 换向火花。

4.10 磨光机砂轮法兰盘的尺寸和术语按 GB 3883.3—2007 的规定修改。

4.5.3 电压波动和闪烁中“稳态相对电压变化 d_c 不超过 3%”修改为：“相对稳态电压变化不超过 3.3%”；“电压变化特征值 $d(t)$ 在 300 ms 中不超过 3%”修改为：“在电压变化期间的相对电压变化特性 $d(t)$ 值超过 3.3%的时间不大于 500 ms”；“相对电压变化最大值 d_{max} 不超过 4%”修改为“最大相对电压变化 d_{max} 不超过 7%”。删去“稳态相对电压变化 d_c 不超过 3%、相对电压变化最大值 d_{max}、电压变化特征值 $d(t)$ 应写乘以系数 1.33”。

4)　第 5 章试验方法的修改

5.3 无线电和电视骚扰电平的测量中，“磨光机对无线电和电视骚扰电平的测量按 GB 4343.1 的规定进行”紧接着增加“骚扰电压、骚扰功率可以在一台试样上进行测量”。

删除 5.5 换向火花检查。

5)　第 6 章检验规则的修改：

6.2 的……型式试验可不进行后增加“检查试验中的耐电压试验项目，试验电压值和时间可与型式试验时不同”。

删除“绝缘电阻测量”的项目。

本标准符合下列等同采用国际标准(IEC)的国家标准，并一起配套使用，形成完整的小类产品的技术标准：

GB 3883.1—2005　手持式电动工具的安全　第一部分：通用要求

GB 3883.3—2007　手持式电动工具的安全　第二部分：砂轮机、抛光机和盘式砂光机的专用要求

GB 4343.1—2003　电磁兼容　家用电器、电动工具和类似器具的要求　第 1 部分：发射

GB 17625.1—2003　电磁兼容　限值　谐波电流发射限值(设备每项输入电流≤16 A)

GB 17625.2—2007　电磁兼容　限值　对每相额定电流≤16 A 和无条件连接的设备在公用低压供电系统中产生的电压变化、电压波动和闪烁的限制。

本标准由中国电器工业协会提出。

本标准由全国电动工具标准化技术委员会(SAC/TC 68)归口并负责解释。

本标准由上海电动工具研究所负责起草。

本标准主要起草人：刘江、李邦协、郑开济。

本标准所代替标准的历次版本发布情况为：

——GB 7442—1995，GB/T 7442—2001。

角向磨光机

1 范围

本标准规定了电动角向磨光机基本参数和型式、技术要求、试验方法和检验规则等。

本标准适用于一般环境条件下，用纤维增强钹形砂轮进行磨削的交直流两用单相串励和三相中频角向磨光机(以下简称磨光机)。

本标准不适用于湿式磨光机。

2 规范性引用文件

下列文件中的条款通过本标准的引用而成为本标准的条款。凡是注日期的引用文件，其随后所有的修改单(不包括勘误的内容)或修订版均不适用于本标准，然而，鼓励根据本标准达成协议的各方研究是否可使用这些文件的最新版本。凡是不注日期的引用文件，其最新版本适用于本标准。

GB 755—2000 旋转电机 定额和性能(idt IEC 60034-1:1996)

GB 1002—1996 家用和类似用途单相插头插座 型式、基本参数和尺寸

GB 2099.1—1996 家用和类似用途插头插座 第一部分:通用要求(eqv IEC 60884-1:1994)

GB/T 2900.28—2007 电工术语 电动工具

GB 3883.1—2005 手持式电动工具的安全 第一部分:通用要求(IEC 60745-1:2003,Ed3.2,IDT)

GB 3883.3—2007 手持式电动工具的安全 第二部分:砂轮机、抛光机和盘式砂光机的专用要求(IEC 60745-2-3:2003,IDT)

GB 4343.1—2003 电磁兼容 家用电器、电动工具和类似器具的要求 第1部分:发射(CISPR 14-1:2000,IDT)

GB/T 4583—2007 电动工具噪声的测量 工程法

GB 5013.4—1997 额定电压450/750 V及以下橡皮绝缘软电缆 第4部分:软线和软电缆(idt IEC 60245:1994)

GB 5023.5—1997 额定电压450/750 V及以下聚氯乙烯绝缘电缆 第5部分:软电线(软线)(idt IEC 60227-5:1979)

GB/T 9088 电动工具型号编制方法

GB/T 11918—2001 工业用插头插座和耦合器 第1部分:通用要求

GB 17625.1—2003 电磁兼容 限值 谐波电流发射限值(设备每相输入电流≤16 A)(IEC 61000-3-2:2001,IDT)

GB 17625.2—2007 电磁兼容 限值对每相额定电流≤16 A和无条件连接的设备在公用低压供电系统中产生的电压变化、电压波动和闪烁的限制(IEC 61000-3-3:2005,IDT)

IEC 61558-2-6:1997 电力变压器，电源供电装置及类似设备的安全 第2-6部分:通用安全隔离变压器的特殊要求

3 基本参数和型式

3.1 磨光机基本参数应符合表1的规定。

表 1 基 本 参 数

规格		额定输出功率/W	额定转矩/(N·m)
砂轮直径/mm (外径×内径)	类型		
100×16	A	≥200	≥0.30
	B	≥250	≥0.38
115×22	A	≥250	≥0.38
	B	≥320	≥0.50
125×22	A	≥320	≥0.50
	B	≥400	≥0.63
150×22	A	≥500	≥0.80
180×22	C	≥710	≥1.25
	A	≥1 000	≥2.00
	B	≥1 250	≥2.50
230×22	A	≥1 000	≥2.80
	B	≥1 250	≥3.55

3.2 磨光机的型号按 GB/T 9088 规定，其含义如下：

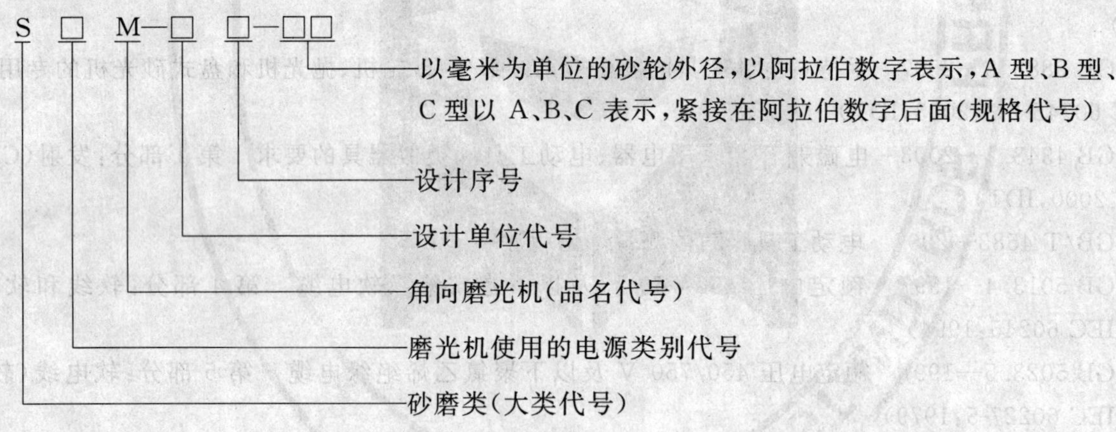

4 技术要求

4.1 一般要求

4.1.1 磨光机应按经规定程序批准的图样和技术文件制造。

4.1.2 磨光机应能在下列环境条件下额定运行：

a) 海拔不超过 1 000 m；

b) 环境空气温度不超过 40℃；

c) 空气相对湿度不超过 90%(25℃)。

4.1.3 磨光机适用的电源条件为：

a) 交直流两用磨光机应能在直流及电源电压为实际正弦波形，频率为额定值的单相交流电源下额定运行；

b) 单相串励磨光机应能在电源电压为实际正弦波形，频率为额定值的单相交流电源下额定运行；

c) 三相中频磨光机应能在电源电压为实际正弦波形，并为实际对称系统的三相电源，频率为额定值时额定运行。

4.1.4 额定电压和频率为：

a) 交流额定电压 220 V、42 V、36 V；

b) 直流额定电压 220 V；

c) 交流额定频率 50 Hz、200 Hz、300 Hz、400 Hz。

4.2 磨光机的安全

4.2.1 磨光机的安全，除必须满足本标准已作补充和提高的条款外，其余应符合 GB 3883.3—2007 的规定。

4.2.2 装有砂轮的磨光机在电源电压为额定值时，磨光机的空载转速不应超过额定空载转速的 110%；在电源电压为 1.1 倍额定电压时，磨光机的空载转速不应超过表 2 规定的最高允许速度。

表 2 空载转速允许值

单位为转每分

规格/mm		100	115	125	150	180	230
所装砂轮安全工作线速度	72 m/s	≤13 500	≤11 900	≤11 000	≤9 160	≤7 600	≤5 950
	80 m/s	≤15 000	≤13 200	≤12 200	≤10 000	≤8 480	≤6 600

4.2.3 磨光机应装有不借助工具不能拆除的砂轮防护罩，该防护罩必须用钢板或同等强度的材料制成，严禁采用脆性材料。防护罩安装后砂轮外露部分的角度不大于 180°。

4.2.4 磨光机进行撞击试验时应拆除砂轮，撞击后防护罩允许有不影响使用的变形。

4.2.5 磨光机插头的型式、基本参数和尺寸应符合 GB 1002—1996 或 GB/T 11918—2001 的规定，技术要求应符合 GB 2099.1—1996 的规定。

Ⅱ类磨光机的插头应和电源线制成一体，其绝缘应能承受波形为实际正弦波。频率为 50 Hz、电压值为 3 750 V 的耐电压试验 1 min，不应发生击穿或表面闪络。

4.2.6 连接磨光机与电源的软电缆或软线应符合 GB 5013.4—1997 或 GB 5023.5—1997 的规定，或采用其性能不低于 GB 5013.4—1997 或 GB 5023.5—1997 中规定的相应软电缆或软线，其中连接 Φ180、Φ230 磨光机与电源的软电缆或软线应符合 GB 5013.4—1997 的 60245 IEC 66 电缆，或性能不低于它的软电缆。

4.2.7 Ⅲ类磨光机应采用安全隔离变压器或旋转变流机组供电。安全隔离变压器应符合 IEC 61558-2-6：1997 的规定。

4.3 外观

磨光机外壳应无明显缺损、涂层应无起层和剥落现象。

磨光机的铭牌应牢固地置于壳体上，不卷曲。

4.4 噪声

在距离磨光机中心 1 000 mm 球面处测得的磨光机的空载噪声声压级（A 计权）的平均值，应不大于表 3 规定的限值。

表 3 噪声限值

磨光机规格/mm	100	115	125 150	180 230
噪声值/dB(A)	88	90	91	94

4.5 电磁兼容性

4.5.1 无线电和电视骚扰电平

a) 频率范围为 (0.15～30)MHz 内测得的相线或中线对地的连续骚扰电压电平应不超过表 4 规定的限值。

表 4 连续骚扰电压限值

频率范围 MHz	限值/dB(μV)准峰值		
	电动机额定功率≤700 W	700 W<电动机额定功率≤1 000 W	电动机额定功率>1 000 W
0.15～0.35	随频率的对数线性减小 66～59	70～63	76～69
0.35～0.5	59	63	69
5～30	64	68	74

b) 频率范围为(30～300)MHz 内测得的由电源线辐射、吸收钳所吸收的连续骚扰功率电平值应不超过表 5 规定的限值。

表 5 连续骚扰功率限值

频率范围 MHz	限值/dB(μW)准峰值		
	电动机额定功率≤700 W dB(pW) 准峰值	700 W<电动机额定功率≤1 000 W dB(pW) 准峰值	电动机额定功率>1 000 W dB(pW) 准峰值
30～300	随频率的对数线性增大 45～55	49～59	55～65

4.5.2 谐波电流

a) 磨光机的谐波电流应不超过表 6 规定的限值。

表 6 稳态谐波电流限值

	谐波次数 n	最大允许谐波电流/ A
奇次谐波	3	3.45
	5	1.71
	7	1.155
	9	0.60
	11	0.495
	13	0.315
	$15 \leqslant n \leqslant 39$	0.022 5×15/n
偶次谐波	2	1.62
	4	0.645
	6	0.45
	$8 \leqslant n \leqslant 40$	0.345×8/n

b) 表 6 规定的谐波电流限值的应用见 GB 17625.1—2003 的规定。

4.5.3 电压波动和闪烁

磨光机在接入低压电网运行时,引起的电压波动和闪烁应符合下列规定:

P_{st}值应不大于 1.0;

P_{lt}值应不大于 0.65；

在电压变化期间的相对电压变化特性 $d(t)$ 值超过 3.3%的时间不大于 500 ms；

相对稳态电压变化 d_c 不超过 3.3%；

最大相对电压变化值 d_{max} 不超过 7%；

如果电压变化由手动开关引起或发生频率小于每小时一次，则不考核 P_{st} 和 P_{lt}。

4.6　轴伸圆柱面径向圆跳动

磨光机轴伸圆柱面的径向圆跳动值应不大于 0.04 mm。

4.7　输入功率和电流

4.7.1　磨光机在额定电压和额定负载下，其输入功率应不大于铭牌标明的输入功率值的 120%。

4.7.2　磨光机铭牌上如果有电流值，则在额定电压和额定负载下，其电流应不大于铭牌标明的电流值的 120%。

4.8　温升

在额定负载时，磨光机的温升应不超过表 7 规定的数值。

表 7　温升限值

零　　件	温　　升/K
E 级绝缘绕组	90
B 级绝缘绕组	95
F 级绝缘绕组	115
正常使用中非握持的外壳	60
正常使用中连续握持的手柄、按钮、操纵杆及类似件：	
——金属	30
——塑料	50
注：使用条件与规定不同时绕组温升限值的修正，试验地点的海拔与使用地点不同时绕组温升限值的修正按 GB 755—2000 的规定进行。	

4.9　过转矩

磨光机在热态下承受 1.5 倍额定转矩，历时 15 s 的过转矩试验后，磨光机应能正常运行。

4.10　法兰盘

磨光机砂轮的法兰盘尺寸见图 1 和图 2。

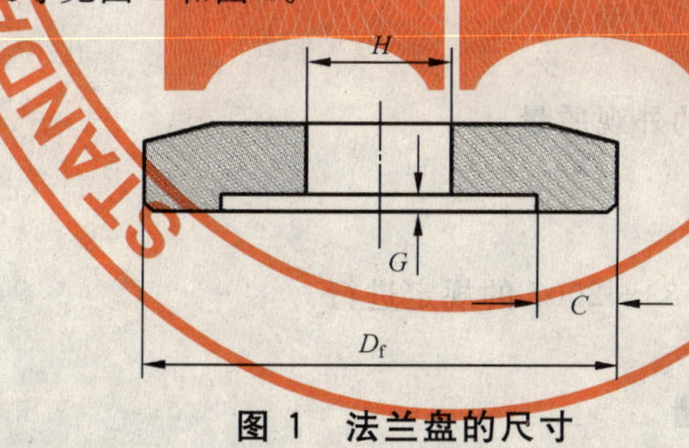

图 1　法兰盘的尺寸

1 型（平型）砂轮的法兰盘尺寸应是：

$D_f \geqslant 0.33D$

（凹陷型直向砂轮）6，11，27，28，29，（切断型）41 和 42 型砂轮的法兰盘尺寸应是：

55 mm≤D<80 mm，　　D_f=(20±1) mm

80 mm≤D<105 mm　　砂轮带 10 mm 轴孔，D_f=(20±1) mm；砂轮带 16 mm 轴孔，D_f=(29±1) mm

105 mm≤D≤230 mm，　　D_f=(41±1) mm

全部类型砂轮的法兰盘的尺寸 C 和 G 应是：

$$3\ \text{mm} \leqslant C \leqslant \frac{D_f - H - 2G}{2}$$

注：该公式是建立在凹陷处的径向间隙不小于其深度的概念基础上的。

对 $D_f < 50$ mm，$G \geqslant 1$ mm

对 $D_f \geqslant 50$ mm，$G \geqslant 1.5$ mm

41 型砂轮的法兰盘尺寸 C 可以超过上述值。

按图 2 设计的改进型靠背法兰盘，可用于安装直径大于 155 mm 的 27、28 和 29 型砂轮。

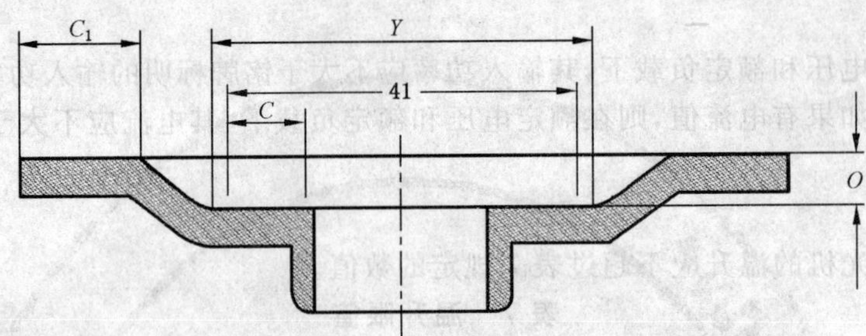

$Y \leqslant 69$ mm

4.6 mm $\leqslant O \leqslant$ 4.8 mm

$C_1 \geqslant C \geqslant$ 6.15 mm

图 2　改进型靠背法兰盘的尺寸

4.11　电源线长度

磨光机自电源线进线孔到插头(不包括插脚)的电源线长度应不少于 2.5 m。

4.12　防锈

磨光机中的钢制电刷弹簧、螺钉应进行表面处理，以防止发生锈蚀。对钢制电刷弹簧及接地螺钉、垫圈还应能承受防锈试验。

4.13　砂轮

磨光机使用的增强纤维钹形砂轮的安全工作线速度应不低于表 2 的规定；砂轮应符合有关标准的规定。

5　试验方法

5.1　外观检查

通过观察和手试，检查磨光机的外观质量。

检查结果应符合 4.3 的规定。

5.2　噪声试验

磨光机的噪声试验按 GB/T 4583—2007 的规定进行。

试验结果应符合 4.4 的规定。

5.3　无线电和电视骚扰电平的测量

磨光机的无线电和电视骚扰电平测量按 GB 4343.1—2003 的规定进行。骚扰电压、骚扰功率可以在一台试样上进行测量。测量时，磨光机应带模拟砂轮连续空载运行。试验结果应符合 4.5.1 的规定。

5.4　谐波电流测量

磨光机的谐波电流测量按 GB 17625.1—2003 的规定进行。测量时，磨光机应带模拟砂轮连续空载运行。

测量结果应符合 4.5.2 的规定。

5.5　电压波动和闪烁测量

磨光机的电压波动和闪烁测量按 GB 17625.2—2007 的规定进行。测量时，磨光机应带模拟砂轮连续空载运行。

测量结果应符合 4.5.3 的规定。

5.6 轴伸圆柱面径向圆跳动检查

磨光机固定在刚性支架上，用百分表测量，测点取轴伸圆柱面的中间位置。

磨光机通以较低的电压或以其他合适的方式使轴伸缓慢转动 3 周，百分表上 3 次最大值和最小值之差的平均值，即为轴伸圆柱面的径向圆跳动值。

检查结果应符合 4.6 的规定。

5.7 空载转速检查

带有砂轮的磨光机，在额定电压下空载运行 15 min 后，分别在额定电压和提高电源电压至 1.1 倍额定电压下，测量磨光机的空载转速。

检查结果应符合 4.2.2 的规定。

5.8 输入功率、电流和工作参数测量

磨光机在额定电压下，使施加的转矩达到表 1 规定的额定转矩的最低值，如果此时输出功率还未达到表 1 规定的额定输出功率的最低值，则继续增加磨光机的负载，使磨光机的输出功率达到该值(当规定的额定输出功率和额定转矩大于表 1 规定的最低值时，则用同样的方法，按规定的额定输出功率或额定转矩加载)。

在磨光机运行 15 min 后，测量磨光机的输入功率、电流、转速及输出功率。

对Ⅲ类磨光机测量时应注意保持磨光机插头处的电压为额定电压值，其输入功率应扣除插头至功率表之间的线路损耗。

检查结果应符合 3.1 及 4.7 的规定。

5.9 温升试验

5.9.1 在额定电压下，按 5.8 所确定的负载施加转矩，如此时磨光机的输入功率小于铭牌上标明的额定输出功率，则增加负载，使磨光机的输入功率达到铭牌上标明的额定输入功率。以该输入功率下的转矩施加负载进行温升试验。

5.9.2 在 5.9.1 的条件下运行 30 min，磨光机绕组温升用电阻法测量，其他部位的温升用温度计法测量。

试验结果应符合 4.8 的规定。

5.10 过转矩试验

在磨光机温升达到稳定状态时，在额定电压下增加转矩，使其输出转矩达到 5.7 测定的负载转矩的 1.5 倍。

试验历时 15 s。

试验结果应符合 4.9 的规定。

5.11 防护罩检查

手试及测量防护罩使砂轮外露部位的角度。

检查结果应符合 4.2.3 的规定。

5.12 砂轮法兰盘尺寸检查

用游标卡尺测量 4.10 中规定的砂轮法兰盘尺寸。

检查结果应符合 4.10 的规定。

5.13 Ⅱ类磨光机插头的耐电压试验

在插头体外表面的捏手处贴附金属箔，然后在插头插脚和金属箔之间施加 3 750 V 耐电压试验 1 min。

试验结果应符合 4.2.5 的规定。

5.14 电源线长度测量

测量自磨光机上电源线进线孔到插头(不包括插脚)面的电源线长度。

测量结果应符合 4.11 的规定。

5.15 其余的试验方法

5.15.1 磨光机在进行耐久性试验时可采用模拟砂轮代替原砂轮,模拟砂轮的外径、重量与原砂轮基本一致。

5.15.2 交直流两用或单相串励磨光机进行不正常操作试验时,应拆除砂轮。

5.15.3 本标准中未作规定的其余试验方法均按 GB 3883.3—2007 的相应条款进行。

6 检验规则

6.1 每台磨光机必须经质量检验部门按本标准规定检验合格后才能出厂,出厂时应附有证明产品质量合格的文件。

6.2 本标准规定的项目为型式试验项目,其中带“*”标记的项目为检验试验项目,带“**”标记的项目在产品定型后,如结构和材料没有变更,则在以后再进行的型式试验时可不进行。检查试验中的耐电压时不同,试验按如下顺序进行。

外观检查*
标志检查*
电击保护检查**
噪声试验
无线电和电视骚扰电平测量
谐波电流测量
电压波动和闪烁测量
起动试验
空载转速测量
防护罩检查
轴伸圆柱面径向圆跳动检查
砂轮法兰盘尺寸检查
输入功率、电流和性能参数测量
温升试验
过转矩试验
泄漏电流测量
防潮试验
耐电压试验*
耐久性试验
不正常操作试验
机械危险检查**
机械强度检查
接地装置检查
结构检查**
内部布线检查
组件试验(及插头耐电压试验)**
电源线长度检查
电源联接检查

电缆或软线提拉力和扭力试验

电缆或软线及护套弯曲试验**

外接导线的接线端子检查**

螺钉及联接检查**

爬电距离、电气间隙和绝缘穿通距离检查

耐热性、耐燃性和耐漏电起痕迹性试验**

防锈试验

检查试验中的耐电压试验项目，试验电压和时间可与型式试验时不同。

6.3 检验方法

6.3.1 试验按6.2所列试验项目的顺序进行。

6.3.2 除需用提供的零件(如防锈试验的电刷弹簧、螺钉)进行有关试验外，其余试验项目应在同一台样机上进行，并通过全部试验。

如果需要拆开样机做有关试验，可以另加一台样机。

7 标志与包装

7.1 标志

7.1.1 磨光机的铭牌应标有下列项目：

a) 产品名称(角向磨光机)；

b) 磨光机型号；

c) 砂轮外径(mm)；

d) 额定电压(V)；

e) 电源种类符号；

f) 额定频率或额定频率范围(仅对中频磨光机)；

g) 额定输入功率(W或kW)或额定电流(A)；

h) 额定空载转速(r/min)；

i) Ⅱ类结构符号(仅在Ⅱ类磨光机上标出)；

j) 防潮程度符号(仅在有要求时标出)；

k) 制造商名称、地址或商标；

l) 出厂批量代号。

7.1.2 磨光机的砂轮旋转方向从轴伸端看应为逆时针方向，并应在磨光机明显位置上以凸起或凹入的箭头或其他清晰而耐久的表示方法加以标志。

7.1.3 在磨光机的铭牌或其他明显位置上，应标明选用的砂轮安全工作线速度。

7.2 每台磨光机出厂应附的文件

7.2.1 产品合格证。

7.2.2 使用维护说明书。在该说明书上应阐述下列内容：

a) 对该型号磨光机的特点和用途作有关说明。

b) 应有独立的章节说明磨光机使用的安全技术要求，操作使用的注意事项，内容应包括：

——说明该磨光机所采用的砂轮的工作线速度；

——使用的砂轮应完好无损，用木槌轻击砂轮不应有破裂声；砂轮保存日期应不超过一年，保存日期超过一年时应进行回转强度试验后方可使用；

——操作时须戴好防护眼镜；

——严禁防护罩在拆除的情况下操作。

c) 有关保养事项。

7.3 包装、运输及贮存

磨光机的包装、运输及贮存应符合有关规定。

8 保修期限和附件

8.1 保修期限

用户按照磨光机制造厂使用维护说明书的规定，在正确地运输、存放和使用磨光机的情况下，磨光机在制造厂规定的保修期限内，如因制造质量不良而发生损坏或不能正常工作时，制造厂应免费为用户修理或掉换。

8.2 附件

磨光机在出厂时，应附有拆装砂轮的专用工具。

ICS 25.140.20
K 64

中华人民共和国国家标准

GB/T 7443—2007
代替 GB 7443—2001

电　　锤

Hammers

2007-01-30 发布　　2008-02-01 实施

中华人民共和国国家质量监督检验检疫总局
中国国家标准化管理委员会　发布

ICS 25.140.20
K 64

中华人民共和国国家标准

GB/T 7443—2007
代替 GB 7443—2001

电锤

Hammers

2007-01-30 发布　　2008-02-01 实施

中华人民共和国国家质量监督检验检疫总局
中国国家标准化管理委员会　发布

前 言

本标准代替 GB/T 7443—2001《电锤》。

本标准与 GB/T 7443—2001 相比,技术内容的主要修改如下:

1) 将 GB/T 7443—2001 中的"单相串激"改为"单相串励","允许值"改为"限值","无线电干扰"、"干扰电压"、"干扰功率"分别改为"无线电骚扰"、"骚扰电压"、"骚扰功率"。

2) 更新了第 2 章的全部引用标准的版本,并增加了下列引用标准:

——GB/T 2900.28—2007 电工术语 电动工具

——GB 3883.1—2005 手持式电动工具的安全 第一部分:通用要求

——GB 1002—1996 家用和类似用途单相插头插座型式、基本参数和尺寸

——GB 11918—2001 工业用插头插座和耦合器 第 1 部分:通用要求

——IEC 61558-2-6:1997 电力变压器、电源供电装置及类似设备的安全 第 2-6 部分:通用安全隔离变压器的特殊要求

3) 第 4 章技术要求增加或修改如下要求:

4.2.1 的"电锤的插头应符合 GB 2099 的规定"修改为"电锤插头的型式、基本参数和尺寸应符合 GB 1002—1996 或 GB 11918—2001 的规定。技术要求应符合 GB 2099.1—1996 的规定"。

增加 4.2.4"Ⅲ类电锤应采用安全隔离变压器或旋转机组供电。安全隔离变压器应符合 IEC 61558-2-6:1997 的规定"。

4.4 原噪声的限值和测量由按电锤的规格分档,采用声压级限值,在负载条件下测量,现修改为按 GB/T 4583—2007 的规定:以电锤的质量分档,采用在负载条件下测量,采用声功率的限值,见表 3。

4.5 电磁兼容中的 4.5.1 无线电和电视骚扰电平中:

——对频率范围为(0.15~30)MHz 的连续骚扰电压限值,在表 3 中增加电动机额定功率大于 700 W小于或等于 1 000 W 和大于 1 000 W 的两档功率的骚扰电压限值;

——对频率范围为(30~300)MHz 的连续骚扰功率限值,在表 4 中增加电动机额定功率大于 700 W小于或等于 1 000 W 和大于 1 000 W 的两档功率的骚扰电压限值。

4.5.2 谐波电流中的"a)电锤的稳态谐波电流……"。修改为:"a)电锤的谐波电流……"。将"b)对(2~10)次偶次谐波和(3~19)奇次谐波在任何 2.5 min 观察期内,允许不超过 15 s 的暂态谐波电流值是表 6 规定稳态电流限值的 1.5 倍"。修改为"b)表 6 规定的谐波电流限值的应用见 GB 17625.1—2003 的规定"。

4.5.3 电压波动和闪烁中"稳态相对电压变化 d_c 不超过 3%"修改为:"相对稳态电压变化 d_c 不超过 3.3%";"电压变化特征值 $d(t)$ 在 300 ms 中不超过 3%"修改为:"在电压变化期间的相对电压变化特性 $d(t)$ 值超过 3.3%的时间不大于 500 ms";"相对电压变化最大值 d_{max} 不超过 4%"修改为"最大相对电压变化 d_{max} 不超过 7%"。删去"稳态相对电压变化 d_c 不超过 3%、相对电压变化最大值 d_{max}、电压变化特征值 $d(t)$ 应写乘以系数 1.33"。

删除 4.6 换向火花。

4.7 原温升限值的运行条件按 GB 3883.7—2005 的规定进行修改,可以采用 30 s 运行,90 s 停歇组成,或连续运行。

5) 第 5 章试验方法的修改:

5.5 无线电和电视骚扰电平的测量中,"试验按 GB 4343.1 的规定进行"紧接着增加"骚扰电压、骚扰功率可以在一台试样上进行测量"。

删除5.3换向火花检查。

6） 第6章检验规则的修改：

6.3的"……，定期质量抽查试验时不进行。"后增加："检查试验中的耐电压试验项目，试验电压值和时间可与型式试验时不同"。

删除"绝缘电阻测量"的项目。

本标准符合下列等同采用国际标准(IEC)的国家标准，并一起配套使用，形成完整的小类产品的技术标准。

GB 3883.1—2005 手持式电动工具的安全 第一部分：通用要求

GB 3883.7—2005 手持式电动工具的安全 第二部分：锤类工具的专用要求

GB 4343.1—2003 电磁兼容 家用电器、电动工具和类似器具的要求 第1部分：发射

GB/T 11918—2001 工业用插头插座和耦合器 第1部分：通用要求

GB 17625.1—2003 电磁兼容 限值 谐波电流发射限值(设备每项输入电流≤16 A)

GB 17625.2—2007 电磁兼容 限值 对每相额定电流≤16 A和无条件连接的设备公用低压供电系统中产生的电压变化、电压波动和闪烁的限制

本标准由中国电器工业协会提出。

本标准由全国电动工具标准化技术委员会(SAC/TC 68)归口并负责解释。

本标准由上海电动工具研究所负责起草。

本标准的参加起草单位：武义恒友机电有限公司。

本标准主要起草人：刘江、李邦协、徐忠鑫。

本标准所代替标准的历次版本发布情况为：GB 7443—1996，GB/T 7443—2001。

电 锤

1 范围

本标准适用于在一般环境件下，对混凝土、岩石、砖墙等类似材料钻孔、开槽、凿毛等作业的单相串励旋转电锤(以下简称电锤)。

本标准不适用于由 GB 3883.7—2005 定义的电镐和锤钻。

2 规范性引用文件

下列文件中的条款通过本标准的引用而成为本标准的条款。凡是注日期的引用文件，其随后所有的修改单(不包括勘误的内容)或修订版均不适用于本标准，然而，鼓励根据本标准达成协议的各方研究是否可使用这些文件的最新版本。凡是不注日期的引用文件，其最新版本适用于本标准。

GB 755—2000 旋转电机 定额和性能(idt IEC 60034-1:1996)

GB 1002—1996 家用和类似用途单相插头插座 型式、基本参数和尺寸

GB 2099.1—1996 家用和类似用途插头插座 第一部分:通用要求(eqv IEC 60884-1:1994)

GB/T 2900.28—2007 电工术语 电动工具

GB 3883.1—2005 手持式电动工具的安全 第一部分:通用要求(IEC 60745-1:2003,Ed3.2,IDT)

GB 3883.7—2005 手持式电动工具的安全 第二部分:锤类工具的专用要求(IEC 60745-2-6:2003,IDT)

GB 4343.1—2003 电磁兼容 家用电器、电动工具和类似器具的要求 第1部分:发射(CISPR 14-1:2000,IDT)

GB/T 4583—2007 电动工具噪声的测量 工程法

GB 5013.4—1997 额定电压 450/750 V 及以下橡皮绝缘软电缆 第4部分:软线和软电缆(idt IEC 60245:1994)

GB/T 6335.1—1996 旋转和旋转冲击式硬质合金建工钻 第一部分:尺寸(idt ISO 5468:1992)

GB/T 9088 电动工具型号编制方法

GB/T 11918—2001 工业用插头插座和耦合器 第1部分:通用要求

GB 17625.1—2003 电磁兼容 限值 谐波电流发射限值(设备每相输入电流≤16 A)(IEC 61000-3-2:2001,IDT)

GB 17625.2—2007 电磁兼容 限值对每相额定电流≤16 A 和无条件连接的设备在公用低压供电系统中产生的电压变化、电压波动和闪烁的限制(IEC 61000-3-3:2005,IDT)

IEC 61558-2-6:1997 电力变压器、电源供电装置及类似设备的安全 第2-6部分:通用安全隔离变压器的特殊要求

3 基本参数和型式

3.1 电锤的基本参数应符合表1的规定。

表1 基本参数

电锤规格/mm	16	18	20	22	26	32	38	50
钻削率/(cm^3/min) 不小于	15	18	21	24	30	40	50	70
注：电锤规格指在 C30 号混凝土(抗压强度 30 MPa～35 MPa)上作业时的最大钻孔直径(mm)。								

3.2　电锤的型号应符合 GB/T 9088 的规定，其含义如下：

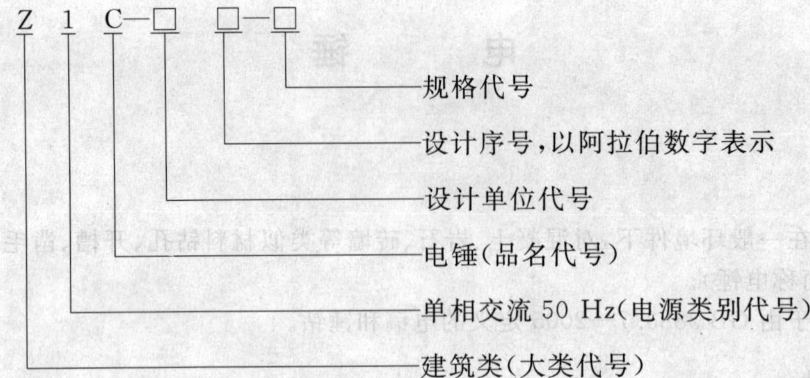

4　技术要求

4.1　一般要求

4.1.1　电锤应按经规定程序批准的图样和技术文件制造，并符合本标准的规定。

4.1.2　电锤应能在下列环境条件下额定运行：

a)　海拔不超过 1 000 m；

b)　环境温度不超过 40℃；

c)　空气相对湿度不超过 90%（25℃）。

4.1.3　电锤应能在电源电压为实际正弦波形，频率为额定频率值的单相交流电源下额定运行。

4.1.4　电锤的额定电压为 220 V、42 V、36 V，额定频率为 50 Hz。

4.2　电锤的安全

4.2.1　电锤的安全要求，除必须满足本标准中已作补充和提高的规定外，其余皆应符合 GB 3883.7—2005 的规定。

4.2.2　电锤插头的型式、基本参数和尺寸应符合 GB 1002—1996 或 GB/T 11918—2001 的规定。技术要求应符合 GB 2099.1—1996 的规定。

Ⅱ类电锤插头应与电源线制成一体，插头体绝缘应能承受 3 750 V 历时 1 min 的耐电压试验，不发生击穿和闪络。

4.2.3　电锤的电源线应采用 GB 5013.4—1997 中的 60245 IEC 66 电缆，或性能不低于它的软电缆。

4.2.4　Ⅲ类电锤应采用安全隔离变压器或旋转变流机组供电，安全隔离变压器应符合 IEC 61558-2-6：1997 的规定。

4.2.5　电锤应设置机械过载保护装置，其脱扣力矩应符合表 2 的规定。

表 2　脱扣力矩

电锤规格/mm	16	18	20	22	26	32	38	50
脱扣力矩/(N·m) 不大于	35		45			50		60

4.3　外观

电锤的塑料外壳和手柄不得有气泡、裂痕、明显的糊斑及冷隔等严重缺陷，色泽应均匀，金属外壳表面应无缺陷，涂层应均匀光洁。

电锤的铭牌应牢固而无卷曲地置于电锤壳体表面。

4.4　噪声

电锤按质量在距离其中心 1 000 mm 的球面处测得的电锤负载噪声声功率级（A 计权）的平均值不大于表 3 规定的限值。

表 3 噪声限值

质量 M/kg	$M \leqslant 3.5$	$3.5 < M \leqslant 5$	$5 < M \leqslant 7$	$7 < M \leqslant 10$	$M > 10$
A 计权声功率 L_{WA}/dB	102	104	107	109	$100+11\lg M$

4.5 电磁兼容性

4.5.1 无线电和电视骚扰电平

a) 频率范围为 0.15 MHz～30 MHz 内测得的相线或中线对地的连续骚扰电压值均不应超过表 4 规定的限值。

表 4 连续骚扰电压限值

频率范围 MHz	限值/dB(μV)准峰值		
	电动机额定功率≤700 W	700 W<电动机额定功率≤1 000 W	电动机额定功率>1 000 W
	随频率的对数线性		
0.15～0.35	66～59	70～63	76～69
0.35～5.0	59	63	69
5～30	64	68	74

b) 频率范围为 30 MHz～300 MHz 内测得的由电源线辐射、吸收钳所吸收的连续骚扰功率电平值应不超过表 5 规定的限值。

表 5 连续骚扰功率限值

频率范围 MHz	限值/dB(μW)准峰值		
	电动机额定功率≤700 W	700 W<电动机额定功率≤1 000 W	电动机额定功率>1 000 W
	随频率的对数线性增大		
30～300	45～55	49～59	55～65

4.5.2 谐波电流

a) 电锤的谐波电流应不超过表 6 规定的限值。

表 6 稳态谐波电流限值

	谐波次数 n	最大允许谐波电流/ A
奇次谐波	3	3.45
	5	1.71
	7	1.155
	9	0.60
	11	0.495
	13	0.315
	$15 \leqslant n \leqslant 39$	$0.022\ 5 \times 15/n$
偶次谐波	2	1.62
	4	0.645
	6	0.45
	$8 \leqslant n \leqslant 40$	$0.345 \times 8/n$

b) 表 6 规定的谐波电流限值的应用见 GB 17625.1—2003 的规定。

4.5.3 电压波动和闪烁

电钻在接入低压公用电网运行时，引起的电压波动和闪烁应符合下列规定：

P_{st}值应不大于 1.0；

P_{lt}值应不大于 0.65；

在电压变化期间的相对电压变化特性 $d(t)$值超过 3.3%的时间不大于 500 ms；

相对稳态电压变化 d_c 不超过 3.3%；

最大相对电压变化值 d_{max}不超过 7%；

如果电压变化由手动开关引起或发生频率小于每小时一次，则不考核 P_{st}和 P_{lt}。

4.6 输入功率和电流

电锤在额定电压下用电锤铭牌规定的最大直径钻头对 C30 号混凝土钻孔，此时电锤的输入功率应不大于额定输入功率的 115%。如果电锤铭牌上标有额定电流，此时的电流应不大于额定电流的 115%。

4.7 温升

电锤按 5.8 规定运行，温升应不超过表 7 的规定值。

表 7 温升限值

单位为开(K)

零部件	温升
E 级绝缘绕组	90
B 级绝缘绕组	95
F 级绝缘绕组	115
机壳	60
塑料手柄	50
注 1：规定的机壳温升限值不适用于冲击机构的外壳。 注 2：使用条件与规定不同时绕组温升限值的修正，试验地点的海拔与使用地点不同时绕组温升限值的修正按 GB 755—2000 的规定进行。	

4.8 电锤的头部结构型式

电锤头部的结构型式应符合 GB/T 6335.1—1996 中规定，钻杆应能用手顺利地插入电锤头部，当锁定电锤的钎卡后，钻杆能轴向移动，但不能将其从电锤中拔出。

4.9 电源线长度

电锤的电源线长度应不少于 2.5 m。

4.10 螺钉的表面处理

电锤中的螺钉应进行表面处理，钢制电刷弹簧及接地螺钉，垫圈应能承受防锈试验。

5 试验方法

5.1 外观检查

通过观察检查电锤的外观质量。

检查结果应符合 4.3 的规定。

5.2 噪声试验

试验按 GB/T 4583—2007 的规定进行。测量时，电锤在额定电压下施加负载运行。

试验结果应符合 4.4 的规定。

5.3 基本参数测量

电锤在额定电压下，用电锤铭牌规定的最大直径钻头对 C30 号混凝土试块，钻孔 1 min。测量其钻孔深度并换算成钻孔体积，同时测量电锤钻孔时的输入功率和电流。

共进行 5 次操作，取平均值。

测量结果应符合 3.1 和 4.6 的规定。

注：试块的尺寸应不小于 700 mm×500 mm×200 mm。

5.4 脱扣力矩检查

电锤处于静止状态，并卡住转子，然后用(20～1 000)N·m 测力扳手在电锤钎杆出轴处加载，直到过载保护装置脱扣，读取测力扳手上的力矩值。

共进行 3 次。

测量结果应符合 4.2.5 的规定。

注：允许单独测量过载保护装置的脱扣力矩，然后用传动比进行换算。

5.5 无线电和电视骚扰电平测量

试验按 GB 4343.1—2003 的规定进行。骚扰电压、骚扰功率可以在一台试样上进行测量。

测量时，电锤允许脱开或拆除冲击机构在额定电压下连续空载运行。

测量结果应符合 4.5.1 规定。

5.6 谐波电流测量

电锤的谐波电流测量按 GB 17625.1—2003 的规定进行。测量时，电锤允许脱开或拆除冲击机构在额定电压下连续空载运行。

测量结果应符合 4.5.2 的规定。

5.7 电压波动和闪烁测量

电锤的电压波动和闪烁测量按 GB 17625.2—2007 的规定进行。测量时，电锤允许脱开或拆除冲击机构在额定电压下连续空载运行。

测量结果应符合 4.5.3 的规定。

5.8 温升试验

工具断续运行 30 个期间或直至达到热稳定，取首先达到者。每个期间由 30 s 连续运行期和 90 s 停歇期组成。运行期间通过测功机调节工具负载使其达到额定输入功率或额定电流，此时，锤击机构脱开或拆除，温升在“接通”期结束时进行测量。应制造商选择，工具也可连续运行直至达到热稳定状态。在电锤各部分温升达到实际稳定状态后，用电阻法测定绕组温升，用温度计法测定机壳和手柄温升。

试验结果应符合 4.7 规定。

5.9 电锤头部的结构检查

用手将符合 GB/T 6335.1—1996 中所列的，与头部结构一致的某型标准钻杆插入电锤头部，然后检查电锤上的钎卡装置。

检查结果应符合 4.8 的规定。

5.10 Ⅱ类电锤插头耐电压试验

在插头体外表面的捏手处贴附金属箔，然后在插脚与金属箔之间施加实际正弦波、有效值为 3 750 V 的试验电压，历时 1 min。

试验结果应符合 4.2.2 的规定。

5.11 电源线长度检查

测量自电缆进线孔到插头(不包括插脚)间的软电缆长度。

检查结果应符合 4.9 的规定。

5.12 其余试验方法

本标准未作规定的其余试验方法均按 GB 3883.7—2005 中的相应规定进行。

6 检验规则

6.1 每台电锤须经质量检验部门按本标准的规定试验合格后才能出厂，出厂时应附有证明产品质量合格的文件。

6.2 试验须按本标准6.3规定的试验项目及顺序进行。

6.3 本标准规定的试验项目为型式试验项目,其中带*标记的项目为例行检验项目,带**标记的项目在定期质量抽查试验时不进行。检查试验中的耐电压试验项目,试验电压值和时间可与型式试验时不同。

外观检查*

标志检查*

电击保护检查**

噪声试验

起动试验

基本参数测量

无线电和电视骚扰电平测量

谐波电流测量

电压波动和闪烁测量

温升试验

泄漏电流测量

防潮试验

耐电压试验*

耐久性试验

不正常操作试验

机械危险检查**

机械强度检查

电锤头部结构及切换功能检查*

接地装置检查

脱扣力矩检查

结构检查**

内部布线检查

组件检查及插头耐电压试验**

电源线长度检查

电源联接检查

电缆或软线提拉力和扭力试验

电缆或软线及护套弯曲试验**

外接导线的接线端子检查**

螺钉及联接件检查**

爬电距离、电气间隙和绝缘穿通距离检查

耐热性、耐燃性和耐漏电起痕迹性试验**

防锈试验

注:检查试验中的耐电压试验项目,试验电压和时间可与型式试验时不同。

6.4 除需用提供零件试样(如防锈试验的电刷弹簧、螺钉及开关和内部布线上的套管等)进行有关试验外,其余项目应在同一台样机上进行,样机及零件试样应通过全部试验。

如果需要拆开样机做有关试验,可以另加样机。

7 标志和包装

7.1 标志

电锤铭牌上应以清晰而耐久的方式标有下列项目：

a) 产品名称(电锤)；

b) 型号；

c) 额定电压及电源种类符号，V～；

d) 额定输入功率，W；或电流，A；

e) 工作头负载转速，r/min；

f) Ⅱ类结构符号(仅用于Ⅱ类电锤)；

g) 防潮程度符号(仅在有要求时标出)；

h) 制造商名称、地址或商标；

i) 出厂批量代号。

注：在不会引起混淆和误解的前提下，允许增加其他标志。

7.2 出厂文件

每台电锤出厂时应附有下列文件：

a) 产品合格证；

b) 使用维护说明书。使用维护说明书应有独立章节说明电锤使用的安全技术要求，包括操作必须注意的事项、可能出现的危险和相应的预防措施。

7.3 包装及贮存

电锤包装必须牢靠，以防止运输过程中发生意外的碰伤，并应符合相应的有关规定。

电锤应贮存在空气干燥、通风良好、无有害气体的库房内，严禁与酸、碱类化学药品存放在一起。

8 保修期限和附件

8.1 保修期限

用户按照电锤制造厂使用维护说明书的规定，在正确地运输、存放和使用电锤的情况下，电锤在制造厂规定的保修期限内，如因制造质量不良，而发生损坏或不能正常工作时，制造厂应免费为用户修理或调换。

8.2 附件

电锤在出厂时，应附有：

钻杆及其他附件(根据用户需要而定)。

ICS 13.160
Z 32

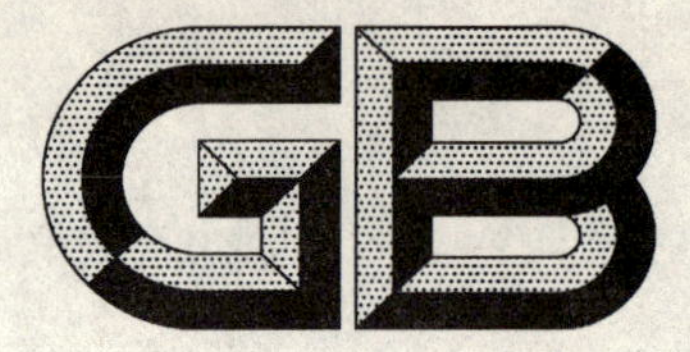

中华人民共和国国家标准

GB/T 7452—2007/ISO 6954:2000
代替 GB/T 7452.1—1996,GB/T 7452.2—1996

机械振动　客船和商船适居性振动测量、报告和评价准则

Mechanical vibration—Guidelines for the measurement, reporting and evaluation of vibration with regard to habitability on passenger and merchant ships

(ISO 6954:2000,IDT)

2007-04-30 发布　　2007-11-01 实施

中华人民共和国国家质量监督检验检疫总局
中国国家标准化管理委员会　发布

前　言

本标准等同采用ISO 6954:2000《机械振动　客船和商船适居性振动测量、报告和评价准则》(英文版)。

为便于使用,本标准做了下列编辑性修改:

——用“本标准”代替“本国际标准”;

——用小数点“.”代替作为小数点的逗号“,”;

——删除了国际标准前言。

本标准是对GB/T 7452.1—1996和GB/T 7452.2—1996的合并修订。

本标准与GB/T 7452.1—1996和GB/T 7452.2—1996相比,主要内容修改如下:

——可适用于所有客船和商船;

——提出了适居性评价的概念;

——建立了新的评价体系,采用全频率计权均方根值进行评价。

本标准自实施之日起代替GB/T 7452.1—1996和GB/T 7452.2—1996。

本标准的附录A、附录B、附录C是资料性附录。

本标准由全国机械振动与冲击标准化技术委员会提出并归口。

本标准起草单位:中国船舶重工集团公司第七〇二研究所、中国船级社上海规范研究所、武汉理工大学、上海船舶运输科学研究所。

本标准主要起草人:郭列、张建军、向阳、姜金辉。

引　言

船舶振动会干扰船舶的正常航行或者降低船员和乘客的舒适度，从而引起他们的抱怨和不满。

本标准给出了船舶不同区域内的适居性振动评价准则。船舶适居性是通过 1 Hz～80 Hz 全频率计权的振动均方根值(r. m. s.)来评价的。

本标准还包括了与船舶适居性振动评价有关的仪器要求、测量规程、分析说明以及评价准则。

根据本标准得到的振动数据也可用于：

——与船舶说明书比较；

——与其他船舶比较；

——进一步制定和改进振动标准。

建议在采用本标准对船舶不同区域进行分级时，应优先考虑取得利益双方(如船厂和船东)的认同，再进行适居性评价。

机械振动　客船和商船适居性振动测量、报告和评价准则

1　范围

本标准包括客船和商船适居性的振动评价准则、仪器要求以及正常范围内的测量方法。

本标准不包括对那些可引起晕船的船舶低频运动的评价。

2　规范性引用文件

下列文件中的条款通过本标准的引用而成为本标准的条款。凡是注日期的引用文件，其随后所有的修改单(不包括勘误的内容)或修订版均不适用于本标准，然而，鼓励根据本标准达成协议的各方研究是否可使用这些文件的最新版本。凡是不注日期的引用文件，其最新版本适用于本标准。

GB/T 13441.1—2007　机械振动和冲击　人体暴露于全身振动的评价　第1部分：一般要求(ISO 2631-1:1997,IDT)

ISO 2631-2　机械振动和冲击　人体暴露于全身振动的评价　第2部分：建筑物室内(1 Hz～80 Hz)的振动

ISO 8041　人体振动响应　测量仪器

3　测量仪器

3.1　一般要求

测量时可以使用不同类型的测量和记录仪器，如：模拟、数字、频谱或时域分析类仪器，仪器应满足ISO 8041的要求。

对于满足ISO 8041要求、其频率指标超过80 Hz但滤波特性能满足ISO 2631-2要求(见附录A)的仪器，可以允许使用。

按照ISO 8041要求，仪器测量系统应至少每两年检定一次，并且应记录上次的检定时间。

3.2　校准

仪器安装后应对每一个通道进行检查，以保证其功能正常，且每次测量前后都应对仪器的校准状况进行检查。

4　测量位置和方向

4.1　传感器安装位置

传感器安装位置应选在有一定空间的甲板上，以便于更准确地表征船舶在适居性方面的振动特性。

4.2　传感器方向

传感器方向应根据船舶的三个正交轴来确定：纵向、横向和垂向。

5　测量条件

在进行船舶交船试验或性能试验时，应首先得到船舶振动测量数据。为了能得到一致、准确的测量数据，应满足下面的测量条件：

a)　船舶为自由直线航行1)；

b)　典型工况下主机输出功率稳定；

1)　自由直线航行是指船舶保持稳定航速直线航行，操舵角不超过±2°。

c) 三级或三级以下海况；

d) 螺旋桨全部浸没于水中；

e) 水深不小于船舶吃水的五倍。

不能满足上述条件的情况，应在测量报告中予以注明。

6 测量规程

每一层甲板应至少对两个位置进行三个方向的振动测量，而其他位置，可以只测量垂向振动。

按照 ISO 2631-2 规定，在所有方向的振动测量中都应采用复合频率计权曲线。

注：在资料性附录 A 中给出了复合频率计权曲线的 1/3 倍频程数值及其曲线图。

参与振动评价的频率范围为 1 Hz～80 Hz。

测量时记录时间应不少于 1 min。如果主要频率分量在小于 2 Hz 的范围内，记录时间则应不少于 2 min。

如同在 GB/T 13441.1—2007 的 6.4.2 中对加速度的定义，每个测量结果都应是全频率计权的均方根值(r.m.s.)，对速度谱也进行相似的频率计权。适居性评价时采用任意方向上得到的最大测量值，参考第 7 章中的规定。

若需要根据前述测量数据进行进一步的数据分析，应将该测量数据记录在能够永久保存的电子设备中，如：磁带或计算机磁盘。

7 适居性评价

建议在采用本标准对船舶不同区域进行分级时，应优先考虑取得利益双方(如船厂和船东)的认同，再进行适居性评价。

表 1 确定了严重振动下限值和轻微振动上限值的准则，这些限值以 1 Hz～80 Hz 全频率计权加速度均方根值(mm/s^2)和全频率计权速度均方根值(mm/s)的形式给出。为了便于深入了解，在附录 B 中给出了人体敏感度曲线，基于此得到频率计权曲线。

表 1 由 1 Hz～80 Hz 全频率计权均方根值给出的船舶不同区域适居性评价准则

限 值	区域等级					
	A		B		C	
	mm/s^2	mm/s	mm/s^2	mm/s	mm/s^2	mm/s
严重振动下限值	143	4	214	6	286	8
轻微振动上限值	71.5	2	107	3	143	4
注：两限值之间的数值表示船舶振动情况是可接受的。						

三个不同区域等级为：

——A 级；

——B 级；

——C 级。

注：A 级为客舱，B 级为船员居住区，C 级为工作区。

8 测量报告

测量报告应至少包含以下资料和数据：

a) 对本标准的引用；

b) 测量地点和日期、测量人员和单位的标识；

c) 主要的船舶设计参数；

d) 测量中实际船舶条件和环境；

e) 传感器的位置和方向；

f) 记录仪器和校准程序；

g) 测量结果。

附录C给出了一份报告示例。

附 录 A
（资料性附录）
频率计权曲线

本标准采用的频率计权是由 ISO 2631-2 定义的复合频率计权，见表 A.1 和图 A.1。

表 A.1 频率范围为 1 Hz～80 Hz 的 1/3 倍频程的复合频率计权
（使用真实的中间频率计算，包括频带限制）

频率带宽号[a] x	频率/Hz		加速度输入量		速度输入量	
	名义值	真实值	计权因子 W_a	dB	计权因子 W_v	dB
−7	0.2	0.199 5	0.062 9	−24.02	0.002 21	−53.12
−6	0.25	0.251 2	0.099 4	−20.05	0.004 39	−47.14
−5	0.315	0.316 2	0.156	−16.12	0.008 70	−41.21
−4	0.4	0.398 1	0.243	−12.29	0.017 0	−35.38
−3	0.5	0.501 2	0.368	−8.67	0.032 5	−29.77
−2	0.63	0.631 0	0.530	−5.51	0.058 9	−24.60
−1	0.8	0.794 3	0.700	−3.09	0.097 9	−20.19
0	1	1.000	0.833	−1.59	0.147	−16.68
1	1.25	1.259	0.907	−0.85	0.201	−13.94
2	1.6	1.585	0.934	−0.59	0.260	−11.68
3	2	1.995	0.932	−0.61	0.327	−9.71
4	2.5	2.512	0.910	−0.82	0.402	−7.91
5	3.15	3.162	0.872	−1.19	0.485	−6.28
6	4	3.981	0.818	−1.74	0.573	−4.83
7	5	5.012	0.750	−2.50	0.661	−3.59
8	6.3	6.310	0.669	−3.49	0.743	−2.58
9	8	7.943	0.582	−4.70	0.813	−1.80
10	10	10.00	0.494	−6.12	0.869	−1.22
11	12.5	12.59	0.411	−7.71	0.911	−0.81
12	16	15.85	0.337	−9.44	0.941	−0.53
13	20	19.95	0.274	−11.25	0.961	−0.35
14	25	25.12	0.220	−13.14	0.973	−0.23
15	31.5	31.62	0.176	−15.09	0.979	−0.18
16	40	39.81	0.140	−17.10	0.978	−0.20
17	50	50.12	0.109	−19.23	0.964	−0.32
18	63	63.10	0.083 4	−21.58	0.925	−0.67
19	80	79.43	0.060 4	−24.38	0.844	−1.48
20	100	100.0	0.040 1	−27.93	0.706	−3.02
21	125	125.9	0.024 1	−32.37	0.533	−5.46
22	160	158.5	0.013 3	−37.55	0.370	−8.64
23	200	199.5	0.006 94	−43.18	0.244	−12.27
24	250	251.2	0.003 54	−49.02	0.156	−16.11
25	315	316.2	0.001 79	−54.95	0.099 5	−20.04
26	400	398.1	0.000 899	−60.92	0.063 0	−24.02

a 频率带宽号 x 是由 GB/T 3241 定义的编号。

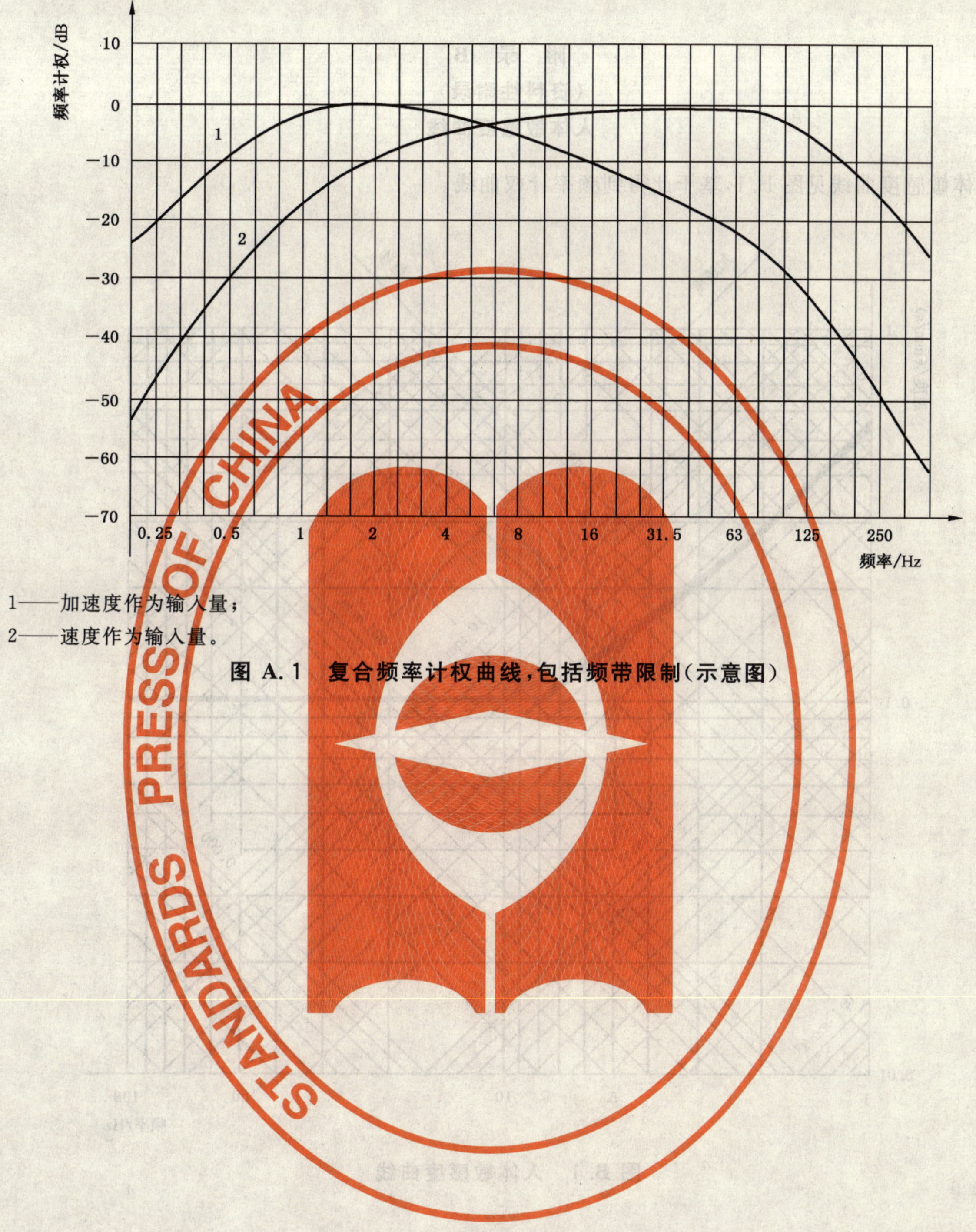

1——加速度作为输入量；

2——速度作为输入量。

图 A.1　复合频率计权曲线，包括频带限制(示意图)

附 录 B
（资料性附录）
人体敏感度曲线

人体敏感度曲线见图 B.1,基于此得到频率计权曲线。

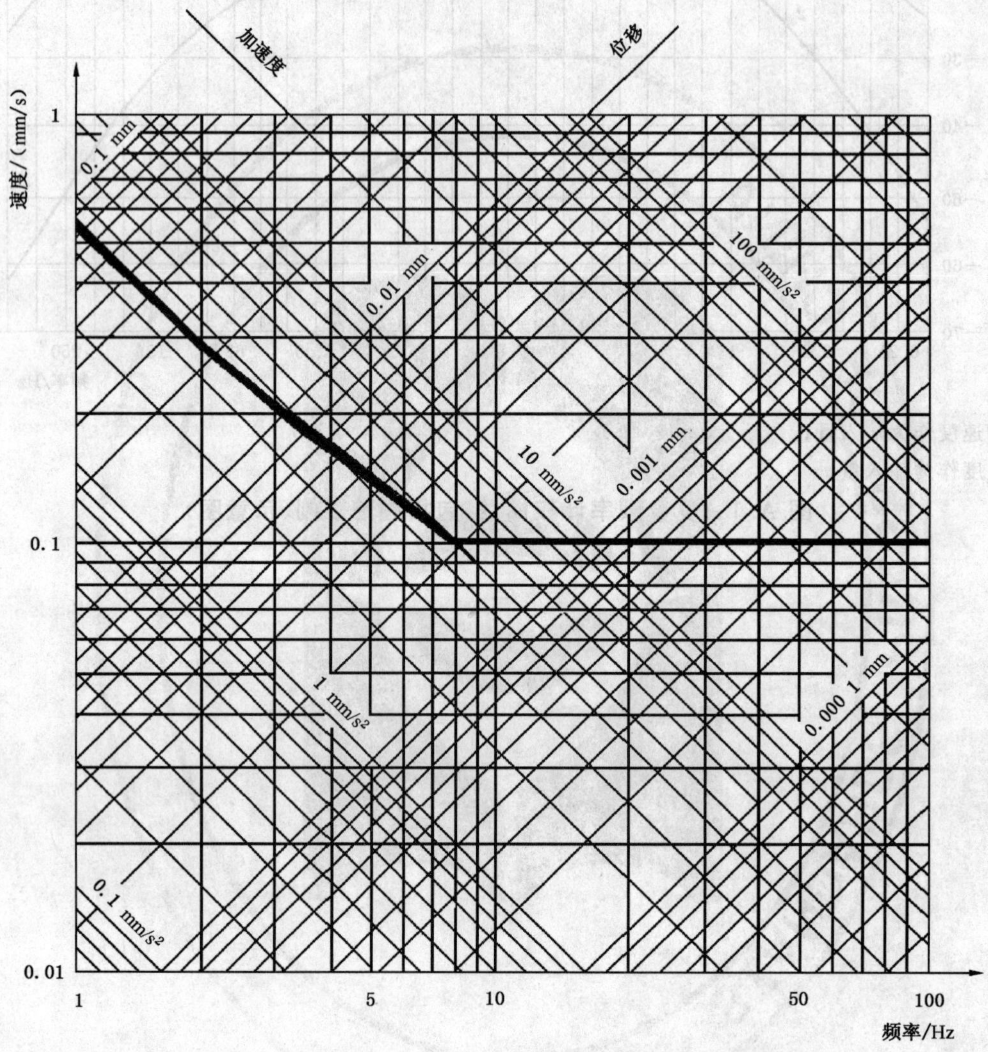

图 B.1 人体敏感度曲线

附 录 C
（资料性附录）
采用本标准的船舶适居性评价报告示例

测量地点：			日期：
测量单位名称：			
测量人员姓名：		电话：	传真：
船名：		船东：	
船型：	位置：	船厂：	建造日期：

船体参数		主机参数	
垂线间长，m：		型号：	缸数：
型宽，m：	吃水，m：	台数：	功率，kW：
型深，m：	载重量，t：	转速，r/min：	减速比：

螺旋桨参数		测量条件	
桨数及型号：	桨叶数：	海况：	风速及风向：
直径，m：	侧斜角：	艏吃水，m：	平均吃水，m：
转速，r/min：		艉吃水，m：	水深，m：
备注：			

测量仪器的型号及特性

传感器，型号：	频率范围：	灵敏度：	固定方法：
数据记录仪，型号：	频率范围：		
分析仪，型号：	分析频率范围：	采样频率：	采样块大小：
采样窗口：	抗混滤波器：	校准检查：	

测量结果

测点位置	方向	全频率计权均方根值	
		加速度 mm/s^2	速度 mm/s
1.			
2.			
3.			
…			
…			
…			

参 考 文 献

[1] GB/T 2298 机械振动与冲击 术语(GB/T 2298—1991,neq ISO 2041:1990)

[2] GB/T 3241 倍频程与分数倍频程滤波器(GB/T 3241—1998,eqv IEC 61260:1995)

ICS 75.100
E 38

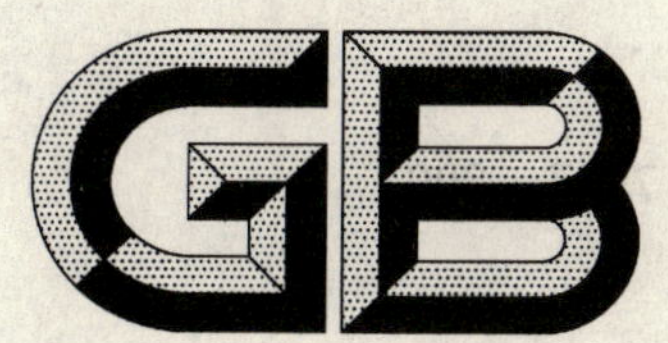

中华人民共和国国家标准

GB/T 7597—2007
代替 GB 7597—1987

电力用油（变压器油、汽轮机油）取样方法

Method of sampling for transformer and turbine oils in electric power industry

2007-04-30 发布　　　　2008-01-01 实施

中华人民共和国国家质量监督检验检疫总局
中国国家标准化管理委员会　发布

前　言

本标准代替 GB/T 7597—1987《电力用油(变压器油、汽轮机油)取样方法》。

本标准与 GB/T 7597—1987 比较主要有以下变化：

——增加了适用范围和规范性引用文件；

——分别对各种取样工具提出了要求，如增加了气密性检查等；

——按现行有效各项试验方法的要求，分别规定了取样容器和取样量；

——规定了取样方法和样品的保存条件。

本标准由中国电力企业联合会提出。

本标准由西安热工研究院有限公司归口。

本标准起草单位：西安热工研究院有限公司。

本标准主要起草人：孟玉婵、尹萍、刘志一、黄晓辉。

本标准委托西安热工研究院有限公司负责解释。

本标准 1987 年首次发布，本次是第一次修订。

电力用油(变压器油、汽轮机油)取样方法

1 范围

本标准规定了从变压器类电气设备、汽轮机、水轮机、调速系统中取变压器油、汽轮机油(含抗燃油)样的方法,也规定了从油桶、油罐、油罐车中取样的方法。

本标准适用于变压器、互感器、油开关、套管等充油电气设备及汽轮机、水轮机、调相机、调速系统等用油的采集。发电机、给水泵等用油的采集可参照执行。

2 规范性引用文件

下列文件中的条款通过本标准的引用而成为本标准的条款。凡是注日期的引用文件,其随后所有的修改单(不包括勘误的内容)或修订版均不适用于本标准,然而,鼓励根据本标准达成协议的各方研究是否可使用这些文件的最新版本。凡是不注日期的引用文件,其最新版本适用于本标准。

GB/T 17623 绝缘油中溶解气体组分含量的气相色谱测定法

3 取样工具

3.1 常规分析用取样瓶

3.1.1 500 mL～1 000 mL 磨口具塞试剂瓶。

3.1.2 取样瓶的准备:取样瓶先用洗涤剂进行清洗,再用自来水冲洗,最后用蒸馏水洗净,烘干、冷却后,盖紧瓶塞,粘贴标签待用。

3.2 油中水分含量测定和油中溶解气体(油中总含气量)分析用注射器

3.2.1 注射器的要求

油中溶解气体、总含气量分析用 100 mL 玻璃注射器;油中水分分析用 10 mL 或 20 mL 玻璃注射器。注射器应气密性好(气密性检查采用 GB/T 17623 规定的方法),注射器芯塞应无卡涩,可自由滑动,应装在一个专用盒内,该盒应避光、防震、防潮等。

3.2.2 注射器的准备

取样注射器使用前,应顺序用有机溶剂、自来水、蒸馏水洗净,在 105℃下充分干燥,或采用吹风机热风干燥。干燥后,立即用小胶头盖住头部,粘贴标签待用(最好保存在干燥器中)。

3.3 桶内取样用的取样管

3.3.1 取样管的要求:见图 1。

3.3.2 取样管的准备:按图 1 选取 2～3 根取样管,洗净后自然干燥后两端用塑料帽封住,待用。

3.4 油罐或油槽车内取样用的取样勺

3.4.1 取样勺的要求:见图 2。

3.4.2 取样勺的准备:按图 2 选好取样勺,洗净自然干燥后,待用。

3.5 设备中取样,应用设备所带的防止污染的密封取样阀和作为导油管用的透明耐油吸管或塑料管。见图 3。

单位为毫米

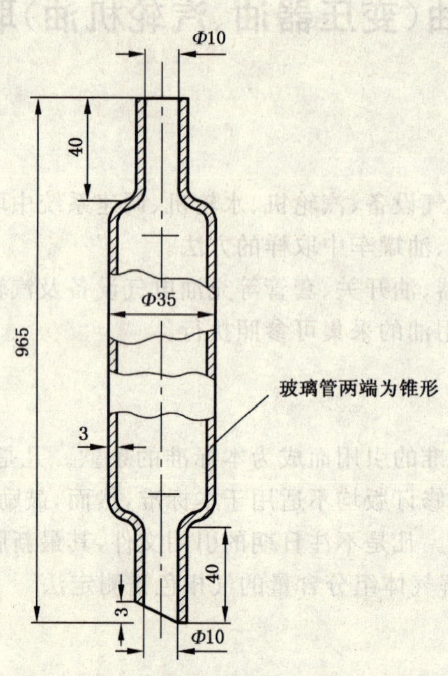

图 1 取样管

单位为毫米

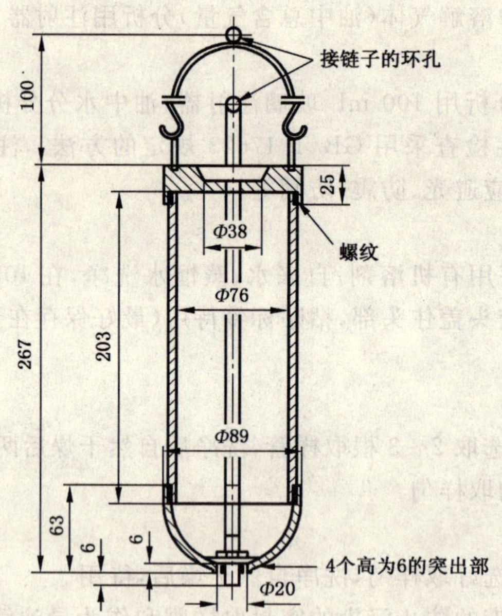

图 2 取样勺

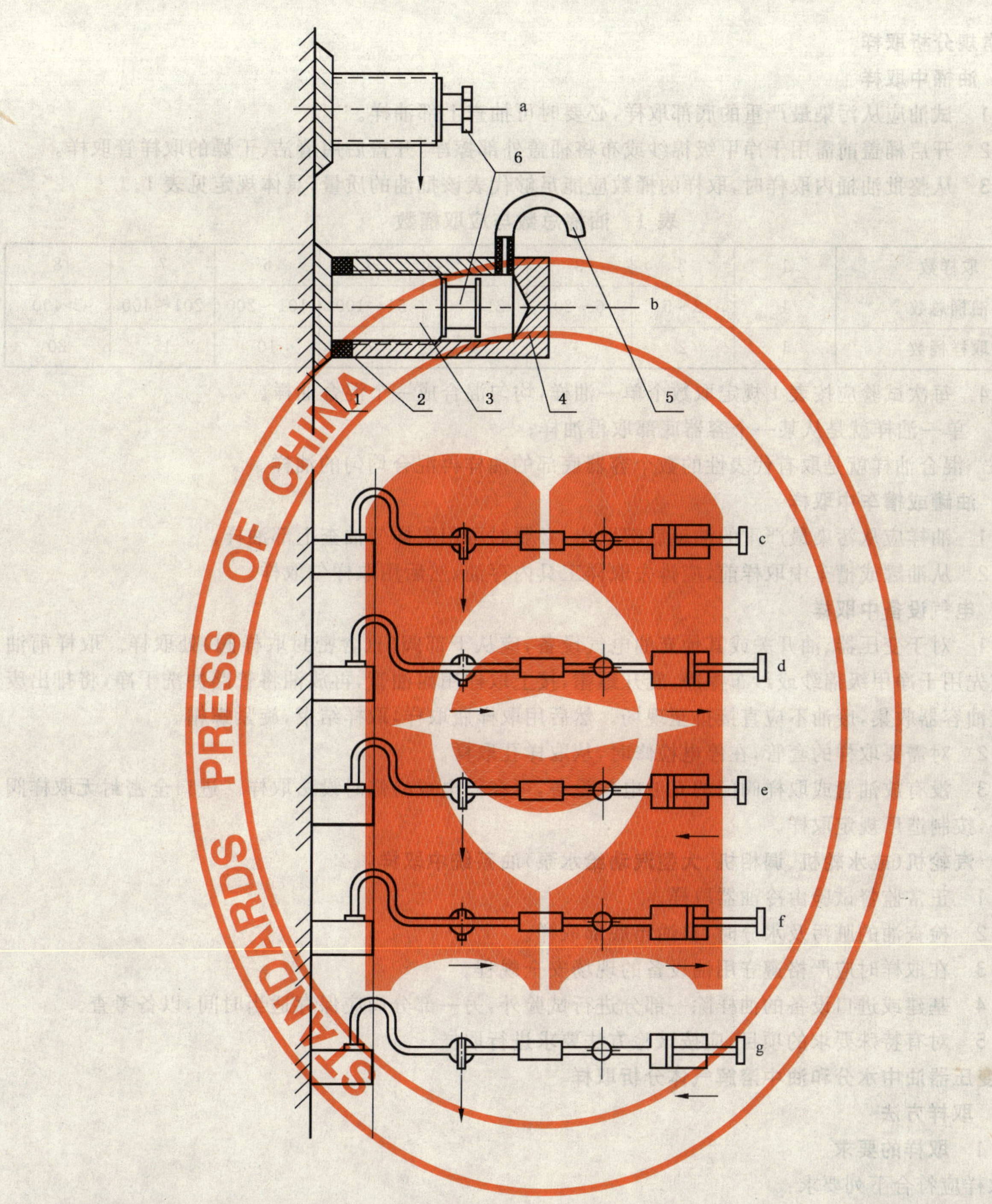

1——设备本体；
2——胶垫；
3——放油阀；
4——放油接头；
5——放油口；
6——放油螺丝。

图 3 取样操作过程

4 取样部位和取样方法

4.1 常规分析取样

4.1.1 油桶中取样

4.1.1.1 试油应从污染最严重的底部取样，必要时可抽查上部油样。

4.1.1.2 开启桶盖前需用干净甲级棉纱或布将桶盖外部擦净，开盖后用清洁、干燥的取样管取样。

4.1.1.3 从整批油桶内取样时，取样的桶数应能足够代表该批油的质量，具体规定见表1。

表1 油桶总数与应取桶数

取样数	1	2	3	4	5	6	7	8
油桶总数	1	2～5	6～20	21～50	51～100	101～200	201～400	>400
取样桶数	1	2	3	4	7	10	15	20

4.1.1.4 每次试验应按表1规定取数个单一油样，均匀混合成一个混合油样。

a) 单一油样就是从某一个容器底部取得油样；

b) 混合油样就是取有代表性的数个容器底部的油样再混合均匀的油样。

4.1.2 油罐或槽车中取样

4.1.2.1 油样应从污染最严重的油罐底部取出，必要时可用取样勺抽查上部油样。

4.1.2.2 从油罐或槽车中取样前，应排去取样工具内存油，然后用取样勺取样。

4.1.3 电气设备中取样

4.1.3.1 对于变压器、油开关或其他充油电气设备，应从下部阀门(含密封取样阀)处取样。取样前油阀门应先用干净甲级棉纱或纱布擦净，旋开螺帽，接上取样用耐油管，再放油将管路冲洗干净，将排出废油用废油容器收集，废油不应直接排至现场。然后用取样瓶取样，取样结束，旋紧螺帽。

4.1.3.2 对需要取样的套管，在停电检修时，从取样孔取样。

4.1.3.3 没有放油管或取样阀门的充油电气设备，可在停电或检修时设法取样。进口全密封无取样阀的设备，按制造厂规定取样。

4.1.4 汽轮机(或水轮机、调相机、大型汽动给水泵)油系统中取样

4.1.4.1 正常监督试验由冷油器取样。

4.1.4.2 检查油的脏污及水分时，自油箱底部取样。

4.1.4.3 在取样时应严格遵守用油设备的现场安全规程。

4.1.4.4 基建或进口设备的油样除一部分进行试验外，另一部分尚应保存适当时间，以备考查。

4.1.4.5 对有特殊要求的项目，应按试验方法要求进行取样。

4.2 变压器油中水分和油中溶解气体分析取样

4.2.1 取样方法

4.2.1.1 **取样的要求**

取样应符合下列要求：

a) 油样应能代表设备本体油，应避免在油循环不够充分的死角处取样。一般应从设备底部的取样阀取样，在特殊情况下可在不同取样部位取样。

b) 取样过程要求全密封，即取样连接方式可靠，既不能让油中溶解水分及气体逸散，也不能混入空气(必须排净取样接头内残存的空气)，操作时油中不得产生气泡。

c) 取样应在晴天进行。取样后要求注射器芯子能自由活动，以避免形成负压空腔。

d) 油样应避光保存。

4.2.1.2 **取样操作**

取样操作如图3所示，操作要求如下：

a) 取下设备放油阀处的防尘罩，旋开螺丝 6 让油徐徐流出。

b) 将放油接头 4(见图 3)安装于放油阀上，并使放油胶管(耐油)置于放油接头的上部，排除接头内的空气，待油流出。

c) 将导管、三通、注射器依次接好后，装于放油口 5 处，按箭头方向排除放油阀门的死油，并冲洗连接导管。

d) 旋转三通，利用油本身压力使油注入注射器，以便湿润和冲洗注射器(注射器要冲洗 2～3 次)。

e) 旋转三通与设备本体隔绝，推注射器芯子使其排空。

f) 旋转三通与大气隔绝，借设备油的自然压力使油缓缓进入注射器中。

g) 当注射器中油样达到所需毫升数时，立即旋转三通与本体隔绝，从注射器上拔下三通，在小胶头内的空气泡被油置换之后，盖在注射器的头部，将注射器置于专用油样盒内，填好样品标签。

4.2.2 取样量

取样量应符合下列要求：

a) 进行油中水分含量测定用的油样，可同时用于油中溶解气体分析，不必单独取样。

b) 常规分析根据设备油量情况采取样品，以够试验用为限。

c) 做溶解气体分析时，取样量为 50 mL～100 mL。

d) 专用于测定油中水分含量的油样，可取 10 mL～20 mL。

4.2.3 样品标签

标签的内容有：单位、设备名称、型号、取样日期、取样部位、取样天气、运行负荷、油牌号及油量备注等。

5 油样的运输和保存

油样应尽快进行分析，做油中溶解气体分析的油样不得超过 4 天；做油中水分含量的油样不得超过 7 天。油样在运输中应尽量避免剧烈震动，防止容器破碎，尽可能避免空运。油样运输和保存期间，必须避光，并保证注射器芯能自由滑动。

ICS 17.100
N 13

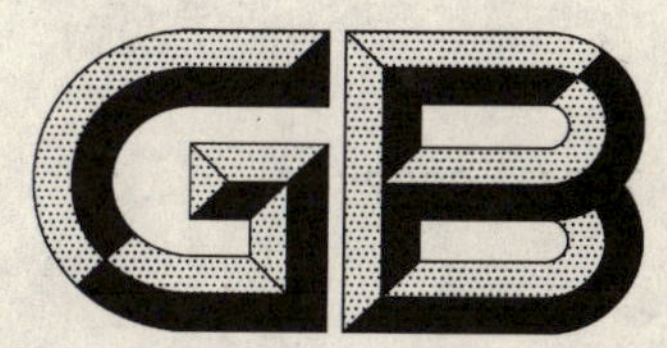

中华人民共和国国家标准

GB/T 7721—2007
代替 GB/T 7721—1995

连续累计自动衡器（电子皮带秤）

Continuous totalizing automatic weighing instruments (electronic belt weighers)

(OIML R50:1997,MOD)

2007-12-05 发布　　2008-09-01 实施

中华人民共和国国家质量监督检验检疫总局
中国国家标准化管理委员会　发布

前 言

本标准修改采用国际法制计量组织国际建议 OIML R50《连续累计自动衡器(皮带秤)》(Continuous totalizing automatic weighing instruments)1997 年版(R50-1、R50-2)。

R50 国际建议由 OIML TC9/SC2 自动衡器分技术委员会起草,并于 1996 年在国际计量大会上得到批准。R50《连续累计自动衡器(皮带秤)》分为两部分:第 1 部分(R50-1)"计量要求和技术要求 试验";第 2 部分(R50-2)"型式评价报告"。

由于我国现行的计量产品的管理模式与国际上不尽相同,因此本标准和 R50 国际建议存在以下主要的差异:

1. 增加了第 2 章 "规范性引用文件"的内容。
2. 在 3.3.8.5 中增加了"用模拟载荷装置(链码、循环链码、小车码等)模拟物料通过皮带秤的效果"的运行检验装置。
3. 增加了第 4 章"产品型号"的内容。
4. 在 6.10 中增加了"电子印封"的相关内容。
5. 增加了 6.11"称重传感器"的要求。
6. 在 7.5.5 中增加了"或这些计量信息能够掉电保持并能够当交流电源再次供电时正确显示这些信息。"
7. 增加了 7.7"安全性能"的要求。
8. 增加了 9.1"型式评价"的要求。
9. 增加了 9.2.9"型式评价结果的判定"的内容。
10. 增加了 9.3"出厂检验"的要求。
11. 增加了第 10 章"标志、包装、运输和贮存"的内容。
12. 在 A.8.2、A.8.3 和 A.8.4 条电磁兼容试验中分别采用 GB/T 17626.2—2006、GB/T 17626.3—2006 和 GB/T 17626.4—1998,这些和 R50 国际建议所采用的旧的 IEC 相关标准试验参数有所不同。
13. 在 B.3.2 核查表中增加 9.2.9"型式评价结果的判定"和 7.7"安全性能"的内容。
14. 删除了 R50 国际建议 5.2"首次检定和使用中检验"的内容。
15. 删除了 R50 国际建议附录 A.5.2"首次检定"的内容。

本标准代替 GB/T 7721—1995《电子皮带秤》。

本标准的附录 A 和附录 B 为规范性附录。

本标准由中国轻工业联合会提出。

本标准由全国衡器标准化技术委员会归口。

本标准负责起草单位:江苏赛摩集团有限公司;参加起草单位:山西新元自动化仪表有限公司、徐州衡器厂有限公司、上海自动化仪表股份有限公司、梅特勒-托利多(常州)称重设备系统有限公司、唐山汇中衡器有限公司、青岛衡器测试中心。

本标准主要起草人:厉达、何福胜、梁跃武、刘雪青、许峰、王亚东、王江东、王均国。

本标准于 1987 年首次发布,1995 年 12 月 1 日第一次修订,本次为第二次修订。

本标准委托全国衡器标准化技术委员会负责解释。

连续累计自动衡器
（电子皮带秤）

1 范围

本标准规定了皮带输送机型连续累计自动衡器（以下简称“电子皮带秤”）的术语和定义、产品型号、计量性能要求、通用技术要求、电子皮带秤的要求、试验方法、检验规则及标志、包装、运输和贮存，还规定了电子皮带秤的型式评价的试验程序（见附录A）、型式评价报告格式（见附录B）。

本标准适用于利用重力原理，以连续的称量方式，确定并累计散状物料质量的电子皮带秤，亦适用于与单速皮带输送机或变速皮带输送机一起使用的电子皮带秤。

2 规范性引用文件

下列文件中的条款通过本标准的引用而成为本标准的条款。凡是注日期的引用文件，其随后所有的修改单（不包括勘误的内容）或修订版均不适用于本标准。然而，鼓励根据本标准达成协议的各方研究是否可使用这些文件的最新版本。凡是不注日期的引用文件，其最新版本适用于本标准。

GB/T 191 包装储运图示标志(GB/T 191—2000,eqv ISO 780:1997)

GB/T 2423.1 电工电子产品环境试验 第2部分:试验方法 试验A:低温(GB/T 2423.1—2001,idt IEC 60068-2-1:1990)

GB/T 2423.2 电工电子产品环境试验 第2部分:试验方法 试验B:高温(GB/T 2423.2—2001,idt IEC 60068-2-2:1974)

GB/T 2423.3 电工电子产品环境试验 第2部分:试验方法 试验Cab:恒定湿热试验(GB/T 2423.2—2003,IEC 60068-2-78:2001,IDT)

GB/T 2424.1 电工电子产品环境试验 高温低温试验导则(GB/T 2424.1—2005,IEC 60068-3-1:1974,IDT)

GB/T 2424.2 电工电子产品环境试验 湿热试验导则(GB/T 2424.2—2005,IEC 60068-3-4:2001,IDT)

GB/T 7551 称重传感器(GB/T 7551—1997,eqv OIML R60:1991)

GB/T 7724 称重显示控制器(GB/T 7724—1999,eqv OIML R76-1:1992)

GB/T 13384 机电产品包装通用技术条件

GB 14249.1—1993 电子衡器安全要求

GB/T 14250—1993 衡器术语

GB/T 17626.2 电磁兼容 试验和测量技术 静电放电抗扰度试验(GB/T 17626.2—2006,IEC 61000-4-2:2001,IDT)

GB/T 17626.3—2006 电磁兼容 试验和测量技术 射频电磁场辐射抗扰度试验(IEC 61000-4-3:2002,IDT)

GB/T 17626.4—1998 电磁兼容 试验和测量技术 电快速瞬变脉冲群抗扰度试验(idt IEC 61000-4-4:1995)

GB/T 17626.11 电磁兼容 试验和测量技术 电压暂降、短时中断和电压变化的抗扰度试验(GB/T 17626.11—1999,idt IEC 61000-4-11:1994)

QB/T 1563 衡器产品型号编制方法

3 术语和定义

GB/T 14250—1993 确立的以及下列术语和定义适用于本标准。

3.1 一般定义

3.1.1

衡器 weighing instrument

利用作用于物体上的重力来确定该物体质量的计量仪器。

按操作方式，衡器分为自动衡器和非自动衡器。

3.1.2

自动衡器 automatic weighing instrument

在称量过程中无需操作者干预，能按预定的处理程序自动称量的衡器。

3.1.3

连续累计自动衡器（皮带秤） continuous totalizing automatic weighing instrument (belt weigher)

无需对质量细分或者中断输送带的运动，而对输送带上的散状物料进行连续称量的自动衡器。

3.1.4

电子衡器 electronic instrument

装有电子装置的衡器。

3.1.5

控制方法和控制衡器 control method & Control instrument

物料试验中用来确定试验物料质量的方法。此种方法通常要涉及使用某些衡器来确定试验物料的质量，控制方法涉及使用的这些衡器称之为控制衡器。

3.2 皮带秤分类

3.2.1 按承载器分类

3.2.1.1

称量台式承载器 weighing table load recepter

承载器仅作为输送机的一部分。此类皮带秤作为皮带输送机的一部分，与皮带输送机一起输送物料。

3.2.1.2

输送机式承载器 inclusive of conveyer load recepter

承载器包括一台完整的输送机。此类皮带秤自身具有动力，能独立输送物料。

3.2.2 按带速分类

3.2.2.1

单速皮带秤 single speed belt weigher

设计成与单速（本标准称之为标称速度）运行的输送带装配成一体，并与其一起输送物料的皮带秤。

3.2.2.2

变速皮带秤 variable speed belt weigher

设计成与一种以上速度运行的输送带装配成一体，并与其一起输送物料的皮带秤。

3.3 结构

3.3.1

承载器 load receptor

皮带秤中承受载荷的部件。

3.3.2

皮带输送机 belt conveyor

用托辊上的皮带输送物料的设备。

3.3.2.1

输送托辊 carrying rollers

固定框架上用于支承输送带的托辊。

3.3.2.2

称重托辊 weighing rollers

承载器上支承输送带的托辊。

3.3.3

电子部件 electronic parts

3.3.3.1

电子装置 electronic device

由电子组件构成，并执行某一特定功能的装置。电子装置通常被制成一个分离的单元，并能单独进行试验。

注：按照上述定义，电子装置可以是一台完整的衡器（如贸易结算用衡器），或者是衡器的一部分（如打印机、显示器等）。

3.3.3.2

电子组件 electronic sub-assembly

电子装置的一部分，由电子元件构成，并且自身具有明确的功能。

3.3.3.3

电子元件 electronic component

利用半导体、气体或真空中的电子或空穴导电的最小物理实体。

3.3.4

称重单元 weighing unit

皮带秤上提供被测载荷质量信息的装置。

3.3.5

位移传感器 displacement transducer

输送机上提供对应给定皮带长度位移信息的装置或提供皮带速度信息的装置。

3.3.5.1

位移检测装置 displacement sensing device

位移传感器的一部分，其始终保持与皮带接触或与一非驱动滚筒联成一体。

3.3.6

累计器 totalization device

该装置通过称重单元和位移传感器提供的信息完成部分载荷的累计或实现单位长度载荷（载荷/单位长度）与带速乘积的积分。

3.3.7

累计显示器 totalization indicating device

接收累计器的信息，并显示输送载荷质量的装置。

3.3.7.1

总累计显示器 general totalization indicating device

显示所有输送载荷质量总计的装置。

3.3.7.2

部分累计显示器 partial totalization indicating device

显示一定时间内输送载荷质量的装置。

3.3.7.3

附加累计显示器　supplementary totalization indicating device

分度值大于总累计显示器，目的在于显示相当长的运行时间内输送载荷质量的显示装置。

3.3.8

辅助装置　ancillary devices

3.3.8.1

置零装置　zero-setting device

在输送带空转多于一个整数圈的期间内，能取得累计零点的装置。

3.3.8.1.1

非自动置零装置　non-automatic zero-setting device

需要通过操作人员观察并进行调整的置零装置。

3.3.8.1.2

半自动置零装置　semi-automatic zero-setting device

给出一个手动指令后自动运行或需要调整显示示值的置零装置。

3.3.8.1.3

自动置零装置　automatic zero-setting device

皮带空载运行时，不需操作人员的干预而自动运行的置零装置。

3.3.8.2

打印装置　printing device

以质量单位进行打印的装置。

3.3.8.3

瞬时载荷显示器　instantaneous load indicating device

在给定时间内显示最大秤量(max)的百分数或作用于称重单元的载荷质量的装置。

3.3.8.4

流量显示器　flowrate indicating device

显示瞬时流量的装置。其显示的瞬时流量可以是单位时间内输送的物料质量，也可以是最大流量的百分数。

3.3.8.5

运行检验装置　operation checking device

能检验皮带秤某些功能的装置。运行检验装置可以是：

——用模拟载荷装置(链码、循环链码、小车码等)模拟物料通过皮带秤的效果；

——用砝码、挂码、标准电信号模拟单位长度恒定载荷的效果；

——对相等时间间隔内单位长度载荷的两次积分进行比较；

——显示称重单元上的载荷已超过最大秤量；

——显示流量高于最大流量或低于最小流量；

——让用户注意皮带秤运行中的增差。

3.3.8.6

流量调节装置　flowrate regulating device

能够保证设定流量的装置。

3.3.8.7

预设装置　pre-selection device

预设累计载荷质量值的装置。

3.3.8.8

位移模拟装置　displacement simulating device

用于皮带秤在不具备输送机的情况下进行模拟试验的装置,其目的在于转动位移传感器以模拟皮带的位移。

3.4　计量特性

3.4.1

分度值　scale intervals

3.4.1.1

累计分度值(d)　totalization scale interval(d)

皮带秤在正常的称量方式下,总累计显示器或部分累计显示器以质量单位表示的两个相邻显示值的差值。

3.4.1.2

试验分度值　scale interval for testing

皮带秤在准备试验的特殊方式下,总累计显示器或部分累计显示器以质量单位表示的两个相邻显示值的差值。当这种特殊方式不易实现时,试验分度值应等于累计分度值。

3.4.2

称量长度(L)　weigh length(L)

在皮带秤承载器的两个端部称重托辊轴与最接近的输送托辊轴间二分之一距离上的两条假想线之间的距离。

当只有一个称重托辊时,称量长度等于称重托辊两边最近的输送托辊轴间二分之一的距离。

注:不适用整个输送机作为称量区域的皮带称重装置。

3.4.3

称量周期　weighing cycle

有关载荷信息每次相加的一组操作。每次载荷信息相加结束时,累计器回到其初始位置或状态。

注:仅适用累加操作的皮带称重装置。

3.4.4

最大秤量(Max)　maximum capacity(Max)

在代表称量长度的那部分输送带上,称重单元可以称量的最大瞬时净载量。

3.4.5

流量　flowrate

3.4.5.1

最大流量(Q_{max})　maximum flowrate (Q_{max})

由称重单元的最大秤量与皮带的最高速度得出的流量。

3.4.5.2

最小流量(Q_{min})　minimum flowrate (Q_{min})

高于此流量,称量结果就能符合本标准要求的流量。

3.4.6

最小累计载荷(Σ_{min})　minimum totalized load(Σ_{min})

以质量单位表示的量,皮带秤的累计值低于该值时就有可能超出本标准规定的相对误差。

3.4.7

皮带的单位长度最大载荷量　maximum load per unit length of the belt

称重单元的最大秤量与称量长度的商(Max/L)。

3.4.8

控制值　control value

在皮带秤承载器上模拟或加放一个已知附加砝码，皮带空转预定圈数后，由累计显示器显示并以质量单位表示的值。

3.4.9

预热时间　warm-up time

皮带秤从通电起到它能符合要求所需要的时间。

3.5　误差

3.5.1

(示值)误差　error (of indication)

该值以质量单位表示，皮带秤累计显示器示值的增量与通过皮带秤物料的质量(约定)真值之差。

3.5.2

固有误差　intrinsic error

皮带秤在参考条件下确定的误差。

3.5.3

初始固有误差　initial intrinsic error

皮带秤在性能试验和耐久性评价之前确定的固有误差。

3.5.4

增差　fault

皮带秤的示值误差与固有误差之差。

注：增差主要是电子皮带秤含有或经由非所要求量的变化的结果。

3.5.5

显著增差　significant fault

载荷等于皮带秤相应准确度等级的最小累计载荷($\sum_{min}$)的情况下，大于影响因子相应最大允许误差(5.2.3)绝对值的增差。

显著增差不包括：

——皮带秤内部或其检验装置内部，相互独立的原因同时产生而引起的增差；

——无法进行任何测量的增差；

——示值中瞬间变化的瞬态增差，它不能作为测量结果来解释、储存或传输；

——异常程度严重到必定能被与测量相关人员察觉到的增差。

3.6　影响和参考条件

3.6.1

影响量　influence quantity

不是被测量、但却影响被测量值或皮带秤示值的量。

3.6.1.1

影响因子　influence factor

其值处于皮带秤规定的额定操作条件之内的一种影响量。

3.6.1.2

干扰　disturbance

其值处于本标准规定的范围之内，但超出了皮带秤额定操作条件的一种影响量。

3.6.2

额定操作条件　rated operating conditions

给出被测量的范围和一系列影响量的范围，使皮带秤的计量特性处于本标准规定的最大允许误差范围内的使用条件。

3.6.3

参考条件 reference conditions

为保证对测量结果能有效地相互对比，而设定的一组影响因子的规定值。

3.7 试验

3.7.1

物料试验 material test

采用皮带秤预期称量的物料，在皮带秤的使用现场或典型的试验场所对完整的皮带秤进行的一种试验。

3.7.2

模拟试验 simulation test

在无皮带输送机的情况下，采用标准砝码对由完整的皮带秤组成的试验装置进行的一种试验。

3.7.3

性能试验 performance test

为检验被测皮带秤(EUT)是否能达到其特定功能的一种试验。

3.7.4

耐久性试验 durability test

为检验被测皮带秤(EUT)在经过规定的使用周期后能否保持其性能特征的一种试验。

4 产品型号

产品型号按 QB/T 1563 编制。

5 计量性能要求

5.1 准确度等级

皮带秤的准确度等级分为三个级别，即：0.5 级、1 级、2 级。

5.2 最大允许误差

最大允许误差适用于载荷等于或大于最小累计载荷(Σ_{min})的情况。

5.2.1 自动称量的最大允许误差

对应于每一准确度等级自动称量的最大允许误差(正的或负的)应是表 1 中累计载荷质量的百分数，若需要可将这个百分数化整到最接近于累计分度值(d)的相应值。

表 1 自动称量的最大允许误差

准确度等级	累计载荷质量的百分数/%	
	首次检定、后续检定	使用中检验
0.5	±0.25	±0.5
1	±0.5	±1.0
2	±1.0	±2.0

5.2.2 显示称量结果与打印称量结果的差值

对同一载荷，任意两个相同分度值的显示装置与打印装置提供的称量结果的差值应当为零。

5.2.3 影响因子试验的最大允许误差

对应于每一准确度等级影响因子试验的最大允许误差(正的或负的)应是表 2 中累计载荷质量的百分数化整到最接近于累计分度值(d)的相应值。

表 2 影响因子试验的最大允许误差

准确度等级	累计载荷质量的百分数/%
0.5	±0.18
1	±0.35
2	±0.70

当对称重传感器或含有模拟元件的分离电子装置(如累计显示器)进行影响因子试验时,被测模块的最大允许误差应是表2中相应规定值的0.7倍。

5.3 最小累计载荷(Σ_{min})

最小累计载荷应不小于下列各值的最大者:

——在最大流量下1h累计载荷的2%;

——在最大流量下皮带转动一圈获得的载荷;

——对应于表3中相应累计分度值数的载荷。

表 3 最小累计载荷的累计分度值数

准确度等级	累计分度值(d)
0.5	800
1	400
2	200

5.4 最小流量(Q_{min})

5.4.1 单速皮带秤

最小流量应等于最大流量的20%。

在某些特殊安装的情况下,可以使皮带秤物料输送的流量变化率(最大流量与最小流量之比)小于5:1,最小流量应不超过最大流量的35%。对于散状物料输送开始时与输送结束时的物料流量变化率不计。

5.4.2 变速皮带秤和多速皮带秤

变速皮带秤和多速皮带秤的最小流量可以小于最大流量的20%。但称重单元的最小瞬时净载荷应不小于最大秤量的20%。

5.5 模拟试验

5.5.1 模拟速度的变化

当使用位移模拟装置进行连续变速时,对于标称带速值±10%的速度偏差或超出带速范围±10%的速度偏差,皮带秤的示值误差应不超过5.2.3规定的影响因子试验相应最大允许误差。

5.5.2 偏载

载荷的重心偏离皮带方向轴线不超过皮带宽度的25%范围时,皮带秤的累计示值误差应不超过5.2.3规定的影响因子试验相应最大允许误差。

5.5.3 置零

在置零范围内的每一次置零后,累计示值误差应不超过5.2.3规定的影响因子试验相应最大允许误差。

5.5.4 影响因子

5.5.4.1 温度

在-10℃~+40℃的温度范围内,皮带秤应能满足相应的计量性能要求和通用技术要求。

对于特殊用途的皮带秤,其适用的温度范围可以与上述的要求有所不同。条件是温度范围不低于30℃,并应在说明性标志中给予明确标注。

5.5.4.2　零流量的温度影响

在运行中没有置零的情况下，零流量在相差10℃的温度下取得的两个累计示值之差应不大于累计期间最大流量累计载荷的：

——对0.5级皮带秤为0.035%；

——对1级皮带秤为0.07%；

——对2级皮带秤为0.14%。

两个累计示值之间的温度变化率应不超过每小时5℃。

5.5.4.3　交流电源(AC)

使用交流电源供电的皮带秤，当电源电压和电源频率在下列范围变化时，皮带秤应符合相应的计量性能要求和通用技术要求：

——皮带秤标称电压值的(1−15%)～(1+10%)；

——皮带秤标称频率的(1−2%)～(1+2%)。

5.5.4.4　电池电源(DC)

使用电池电源的皮带秤，当电池电压在规定的极限值范围内变化时，皮带秤应能满足相应的计量性能要求和通用技术要求。

5.5.5　计量性能

5.5.5.1　重复性

在相同条件下将同一载荷放置到皮带秤承载器上，获得的任意两次结果的差值应不超过5.2.3规定的影响因子试验相应最大允许误差的绝对值。

5.5.5.2　累计显示器的鉴别力

在最小流量和最大流量之间的任一流量下，相差一个等于影响因子试验最大允许误差值的载荷(加载或卸载)，得到的两个累计示值的差值，应至少等于对应于累计载荷差值计算值的一半。

5.5.5.3　累计显示器零点累计的鉴别力

无论是往承载器上加放还是从承载器上取下，一个等于下列最大秤量百分数的载荷，持续3 min其获得的皮带秤无载示值和有载示值之间应有一个明显的差值：

——对0.5级皮带秤为0.05%；

——对1级皮带秤为0.1%；

——对2级皮带秤为0.2%。

5.5.5.4　零点的短期稳定性

置零后，5次试验(每次3 min)中获得的最小累计示值与最大累计示值之差应不能超过下列最大流量下1 h累计载荷的百分数：

——对0.5级皮带秤为0.001 3%；

——对1级皮带秤为0.002 5%；

——对2级皮带秤为0.005%。

5.5.5.5　零点的长期稳定性

在进行零点的短期稳定性试验后，皮带秤再运行3 h。在没有进一步置零的情况下重复进行一次短期稳定性试验，其累计示值的结果还应满足5.5.5.4的要求，并且3 h前后所有示值中最小累计示值与最大累计示值的差值应不能超过下列最大流量下1 h累计载荷的百分数：

——对0.5级皮带秤为0.001 8%；

——对1级皮带秤为0.003 5%；

——对2级皮带秤为0.007%。

5.6 现场试验

5.6.1 重复性

当试验条件相同且物料量大致相等时，在实际相等的流量下获得的几个称量结果的相对误差的差值应不超过5.2.1自动称量相应准确度等级最大允许误差的绝对值。

5.6.2 零点的最大允许误差

在皮带转动一个整数圈后，零点示值的误差应不超过试验期间最大流量下累计载荷的下列百分数：

——对0.5级皮带秤为0.05%；

——对1级皮带秤为0.1%；

——对2级皮带秤为0.2%。

5.6.3 置零显示器的鉴别力

对于皮带转动一样的整数圈且持续时间尽可能接近3 min的试验，无论是向承载器施加还是从承载器卸掉等于下述最大秤量的百分数的载荷，皮带秤在无载荷和有载荷的零点示值之间都应有一个明显的差值：

——对0.5级皮带秤为0.05%；

——对1级皮带秤为0.1%；

——对2级皮带秤为0.2%。

5.6.4 零载荷的最大偏差试验

在5.6.2规定的零载荷试验期间，当最小累计载荷等于或小于皮带秤在最大流量下转三圈的载荷量时，整个试验期间累计显示器的显示值与其初始显示值的示值偏差应不超过下列最大流量下累计载荷的百分数：

——对0.5级皮带秤为0.18%；

——对1级皮带秤为0.35%；

——对2级皮带秤为0.7%。

6 通用技术要求

6.1 使用的适用性

皮带秤在设计上应适合于其运行方式、预期的物料和相应的准确度等级。

6.2 操作安全性

6.2.1 偶然失调

皮带秤应当是这样：即不应发生不明显且可能干扰皮带秤计量性能和正常功能的偶然故障或控制元件失调。

6.2.2 运行调整

皮带秤应具有避免总累计显示器任意回零的装置。

自动称量过程中，应不能进行运行调整或重新设置与称量结果有关的显示装置。

6.2.3 欺骗性使用

皮带秤不得有可能便于欺骗性使用的特征。

6.2.4 操作装置

皮带秤的操作装置在设计上应当完善。应避免在皮带秤不该停机的位置上停机，除非所有的显示装置和打印装置自动失效。

6.2.5 皮带秤与输送机的连锁

如果皮带秤称重仪表已被关闭或失去作用，皮带输送机就应停止运行，或者应发出声或光报警信号。

6.2.6 远距离显示装置

皮带秤配备的任何远距离显示装置，至少应有提供6.4规定的“超出范围指示”的功能。

6.3 累计显示器和打印装置

6.3.1 示值的质量

累计显示器和打印装置应以简单并列的方式示值，结果应可靠、简明、清晰，有相应的质量单位或符号。

6.3.2 分度值的表示形式

累计显示器和打印装置的分度值应按以下形式：

1×10^k、2×10^k 或 5×10^k，其中 k 为正整数、负整数或零。

6.3.3 部分累计显示器的分度值(d)

部分累计显示器的分度值应与总累计显示器的分度值相同。

6.3.4 辅助累计显示器的分度值

辅助累计显示器的分度值至少应等于累计分度值的10倍。

6.3.5 示值范围

皮带秤应有一个累计显示器，应至少能显示最大流量下运行10 h所称量物料的累计值。

6.3.6 累计显示器与打印装置的连接

累计显示器与打印装置应是固定连接的，不能任意拆卸。

6.4 超出范围指示

下述情况下应发出连续的声或光指示：

——瞬时载荷超出了称重单元的最大秤量；

——流量高于最大流量或者低于最小流量。

6.5 置零装置

皮带的实际质量应由皮带秤的置零装置来平衡。

置零范围应不超过最大秤量(Max)的4%。

6.5.1 半自动置零装置和自动置零装置

半自动置零装置和自动置零装置的操作方式应是：

——皮带转动一个整数圈后才进行置零；

——置零操作结束时有指示；

——调整范围有指示。

若需要，皮带秤应有在试验期间使自动置零作用失效的功能。

皮带秤可以具有一个自动置零装置，其条件是应配备一个连锁装置，在给料装置往皮带输送机上给料时使自动置零作用失效。

6.6 位移传感器

位移传感器在设计上应避免其与皮带(不论有载荷或无载荷)的滑动而影响称量结果。

位移检测装置应由皮带的洁净面驱动。

测量信号应与其替代的等于(或小于)称量长度的皮带的位移相一致。

位移传感器的可调部件应能加封。

6.7 与皮带秤相连的输送机

输送机的构造应有足够的刚性，结构应牢固。

输送机可以是水平的，也可以是倾斜的。如果输送机是倾斜的，应确保被称物料不出现滑动现象。

若皮带输送机不是皮带秤制造厂家设计的，皮带输送机至少应满足皮带秤制造厂家的最低要求。

6.8 皮带秤的安装条件

由于皮带秤的计量性能极易受环境和安装条件的影响，要保证皮带秤的称量准确和可靠，其安装条件是：

——皮带输送机的支架应有足够的刚性，减少输送机的振动，皮带秤应安装在输送机振动较小的位置；

——皮带秤的承载器的结构应坚固；

——所有称重托辊及靠近称重托辊的输送托辊与皮带的切点，在纵向应排列成直线，使皮带恒定地支撑在称重托辊上；

——若装有皮带清洁装置，则应定位准确且运行良好，对称量结果没有显著影响；

——皮带输送机倾角不能过大，并且托辊的同心度要好，以保证不会引起物料打滑；

——应减少环境（风力、潮湿、尘土、温度和电磁）对称重单元的影响。

皮带秤应有相应的安装工艺以保证皮带的结构和装配、物料输送方式等不引起过量的附加误差。

6.8.1 托辊轨迹

皮带秤秤体应防止锈蚀和物料阻塞。

皮带秤承载器上的称重托辊与两侧皮带的接触面应尽量调整到同一平面。

6.8.2 输送机皮带（输送带）

皮带单位长度的质量应实际上是基本恒定的。皮带的接头不应对称量结果造成明显的误差。

6.8.3 速度控制

对于单速皮带秤，称量期间的带速变化应不超过标称速度的5％。

对于具有速度设定控制的变速皮带秤，称量期间的带速变化不应超过设定速度的5％。

6.8.4 称量长度

皮带秤安装后应使其称量长度在使用中保持不变。

如果称量长度是可调整的，则称量长度的调整装置应能加封。

6.8.5 带称量台皮带秤的皮带张力

皮带的纵向张力应保持不受来自重力张紧装置或其他自动张紧装置的温度、磨损或载荷的影响。

在正常工作条件下，其张力应当是这样：在皮带与驱动滚筒之间实际上应无滑动。

输送机长度超过10 m的，从张紧装置处传递张力的托辊与皮带接触处应有一个不小于90°的弧度。

6.8.6 过载保护

皮带秤应有过载保护，防止载荷偶然超过最大秤量而造成的影响。

6.9 辅助设备

任何辅助设备应不影响称量结果。

6.10 印封装置

对禁止皮带秤用户调整和拆卸的器件应配备合适的印封装置或给予密装。

所有封装都应有封印措施。除铅封形式之外，其他形式的印封也允许使用，如电子印封等。

印封后，不应改动那些会影响计量结果的参数。

6.11 称重传感器

衡器配置的称重传感器应符合GB/T 7551的要求。

7 电子皮带秤的要求

电子皮带秤除应符合本标准所有其他各章的要求外，还应符合下述要求。

7.1 通用要求

7.1.1 额定运行条件

电子皮带秤的设计和制造应能保证其在额定运行条件下不超过最大允许误差。

7.1.2 干扰

电子皮带秤的设计和制造应能保证其在受到干扰时：

a) 不出现显著增差；

b) 能检测出显著增差，并对其作出反应。

注：若不考虑示值的误差值，等于或小于显著增差(3.5.5)的增差是允许的。

7.1.3 耐久性

在皮带秤的使用中，7.1.1和7.1.2的要求应当长期得到满足。

7.1.4 符合性评定

如果电子皮带秤的样机通过了附录A规定的检查和试验，则可以认为该型式的电子皮带秤符合了7.1.1和7.1.2的要求。

7.2 干扰的适用

7.2.1 对于7.1.2的要求可分别适用于：

——显著增差的每个独立因素；

——电子皮带秤的每一部件。

7.2.2 选用7.1.2的a)还是b)，应由制造厂家选择决定。

7.3 对显著增差的反应

电子皮带秤在检测到显著增差时应有声或光报警指示，并且持续到用户采取措施或增差消失为止。出现显著增差时，皮带秤应有保存累计载荷信息的措施。

7.4 开机自检程序

接通电源(在电子皮带秤与电源长期连接的情况下，打开指示开机的开关)时，皮带秤应有一个指示的自检程序，它随指示的开始而自行启动，使操作人员有足够的时间观察显示器所有的相关显示信息是否正常，避免由于显示器指示单元的故障导致的错误称量示值。

7.5 功能要求

7.5.1 影响因子

电子皮带秤应符合5.5.4的要求，除此之外还应在相对湿度为85%和皮带秤温度范围的上限时保持其计量性能要求和通用技术要求。

7.5.2 干扰

当电子皮带秤经受附录A规定的干扰时，应适用下列条件之一：

——在称量有干扰和无干扰(固有误差)时，示值的差值应不超过3.5.5规定的显著增差值，或

——皮带秤应能检测出显著增差，并对其作出反应。

7.5.3 预热时间

电子皮带秤在预热期间应无显示或不传输称量结果，并且应禁止使用自动操作。

7.5.4 接口

皮带秤可配备与外部设备联接的接口装置。使用接口时皮带秤应继续正常运行，且其计量性能应不受影响、计量安全性得到保障。

7.5.5 交流电源(AC)

使用交流电源供电的皮带秤，在电力中断的情况下皮带秤内含的计量信息至少应保留达24 h以上，并在这24 h期间至少应能显示这些计量信息5 min或这些计量信息能够掉电保持并能够当交流电源再次供电时正确显示这些信息。在切换到应急电源供电时，应不引起显著增差。

7.5.6 电池电源(DC)

使用电池供电的皮带秤，当电池电压下降到低于制造厂家规定的最低值时，皮带秤应能继续正常工作或者自动停止工作。

7.6 检查与试验

对电子皮带秤的检查和试验，目的在于检验皮带秤是否符合本标准有关的要求，特别是第7章的要求。

7.6.1 检查

应对电子皮带秤进行检查，以获得对该型式皮带秤的设计和结构的总体评价。

7.6.2 性能试验

电子皮带秤或电子装置(在适当的情况下)应按照附录A的规定进行试验，以确定皮带秤的功能是否正常。

试验应在整机上进行，除非皮带秤的尺寸或结构不适合作为一个单元进行整机试验。在这种情况下应对分离的电子装置进行试验，但没有必要进一步将电子装置拆卸成组件分别进行试验。

检查应在每一部件都实现其全部功能的皮带秤上进行，或者在接近实际情况的、能够代表皮带秤的模拟电子装置上进行。在按附录A的规定进行试验时，皮带秤应保持正常运行。

7.7 安全性能

应符合GB 14249.1—1993中的规定。

8 试验方法

检查和试验项目的详细内容见附录A，试验方法应符合如下一般要求。

8.1 模拟试验

模拟试验的试验装置应配备：

——典型的承载器，通常为完整的称量台；

——施加标准砝码的平台或秤盘；

——能够对由位移传感器测量的整个皮带长度和操作者预设的等量皮带长度与恒定载荷积分结果进行比较的运行检查装置；

——位移模拟装置，以备试验装置(被测皮带秤)不具备皮带的情况。

载荷应按皮带的传送方向分布于皮带秤承载器上，要放置在跨越(模拟)皮带宽度的各个点上，如图1。

每次零点累计的持续时间应等于最小流量下称量最小累计载荷的时间。

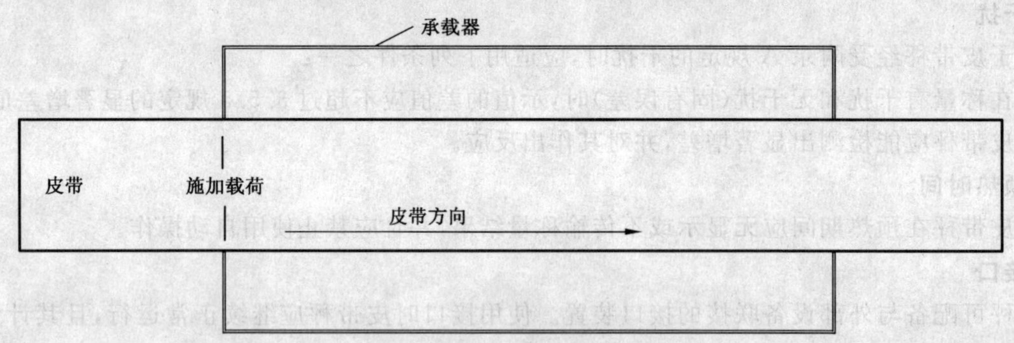

图1 施加载荷示意图

8.2 物料试验、控制方法

物料试验中测定试验物料质量(约定真值)的控制方法，应能够满足其测定误差不超过5.2.1自动称量相应最大允许误差的三分之一。

9 检验规则

9.1 型式评价

衡器制造商设计、制造的衡器应进行型式评价。

在下列情况下衡器应进行型式评价：

——新产品或老产品转厂生产的试制定型鉴定；

——正式生产后，如在结构、材料、工艺等方面有较大改变，可能影响产品性能时；

——国家质量监督机构提出进行型式试验的要求时。

9.2 型式评价要求

9.2.1 文件

申请型式评价应提交的技术文件包括下述内容：

——皮带秤的计量特性；

——皮带秤的一套技术说明书；

——部件和装置的功能说明；

——说明结构和操作的框图、线路图和一般性软件资料（若适用）；

——符合本标准要求的皮带秤设计和制造文件及其他资料，其中包括：

- 设计任务书（若适用）；
- 总装图、主要零部件图和电路图；
- 可靠性设计和预测（若适用）；
- 技术标准和检验方法；
- 研制单位自检的试验报告；
- 技术总结；
- 使用说明书和样机照片。

若皮带秤新产品在结构、性能、材料、技术特征等方面进行重大改进，应提供第一、第三项资料。

9.2.2 样机的要求

型式评价至少应在代表特定结构型式的一台或多台（通常不超过三台）样机上进行。其中至少有一台样机应完整安装在典型的场所或现场，并且至少还应提交一台样机在形式上适合于在实验室进行模拟试验。

9.2.3 型式评价试验的原则要求

皮带秤应符合：

——第 5 章的计量性能要求，特别是采用制造厂家标明的物料或者特定物料时的最大允许误差要求；

——第 6 章的通用技术要求；

——电子皮带秤还应符合第 7 章的要求。

相应的法定计量技术机构应当尽量以节省人力物力的方式进行各项试验。

注：建议有关法定计量技术机构，在申请人提出要求的情况下，接受从其他法定计量技术机构得来的等效试验数据。

9.2.4 技术要求的符合性检查

应对皮带秤进行符合性检查，以确定皮带秤是否符合第 6 章通用技术要求。

9.2.5 模拟试验

9.2.5.1 模拟试验的通用要求

模拟试验应以反映皮带秤在日常的称量过程中，称量结果可能受到干扰的方式进行试验，以符合：

——5.5 对所有皮带秤的要求；

——第 7 章对电子皮带秤的要求。

注：本条款的规定仅适用于提交型式评价的皮带秤，不适用于申请首次检定和后续检定的皮带秤。因而，本条款的方法是否能作为判定被测皮带秤是否超过了相应最大允许误差，应由有关法定计量技术机构和申请人互相商定。例如：

——改进累计显示器的累计分度值以提供更高的分辨力；

——使用闪变点砝码；

——双方认可的其他方法。

9.2.5.2 **试验标准器和试验装置**

——试验标准器：模拟试验使用的标准砝码、挂码或标准电信号，其误差应不超过 5.2.3 影响因子试验首次检定相应最大允许误差的三分之一。

——试验装置应符合 8.1 的规定。

9.2.6 **物料试验**

物料试验应按下列规定进行：

——按照说明性标志；

——在皮带秤预期的正常使用条件下；

——试验物料量不应少于最小试验载荷$\sum_t$；

——流量在最大流量和最小流量之间；

——皮带输送机以每种速度(至少有一个为固定速度)或在变速输送机的整个速度范围内；

自动称量的最大允许误差应按 5.2.1 表 1 中规定首次检定相应准确度等级的要求。

物料试验中的控制方法应符合 8.2 的规定。

最小试验载荷$\sum_t$应与 5.3 规定的最小累计载荷($\sum_{min}$)相等。

9.2.7 **试验的准备**

为了试验，法定计量技术机构可以要求申请人提供一定量的试验物料、搬运设备、合格的人员和相应控制衡器。

9.2.8 **试验的地点**

申请型式评价的皮带秤可在下述地点进行试验：

——接纳申请的法定计量技术机构提供的场所；

——法定计量技术机构与申请人共同商定的其他合适场所。如：物料试验也可以在申请人的制造地点或皮带秤的实际使用地点进行。

9.2.9 **型式评价结果的判定**

型式评价结果的判定分为“单项判定”和“综合判定”。

9.2.9.1 **单项判定**

此项判定是按照皮带秤是否符合每一检查项目的要求、是否符合每一试验项目的要求而对皮带秤进行的单项判定。在单项判定中要区分“主要项目”和“非主要项目”。“主要项目”是指影响法制计量管理、计量性能和安全性能的项目，包括本标准附录 B 的试验报告中全部试验项目和核查表中影响计量法制管理、计量性能和安全性能的检查项目。“非主要项目”是指不影响计量性能、法制计量管理和安全性能的标志、功能、结构等外观目测项目。

9.2.9.2 **综合判定**

每个规格的判定是根据单项判定的结果，而对皮带秤进行的综合判定。皮带秤有一项及一项以上“主要项目”不符合要求的，“综合判定”为不合格；有两项及两项以上“非主要项目”不符合要求的，“综合判定”不合格。否则，皮带秤为合格。

系列产品中有一种规格及一种以上规格的产品不合格的，整个系列产品的“综合判定”为不合格。

9.3 **出厂检验**

9.3.1 皮带秤在出厂前应进行出厂检验。

9.3.2 出厂检验的项目：

——外观检查；

——标志；

——按表4规定的技术要求和检验方法条款进行，检验合格后方能出厂，并附有产品合格证。

表4 出厂检验项目

序号	检验项目	本标准所属条款	
		技术要求	检验方法
1	模拟速度的变化	5.5.1	A.6.3.1
2	偏载	5.5.2	A.6.3.2
3	置零	5.5.3	A.6.3.4
4	重复性	5.5.5.1	A.9.1
5	累计显示器的鉴别力	5.5.5.2	A.9.2
6	累计显示器零点累计的鉴别力	5.5.5.3	A.9.3
7	零点的短期稳定性	5.5.5.4	A.9.4
8	安全性能	7.7	第A.12章

10 标志、包装、运输和贮存

10.1 标志

10.1.1 说明性标志

皮带秤应具备下列标志：

10.1.1.1 完整表示的标志

——衡器名称；

——制造厂家的名称或商标；

——进口商的名称或商标(若适用)；

——皮带秤的系列号和型号；

——应注明："零点试验至少应有皮带运行……圈的持续时间"(应根据型式评价的结果来确定零点试验的运行圈数)；

——电源电压：……V；

——电源频率：……Hz；

——产品编号和制造日期。

10.1.1.2 用符号表示的标志

——制造许可证标志和编号(新产品应留出相应位置)；

——准确度等级：0.5级、1级或2级；

——累计分度值：d=……kg或t；

——标称皮带速度(若适用)：v=……m/s，或

——皮带速度范围(若适用)：v=……m/s～……m/s；

——最大流量：Q_{max}=……kg/h或t/h；

——最小流量：Q_{min}=……kg/h或t/h；

——最小累计载荷：Σ_{min}=……kg或t。

10.1.1.3 型式评价后应具有的标志

——称量物料种类标识；

——最大秤量(Max)：……kg或t；

——称量长度(L)：……m；

——控制值：……kg或t；

——温度范围：……℃～……℃；

——位移模拟装置的速度范围：……m/s；

——累加操作频率(若累加)：……次/h；

——不与皮带秤主机直接相连的分离部件，应具有与皮带秤一致的识别标记。

10.1.1.4 辅助标志

根据皮带秤的特殊用途，颁发型式评价证书的计量机构可以根据型式评价的要求增加辅助标志。

10.1.1.5 说明性标志

在正常使用条件下，说明性标志应牢固可靠，具有统一的尺寸和形状且清晰、易读。

说明性标志应集中在皮带秤明显易见的位置，可安放在固定于总累计显示器的铭牌上或直接安放在皮带秤秤体上。

带标志的铭牌应能牢固保留，不损坏铭牌就不能将其除掉。

10.1.2 检定标记

10.1.2.1 标记位置

皮带秤应有放置检定标记的位置。这个位置应当满足下述要求：

——不损坏标记不能将标记从皮带秤上除掉；

——标记应既便于安放又不改变皮带秤的计量性能；

——使用中不必移动皮带秤或拆卸其防护罩就可看见标记。

10.1.2.2 标记的安装

要求配有检定标记的皮带秤，在上述规定的位置应有一个安放检定标记的支承物，以确保标记完好。

如果标记是印记式的，则其支承物应由铅或其他类似材质的材料制成，嵌入固定在皮带秤上的标牌中，或嵌入皮带秤的凹槽中。

如果标记是胶粘物制作的，则应留有粘贴标记的位置。

10.1.3 包装标志

衡器包装箱上除按 GB/T 191 的规定外还应有下列标志：

——产品名称、型号和规格；

——制造厂家名称；

——毛重；

——体积。

10.2 包装

10.2.1 衡器包装应符合 GB/T 13384 的要求。

10.2.2 整机或零部件的包装应采用质地牢固的材料进行包装，箱内零部件应固定或垫实防止窜动、碰伤，包装箱应坚固并能防雨、防潮。

10.2.3 累计显示器和称重传感器单独包装发货时应用松散的缓冲材料保护。

10.2.4 不便于装箱的零部件应捆扎牢固并进行必要的防护。

10.2.5 所有包装材料不应引起产品油漆间或电镀件等表面色泽改变或腐蚀。

10.2.6 随同产品提供的技术资料应包括：

——使用说明书；

——产品合格证；

——装箱单；

——总(或安)装图。

10.3 运输

衡器在运输、装卸时应小心轻放，禁止抛、扔、碰、撞和倒置，并应防止激烈振动和雨淋。

10.4 **贮存**

10.4.1 称重传感器的贮存应符合 GB/T 7551 中的有关规定。累计显示器应符合 GB/T 7724 中有关规定。

10.4.2 其他部件应存放在温度不低于－25℃～50℃，相对湿度不大于 90%，通风良好的室内；并且室内不得含有腐蚀性气体。

10.4.3 裸装的大型散件贮存时应防雨淋或受潮，并应在构件下垫支撑物，防止变形和被雨水浸泡。

附　录　A
（规范性附录）
型式评价的试验程序

符号含义：

I：皮带秤示值

I_n：第 n 次示值

S：静态载荷

ΔS：静态载荷增加至下一闪变点的增加量

T：累计载荷（模拟试验中计算的载荷或物料试验中试验的物料量）

L：称量长度

示值误差 $E=I-T$

试验误差的百分数 $E=\frac{I-T}{T}\times 100\%$

MPE：最大允许误差（绝对值）

EUT：被测皮带秤

d：皮带秤累计分度值

控制衡器化整前的示值 $P=I_c+d_c/2-\Delta S$

I_c：控制衡器的示值

d_c：控制衡器的分度值

注1：模拟试验时，T 是根据模拟试验装置的数据及静态载荷 S、计数脉冲数计算出来的累计载荷，计算方法见单项试验的试验报告中注释。

注2：物料试验时，T 是化整前的控制衡器示值，即 $T=P$。

注3：在物料试验中，根据控制衡器应用 P 值的计算方法来确定 T 值。

A.1　审查文件（9.2.1）

应审查提交的全部文件，确定其是否适当和正确。

这些文件包括必要的照片、图纸、表格、一般性软件、主要部件和装置的技术说明书、皮带秤的使用说明书、可靠性设计和预测（若适用）、皮带秤的技术标准和检验方法和符合标准的有关设计制造资料等。应仔细研究技术说明书和操作手册。

A.2　审查皮带秤的结构和装置

审查皮带秤的各种装置和结构是否与所提交文件相符。

A.3　初步检查

A.3.1　计量性能

按照型式评价报告格式中的核查表（见附录B），记录皮带秤计量性能。

A.3.2　说明性标志（10.1.1）

按照型式评价报告格式中的核查表，检查皮带秤说明性标志。

A.3.3　封装和检定标记（6.10和10.1.2）

按照型式评价报告格式中的核查表，检查皮带秤封装和检定标记。

A.4 试验的通用要求

A.4.1 对被测电子皮带秤(EUT)的通用要求

每次试验前，将被测皮带秤尽可能地调至接近实际零点，并在试验期间的任何时候都不再重新置零，除非指示显著增差。

在每一试验条件下出现的空载示值的误差应当记录，并应对本项试验中每一载荷示值进行修正，以获得修正后的称量结果。

应保持被测皮带秤的称重单元上没有水汽凝结。

本条款仅适用于模拟试验。

如果数字指示的皮带秤具有显示小于分度值 d 的指示装置，则该装置可用来确定示值误差。是否采用这种提高皮带秤示值分辨率的方法由申请人与法定计量技术机构协商决定。如果采用这种细分装置，应在试验报告表格中作出注明。

A.4.2 误差计算方法

在试验报告中，相对误差应表示为百分数(%)。

相对误差的通用计算见式(A.1)：

$$\text{相对误差} = \frac{\text{测量结果} - \text{约定真值}}{\text{约定真值}} \times 100\% \qquad \cdots\cdots\cdots\cdots\cdots\cdots\cdots\cdots\text{(A.1)}$$

物料试验的计算见式(A.2)：

$$\text{相对误差} = \frac{\text{皮带秤示值 } I - \text{控制衡器示值 } P}{\text{控制衡器示值 } P} \times 100\% \qquad \cdots\cdots\cdots\cdots\cdots\text{(A.2)}$$

模拟试验的计算见式(A.3)：

$$\text{相对误差} = \frac{\text{显示的累计载荷量 } I - \text{计算的累计载荷量 } T}{\text{计算的累计载荷量 } T} \times 100\% \qquad \cdots\cdots\text{(A.3)}$$

如果没有显示小于分度值 d 的指示装置，可采用下述方法来确定皮带秤化整前的示值误差。

在进行模拟试验时，允许模拟装置运行一段时间，使累计显示器的分度值 d 的数量等于 5.3 表 3 中规定值的 5 倍。

例如：对准确度等级为 1 级的皮带秤进行模拟试验，其最大允许误差 MPE 为 0.35%(见 5.2.3 表 2)，最小累计载荷 Σ_{min} 值为 400 d(见 5.3 表 3)。

则 5 倍的表 3 规定值为 $5\times400\ d=2\ 000\ d$。

这样最大允许误差 MPE= $0.35\%\times2\ 000\ d=7\ d$。

若皮带秤的示值误差为 1 d，也就是误差为 MPE 的七分之一。这相当于一个 400 d(表 3 的 Σ_{min})的试验累计载荷采用了 0.2 d 的细分示值，因为此时 MPE=1.4 d，MPE/7=0.2 d。

通过增加试验载荷的方法，分度值 d 的大小对试验载荷最大允许误差 MPE 的影响就不太重要了。

对于物料试验见第 A.11 章。

A.5 试验项目

型式评价应进行第 A.6 章、第 A.7 章、第 A.8 章、第 A.9 章、第 A.10 章和第 A.11 章所有的试验，其中第 A.7 章和第 A.8 章是作为模拟试验应进行的试验。

A.6 性能试验

A.6.1 通用条件

A.6.1.1 预热时间(7.5.3)

接通被测皮带秤的电源并在试验期间保持通电，从接通电源直到等于制造厂家规定的预热时间内进行检查，皮带秤应不显示或不传输称量结果，且自动操作被禁止。

A.6.1.2 预热时间试验

为保证被测皮带秤在示值稳定前有足够的时间周期，被测皮带秤应断电至少 8 h。然后接通被测皮带秤的电源并打开电源开关。一旦示值稳定立即进行以下几组试验(可将一组试验规定为用相同的载荷和相同的参数重新运行)。

注：最小流量 Q_{min} 是由 5.4 计算出的，通常为 20%Max。但在某些情况下，Min 可能要超过 20%Max。

试验 A：

首先将皮带秤置零。对于定速(单速)皮带秤，在等于 Q_{min} 的情况下，用在承载器载荷(通常 20% Max)进行 Σ_{min} 的累计。对于变速与多速皮带秤，在最高速度的情况下，用 20%Max 的载荷进行 Σ_{min} 的累计。记录累计值和试验持续的确切时间(通常为预置的脉冲数)。

试验 B：

在最大秤量(Max)下立即进行累计，试验持续时间严格与试验 A 中的相同，并且采用试验 A 中相同的速度或脉冲数(对于变速和多速皮带秤采用与试验 A 中相同的最高速度)。记录累计示值。

连续重复上述试验 A 和 B，在每组试验之间留有一定的时间间隔，尽量保持在 30 min(总的时间)内获得不少于 3 组的累计示值。

误差按照 A.4.2 模拟试验的计算公式进行计算。

计算出的相对误差应不大于 5.2.3 表 2 中相应准确度等级影响因子试验的最大允许误差。

A.6.1.3 温度

试验应在稳定的环境温度下进行，通常为正常的室内温度，除非另有规定。

试验期间记录的极限温度之差不超过皮带秤给定温度范围的五分之一、且不大于 5℃，其温度变化速率不超过 5℃/h。此时就可认为温度是稳定的。

A.6.1.4 电源

使用 AC 电源的皮带秤，通常应连接到电源上，并在整个试验期间都保持接通状态。

A.6.1.5 恢复

每项试验完成后，应允许被测皮带秤充分恢复后再进行下一项试验。

A.6.2 自动置零

试验期间，可利用连锁装置(见 6.5.1)关闭自动置零装置。

应在试验报告的备注中对自动置零装置的状态作出说明。

A.6.3 模拟试验(8.1)

模拟试验的试验装置应配备：

——典型的承载器，通常为完整的称量台(称量架)；

——施加标准砝码的平台(秤盘)；

——能够用一个恒定载荷，对由位移传感器测量的皮带长度或操作者预设的等量皮带长度进行比较积分的运行检查装置；

——在试验装置(被测皮带秤)不具备皮带的情况下的位移模拟装置。

应注意保证分度值(d)不影响最大允许误差(MPE)的要求。这就需要考虑 Σ_{min} 值的选择，可以选用 A.4.2 表明的 5 倍于 5.3 表 3 规定的累计值和方法。

A.6.3.1 模拟速度的变化(5.5.1)

转动皮带或转动位移模拟装置，并让其处于稳定状态。

每次试验转动模拟皮带的整转数应是相同的(即相同的位移传感器脉冲数)，速度改变后不需置零。

用模拟试验规定的最小累计值 Σ_{min} 或 A.4.2 表明的 5 倍于 5.3 表 3 规定值，并且在流量接近最大流量的情况下以 90% 的标称速度进行累计，并以 110% 的标称速度重复累计。

对于多速皮带秤，在每一设定速度下进行一次试验。

对于变速皮带秤，用下列的速度进行累计：

——90%和 110%的最低速度；

——最低速度加上速度范围的三分之一；

——最高速度减去速度范围的三分之一；

——90%和 110%的最高速度。

如果具有流量控制装置，则应在流量控制运行的情况下进一步的试验。

流量设定点由最大到最小分五步逐步下降，每调整一步保持让皮带运转一圈。

误差的计算方法采用 A.4.2 模拟试验的计算公式。

示值误差应不超过 5.2.3 的表 2 中影响因子试验相应准确度等级的最大允许误差。

A.6.3.2　偏载(5.5.2)

每次试验，载荷都要按皮带转动的方向沿皮带秤承载器纵向分布，载荷分布范围应超过模拟带宽的一半。

对于等于 Max 一半的载荷，并把载荷应分布于三个皮带区域之一的位置，在每一位置分别对Σ_{min}或 A.4.2 表明的 5 倍于 5.3 表 3 规定值的模拟累计载荷进行累计，其位置为：

皮带区域 1 是由承载器中心到(模拟)皮带的一边；

皮带区域 2 是承载器中心；

皮带区域 3 是同区域 1，但在皮带的另一边。

误差的计算方法采用 A.4.2 模拟试验的计算公式。

示值误差应不超过 5.2.3 表 2 中影响因子试验的相应准确度等级最大允许误差。

A.6.3.3　置零装置(6.5)

皮带秤空载时将皮带秤置零。在承载器上施加一试验载荷，再操作置零装置(不允许修改初始零点值)。继续增加试验载荷，直至置零装置的操作不能再使皮带秤回零。可以置零的最大载荷就是正向置零范围。

要进行负向置零范围试验，首先要在承载器上加附加砝码重新校准皮带秤。该附加砝码值应大于负向置零范围。连续卸下砝码，每卸一个砝码操作一下置零装置。可以卸掉同时仍能使用置零装置将皮带秤回零的最大载荷就是负向置零范围。

在没有上述附加砝码的情况下重新校准皮带秤。

正向置零范围和负向置零范围之和应不超过 Max 的 4%。

如果皮带秤重新校准是十分困难的，则只需进行正向置零范围的试验。

A.6.3.4　置零(5.5.3)

在承载器上的载荷等于正向置零范围 50%和 100%、等于负向置零范围 50%和 100%的情况下，将皮带秤置零，然后在最大流量下进行Σ_{min}累计。

误差的计算方法采用 A.4.2 模拟试验的计算公式。

示值误差应不超过 5.2.3 表 2 中影响因子试验的相应准确度等级的最大允许误差。

每次置零后，零值累计所持续时间应等于最小流量下进行Σ_{min}累计所需的时间。

A.7　影响因子试验(表 A.1)

表 A.1　影响因子试验一览表

试验项目	试验特征	适用条件
A.7.1　静态温度	影响因子	MPE(最大允许误差)
A.7.2　零流量的温度影响	影响因子	见 A.7.2
A.7.3　湿热、稳定状态	影响因子	MPE
A.7.4　交流电源电压变化(AC)	影响因子	MPE
A.7.5　电池电源电压变化(DC)	影响因子	MPE

A.7.1 静态温度(5.5.4.1)(表 A.2)

表 A.2 静态温度试验

环境状况	试验规定	试验依据
温度	参考温度 20℃	
	在规定的高温保持 2 h	GB/T 2423.2
	在规定的低温保持 2 h	GB/T 2423.1
	5℃	GB/T 2423.1
	参考温度 20℃	
注:可利用 GB/T 2424.1 作背景资料。		

试验目的:在干热(无凝结)和干冷的条件下,检验皮带秤是否符合 5.5.4.1 的规定。A.7.2 的试验可以在本试验期间进行。

试验程序简述

预处理:16 h。

被测皮带秤条件:正常接通电源,"开机"时间等于或大于制造厂家规定的预热时间。整个试验期间应保持通电状态,自动置零应关闭。

稳定性:在空气流通条件下,每一温度保持 2 h。

温度:按 5.5.4.1 的规定。

温度顺序:参考温度 20℃
　　规定的高温
　　规定的低温
　　温度为 5℃
　　参考温度 20℃

试验循环次数:至少一个循环。

称量试验:在参考温度上稳定后或者在每一规定的温度上稳定后。

实施:称量操作包括在接近最小流量、接近中间流量和接近最大流量下各进行Σ_{min}累计两次,并再在最小流量上重复。

记录:a) 日期和时间;
　　b) 温度;
　　c) 相对湿度;
　　d) 试验载荷;
　　e) 示值;
　　f) 示值误差;
　　g) 功能性能。

最大允许误差:所有功能应能按设计的运行,所有示值误差都应在 5.2.3 表 2 中规定的最大允许误差范围以内。

A.7.2 零流量的温度影响(5.5.4.2)

试验方法:干热(无凝结)和干冷。

试验目的:在工作温度范围,检验皮带秤是否符合 5.5.4.2 的规定。

参考标准:无国际标准供参考。

试验程序简述:在被测皮带秤适用的整个温度范围内,达到每一温度且稳定后,并且在空气流通的条件下保持 2 h。在这种条件且温度相差 10℃ 的情况下,对皮带秤的零点的影响。在每一温度下的称量操作包括 6 min 以上零流量累计，再通过累计显示器将被测皮带秤置零。累计操作之间的温度变化速率应不超过 5℃/h。

试验严酷程度：试验持续时间 2 h。

试验循环次数：至少一个循环。

预处理：不需要。

被测皮带秤条件：正常接通电源，“开机”时间等于或大于制造厂家规定的预热时间。试验期间保持通电状态。

试验前，尽量将被测皮带秤调整到接近零点示值。试验期间，除非指示显著增差必须将被测皮带秤置零外，其他任何时候都不能调整或重新调整被测皮带秤。应将自动置零功能关闭，以保证试验结果不受自动置零功能的影响。

试验程序：

1. 将被测皮带秤放入温度箱并在规定的最低温度(通常为－10℃)下稳定，进行常规的置零试验。

2. 按简述的程序规定进行试验。

记录：a) 日期和时间；

b) 温度；

c) 相对湿度；

d) 试验持续时间；

e) 累计示值。

3. 将温度增加 10℃并让其稳定。在此温度上保持 2 h。重复试验并按上述程序“2”记录数据。

4. 在升到规定的最高温度(通常＋40℃)之前重复程序“3”。

最大允许误差：连续两个累计值之差应不超过最大流量下累计载荷的下列百分数：

——对 0.5 级皮带秤为 0.035％；

——对 1 级皮带秤为 0.07％；

——对 2 级皮带秤为 0.14％。

A.7.3　湿热、稳定状态(7.5.1)(表 A.3)

表 A.3　湿热、稳定状态试验

环境状况	试验规定	试验依据
湿热、稳定状态	在温度上限和 85％的相对湿度上保持 2 d(48 h)	GB/T 2423.3
注：可利用 GB/T 2424.2 指导湿热试验。		

试验目的：在高湿和恒温条件下，检验皮带秤是否符合 7.5.1 的规定。

预处理：不需要。

被测皮带秤条件：正常接通电源，“开机”等于或大于制造厂家规定的预热时间。试验期间保持通电状态。

应保持被测衡器的称重单元上没有水汽凝结。

试验前，尽量将被测皮带秤调整到接近零点示值。应将自动置零功能关闭，保证试验结果不受自动置零的影响。

稳定性：在参考温度和 50％的相对湿度保持 3 h；

在 5.5.4.1 规定的上限温度保持 2 d(48 h)。

温度：参考温度 20℃和 5.5.4.1 规定的上限温度。

相对湿度：在参考温度下，相对湿度为 50％；

在上限温度下，相对湿度为 85％。

温度/湿度顺序：相对湿度为50%时，参考温度为20℃；

相对湿度为85%时，温度为上限温度；

相对湿度到50%时，参考温度为20℃。

试验循环次数：至少一个循环。

称量试验和试验顺序：当被测皮带秤在参考温度和50%的相对湿度上稳定后，应在称量操作期间对被测皮带秤进行试验。称量操作包括在接近最小流量和最大流量下各进行$\sum_{min}$累计两次。

记录：a) 日期和时间；

b) 温度；

c) 相对湿度；

d) 试验载荷；

e) 示值；

f) 示值误差；

g) 功能特性。

先将温度箱内温度升至温度上限，再将相对湿度增至85%。保持被测皮带秤空载2 d(48 h)。2 d后，按照上述要求重复进行称量操作，记录数据。

最大允许误差：所有示值误差都应在5.2.3表2中规定的最大允许误差范围之内。

在进行任何其他试验前，应允许被测皮带秤充分恢复。

A.7.4 交流电源电压变化(AC)(5.5.4.3和7.5.5)(表A.4)

表A.4 交流电源电压变化试验

环境状况	试验规定	试验依据
电压变化	参考电压	GB/T 17626.11
	(1+10%)参考电压	
	(1−15%)参考电压	
	参考电压	
注：参考电压(标称电压)应按GB/T 17626.11的规定。		

试验目的：在电压变化的条件下，检验是否符合5.5.4.3的规定。

试验程序简述

预处理：不需要。

被测皮带秤条件：正常接通电源，“开机”等于或大于制造厂家规定的预热时间。

试验前，尽量将被测皮带秤调整到接近零点示值。如果皮带秤具有自动置零功能，则应在施加每级电压后将皮带秤置零。

试验循环次数：至少一个循环。

称量试验：在最大流量下进行$\sum_{min}$累计期间，应对被测皮带秤进行试验。

试验顺序：将电源稳定在规定范围的参考电压上，在最大流量下进行$\sum_{min}$累计。

记录：a) 日期和时间；

b) 温度；

c) 相对湿度；

d) 电源电压；

e) 试验载荷；

f) 示值；

g) 示值误差；

h) 功能特性。

对 GB/T 17626.11 中规定的每级电压，重复称量试验(应注意在某些情况下，需要在电压范围上限电压和下限电压重复进行称量试验)，并记录上述数据。

最大允许误差：所有功能都应按设计运行，所有示值误差都应在 5.2.3 表 2 中规定的最大允许误差范围之内。

A.7.5 电池电源电压变化(DC)(5.5.4.4 和 7.5.6)

试验方法：电池电源的电压变化。如果在低于制造厂家规定的电压的情况下，被测皮带秤还能继续工作，就应采用一等效直流电源的模拟电池电源的电压变化，并进行下述试验。

试验目的：在改变直流电源的条件下，检验皮带秤是否符合 5.5.4.4 的规定。不论是使用等量变化的直流电源还是使用允许电压下降的电池，上述要求都应得到满足。

参考标准：尚无国际标准可供参考。

试验程序简述：被测皮带秤在正常的气候条件下运行时，施加电池电源变化的影响，同时在最大流量下进行 Σ_{min} 累计。

试验严酷度：电源电压应是规定电压的下限。被测皮带秤明显地停止工作(或自动停机)的这一电压上浮+2%，即(1+2%)停机电压。

试验循环次数：至少一个循环。

最大允许误差：所有功能应运行正常，所有示值误差应在 5.2.3 表 2 中规定的最大允许误差范围之内。

试验的实施

预处理：不需要。

试验设备：可变直流电源；

经过校准的电压表；

模拟传感器(若适用)。

被测皮带秤条件：正常接通电源，且“开机”时间等于或大于制造厂家规定的预热时间。

试验前，尽量将被测皮带秤调整到接近零点示值。如果皮带秤具有作为自动称量过程一部分的自动置零功能，则应在施加了每级电压后将皮带秤置零。

试验顺序：将皮带秤的直流电源稳定在(1±2%)的标称电池电压上，同时在最大流量下进行 Σ_{min} 累计。

记录：a) 日期和时间；

b) 温度；

c) 相对湿度；

d) 电源电压；

e) 试验载荷；

f) 示值；

g) 示值误差；

h) 功能特性。

降低被测皮带秤的直流电源电压，直到被测皮带秤明显停止工作，记录这一电压。关掉被测皮带秤的电源，将电源电压增至(1±2%)的标称电压。“打开”皮带秤的电源开关，将电源电压降至上述记录的停机电压的(1+2%)。

记录在最大流量下进行 Σ_{min} 累计时的数据。

A.8 干扰试验(7.1.2 和 7.5.2)(表 A.5)

表 A.5 干扰试验一览表

试验项目	试验特性	适用条件
A.8.1 电压暂降和短时中断	干扰	sf(显著增差)
A.8.2 电快速瞬变脉冲群	干扰	sf
A.8.3 静电放电	干扰	sf
A.8.4 抗电磁场辐射	干扰	sf

A.8.1 电压暂降和短时中断(短时电源电压降低)(表 A.6)

试验目的:在电源电压暂降和短时中断条件下、同时在最大流量下进行至少$\sum_{min}$累计(或足以完成此试验的时间)的过程中,检验皮带秤是否符合 7.1.2 的规定。

试验程序简述

预处理:不需要。

被测皮带秤条件:正常接通电源,"开机"时间等于或大于制造厂家规定的预热时间。

试验前,尽量将皮带秤调整到接近零点示值。

试验循环次数:至少一个循环。

称量试验和试验顺序:在最大流量下进行至少$\sum_{min}$累计(或足以完成此试验的时间),对被测皮带秤进行试验。

将所有影响因子稳定在标称参考条件,施加试验载荷,并记录:

a) 日期和时间;
b) 温度;
c) 相对湿度;
d) 电源电压;
e) 试验载荷;
f) 示值;
g) 示值误差;
h) 功能特性。

中断电源电压至零电压持续一个"1/2 周期",按 GB/T 17626.11 详述的内容进行试验。电压中断期间观察其对被测皮带秤的影响,并记录有关数据。

将电源电压降至参考电压的 50%持续两个"1/2 周期",按 GB/T 17626.11 详述的内容进行试验。电源电压降低期间观察其对被测皮带秤的影响,并记录有关数据。

最大允许偏差:称量的有干扰示值和无干扰示值的差值应不大于 3.5.5 规定的显著增差值,或被测皮带秤应当能检测出显著增差并对其作出反应。

表 A.6 电压暂降和短时中断试验

环境状况	试验规定	试验依据
电压暂降和短时中断	从参考电压到零电压中断一个"1/2 周期"; 从参考电压到 50%的参考电压中断两个"1/2 周期"; 这些电源电压中断试验应以至少 10 s 的时间间隔重复 10 次。	GB/T 17626.11
注:参考电压(标称电压)应按 GB/T 17626.11 的规定。		

A.8.2 电快速瞬变脉冲群(快速瞬变试验)

电快速瞬变脉冲群试验(快速瞬变试验)的概要表 A.7、表 A.8 和表 A.9,正极持续 2 min,负极持续 2 min。

试验目的：在电源电压上叠加电快速瞬变脉冲群的条件下、同时在最大流量下进行至少Σ_{min}累计(或足以完成此试验的时间)的过程中，检验皮带秤是否符合 7.1.2 的规定。

表 A.7 信号线和控制线端(接)口

环境状况	试验规定	试验依据
电快速瞬变通用方式	电压峰值：0.5 kV(峰值)	GB/T 17626.4
	T_1/T_h：5/50 ns	
	重复频率：5 kHz	
注：仅适用于信号线或控制线总长度可超过 3 m 的装置，并符合制造厂家的接线安装要求。		

表 A.8 输入、输出直流电源端(接)口

环境状况	试验规定	试验依据
电快速瞬变通用方式	电压峰值：1 kV(峰值)	GB/T 17626.4
	T_1/T_h：5/50 ns	
	重复频率：5 kHz	
注：不适用于电池供电的、使用时不与电源连接的皮带秤。		

表 A.9 输入、输出交流电源端(接)口

环境状况	试验规定	试验依据
电快速瞬变通用方式	电压峰值：1 kV(峰值)	GB/T 17626.4
	T_1/T_h：5/50 ns	
	重复频率：5 kHz	
注：交流电源接口的试验，应采用耦合/去耦合网络。		

试验程序简述

预处理：不需要。

被测皮带秤条件：正常接通电源"开机"时间等于或大于制造厂家规定的预热时间。

试验前，尽量将被测皮带秤调到接近零点示值。

稳定性：在每次试验之前，将被测皮带秤稳定在恒定的环境条件。

称量试验：在最大流量下进行至少Σ_{min}累计(或足以完成此试验的时间)时，记录下列有脉冲群或没有脉冲群的内容：

a) 日期和时间；

b) 温度；

c) 相对湿度；

d) 试验载荷；

e) 示值；

f) 示值误差；

g) 功能特性。

最大允许偏差：称量的有干扰示值和无干扰示值的差值应不超过 3.5.5 规定的显著增差值，或被测皮带秤应当能检测出显著增差并对其作出反应。

A.8.3 静电放电(表 A.10)

接触式放电是通常使用的试验方法。20 次放电(10 次正极、10 次负极)施加到机壳能接触到的金属部件上，连续放电的时间间隔至少应有 1 s。如果机壳是非导体，则放电应按 GB/T 17626.2 中的规定，施加到水平或垂直的耦合平面上。空气放电一般用在不能接触放电的部位。不必用表 A.10 以外的其他(较低)电压进行试验。

试验目的：在施加静电放电的条件下、同时在最大流量下进行至少Σ_{min}累计(或足以完成此试验的时间)的过程中，检验皮带秤是否符合 7.1.2 的规定。

试验程序简述

预处理：不需要。

被测皮带秤条件：正常接通电源，“开机”时间等于或大于制造厂家规定的预热时间。若被测皮带秤指示显著增差，应将其重新置零。

稳定性：在进行每次试验前，将被测皮带秤稳定在恒定的环境条件下。

称量试验：在最大流量下进行至少Σ_{min}累计(或足以完成此试验的时间)时，记录下列有静电放电或没有静电放电的内容：

a) 日期和时间；

b) 温度；

c) 相对湿度；

d) 试验载荷；

e) 示值；

f) 示值误差；

g) 功能特性。

最大允许偏差：称量的有干扰示值和无干扰示值的差值应不超过 3.5.5 规定的显著增差值，或被测皮带秤应当能检测出显著增差并对其作出反应。

表 A.10 静电放电试验

环境状况	试验规定	试验依据
静电放电	空气放电：8 kV	GB/T 17626.2
	接触放电：6 kV	
注：6 kV 的接触放电应施加到能接触到的导体部件上。电池盒或插座输出端一类的接触金属件不在其要求之内。		

A.8.4 抗电磁场辐射(表 A.11)

未调制的试验信号要用 1 kHz 的正弦波进行调制。

表 A.11 抗电磁场辐射试验

环境状况	试验技术规格	试验依据
射频电磁场	频率：80 MHz～1 000 MHz	GB/T 17626.3
	场强：3 V/m(未调制)	
	调制信号：1 kHz 正弦波 调制深度：80%	

试验目的：在施加规定的电磁场的条件下、同时观测累计载荷示值(在Q_{max}至少Σ_{min})且静态载荷 S 在承载器上，检验皮带秤是否符合 7.1.2 的规定。

试验程序简述

预处理：不需要。

被测皮带秤条件：正常接通电源，“开机”时间等于或大于制造厂家规定的预热时间。若被测皮带秤指示显著增差，应将其重新置零。

试验前，尽量将被测皮带秤调到接近零点示值。

稳定性：在每次试验前，将被测皮带秤稳定在恒定的环境条件。

称量试验：首先用一个显示的累计载荷（Q_{max}至少Σ_{min}），且静态载荷 S 在承载器上，进行此项试验。记录下列的数据，并找出最敏感的频率区间。

如果有敏感的频率，从敏感的频率开始试验，同时在最大流量下进行至少Σ_{min}累计（或足以完成此试验的时间）。记录下列有电磁场或没有电磁场的内容：

a) 日期和时间；

b) 温度；

c) 相对湿度；

d) 电源；

e) 试验载荷；

f) 示值；

g) 示值误差；

h) 功能特性。

最大允许偏差：称量的有干扰示值和无干扰示值的差值应不超过 3.5.5 规定的显著增差值，或被测皮带秤应当能检测到显著增差并对其作出反应。

A.9 计量性能试验

A.9.1 重复性（5.5.5.1）

a) 往承载器上施加 20%最大秤量（Max）的分布载荷，并对Σ_{min}或 5 倍表 3 中规定的值进行累计（见 A.4.2；对于 0.5 级皮带秤为 800 d×5＝4 000 d；对于 1 级皮带秤为 400 d×5＝2 000 d；对于 2 级皮带秤为 200 d×5＝1 000 d）。卸下载荷，允许皮带秤空转并将示值回零。用同一载荷重复本试验。

b) 用 50%最大秤量的载荷（累计值≈Σ_{min}或 5 倍表 3 中的值）重复整个试验。

c) 用 75%最大秤量的载荷（累计值≈Σ_{min}或 5 倍表 3 中的值）重复整个试验。

d) 用最大秤量的载荷（累计值≈Σ_{min}或 5 倍表 3 中的值）重复整个试验。

在相同条件下，在皮带秤承载器上任一同一载荷所得的两个结果之差应不超过 5.2.3 规定的影响因子试验相应的最大允许误差的绝对值。

A.9.2 累计显示器的鉴别力（5.5.5.2）

a) 在承载器上施加 20%最大秤量（Max）的分布载荷，并进行Σ_{min}累计，记录试验持续的确切时间（通常为预设脉冲数）。加放下列的附加砝码并再对同样相等的皮带长度进行累计：

——对于 0.5 级皮带秤，附加载荷＝已加载荷×0.18%；

——对于 1 级皮带秤，附加载荷＝已加载荷×0.35%；

——对于 2 级皮带秤，附加载荷＝已加载荷×0.7%。

b) 用 50%最大秤量的载荷重复试验；

c) 用 75%最大秤量的载荷重复试验；

d) 用最大秤量的载荷重复试验。

任一有附加载荷示值和无附加载荷示值的差值应至少等于附加载荷相关计算值的一半。

A.9.3 累计显示器零点累计的鉴别力（5.5.5.3）

a) 将皮带秤置零，并关闭自动置零装置。

b) 在皮带秤无载荷的情况下累计 3 min（或等量预设脉冲数），并记录零点显示器的示值。若显示器还能进行置零，则在每个 3 min 的试验结束后将皮带秤置零。给皮带秤承载器加放一个下述的小砝码：

——对于 0.5 级皮带秤，为最大秤量×0.05%；

——对于1级皮带秤，为最大秤量×0.1%；

——对于2级皮带秤，为最大秤量×0.2%。

再累计3 min，记录零点显示器的示值。

c) 取下这个小砝码，再累计3 min（或等量预设脉冲数），记录零点显示器的示值。

在皮带秤承载器上有小砝码时将皮带秤置零，关闭所有自动置零装置，重复上述程序“b)”的试验，但此时是由零点取下小砝码。

可以重复此项试验，以消除短期零点漂移的影响或其他瞬变影响。

有小砝码或没有小砝码的两个相邻示值的差值应有明显的变化。

A.9.4 零点的短期稳定性和长期稳定性（5.5.5.4和5.5.5.5）

将皮带秤置零，并关闭自动置零装置。记录零点显示器的累计值。

空转无载的皮带秤，记录初始显示值，且在15 min内每隔3 min记录示值一次。所得最小示值与最大示值之差不应超过下列最大流量下1 h累计载荷的百分数：

——对于0.5级皮带秤，为0.001 3%；

——对于1级皮带秤，为0.002 5%；

——对于2级皮带秤，为0.005%。

皮带秤运行3 h且不作进一步的调整，记录示值。并再进行一次零点的短期稳定度试验，皮带秤运行15 min，其间每隔3 min记录示值一次，其结果应满足上述的要求。然后把3 h前后两次短期稳定度试验作为一次零点的长期稳定度试验，皮带秤运行3 h前后所有示值的最小示值与最大示值之差应不超过下列最大流量下1 h累计载荷的百分数：

——对于0.5级皮带秤，为0.001 8%；

——对于1级皮带秤，为0.003 5%；

——对于2级皮带秤，为0.007%。

A.10 现场试验（5.6.2～5.6.4）

A.10.1 零点的最大误差（5.6.2）

当最小累计载荷等于或小于最大流量下皮带转3圈时，进行下述的试验程序后还应按A.10.3的要求进行试验。

“开机”预热运行，将皮带秤置零，关闭自动置零功能，皮带秤空转若干个整数圈后，持续时间尽量接近3 min。皮带秤的累计载荷示值应不超过试验期间最大流量下累计载荷的百分数：

——对于0.5级皮带秤，为0.05%；

——对于1级皮带秤，为0.1%；

——对于2级皮带秤，为0.2%。

如果皮带秤此项试验未通过，则可再重复一次试验，以获得符合要求的结果。

A.10.2 置零显示器的鉴别力（5.6.3）

皮带秤开机预热运行。

试验A

将皮带秤置零，关闭自动置零功能，皮带空转若干个整数圈后，持续时间尽量接近3 min，记录皮带秤累计载荷的示值。

往皮带秤承载器加放鉴别力载荷，转动皮带至相同圈数。记录置零显示器的示值。

试验B

往皮带秤承载器加放鉴别力载荷后，转动皮带并将皮带秤置零，关闭自动置零装置。

在加放鉴别力载荷的情况下，转动皮带达试验A中的相同圈数。记录皮带秤累计载荷的示值。

取下承载器上的鉴别力载荷，转动皮带达相同的圈数。记录皮带秤累计载荷的示值。

试验A和试验B中，皮带秤的无载示值和加放鉴别力载荷后的示值之间，应有一个明显的差值。

鉴别力载荷应等于下列最大秤量的百分数：

——对于0.5级皮带秤，为0.05%；

——对于1级皮带秤，为0.1%；

——对于2级皮带秤，为0.2%。

——连续重复上述试验A和试验B 3次。

A.10.3 零载荷的最大偏差试验(5.6.4)

当最小累计载荷等于或小于最大流量下皮带转3圈时，A.10.1中的“零点的最大误差”试验应记录试验开始时累计显示器的示值和试验过程中累计显示器最大的示值与最小的示值。累计显示器的示值与初始显示值的偏差应不超过最大流量下累计载荷的下列百分数：

——对于0.5级皮带秤，为0.18%；

——对于1级皮带秤，为0.35%；

——对于2级皮带秤，为0.7%。

A.11 现场物料试验(5.6.1和9.2.6)

A.11.1 试验概述

A.11.1.1 物料试验的控制方法和控制衡器

物料试验的控制方法应能保证试验物料质量的测定误差不超过5.2.1自动称量相应最大允许误差的三分之一。具体方法是：

a) 物料试验使用的控制衡器可以是电子料斗秤、电子汽车衡、轨道衡或其他衡器。

——若控制衡器是在物料试验之前立即校准或检定的，其误差至少不大于自动称量相应最大允许误差的三分之一。

——其他情况，其误差至少不大于自动称量相应最大允许误差的五分之一。

b) 物料质量的测定无论是在物料通过皮带秤之前或物料通过皮带秤之后进行，应作好物料的储运安排以避免物料的损失。

c) 若使用电子汽车衡或轨道衡作为控制衡器，不管是皮重还是毛重均应在同一衡器上进行测定。

d) 如果遇到雨、雪等可能影响试验物料质量的天气状况，或者其他影响试验工作的情况暂停试验。

A.11.1.2 闪变点砝码的方法

对于物料试验，如果法定计量技术机构认为控制衡器的分度值 d_c 太大，需要控制衡器有一个更高分辨力，则按下述方法使用闪变点砝码得到小于分度值 d_c 的分辨力：

若某个累计载荷Σ在控制衡器上，显示值为 I_c。

连续加放 $0.1d_c$ 的附加砝码，直到衡器的示值明显地增加一个分度值(I_c+d_c)。

此时，往承载器加放的附加载荷为 ΔS。

用下述公式求出化整前真正的示值 P：$P=I_c+d_c/2-\Delta S$。

这个示值 P 可以作为物料试验的约定真值 T，对皮带秤的示值误差进行计算。

例如：一台分度值 $d_c=10$ kg的控制衡器，加载10 000 kg，显示值为10 000 kg。连续加放1 kg的砝码，在加到3 kg的附加载荷后，示值由10 000 kg变为10 010 kg。

将这些观测值代入上式得：$P=(10\ 000+5-3)$kg$=10\ 002$ kg。

因而化整前的真正示值为10 002 kg。

A.11.1.3 试验物料

型式评价物料试验使用的物料应是皮带秤预期称量的物料或者典型的物料。

A.11.1.4 试验地点

型式评价的物料试验应当在皮带秤的使用现场或典型的试验场所进行。

A.11.1.5 皮带秤的安装条件

皮带秤应装配完整，并在使用的位置固定。

皮带秤的安装应设计成无论是以试验为目的还是实际使用，其自动称量操作都应是相同的。并且保证试验可以可靠且方便的进行，而不必改变正常的运行。

A.11.1.6 皮带秤的运行条件

皮带秤应按照下列条件运行：

——按照说明性标志；

——在皮带秤预期的正常使用条件下；

——试验物料量不应少于最小试验载荷Σ_t；

——流量在最大流量和最小流量之间；

——皮带输送机以每一种速度（至少有一个为固定速度）或在变速输送机的整个速度范围内。

A.11.1.7 物料试验的重复性

所有物料试验应成组进行，以便于对重复性作出评价。

注："成组"可解释为用相同物料载荷，并且其他规定的参数尽量实际一致再次运行。

对每组试验：

a) 所用的物料量应符合9.2.6的规定；

b) 获取结果的条件应是：流量（带速和给料流速）实际相等，且相同条件下的物料量基本相同。

A.11.2 物料试验

试验前，输送机应在标称速度上运行至少30 min。

A.11.2.1 单速皮带秤

应在下列的给料流量下进行试验。

每次试验前检查置零装置，若必要将皮带秤置零。完成每一次试验后，记录试验载荷的累计值。

最大给料流量下进行2组试验；

最小给料流量下进行2组试验；

中间给料流量下进行1组试验。

为了"重复性"试验数据一致性，构成一组的两次试验应基本上是相同的累计载荷和持续时间。

当最小给料流量大于最大给料流量的90%时，只需在合适的给料流量下进行2组试验。

每次试验的最大允许误差应按5.2.1表1中自动称量的首次检定相应准确度等级的规定。

对于"重复性"，在同一给料流量和大致相同的累计载荷条件下，每次试验的相对误差（按A.4.2表述的方法进行计算方法）差值应不超过5.2.1中自动称量的首次检定相应最大允许误差的绝对值。

A.11.2.2 多速皮带秤

对每一速度，应按A.11.2.1规定的进行试验。

A.11.2.3 变速皮带秤

除A.11.2.1中规定的试验外，还应在A.11.2.1规定的每种给料流量下进行3次附加的单项试验，在每次试验期间速度在整个速度范围内变化。

A.12 安全性能试验（7.7）

按GB 14249.1—1993中规定试验。

附 录 B
（规范性附录）
型式评价报告格式

型式报告格式的说明

本“型式评价报告格式”(旨在以标准化格式展示各种检查和试验的结果。皮带秤要获得型式评价就应提交有关部门进行这些检查和试验。

本“型式评价报告格式”主要包括两大部分，即“核查表”和“试验报告”。

“核查表”是对皮带秤进行检查的摘要。它包括按标准的要求对各种审查、试验和外观检查作出的结论。其中所用的词汇或简化语句是为了在不重复的情况下，给检查人员提示标准正文中的要求。

“试验报告”是对皮带秤进行试验结果的记录。“试验报告表格”是根据试验程序(附录A)中详述的试验内容而产生的。

“型式评价的试验设备”应包括报告中确定试验结果而使用的全部试验设备。该情况可以是一个简短的表格，包括一些基本的资料(名称、型号规格和用于溯源目的的编号)。例如：

——检定标准器具的名称、准确度等级及编号；

——模块试验用的模拟装置的名称、型号、可溯性及编号；

——气候试验和静态温度箱(室)的名称、型号及编号；

——电性能试验、脉冲群的仪器名称、型号及编号；

——抗电磁场辐射试验的现场校准程序说明。

对皮带秤进行型式评价的法定计量技术机构或实验室均应采用本“试验报告格式”。当这些试验是按照国家双边或多边合作协议，并需将试验结果传送给另一国家的批准机构时，更应直接采用英文或法文的附录B的报告或同时采用两种文字的报告。若在“OIML计量器具证书制度”框架下，采用附录B试验报告格式是强制性的。

关于页码编号的附注：

报告每页顶端专门留有报告页码编号，有些试验需要重复多次，每次试验都要按相同的格式分别报告。对某一给定的报告，建议通过标明报告总页码来完成每页的顺序编号。

报告页……～……

B.1　皮带秤的标志

样机编号：……

报告日期：……

型　　号：……

制 造 厂：……

序 列 号：……

制造文件

图　号	发布等级	制造标准
……	……	……
……	……	……

参考软件	软件修订范围
……	……
……	……
……	……

其他系统图

……

……

模拟器文件

图　号	发布等级
……	……
……	……
……	……

参考软件	软件修订范围
……	……
……	……

模拟器功能(摘要)

可能的话，应将模拟器的说明、线路图、框图等附到报告中。

报告页……～……

皮带秤的标志(续)

样机编号：……………………………………
报告日期：……………………………………
型　　号：……………………………………
制 造 厂：……………………………………

有关皮带秤标识的说明或其他情况：
(可能的话在此附上照片)

报告页……～……

B.2 有关型式的概况

样机编号：……

制 造 厂：……

申请单位：……

皮带秤的类别：……

试验在：　□整机　□模块[1)]

型　　号：……

准确度等级　□0.5 级　□1 级　□2 级

速度(v)=□ m/s　Q_{min}=□　Σ_{min}=□

Max=□　Q_{min}=□　d=□

L=□ m

U_{nom}[2)]=□ V　U_{min}=□ V　U_{max}=□ V　f=□ Hz　$U_{电池}$=□ V

置零装置：

□非自动

□半自动

□自动

温度范围□℃

1) 连接到模块(模拟器或整机部件)上的试验设备应在所用的试验表格中作出规定。

2) 标称电压 U_{nom} 应按 GB/T 17626.11 中的规定。

报告页……~……

有关型式的概况(续)

打印机:

☐内装 ☐外接 ☐不配备,但可外接 ☐不能外接

提交的皮带秤:……

标 志 号:……

外接设备:……

接口:(数量、性质):……

称重传感器:……

制造厂家:……

是否有称重传感器的制造许可证请标出: 有☐ 无☐

若"有",填上证书编号 证书编号☐

型 号:…… 编 号:……

秤 量:…… 等级标志:……

备注:见下页

报告日期:……

评价周期:……

试验人员:……

报告页______～______

有关型式的概况(续)

此处用于填写补充说明和信息：

外接设备、接口装置、称重传感器和累计显示器以及制造厂家有关抗干扰的备选件等。

报告页……～……

B.3　型式评价核查表

对于“核查表”与“每项试验”应按本例完成：

	通过	未通过
当皮带秤已通过此项检查或试验时：	×	
当皮带秤未通过此项检查或试验时：		×
当皮带秤不适合此项检查或试验时：	—	—

B.3.1　核查表摘要

样机编号：……………………

型　　号：……………………

要　　求	通过	未通过	备　　注
计量性能要求(第5章)			
通用技术要求(第6章)			
电子皮带秤的要求(第7章)			
试验方法(第8章)			
检验规则(第9章)			
试验报告			
综合结论			

本处用于详细说明型式评价的摘要

报告页........～........

核查表摘要(续)

本页用于核查表摘要的详细说明

报告页……～……

B.3.2 核查表

样机编号：……………………………………

型　　号：……………………………………

正文	试验程序	皮带秤核查表	通过	未通过	备注
5		计量性能要求			
5.2		最大允许误差			
5.2.1	A.11.2	自动称量的最大允许误差：不超过表1中化整到最接近的 d 值			
5.2.2	观测	显示称量结果与打印称量结果的差值：结果之间的差值为零			
5.2.3	第A.7章	影响因子试验的最大允许误差不超过表2中化整到最接近的 d 值			
5.3		最小累计载荷(Σ_{min})的最小值≥下列的最大值			
	观测	最大流量下1 h累计载荷的2%			
		最大流量下皮带转动一圈获得的载荷			
		对应表3中相应累计分度值数的载荷			
5.4		最小流量 Q_{min}			
	观测	单速皮带秤：通常 $Q_{min}=Q_{max}$ 的20% 特殊安装：$Q_{min} \leqslant Q_{max}$ 的35%			
		变速和多速皮带秤：Q_{min} 可以小于 Q_{max} 的20%，且最小瞬时净载荷≥Max的20%			
5.5		模拟试验			
5.5.1	A.6.3.1	模拟速度的变化：其误差不超过5.2.3影响因子试验的MPE(最小允许误差)			
5.5.2	A.6.3.2	偏载：其误差不超过5.2.3规定值			
5.5.3	A.6.3.4	置零：其累计误差不超过5.2.3规定值			
5.5.4		影响因子			
5.5.4.1	A.7.1	静态温度			
5.5.4.2	A.7.2	零流量的温度影响			
5.5.4.3	A.7.4	交流电源(AC)			
5.5.4.4	A.7.5	电池供电(DC)			
5.5.5		计量性能			
5.5.5.1	A.9.1	重复性：对同一载荷，获得的两次结果的差值小于等于5.2.3影响因子试验的MPE(最大允许误差)			

报告页 ______ ~______

正文	试验程序	皮带秤核查表	通过	未通过	备注
5.5.5.2	A.9.2	累计显示器的鉴别力:误差不超过5.5.5.2的规定			
5.5.5.3	A.9.3	累计显示器零点累计的鉴别力:对3 min试验,在无载荷示值和有载荷示值之间应有明显的差值,载荷值等于:			
		对0.5级,为Max的0.05%			
		对1级,为Max的0.1%			
		对2级,为Max的0.2%			
5.5.5.4	A.9.4	零点的短期稳定性:在5次3 min的试验中,其示值之差不得超过下列Q_{max}的1 h累计载荷的百分数:			
		对0.5级,为0.001 3%			
		对1级,为0.002 5%			
		对2级,为0.005%			
5.5.5.5	A.9.4	零点的长期稳定性:所有示值的最小值与最大值的差值不超过下列Q_{max}的1 h累计载荷的百分数:			
		对0.5级,为0.001 8%			
		对1级,为0.003 5%			
		对2级,为0.007%			
5.6		现场试验			
5.6.1	A.11.2	重复性:相对误差的差值应不超过5.2.1自动称量的相应最大允许误差的绝对值			
5.6.2	A.10.1	零点的最大允许误差:零点示值的误差应不超过最大流量下累计载荷的百分数:			
		对0.5级,为0.05%			
		对1级,为0.1%			
		对2级,为0.2%			
5.6.3	A.10.2	置零显示器的鉴别力:获得的无载荷示值和有载荷示值,示值之间应有一个明显的差值,载荷值等于如下:			
		对0.5级,为0.05%			
		对1级,为0.1%			
		对2级,为0.2%			
5.6.4	A.10.3	零载荷的最大偏差试验:Σ_{min}小于Q_{max}下皮带转3圈时,累计显示器的显示值与其初始显示值的偏差应不超过下列在Q_{max}累计载荷的百分数:			
		对0.5级,为0.18%			
		对1级,为0.35%			
		对2级,为0.7%			

报告页……~……

正文	试验程序	皮带秤核查表	通过	未通过	备注
6		通用技术要求			
6.1		适用性			
	观测	使用适用性			
		适合于皮带秤的运行方法			
		适合于皮带秤称量的物料			
		适合于皮带秤的准确度等级			
6.2		操作安全性			
6.2.1	观测	偶然失调:效果明显			
6.2.2		运行调整:总累计显示器回零应不可能的,在自动称量过程中,进行调整或重新设置与贸易有关指示装置应是不可能的			
6.2.3		欺骗性使用:不得有欺骗性使用的特征			
6.2.4		操作装置:避免出现在不该停机的位置上停机,除非所有的指示和打印都失效			
6.2.5	观测	输送机联锁:如果皮带秤关机或失去作用:			
		输送机应停止运行			
		应发出声或光信号			
6.2.6		远距离指示装置:按6.4的规定提供远距离指示			
6.3		累计显示器和打印装置			
6.3.1	观测	示值的质量:			
		可靠			
		简明			
		清晰			
		简单并列的方式			
		相应的质量单位名称或符号			
6.3.2		分度值形式:1×10^k、2×10^k 或 5×10^k			
6.3.3	观测	部分累计显示器的分度值(d):应与总累计显示器的分度值相同			
6.3.4		辅助累计显示器的分度值:至少等于累计分度值的10倍			
6.3.5		示值范围:有一个累计显示器至少显示在 Q_{max} 运行10 h所称量的物料量			
6.3.6		累计显示器与打印装置的连接:固定连接不能任意拆卸			

报告页……~……

正文	试验程序	皮带秤核查表	通过	未通过	备注
6.4		超出范围指示：在以下情况下应发出连续的声或光指示			
	观测	瞬时载荷超过了称重单元的最大秤量			
		流量高于最大值或低于最小值			
6.5		置零装置			
6.5.1	A.6.3.3	置零范围不超过最大秤量的4%			
	观测	半自动与自动置零装置：			
		皮带转动一个整数圈后才进行置零			
		置零操作结束时有指示			
		调整范围有指示			
		试验期间应可以使自动置零装置失效			
		如果具有自动置零装置，则必须有联锁以防止在给料时置零			
6.6		位移传感器			
	观测	不论皮带上有无载荷，都不能有滑动			
		位移传感装置由皮带的洁净面驱动			
		测量信号应等于小于称量长度的皮带位移			
		可调部件应能加封			
6.7		与皮带秤相连的输送机			
	观测	构造应有足够的刚性			
		结构应牢固			
6.8		安装条件			
	观测	输送机支架有足够的刚性，减少振动			
		皮带秤的称量台(架)的结构应坚固			
		在任一纵向直线段，辊轨应排成直线，并使皮带恒定地支撑在称重托辊上			
		若装有皮带清洁装置则应定位良好，运行中对称量结果没有过量的附加误差			
		辊轨不允许出现滑动			
		安装不会引起过量的附加误差			

报告页______~______

正文	试验程序	皮带秤核查表	通过	未通过	备注
6.8.1	观测	托辊轨迹			
		应防止锈蚀和物料阻塞			
		应尽量调成同一平面			
6.8.2		输送带			
		单位长度的质量是恒定的			
		皮带接头对称量结果产生过量的附加误差			
6.8.3		速度控制			
		单速皮带秤			
		称量期间带速变化不应超过标称速度 5%			
		变速皮带秤(有调速控制):			
		带速变化不应超过设定速度的 5%			
6.8.4		称量长度			
		在使用中保持不变			
		如果可调,调整装置应能加封			
6.8.5		带承载器的皮带秤的皮带张力,纵向张力不受以下影响:			
		温度			
		磨损			
		载荷			
		皮带与驱动轮之间无滑动			
		输送带超过 10 m,传递张力的托辊在皮带接触处应有不小于 90°的弧度			
6.8.6		过载保护:防止载荷偶然超过最大秤量			
6.9		辅助装置:不影响称量结果			
6.10		封装			
	观测	对禁止调整和拆卸的器件应配备密封装置或给予封装			

报告页______～______

正文	试验程序	皮带秤核查表	通过	未通过	备注
10.1.1		说明性标志			
10.1.1.1		完整表示的标志：			
		制造厂家的名称或商标			
		进口商的名称或商标(若适用)			
		皮带秤型号和序列号			
		零点试验至少应有转______圈的持续时间			
		电源电压______V			
		电源频率______Hz			
10.1.1.2		代码表示的标志：			
		型式评价号			
		准确度等级：0.5 级、1 级或 2 级			
		累计分度值 $d=$______kg 或 t			
		皮带标称速度 $v=$______m/s 或			
		皮带速度范围 $v=$______m/s______m/s			
		最大流量　$Q_{max}=$______kg/h 或 t/h			
		最小流量　$Q_{min}=$______kg/h 或 t/h			
	观测	最小累计载荷　$\Sigma_{min}=$______kg 或 t			
10.1.1.3		型式评价后应具有的标示：			
		称量物料种类标志			
		最大秤量（Max）______kg 或 t			
		称量长度（L）______m			
		控制值______kg 或 t			
		温度范围______℃～______℃			
		位移模拟装置的速度范围______m/s			
		累加操作频率(若累加)______次/h			
		不与皮带秤主机直接相连的分离部件上应有的识别标记			
10.1.1.4		辅助标志：按照计量技术机构的要求	记入备注		
10.1.1.5		说明性标志的表示			
		牢固可靠	确认		
		清晰、易读	确认		

报告页______~______

正文	试验程序	皮带秤核查表	通过	未通过	备注
10.1.1.5		集中在明显易见的位置，可放在总累计显示器的铭牌上或直接安放在该皮带秤上。带标志的铭牌应加封，不损坏铭牌不能将其除掉	确 认		
10.1.2		检定标记			
10.1.2.1		标记的位置：			
		不损坏标记不能将标记从皮带秤上除掉			
		标记应便于安放而又不改变皮带秤的计量性能			
	观测	使用中不移动皮带秤或拆保护罩就可看见			
10.1.2.2		安装：要求配有检定标记的皮带秤：			
		在规定的位置上应有检定标记支承物，以确保标记完好			
		如果标记是印记式的，其支承物应是铅或其他类似材质的材料，嵌入固定在皮带秤上的标牌中，或			
		皮带秤的凹槽中			
		提供粘贴标记的位置			
7		电子皮带秤的要求			
7.1	一般要求				
7.1.1	观测	额定操作条件：误差不超过 MPE(最大允许误差)			
7.1.2	A.8	干扰			
	A.8.1	电压暂降和短时中断			
	A.8.2	电快速瞬变脉冲群			
	A.8.3	静电放电			
	A.8.4	抗电磁场辐射			
7.1.3	观测	耐久性：7.1.1 和 7.1.2 的要求应长期满足			
7.1.4		符合性评定：皮带秤通过了附录 A 规定的检查和试验			
7.2		干扰的适用：7.1.2 的要求可分别适用于			
7.2.1	观测	a) 显著增差的每个独立因素	记入备注		
		b) 电子皮带秤的每一部件	记入备注		
7.2.2		以上由制造厂家选择	记入备注		

报告页______~______

正文	试验程序	皮带秤核查表	通过	未通过	备注
7.3		对显著增差的反应			
	观测	可见光指示，或			
		声音指示，并持续到用户采取措施或增差消失			
		出现显著增差时，应保留累计载荷信息			
7.4		开机自检程序			
	观测	累计显示器的所有相关符号正常			
7.5		功能要求			
7.5.1	第A.7章	影响因子：符合5.5.4，且			
		在相对湿度为85%、温度范围的上限保持其特性			
7.5.2	第A.8章	干扰：			
		示值的差值不超过3.5.5规定的值，或	记入备注		
		皮带秤应检测出显著增差并对其作出反应	记入备注		
7.5.3	A.6.1.1	预热时间			
		无显示/不传输结果且禁止自动操作			
7.5.4	观测	接口：皮带秤运行正常，且其计量性能应不受影响			
7.5.5	A.7.4	交流电源（AC）：电源中断时			
		中断期间保留在皮带秤中的计量信息至少应保留24 h，至少显示5 min			
		切换到应急电源供电时应不引起显著增差			
7.5.6	A.7.5	电池供电（DC）			
		电压暂降到规定的最低值时，应正常运行			
		自动停止工作			
7.6	观测	是否符合要求、特别是第7章的要求进行检查和试验			
7.6.1		检查：设计和结构的总体评价			
7.6.2		性能试验：按附录B的规定进行			
8和9		测试方法和检验规则			
9.1		型式评价			
9.2.1	观测	文件			
		皮带秤的计量特性			
		皮带秤的一套技术说明			

报告页______~______

正文	试验程序	皮带秤核查表	通过	未通过	备注
9.2.1	观测	器件和装置的功能说明			
		框图、线路图和一般性软件资料			
		符合要求的其他文件资料			
		设计任务书(若适用)			
		主要图纸			
		可靠性设计和预测(若适用)			
		技术标准			
		检验方法			
		试验报告			
		技术总结			
		使用说明书			
		样机照片			
9.2.2		样机的要求			
		至少一台、通常不超过三台代表特定型式的样机,其中一台应在形式上适合在实验室进行模拟试验			
		至少有一台安装在典型的场所			
9.2.3		型式评价试验			
		符合第5章			
		符合第6章			
		符合第7章(若是电子皮带秤)			
		以节省人力物力的方式实施试验	记入备注		
9.2.6	第A.11章	物料试验:应按如下进行现场物料试验:			
		按照说明性标志	确认		
		在皮带秤预期的正常使用条件下	确认		
		物料量不少于最小试验载荷	确认		
		流量在最小值和最大值之间	确认		
		在输送机的每种带速(至少一个为固定速度)或在变速输送机的整个速度范围内	确认		
		按9.2的要求和附录A试验程序	确认		

报告页________~________

正文	试验程序	皮带秤核查表	通过	未通过	备注
9.2.6	观测	最小试验载荷是下列各值的最大者：			
		最大流量下 1 h 累计载荷的 2%，或	确认		
		最大流量下皮带转 1 圈得到的载荷，或	确认		
		表 A.1 中给出的相应试验分度值数	确认		
9.2.4		技术要求的符合性检查：以评定是否符合第 6 章的要求	确认		
9.2.5	A.6.3	模拟试验：以揭示称量结果受到干扰的方式进行。评定结果的方式可以是：			
		改进累计显示器的分辨力，或	记入备注		
		使用闪变点砝码，或	记入备注		
		双方认可的任何其他方式	记入备注		
9.2.7	观测	试验的准备			
		计量技术机构准备充分的试验手段	确认		
9.2.8		试验地点			
		可在计量技术机构指定的场所	确认		
		也可在双方同意的其他合适场所	记入备注		
9.2.9		结果的判定与处理			
		有否明显问题	记入备注		
		是否停止试验或限期整改	记入备注		
		每个规格判定			
		系列产品判定			
		总结论			
		技术文件结论			
		试验综合结论			
		有否附加说明	记入备注		
7.7	第 A.12 章	安全性能应符合 GB 14249.1—1993 中的规定			

报告页________～________

本页用于详述核查表的备注：

报告页……～……

B.4 型式评价的试验设备

样机编号：……………………………………

报告日期：……………………………………

型　　号：……………………………………

制 造 厂：……………………………………

本试验报告中涉及使用的所有试验设备：

设备名称	制造厂	型号	序列号	用于(试验参数)
…………	…………	…………	…………	…………
…………	…………	…………	…………	…………
…………	…………	…………	…………	…………
…………	…………	…………	…………	…………
…………	…………	…………	…………	…………
…………	…………	…………	…………	…………

报告页……～……

B.5 试验结构

样机编号：……………………………………

报告日期：……………………………………

型　　号：……………………………………

制 造 厂：……………………………………

此处填写与装料衡器或模拟衡器有关的附加资料，如设备结构、接口设备、数据率、称重传感器、称重显示器、EMC保护选件等。

报告页______~______

注释

(1) 符号含义:

I:皮带秤示值

I_n:第 n 次示值

S:静态载荷

ΔS:静态载荷增加至下一闪变点的增加量

T:累计载荷(模拟试验中计算的载荷或物料试验中试验的物料量)

L:称量长度

示值误差 $E=I-T$

试验误差的百分数 $E=\frac{I-T}{T}\times 100\%$

MPE:最大允许误差(绝对值)

EUT:被测皮带秤

d:皮带秤累计分度值

化整前的示值 $P=I_c+d_c/2-\triangle S$

I_c:=控制衡器的示值

d_c:控制衡器的分度值

注1:模拟试验时,T 是根据模拟试验装置的数据及静态载荷 S、计数脉冲数计算出来的累计载荷。计算方法见单项试验的试验报告中注释。

注2:物料试验时,T 是控制衡器化整前的示值。即 $T=P$。

注3:在物料试验中,根据控制衡器应用 P 值的计算方法来确定 T 值。

(2) 用于表示试验结果的单位名称或符号应在每一表格中作出规定。

(3) 试验报告题目下的框格应按下例的模式填写:

	开始	终止	
温　度:	20.5	21.1	℃
相对湿度:			%
日　期:	2001/12/29	2001/12/30	yy/mm/dd
时　间:	16:00:05	16:30:05	hh:mm:ss

其中,试验服告中的"日期"是指进行试验的日期。

(4) 在干扰试验中,显著增差是指大于相应最大允许误差(MPE)绝对值的增差。这个 MPE 是皮带秤在准确度等级下对等于 Σ_{min} 的载荷进行影响因子试验的 MPE。

报告页........~........

B.6 试验报告

B.6.1 试验报告摘要

样机编号：..

型　　号：..

制 造 厂：..

报告序号	试　　验	报告页	通过	未通过	备注
R.1	模拟试验——模拟器数据				
R.1.1	预热时间				
R.1.2	模拟速度的变化				
R.1.3	偏载				
R.1.4	置零装置				
R.1.4.1	置零(范围)				
R.1.4.2	置零(半自动和自动)				
R.1.5	影响因子试验				
R.1.5.1	静态温度				
R.1.5.2	零流量的温度影响				
R.1.5.3	湿热、稳定状态				
R.1.5.4	交流电源(AC)				
R.1.5.5	电池供电(DC)				
R.1.6	干扰试验				
R.1.6.1	电压暂降和短时中断				
R.1.6.2	电快速瞬变脉冲群				
R.1.6.2.1	电源线				
R.1.6.2.2	输入/输出电路和通讯线				
R.1.6.3	静电放电				
R.1.6.3.1	直接施加				
R.1.6.3.2	间接施加				
R.1.6.4	抗电磁场辐射				
R.1.7	计量性能试验				
R.1.7.1	重复性				
R.1.7.2	累计显示器的鉴别力				
R.1.7.3	累计显示器零点累计的鉴别力				
R.1.7.4	零点的短期稳定度和长期稳定度				
R.1.8	现场试验				
R.1.8.1	零点检查的最大允许误差 零载荷的最大偏差				
R.1.8.2	置零显示器的鉴别力				
R.2	现场物料试验				
R.2.1	控制衡器的准确度				
R.2.2	重复性				

报告页……~……

B.6.2 试验报告

R.1 模拟试验(8.1.5 和 A.6.3)

样机编号:……

型　号:……

日　期:……

试验人员:……

审核人员:……

模拟器(装置)数据资料

参数名称	偏　差	参数符号	数值	单位
最大流量	最大秤量且最高速度	Q_{max}		
累计分度值		d		
置零分度值				
模拟器细分示值[a]		d_x		
承载器最大秤量	获得 Q_{max}	Max		
称量长度		L		m
脉冲数/称量长度				
标称速度或速度范围		v		m/s
		v	~	m/s
[b]				

a　其中:"d"模拟器细分示值。如使用其他认可的方法(A.4.2 的方法),应在每一页注明。

b　填写其他必要的相关数据

计算模拟试验累计载荷的详细公式:

例如:

$$T=\frac{\text{发送的脉冲数}\times S}{\text{每称量长度脉冲数}}$$

$T=$

模拟器的说明:

(应详细说明与皮带秤安装的不同之处)

报告页........~........

R.1.1 预热时间(7.5.3 和 A.6.1.2)

样机编号:..

型　　号:..

试验人员:..

审核人员:..

	开　始	终　止	
温　　度:			℃
相对湿度:			%
日　　期:			yy/mm/dd
时　　间:			hh:mm:ss

试验期间的细分示值(小于 d):........................

试验前断电时间:........................

自动置零装置:

☐没有　　☐不运行　　☐超出工作范围　　☐运行

承载器载荷 按 5.4 的规定为 Max 的百分数	时间[a]/ (　)	脉冲数	计算的累计值 T/ (　)	显示的累计值 I/ (　)	误差 E/ %
最小载荷(标称 Max 的 20%)	0 min				
最大秤量(Max)					
最小载荷(标称 Max 的 20%)					
最大秤量(Max)					
最小载荷(标称 Max 的 20%)					
最大秤量(Max)					
最小载荷(标称 Max 的 20%)	30 min				
最大秤量(Max)					

a　从首次出现示值时算起。

其中:"脉冲数"是指为模拟皮带运动,由位移传感器(或模拟器)发送的脉冲数。

$$T = \frac{\text{发送的脉冲数} \times S}{\text{每称量长度脉冲数}} \quad E = \frac{I - T}{T} \times 100\%$$

备注:

报告页……～……

R.1.2 模拟速度的变化(5.5.1及A.6.3.1)

样机编号:……

型　　号:……

试验人员:……

审核人员:……

	开　始	终　止	
温　　度:			℃
相对湿度:			%
日　　期:			yy/mm/dd
时　　间:			hh:mm:ss

试验期间的细分示值(小于 d):……

皮带速度或速度范围 v=……m/s 或 v=……m/s～……m/s

载荷 S/( )	速度/(m/s)	流量/(/h)	转动圈数或脉冲数/( )	计算的累计值 T/( )	显示的累计值 I/( )	差值 $I-T$/( )	误差 E/%

其中:"转动圈数"是模拟皮带转动圈数的整数。

$$T=\frac{\text{发送的脉冲数}\times S}{\text{每称量长度脉冲数}}\quad E=\frac{I-T}{T}\times 100\%$$

备注:

报告页______~______

R.1.3 偏载(5.5.2 和 A.6.3.2)

样机编号:______________________

型　　号:______________________

试验人员:______________________

审核人员:______________________

	开　始	终　止	
温　　度:			℃
相对湿度:			%
日　　期:			yy/mm/dd
时　　间:			hh:mm:ss

试验期间的细分示值(小于 d):______________

试验载荷的位置:

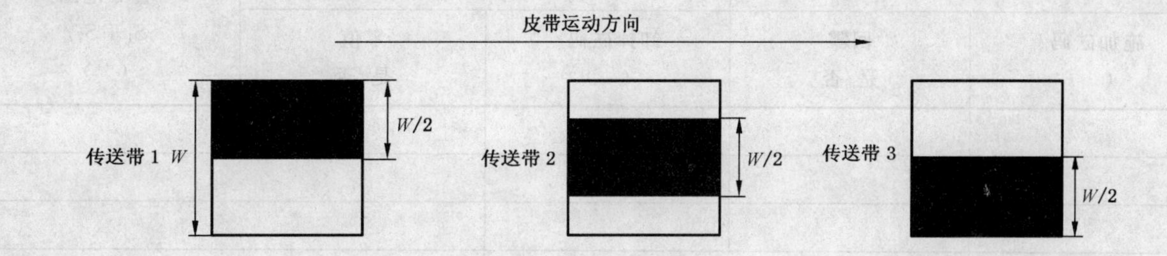

提供以下信息:

对于等于 Max/2 的载荷,累计值 $\sum_{min}$(用"d"的数量表示)或

- 等于______ d 或
- 本标准正文 5.3 表 3 中相应值的 5 倍______ d。

项目	载荷 S/ (　)	脉冲数	计算的累计值 T/ (　)	显示的累计值 I/ (　)	差值 $I-T$/ (　)	误差 E/ %
传送带 1						
传送带 2						
传送带 3						

其中:"脉冲数"是指为模拟皮带运动,由位移传感器(或模拟器)发送的脉冲数。

$$T=\frac{发送的脉冲数\times S}{每称量长度脉冲数}\quad E=\frac{I-T}{T}\times 100\%$$

备注:

报告页……～……

R.1.4 置零装置(6.5)

R.1.4.1 置零(范围)(6.5 和 A.6.3.3)

样机编号：……

型　　号：……

试验人员：……

审核人员：……

	开　始	终　止	
温　　度：			℃
相对湿度：			%
日　　期：			yy/mm/dd
时　　间：			hh:mm:ss

试验期间的细分示值(小于 d)：……

正向部分 S_1		负向部分 S_2		置零范围 S_1+S_2/( )
施加砝码/( )	回零 是/否	卸掉砝码/( )	零值 是/否	

其中：S_1 是可以回零(正向部分)的最大载荷。

S_2 是能够卸掉、同时皮带秤仍能回零(负向部分)的最大载荷。

检查：$S_1+S_2 \leqslant \mathrm{Max}$ 的 4%。

备注：

报告页 ________ ~ ________

R.1.4.2 置零(半自动和自动)(5.5.3 和 A.6.3.4)

样机编号:________________________________

型　　号:________________________________

试验人员:________________________________

审核人员:________________________________

	开　始	终　止	
温　　度:			℃
相对湿度:			%
日　　期:			yy/mm/dd
时　　间:			hh:mm:ss

试验期间的细分示值(小于 d):________________

项目	载荷 S/( )	脉冲数	计算的累计值 T/( )	显示的累计值 I/( )	差值 $I-T$/( )	误差 E/%
S_1						
S_2						
S_3						
S_4						

其中:S_1 是正向置零范围的 50%。

S_2 是正向置零范围的 100%。

S_3 是负向置零范围的 50%。

S_4 是负向置零范围的 100%。

其中:"脉冲数"是指为模拟皮带运动,由位移传感器(或模拟器)发送的脉冲数。

$$T=\frac{\text{发送的脉冲数}\times S}{\text{每称量长度脉冲数}}\quad E=\frac{I-T}{T}\times 100\%$$

备注:

报告页……~……

R.1.5　影响因子试验(5.5.4和A.7)

R.1.5.1　静态温度(5.5.4.1和A.7.1)

样机编号:……………………………………

型　　号:……………………………………

试验人员:……………………………………

审核人员:……………………………………

试验期间的细分示值(小于 d):……………………

自动置零装置:

☐没有　　☐不运行　　☐超出工作范围

试验前信息

项　　目	流量/ (　/h)	Σ_{min}的等量脉冲数	Σ_{min}的静态载荷 S/ (　)
$Q_{大}$			
$Q_{中}$			
$Q_{小}$			

试验结果(记录重复试验的每个"Q")

第一次试验——静态温度20℃。

	开　始	终　止	
温　　度:			℃
相对湿度:			%
日　　期:			yy/mm/dd
时　　间:			hh:mm:ss

Q/ (　/h)	载荷 S/ (　)	脉冲数	计算的累计值 T/ (　)	显示的累计值 I/ (　)	差值 $I-T$/ (　)	误差 E/ %
$Q_{小}$						
$Q_{中}$						
$Q_{大}$						
$Q_{小}$						

报告页______～______

R.1.5.1 静态温度(续)

第二次试验——规定的静态高温(℃)

	开　始	终　止	
温　　度:			℃
相对湿度:			%
日　　期:			yy/mm/dd
时　　间:			hh:mm:ss

Q/ (/h)	载荷 S/ ( )	脉冲数	计算的累计值 T/ ( )	显示的累计值 I/ ( )	差值 $I-T$/ ( )	误差 E/ %
$Q_{小}$						
$Q_{中}$						
$Q_{大}$						
$Q_{小}$						

第三次试验——规定的静态低温(℃)

	开　始	终　止	
温　　度:			℃
相对湿度:			%
日　　期:			yy/mm/dd
时　　间:			hh:mm:ss

Q/ (/h)	载荷 S/ ( )	脉冲数	计算的累计值 T/ ( )	显示的累计值 I/ ( )	差值 $I-T$/ ( )	误差 E/ %
$Q_{小}$						
$Q_{中}$						
$Q_{大}$						
$Q_{小}$						

报告页……～……

R.1.5.1 静态温度(续)

第四次试验——静态温度5℃

	开始	终止	
温　　度:			℃
相对湿度:			%
日　　期:			yy/mm/dd
时　　间:			hh:mm:ss

Q/ (　/h)	载荷 S/ (　)	脉冲数	计算的累计值 T/ (　)	显示的累计值 I/ (　)	差值 $I-T$/ (　)	误差 E/ %
$Q_{小}$						
$Q_{中}$						
$Q_{大}$						
$Q_{小}$						

第五次试验——静态温度20℃

	开始	终止	
温　　度:			℃
相对湿度:			%
日　　期:			yy/mm/dd
时　　间:			hh:mm:ss

Q/ (　/h)	载荷 S/ (　)	脉冲数	计算的累计值 T/ (　)	显示的累计值 I/ (　)	差值 $I-T$/ (　)	误差 E/ %
$Q_{小}$						
$Q_{中}$						
$Q_{大}$						
$Q_{小}$						

报告页________~________

R.1.5.1 静态温度(续)

其中:"脉冲数"是指为模拟皮带运动,由位移传感器(或模拟器)发送的脉冲数。

$$T=\frac{\text{发送的脉冲数}\times S}{\text{每称量长度脉冲数}}\quad E=\frac{I-T}{T}\times 100\%$$

备注:

报告页……～……

R.1.5.2　零流量的温度影响(5.5.4.2 和 A.7.2)

样机编号：……………………………………
型　　号：……………………………………
试验人员：……………………………………
审核人员：……………………………………
试验期间的细分示值(小于 d)：………………

自动置零装置：

☐没有　　　☐不运行　　　☐超出工作范围

在规定的温度最低(　)℃开始

	开　始	终　止	
相对湿度：			%
日　　期：			yy/mm/dd
时　　间：			hh:mm:ss

	温度/℃	脉冲数	开始的显示累计值 I/(　)	终止的显示累计值 I/(　)	示值的变化/(　)
开始温度					
终止温度					
开始温度					
终止温度					
开始温度					
终止温度					
开始温度					
终止温度					
开始温度					
终止温度					

报告页[1)]	日期	时间

其中：每一开始温度与终止温度之差为 10℃，且每小时的温度变化不超过 5℃。

备注：

1)　应标出零流量的温度影响试验和静态温度试验一起进行试验的相关报告页。

报告页……～……

R.1.5.3 湿热、稳定状态(7.5.1 和 A.7.3)

样机编号:……………………………………
型　　号:……………………………………
试验人员:……………………………………
审核人员:……………………………………
试验期间的细分示值(小于 d):……………………

自动置零装置:

☐没有　☐不运行　☐超出工作范围　☐运行

试验前的信息

项　目	流量/ (　/h)	Σ_{min} 的等量 脉冲数	Σ_{min} 的静态载荷 S/ (　)
Q_{max}			
Q_{min}			

试验结果(记录重复试验的每个"Q")

在 20℃的参考温度、相对湿度为 50%的情况下进行首次试验。

	开　始	3 h 后	终　止	
温　　度:				℃
相对湿度:				%
日　　期:				yy/mm/dd
时　　间:				hh:mm:ss

Q/ (　/h)	载荷 S/ (　)	脉冲数	计算的累计值 T/ (　)	显示的累计值 I/ (　)	差值 $I-T$/ (　)	误差 E/ %
Q_{max}						
Q_{min}						

报告页______~______

R.1.5.3　湿热、稳定状态（续）

在规定的高温(℃)、相对湿度为85%的情况下进行试验。

	开　始	2 d后	终　止	
温　　度:				℃
相对湿度:				%
日　　期:				yy/mm/dd
时　　间:				hh:mm:ss

Q/ (　/h)	载荷 S/ (　)	脉冲数	计算的累计值 T/ (　)	显示的累计值 I/ (　)	差值 I−T/ (　)	误差 E/ %
Q_{max}						
Q_{min}						

在20℃的参考温度、相对湿度为85%的情况下进行最后试验。

	开　始	2 h后	终　止	
温　　度:				℃
相对湿度:				%
日　　期:				yy/mm/dd
时　　间:				hh:mm:ss

Q/ (　/h)	载荷 S/ (　)	脉冲数	计算的累计值 T/ (　)	显示的累计值 I/ (　)	差值 I−T/ (　)	误差 E/ %
Q_{max}						
Q_{min}						

其中:“脉冲数”是指为模拟皮带运动,由位移传感器(或模拟器)发送的脉冲数。

$$T=\frac{\text{发送的脉冲数}\times S}{\text{每称量长度脉冲数}}\quad E=\frac{I-T}{T}\times 100\%$$

备注:

报告页……～……

R. 1.5.4 交流电源(AC)(5.5.4.3 和 A.7.4)

样机编号：……
型　　号：……
试验人员：……
审核人员：……

	开　始	终　止	
温　　度：			℃
相对湿度：			%
日　　期：			yy/mm/dd
时　　间：			hh:mm:ss

试验期间的细分示值(小于 d)：……

自动置零装置：

☐没有　☐不运行　☐超出工作范围　☐运行

标称电压 U_n 或标注的电压范围 (U_{min} 到 U_{max}) ☐ V

试验前信息

项　　目	流量/ (/h)	Σ_{min} 的等量 脉冲数	Σ_{min} 的静态载荷 S/ ( )
Q_{max}			
Q_{min}			

试验结果

第一次试验——在参考电压[1)]

Q/ (/h)	载荷 S/ ( )	脉冲数	计算的累计值 T/ ( )	显示的累计值 I/ ( )	差值 $I-T$/ ( )	误差 E/ %
Q_{max}						

第二次试验——在(1－15%)参考电压

Q/ (/h)	载荷 S/ ( )	脉冲数	计算的累计值 T/ ( )	显示的累计值 I/ ( )	差值 $I-T$/ ( )	误差 E/ %
Q_{max}						

第三次试验——在(1＋10%)参考电压

Q/ (/h)	载荷 S/ ( )	脉冲数	计算的累计值 T/ ( )	显示的累计值 I/ ( )	差值 $I-T$/ ( )	误差 E/ %
Q_{max}						

1)　参考电压应按 GB/T 17626.11 中的规定。

报告页______~______

R. 1. 5. 4 交流电源(AC)(续)

第四次试验——在参考电压[1]

Q/ (/h)	载荷 S/ ( )	脉冲数	计算的累计值 T/ ( )	显示的累计值 I/ ( )	差值 I−T/ ( )	误差 E/ %
Q_{max}						

其中:"脉冲数"是指为模拟皮带运动,由位移传感器(或模拟器)发送的脉冲数。

$$T=\frac{\text{发送的脉冲数}\times S}{\text{每称量长度脉冲数}}\quad E=\frac{I-T}{T}\times 100\%$$

备注:

1) 参考电压应按 GB/T 17626.11 中的规定。

报告页……~……

R.1.5.5 电池供电(DC)(5.5.4.4、4.5.6和A.7.5)

样机编号：……

型　　号：……

试验人员：……

审核人员：……

	开　始	终　止	
温　　度：			℃
相对湿度：			%
日　　期：			yy/mm/dd
时　　间：			hh：mm：ss

试验期间的细分示值(小于 d)：……

自动置零装置：

☐没有　☐不运行　☐超出工作范围　☐运行

试验前信息

标称的电压☐V

项　目	流量/ (　/h)	Σ_{min}的等量 脉冲数	Σ_{min}的静态载荷 S/ (　)
Q_{max}			

试验结果

第一次试验——在参考电压

Q/ (　/h)	载荷 S/ (　)	脉冲数	计算的累计值 T/ (　)	显示的累计值 I/ (　)	差值 $I-T$/ (　)	误差 E/ %
Q_{max}						

第二次试验——在电压下限，即(1+2%)停机电压

Q/ (　/h)	载荷 S/ (　)	脉冲数	计算的累计值 T/ (　)	显示的累计值 I/ (　)	差值 $I-T$/ (　)	误差 E/ %
Q_{max}						

其中："脉冲数"是指为模拟皮带运动，由位移传感器(或模拟器)发送的脉冲数。

$$T=\frac{\text{发送的脉冲数}\times S}{\text{每称量长度脉冲数}}\quad E=\frac{I-T}{T}\times 100\%$$

备注：

报告页……～……

R.1.6 干扰试验(7.5.2 和 A.8)

R.1.6.1 电压暂降和短时中断(短时电源电压降低)(7.5.2 和 A.8.1)

样机编号：……

型　　号：……

试验人员：……

审核人员：……

	开始		终止	
温　度：				℃
相对湿度：				%
日　期：				yy/mm/dd
时　间：				hh:mm:ss

试验期间的细分示值(小于 d)：……

自动置零装置：

☐没有　☐不运行　☐超出工作范围　☐运行

试验前信息

标称电压 U_n 或标注的电压范围(U_{min} 到 U_{max}) ☐ V

项　目	流量/(/h)	Σ_{min} 的等量脉冲数	Σ_{min} 的静态载荷 S/( )
Q_{max}			

试验结果

干扰				结果		
幅值 U_n 的百分数[1]	周期数	干扰次数	重复间隔时间/s	脉冲数	示值 I/( )	显著增差否/是
无干扰						
0	0.5	10				
50	1	10				

备注：

1) 参考电压应按 GB/T 17626.11 中的规定。

报告页______～______

R.1.6.2 电快速瞬变脉冲群（快速瞬变试验）（7.5.2 和 A.8.2）

R.1.6.2.1 电源线

样机编号：____________________________

型　　号：____________________________

试验人员：____________________________

审核人员：____________________________

	开　始	终　止	
温　　度：			℃
相对湿度：			%
日　　期：			yy/mm/dd
时　　间：			hh:mm:ss

试验期间的细分示值（小于 d）：________________

试验前信息

项　　目	流量/ (　/h)	Σ_{min} 的等量 脉冲数	Σ_{min} 的静态载荷 S/ (　)
Q_{max}			

试验结果

电源线：试验电压 1kV，在每个极性持续试验 1min。

L＝有电压，N ＝ 中线，PE ＝ 接地保护

连　接			极性	脉冲数	显示的累计值 I/ (　)	显著增差 是/否
L ↓ 地	N ↓ 地	PE ↓ 地				
无干扰						
×			正			
			负			
无干扰						
	×		正			
			负			
无干扰						
		×	正			
			负			

备注：

报告页_____~_____

R.1.6.2.2 输入/输出电路和通讯线

样机编号：____________________

型　　号：____________________

试验人员：____________________

审核人员：____________________

	开　始	终　止	
温　　度：			℃
相对湿度：			%
日　　期：			yy/mm/dd
时　　间：			hh:mm:ss

试验期间的细分示值(小于 d)：__________

试验前信息

项　　目	流量/(/h)	$\sum_{min}$的等量脉冲数	$\sum_{min}$的静态载荷 S/( )
Q_{max}			

试验结果

I/O 信号线,数据线与控制线:试验电压 0.5 kV,在每个极性持续试验 1 min。

电缆/接口	极性	脉冲数	显示的累计值 I/( )	显著增差是/否
	无干扰			
	正			
	负			
	无干扰			
	正			
	负			
	无干扰			
	正			
	负			
	无干扰			
	正			
	负			
	无干扰			
	正			
	负			
	无干扰			
	正			
	负			

说明或绘制草图指出夹具在电缆上的位置,必要的话加上附页。

备注：

报告页______~______

R.1.6.3 静电放电(7.5.2和A.8.3)

R.1.6.3.1 直接施加

样机编号:______________________

型　　号:______________________

试验人员:______________________

审核人员:______________________

	开　始	终　止	
温　　度:			℃
相对湿度:			%
日　　期:			yy/mm/dd
时　　间:			hh:mm:ss

试验期间的细分示值(小于 d):______________

试验前的信息

项　　目	流量/(/h)	Σ_{min}的等量脉冲数	Σ_{min}的静态载荷 S/( )
Q_{max}			

☐接触放电　　☐漆渗透

☐空气放电　　极性[1]:☐正　　☐负

放电			脉冲数	显示的累计值 I/( )	显著增差 是/否
试验电压/kV	放电次数 ≥10	重复间隔时间/s			
无干扰					
2					
4					
6					
8(空气放电)					

注:若被测皮带秤(EUT)未通过,应记录未通过的试验点。

备注:

1) GB/T 17626.2 中规定,试验要用最敏感的极性。

报告页……～……

R.1.6.3 静电放电(续)

R.1.6.3.2 间接施加(仅接触放电)

样机编号：……………………

型　　号：……………………

试验人员：……………………

审核人员：……………………

	开始	终止	
温　　度：			℃
相对湿度：			%
日　　期：			yy/mm/dd
时　　间：			hh:mm:ss

试验期间的细分示值(小于 d)：……………

试验前的信息

项　目	流量/(/h)	Σ_{min}的等量脉冲数	Σ_{min}的静态载荷 S/( )
Q_{max}			

极性[1]：□正　□负

水平耦合面

项目	放　电				
载荷 S/( )	试验电压/kV	放电次数≥10	重复间隔时间/s	显示的累计值 I/( )	显著增差是/否
	无干扰				
	2				
	4				
	6				

垂直耦合面

项目	放　电				
载荷 S/( )	试验电压/kV	放电次数≥10	重复间隔时间/s	显示的累计值 I/( )	显著增差是/否
	无干扰				
	2				
	4				
	6				

注：如果被测皮带秤(EUT)未通过，应记录未通过的试验点。

1) GB/T 17626.2 中规定，试验要用最敏感的极性。

报告页........~........

R.1.6.3 静电放电(续)

详细说明被测皮带秤的试验点(直接施加),例如用照片或草图。

a) 直接施加

接触放电:

空气放电:

b) 间接施加

备注:

报告页______~______

R.1.6.4 抗电磁场辐射(电磁感应)(7.5.2和A.8.4)

样机编号:____________________
型　　号:____________________
试验人员:____________________
审核人员:____________________

	开　始	终　止	
温　　度:			℃
相对湿度:			%
日　　期:			yy/mm/dd
时　　间:			hh:mm:ss

试验期间的细分示值(小于 d):__________
试验前信息

项　　目	流量/ (　/h)	Σ_{min}的等量 脉冲数	Σ_{min}的静态载荷 S/ (　)
Q_{max}			

扫描速率:[　　]

干　扰				结　果		
天线	频率范围/ MHz	极　性	面向EUT	脉冲数	示值 I/ (　)	显著增差 是/否(说明)
无　干　扰						
		垂　直	前			
			后			
			左			
			右			
		水平	前			
			后			
			左			
			右			
		垂直	前			
			后			
			左			
			右			
		水平	前			
			后			
			左			
			右			

注:若被测皮带秤未通过,应记录未通过的频率和场强。

报告页______~______

R.1.7　计量性能试验(5.5.5)

R.1.7.1　重复性(5.5.5.1和A.9.1)

样机编号：________________

型　　号：________________

试验人员：________________

审核人员：________________

	开　始	终　止	
温　　度：			℃
相对湿度：			%
日　　期：			yy/mm/dd
时　　间：			hh:mm:ss

试验期间的细分示值(小于 d)：________

试验前信息

S对$\sum_{min}$的等量脉冲数	静态载荷S/( )
	20% Max=
	50% Max=
	75% Max=
	Max=

载荷S/( )	脉冲数	计算的累计值T/( )	累计示值 运转1 显示的累计值I_1/( )	累计示值 运转2 显示的累计值I_2/( )	差值 I_1-I_2/( )

其中："脉冲数"是为模拟皮带运动，由位移传感器(或模拟器)发送的脉冲数。

$$T=\frac{\text{发送的脉冲数}\times S}{\text{每称量长度脉冲数}}$$

备注：

报告页......~......

R.1.7.2 累计显示器的鉴别力(5.5.5.2 和 A.9.2)

样机编号:......

型　　号:......

试验人员:......

审核人员:......

	开　始	终　止	
温　　度:			℃
相对湿度:			%
日　　期:			yy/mm/dd
时　　间:			hh:mm:ss

试验期间的细分示值(小于 d):......

试验前信息

S 对 $\sum_{min}$ 的等量脉冲数	静态载荷 S/( )
	20% Max=
	50% Max=
	75% Max=
	Max=

开始承载器载荷 S_1/( )	脉冲数	增加的载荷 S_2/( )	脉冲数	计算的累计载荷/( )		显示的累计载荷/( )		差值 I_2-I_1/( )
				T_1	T_2	I_1	I_2	
20% Max=								
50% Max=								
75% Max=								
Max=								

其中:S_1=开始承载器载荷

S_2=
- 已加载荷×0.18%(对 0.5 级皮带秤)
- 已加载荷×0.35%(对 1 级皮带秤)
- 已加载荷×0.7%(对 2 级皮带秤)

“脉冲数”是为模拟皮带运动,由位移传感器(或模拟器)发送的脉冲数。

$$T=\frac{\text{发送的脉冲数}\times S}{\text{每称量长度脉冲数}}$$

备注:

报告页……~……

R. 1.7.3 累计显示器零点累计的鉴别力(5.5.5.3 和 A.9.3)

样机编号:……………………………………

型　　号:……………………………………

试验人员:……………………………………

审核人员:……………………………………

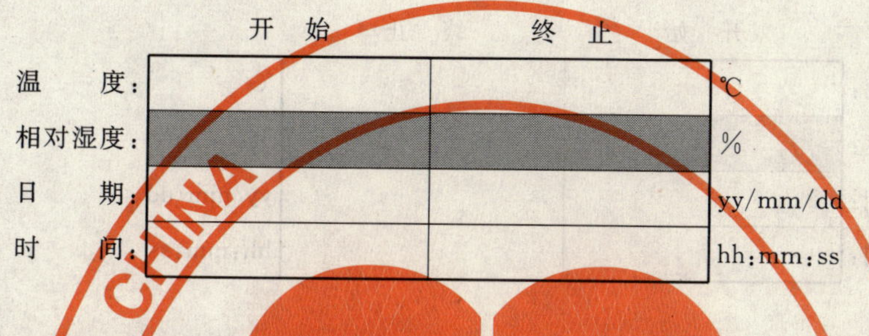

	开　始	终　止	
温　　度:			℃
相对湿度:			%
日　　期:			yy/mm/dd
时　　间:			hh:mm:ss

试验期间的细分示值(小于 d):……………………

试验持续时间=3 min,等量脉冲数=……………………

试验	初始累计 T_1/( )	脉冲数	最后累计 T_2/( )	脉冲数	差值 T_1-T_2/( )
加放砝码					
1					
2+					
3					
4+					
5					
6+					
取下砝码					
7+					
8					
9+					
10					
11+					
12					

其中:+表示承载器上已有试验砝码的情况下:

小砝码= { 最大秤量的 0.05%(对 0.5 级皮带秤); 最大秤量的 0.1%(对 1 级皮带秤); 最大秤量的 0.2%(对 2 级皮带秤) }

备注:

报告页______~______

R.1.7.4 零点的短期稳定性和长期稳定性(5.5.5.4、5.5.5.5和A.9.4)

样机编号：________________

型　　号：________________

试验人员：________________

审核人员：________________

	开　始	终　止	
温　　度：			℃
相对湿度：			%
日　　期：			yy/mm/dd
时　　间：			hh:mm:ss

试验期间的细分示值(小于 d)：________

时间/min	零点累计显示器示值/( )	3 min内显示器显示的累计载荷/( )	时间/min	零点累计显示器示值/( )	3 min内显示器显示的累计载荷/( )
0			195		
3			198		
6			201		
9			204		
12			207		
15			210		

备注：

报告页……～……

R. 1. 8 现场试验

试验地点：……………………

样机编号：……………………

型　　号：……………………

试验人员：……………………

审核人员：……………………

日　　期：……………………

现场数据：

参数名称	内　容	参数符号	数值	单位
累计分度值		d		
置零分度值	用于零点示值的装置			
最大秤量	承载器的最大净载荷	Max		
皮带速度	最高速度	v_{max}		m/s
	最低速度	v_{min}		m/s
最大流量	$(Max/L)\times v_{max}$	Q_{max}		kg/h 或 t/h
最小流量	通常为 Q_{max} 的 20％ 有时为 Q_{max} 的 35％	Q_{min}		kg/h 或 t/h
称量长度		L		m
皮带长度		B		m
皮带每转一周的时间	最短时间＝B/v_{max}			s
	最长时间＝B/v_{min}			s
在 Q_{max} 下皮带转一圈的载荷	$\frac{Q_{max}\times B}{v_{max}}$	(1)		kg 或 t
在 Q_{max} 下 1 h 载荷的 2％	$0.02\times Q_{max}\times 1$ h 的载荷	(2)		kg 或 t
表 3	对 0.5 级，为 800 d 对 1 级，为 400 d 对 2 级，为 200 d	(3)		kg 或 t
最小累计载荷	(1)、(2)、(3)中最大者	Σ_{min}		kg 或 t
最小试验载荷	等于 Σ_{min}	Σ_t		kg 或 t
a				

a　填入其他必要的相关数据。

对现场条件(如皮带秤的环境保护、气候条件、所称物料等)的说明：

报告页______~______

R.1.8.1 零点检查的最大允许误差(5.6.2和A.10.1或A.10.3)

其中$\sum_{min}$等于或小于Q_{max}下皮带转3圈,应进行零载荷的最大偏差试验(5.6.4和A.10.3)。

样机编号:______
型　　号:______
试验人员:______
审核人员:______

	开始	终止	
温　　度:			℃
相对湿度:			%
日　　期:			yy/mm/dd
时　　间:			hh:mm:ss

试验期间的细分示值(小于d):______

注:若$\sum_{min}$等于或小于Q_{max}下皮带转3圈,则用累计显示器的示值,并在方框中勾出。

☐

在所有其他情况下,其示值应是置零显示器的示值,并在方框中勾出。

☐

试验编号	皮带转动圈数	持续时间/s	初始示值 I_1/( )	最终示值 I_2/( )	差值 I_2-I_1/( )
1					
2					

若具有分离的零点(试验)累计显示器(ZTID),且$\sum_{min}$等于或小于在Q_{max}下皮带转3圈,则下表中的试验也应完成

试验编号	初始示值 I_1/( )	最大示值 I_{max}/( )	最小示值 I_{min}/( )	$\lvert I_1-I_{max}\rvert$/( ) (A)	$\lvert I_1-I_{min}\rvert$/( ) (B)	(A)或(B)中的较大者/( )
1						
2						

备注:

报告页……~……

R. 1. 8. 2　置零显示器的鉴别力(5. 6. 3 和 A. 10. 2)

样机编号:……………………………………

型　　号:……………………………………

试验人员:……………………………………

审核人员:……………………………………

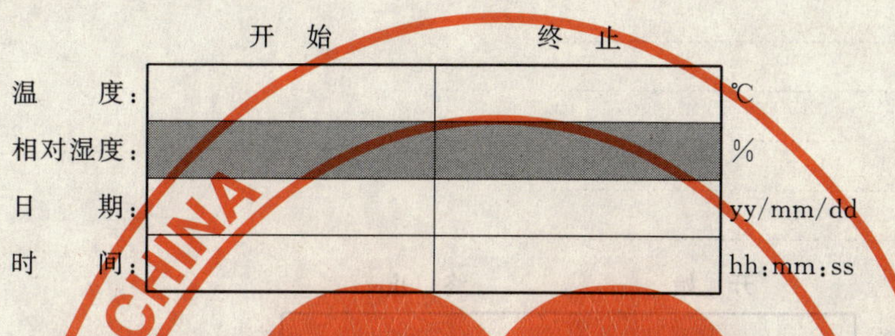

	开　始	终　止	
温　　度:			℃
相对湿度:			%
日　　期:			yy/mm/dd
时　　间:			hh:mm:ss

试验期间的细分示值(小于 d):……………………

试验载荷	载荷 S_D/( )	皮带转动圈数 REVS	持续时间/( )	示值 I_1/( )	示值 I_2/( )	差值 I_1-I_2/( )
A						
B						
A						
B						
A						
B						
A						
B						

其中:

S_D 为鉴别力的载荷。

$$载荷\ S_D=\begin{cases}对\ 0.5\ 级,为\ Max\ 的\ 0.05\%\\ 对\ 1\ 级,为\ Max\ 的\ 0.1\%\\ 对\ 2\ 级,为\ Max\ 的\ 0.2\%\end{cases}$$

备注:

报告页______~______

R.2　现场物料试验(5.6.1、8.2 和 A.11)

R.2.1　控制衡器的准确度(8.2 和 A.11.1)

样机编号:______________________________
型　　号:______________________________
分度值 d:______________________________
最大流量:______________________________
最小流量:______________________________
试验人员:______________________________
审核人员:______________________________

	开　始	终　止	
温　　度:			℃
相对湿度:			%
日　　期:			yy/mm/dd
时　　间:			hh:mm:ss

试验期间的细分示值(小于 d):______________

控制衡器详细说明:
型　　号:______________
等　　级:______________
最大秤量:______________
最小秤量:______________
分度值 d_c:______________
衡器编号:______________
上次检定日期:______________

皮带秤详细说明:
$\sum_{min}$:______________
$\sum_t$(如有不同):______________
其中$\sum_t$ 是 9.2.6 规定的最小试验载荷

传送车辆的相关信息:
自　　重:______________
载 重 量:______________

要求:

物料试验的控制方法应能确定试验用物料的质量,且误差不超过 5.2.1 中自动称量相应最大允许误差的三分之一。

例如:控制衡器称量次数$=\dfrac{2\sum_t}{\text{车辆载重量}}=N$

分度值数至少$=\dfrac{\text{车辆毛重载荷}}{d_c}$

$$\text{每次称量控制衡器(Ⅲ级)可能的误差}=\left\{\begin{array}{ll}\text{对 }0\leqslant m\leqslant 500\ d_c, & \text{为}\pm 0.5d_c\\ \text{对 }500\ d_c<m\leqslant 2\,000\ d_c, & \text{为}\pm 1.0\ d_c\\ \text{对 }2\,000\ d_c\leqslant m, & \text{为}\pm 1.5\ d_c\end{array}\right\}=E_c$$

要求 MPE%$\times\sum_t\times 1/3\geqslant\sqrt{N}\times E_c$　　其中:$\sqrt{N}$为分 N 次称量误差概率的调节值

计量技术机构要对其他因素加以考虑,如路程、气候、路途物料丢失等因素。

报告页 ______ ~ ______

R.2.2 重复性(5.6.1和A.11.2.1)

样机编号：______
型　　号：______
试验人员：______
审核人员：______

	开　始	终　止	
温　　度：			℃
相对湿度：			%
日　　期：			yy/mm/dd
时　　间：			hh：mm：ss

试验期间的细分示值(小于 d)：______

注：对多速或变速皮带秤，应按A.11.2.2和A.11.2.3表明的重复试验。

试验续表见下页

试验组	控制的载荷 T/ (　)	示值 I/ (　)	给料流量/ (　/h)	误差 $I-T$/ (　)	相对误差/ %	相对误差之差/ %
1						
2						
3						
4						
5						

备注：

报告页……～……

试验续表

v= ………… m/s

试验组	控制的载荷 T/ (　)	示值 I/ (　)	给料流量/ (　/h)	误差 $I-T$/ (　)	相对误差/ %	相对误差之差/ %
1						
2						
3						
4						
5						

v= ………… m/s

试验组	控制的载荷 T/ (　)	示值 I/ (　)	给料流量/ (　/h)	误差 $I-T$/ (　)	相对误差/ %	相对误差之差/ %
1						
2						
3						
4						
5						

备注：

参考文献

[1] JJG 195—2002 连续累计自动衡器计量检定规程
[2] OIML Continuous totalizing automatic weighing instruments(belt weighers) 1997.